U0930645

“十三五”国家重点出版物出版规划项目

中国工程院重大咨询项目　中国生态文明建设重大战略研究丛书（II）

第　三　卷

固体废物分类资源化利用战略研究

中国工程院“固体废物分类资源化利用战略研究”课题组

杜祥琬　主编

科　学　出　版　社

北　京

内 容 简 介

本书是中国工程院重大咨询项目“生态文明建设若干重大战略问题研究”（二期）下设的第三课题“固体废物分类资源化利用战略研究”的研究成果。全书包括课题综合报告和专题研究报告两部分。其中，课题综合报告主要归纳了发达国家和地区固体废物分类资源化利用的经验与做法及对我国的启示，分析了我国固体废物分类资源化利用的现状、问题、挑战和重大意义，研究了固体废物分类资源化利用的潜力和潜在效益，提出了固体废物分类资源化利用的战略方针、战略目标、路线图、技术发展方向和重大工程，最后给出了相关政策建议。专题研究报告分别就“城市矿山”、乡村废物、工业固体废物三类固体废物分类资源化利用进行了更深入、更具体的研究。

本书可供从事固体废物分类资源化利用管理的各级政府部门工作者、关心固体废物分类资源化利用的科研工作者，以及相关专业的研究生和本科生参考使用，也适合大中型图书馆收藏。

图书在版编目(CIP)数据

固体废物分类资源化利用战略研究/杜祥琬主编. —北京：科学出版社，2019.2

[中国生态文明建设重大战略研究丛书(II)/周济，刘旭主编]

“十三五”国家重点出版物出版规划项目 中国工程院重大咨询项目

ISBN 978-7-03-060517-7

I.①固… II.①杜… III.①固体废物利用–研究 IV.①X705

中国版本图书馆CIP数据核字（2019）第023609号

责任编辑：马 俊 / 责任校对：郑金红

责任印制：肖 兴 / 封面设计：北京铭轩堂广告设计有限公司

科学出版社 出版

北京东黄城根北街16号

邮政编码：100717

http://www.sciencep.com

中国科学院印刷厂 印刷

科学出版社发行 各地新华书店经销

*

2019年2月第 一 版 开本：787×1092 1/16

2019年2月第一次印刷 印张：24

字数：570 000

定价：210.00元

（如有印装质量问题，我社负责调换）

丛书顾问及编写委员会

“固体废物分类资源化利用战略研究”课题组成员名单

课　题　组

杜祥琬　中国工程院原副院长，院士，课题组长
陈　勇　中国科学院广州能源研究所，院士，课题常务副组长
钱　易　清华大学，院士，课题副组长
凌　江　环境保护部固体废物与化学品管理技术中心，主任，课题副组长

专题一　“城市矿山”开发利用战略研究

钱　易　清华大学，院士，专题组长
李金惠　清华大学环境学院，教授
温宗国　清华大学环境学院，特聘研究员
刘丽丽　清华大学环境学院，副研究员
李晓东　浙江大学热能工程研究所，教授
杜欢政　同济大学循环经济研究所，所长
程会强　国务院发展研究中心资源与环境政策研究所，研究员
胡华龙　环境保护部固体废物与化学品管理技术中心，副主任
刘　强　中国物资再生协会，常务副会长
王　伟　清华大学环境学院，教授
邢　锋　深圳大学土木工程学院，教授
庄昌凌　格林美废钢循环利用研究中心，主任
张玉亭　河南省农业科学院植物营养与资源环境研究所，所长
张天柱　清华大学环境学院，教授
王力红　国家开发银行专家委员会，高级工程师
高庆先　中国环境科学研究院，研究员
岳东北　清华大学环境学院，副教授
巢清尘　国家气候中心，副主任
张艳会　中国物资再生协会，副秘书长

李文龙　深圳大学土木工程学院，博士
单桂娟　清华大学环境学院，助理研究员
薛艳艳　清华大学环境学院，博士
孙笑非　清华大学环境学院，高级工程师
刘　雪　清华大学环境学院，工程师

专题二　乡村废物（含乡村生活垃圾）分类资源化利用战略研究

陈　勇　中国科学院广州能源研究所，院士，专题组长
呼和涛力　常州大学，研究员
雷廷宙　河南省科学院，副院长
李国学　中国农业大学，教授
陈汉平　华中科技大学，教授
陈　群　常州大学，校长
袁振宏　中国科学院广州能源研究所，研究员
张全国　河南农业大学，教授
赵立欣　农业农村部规划设计研究院，教授
肖　睿　东南大学，教授
刘晓风　中国科学院成都生物研究所，研究员
郭华芳　中国科学院广州能源研究所，研究员
孙永明　中国科学院广州能源研究所，研究员
袁浩然　中国科学院广州能源研究所，副研究员
郑　涛　中国科学院广州能源研究所，研究员
陈怡露　南京工业大学，教授
贺　超　河南农业大学，讲师
王龙耀　常州大学，副教授
陈开碇　河南桑达能源环保有限公司，董事长
晏宓宁　中兴能源（湖北）有限公司，副总经理
韩　旭　武汉凯迪控股投资有限公司，主任

专题三　工业固体废物分类资源化利用战略研究

凌　江　生态环境部环境工程评估中心，副主任，专题组长

徐滨士　装甲兵工程学院，院士
邵安林　鞍钢集团矿业有限公司，院士
臧文超　生态环境部固体废物与化学品管理技术中心，副主任
温雪峰　生态环境部固体废物与化学品管理司，研究员
王力红　国家开发银行专家委员会，高工
陈　瑛　生态环境部固体废物与化学品管理技术中心，副研究员
滕婧杰　生态环境部固体废物与化学品管理技术中心，工程师
于丽娜　生态环境部固体废物与化学品管理技术中心，高级工程师
王　芳　生态环境部固体废物与化学品管理技术中心，工程师
张明杨　生态环境部华南环境科学研究所，工程师
魏世丞　装甲兵工程学院，研究员
史佩京　装甲兵工程学院，副研究员
王玉江　装甲兵工程学院，副研究员
夏　丹　装甲兵工程学院，助理研究员
张文松　北京交通大学，教授
李博洋　工信部赛迪研究院，副研究员
杜根杰　中国工业固废网-工业固废综合利用科技成果转化平台，秘书长
杜欢政　同济大学循环经济研究所，所长
矫旭东　浙江省长三角循环经济技术研究院，博士
张洪国　中国有色金属工业协会，副秘书长、科技部主任
党积屯　中国铝业集团，安全环保健康部总经理
孙　毅　沈阳铝镁设计研究院有限公司，副总工程师
鲁　爽　沈阳银海再生资源科技有限公司，总经理
崔旭东　陕西有色榆林新材料有限责任公司，副总经理
邓鹏宏　鞍钢集团矿业有限公司，高工
马旭峰　鞍钢集团矿业有限公司，教授级高工
韦锦华　鞍钢集团矿业有限公司，教授级高工

课题报告执笔组

呼和涛力　常州大学，研究员
陈　瑛　生态环境部固体废物与化学品管理技术中心，副研究员

孙笑非　清华大学环境学院，高级工程师
杨　波　中国工程院战略咨询中心，副处长
刘晓龙　中国工程院战略咨询中心，副处长
葛　琴　中国工程院战略咨询中心，工程师
姜玲玲　中国工程院战略咨询中心，工程师

课题办公室

刘晓龙　中国工程院战略咨询中心，副处长
葛　琴　中国工程院战略咨询中心，工程师
姜玲玲　中国工程院战略咨询中心，工程师
崔磊磊　中国工程物理研究院，工程师

丛书总序

为积极参与生态文明建设研究，更好地发挥“国家工程科技思想库”的作用，中国工程院于 2013 年启动了“生态文明建设若干战略问题研究”重大咨询项目，对生态文明建设进行全局性系统研究，提出了中国未来生态文明建设的总体目标、战略部署和重点任务。为持续跟踪支撑国家生态文明建设，2015 年中国工程院启动了“生态文明建设若干战略问题研究（二期）”重大咨询项目，项目由周济、刘旭任组长，郝吉明任副组长，20 余位院士、200 余位专家参加了研究。2017 年 12 月，经过两年多的紧张工作，在深入分析和反复研讨的基础上，经过广泛征求意见，综合凝练形成了项目研究报告。研究期间，部分研究成果上报国务院，得到了有关领导的高度重视和批示。

项目在构建国家生态文明建设指标体系、综合评估我国生态文明发展水平的基础上，对我国环境承载力与经济社会发展战略布局、固体废物分类资源化利用、农业发展方式转变与美丽乡村建设等生态文明建设领域的重大战略问题开展研究。

项目全面客观评估我国生态文明发展水平与建设成效。以生态环境质量改善为核心，从绿色环境、绿色生产、绿色生活、绿色设施 4 个领域，构建包括 10 个目标、20 个指标的评估体系。充分考虑城市的主体功能定位，按功能区发展要求确定差异化的指标权重，采用双基准渐进法，以 2015 年为评估年，以全国 337 个地级及以上城市（不含香港特别行政区、澳门特别行政区、台湾省及三沙市）为单元，从国家、省、市三个层次开展了评价。结果表明，2015 年我国生态文明发展水平平均分值为 61.16，处于一般水平，与生态文明建设目标仍有一定差距，东南沿海地区的生态文明发展水平整体略高于中西部地区。具体指标结果表明，我国整体经济社会成果显著，在经济生活方面具有了一定基础，部分一线城市已达到国际中高收入或高收入国家水平，但是在生态环境保护、工业污染控制、产业优化、资源高效利用等领域，以及农业主产区生态文明建设等方面仍需进一步加强。

在此基础上，项目组提出了若干政策建议：一是基于资源环境承载能力优化产业发展布局，强化京津冀、西北五省（自治区）及内蒙古自治区的资源环境承载力约束，整治高污染、高耗能、高耗水企业，严控新增产能，强化产业调整和特别污染排放限值管理，运用行业排放标准推进产业技术进步，综合考虑水资源承载力和水资源效率进行农业布局；二是以“无废国家”为目标，促进资源充分循环，将固体废物资源化利用上升到国家战略高度，推动资源产出率、资源循环利用率等作为重要战略性量化指标，构建绿色消费模式，促进“城市矿山”开发，推动生态农业生态生产模式，促进乡村废物资源化，加快工业发展绿色转型，提高资源利用效率；三是转变农业发展方式，建设美丽乡村，通过延伸农业产业链，构建一二三产业深度融合经营体系，探索新型高效生态农业，推进种养结合、农牧融合，提高村庄规划水平，加强宅基地和农村集体建设用地的规划管理，为未来发展留出空间，开展一批重点示范建设工程，推进美丽乡村建设。

项目提出了新时代生态文明建设的目标，即建议将生态资源资产与经济发展协同增长作为实现中华民族伟大复兴中国梦的目标之一，作为各级政府的工作任务，按约束指标列入年度发展计划，坚持人与自然和谐共生、物质精神同步、经济生态协调与坚持区域发展平衡；通过全社会不懈的努力，到 21 世纪中叶，基本实现人民群众物质财富与生态福祉的双重富裕，建成美丽中国；到 21 世纪下半叶，全面建成“零碳无废”社会，实现物质财富与生态福祉极大富裕。基于上述目标，提出了八大重点任务：一是培育生态产品生产成为新兴产业，将生态资源资产核算纳入国民经济核算体系，扩大生态生产产业的就业；二是坚持绿色驱动产业的生态化转型，以资源环境承载力约束、优化产业布局，推进传统产业生态化转型；三是深化美丽乡村建设，打造现代农业升级版，实现中国特色农业现代化；四是将建设“零碳无废”社会目标提升到国家战略高度，推动能源革命实现低碳发展，推进生产和消费领域的循环发展；五是培育全民生态文化自觉和绿色生活方式；六是健全绿水青山就是金山银山的法制保障，创新生态资源资产为核心的生态环境管理体系；七是引领全球治理，共同构建人类命运共同体，为发展中国家提供绿色发展中国智慧；八是实施绿色科技创新工程支撑生态文明建设。

本套丛书汇集了“生态文明建设若干战略问题研究（二期）”项目的综合卷和 4 个课题分卷，分项目综合报告、课题报告和专题报告三个层次，提供相关领域的研究背景、内容和主要论点。综合卷包括综合报告和相关课题论述，每个课题分卷则包括课题综合报告及其专题报告。项目综合报告主要凝聚和总结各课题和专题中达成共识的主要观点和结论，各课题形成的其他观点则主要在课题分卷中体现。丛书是项目研究成果的综合集成，是众多院士和多部门多学科专家教授、企业工程技术人员及政府管理者辛勤劳动和共同努力的结果，在此向他们表示衷心的感谢，特别感谢项目顾问组的指导。

生态文明建设是关系中华民族永续发展的根本大计，更是一项巨大的惠及民生福祉的综合性建设。由于各种原因，丛书难免还有疏漏和不够妥当之处，请读者批评指正。

中国工程院“生态文明建设若干战略问题研究（二期）”

项目研究组

2018 年 11 月

前　言

我国是人口大国，也是世界上固体废物产生量最大的国家，每年来自各类经济活动和生活过程的固体废物近 120 亿 t。随着人民生活水平的提高和城镇化的快速发展，固体废物产生量呈现逐年增长态势。并且估计“城市矿山”的累积堆存量已达 230 亿 t，全国包括废石在内的工业固体废物堆存总量已达 600 亿 t。如此巨大的废物产生量和累积量，如不进行妥善处理，将对环境造成严重污染，对资源造成极大浪费，对社会造成恶劣影响；但“废物是放错位置的资源、宝贵财富”，如果对固体废物进行分类资源化利用，且从源头上进行减量化，就可以显著减少原生资源的使用量，提高资源利用率，从而带来显著的环境效益、经济效益和社会效益。

为了认真学习贯彻落实“十八大”关于大力推进生态文明建设的精神，中国工程院于 2015 年初启动了“生态文明建设若干重大战略问题研究”（二期）重大咨询项目，由第十届全国政协副主席徐匡迪院士、国家环境保护部陈吉宁部长等任顾问，中国工程院周济院长和刘旭副院长任组长。项目下设的“固体废物分类资源化利用战略研究”课题由杜祥琬院士任组长，分设“‘城市矿山’开发利用战略研究”“乡村废物分类资源化利用战略研究”“工业固体废物分类资源化利用战略研究”三个专题和一个课题综合组开展研究，有十多位院士、近百位专家参加。经过两年的深入研究和广泛调研，课题组取得了一系列重要成果，撰写完成了 3 份专题研究报告，为国家多项文件报告的出台提供了重要支撑，并在此基础上凝练形成了本课题研究报告。

首先，本书系统分析了欧盟、美国、日本和我国台湾地区固体废物分类资源化利用的战略定位、法规政策、技术、市场和宣传教育及民众参与等层面的差异，梳理了我国固体废物分类资源化利用的现状、问题和挑战，并分别对我国“城市矿山”、乡村废物和工业固体废物的产生情况、资源化利用潜力和潜在效益进行了估算。预测到 2030 年，我国主要“城市矿山”的回收价值可达 2.14 万亿元，乡村废物的资源化利用产生 3.97 万亿元投资效益，重点工业固体废物资源化经济效益可达 1.35 万亿元。分析认为我国固体废物分类资源化潜力和潜在效益巨大，我们要总结借鉴发达国家和地区的经验，尽快化解目前存在的问题，加快推进固体废物分类资源化利用产业发展。

然后，本书科学规划了我国固体废物分类资源化利用的发展路径，并提出了总体战略目标和分阶段目标。作者认为：2020 年前是战略攻坚期，我国资源循环回收发展将取得可观效益，固体废物环境风险得到有效控制；2020～2025 年是转型关键期，我国将初步形成资源高效循环的发展模式，经济社会发展与资源能源消耗相对脱钩；2025～2030 年是可持续发展期，经济社会发展与资源能源的消耗、固体废物的产生实现脱钩，届时我国固体废物分类资源化利用将达到世界先进水平，产值规模达到 7 万亿～8 万亿元，带动 4000 万～5000 万个就业岗位，将成为我国战略性新兴产业的重要支柱。为了实现提出的战略目标，作者分别从“城市矿山”、乡村废物、工业固体废物三个方面分析了我国固体废物分类资源化利用技术的发展趋势，提出了“十三五”时期的重点技术方向和重大工程。

最后，作者认为，“十三五”时期是我国大力发展固体废物分类资源化利用的战略攻坚期，要深入贯彻落实“创新、协调、绿色、开放、共享”的发展理念，通过政策、管理、模式、技术的组合拳来大力推动产业化进程。为此建议：一要夯实法律、经济政策基础，健全技术标准体系，建立部门联合监管惩戒机制，构建健康市场环境；二要加强国家顶层设计，实施综合管理战略，提升全民资源环境意识水平，构建有效的社会监督机制；三要改革生产、生活模式，构建固体废物资源多级循环模式，促进资源充分循环；四要强化科技支撑，加强信息技术与固体废物分类资源化利用的深度融合，推进固体废物分类资源化市场配置的智慧管理，提速产业高端发展。

为了落实上述建议，课题组提出了开展“无废城市”试点的建议，通过若干有基础城市的试点，积累发展循环经济的经验，实现固体废物的源头减量化和分类资源化，并向全国逐步推广，经多年努力，最终实现“无废国家”的长远目标。

目　　录

专题研究

课题综合报告

第一章　我国固体废物分类资源化利用面临的机遇与挑战

固体废物主要来源于工业生产、社会生活和农业生产，根据《中华人民共和国固体废物污染环境防治法》（以下简称《固体法》）规定：“固体废物，是指在生产、生活和其他活动中产生的丧失原有利用价值或者虽未丧失利用价值但被抛弃或者放弃的固态、半固态和置于容器中的气态的物品、物质以及法律、行政法规规定纳入固体废物管理的物品、物质。”在《固体法》中，同时采用了两种分类方法，一种是按产生源将固体废物分为工业来源和社会生活来源两类；另一种是按其对物质环境的危害程度将其分为一般固体废物和危险废物两类。在综合考虑《固体法》及我国固体废物来源的基础上，本课题将从“城市矿山”、乡村废物、工业固体废物三个方面开展固体废物分类资源化利用战略研究。

工业固体废物是工业生产活动中产生的固体废物，包括一般工业固体废物和工业危险废物。产生量较大的一般工业固体废物主要有尾矿、冶炼废渣、粉煤灰、炉渣、煤矸石、脱硫石膏、污泥、赤泥、磷石膏等。危险废物是指列入《国家危险废物名录》或者根据国家规定的危险废物鉴别标准和鉴别方法认定的具有危险特性的固体废物。危险废物主要来源于工业，包括废碱、废酸、石棉废物、有色金属冶炼废渣、无机氰化物、废矿物油等。另外，在工业生产活动中报废的工业装备也是工业固体废物的重要组成部分。

“城市矿山”尚未建立统一定义，一般指来源于城市社会生活的、可以提取有价资源或转化为能源的固体废物。2010 年 5 月，国家发展改革委、财政部联合下发的《国家发展改革委 财政部 关于开展城市矿产示范基地建设的通知》提出：“‘城市矿产’是指工业化和城镇化过程产生和蕴藏在废旧机电设备、电线电缆、通讯工具、汽车、家电、电子产品、金属和塑料包装物以及废料中，可循环利用的钢铁、有色金属、稀贵金属、塑料、橡胶等资源，其利用量相当于原生矿产资源。”随着经济和技术的发展，城市生活消费过程产生的生活垃圾、餐厨垃圾、建筑废物等含有可提取资源或可转化为能源的废弃物，被广泛认可为具有潜在资源开发价值的“城市矿山”。

乡村固体废物来源于农村生产生活，主要包括农村生活垃圾、农业废物、林业剩余物及畜禽粪便等四类。其中，农村生活垃圾主要包括餐厨垃圾、废旧塑料、废纸及灰渣等；农业废物主要包括农作物秸秆与农产品加工剩余物等；林业剩余物主要包括森林采伐剩余物、木材加工剩余物及育林剪枝等（统称林业“三剩物”）；畜禽粪便是指牛、羊、猪、家禽等畜禽排出的粪便、尿及其与垫草的混合物。

一、固体废物分类资源化利用意义重大

（一）固体废物分类资源化对我国发展的深远影响

我国固体废物分类资源化具有显著的全球影响。作为世界上人口最多、经济体量最大的发展中国家，我国对自然资源的消耗和由此产生的废物量均居于世界第一。2012年，我国消耗了全球21.3%的能源、45%的钢材、43%的铜、54%的水泥。作为生产世界46%的铝、50%的钢材和60%的水泥，每年消耗的各类原材料超过250亿t，超过经济合作与发展组织（简称经合组织）34个成员国的总和。而我国社会经济发展过程中每年超过100亿t的固体废物产生量及其利用处置过程中的温室气体排放和有毒有害物质的跨区域环境影响也成为全世界关注的焦点问题之一。有学者预测，到2025年我国城市固体废物产生量将可能达到世界总量的近1/4。

固体废物分类资源化是我国实现可持续发展的重要途径。随着人民生活水平的提高和城镇化的快速发展，我国的人均资源消费量急剧增加，资源开采和消费导致的环境问题非常突出。每年产生的30多亿吨工业固体废物、30多亿吨“城市矿山”、50多亿吨乡村固体废物（注：不可统计的估计要多一倍），造成了巨大的环境压力，尤其是历史堆存的各类固体废物是导致部分地区人居生活环境恶化的重要原因。然而，废物并不完全是无用的，在一定技术经济条件下不同类别的废物可以分别转化为有用的资源或能源，成为宝贵的财富，是开发潜力巨大的“二次矿山”。从国际社会实践来看，废物分类资源化是构建资源循环型、环境友好型社会的重要途径，也是生态文明和社会进步的重要标志之一。对部分欧洲国家的研究发现，通过发展以废物分类资源化为主的循环经济，使每个国家的温室效应气体排放降低了70%、就业率增加了4%，对于实现低碳经济作用非凡。从我国自身需求来看，作为一个人均资源保有量和环境容量远低于世界平均水平的发展中国家，将固体废物分类资源化利用率最大化，使不可再生资源充分循环，减轻环境负荷，对保障我国经济社会可持续发展具有重大现实意义。

固体废物分类资源化是我国生态文明建设的重要内涵之一。党的十八大报告明确提出要“把生态文明建设放在突出地位”，习近平总书记强调“要把生态环境保护放在更加突出位置，像保护眼睛一样保护生态环境，像对待生命一样对待生态环境”。由此可见，在我国总体发展战略中，生态环境保护和生态文明建设已经被提升到了空前的高度。固体废物分类资源化也受到了前所未有的关注。2013年7月，习近平总书记指出，“变废为宝、循环利用是朝阳产业”。2016年，我国将“深入推进资源循环利用”纳入《“十三五”国家战略性新兴产业发展规划》，提出要“树立节约集约循环利用的资源观，大力推动共伴生矿和尾矿综合利用、‘城市矿产’开发、农林废弃物回收利用和新品种废弃物回收利用，发展再制造产业，完善资源循环利用基础设施，提高政策保障水平，推动资源循环利用产业发展壮大”。

当前，我国资源环境对经济社会发展制约日益突出，实施固体废物分类资源化，是补齐我国资源、环境短板的重要战略举措，可以带来显著的环境效益、经济效益和社会效益。

（二）固体废物分类资源化的综合效益

1. 环境效益——减少污染源，防范环境风险

固体废物是环境污染源之一，存在环境风险隐患。固体废物中有毒有害物质成分复杂，如果处理处置不当，会对周边水体、大气和土壤造成污染，引发环境健康风险。特别是第Ⅱ类一般工业固体废物和危险废物，在污染防治措施不当的情形下，其中的有毒有害物质会通过淋洗、渗透等多种途径对土壤、地表水和地下水造成污染。农业秸秆焚烧、工业固体废物露天堆场扬尘、固体废物中挥发性物质等对广泛区域 $PM_{2.5}$ 的形成及其成分具有重要影响。尾矿、废石等大型工业固体废物堆存贮存设施环境安全隐患长期存在，一旦发生溃坝等安全事故，将引发次生环境污染。

科学利用工业固体废物和再生资源可减轻原生资源开采的生态环境破坏及减少资源加工过程的环境污染排放，降低资源能源消耗，缓解水、气、土壤污染治理压力。2010年，我国回收废旧金属、废塑料、废旧电器电子产品等八类社会消费品废物，总量达到了1.49 亿 t，与直接利用原生矿产资源相比，可减排二氧化硫 393.1 万 t（占当年全国排放总量的 17.9%）、废水 102.5 亿 t、固体废物 10 亿 t 以上。

固体废物的分类资源化利用可以从源头消除固体废物对人居生活环境的影响，促进生态宜居的美丽中国建设。工业固体废物分类资源化可明显降低工业固体废物堆场对局部地区扬尘污染的影响；通过消除农村地区生活垃圾、综合利用秸秆及养殖废物，可显著改善农村生产生活环境，促进美丽乡村建设。

固体废物分类资源化可为我国应对气候变化，履行温室气体减排国际承诺提供有力支撑。通过回收利用固体废物中的资源，可以显著减少原生资源开采消费过程中能源的使用，减少温室气体排放。例如，2013 年我国综合利用废钢铁、废有色金属等再生资源，与使用原生资源相比，可节能 2.5 亿 t 标准煤，减少二氧化碳排放 6 亿 t。我国农村每年使用 2 亿 t 散煤作为能源，如能对农村生物质废物就地进行能源化利用，可替代煤炭的使用，减少 5 亿 t 二氧化碳的排放。

2010 年匈牙利铝厂赤泥泄漏导致多瑙河生态悲剧

2010 年 10 月 4 日，匈牙利铝生产贸易公司的一处尾矿库溃坝，约 100 万 m^3 的赤泥奔涌而出，堪比墨西哥湾石油泄漏事故。赤泥席卷了工厂周边的 3 个村庄，淹没了 $800hm^2$ 土地，造成 10 人死亡、上百人受伤的惨剧。10 月 7 日，赤泥流入多瑙河，使得多瑙河流域生态系统遭到毁灭性的打击，需要数年才能恢复。

鞍山固体废物堆场治理成效

2002～2009 年鞍山共修复矿区尾矿库、矿渣山、排土场等 600 余公顷，同时恢复矿区周边板结土地 970 余公顷，同期鞍山市每月每平方公里自然降尘量从 32t 下降到 21.6t。

2. 经济效益——优化资源供给结构，提升经济发展内生动力

固体废物分类资源化有利于我国降低矿产资源对外依存度。支撑我国经济发展的主要战略资源供给能力不足，部分稀贵金属等资源对外依存度高，而固体废物中往往赋存大量有价资源，特别是稀有金属。一方面，我国主要金属矿产资源对外依存度不断提高，2013 年铁矿石、铝土矿、锌精矿对外依存度分别为 73%、53.74%和 30%。另一方面，我国每年产生的固体废物中大量资源未能得到有效利用，如攀钢集团有限公司每年产生的高炉渣中含 22%左右的二氧化钛，折合 60 万～70 万 t 二氧化钛，铬、镍、镓、钪、钴等稀贵金属尚未得到有效回收利用。固体废物中资源如果能得到有效利用，可以缓解我国资源短缺压力，提高资源自给能力。以钢铁为例，2014 年我国钢铁社会存量 64 亿 t，通过强化回收，可使我国钢铁资源的对外依存度由 2015～2020 年的最高 60%快速下降至 2030 年的 30%以下。据预测，到 2020 年，我国报废手机将达到 4.6 亿部，其中蕴藏 12t 金、4t 钯、2361t 铜。仅尾矿一项，如果能将提取有价资源的比例提高到 2%，将增加 3500 万 t 有价资源的供给量。目前，我国 50%以上的钒，22%以上的黄金，50%以上的铂、钯、碲、镓、铟、锗等稀贵金属来自于矿产资源综合利用，铂族和稀散元素产品几乎全部来源于综合利用。

固体废物分类资源化利用有助于缓解我国土地资源紧张局面，拓展工业经济发展空间。工业固体废物堆存占用大量土地资源。国土资源部（现自然资源部）数据显示，全国包括废石在内的工业固体废物堆存总量约 600 亿 t，如按照行业协会和相关专家估算数据，我国工业固体废物累计堆存量在 700 亿～800 亿 t，总占地面积 200 万～300 万 hm^2，是 2013 年我国工业用地面积的 2.2～3.3 倍。

固体废物分类资源化利用可降低总体能源消耗水平，提高清洁和可再生能源比例，优化能源结构。再生资源回收与利用原生材料的能耗相比，具有明显节能、降耗的效果。以 2012 年为例，再生资源回收共节能 1.7 亿 t 标准煤，占全国总能耗量 34.8 亿 t 标准煤的 4.7%。根据《废钢铁产业“十二五”发展规划建议》及废钢铁冶炼相关文献计算可得，利用每吨废钢铁相当于节能 430.8kg 标准煤。另外，农作物秸秆、树木枝叶、畜禽粪便、工业有机废水、城市生活污水、污泥和垃圾等均是优质的生物质能资源，可生产生物液体燃料、固体成型燃料、生物燃气等能源及生物质基肥料等，广泛用于发电、燃烧供热、车用燃料、民用炊事采暖等工农业生产生活领域。例如，我国农业废物蕴藏的资源潜力相当于 10 亿 t 标准煤/年。

固体废物分类资源化利用产业是重要的战略性新兴产业，可成为培育经济增长点的新动能。目前，我国固体废物综合利用直接产业规模近 4 万亿元，而固体废物产生量仅为我国 1/30 的邻国——日本，其固体废物利用与处置产业规模已达到 44 万亿日元（约折合人民币 2.5 万亿元）。因此，固体废物分类资源化产业仍有巨大的发展空间和潜力，未来潜在产业规模至少在 10 万亿～15 万亿元，可以带动新增 1500 万～2500 万就业岗位。此外，利用“城市矿山”资源有助于带动技术装备制造、物流等相关领域发展和创新，增加更多社会就业岗位。

工业固体废物堆存、处理成本已经成为企业和社会的沉重经济负担

我国2014年处置、贮存的工业固体废物达12.5亿t，处理成本预期将高达2700亿～4000亿元，约占当年国内生产总值的0.3%，全国现有的400多个大中型尾矿库，每年仅运营费用估计达7.5亿元。

固体废物减量化和资源化带来显著经济效益

鞍山钢铁集团有限公司通过实施“采选一体化”技术，实现了废石不出坑，尾矿直接回填采空区，每年减少尾矿库占地50hm^2，采矿总成本降低了10%～30%。承德市2013年尾矿综合利用量0.56亿t，实现产值52亿元，利税10.5亿元，固体废物综合利用产值超过矿产资源采选、冶炼等传统优势产业。

3. 社会效益——消除局部隐患，提升公众环境素养

固体废物处理不当影响社会稳定和我国国际形象。近年来，我国固体废物堆场滑坡、溃坝，固体废物非法倾倒等导致的人员伤亡和次生环境灾害时有发生，威胁周边人民群众生命财产安全，由此引发的群体性事件和环境信访事件时有发生。例如，9•8山西襄汾新塔矿业尾矿库溃坝事故、云南南盘江铬渣水污染事件、广西龙江镉污染事件等均造成了广泛而恶劣的社会影响，成为新闻媒体和社会关注的热点。2014年，公安机关受理的2080件涉嫌环境污染犯罪案件中涉及危险废物非法转移倾倒的案件就占到了近40%。部分地区固体废物不规范利用导致的环境污染事件也屡屡曝光，例如，广东贵屿、湖南永兴等地，长期存在电子废物、冶炼废渣的作坊式加工利用，有毒有害物质向水、大气、土壤中无序释放，导致环境质量恶化，从业人员及周边居民出现血铅超标、恶性肿瘤高发等环境健康损害，甚至受到国际社会的广泛关注。

固体废物分类资源化利用可带来较好的社会效益。在建设美丽中国过程中，固体废物分类资源化可以促进优化产业结构，提高我国制造业绿色化水平和国际竞争力，可以优化城市和农村生活环境，促进城乡的生态回归，在扩展就业、增加城乡居民收入的同时，提高人民群众对人居环境的满意程度和形成绿色消费观念，形成人与自然和谐发展现代化建设新格局，提高人民素质，促进每个社会细胞绿色化、低碳化。以台湾为例，台湾从1992年开始推行资源回收政策，通过多层次的宣传教育，使得选购环境友好型消费产品、按需消费、垃圾源头分类等理念深入人心，促进了城市公共管理水平的显著提高。

2015年靖江“地下藏毒”事件

2015年，江苏靖江“养猪场地下藏毒万吨”的事件被媒体曝光：靖江一养猪场地下非法填埋了上万吨的危险废物（主要原料来源于江苏两家大型农药公司），受污染面积达10 216m^2，相当于“20多个标准篮球场大小”。检测发现，现场挥发性有机

气体的数值爆表，土壤中含有超量的氯苯类高毒物质、甲苯和甲基苯等有毒的挥发性或半挥发性有机物，严重污染土壤、地下水和大气。此事件属于环境污染刑事案件。

二、发达国家和地区固体废物分类资源化利用的经验与启示

（一）发达国家和地区的经验与做法

固体废物分类资源化利用是将人类社会生产与生活所排放的固体废物转化为可以继续利用的经济资源，或将其变成对环境无害的物质的过程，是实现资源在经济社会的物质循环，以及满足当代人类需求的同时，为后代人留下发展空间的关键环节，也是改变经济社会对能源依赖的主要途径。因此，固体废物分类资源化被发达国家作为缓解资源环境约束，实现经济社会可持续发展的根本途径之一，并开展了卓有成效的实践。

从全生命周期的角度来看，固体废物分类资源化涉及从矿产资源开采、原料生产和供应、产品使用、回收、再利用或再制造、废弃、处置等所有经济活动领域，管理链条长，管理难度大。尤其是，合理的分类是固体废物分类资源化的制约性因素，也是管理中的突出难点。为此，发达国家通过不断完善法制体系明确管理目标、基本原则、各方主体责任、标准化考核指标，建立了统一管理的制度体系，并通过积极的经济政策限制源头资源投入和无害化处置，积极促进资源化，取得了显著成绩。在国际社会，以资源化为主的固体废物处理产业已经占到环保产业的 40%，地位十分重要。2012 年，全球环保产业市场规模已达 6000 亿美元，年均增长率 8%，远远超过全球经济增长率，成为各国十分重视的“朝阳产业”，部分发达国家的环保产业产值占到了国内生产总值的 10%～20%，是国民经济的支柱产业。

美国、欧盟和日本环保产业是目前全球环保市场的主要力量。不同的国家在固体废物分类资源化利用的战略定位、法规政策层面、技术层面、市场层面等既有一定的相似性，也存在一些差异，具体分析见表 1-1。

（二）发达国家和地区经验对我国的启示

发达国家和地区的固体废物分类资源化利用共同的特点是起步较早，且有政府强大后盾支撑，逐步形成了具有本国发展特色的固体废物分类资源化利用模式，并对本国环境及资源的缓解都起到了积极作用，其发展经验给予我国固体废物开发利用的启示如下。

1. 开展系统的顶层设计，明确战略目标

2015 年 12 月 2 日，欧盟委员会正式通过了新的循环经济一揽子计划，以刺激欧洲循环经济的推进和可持续社会转型。计划覆盖从产品的生态设计、制造、消费、废物处理到二级原料的全生命周期过程，主要措施包括：从“地平线 2020”计划和结构型基金分别融资 6.5 亿欧元和 55 亿欧元；减少食物浪费；提高二级原料质量标准；实施《2015—

表 1-1　欧盟、日本和中国在工业固体废物资源化管理方面的差异分析

指标体系 \ 国家/地区		欧盟	日本	中国台湾	中国大陆
战略定位	战略目标	启动欧盟版循环经济战略	推进循环型社会第二阶段	永续物料管理	推动绿色发展、循环发展、低碳发展
	策略	(1) 将原有的原材料从生产、消费到丢弃的线性模式转变为创新型的循环模式 (2) 创新回收材料市场及其商务模式 (3) 大力发展绿色设计和升级循环（up-cycled）设计 (4) 积极开发生态设计和升级循环	基于物质流从自然资源提取到物质最终处置全过程的不同阶段，制定针对性资源节约、再利用、再循环和处置措施	资源使用效率最大化，环境影响最小化	加快转变经济发展方式，更多依靠解决资源和循环经济带动
	指标	到2030年资源产出率（GDP/原材料消耗）提高30%	(1) 资源产出率到2020年达到42万日元/t (2) 资源化率到2020年达到14%～15% (3) 最终处置量到2020年控制在2300万t	尚未提出具体指标，但已作安排： (1) 整合物料数据，建立资源循环数据库，建立绩效指标 (2) 建立或调整物料申报机制，完备物质流数据库，制定绩效指标目标值	尚未提出具体指标。《大宗工业固体废物综合利用“十二五”规划》提出，到2015年，大宗工业固体废物综合利用量达到16亿t，综合利用率达到50%
法规政策层面	法规规章	构建行业与废物流相互补充、纵横交错的法规管理体系；以环境损害责任追究为核心的司法保障体系 (1) 行业源头减量管理政策：《欧盟工业排放指令》（2010/75/EC）和《有关采矿业废物管理的指令》（2006/21/EC） (2) 通用要求与特殊要求：《废弃物框架指令》（2008/98/EC）、《废油指令》（75/439/EEC）、《氧化钛废物指令》（78/ 176/EEC）、《多氯联苯废物指令》（96/59/EC）、《含有某些危险物质之电池和蓄电器指令》（91/157/EED、93/86/EEC）、《持久性有机污染物（POPs）法规》（EC）（No850/2004） (3) 运输、焚烧、处置等关键环节的管理政策：《废物运输条例》（EEC）259/93、《港口接收废物设施指令》（2000/59/EC）、《废物填埋指令》（1999/31/EC）、《废物焚烧指令》（2000/76/EC） (4) 以环境损害责任追究核心的司法保障体系：《欧盟环境责任指令》（2004/35/CE） 未来将陆续推出特定的废弃物指令，如海洋垃圾、磷化物、建筑与拆迁垃圾、食品、塑料和危险废弃物指令	逐步推进建立和完善固体废物循环利用的法律体系 (1) 工业生产制造环节的源头减量与循环利用：《资源有效利用促进法》《食品资源再生利用法》《建筑材料再生利用法》 (2) 产品消费与废物收集环节的减量与循环利用：《容器包装再生利用法》《家电再生利用法》《小家电回收利用法》《机动车再生利用法》，通过生产者责任延伸制度推动废物的回收处理 (3) 废弃环节和废物处理环节：《资源有效利用促进法》《废弃物处理法》《多氯联苯废弃物妥善处理特别措施法》 (4) 再生产品推广应用环节：《绿色采购法》	《资源回收再利用法》《废弃物清理法》均由“台湾环境保护署”牵头负责 (1)《资源回收再利用法》侧重于源头的减量化和过程的资源化管理 (2) 在推动事业废物（包括工业废物）再利用方法，《废弃物清理法》规定，充分发挥各目的事业主管机关的责任	(1)《循环经济促进法》为鼓励法 (2)《清洁生产促进法》为鼓励法 (3)《固体废物污染环境防治法》一定程度上是废物处置法，对废物减量化、资源化的影响有限。现有固体废物管理制度设计不合理，重堵轻疏，阻碍了危险废物利用的市场化

续表

指标体系 \ 国家/地区		欧盟	日本	中国台湾	中国大陆
法规政策层面	财税政策	在欧盟层面没有具体的财税政策，各个成员国为落实指令，推动废物分类资源化，会实施具体的财税政策	（1）税收政策：日本27个县征收工业废物税；法人税（所得税）、不动产购置税、固定资产税的优惠 （2）财政信贷政策：财政补贴；设立专项资金，提供优惠贷款 （3）绿色采购：绿色采购网络联盟（GPN）制定一系列绿色采购指导纲要，将再生木纤维水泥板、再生木质板等纳入政府采购的范畴	（1）再生产品免征货物税 （2）补助再生利用货物税纲要，将再生木纤维水泥板、再生木质板等纳入政府采购的范畴	（1）《资源综合利用产品和劳务增值税优惠目录》（2015）：对4大类、37种固体废物（不含再生资源）添加比例在30%～90%的57种资源综合利用产品提供50%～70%增值税即征即退优惠 （2）《排污费征收使用管理条例》（2002）：没有建设工业固体废物贮存或处置的设施、场所，或者工业固体废物贮存或处置的设施、场所不符合环境保护标准的，按照排放污染物的种类、数量缴纳排污费；以填埋方式处置危险废物不符合国家有关规定的，按照排放污染物的种类、数量缴纳危险废物排污费
技术层面	技术应用	构建以最佳可行技术为支撑的环境技术标准体系：制定和颁发了30多个行业的最佳可行技术参考文件。此外，针对废物处理、焚烧和尾矿管理专门制定了《废物处理最佳可行技术参考文件》《废物焚烧最佳可行技术参考文件》《矿业活动中尾矿与废石管理最佳可行技术参考文件》		台湾经济部门为推动工业固体废物再利用，针对废铁、废纸、粉煤灰等50多种不同类型废物再利用提出了针对性的管理方式并制定了相关标准	
	技术研发	循环经济技术、资源有效利用技术，已列入欧盟地平线2020（Horizon 2020）重点优先领域		制定资源化产品的使用规范与验证体系，开拓固体废物再利用途径	缺少关于固体废物分类资源化、高质化的重大专项支持
市场层面		在欧盟范围内存在统一的市场	构建利益相关方共同协作的全流程链条式管理 （1）“谁污染，谁买单”是核心原则；推行企业生产者责任延伸制度是重要的手段 （2）责任分担制度，废物处理实行市区町村和排放者的责任分担制	促进民间投入资源化产业	/
社会层面（利益相关方参与）	民众意识	行为方式，工业生产及技术工艺向更高效、更可持续方向转变，社会大众向绿色消费转变	日本政府对于用于环境保护教育或环境保护活动场所相关的土地和建筑物，减免其固定资产税和城市计划税	办理机关优先采购环境保护产品办法中的第三类环境保护产品的认定	/

2017 生态设计工作计划》等。主要目标包括到 2030 年城市垃圾回收再利用率达 65%，包装材料废弃物回收再利用率达 75%等。日本制定的《建设循环经济社会基本规划》提供了循环经济社会的基本图景，确定了建设循环经济社会的量化目标，是全面系统推行建设循环经济社会政策的核心工具。规划涵盖了所有的物质流，并根据物质流的不同阶段，制定针对性资源节约、再利用、再循环和处置措施。《建设循环经济社会第三个基本规划》中提出到 2020 年资源产出率达到 42 万日元/t；资源化率达到 14%～15%；最终处置量控制在 2300 万 t。通过稳步推进固体废物资源循环战略，发达国家和地区在企业、工业园区、城市和区域等不同层面又分别形成了以资源全生命周期生态设计为特征的多级循环系统，并逐步向资源投入和废物产出最小化、资源循环最大化的循环经济社会发展。

2. 建立完善的法律法规制度体系是固体废物分类资源化的基础

为了在全社会推动固体废物分类资源化，欧盟和日本均构建了覆盖废物全生命周期关键环节的法律法规体系，通过明确的法律制度要求，使固体废物分类资源化成为社会基本行为准则，将责任分解落实到各个相关方。主要包括基于工业生产制造环节的废物源头减量化政策；基于产品消费与废物收集环节的源头减量与循环利用管理政策；基于废物运输、处理处置和再生产品推广应用等关键环节的废物管理政策等。相关法律和制度的制定明确了产业链上各参与方的责任，对于产废单位，推行生产者责任延伸制度，要求生产者对其产品废弃后的整个生命周期的环境管理和回收承担责任，从而为产品消费后废弃物的回收处理和再生利用提供了重要保障。日本和美国还分别提出了责任分担制和消费者付费制，要求消费者对其消费过程中产生的非环保废弃物支付一定的费用，以补偿企业或社会回收利用废弃物的成本。

3. 政府主导，充分发挥市场机制

固体废物分类资源化是环境风险和资源效益双重导向下的产业，控制环境风险是前提条件，产业具有公益性质，不能完全依赖市场的自我调节。因此，发达国家普遍采取了“政府主导”下的市场机制。例如，部分欧洲国家固体废物的收集、运输和处理由政府统一规划并委托专业公司按照严格协议要求进行运营。日本无论是都道府县，还是市区町村政府层面，以量化指标管理方式，相应制定了针对分类垃圾处理各个环节切实可行的数量规划和清晰的废弃物削减目标，并设置了深入社区的垃圾分类回收网络系统，形成了政府主导、市场参与、社会协同的管理模式。美国是典型的自由市场国家，但对于固体废物分类资源化产业也制定了严格的管理规范，通过多维配套的经济手段鼓励企业充分参与分类资源化利用产业的发展。

4. 构建多元化的废物综合利用技术标准体系规范产业发展，设立技术创新专项，促进产业提升

欧盟制定和颁发了 30 多个行业的最佳可行技术参考文件，针对废物处理、焚烧和尾矿管理还专门制定了《废物处理最佳可行技术参考文件》《废物焚烧最佳可行技术参考文件》《矿业活动中尾矿与废石管理最佳可行技术参考文件》等指导行业发展。我国

台湾经济部门针对废铁、废纸、粉煤灰等 50 多种不同类型废物再利用提出了针对性的管理方式并制定了相关标准。欧盟设立的“地平线 2020”（“Horizon 2020”）专项计划，将包括资源有效利用技术在内的循环经济技术作为重点优先支持领域。美国、欧盟、日本均将固体废物分类资源化技术创新列入国家高新技术研发计划，如美国的《国家先进制造战略规划》，欧盟的《绿色创新行动计划（EcoAP）》，日本专项部署了《循环型社会形成推进基本计划》等。

5. 加强公众宣传教育，建立民众参与的机制

日本政府的环境管理部门会定期安排给社区居民讲授系统细致的循环经济、循环型社会的法规和知识，而且采用一些亲民的环境教育措施，日本的资源回收利用企业也利用参观生产线等形式为民众提供环境教育的机会。日本国民自觉参与分类垃圾回收活动，除了政府部门的便民管理和技术因素之外，日本在国民教育体系中，从小培养国民对环境的敬畏之心、对资源的珍惜之情，对促进循环经济社会的建设起到了莫大的作用。美国在制定环境相关法律、计划时或者在许可建造废弃物处理设施时，都需要邀请民众广泛参与，而不仅仅是征求意见。采用由政府、企业、公众、专家共同参与的“环境协调委员会”等有组织的机制，深度沟通，有效解决“邻避效应”问题。

总的来看，在欧洲，有不少国家废物分类资源化利用率很高，有的国家达到 90%～99%；在日本，废物充分资源化，建设循环型社会已经得到社会的普遍认可。在我国台湾，几十年来一直坚持废物分类资源化利用，公民意识不断提高，固体废物分类的社会普及率很高，近期我国台湾提出构建“永续物料管理”模式，进一步深化固体废物分类资源化。国际和我国台湾的实践经验已经表明固体废物分类资源化利用具有充分的必要性和可行性，为我国未来经济社会发展提供了重要的可借鉴经验。

三、我国固体废物分类资源化利用的现状及机遇

（一）我国固体废物分类资源化利用现状

1. 资源化利用法规制度框架初步建立

我国较早确立了资源综合利用的战略方针。1985 年，国家经济委员会下发《关于开展资源综合利用若干问题的暂行规定》（国发〔1985〕117 号），提出“开展资源综合利用是一项重大的技术经济政策”。1996 年，国务院发布《国务院批转国家经贸委等部门关于进一步开展资源综合利用意见的通知》（国发〔1996〕36 号），进一步明确了开展资源综合利用是国民经济和社会发展中一项长远的战略方针。

我国通过立法和制度建设对资源化综合利用提出要求。1995 年出台的《固体法》中将“资源化”作为固体废物环境管理的基本原则之一。2002 年出台的《中华人民共和国清洁生产促进法》确立了为发展循环经济、促进企业之间在资源和废弃物综合利用等领域进行合作、实现资源的高效利用和循环使用、促进清洁生产等生产活动的一系列法律制度。2008 年出台的《中华人民共和国循环经济促进法》着重强调提高资源利用效率，保护和改善环境，在生产、流通、消费过程中进行减量化、再利用、资源

化的活动。

在以上三部法律的基础上，我国分别对不同领域固体废物分类资源化利用做出了试点示范安排。例如，2010 年，国家发展改革委、财政部联合下发了《关于开展城市矿产示范基地建设的通知》，将“城市矿产”示范基地建设作为缓解资源约束瓶颈的有效途径、减轻环境污染的重要措施、发展循环经济的重要内容。2011 年，国家发展改革委印发《大宗固体废物综合利用实施方案》，明确到 2015 年基本形成技术先进、集约高效、链条衔接、布局合理的大宗固体废物综合利用体系。2010 年开始实施的《中华人民共和国可再生能源法》，旨在促进包括生物质能在内的可再生能源开发利用；同年，环境保护部发布《农村生活污染防治技术政策》（环境保护部，2010），提出农村生活垃圾处理处置技术要求。此外，《中华人民共和国矿产资源法》《报废汽车回收管理办法》《再生资源回收管理办法》《废弃电器电子产品回收处理管理条例》等法律法规对特定类别废物分类资源化利用做出了规定。

2. 资源化利用产业发展初具规模

资源综合利用被纳入战略性新兴产业。2010 年，国家将“加快资源循环利用关键共性技术研发和产业化示范，提高资源综合利用水平和再制造产业化水平”作为节能环保产业的一部分，纳入战略性新兴产业，先后发布了《国务院关于加快培育和发展战略性新兴产业的决定》（国发〔2010〕32 号）和《“十二五”国家战略性新兴产业发展规划》（国发〔2012〕28 号）。2013 年，国务院发布了《循环经济发展战略及近期行动计划》（国发〔2013〕5 号），提出循环经济发展的中长期目标是：“循环型生产方式广泛推行，绿色消费模式普及推广，覆盖全社会的资源循环利用体系初步建立，资源产出率大幅提高，可持续发展能力显著增强。”国家发展改革委连续发布“十一五”“十二五”《资源综合利用指导意见》。商务部、国家发展改革委等五部门 2015 年联合印发《再生资源回收体系建设中长期规划（2015—2020 年）》（商流通发〔2015〕21 号），以促进回收体系示范城市建设，大幅提升行业规模化经营水平，基本形成规范化运行机制。2016 年，国家将“深入推进资源循环利用”纳入《“十三五”国家战略性新兴产业发展规划》。在战略规划的基础上，国家还颁布实施了若干方案和细则，有力推动了固体废物分类资源化利用产业和技术的发展。

固体废物分类资源化利用试点示范工作取得一定成效。近年来，中央财政先后设立了专项资金支持“城市矿产基地”“循环经济试点”“大宗固体废物综合利用基地”等试点示范项目，促进重大共性技术工艺的工业推广和先进管理模式的实践。在试点示范工作推动下，我国初步形成了各具特色的资源化发展模式。一是促进形成了城市和区域层面上“变废为宝、利国利民”的资源循环利用的可持续发展模式。例如，河北承德通过国家级尾矿示范基地建设，2013 年全市尾矿综合利用率达 22.2%，年实现产值 52 亿元，利税 10.5 亿元，走出了一条资源型城市转型发展之路。二是促进形成了具有较大规模的资源循环产业。如广东清远、四川内江等地设立循环经济园吸纳聚集“小、散、乱”的再生资源加工企业，形成了“集中利用、集中治污”的新型产业模式。多个国家“城市矿产”示范基地的资源聚集量已超过了每年 100 万 t，成为国家重要的资源供应地和产业集聚区。

广东清远华清循环经济产业园

广东清远华清循环经济产业园废旧物资综合利用率从2006年的55%提高到2011年的95%，基本消除了拆解加工中产生的二次污染问题，产业规模化发展优势突出，发挥了良好的示范作用。

资源化利用产业发展不断提速，新兴领域不断涌现。早期，我国资源化产业主要是废金属、废弃产品等的回收利用；“十一五”开始，工业固体废物分类资源化和“城市矿山”资源开发快速发展；“十二五”以来，汽车零部件再制造等产业开始兴起，资源化的技术能力不断提升，业务领域不断扩展。2004～2014年，我国废弃资源和废旧材料回收加工业固定资产投资一直保持较快速增长，年均增长率约为60%，2014年投资额达到885亿元。2000～2011年，固体废物综合利用产业收入年均增长率约为38.8%，是同期全国工业增加值年均增长率的2.6倍。2013年，我国资源综合利用行业实现产值已达到1.3万亿元、综合利用企业超过15 000家，从业人员超过250万人。2013年，全国金属资源尾矿、废石综合利用年产值达到936亿元。专家估计，目前我国汽车再制造产业产值已达80亿元。根据国家发展改革委公布的《中国资源综合利用年度报告（2014）》，2013年我国农林废弃物综合利用量大幅上升，原料化、能源化技术得到较快发展，生物质发电装机规模达到850万kW，年发电量370亿kW·h，其中热电联产超过100万kW，生物质成型燃料年利用量约800万t，折合标准煤约400万t。

3. 资源化利用若干领域取得了技术突破

共伴生矿产资源提取技术能力明显提升。钒钛磁铁矿资源综合利用、铁-稀土多金属共伴生资源综合利用、镍铜多金属共伴生资源综合利用、锡和铅锌铟等复杂多金属共伴生资源综合利用、非金属矿资源高效综合利用等方面均取得技术研究和产业化突破。

一批固体废物消纳量大、经济环保效益好的重大共性关键技术得到工程应用。例如，煤矸石发电技术，我国已经突破了低热值、大容量煤矸石发电关键技术，135MW及以上单机容量煤矸石发电机组占煤矸石发电总装机容量的70%以上；部分尾矿和废石在混凝土中的应用技术达到国际领先水平。

“城市矿山”开发产业链核心技术取得突破。我国积极推动“城市矿山”再生利用技术研发与应用，形成了废旧电器电子产品高效破碎、精细分选、有价组分提取利用的全链条技术体系，废杂铜铝机械物理分离、火法熔炼、湿法冶炼等专属技术及其专属装备，以及废旧塑料橡胶的精准识别与高值利用关键技术；突破了大型装备零部件表面纳米修复、无损拆解与绿色清洗、损伤零部件原位修复与再制造加工等核心技术。

乡村废物分类资源化技术研发与产业化推广正在积极推进。现代农业高效利用乡村废物分类资源技术研究正从“精量、高效、低耗、环保”等理念入手，开展前沿与重大关键技术研究，利用高新技术对传统技术与产品进行改造升级，强化各类农业废物分类资源化利用技术与方法间的有机紧密结合。生物质能源转化的固化成型技术、燃烧供热及发电技术、沼气技术已得到较大规模推广。生物质热裂解气化技术、生物质柴油、纤维素燃料乙醇、生物质气化合成及水解制备车用燃料等生物质液化技术已完成关键技术研发，进入试点示范阶段。

（二）国家经济社会发展为固体废物分类资源化利用带来了重大机遇

1. 生态文明建设指出固体废物分类资源化利用战略发展方向

我国提出生态文明建设是为了实现我国社会经济的绿色发展、循环发展和低碳发展，在生态文明建设的总体要求中明确提出："节约集约利用资源，控制能源消费总量，加强节能降耗，推进资源循环利用，珍惜每一寸国土，加大自然生态系统和环境保护力度。"为开展固体废物分类资源化利用指明了战略方向。固体废物具有废物和资源的双重属性。在环境污染方面，固体废物既是污染物，也是污染源，是局部地区环境质量恶化的重要诱因。因此，在国家先后发布的《大气污染防治行动计划》《水污染防治行动计划》《土壤污染防治行动计划》中，对于危险废物、不规范的垃圾填埋场等均提出了明确的治理要求。在资源属性方面，固体废物中含有的可利用资源，可为社会经济发展提供必要的资源保障。减少固体废物排放，最大限度地回收可利用资源，不断提高资源回收利用效率，是固体废物分类资源化利用的本质要求，与生态文明建设的内在要求高度一致。

2. 转方式、调结构，将促进二次资源消费

我国已经成为世界第二大经济体，未来资源环境约束将进一步吃紧，但是我国一次矿产资源开发过度，主要战略资源对外依存度不断走高，资源保障能力与资源需求的矛盾日益尖锐。转变传统的线性发展方式，提高资源利用效率，开发"二次矿山"，是我国未来发展的必然选择。同时，提高资源消费结构中二次资源比重，减少一次资源开采加工需求，减少因此导致的污染排放和资源消耗也是我国产业结构"去重化"的重要途径。必将进一步带动对工业固体废物、"城市矿山"、乡村废物中的二次资源能源的需求总量。

在固体废物充分资源化的过程中，通过对资源的重复利用，可显著提高资源产出率，减少污染排放，将促进我国制造业提质、降本、增效；通过发展资源分类回收产业，将进一步优化我国制造业结构，促进制造业发展绿色化；发展"城市矿山"回收利用服务产业，将促进第三产业结构的多元化，促进社会生活模式绿色化；农业生产需要转变生产方式，回归生态自然循环，提高绿色农产品产量。通过资源的高效合理流动，可促进国民经济各组成部分形成和谐比例，促进生产力合理配置，促进形成可持续的绿色路径。

3. 战略性新兴产业发展带来产业发展机遇

国际发展历程表明，固体废物分类资源化属于知识技术密集型产业，是未来带动经济增长的重要增长点。例如，工业装备再制造可显著降低工业经济成本；机床再制造具有投入资金少、周期短、节省成本等优势。据专家预测，如果工程机械再制造产品的市场占有率达 5%，就可以实现 400 亿元以上的产值。"城市矿山"回收体系对从业人员数量需求巨大，资源化利用对专业技术要求高，将可兴起一批回收利用新兴产业，激发创新创业活力，解决大量就业问题。例如，2013 年，仅废钢铁、废有色金属、废塑料

等主要再生资源回收总量就达 1.6 亿 t，回收总值 4817 亿元，回收企业 10 万余家，行业从业人员 1800 多万人。

四、我国固体废物分类资源化利用的突出问题与挑战

（一）固体废物分类体系不健全，回收体系不规范，利用体系不完善

科学的分类是实现固体废物分类资源化利用的前提和基础。我国法律中将固体废物分为工业固体废物、生活垃圾和危险废物三类。但固体废物“大”分类不全面，尚未覆盖国民经济社会发展的各个方面，如农业固体废物、矿业废物（如尾矿和废石）、部分城市固体废物（如城市污水污泥等）及社会源固体废物（如废汽车、废电器电子产品、废旧轮胎等）没有明确的分类。

在工业固体废物管理领域，危险废物分类体系较为完善，一般工业固体废物尚未建立统一分类体系；含有较高价值资源的废物分类情况较好，其他废物分类则较为粗放。危险废物实施的是目录分类，根据《国家危险废物名录》（2008 版）分为 49 大类、524 小类，既包括工业活动产生的，也包括社会居民日常生活产生的。但一般工业固体废物尚未建立明确而统一的分类体系，不同管理部门分类口径不同。例如，环保部门的环境统计分为 10 类，排放污染物申报登记和大、中城市固体废物环境防治信息发布中分为 28 类，而工信部门则将 7 类产生量较大的一般工业固体废物归为“大宗工业固体废物”。在制度设计中对于一般工业固体废物没有强制分类要求，含有稀贵金属等高价值资源的基本都可以分类回收，但资源价值较低的混合管理情况较为普遍。例如，有色金属冶炼过程产生的冶炼渣多达数十种，大部分可以提取有价资源，基本都得到了分类利用；而在西部等火力发电能力集中区域，粉煤灰、脱硫石膏、炉渣等固体废物混合堆存的情况十分普遍。

鞍山钢铁集团有限公司重视固体废物分类利用，为企业带来效益

具有百年历史的鞍山钢铁集团有限公司，非常重视固体废物分类资源化利用，对矿山、冶炼等流程产生的不同固体废物资源的产生源、产生量和特性进行分类梳理，充分发掘国内外成熟技术和设备对有价值固体废物资源进行综合利用，既实现了资源有效循环利用、节约储存空间、降低各类污染，又为企业带来了经济和社会效益。

我国“城市矿山”资源回收体系建设一直是以政府为主导的，城市生活垃圾分类近年来得到了普遍重视。随着我国城镇化的快速发展，城镇生活垃圾产生量增长迅速，“垃圾围城”导致的环境健康隐患日益突出，已经成为我国城镇化发展的制约因素。2006 年以来，在政府主导下，我国“城市矿山”资源分类回收体系通过试点城市的带动取得了较大进展，加快了回收网络体系的建设；2012 年，试点城市重点种类回收率已超过 60%。同时，大部分地方也分别出台了垃圾分类回收相关管理规定和措施，制定了垃圾分类规划，确定了不同阶段的工作目标，生活垃圾无害化处理率逐年提高。但回收

网络不健全、回收效率低、回收不规范等弊端仍然存在。另外，回收后的资源化利用体系不健全。

苏州市作为“全国首批餐厨废弃物资源化利用和无害化处理试点城市”，已基本构建起了较为完整的餐厨废弃物收集、运输、资源化利用和无害化处理体系，日均处理能力达到350t，市区集中收集率达到60%。

乡村固体废物中，农业废物、林业废物和畜禽粪便等资源化及能源化规模利用的资源在部分地区建立了分类回收体系。例如，农业废物秸秆的主要利用方式为还田、饲料和能源等三种；林业废物现已形成以成型燃料、液体燃料、热电联产、气体燃料等为主的多元化格局；畜禽粪便主要以肥料化、饲料化和能源化利用为主。农村生活垃圾的处置仍处于初步探索阶段，随着农村环境整治工作的推进，在一些地区的分类和处置取得了一些成绩，收集方式以定点堆放和统一回收等为主；但多数地区，特别是经济比较落后地区，仍处于无序抛撒、乱堆乱放的状态。

（二）缺乏基于全生命周期分析的顶层设计

资源从开采到消费再到回收利用，是全社会生产生活的整体循环过程，物质全生命周期循环是资源循环利用的客观规律。我国传统发展模式下，国家在制度设计上按照生产环节、生活环节和循环利用环节管理职能划分，未能从物质流动的客观规律进行统筹设计。法律制度“重末端、轻源头、弱循环”现象特征明显。例如，我国固体废物环境管理确定了“减量化、资源化、无害化”原则。其中，源头减量的工作主要基于《中华人民共和国清洁生产促进法》，“资源化”主要基于《中华人民共和国循环经济促进法》，但这两部法律是鼓励法，而不是约束法，操作性不强，调整对象主要是生产企业，调整环节主要是生产、流通、消费等领域，在资源利用的客观约束、自然资源的生态价值、产废单位的环境责任等方面未做规定，减量化与资源化的力度受到影响。“无害化”主要基于《中华人民共和国固体废物污染环境防治法》，其配套法规、标准和政策以末端处置过程的污染控制要求为主，对废物减量化、资源化的要求不具体，对于资源化利用过程污染控制及其产品环境风险控制缺少制度要求。

（三）制度体系不完善，配套政策落实不够

我国目前关于固体废物分类资源化利用的法律制度体系还存在一定的缺陷，法律关系主体的权利义务，以及违反法律义务应当承担的民事责任、行政责任乃至刑事责任尚不明确。对固体废物分类资源化没有具体要求，一味强调对危险废物进行管制，导致转移不容易、利用不容易、处置成本高的问题，影响了市场的活力，增加了管理的行政成本；而固体废物自行利用的环境管理长期缺位。

在法律落实方面，减量化和资源化的主管部门分别是工信部门和发改部门，环保部门参与不足，而工信部门和发改部门在产生源管理过程中对后续利用处置关注不足。相

关部门管理边界并不清晰，在思想认识、工作职能等方面也存在较大差异。在缺少宏观战略指导的情况下，部门间协调沟通不充分、管理措施不协调，令出多门的现象比较突出，制约了工业固体废物源头减量和资源化环节的管理工作效率。《"城市矿产"示范基地实施方案》、生产者责任延伸制度等只有原则性要求，缺少可操作的配套政策。

经济调节政策方面，缺少惩罚性财税制度，难以约束"资源大出大进"的粗放式生产模式；而现行排污税费制度对固体废物的产生缺少约束。已出台的工业固体废物综合利用政策，由于限制条件较多，导致优惠政策受益面小，未能有效发挥对固体废物分类资源化的引导和激励作用。例如，综合利用产品增值税优惠制度中，对利用比例和技术要求都有严格的限定，综合利用的认定程序也较为复杂。此外，缺少有效的投融资也极大地限制了企业的资源化技术投入。

缺少规范的统计指标体系，难以支撑管理决策。环保、工信等部门根据各自需求分别统计，统计口径不一致，统计信息难以全面反映综合利用情况。例如，环境统计调查工业固体废物产生利用数据来源于一般工业固体废物产生量大于 10 000t 的企业，以及危险废物产生单位；而工信部门的综合利用信息主要来自于行业统计调查，两者在调查范围、调查方法上存在较大差异，导致宏观统计数据差异，进而导致在确定宏观综合利用工作目标时难以决策。

（四）政府主体角色不突出，产业规模较小

固体废物分类资源化利用公益性强，市场的自我调节能力薄弱，发达国家均采取了政府主导的发展模式。政府作为管理者、决策者和仲裁者，最主要的职能是提供公共产品、弥补市场失灵、校正外部性、完善市场，但我国政府在制定法律规范、监督法律实施、规范自身行为、倡导发展循环经济等方面还有很多不足之处。

市场发展缺乏政府资金引领。近年来，我国对污染治理投资、财政转移支付及政府绿色采购的规模不断扩大，对环境治理、固体废物分类资源化利用等起到一定作用，但环境保护特别是固体废物分类资源化利用财政支出在财政支出中占比相对较低，发挥作用十分有限。在投资来源方面，社会资本投入远远高于国有资本和集体资本，每年社会资本投入约是国有资本、集体资本投资之和的 3.5 倍。

市场激励机制不足，产业缺乏内生动力。我国现有资源综合利用企业起步较晚，以民营资本居多，技术、资金保障能力薄弱。但资源综合利用产业现有税收、政府补贴等覆盖范围非常有限，企业投融资渠道较少，不利于企业扩大规模、整合资源，控风险能力非常薄弱，社会资本进入固体废物利用与处置行业积极性不高。2012 年，我国与固体废物利用和处置相关的上市企业约 14 家，仅占 400 家环保上市公司的 3.5%。从事固体废物综合利用的企业以中小型为主，其中大宗工业固体废物综合利用企业平均产值不到 2000 万元。

回收体系不健全，产业原料供应缺乏保障，是制约产业发展的短板。再生资源广泛分布于家庭，大部分回收渠道被走街串巷的游商小贩占据，正规处理企业却难以获得这些资源。我国的垃圾分类推行不力，直接导致收购层次低、分类不细，使得后续资源回收难度较大。信息化手段虽然正逐步应用于"城市矿山"开发利用中，主要盈利点还不

清晰。已有平台涵盖“城市矿山”资源的种类有限；重视在“城市矿山”产业链前端（即回收环节）的应用，而对其后端（即拆解、粗加工、循环再造）的应用关注不够，缺乏针对整个产业链的整体应用设计；聚焦于如何通过信息化手段扩大“城市矿山”开发利用规模和降低开发利用成本，而对如何降低其开发利用过程的环境影响考虑不多。

（五）技术储备不足，产业发展缺乏支撑

工业固体废物综合利用过程二次污染控制不足，二次污染问题较为突出。尾矿、冶金渣中有价资源的高效利用十分有限，我国现有技术无法有效解决其中毒害成分与有价元素高效解离和安全回收问题，难以有效回收其中的稀散金属。燃煤固体废物多元化利用技术缺乏。粉煤灰、煤矸石、铁尾矿、钢渣等的铁、镁、钙、硅及其他硅酸盐类矿物共性结构未能充分利用。

在“城市矿山”开发利用领域缺乏针对我国固体废物量大、成分复杂特点的重大原创性核心技术和成套集成装备，尚未形成从源头到末端全过程减排增效的重大集成技术和产品体系，以及跨产业的固体废物协同利用技术，整体上与国际先进水平相差10～15 年，主导性工艺基本处于跟跑地位，特别是在固体废物源头减量化重大技术方面差距更为明显。

乡村废物分类资源化利用技术在以下几个方面仍未突破：一是利用技术单一，缺少多元化的乡村废物分类资源化利用技术；二是技术的系统化不够，利用技术与原料收集、运营、管理的系统化集成度很低；三是利用技术上机械化、规模化、自动化程度低。

从产业发展总体而言，我国现行的固体废物分类标准过粗，欠缺资源化利用过程环境污染防治和环境风险控制技术规范，综合利用产品缺少基于环境健康风险的质量控制标准，导致固体废物资源无法充分有效利用，综合利用过程环境问题突出，公众对综合利用产品认可程度低，市场推广难度大。

（六）资源化利用意识不足，社会参与度不高

固体废物分类资源化利用与民众生活生产息息相关，民众广泛参与是推动固体废物正确分类、管理与监督的有效途径。但长期以来，这一问题尚未提高到生态文明建设的战略高度，政府和企业对于固体废物分类收集、利用与处置相关信息公开不够，加上利用处置过程二次污染防治水平不高，公众对固体废物分类资源化认识不足，导致“邻避效应”凸显。以生活垃圾为例，一方面，民众对于生活垃圾源头分类支持度不高，导致垃圾减量化低，循环利用率低，最终焚烧或填埋处置量大；另一方面，民众对于生活垃圾处置设施存在广泛的抵触情绪，制约相关项目落地运行。充分发挥除政府机关外，企业、社区、家庭、中介组织和个人等社会力量，培养其参与的积极性，调动各种社会资源，形成规范、健全的多个参与主体的管理制度体系，是我国政府和社会各界面临的共同课题。

虽然固体废物分类资源化对我国战略意义重大，但是仍需尽快化解上述挑战和问题，才能促进固体废物分类资源化利用及其产业蓬勃发展，并在建设美丽中国、实现中华民族伟大复兴中国梦的过程中，为促进中国经济逐步转向为可持续发展、绿色发展发挥其应有作用。

第二章　我国固体废物分类资源化利用的潜力和潜在效益

一、我国固体废物总体情况

（一）“城市矿山”

1. 生活垃圾产生情况

住房和城乡建设部数据显示，2015 年我国城市生活垃圾清运量为 19 142.17 万 t。城市生活垃圾的组成成分与城市化程度相关，越是经济发达的城市，城市垃圾中可燃物及可堆腐物所占比例越高（表 2-1）。垃圾的含水率、有机质、碳氮比、热值随着垃圾产生种类的不同而不同，其中市场垃圾、商业垃圾含水率较高，居民垃圾含水率略低，垃圾含水率最高可达 50%左右（王德宝和胡莹，2010）。

表 2-1　近年来我国部分城市生活垃圾中各类废物的分布情况

地区	有机类废物（%）		产品类废物（%）						无机类废物(%)		数据来源
	餐厨垃圾	动植物残骸	纸	塑料	金属	橡胶	玻璃	纺织品	灰渣	砖块	
北京	69.30	2.70	10.30	9.80	0.80	0	0.60	1.30	0	0	Qu *et al.*，2009
长沙	—	14.52	0.71	0.55	0.34	0	0.87	0.44	58.54	24.10	Chen *et al.*，2013
成都	68.10	0.88	13.00	12.00	0	0	0.80	2.50	2.1	0	Huang and Liu，2012
	59.20	4.20	10.10	15.70	1.10	0	3.40	6.10	0	0	Yuan *et al.*，2006
重庆	22.82	1.53	5.39	11.82	1.16	0	2.19	2.84	28.43	3.01	Zhou and Feng，2010
	72.97	0	9.34	8.40	0.36	0	1.46	3.16	1.48	0.92	Zhang *et al.*，2014
大连	36.40		8.76	18.57	0.61	0	4.98	1.98	28.70	0	Zhao，2006a
广汉	50.70	0.20	8.80	6.10	0.20	0	0.60	0.60	32.80	0	Hu *et al.*，1998
广州	58.10	3.10	6.30	14.50	0.60	0	2.00	4.80	9.00	0	Jiang *et al.*，2009
杭州	57.00	2.00	15.00	3.00	8.00	0	8.00	2.00	4.00	0	Zhao *et al.*，2009a
呼和浩特	32.00	3.60	6.50	9.20	0.50	0	1.15	0.30	15.90	0	Zhao *et al.*，2005
哈尔滨	77.02		9.02	7.40	1.16	0	4.08	1.31	0	0	Xuan and Ma，2014
香港	44.00	1.00	26.00	18.00	2.00	0	3.00	3.00	0	0	Ko and Poon，2009
荆州	45.44		4.73	5.93	0.02	0	0.21	0.79	32.95	2.69	Dai *et al.*，2013
九江	50.80	2.30	4.56	8.74	0.18	0	1.55	1.20	26.70	3.84	Xiao and Zhou，2008
拉萨	30.41		23.74	14.84	5.12	0	4.73	4.50	22.83	0	Zeng and Duo，2012
洛阳	4.40	4.40	0.611	10.34	2.69	9.25	0.681	0.681	50.25	16.73	Su *et al.*，2002
澳门	25.70	5.10	15.30	29.10	4.30	0	12.10	6.50	1.90	0	DSPA M，2011*
南宁	58.93		10.74	10.82	0.40	0	4.33	2.12	12.10	0	Guo *et al.*，2013
宁波	53.70	1.10	5.40	7.90	1.00	0	2.40	3.00	0	0	Liu *et al.*，2006

续表

地区	有机类废物		产品类废物						无机类废物(%)		数据来源
	餐厨垃圾	动植物残骸	纸	塑料	金属	橡胶	玻璃	纺织品	灰渣	砖块	
上海	66.70	1.21	4.46	19.98	0.27	0	2.72	1.80	2.77	0	Hong *et al.*，2006
	72.49		6.01	13.79	0.24	0	3.09	2.14	0.36	0	Jia *et al.*，2013
沈阳	73.70	1.70	7.60	5.20	0.30	0	2.40	0.90	0	0	Raininger，2009
深圳	40.00	0	17.00	13.00	3.00	0	5.00	5.00	0	0	黄昌付，2012
石河子	59.00	0	5.60	9.60	3.60	0	7.30	2.50	0	0	Chen *et al.*，2010
台北	19.02	2.42	41.65	23.85	0.97	0	4.00	5.49	2.60	0	Liang and Fan，2014
天津	56.88	1.93	8.67	12.12	0.42	0	1.30	2.47	16.21	0	Zhao *et al.*，2009b
西藏	72.00	0	6.00	12.00	1.00	0	0	7.00	0	0	Zeng and Duo，2012

* 该文献为内部资料“Environmental Status Report of Macau（2011）”

近年来，我国城市生活垃圾构成有以下变化趋势：一是有机物增加；二是可燃物增多；三是可回收利用物增多；四是可利用价值增大。由于中国垃圾产量巨大，将面临围城的困境，混合处理造成了严重的环境污染和大量的资源浪费。目前，我国大部分城市生活垃圾可分为可回收垃圾、餐厨垃圾和其他垃圾三类。

目前常用的垃圾处理方法主要有综合利用、卫生填埋、焚烧和堆肥等。其中废纸、塑料、玻璃、金属和布料五大类可回收垃圾通过综合处理回收利用；餐厨垃圾经生物技术就地处理堆肥；有害垃圾包括废电池、废日光灯管、废水银温度计、过期药品等需要特殊安全处理；其他不可回收且热值较高的垃圾采用焚烧处理；上述几类垃圾之外的砖瓦陶瓷、渣土等难以回收且热值较低的废弃物采取卫生填埋可有效减少对地下水、地表水、土壤及空气的污染。

2. 再生资源回收和进口情况

国内回收利用量持续增长。2009～2014 年我国“城市矿山”资源回收利用总量持续增长（图 2-1）。截至 2014 年，我国废钢铁、废有色金属、废塑料、废旧轮胎、废纸、

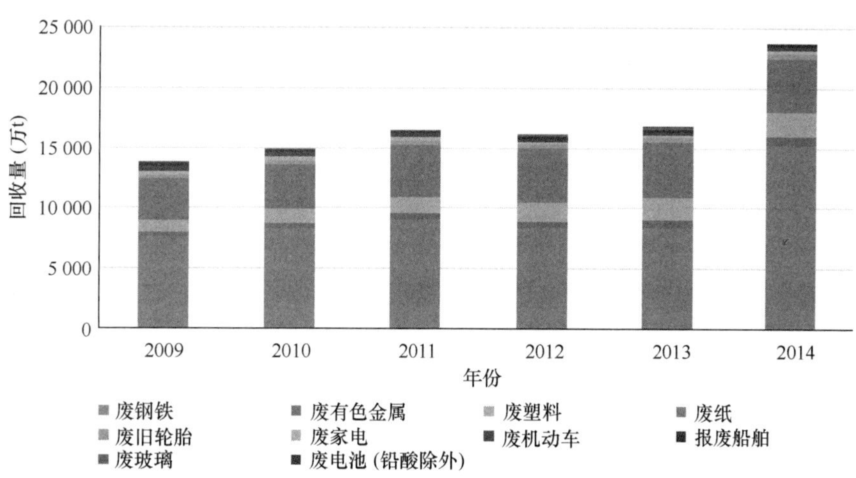

图 2-1　2009～2014 年我国主要“城市矿山”回收利用现状（彩图见封底二维码）

数据来源：商务部统计数据

废家电、废机动车、报废船舶、废玻璃、废电池（铅酸除外）等十大类别的主要城市矿产种类开发回收总量达到2.45亿t，实现产值6446.9亿元。

再生资源进口规模总体增长。近年来，我国经济社会发展对资源和原材料的需求量逐步增大，进口量呈逐年增长的趋势，2008年达到顶峰，约5600万t。近几年，受我国经济发展下行的影响，进口量有下降的趋势，如图2-2所示。从进口来源地看，主要来自美国、日本、欧盟、我国香港特别行政区（转口）等发达国家和地区。

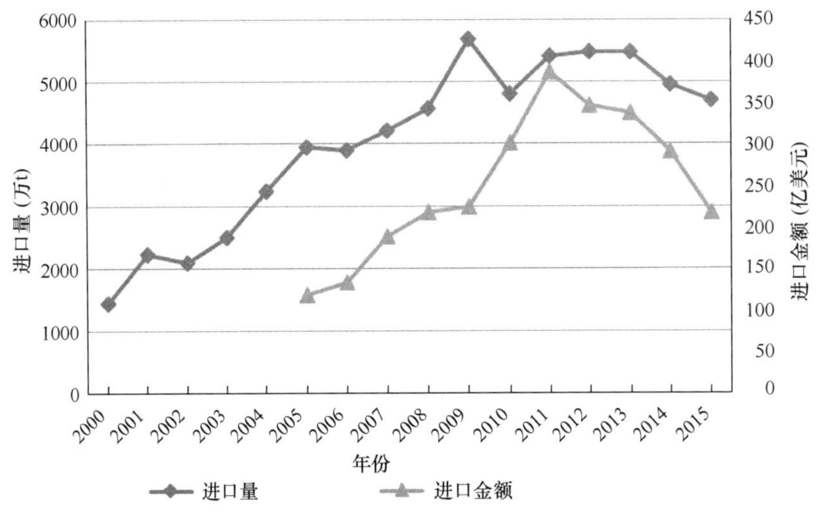

图2-2　2000～2015年我国废物进口量及进口金额

数据来源：环境保护部统计数据

2014年，我国进口废物4960万t，前八位的品种依次为废纸（57.1%）、废塑料（17.1%）、废五金（11.3%）、氧化皮（5.2%）、铝废碎料（3.8%）、铜废碎料（2.0%）、废船（1.8%）和废钢铁（0.8%），合计占实际进口废物总量的98.8%。

进口废物加工利用企业主要分布在东南沿海地区，广东、浙江、江苏、山东、天津五省（市）合计1800家，占全国加工利用企业总数的77.7%，五省（市）合计进口量占全国的80%。

3. 建筑垃圾的产生情况

由于缺乏全国建筑垃圾年产量的统计数据，因此根据因果模型，通过计算历史各年的房屋建筑面积核算我国历年建筑垃圾产生量和累计产量（图2-3）。目前我国每年建筑垃圾的产量已经达到26.4亿t，在不考虑资源化处理的情况下，历史各个年份所积累的建筑垃圾量已将近215亿t。

4. 我国“城市矿山”资源的区域分布特征

从我国“城市矿山”资源的区域分布来看，“城市矿山”资源量自东向西、自南向北减少，沿海地区的资源量高于内陆地区。资源量主要集中于珠江三角洲、长江三角洲和黄河下游地区。由此可以看出，**“城市矿山”的资源量与区域的经济发展水平和人口密度呈正相关关系。**

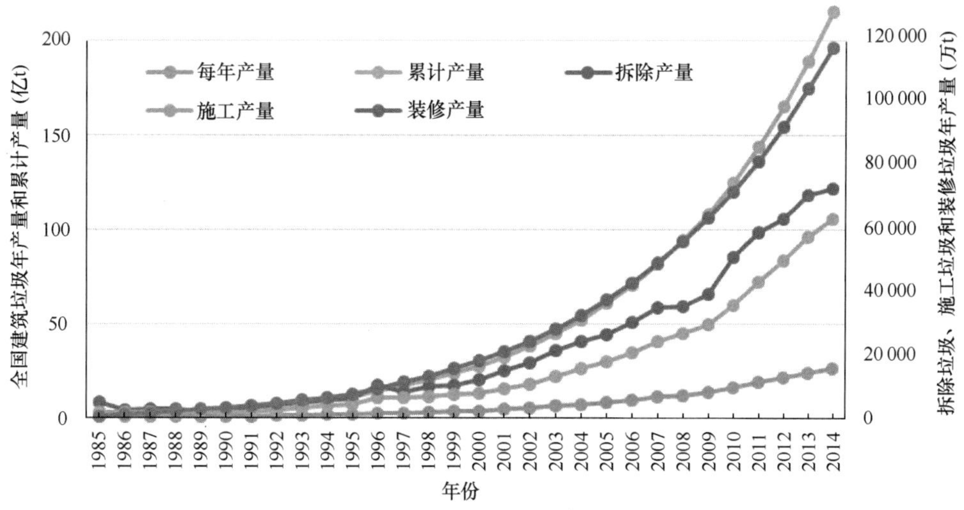

图 2-3　1985～2014 年我国建筑垃圾年产量和累计产量（彩图见封底二维码）

数据来源：中国建筑设计研究院，青岛市建筑节能与墙体材料革新办公室. 2014. 建筑垃圾回收回用政策研究

（1）区域整体分布不均衡，与区域经济发展水平和人口密度密切相关

受到产业、物流及回收体系建设等因素的影响，我国的重点“城市矿山”资源量主要集中在东南沿海等经济发达地区，而在西部地区资源量较少。其中广东的垃圾清运量最多，为 2092.11 万 t。2014 年，244 个大、中城市生活垃圾产生量 16 816.1 万 t，处置量 16 445.2 万 t，处置率 97.8%。各地大、中城市发布的 2014 年城市生活垃圾产生情况如图 2-4 所示。其中，产生量最大的是上海市，产生量为 742.7 万 t，其次是北京、重庆、深圳和成都（深圳和成都的数据来自《2015 年全国大、中城市固体废物污染环境防治年报》）。前 10 位城市产生的城市生活垃圾总量为 4818.1 万 t，占全部信息发布城市产生总量的 28.7%。

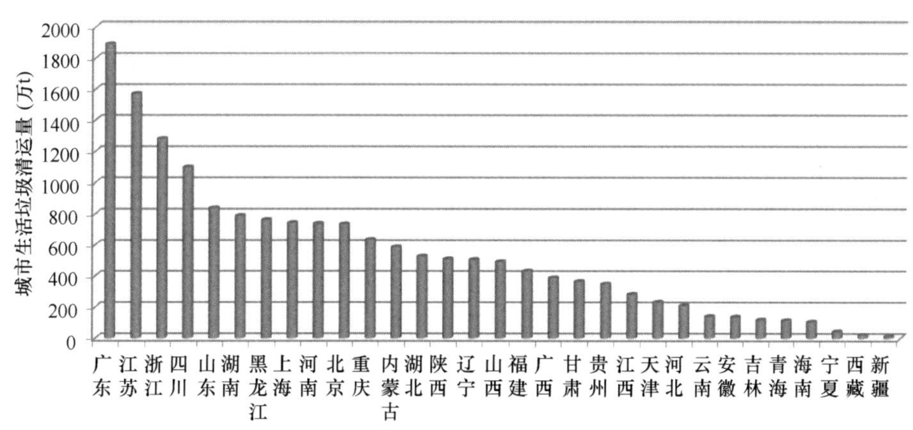

图 2-4　2014 年我国各省（自治区、直辖市）城市生活垃圾产生情况

数据来源：《2015 年全国大、中城市固体废物污染环境防治年报》

（2）广义的扩散化与相对的积聚化

随着社会的发展，一方面，全国各地的“城市矿山”资源量均处于快速增长阶段，

而随着国家循环经济战略的发展，各地政府均十分重视再生资源产业的发展，正加大在此方面的投入，推进再生资源在本地进行回收利用。各地“城市矿山”资源本地化的特点明显，即广义上的分散化。

另一方面，广东、山东、江苏等沿海地区具有较好的再生资源加工利用产业基础，且物流、回收网络体系及技术水平相对较高，使得这些地区的“城市矿山”资源蓄积量较大，且对于废弃电器电子产品、稀贵金属等资源附加值高、技术水平要求也相对较高的资源种类，更是相对集中于具备良好的产业发展和技术基础的地区，即相对的积聚化。

（3）进口资源主要集中于沿海地区的园区

从我国海关及环境保护主管部门的统计数据来看，我国的进口资源主要集中在广东、浙江、福建等沿海地区。进入 21 世纪以来，进口再生资源加工园区在全国各地蓬勃发展起来，目前在建或建成的进口再生资源加工园区已达 15 家，年处理废金属占我国进口总量的 50%以上。

（4）以废旧物资交易市场的发展为先导，形成了聚集大量资源的区域性中心

各种类别的废旧物资交易市场得到快速发展，我国已兴起了如河北保定、浙江永康、湖南汨罗、山东临沂、四川新津、河南长葛、广东南海和重庆等的废旧物资交易市场。此外，一些专业化的园区如安徽界首的再生铅、江西丰城的再生铝、湖南永兴的贵金属、江西贵溪的再生铜市场也在加速建设发展。以这些市场为中心，其周边聚集了大量的资源再生利用企业，形成了不同的区域性中心。

（5）“城市矿山”资源量迅速增加，中西部地区增长快速

从时间尺度来看，到 2020 年，我国的重点“城市矿山”资源量均处于快速增长的阶段，全国各省（自治区、直辖市）的资源量均出现了快速的增长。且随着社会经济的发展，西部地区所占比重有所增加。未来 10 年中，虽然东部沿海地区仍将占有优势，但“城市矿山”资源分布有逐步向中西部地区发展的趋势。

（二）乡村废物

1. 农村生活垃圾

目前，农村生活垃圾还没有统计数据，只能根据农村人口及人均排放量估算每年的产生量（鞠昌华等，2015）。随着城市化的发展，我国农村人口数量不断下降，在 2011 年被城市人口所反超。1995～2015 年，我国农村生活固体废物年产生量从 1.35 亿 t 减少到 0.95 亿 t 左右（图 2-5）（国家统计局，2001—2015）。农村生活垃圾的组分主要以餐厨垃圾、废弃塑料、废纸等可回收垃圾及灰渣等组成。农村生活垃圾中有机物平均含量 30%左右，热值要低于城市生活垃圾（5000～6300kJ/kg），取热值 4000kJ/kg 估算 2015 年农村生活垃圾储存的资源量约达到 1300 万 t 标准煤。

在地域分布上，广东的农村生活垃圾产生量为全国最多，超过 500 万 t 的其他省份有山东、河南、河北、江苏、四川和湖南等。这七个省份农村人口占全国农村人口的 45%，产生的生活垃圾占 47%。产生量偏少的地区，如西藏、青海、宁夏和海南等地因总人口少，北京、天津和上海等地因城市化率超过 82%、农村人口较少等原因农村生活固体废物产生量也较少（图 2-6）。

1.60
1.20
0.80
0.40
0.00
产生量 (亿t)
2000
1500
1000
500
0
资源量 (万t标准煤)
1995 1996 1997 1998 1999 2000 2001 2002 2003 2004 2005 2006 2007 2008 2009 2010 2011 2012 2013 2014 2015
年份
非可用量 (实物量)
可用量 (有机物)
资源量 (标准量)

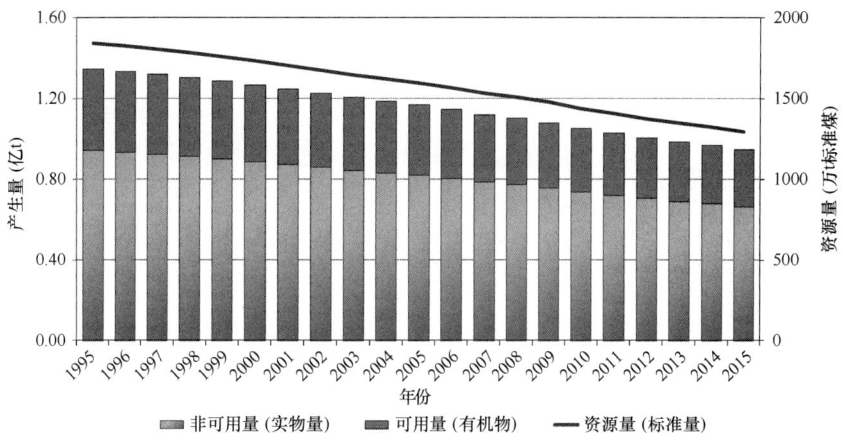

图 2-5　1995～2015 年我国农村生活固体废物产生量及资源量

数据来源：国家统计局，2016

广东 3395
山东 4233
河南 5039
河北 3614
江苏 2670
四川 4292
湖南 3331
浙江 1894
湖北 2525
安徽 3041
江西 2209
云南 2687
广西 2539
福建 1436
贵州 2047
黑龙江 1570
辽宁 1431
陕西 1748
山西 1648
吉林 1230
甘肃 1477
新疆 1245
重庆 1178
内蒙古 997
北京 293
天津 269
上海 299
海南 409
宁夏 299
青海 292
西藏 234
0 1000 2000 3000 4000 5000 6000
农村人口 (万人)
广东 719
山东 664
河南 635
河北 567
江苏 565
四川 540
湖南 523
浙江 401
湖北 396
安徽 383
江西 347
云南 338
广西 320
福建 304
贵州 258
黑龙江 246
辽宁 225
陕西 220
山西 208
吉林 193
甘肃 186
新疆 157
重庆 148
内蒙古 126
北京 62
天津 57
上海 63
海南 52
宁夏 38
青海 37
西藏 29
0 200 400 600 800
农村生活固体废物产生量 (万t)

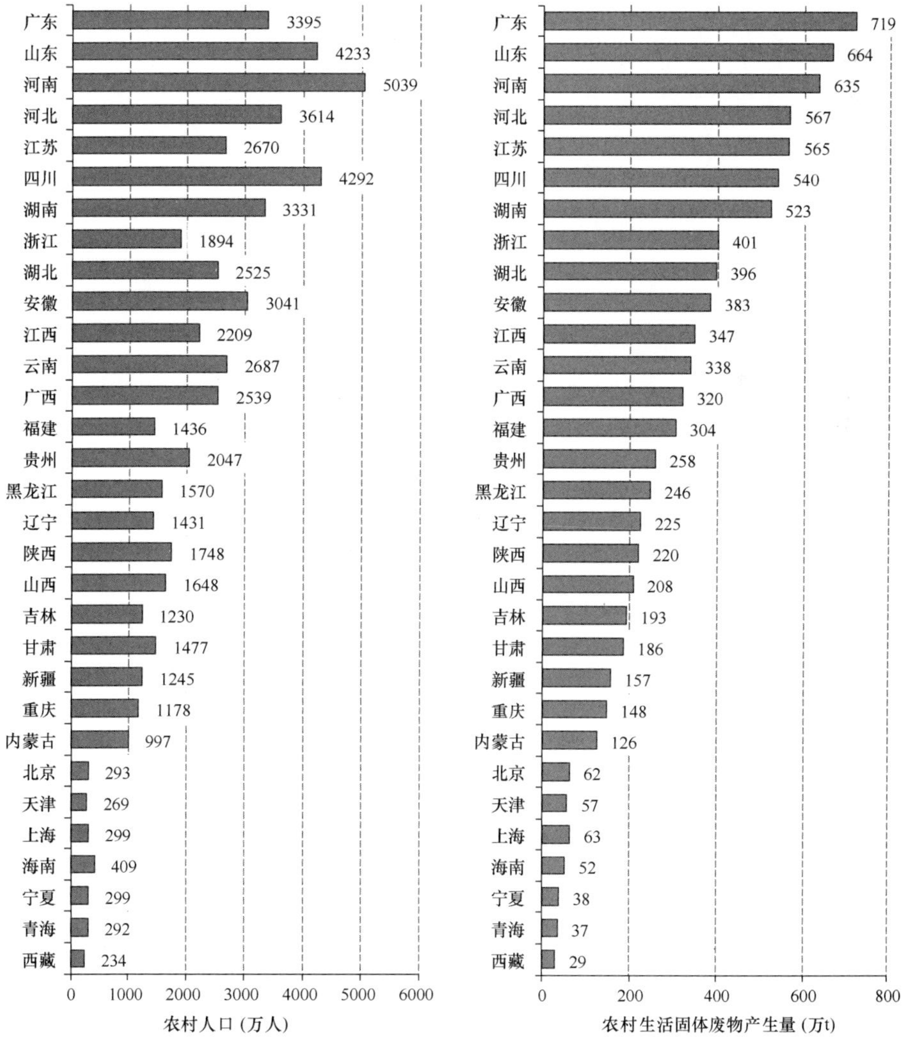

图 2-6　2015 年我国各省份农村人口与农村生活固体废物产生量

数据来源：国家统计局，2016

2. 农业废物

随着我国农业生产规模的持续提高，**农作物秸秆总产量总体上呈增长趋势**（图 2-7）。2015 年，全国各类农业废物产生量达到 9.94 亿 t（毕于运等，2009），其中玉米、水稻和小麦等大宗秸秆占作物秸秆的 73.5%，是主要作物秸秆类型。其他蔬菜残余物占 7.9%、棉秆占 5.2%、油料秸秆占 5.2%、糖料副产物占 3.7%、豆类秸秆占 2.7%、其他占 1.8%。按各类作物秸秆热值折算标准煤，2015 年总量约达到 4.74 亿 t 标准煤。

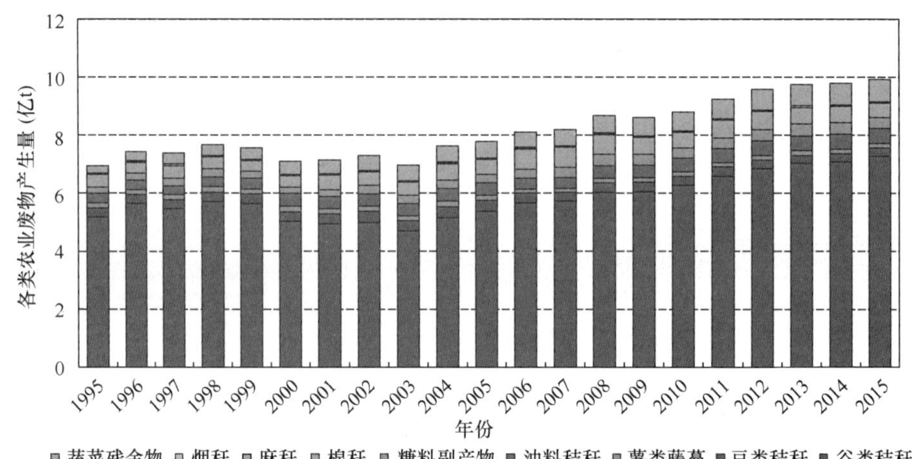

图 2-7　1995～2015 年我国各类农业废物产生量（彩图见封底二维码）

数据来源：国家统计局，2016

农业废物产生量集中在粮食主产区，并与当地种植结构一致。产生量排在前三位的地区为河南、黑龙江和山东，年产生量分别达到 8607 万 t、8546 万 t 和 7668 万 t。其中，河南以小麦、玉米等谷类秸秆为主，花生秧壳和蔬菜残余物占比较大；黑龙江以玉米、水稻等谷类秸秆为主，大豆秸秆及蔬菜残余物也较多；山东以小麦、玉米等谷类秸秆为主，蔬菜残余物所占比例较高。另外，新疆是我国棉花高产地，2015 年棉秆产生量达到 3223 万 t，占全国总产生量的 62.4%。由于南北方农业的差异，广西、云南、广东和海南等地产生大量的甘蔗副产物，约占全国的 90.6%（图 2-8）。

3. 林业废物

生物质原料资源的林业剩余物包括森林采伐剩余物、木材加工剩余物及育林剪枝所获得的薪材量，统称林业“三剩物”。森林采伐剩余物和木材加工剩余物的产生量估算结果见表 2-2。

据测算，扣除薪炭林的薪柴，全国每年产生薪柴 5000 万 t 左右（袁振宏等，2005）。云南、四川、广西等西南三省（区）及西藏地区约占全国薪柴总产生量的 40%。“十二五”期间，每年约产生的森林采伐剩余物、木材加工剩余物和育林剪枝所获得的薪材量为 1.38 亿 t，折合成标准煤约为 8000 万 t。

图 2-9 显示了 2015 年全国各地林业面积与林业废物产生情况。林业废物产生量超过 1000 万 t 的地区有云南、广西两地。这些地区主要是国家规定的采伐限额高，使得森

林采伐剩余物和木材加工剩余物大量产生。其他超过 500 万 t 的其他地区有内蒙古、福建、江西、广东、湖南、四川和黑龙江等地。内蒙古和黑龙江等地虽然采伐限额低，但因林地面积大，薪材的产生量也较多。

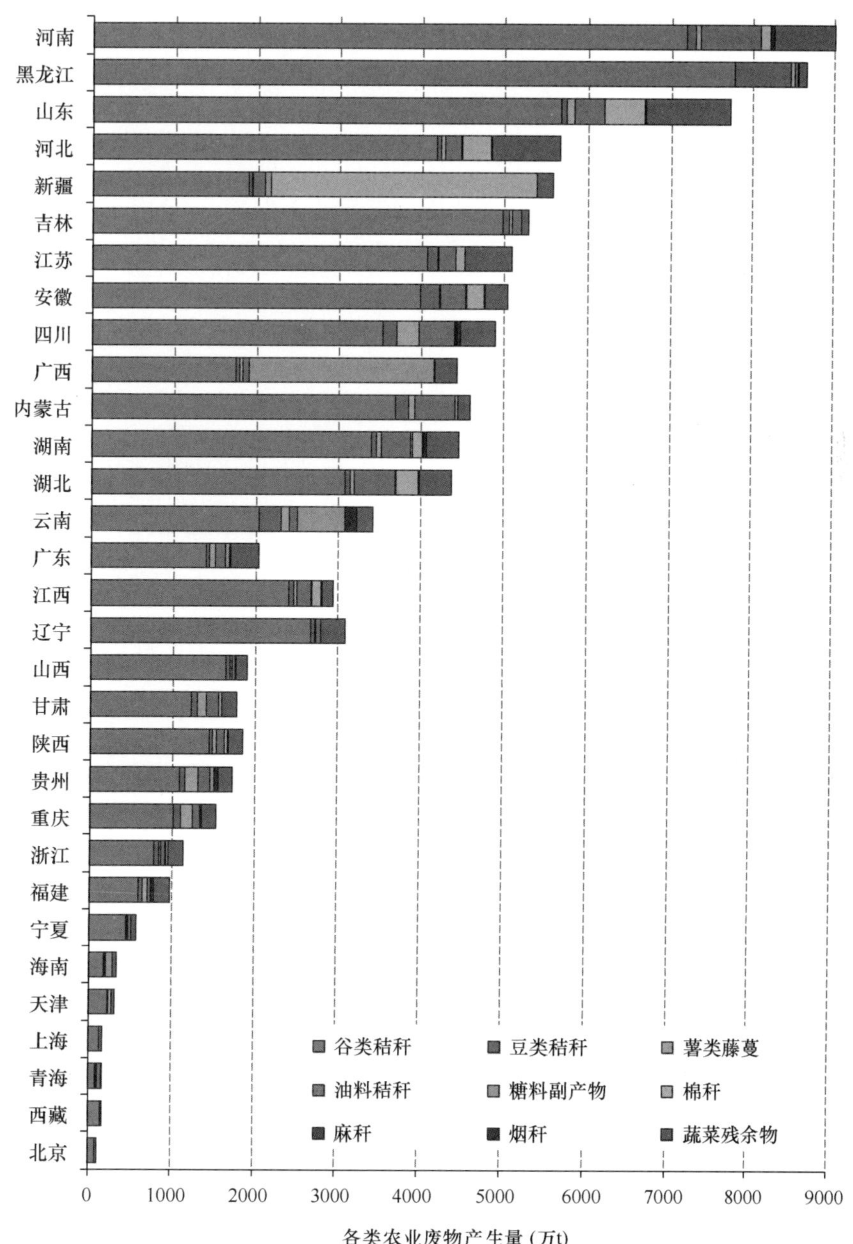

图 2-8　2015 年我国各地区各类农业废物产生情况（彩图见封底二维码）

数据来源：国家统计局，2016

4. 畜禽粪便

粪便排放量的估算是按不同种类畜禽的日排粪便量及存栏数算出实物量（林源等，2012），再按粪便收集系数获得可开发量。2015 年，我国畜禽粪便排放实物量达到 41.01 亿 t，其中家猪、牛、羊、马驴骡及家禽等分别产生17.87亿t干物质、16.80亿t干物质、2.70亿t干物质、0.87亿t干物质及2.78亿t干物质等。按照不同畜种粪便产热值计算干物质标准量(中国可再生能源发展战略研究项目组，2008)，2015年可达到4.21亿t标准煤(图2-10)。

表2-2　1991～2015年我国采伐剩余物及加工剩余物的估算值（国务院，2016）

期间	年份	采伐方式			采伐量合计	采伐剩余物	加工剩余物	采伐剩余物及加工剩余物合计	
		主伐	抚育采伐	其他					
		万 m^3	万 m^3	万 m^3	万 m^3	万 m^3	万 m^3	万 m^3	万 t
九五	1996～2000	11 152	4 634	10 866	26 652	10 356	6 518	16 875	10 125
十五	2001～2005	8 452	6 053	7 805	22 310	9 138	5 269	14 407	8 644
十一五	2006～2010	11 744	5 624	7 448	24 816	9 737	6 032	15 768	9 461
十二五	2011～2015	14 119	6 965	6 022	27 105	10 649	6 582	17 232	10 339

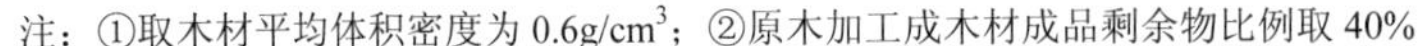

注：①取木材平均体积密度为0.6g/cm^3；②原木加工成木材成品剩余物比例取40%

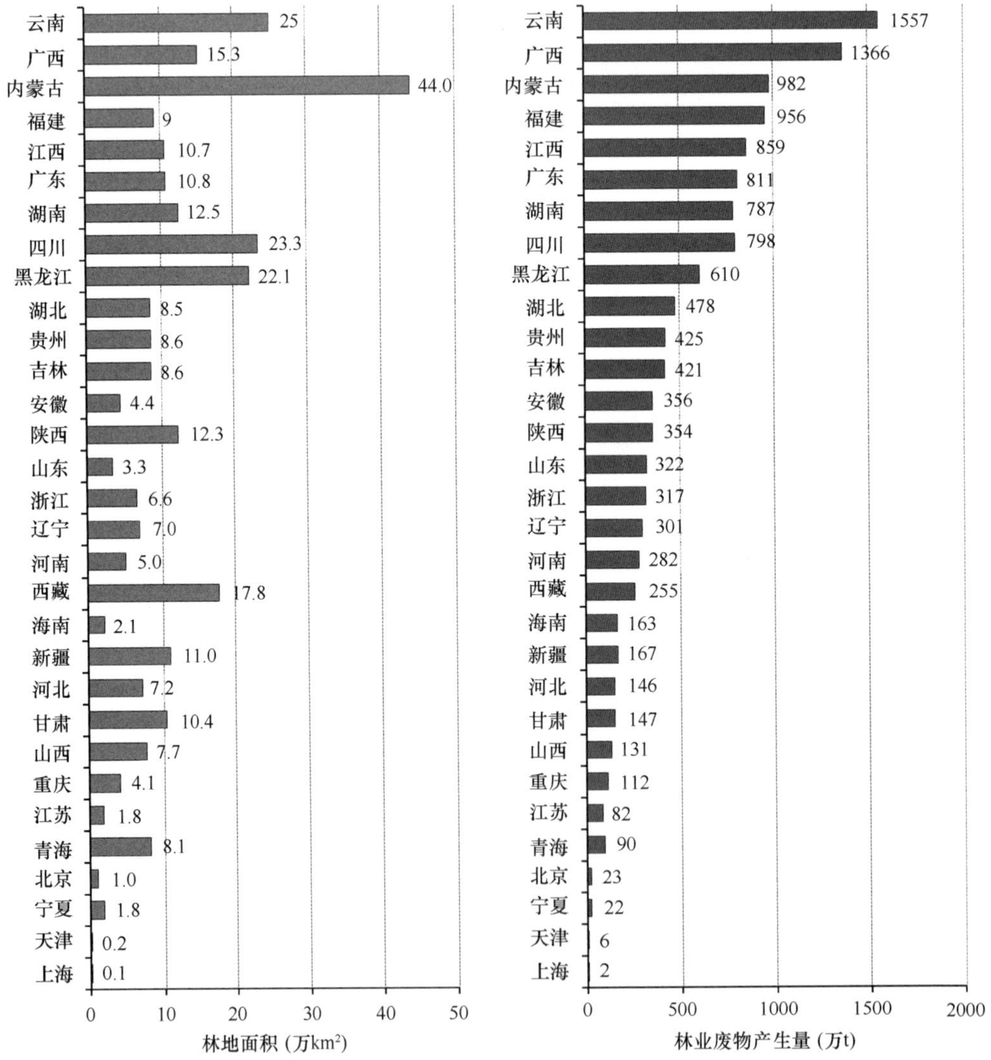

云南 25
广西 15.3
内蒙古 44.0
福建 9
江西 10.7
广东 10.8
湖南 12.5
四川 23.3
黑龙江 22.1
湖北 8.5
贵州 8.6
吉林 8.6
安徽 4.4
陕西 12.3
山东 3.3
浙江 6.6
辽宁 7.0
河南 5.0
西藏 17.8
海南 2.1
新疆 11.0
河北 7.2
甘肃 10.4
山西 7.7
重庆 4.1
江苏 1.8
青海 8.1
北京 1.0
宁夏 1.8
天津 0.2
上海 0.1
0 10 20 30 40 50
林地面积（万km²）
云南 1557
广西 1366
内蒙古 982
福建 956
江西 859
广东 811
湖南 787
四川 798
黑龙江 610
湖北 478
贵州 425
吉林 421
安徽 356
陕西 354
山东 322
浙江 317
辽宁 301
河南 282
西藏 255
海南 163
新疆 167
河北 146
甘肃 147
山西 131
重庆 112
江苏 82
青海 90
北京 23
宁夏 22
天津 6
上海 2
0 500 1000 1500 2000
林业废物产生量（万t）

图2-9　2015年我国各地林业废物产生量

数据来源：国家统计局，2016

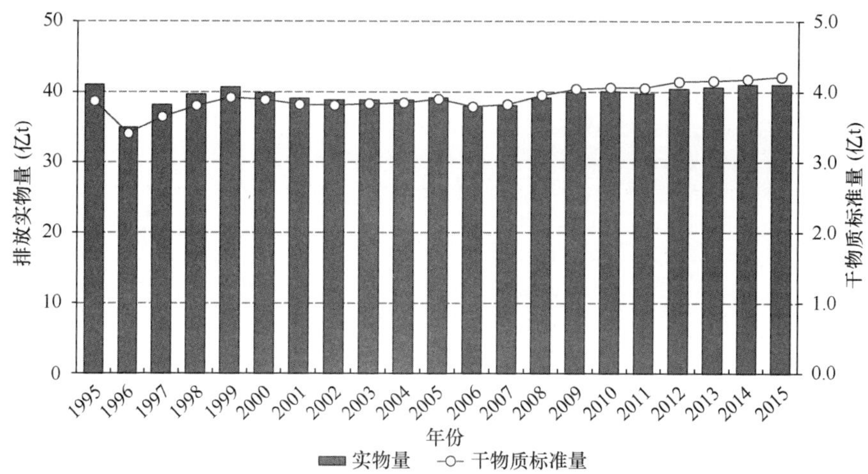

图 2-10　1995～2015 年我国畜禽粪便排放实物量与干物质标准量

数据来源：国家统计局，2016

从地区的产生量来看，四川和河南两个地区居前两位，年产生畜禽粪便分别为 3.76 亿 t 和 3.56 亿 t。其次，山东、湖南和云南三地的年产生量也超过了 2.30 亿 t。从排放结构来看，上述 5 个地区猪和牛的粪便排放量分别占 90.3%、87.6%、76.8%、94.2% 和 90.1%（图 2-11）。

（三）工业固体废物

1. 工业固体废物产生量与经济增长正相关

从历史趋势来看，工业固体废物产生量与工业增加值保持正相关（图 2-12）。 2005～2014 年，我国工业固体废物产生量年平均增长率为 17.3%，“十二五”以来，年产生量超过 30 亿 t，2014 年产生量达到 32.56 亿 t（含工业危险废物产生量 3633.5 万 t）。但由于资源深加工产业相对滞后，我国工业危险废物产生量相对较小，仅占工业固体废物总产生量的 1%，远小于发达国家 10%的平均水平。

“十二五”以来，工业固体废物的产生强度呈现减弱趋势。 近年来，我国大力推进节能减排和清洁生产措施，单位工业增加值的工业固体废物产生强度由 2005 年的 1.57t/万元降低到 2014 年的 1.17t/万元（图 2-12）。对工业固体废物产生量贡献率最大的煤炭、钢铁、有色金属等三大行业产能严重过剩、需求不振，很大程度上减缓了工业固体废物产生量剧增的压力。

2. 工业固体废物集中产生特征明显

（1）产生类别集中

2014 年，重点调查企业产生的尾矿、煤矸石、粉煤灰、冶炼渣、炉渣、脱硫石膏等六大类一般工业固体废物总量超过 26 亿 t，占总产生量的 83.7%，是我国一般工业固体废物管理的重点类别。产生量较大的危险废物种类为废碱（608.2 万 t）、石棉废物（561.7 万 t）、废酸（549.4 万 t）、有色金属冶炼废物（391.3 万 t）、无机氰化物废物（246.8 万 t）、

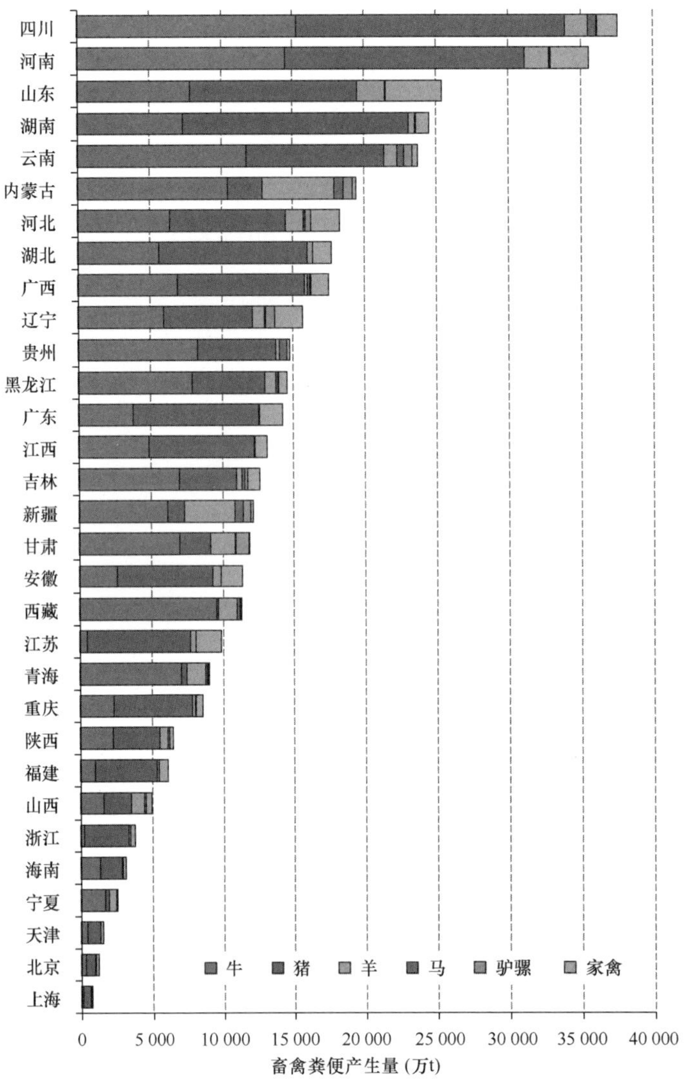

图 2-11　2015 年我国各地区畜禽粪便产生情况（彩图见封底二维码）

数据来源：国家统计局，2016

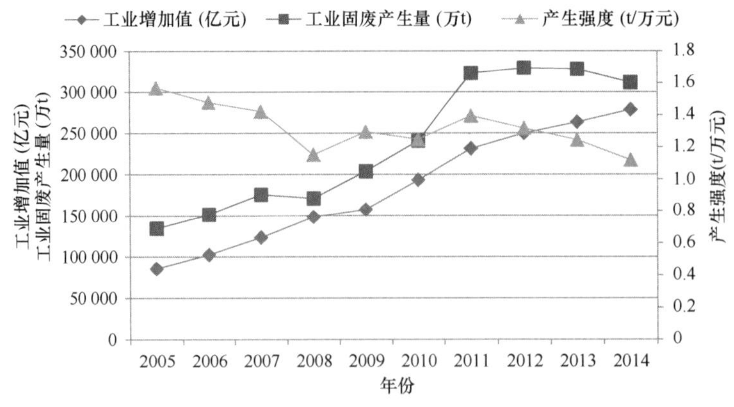

图 2-12　2005～2014 年我国工业固体废物产生量与工业增加值呈正相关关系

数据来源：国家统计局和环境保护部，2006—2015

废矿物油（152.9 万 t）。工业危险废物产生量逐年增加，随着统计范围的扩大，2011 年有了突跃式的增长，近几年统计数据约在 3500 万 t。

（2）产生行业集中

根据环境统计数据分析，煤炭、钢铁、有色金属等三大行业对一般工业固体废物产生量贡献率超过 70%。其中，钢铁、有色金属生产加工活动对工业固体废物的总贡献率在 44.6%，主要是各类尾矿和冶炼渣；煤炭生产和消费相关活动贡献率超过 39.1%，主要是煤矸石、粉煤灰、脱硫石膏、炉渣等（表 2-3）。

表 2-3　2014 年主要一般工业固体废物产生量行业分布

<table>
<tr><th>序号</th><th>行业分类</th><th>主要固体废物类别</th><th>2014 年产生量（亿 t）</th><th>占全国总产生量的比例（%）</th><th>行业固体废物产生总量（亿 t）</th><th>占全国总产生量的比例（%）</th></tr>
<tr><td>1</td><td>黑色金属矿采选业</td><td>铁尾矿等</td><td>5.7</td><td>17.5</td><td>5.7</td><td>17.5</td></tr>
<tr><td>2</td><td>有色金属矿采选业</td><td>有色金属尾矿等</td><td>3.5</td><td>10.7</td><td>3.5</td><td>10.7</td></tr>
<tr><td>3</td><td>煤炭开采和洗选业</td><td>煤矸石等</td><td>3.7</td><td>11.4</td><td>3.7</td><td>11.4</td></tr>
<tr><td rowspan="4">4</td><td rowspan="4">钢铁冶炼</td><td>钢铁冶炼渣</td><td>3</td><td>9.2</td><td rowspan="4">3.7</td><td rowspan="4">11.3</td></tr>
<tr><td>粉煤灰</td><td>0.1</td><td>0.3</td></tr>
<tr><td>炉渣</td><td>0.56</td><td>1.7</td></tr>
<tr><td>脱硫石膏</td><td>0.023</td><td>0.1</td></tr>
<tr><td rowspan="4">5</td><td rowspan="4">有色金属冶炼</td><td>有色金属冶炼渣</td><td>0.26</td><td>0.8</td><td rowspan="4">0.49</td><td rowspan="4">1.6</td></tr>
<tr><td>粉煤灰</td><td>0.12</td><td>0.4</td></tr>
<tr><td>炉渣</td><td>0.093</td><td>0.3</td></tr>
<tr><td>脱硫石膏</td><td>0.0189</td><td>0.1</td></tr>
<tr><td rowspan="3">6</td><td rowspan="3">电力发电</td><td>粉煤灰</td><td>3.8</td><td>11.7</td><td rowspan="3">6.01</td><td rowspan="3">18.5</td></tr>
<tr><td>炉渣</td><td>1.5</td><td>4.6</td></tr>
<tr><td>脱硫石膏</td><td>0.71</td><td>2.2</td></tr>
<tr><td rowspan="3">7</td><td rowspan="3">化学原料和化学制品制造业</td><td>粉煤灰</td><td>0.1853</td><td>0.6</td><td rowspan="3">0.583</td><td rowspan="3">1.8</td></tr>
<tr><td>炉渣</td><td>0.3411</td><td>1.0</td></tr>
<tr><td>脱硫石膏</td><td>0.0566</td><td>0.2</td></tr>
<tr><td colspan="3">合计</td><td>23.67</td><td>/</td><td>23.67</td><td>72.8</td></tr>
</table>

钢铁行业固体废物产生量最大。2013 年，我国黑色金属采选业产生的一般固体废物量占当年全国总产生量的 22%。其中铁矿石开采及其下游的钢铁冶炼固体废物产生量比重最大。2014 年，我国铁矿石产量约 15.14 亿 t，产生铁尾矿 5.7 亿 t，占黑色金属采选业尾矿量的 84%，平均每生产 1t 铁矿石产生 2.66t 铁尾矿。钢铁冶炼过程中产生的冶炼渣约 3.0 亿 t，平均每生产 1t 粗钢产生钢铁冶炼渣 0.37t。

有色金属行业工业固体废物产生强度高、类别复杂。2014 年，我国 10 种有色金属产量 4417 万 t，产生有色金属尾矿 3.5 亿 t、冶炼渣 2560.9 万 t，平均每生产 1t 有色金属产生 7.92t 有色金属尾矿和 0.58t 冶炼渣。有色金属行业生产特点是矿石成分复杂、生产工艺流程长、产品种类多、涉及危险废物种类多。有色金属在采矿、洗矿、冶炼、加工等过程都会产生成分极其复杂的危险废物。例如，铜冶炼过程中产生的铅砷阳极板泥中，化学成分有十多种，其中 Au、Ag、Cu、Se、Te 等具备回收技术条件，其他则仍然留在固体废物中需要进行处置。

铝工业固体废物问题较为突出。我国铝产量和消耗量仅次于钢铁，在我国现有的124个行业中，有113个使用铝产品。目前，全国21个省（自治区、直辖市）有电解铝企业、8个有氧化铝企业、24个有再生铝企业。赤泥是氧化铝生产产生的固体废弃物，平均每生产1t氧化铝产生1.0～1.8t赤泥。按目前产量计算，我国每年产生赤泥5000万～9000万t。另外，我国电解铝工业每年产生的危险废物（包括电解槽废槽衬、铝灰渣和阳极炭渣等）高达180万～250万t，其中废槽衬（大修渣）含有较高浓度的氟化物和氰化物。

煤炭开采、消费活动产生的固体废物影响广泛。我国与燃煤开采、消费相关的工业固体废物产生量占工业固体废物产生总量的39.1%左右。2014年，我国共生产原煤38.74亿t，平均每生产1t原煤，将产生0.2t煤矸石。按此估算，我国每年约产生煤矸石7.7亿t，其中约48%（3.7亿t）集中于重点环境管理的生产企业。电力行业燃煤问题最为突出。我国95%的煤炭用于工业生产活动，其中约50%的煤炭用于火力发电（约17亿t）。我国洁净煤使用比例较低，导致燃煤过程中粉煤灰、脱硫石膏、炉渣等固体废物产生量十分惊人。环境统计数据表明，2014年，仅环境统计范围内的重点工业企业产生的粉煤灰就高达4.6亿t左右，其次为炉渣（3.0亿t）和脱硫石膏（0.84亿t），分别占全国同类废物产生总量的83%、88%和54%。

资源深加工活动是危险废物的集中行业。在我国，危险废物主要来源于化学原料和化学制品制造业、有色金属冶炼和压延加工业、非金属矿采选业、造纸和纸制品业等四大行业（图2-13）。2014年，这四大行业危险废物产生量占我国工业危险废物总产生量的68.86%。其中，除非金属矿采选业的石棉废物、造纸行业的造纸黑液影响范围有限外，化学原料和化学制品制造业、有色金属冶炼和压延加工业等资源深加工环节的危险废物产生情况十分复杂。

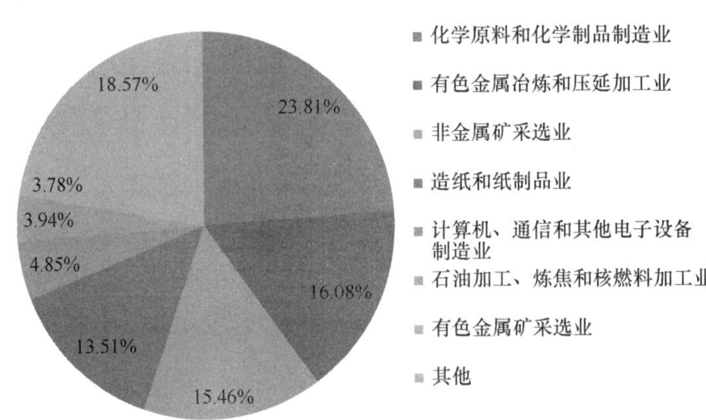

图2-13　2014年我国主要危险废物产生行业情况（彩图见封底二维码）

数据来源：环境保护部，2015a

（3）产生量集中于资源型工业基地

我国工业固体废物聚集与资源区域分布特征基本一致。山西、内蒙古、辽宁等矿产资源分布集中地区，以及江苏、山东、湖南等制造业比例较高的资源消费集中地区工业固体废物产生量显著高于其他地区。在2014年全国244个发布了固体废物产生情况的城市中，一般工业固体废物产生量达19.2亿t，产生量排在前10位的城市产生的一般工业固体废物占全部信息发布城市产生总量的23.4%。需要特别注意的是，排名在前10位的城市中，有 9 个是资源型城市。

尾矿、冶炼渣等分布与金属矿产资源分布基本一致。我国铁矿资源主要集中在京津冀地区，有色金属矿产资源主要分布在中部、西南部等地区。与之对应，这些地区是各类金属尾矿、冶炼渣的集中区域。例如，河北、辽宁、四川、内蒙古、山西等五个地区铁矿石产量占全国总产量的 77%左右，其中河北产量达到 40%；2014 年，河北、辽宁两省重点调查企业尾矿产生量占到全国环境统计调查企业的 34%。而河北、江苏、辽宁、山东、山西等金属冶炼活动集中区域，冶炼渣的产生量占全国调查企业的 49.6%，仅河北冶炼废渣产生量就占全国的 19.6%。

煤炭生产、消费产生的固体废物分布差异明显。我国“北煤南调、西煤东运”格局长期存在。我国 74%的煤炭资源集中在山西、陕西、内蒙古、新疆等地区，煤矸石的产生量也集中在这些地区。环境统计显示，2014 年山西煤矸石产生量占到全国调查企业总量的 35.5%。煤炭消费主要集中在东南部地区，粉煤灰、脱硫石膏、炉渣等的产生量集中。2013 年华东、华中、华南地区的煤炭消费量占全国总量的 50%，2014 年环境统计调查中这三个地区粉煤灰的产生量占全国粉煤灰产生总量的 44.5%。其中，山东、内蒙古、山西、河南、江苏等五地粉煤灰产生量占全国重点调查企业产生总量的 42%。

经济发达地区工业固体废物产生强度较低。我国各地在产业结构、工业发展程度、社会经济发展程度等方面差异巨大，导致对固体废物减量化、资源化等方面投入存在明显差异。东部地区在产业结构、资源利用效率、环境污染治理投入等方面领先于全国，单位国内生产总值（GDP）的工业固体废物产生强度大约是全国平均水平的一半。相对而言，西部地区技术能力相对滞后，资源开发利用效率较低，工业固体废物产生强度约是全国平均水平的 1.5 倍，是东部地区的 3 倍。从京津冀地区、长江三角洲地区、珠江三角洲地区和长江经济带四大经济发展区情况来看，经济总量相对较低的京津冀地区的产生强度高于全国平均水平，而珠江三角洲地区、长江经济带和长江三角洲地区的产生强度低于全国平均水平。2000 年以后，各地产生强度分化日益明显（图 2-14，图 2-15）。

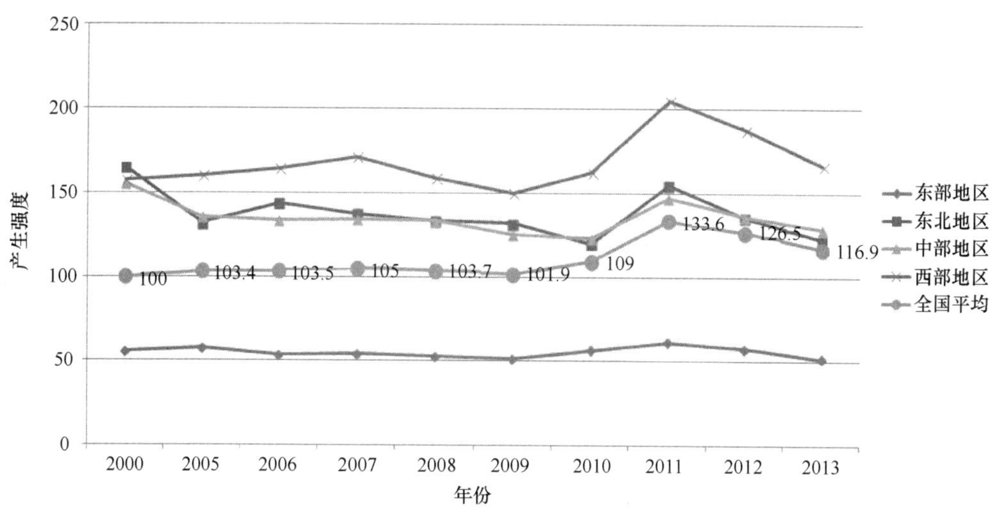

图 2-14 2000～2013 年我国各地工业固体废物产生强度情况

产生强度（t/万元）=工业固体废物产生量（t）/GDP（万元）

数据来源：中国科学院, 2015

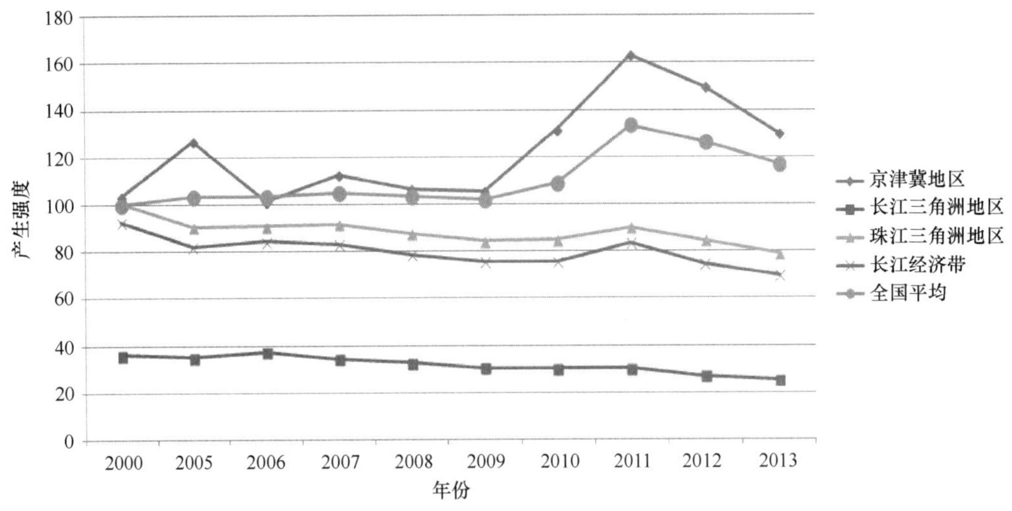

图 2-15　2000～2013 年主要经济发展区域工业固体废物产生强度

产生强度（t/万元）=工业固体废物产生量（t）/GDP（万元）

资料来源：中国科学院，2015

二、我国固体废物分类资源化利用的潜力评价

（一）“城市矿山”

1. 生活垃圾

从预测结果来看，全国城镇生活垃圾产生量将逐年增加，年均增长率约为 2.4%。到 2020 年和 2030 年，全国城镇生活垃圾产生量将分别达到 3.6 亿 t 和 4.2 亿 t（图 2-16）。到 2020 年和 2030 年，城镇生活垃圾无害化处理量将达到约 3.0 亿 t（3.0434 亿 t）和

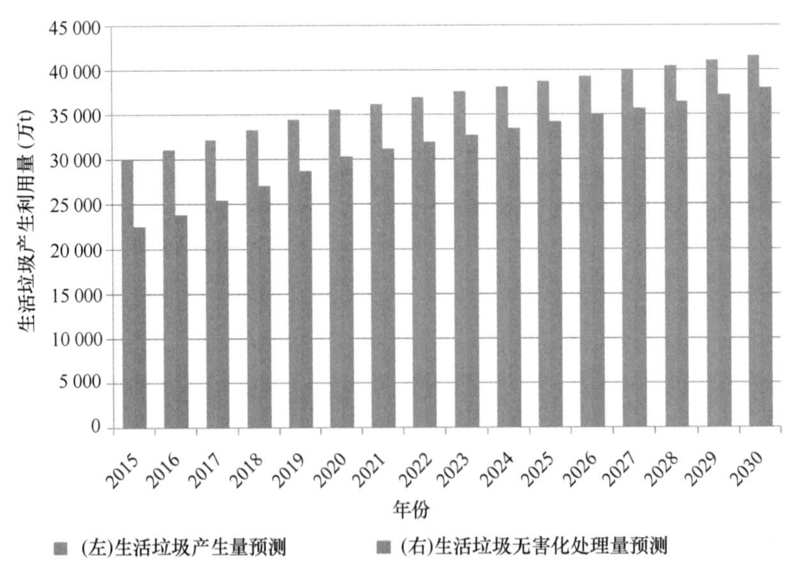

图 2-16　2015～2030 年我国生活垃圾产生利用量预测

3.8 亿 t。以 2020 年预测结果为例，填埋、焚烧和其他处理方式处理量将分别达到 1.4 亿 t、1.3 亿 t 和 3620.3 万 t，所占比例分别为 46.8%、41.4%和 11.9%。相比于 2010 年，填埋处理所占比重明显下降，降低了 32.5 个百分点，焚烧处理比重增加趋势明显，上升了 21.9 个百分点。若焚烧的生活垃圾全部用于发电，到 2020 年，年发电量可达 390 亿 kW·h。

2. 废钢铁

根据历史数据将我国钢铁资源消费分为建筑、交通、机械、耐用消费品和其他共 5 个行业，根据资源代谢模型预测 2015～2030 年我国 5 个行业钢铁资源报废量如图 2-17 所示。到 2030 年，建筑、交通、机械、耐用消费品和其他行业将分别产生 11 200 万 t、14 300 万 t、15 406 万 t、6857 万 t 和 6228 万 t，总计 53 991 万 t。

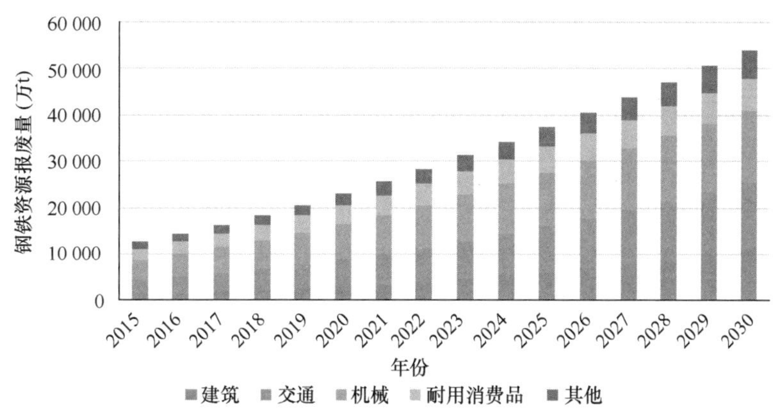

图 2-17　2015～2030 年我国钢铁资源报废量预测（彩图见封底二维码）

3. 废有色金属

（1）铜资源代谢及报废潜力分析

根据资源代谢模型核算框架和历史数据，将我国铜资源主要消费行业分为电力、家用电器、交通、电子设备、建筑和其他共 6 个行业，根据资源代谢模型预测 2015～2030 年我国 6 个行业铜资源报废量如图 2-18 所示。到 2030 年，电力、家用电器、交通、电子设备、建筑和其他行业将分别报废铜资源 237 万 t、124 万 t、83 万 t、147 万 t、14 万 t、174 万 t，总计约 779 万 t。

（2）铝资源代谢和报废潜力分析

根据资源代谢模型核算框架和历史数据，将我国铝资源主要消费行业分为交通、机械、电子电力、建筑、包装、耐用消费品和其他共 7 个行业，根据资源代谢模型预测 2015～2030 年我国 7 个行业铝资源报废量如图 2-19 所示。包装一直是铝的最大使用行业，也是报废量最大的行业，2030 年可达 4618 万 t，废铝总产生潜力达 6701 万 t。

（3）铅资源代谢及报废潜力分析

根据资源代谢模型核算框架和历史数据，将我国铅资源主要消费行业分为电池、颜料、金属制品、化学品和其他共 5 个行业，根据资源代谢模型预测 2015～2030 年我国 5 个行业铅资源报废量如图 2-20 所示。电池行业是铅使用量最大的行业，也是报废量最大的行业，2030 年可达 1444 万 t，总报废量达 1613 万 t。

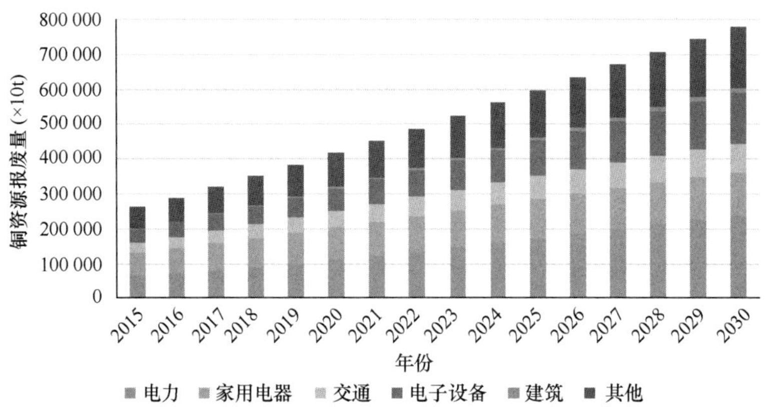

图 2-18 2015～2030 年我国铜资源报废潜力分行业预测（彩图见封底二维码）

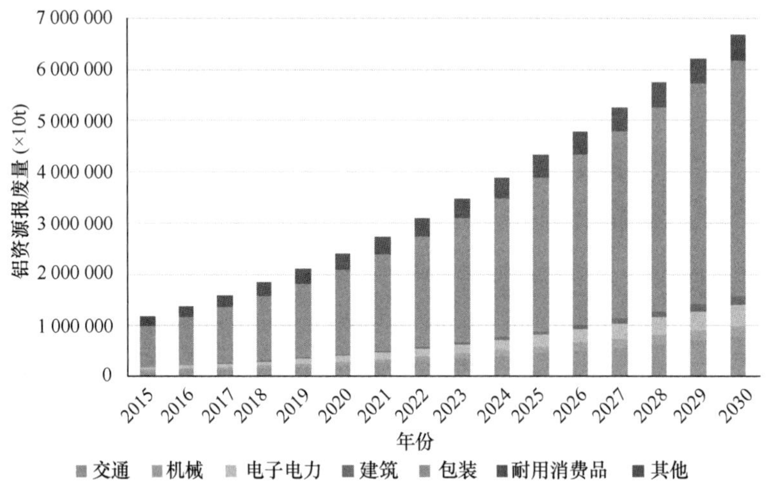

图 2-19 2015～2030 年我国铝资源报废潜力分行业预测（彩图见封底二维码）

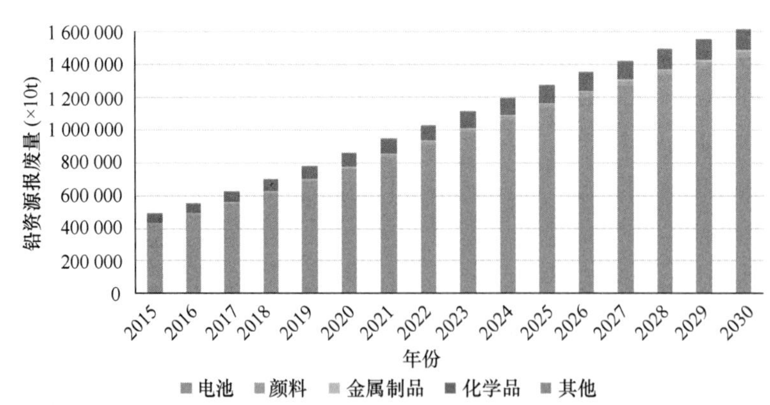

图 2-20 2015～2030 年我国铅资源报废潜力分行业预测（彩图见封底二维码）

4. 废橡胶

关于废橡胶的回收，统计数据非常有限，而废橡胶的最大组成部分是废旧轮胎，因此以废旧轮胎的回收量来说明我国废橡胶的回收情况。对我国废旧轮胎的回收量历史数据进行线性拟合，预测 2015～2030 年我国废旧轮胎回收量，结果如图 2-21 所示。到 2020 年，我国废旧轮胎的回收量将达到 723.6 万 t，2030 年回收量将达 1544.0 万 t。

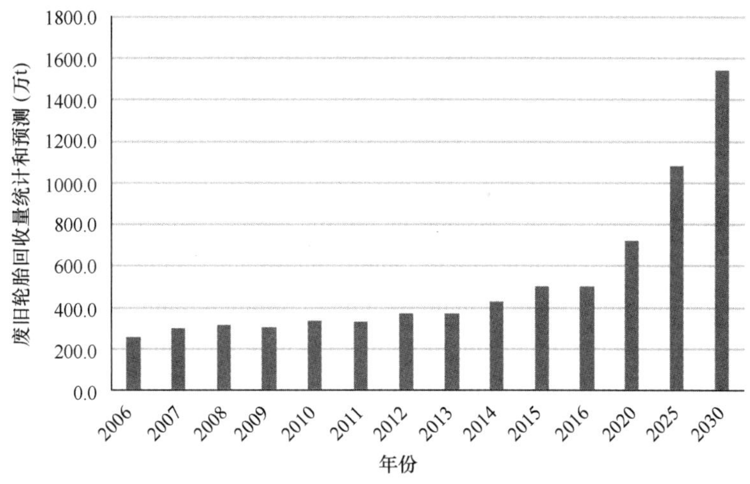

图 2-21　2006～2030 年我国废旧轮胎回收量统计和预测

5. 电子废物

根据表观消费量与生命周期方法，以全国统计年鉴中的每百户家庭的家用电器拥有率及手机普及率为基础，计算可得未来我国报废电器电子产品的产生量，如图 2-22 所示。全国报废电器电子产品的数量将呈现持续快速增长的态势，至 2030 年将达到 1516.2 万 t，其中电视机 8278.5 万台、冰箱 8771.3 万台、洗衣机 7239.7 万台、空调 13 435 万台、电脑 8666.7 万台、手机 48 177.4 万部。

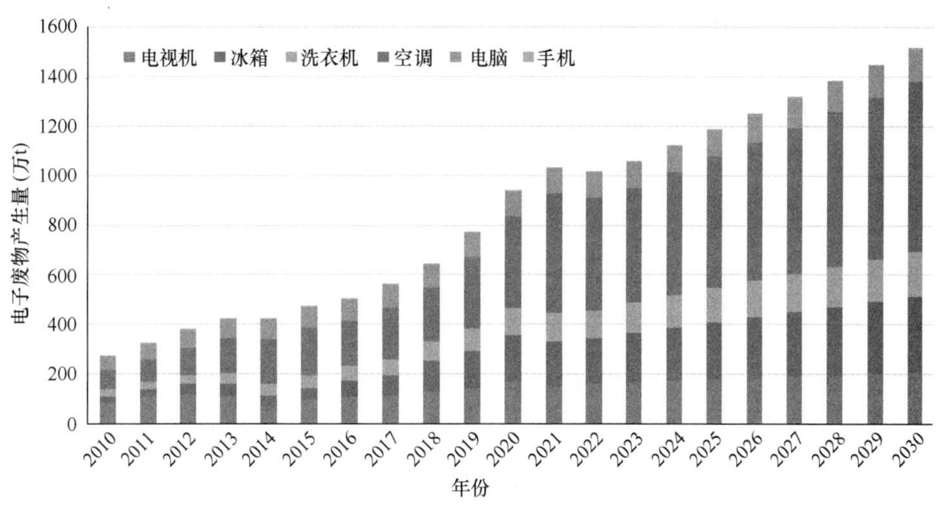

图 2-22　2010～2030 年我国电子废物产生量统计和预测（彩图见封底二维码）

根据报废电器电子产品中各类金属和非金属资源的含量百分比（李金惠等，2010），估算我国报废电器电子产品中蕴藏的各类资源总量见表 2-4 和表 2-5。

表 2-4　报废家电中各类资源蕴藏量　　单位：万 t

物质组成	2020 年	2025 年	2030 年
铝	52.16	66.77	84.94
铜	86.49	117.60	151.31
铁	393.05	520.36	672.97
塑料	218.31	267.05	340.83
玻璃	108.13	115.38	134.87
其他	78.34	99.05	125.21

表 2-5　手机中各类资源蕴藏量　　单位：t

手机材料组成		2020 年	2025 年	2030 年
金属材料	金	11.98	12.78	17.34
	银	79.86	85.20	115.63
	钯	3.99	4.26	5.78
	铜	3 993.12	4 260.00	5 781.28
	其他	11 899.50	12 694.80	17 228.22
塑料		15 972.48	17 040.00	23 125.13
其他		7 986.24	8 520.00	11 562.56

6. 报废汽车

随着我国经济的发展和人民生活水平的提高，我国居民对汽车的需求量不断增长，从而带动了整个汽车产业的繁荣。过去 10 多年间，我国汽车保持了持续的增长，年增长率约 24%。其中轿车产量增长尤为快速，从 2001 年占全部汽车生产量的 30%增长到 2014 年的 52.6%。对于汽车的使用寿命，统一按照 12 年进行计算。报废汽车未来产生量预测结果如图 2-23 所示，我国未来报废汽车产生量增长迅速，2020 年将达到年废弃量 934 万辆。

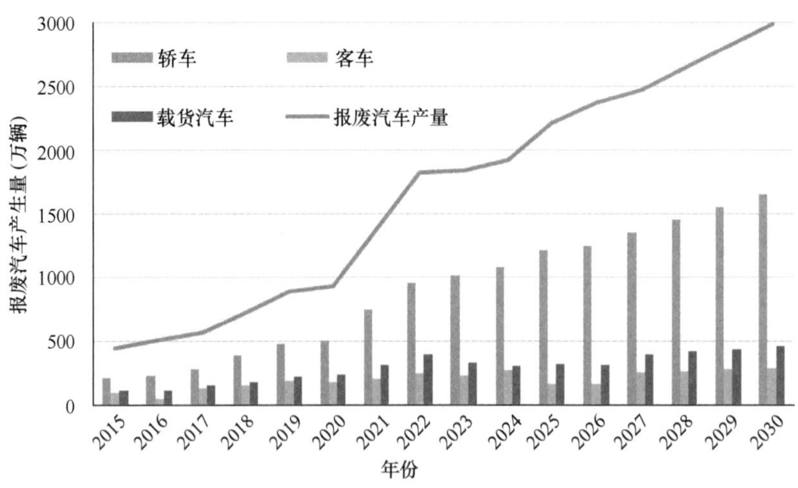

图 2-23　2015～2030 年我国报废汽车产生量统计和预测

根据报废汽车的平均重量及各类金属和非金属资源在一辆汽车中的含量百分比（孙建亮等，2014），估算报废汽车中各种资源的总蕴含量。如表 2-6 所示，报废汽车中蕴含有大量的废钢、废铁、废有色金属等，具有较大的开发潜力，其所提供的废钢铁占全国废钢铁总量比例将逐渐上升。

表 2-6　报废汽车各种资源蕴藏量

物质组成	2020 年	2025 年	2030 年
废钢（万 t）	1228.44	2174.84	3092.21
废铁（万 t）	52.13	91.36	130.12
废有色金属（万 t）	73.26	130.83	185.54
废旧轮胎橡胶（万 t）	70.24	123.57	175.62
废塑料（万 t）	48.90	90.80	128.39
废玻璃（万 t）	38.80	69.80	99.53
其他（万 t）	81.43	133.80	191.54

7. 建筑废物

根据历史数据，我国建筑业房屋建筑面积的竣工率始终保持在 40%以上，假定 2015～2030 年全国每年建筑施工面积的增长速度为 5%（建筑业的发展增速低于国民经济发展增速），据此可测算未来几年的建筑废物产量，如图 2-24 所示。

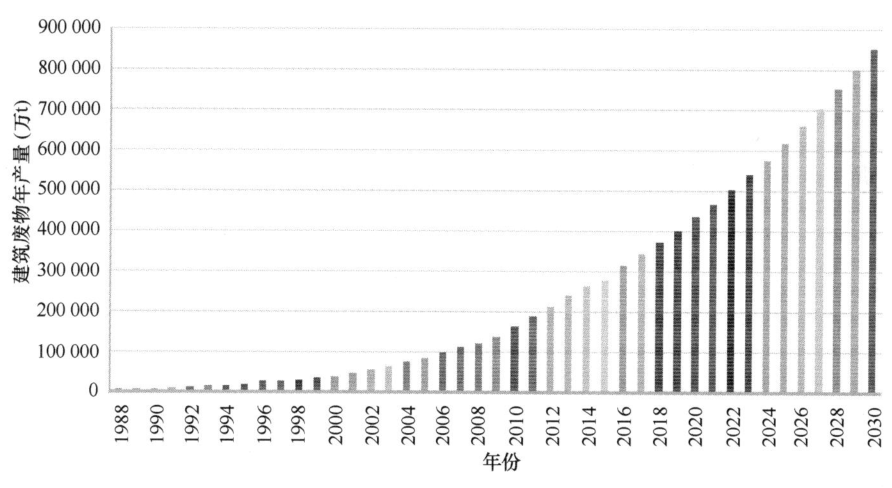

图 2-24　1988～2030 年我国建筑废物年产量统计和预测

（二）乡村废物

1. 农村生活垃圾

农村生活垃圾未来产生量主要受农村人口数量变化及人均产生量两个因素影响。根据相关预测，随着我国城市化发展，常住人口城市化率预计到 2020 年和 2030 年分别提高到 60%和 70%（潘家华和魏后凯，2015），届时农村人口会下降至 5.68 亿和 4.35 亿左右。虽然农村人口呈减少趋势，但随着农村生活水平的提高，人均排放量可能会提高。

与现在中等经济条件的人均排放量约 0.4kg/d 相比，到 2020 年、2025 年和 2030 年，预计农村人均排放量可能达到 0.45kg/d、0.50kg/d 和 0.58kg/d 左右，生活垃圾的产生量分别为 0.933 亿 t、0.917 亿 t 和 0.921 亿 t 左右，资源量均约为 0.13 亿 t 标准煤(图 2-25)。

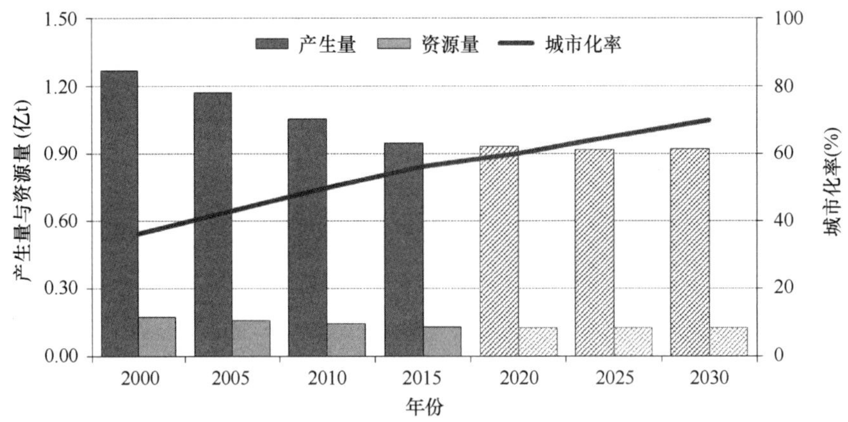

图 2-25　2000～2030 年我国农村生活垃圾产生量与资源量统计和预测

2. 农业废物

根据相关研究，预测我国粮食产量的研究较多，且预测效果较为准确。相比蔬菜、油料产品及糖料产品产量的预测报道则很少，很难从总体上预测整个农作物产品的产量。根据粮食产量与由粮食产生的秸秆的谷草比的线性关系，推算到我国在 2020 年、2025 年和 2030 年所产生的农业废物量分别达到 10.38 亿 t、10.47 亿 t 和 10.55 亿 t 左右。按农作物综合折标系数 0.52 计算，2020 年、2025 年和 2030 年资源量分别达到 5.40 亿 t 标准煤、5.44 亿 t 标准煤和 5.49 亿 t 标准煤（图 2-26）。

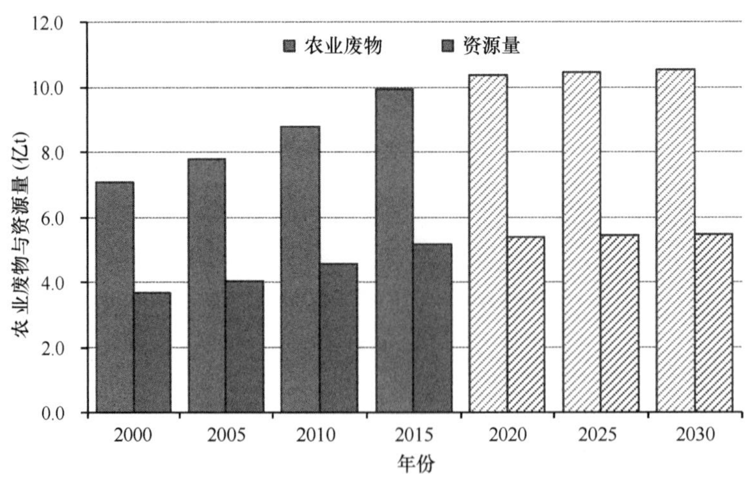

图 2-26　2000～2030 年我国农业废物产生量与资源量统计和预测

3. 林业废物

为应对全球气候变化，国际上将进一步强化对生态资源的保护，严格林木的采伐限额，林业废物的产生量可能一直与现在水平相当，每年产生的采伐、加工剩余物及薪材等林业废物在 1.4 亿 t 左右，资源量保持在 8000 万 t 标准煤左右。

4. 畜禽粪便

至 2030 年，畜禽粪便产生量的估算是按照历年肉类、蛋类和奶类等产品的实际产量与同年产生的粪便量之比，再根据中国工程院《中国养殖业可持续发展战略研究》咨询报告（中国养殖业可持续发展战略研究项目组，2013）中对 2020 年和 2030 年的肉类、蛋类和奶类产品的预测产量推算得到。2020 年和 2030 年粪便产生量分别达到 41.76 亿 t 和 43.38 亿 t，按照历年从干物质含量及折标准煤进行估算，各类畜禽粪便的综合折标系数约为 0.1，因此，资源量将分别达到 4.18 亿 t 标准煤和 4.34 亿 t 标准煤（表 2-7）。

表 2-7　畜禽产品产量及粪便产生量的预测

年份	肉产品			蛋产品			奶产品			畜禽粪便量（亿 t）
	产量（万 t）	肉便比	粪便量（万 t）	产量（万 t）	蛋便比	粪便量（万 t）	产量（万 t）	奶便比	粪便量（万 t）	
2014	8 625	1∶45.27	390 449	2 999	1∶2.95	8 862	3 755	1∶2.88	10 796	41.01
2020	9 110	1∶43.00	391 730	3 047	1∶2.95	8 989	5 870	1∶2.88	16 906	41.76
2030	10 060	1∶40.00	402 400	3 324	1∶2.95	9 806	7 513	1∶2.88	21 637	43.38

（三）工业固体废物

总体来看，工业固体废物产生量预计 2020 年前后达到峰值，与工业增加值及第二产业国内生产总值（GDP）相关性将逐步减弱，并最终实现脱钩。参照发达国家发展历程分析，在我国全面完成工业化之前，工业固体废物仍将保持较高水平的增长。未来，大量产生和堆存的工业固体废物将成为制约经济发展的影响因素之一。按照未来我国经济发展趋势，我国将在“十三五”末期初步完成工业化，东部等地区将进入后工业化时期。按现有工业发展趋势及管理情景分析，“十三五”时期，工业固体废物产生最大的三个行业的发展将受到制约。首先，对于工业固体废物产生量的贡献率占到近 40%的煤炭开采、消费活动将受到煤炭消费总量控制政策限制。2020 年前，我国煤炭消费量达到峰值，届时煤矸石、粉煤灰等固体废物产生量将保持稳定。其次，钢铁、有色金属行业兼并重组、优化升级将在很大程度减少尾矿的产生量。

工业固体废物增长路径可以有不同模式。在现有技术管理条件不变的惯性增长模式下，我国工业固体废物产生量将在“十三五”期间突破 40 亿 t 规模（图 2-27）。而在资源消费以满足国内经济社会发展实际需求为主要控制目标的低速有限增长模式下，实施煤炭、金属资源消费调控，2020 年我国煤炭消费控制在 27.2 亿 t、原煤产量 36.3 亿 t；金属资源产能控制在“十二五”末期水平，即粗钢产量 7 亿 t、铁矿石原矿产量 9.8 亿 t、10 种有色金属表观消费量约 5000 万 t，2020 年以后煤炭、金属资源消费量进入平台期，2020～2030 年工业固体废物产生量为 35 亿～36 亿 t，并进入缓慢增长阶段，到 2050 年产生量可望控制在 40 亿 t 以内。未来，如果按照以降低工业固体废物对环境质量影响、控制环境风险为主要调控目标，采取源头减量强化措施，最大程度实现综合利用技术产业化，工业固体废物产生总量进入限制增长模式，2020 年以后我国工业固体废物产生量进入平台期，2030 年以后将工业固体废物产生量控制在 30 亿 t 以下，之后实现总量逐步削减，到 2050 年将产生量控制在 25 亿 t 左右。

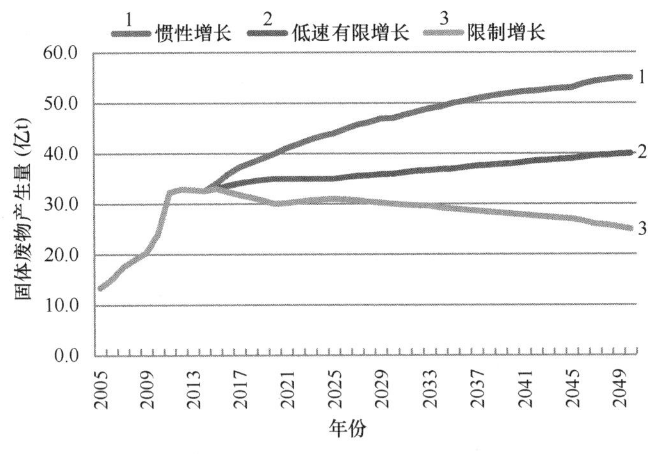

图 2-27　我国工业固体废物产生利用预测

未来工业固体废物分类资源化利用仍有较大空间。参照发达国家发展历程，在完成工业化和城镇化后，我国工业固体废物的产生量可望保持平稳。随着技术能力和产业发展的进步，在提升综合利用率总体水平的潜力方面（表 2-8），我国在矿产资源开采冶炼过程的有色金属回收率、固体废物综合利用率仍然存在较大的发展空间，电力行业产生的粉煤灰、脱硫石膏等固体废物综合利用也可进一步提升。而对于尾矿、冶炼渣等特殊类别固体废物，通过自主研发和引进先进技术，可以取得重大突破。

表 2-8　我国部分行业工业固体废物分类资源化利用的差距分析

类别	我国现阶段水平（2014 年环境统计数据）	对照国家或地区	对照国家或地区水平
工业固体废物综合利用率	60%	我国台湾地区	80%
钢铁行业废物综合利用率	91%	日本	99%
有色金属回收率	50%	世界先进水平	70%～80%
有色金属冶炼行业废物综合利用率	71%	日本	90%
电力行业废物综合利用率	85%	日本	97%
尾矿综合利用率	20%	发达国家平均水平	60%

三、我国固体废物分类资源化利用的效益分析

（一）“城市矿山”分类资源化利用的效益分析

1. 主要“城市矿山”分类资源化利用的可行性分析

（1）资源综合利用

建材是资源综合利用产品的主要形式，未来我国城镇化建设每年需要 160 亿 t 以上的非金属矿物资源，同时我国还有大量高档石材、微粉等出口国外。随着建筑废物产生

量的逐年增加，累积量也越来越多，2016年预计累积量达到200多亿吨。对于建筑废物制备建材现在已经形成工业化生产，河南许昌建筑废物分类资源化利用率达到95%以上，实现盈利，并将其经验推广到全国多个城市。

对废塑料、废玻璃等产品类废物，多以资源化回收利用为主。废塑料再生利用新技术、新产品得到持续开发利用。2013年国内首条拥有自主知识产权的利用焦炉处理废塑料生产线正式投产，实现了废塑料的无害化处理与资源化利用。开展了废旧高分子产品方面的研究，在塑料精准识别分离、废旧塑料再利用等方面获得关键技术和知识产权。建成3条废弃高分子制备工程材料示范生产线，部分生产线已建成投产。废塑料制品已广泛应用于园林美化、室外装饰等。在废玻璃的回收及其利用方面，我国和世界玻璃工业发达国家相比，起步较晚，但目前已有不少厂家利用回收的碎玻璃料来生产玻璃微珠、玻璃马赛克、彩色玻璃球、玻璃面、玻璃砖、人造玻璃大理石、泡沫玻璃等。有关的科研机构也正在进行深入的研究。然而，由于各种原因，我国废玻璃的回收利用到目前为止并没有真正实现产业化。上海、天津等地早有企业开始尝试废玻璃的回收利用，并取得了不错的效果。

我国废旧橡胶综合利用工作取得了较大成效：旧轮胎翻新量逐年上升，占废旧轮胎生成量的比例已从7%上升到10%左右；再生橡胶产业蓬勃发展，再生橡胶已成为重要的橡胶补充资源；我国目前已建成十几条万吨级以上的橡胶粉生产线，生产技术在国际上处于领先水平；废橡胶热裂解技术的推广应用，将不能加工再形成橡胶类资源的废橡胶分解成燃料油，实现了废橡胶的完全综合利用。截至2013年，我国从事废旧轮胎资源综合利用的企业已达1000余家，初步形成了以旧轮胎翻新、废旧轮胎生产再生橡胶、橡胶粉等三大业务为主的废旧轮胎综合利用工业体系。

（2）能源化利用

目前我国生活垃圾年产生量约1.7亿t。生活垃圾能源化利用大致分为3种，即生活垃圾焚烧发电、垃圾填埋场可燃气体发电、源头分类制垃圾衍生燃料（refuse derived fuel，RDF）。其中，生活垃圾焚烧发电技术成熟，目前我国生活垃圾焚烧比例占25%左右，过程中垃圾体积至少消减80%以上，减量化明显，能源化利用程度高，其收益可以抵消部分转运成本，使运营企业获利。

（3）机电产品再制造

再制造是利用废旧机械或电子产品中的零部件于新的机械产品和电子产品生产的机械制造新技术，应是固体废物分类资源化利用的首要发展方向。

日本有近5100家报废汽车拆解企业，分工明确，其中有近1/4的企业具有处理废弃物的特许。美国是目前全球最有效的废旧汽车回收国，几乎占每辆汽车重量75%的部件都已被重新利用起来。全美大约有12 000家汽车零部件回收商，能够将有重新利用价值的发动机、电机和其他零件拆卸翻新，重新出售；至于金属车体，则由破碎机碾成金属碎片后再运往钢厂铸造新车体。废旧汽车回收在美国已成为一项年获利达数十亿美元的新行业。欧盟各成员国都已进入“汽车社会”，德国在废旧汽车回收方面亦取得了很大的成绩，可回收利用的汽车零件达到了75%，可对废旧汽车的发动机、电池、玻璃、安全带、保险杠、门兜，以及汽油、润滑剂、冷却剂等进行分门别类的处理。

日本的再制造产业发展较为成熟，日本富士施乐公司通过一系列标准流程将回收来的废旧打印机/复印机进行资源回收处理，对鼓粉组件进行零部件的再次利用。2007年，富士施乐爱科制造（苏州）有限公司成立后，富士施乐开始在中国境内对富士施乐制造的及使用过的富士施乐品牌的机器和鼓粉组件进行全面回收。并于 2008 年被评为循环经济示范企业；通过国际标准化组织（ISO）四项国际认证。

中国重汽集团济南复强动力有限公司（以下简称复强公司）是我国第一家专业汽车零部件再制造企业。2013 年生产再制造发动机 7132 台，实现利润 2011 万元，旧件利用率 84.6%。复强公司形成了“废旧发动机回收—再制造—产品销售服务”的再制造产业链。复强公司采用的发动机再制造工艺流程包括检验、拆解清洗、零部件检测、零部件加工、装配、出厂检验等主要工艺环节。在拆解清洗工艺环节，体现技术水平的是绿色工程拆解清洗技术；在零部件加工环节，体现技术水平的是表面工程加工还原技术。

2. 主要“城市矿山”分类资源化利用的经济效益分析

根据 2015 年“城市矿山”资源的平均回收价格，估算 2020 年我国主要“城市矿山”的回收价值约为 9299.60 亿元，预计可吸纳就业 2000 万人；到 2030 年，我国“城市矿山”的回收价值可达约 21 416.95 亿元，预计可吸纳就业 3000 万人（表 2-9）。

表 2-9　我国主要“城市矿山”类别回收价值估算表

名称	2020 年	2030 年
废钢铁（亿元）	3 451.09	8 098.69
废铜（亿元）	1 502.07	2 803.61
废铝（亿元）	2 507.59	6 969.52
废铅（亿元）	977.21	1 839.17
废旧轮胎（亿元）	67.34	91.52
废物电器电子产品（亿元）	473.24	804.55
报废汽车（亿元）	321.06	809.88
合计（亿元）	9 299.60	21 416.95

3. 典型“城市矿山”分类资源化利用的能源环境效益评估

基于我国固体废物分类资源化潜力预测，选择回收利用价值较高的钢铁、铜、铅、铝等金属资源作为代表，结合结构调整、提升资源利用率、降低资源消耗、强化回收等减量化措施，进行资源再生利用潜力及减量化评估，以量化由资源替代实现的能源环境效益。

（1）钢铁资源减量化及能源环境效益评估

我国钢铁资源消费分为建筑、交通、机械、耐用消费品和其他共 5 个行业。图 2-28

显示了钢铁资源的总体代谢趋势。

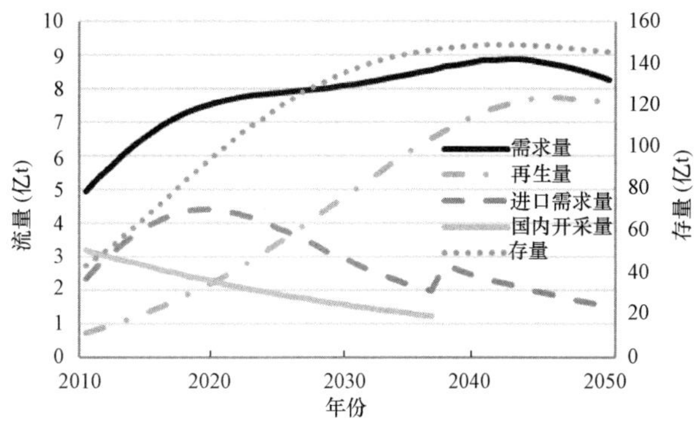

图 2-28 钢铁资源流量/存量变化趋势图

结合不同的减量化措施分析我国钢铁资源代谢整体趋势：2010～2030 年是我国钢铁社会存量的快速积累期，之后随着主要行业的资源接收容量趋于饱和，以及主要行业资源代谢的漫长周期导致社会存量增速放缓，并在 2035 年前后达到峰值，与 2010 年相比，社会存量将增加 2～2.5 倍，将会成为我国未来稳定的钢铁资源来源。我国未来钢铁消费需求将于 2020 年以后趋于缓和。进口需求量在 2015～2020 年达到最大值并在之后迅速下降。我国废钢铁的报废量和回收利用量将在 2020～2040 年处于快速增长阶段，是我国发展废钢铁产业的发展机遇期。

2011 年，我国铁矿基础储量为 192.8 亿 t，如果以 2010 年的开采量计算，20 年就会消耗殆尽，因此不能成为资源可持续供给的可靠来源。社会存量低、钢铁资源使用寿命较长、再生资源回收率较低等现状导致目前废钢铁回收利用量少，不足以弥补发展带来的资源缺口。2025 年以后，废钢铁再生利用将超过进口量和国内原生矿开采量成为我国钢铁行业供给的主要渠道（图 2-29）。

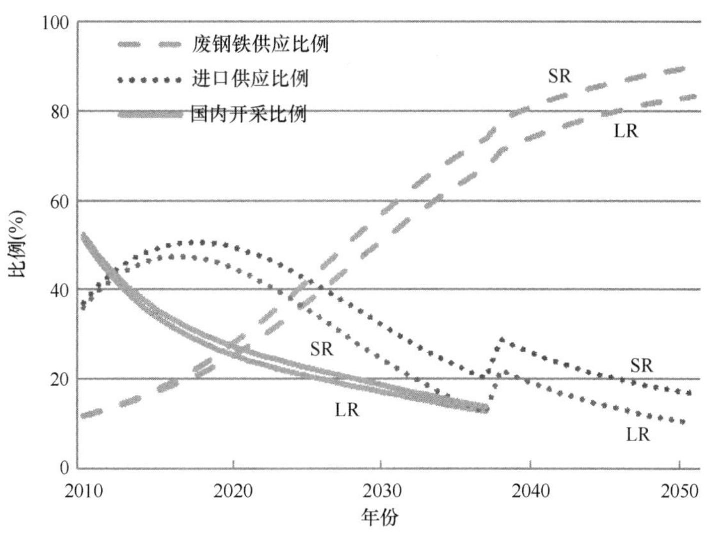

图 2-29 不同渠道钢铁资源供应比例趋势预测

SR. 强化回收利用情景；LR. 低资源消耗情景

比较不同措施对我国钢铁资源代谢趋势的影响可知，**提高 10%的废钢铁回收率能减少 8%的对外依存度，废钢铁供应比例提高 7%。**目前我国钢铁资源的消费结构与世界发达国家的消费结构相类似，如进行结构调整可使钢铁资源的需求峰值有所增加。通过降低资源消耗和强化回收，可使我国钢铁资源的对外依存度由 2015～2020 年的最高 60%快速下降至 2030 年的 30%以下，并且随钢铁报废量的不断增加进一步提高原生资源的替代率，最终能将资源进口量控制在 10%以下。

根据《废钢铁产业“十二五”发展规划建议》及废钢铁冶炼相关文献计算可得（季晓立，2013），利用每吨废钢铁相当于节能 430.8kg 标准煤，节水 2.12m^3，减排固体废物 3t、SO_2 0.003t。在结构调整的情景下，减少钢铁资源需求的同时可增加废钢铁的替代效益，因此资源环境效益显著。以 2030 年为例，在降低资源消耗和强化回收两种措施共同作用下，可使钢铁资源对外依存度降低 8.7%，废钢铁的资源替代率增加 7.3%，相当于节能 540.0 万 t 标准煤，节水 26.6Mt，减少固体废物排放 37.6Mt，SO_2 减排 3.8 万 t（表 2-10）。

表 2-10　废钢铁消耗减量化措施下的能源环境效益

年份	基准情景下的能源环境效益				减量化措施增加的能源环境效益			
	节能（Mt 标准煤）	节水（Mt）	减排固体废物（Mt）	减排 SO_2（万 t）	节能（万 t 标准煤）	节水（Mt）	减排固体废物（Mt）	减排 SO_2（万 t）
2020	96.3	473.8	670.5	67.1	245.9	12.1	17.1	1.7
2030	203.2	1000.0	1415.1	141.5	540.0	26.6	37.6	3.8

综上，降低资源消耗可通过减少源头资源需求量，改变资源代谢特征，减少资源进口需求量和资源再生量，然而从长期角度看却不能减少资源的对外依存度。消费结构调整在短期内能降低资源对外依存度，但长期的资源效果不显著。强化回收利用情景通过增加资源再生量来改变资源代谢特征，随着资源报废量的增长资源替代效益显著。

（2）铜资源减量化及能源环境效益评估

我国铜资源消费分为电力、家用电器、交通、电子设备、建筑和其他共 6 个行业，基于对各行业对铜资源的需求量、报废量、累计量的分析基础上，预测了铜资源的社会存量、国内开采量、进口需求量、再生量、需求量的变化趋势（图 2-30）。

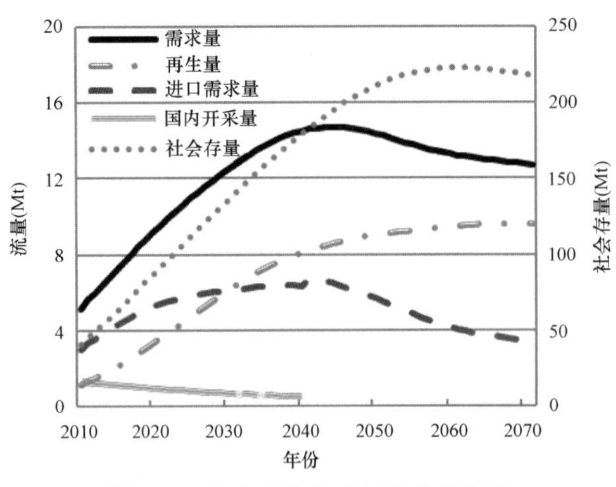

图 2-30　铜资源流量/存量变化趋势图

结合不同的减量化措施分析我国铜资源代谢整体趋势：2010～2040 年是我国铜社会存量的快速积累期，之后随着我国人口数量回落及人均拥有量增速的放缓将导致铜的社会存量增速放缓，并在 2060 年前后达到峰值。与 2010 年相比，社会存量将增加 4～5 倍，将会成为未来我国最可靠的“铜矿石”资源（是目前我国铜矿基础储量的 6.7～7.8 倍）。我国铜消费需求将于 2040 年达到峰值。进口需求量在 2020 年以后趋于稳定，2030 年以后会随着再生铜产量的提高而逐渐下降。未来废杂铜的报废量和再生铜产量在 2010～2030 年处于快速增长阶段，2030 年以后增速放缓。

我国铜资源的 3 个来源渠道：国内铜矿开采、废铜再生和铜资源进口。2011 年，我国铜矿基础储量只有 2810 万 t，如果以 2010 年的开采量计算，20 年就会消耗殆尽，因此不能成为资源可持续供给的可靠来源。社会存量低、含铜资源使用寿命较长、再生资源回收率较低等现状导致目前再生铜产量偏低，以进口铜为主的消费结构还将延续 10～15 年。2025～2030 年，再生铜将超过进口铜成为我国铜资源供给的主要渠道（图 2-31）。

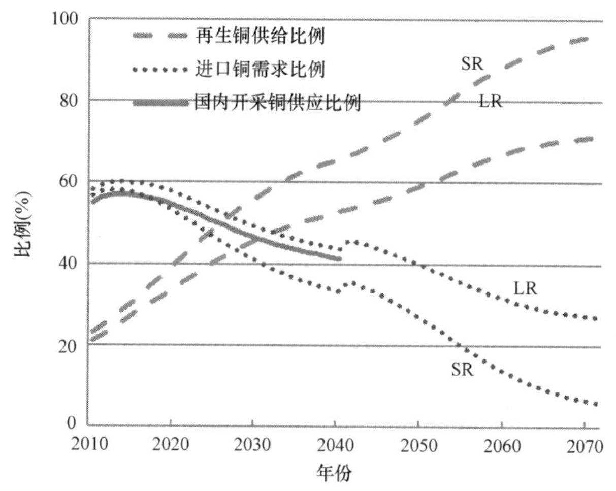

图 2-31 不同渠道铜资源供应比例趋势预测

SR. 强化回收利用情景；LR. 低资源消耗情景

比较不同措施对我国铜资源代谢趋势的影响。在强化回收利用情景下，由于 2025 年以前废杂铜产量不高，因此对于整个铜资源代谢整体影响很小，但随着社会存量不断积累和理论报废量的不断增加，再生铜产量有明显的提高（2030～2040 年，再生铜产量提高 15.4%；2040～2050 年再生铜产量提高 16.9%），资源替代比例也显著提高（2030 年减少进口铜需求量 12%，再生铜供应比例提高 5.9%；2040 年减少进口铜需求量 20.5%；再生铜供应比例提高 16%）。

不同的行业消费结构导致了不同的社会存量结构，因此通过社会存量的结构变化来分析消费结构对代谢特征的影响。相对于发达国家，维持我国的社会存量结构需要更多的资源投入（峰值时资源需求量提高 34%），并因此改变了进口铜的需求趋势。资源过度依赖进口（峰值提高 40%）不利于国家经济的持续稳定发展，进口量变化快也会给铜关联行业的健康持续发展带来冲击。

在结构调整、提升资源利用率、强化回收等措施均实现理想效果的情景下，铜资源对外依存度低；再生铜资源替代比例高。降低资源消耗可通过减少资源总需求来降低资源对外依存度；强化回收则可通过提高再生铜的产量来增加资源供给，减少进口需求。如降低资源消耗，铜总需求 2020 年减少 7.8%，2050 年减少 14.2%；进口需求 2020 年减少 12.4%，2050 年减少 16.8%，长期效果比较稳定。如强化回收，由于短期内废杂铜的供应不足，2020～2030 年降低对外依存度的效果并不明显，但未来潜力巨大（2050 年对进口资源的替代量是降低资源消耗措施的 1.7 倍）。

采用单位再生资源的能源环境效益系数法来核算“城市矿山”开采过程中附加的能源环境效益。在结构调整、提升资源利用率、强化回收等措施均实现理想效果的情景下，由于在减少铜资源需求的同时增加了再生铜的替代效益，因此资源环境效益显著。如表 2-11 所示，以 2030 年为例，在降低资源消耗和强化回收两种措施共同作用下，可使铜资源对外依存度降低 17%，再生铜的资源替代率增加 15.9%，相当于节能 71.7 万 t 标准煤，节水 268.6Mt，减少固体废物排放 258.4Mt，SO_2 减排 9.3 万 t。

表 2-11　基准情景和减量化措施下废铜再生利用的能源环境效益

年份	基准情景下的能源环境效益				减量化措施增加的能源环境效益			
	节能（万 t 标准煤）	节水（Mt）	减排固体废物（Mt）	减排 SO_2（万 t）	节能（万 t 标准煤）	节水（Mt）	减排固体废物（Mt）	减排 SO_2（万 t）
2020	348.3	1305.5	1255.9	45.3	16.5	62.0	59.7	2.2
2030	640.6	2400.8	2309.6	83.3	71.7	268.6	258.4	9.3

（3）铝资源减量化及能源环境效益评估

目前我国铝资源消费分为交通、机械、电子电力、建筑、包装、耐用消费品和其他共 7 个行业。图 2-32 显示了铝资源的总体代谢趋势。

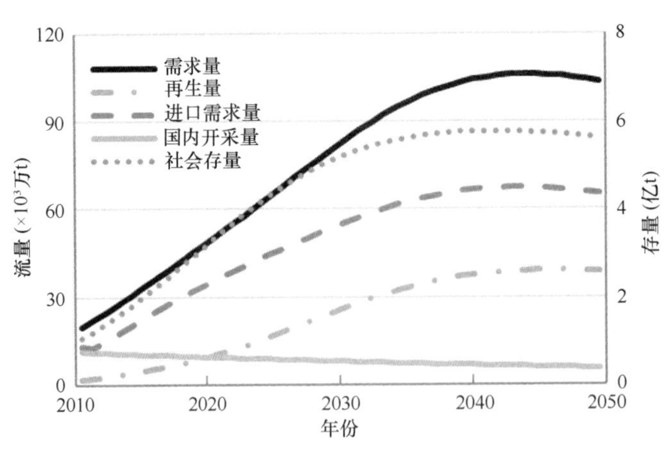

图 2-32　铝资源流量/存量变化趋势图

结合不同减量化措施分析我国铝资源代谢整体趋势：2010～2020 年是我国铝资源社会存量的快速积累期，随后增速放缓并在 2030 年前后达到峰值，与 2010 年相比，社会存量将增加 3.3～4.5 倍。我国未来 20 年内铝资源消费需求将保持快速增长趋势，于 2040 年达到峰值。2020～2040 年我国再生铝的产量也会不断增加，但废铝回收率低的现实

（2010 年废铝回收率不到 30%），使得再生铝替代原生铝的总量有限，导致未来对进口的需求量将会长期维持在高位（50%～60%），如图 2-33 所示。

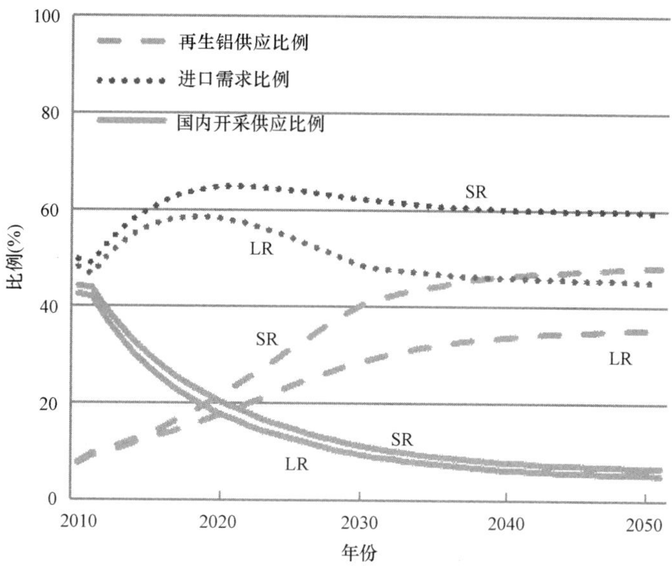

图 2-33　不同渠道铝资源供应比例趋势预测

SR. 强化回收利用情景；LR. 低资源消耗情景

比较不同措施对我国铝资源代谢趋势的影响。如降低资源消耗，资源需求峰值和进口需求峰值将有所下降（峰值时分别下降了 21%和 23%），但资源供给结构和趋势没有发生变化。如通过强化资源回收利用可使再生铝资源替代比例增加 13.7%，对外依存度降低 15.2%。如保持消费结构不变，由于包装行业存量的变化导致未来对铝资源需求量的强烈变化，我国对铝资源的需求量将在 2020 年达到峰值并维持基本稳定。在结构调整、提升资源利用率、强化回收等措施均实现理想效果的情景下，铝资源需求量和进口需求量都会有大幅度的减少，资源替代比例也有显著提高。

在结构调整、提升资源利用率、强化回收等措施均实现理想效果的情景下，由于在减少铝资源需求的同时增加了再生铝的替代效益，因此资源环境效益显著。如表 2-12 所示，以 2030 年为例，在降低资源消耗和强化回收两种措施共同作用下，可使铝资源对外依存度降低 14.7%，再生铝的资源替代率增加 12.9%，相当于节能 15.9Mt 标准煤，节水 135.1Mt，减少固体废物排放 92.1Mt，SO_2 减排 37.3 万 t。

表 2-12　基准情景和减量化措施下废铝再生利用的能源环境效益

年份	基准情景下的能源环境效益				减量化措施增加的能源环境效益			
	节能（Mt 标准煤）	节水（Mt）	减排固体废物（Mt）	减排 SO_2（万 t）	节能（Mt 标准煤）	节水（Mt）	减排固体废物（Mt）	减排 SO_2（万 t）
2020	32.0	204.7	186.1	55.8	2.0	16.8	11.4	4.6
2030	85.1	544.0	494.5	148.4	15.9	135.1	92.1	37.3

（4）铅资源减量化及能源环境效益评估

我国铅资源消费分为电池、颜料、金属制品、化学品和其他共 5 个行业。图 2-34

显示了铅资源的总体代谢趋势。

结合不同的情景分析我国铅资源代谢整体趋势：2010～2030 年是我国铅资源社会存量的快速积累期，之后增速放缓，并在 2040 年前后达到峰值。与 2010 年相比，社会存量将增加 4.2～5.4 倍，将会成为我国未来最可靠的铅资源（是目前我国原生铅基础储量的 2.5～3.1 倍）。我国未来铅资源消费需求将于 2040 年达到峰值。进口需求量在 2020 年以后趋于稳定。铅的报废量和再生铅产量在 2010～2020 年处于快速增长阶段，2020 年以后基本维持稳定状态。

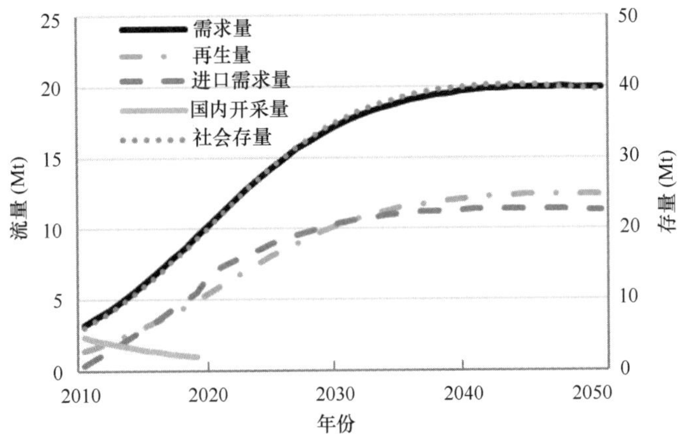

图 2-34　铅资源流量/存量变化趋势图

2011 年我国铅资源基础储量只有 1291.7 万 t，以目前开采速度，2020 年以前就消耗殆尽。因此，如图 2-35 所示，由国内原生铅主导的资源产业结构将很快发生重大转变，2015 年以后，再生铅将成为我国铅资源消费的主要供给渠道，再生铅产量占我国铅资源的需求量将提高 20%左右。国内铅资源的停止开采将在短期内导致对外依存度增加，2030 年以后将逐渐减少并趋于稳定。

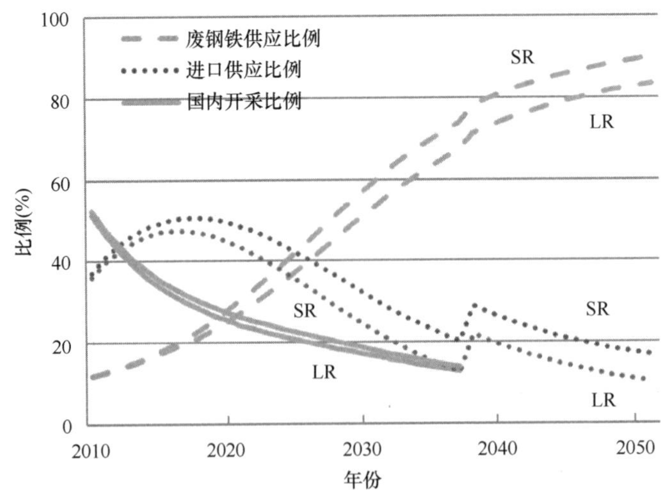

图 2-35　不同渠道铅资源供应比例趋势预测

SR. 强化回收利用情景；LR. 低资源消耗情景

比较不同情景下我国铅资源代谢变化趋势。如降低资源消耗，资源需求峰值和进口需求峰值有所下降（峰值时均下降了 19.7%），但资源供给结构和趋势没有发生变化。如强化回收，增加 15%的回收率能增加再生铅产量 271.5 万 t，提高了 21.8%，资源对外依存度减少了 13%。在结构调整、提升资源利用率、强化回收等措施均实现理想效果的情景下，进口需求曲线峰值最低，对外依存度低，再生铅资源替代比例最高。

在结构调整、提升资源利用率、强化回收等措施均实现理想效果的情景下，由于在减少铅资源需求的同时增加了再生铅的替代效益，因此资源环境效益显著。如表 2-13 所示，以 2030 年为例，在降低资源消耗和强化回收两种措施共同作用下，可使铅资源对外依存度降低 13.5%，再生铅的资源替代率增加 13.5%，相当于节能 116.3 万 t 标准煤，节水 967.1Mt，减少固体废物排放 604.7Mt，减排 SO_2 0.5 万 t。

表 2-13　基准情景和减量化措施下废铅再生利用的能源环境效益

年份	基准情景下的能源环境效益				减量化措施增加的能源环境效益			
	节能（万 t 标准煤）	节水（Mt）	减排固体废物（Mt）	减排 SO_2（万 t）	节能（万 t 标准煤）	节水（Mt）	减排固体废物（Mt）	减排 SO_2（万 t）
2020	362.0	1290.9	703.1	16.5	33.6	279.1	174.4	0.1
2030	667.5	2380.3	1296.5	30.4	116.3	967.1	604.7	0.5

（二）乡村废物分类资源化利用效益分析

乡村废物分类资源化利用是一种可以收集、储存、运输的最接近常规化石燃料的可再生能源，不仅是绿色的洁净能源，也是可再生能源中唯一可以培育和能够转化为液体燃料的碳资源。未来 10～20 年，农林生物质燃料有望替代世界一半以上的汽柴油，世界和我国能源格局将发生重大变化。生物质能源工程科技的发展对于促进能源结构优化、保障能源安全、稳定能源价格、维护能源市场正常秩序、节能增效、推动建立可持续发展型能源生产方式和消费模式、有效扩大内需、增加社会就业、优化区域环境、提高农村地区人民生活水平都有着重要的作用。根据我国乡村废物产生量及资源量分析，主要对农村生活垃圾、农作物秸秆、林业废物及畜禽粪便等四类废物的资源化利用进行可行性和经济性分析。

1. 农村生活垃圾综合利用

目前，我国农村生活垃圾产生量 1 亿 t 左右，其中有机物占 30%，资源量达到 1300 万 t 标准煤左右。针对农村垃圾分散且收集困难等问题，采用移动式前处理技术；采用垃圾填埋气体发电，利用填埋气采用工业锅炉转化为热能，提纯天然气模式是将填埋气提纯，压缩成压缩天然气（compressed natural gas，CNG），提供清洁能源；采用有机废弃物厌氧发酵沼气利用及有机废弃物堆肥技术和垃圾焚烧发电利用技术等，实现无害化（无杂草、寄生虫等）、减量化、资源利用的目的；实施“垃圾收集分选+焚烧发电+渗滤液污水处理”模式实现垃圾焚烧发电利用。在整治农村生活环境的同时获得客观的经济效益。

2. 农作物秸秆和林业废物综合利用

目前，我国农作物秸秆和林业废物年产生量达到 10 亿 t 和 1.38 亿 t，折合标准煤约达到 4.8 亿 t 和 8000 万 t。预测在 2020 年和 2030 年农作物秸秆分别产生 10.38 亿 t 和 10.55 亿 t，资源量约为 5.4 亿 t 标准煤。未来林业废物保持在 1.4 亿 t 左右，资源量保持在 8000 万 t 标准煤左右。未来在生物质发电（热电联产）利用技术、生物质成型燃料替代燃煤技术、生物质热裂解炭气油联产技术、秸秆沼气利用技术及纤维素燃料乙醇利用技术等五个方向具有广泛推广可行性。

案例一　河南汝州大规模生物质成型燃料技术集成与产业化示范工程

以当地农作物秸秆和林业废弃物为主要原料，在汝州市 6 个乡镇建成年产 3 万 t 成型燃料的生产线 1 条，年产 1 万 t 成型燃料的生产线 7 条，形成年产 10 万 t 成型燃料的生产能力，是目前河南单场规模最大的生物成型燃料生产基地，可解决 20 万亩[①] 农田的秸秆问题，经济、社会、环境效益显著。

案例二　湖北鄂州万吨级生物质热解联产联供示范工程

以棉秆为原料（年处理量约 5 万 t），通过热解技术，连续生产生物燃气、生物质炭和生物油，实现供气、供电、供热，为新农村集中居住区提供高品位清洁能源。系统包括生物质热解联产联供新技术设备生产线 2 条，集中供气储气柜 2 座，生物燃气发电车间 1 座，总装机 3MW。项目年产生物燃气 1100 万 m^3（其中 330 万 m^3供周边 6000 户居民的生活用气，其余燃气用以发电），木炭 13 000t，生物油 10 000t，同时可发电约 950 万 kW·h，其中可向电网供电 400 万 kW·h。

案例三　山东民和牧业养殖场沼气发电工程

主要包括 8 座 3200m^3 的厌氧发酵罐和装机容量 1064kW 的发电机组 3 台（套），配套工程包括 4000m^3 的格栅集水池、2 座 2000m^3 匀浆调节池、2000m^3 的沼液贮存罐、50 000m^3 的沼液贮存池、2150m^3 的贮气柜。项目年处理鸡粪便约 18 万 t；年产生沼气 1095 万 m^3，工程发电机组装机容量为 3MW，年可发电 2190 万 kW·h；固态有机肥年产量为 13 262t，液态有机肥年产量为 23.7 万 t。

3. 畜禽粪便能源化工利用综合利用

目前，我国畜禽粪便产生量达到 41 亿 t，按照不同畜种粪便产热值计算干物质标准量，年约达到 4.2 亿 t 标准煤。预测在 2020 年和 2030 年粪便产生量分别达到 41.8 亿 t 和 43.4 亿 t，资源量分别达到 4.2 亿 t 标准煤和 4.3 亿 t 标准煤。未来可实现畜禽粪便能源化利用主要以沼气、有机肥为纽带的生态农业模式，包括农户小循环技术利用、村镇级中循环技术利用及产业化循环技术利用。实现面向居住分散，户用炊事供气工程；实

① 1 亩≈666.7m^2。

现集中式生产和分布式供气；面向区域城乡一体化的大型生物燃气工程，燃气可直接作为民用燃气，可上网发电，也可提纯并网天然气或用作车用燃料，能够保证大规模工业化生产和普遍化推广。

山东民和牧业股份有限公司建设了“鸡—肥—沼—电—生物质”的循环经济产业链，采用高浓度鸡粪沼气发酵工艺，建设大型沼气发酵工程，产生的沼气用于发电上网，沼气发电机组余热可供沼气发酵工程自身的增温和鸡场的供温。项目年处理鸡粪便约 18 万 t；年产生沼气 1095 万 m^3，项目发电机组装机容量为 3MW，年可发电为 2190 万 kW·h；固态有机肥年产量为 13 262t，液态有机肥年产量为 23.7 万 t。

4. 乡村废物分类资源化利用效益分析

乡村废物分类资源化利用根据其资源潜力，通过发展多种能源化及资源化利用技术，可获得固体成型燃料、液体燃料、气体燃料、电力及热能等产品，用于生活用能耗、运输等。不仅提供了能源产品，还可以拉动投资、增加税收，同时废弃物的收、储、运等工作可以拉动就业、增加农民收入、节省国土空间等，具有显著的经济效益、环境效益和社会效益，产生的综合效益对我国社会经济可持续发展有着重要的战略意义。根据上节乡村废物潜力分析中的预测结果，我国到 2020 年和 2030 年的资源潜力，即理论上分别替代能源约为 10.5 亿 t 标准煤和 10.7 亿 t 标准煤。按照农业可持续发展规划（农业部等，2015），到 2020 年和 2030 年的发展目标分别要建成覆盖主要乡镇的分散式、小型化农村生活垃圾收集处理系统，生活垃圾回收利用率分别达到 30%和 60%；农林废弃物资源综合利用率分别达到 85%和 95%，并实现农业示范区和粮食主产区农业废弃物零排放；畜禽粪便资源化利用率分别达到 75%和 90%，并实现规模化养殖场畜禽粪便基本资源化利用。如顺利完成规划目标，到 2020 年和 2030 年，乡村废物分类资源化利用总量分别可达 8.43 亿 t 标准煤和 9.93 亿 t 标准煤。

乡村废物分类资源化利用产业发展拉动投资效果较为明显，2020 年和 2030 年，平均每吨标准煤可拉动投资 4000 元左右（秦世平和胡润青，2015）；减少环境污染物排放方面，平均每吨标准煤减排 CO_2 和 SO_2 约为 2.67t 及 0.02t（郝先荣和沈丰菊，2006）；另外在增加就业和农民增收方面有较大优势，2020 年和 2030 年平均每万吨标准煤可带动就业人数分别为 175 人和 115 人，其中农民本地化就业比例占总就业人数的 65%左右，平均每吨标准煤可为农民增加收入 450 元左右。表 2-14 显示我国在 2020 年和 2030 年乡村废物分类资源化利用综合效益。

（三）工业固体废物分类资源化利用效益分析

根据我国产业结构基本特征，未来工业固体废物中尾矿、冶炼渣、废石、粉煤灰、工业副产石膏、工业报废装备仍将是产生量大、环境影响大、综合利用难度大的主要废物类别，以上六大类固体废物的分类资源化及协同利用替代建材资源等将是我国工业固体废物分类资源化的长期任务。具体技术路线的可行性及经济性分析如下。

表 2-14　我国乡村废物分类资源化利用综合效益

类别	资源量	2020 年	2030 年
农村生活垃圾	理论资源量（亿 t 标准煤）	0.13	0.13
	资源化利用目标	30%	60%
农林废物	理论资源量（亿 t 标准煤）	6.18	6.26
	资源化利用目标	85%	95%
畜禽粪便	理论资源量（亿 t 标准煤）	4.18	4.34
	资源化利用目标	75%	90%
合计	资源化利用总量（亿 t 标准煤）	8.43	9.93
经济效益	拉动投资（亿元）	33 720	39 720
环境效益	减排 CO_2（亿 t）	22.51	26.51
	减排 SO_2（亿 t）	0.17	0.20
社会效益	就业人口（万人）	1 475	1 142
	农民增收总计（亿元）	3 794	4 469

1. 尾矿

尾矿一般由多种矿物组成，其主要化学成分包括金属元素及硅等多种非金属元素，2013 年全国尾矿综合利用领域的发明专利共授权 213 项。目前资源化利用技术途径主要包括以下五类。

1）尾矿干排等减量技术具备规模化推广条件。近年来，我国尾矿干排、采选一体化等工艺及其主要装备实现工业化应用技术突破并趋于成熟，在部分矿山初步实现产业化生产，成为提高矿产资源回收率、减少尾矿排放量、提高尾矿综合利用率的重要途径，并可直接生产高性能混凝土骨料。

2）尾矿矿山充填等规模化利用技术具备产业化技术基础。近年来，我国利用尾矿开展矿山采空区充填的胶结材料、膏体充填材料，以及大型充填工业泵、深锥膏体浓密机等一批核心装备研发取得了初步突破。全尾砂胶结充填技术等在国内几十家矿山企业得到应用，尤其适用于铁矿、铅锌矿、金矿、磷矿。在提高资源回收率、消除矿区地质灾害、规模化利用固体废物、最大化减排废物等方面效益显著。目前全国尾矿充填只占到尾矿产生量的 15%，推广潜力很大。

3）铁尾矿制备建筑骨料具备快速提高产业规模的良好条件。我国 50%的铁矿属于鞍山式铁矿，尾矿中以石英等非金属矿产资源为主，金属资源含量低，与建筑用砂、黏土、陶瓷玻璃原料组分接近，适宜制备水泥、硅酸盐尾矿砖、瓦、加气混凝土、铸石、耐火材料、陶粒、玻璃、混凝土集料、微晶玻璃、溶渣花砖、泡沫材料和泡沫玻璃等多种产品系列的建筑材料，产品应用广泛，技术装备成熟，是能够快速提升资源化利用量的主要途径。

4）部分尾矿二次选矿技术取得阶段性进展。近年来，我国在难利用铁矿“提质降杂”、难选钨钼矿、低品位铜镍矿、铅锌铁铜共伴生矿、难选铜多金属矿产资源高效综合利用技术及新的选矿药剂研发方面取得了技术突破和部分产业化，尤其是钒钛磁铁矿资源、铁-稀土多金属共伴生资源、镍铜多金属共伴生资源、锡和铅锌铟等复杂多金属共伴生资源等我国特有矿产资源综合利用技术研究和产业化取得阶段性突破。同时，尾矿中提取石英石等非金属资源，生产钾盐、钠盐、磷肥等化工产品技术也初步完成了工业化实验。现有技术条件下仅在四川巫山、重庆綦江两地典型沉积型赤褐铁矿产区铁尾矿二次选矿技术推广就可盘活赤褐铁矿、菱铁矿资源数亿吨。

5）部分多金属复合铁尾矿资源回收条件尚不足。攀枝花钒钛铁矿钒钛资源回收技术取得阶段性进展，但从原矿到钛精矿的钛利用率仅为18%，约有50%的钛损失在高炉渣中，尚不具备大规模产业化技术条件。包头白云鄂博铁矿中铌、钪、稀土金属回收技术，以及放射性元素钍利用和控制技术仍处于初级工业化实验阶段，难以实现产业化，现阶段稀土尾矿无害化贮存技术尚未成熟，难以实现战略资源安全储备。大冶多金属伴生铁矿等铁尾矿中铜、锌、钼、钴等资源回收技术较为成熟，可初步实现产业化生产。部分有色金属尾矿受当前经济、技术回收水平的限制，相当一部分有价金属稀释到尾矿中，当前不具备再回收的价值；但随着技术进步，这些尾矿可能就是未来的原矿。

我国尾矿产生量巨大，环境污染问题突出，未来应在充分减量化和环境风险可控的基础上开展综合利用。根据未来一段时期内我国技术发展和经济发展条件，尾矿资源化利用应采取以下技术路线。

对于有价元素和有毒有害物质含量较低的尾矿应以消除环境风险为主要目的，重点推广尾矿充填和制备建材等规模化利用途径。

对于历史堆存尾矿和多金属共伴生有价元素尾矿应着力开展二次选矿，提高有价元素回收率。

对于攀枝花、白云鄂博等含有重要战略资源的铁尾矿，开展有利于未来开发的矿山充填，保障未来我国战略资源储备。

2. 冶炼渣

钢铁冶炼渣综合利用产业化基础良好。近年来，高炉渣制备超细微粉、矿棉等基本实现产业化。钢渣制备人工渔礁、制备路基材料等已有工业实践，但是钢渣膨化处理技术的工业应用仍然存在技术瓶颈，钢渣大规模利用仍然存在技术障碍。冶炼渣制备微粉替代水泥具备性能和价格优势，目前对水泥的最高替代率可达70%。超细粉磨技术和装备不断更新换代，成本和能耗大幅度下降，产业化应用条件得到进一步提高。

宝钢积极开展冶炼渣返生产利用，2015年返烧结钢渣和返炼钢钢渣供应量分别达到8.13万t和6.69万t，含铁资源及金属料供应同比分别增长23.84%和下降0.32%。宝钢股份利用一系列的固体废物分类资源化途径，2014年固体废物资源综回收量825万t，废物资源产业化率60.2%，减少土地占用16万m^2，能耗量同比减少34.62万t标准煤，增加就业岗位1000多个。

上海市宝山区按照海绵城市建设要求，利用钢渣透水材料对小区休闲广场和步道路面进行改造；上海世博园区用量超过9.1万m^2，占世博园透水地面的60%以上；上海市市政道路景观提升工程、上海嘉定新城建设、上海迪士尼旅游度假区等20多项重点工程得到应用，累计实施近50万m^2，取得了良好的经济效益和社会效益。

部分高风险冶炼渣尚不具备资源化技术条件，减量化技术推广具备一定的基础。我国在氧化铝行业赤泥、电解锰行业锰渣、电解铝行业大修渣、铬盐行业铬渣等高风险冶炼渣的资源化利用方面仍然未能取得工业化应用关键技术和设备突破，短期内实现资源化的经济成本较高，甚至会部分抵消相关产品收益。目前我国铬盐行业无钙焙烧等技术的工业化试验取得了一定成果，具备技术推广的基本条件。而赤泥、锰渣、电解铝大修渣等资源化利用技术储备条件良好，在进一步优化有毒有害物质控制工艺后即可进行产业化应用。

未来一段时期，冶炼渣应采取分类资源化利用技术路线，重点促进钢铁冶炼渣再选后制备微粉、生产高性能水泥和混凝土等的产业化应用；推广历史堆存冶炼渣作为道路建设、市政基础建设充填材料、路面材料等规模化应用；推动多渠道利用历史堆存赤泥、锰渣、电解铝大修渣等高风险冶炼渣进行替代水泥、制备建材产品等技术产业化。

3. 废石

废石替代天然建材资源具备普遍的推广条件。废石是我国产生量、堆存量最大，侵占土地最多的一类固体废物，每年仅金属矿山产生的尾矿就高达 50 亿 t 左右，综合利用率不足 10%。废石生产砂石料技术及装备与传统建筑砂石料相同，不存在技术障碍。但是由于废石堆场一般位于远离建筑材料终端市场，运输成本相对较高，是制约其规模化推广和普遍替代建材矿山产品的关键因素。

煤矸石规模化资源化利用技术具备广泛的推广基础。2013 年，开展填坑筑路、土地复垦和塌陷区回填等利用的煤矸石量已经占利用总量的 56%。我国煤矸石、煤泥等综合利用发电机技术已经突破高参数、大型化关键技术装备，实现了较好的产业化。2013 年，我国煤矸石、煤泥发电总装机容量达 3000 万 kW，发电量超过 1600 亿 kW·h，年利用煤矸石、煤泥量 1.5 亿 t，占利用总量的 32%。目前部分地区历史堆存的煤矸石消化情况较好，取得了良好的环境效益和经济效益。

煤矸石减量化技术已具备产业化推广条件。我国煤炭矿山采选技术发展较好，目前我国煤炭开采“充填采矿”“井下分选”“煤矸石置换煤柱”等技术已经基本成熟，可基本实现煤矸石不出井，具备普遍推广技术条件。

未来一段时期，废石资源化利用应优先推动“井下分选”“坑口矸石电厂”等减量化技术，推广废石、煤矸石生产建筑砂石料的低成本资源化利用技术及装备的产业化应用。

4. 粉煤灰

粉煤灰多途径综合利用技术具备大规模产业化基础。我国利用粉煤灰替代水泥生产普通砌块、透水砖、路面砖、保温板、陶粒等普通建筑材料的综合利用产业化水平已经达到较高水平。在生产粉煤灰高掺比水泥、混凝土、玻璃微珠、油田堵水调剖等技术有工业化实践基础，已经初步具备大规模产业化技术基础。

历史堆积粉煤灰等混合固体废物生态利用具备技术经济条件。历史堆积的粉煤灰不具备替代水泥的活性物质，但替代天然黏土、水泥等用于矿山、道路、建筑充填具有技术简单、消纳量大、经济成本低的优势，适宜在山西、内蒙古、陕西等粉煤灰大量产生和大量堆积的地区广泛推广。

粉煤灰提取有价元素技术取得一定成果，但短期内仍难以实现产业化。我国部分地区粉煤灰中含有硅、铝、铁、钙、镁、硼等元素。尤其是内蒙古中西部地区煤层中大量伴生富铝矿物，煤燃烧后产生的粉煤灰中氧化铝含量高达45%～50%，相当于我国中级品位铝土矿中氧化铝的含量。但是在目前我国技术条件下，处理1t氧化铝含量40%的高铝粉煤灰，可提取氧化铝约0.32t，将产生难以利用的硅钙废渣约1.8t，获取的经济收益与付出的环境治理成本不成比例，暂时不具备推广条件。

未来一段时期，粉煤灰资源化利用应优先在燃煤电厂集中区域推广充填，在油田生产地区推广堵水调剖等规模化生态利用；促进高附加值的多途径综合利用产品实现规模化生产；对于高铝粉煤灰等含有有价资源但暂不具备提取技术经济可行性的粉煤灰，优先进行分类贮存处置，为未来开发保留条件。

5. 工业副产石膏

工业副产石膏替代天然石膏具备基本条件。脱硫石膏、磷石膏等是我国工业脱硫过程和磷肥生产过程的必然产物。脱硫石膏中杂质成分比天然石膏矿石少，在欧盟被作为副产品而不是固体废物进行管理。例如，在德国80%的脱硫石膏用于生产石膏产品，只有20%用于生产水泥，德国可耐福公司每年使用的石膏原料中有近50%来自脱硫石膏。目前我国在水泥生产行业实现了脱硫石膏对天然石膏的替代。利用脱硫石膏、磷石膏生产石膏板材、砌块等在部分地区实现了产业化，高强度石膏、自流平石膏、功能性石膏板材、石膏粉等技术在德国等发达国家实现了产业化，在我国部分地区也实现了工业化生产。如果能够加强对产生环节的工艺控制，产生的脱硫石膏、磷石膏等基本完全可以替代天然石膏用于石膏产品生产。

未来，应优先强化生产过程工业副产石膏品质控制要求，提高高价值资源化产品产业化率。

6. 工业报废装备

工程机械表面再制造已有工业实践。工程机械设备多是由于重载而导致零部件表面磨损、腐蚀和断裂而失效报废，目前我国用于工程机械表面再制造的零部件剩余寿命评估技术、无损拆解与分类回收技术、绿色清洗技术、纳米表面工程技术、快速成型再制造技术，以及虚拟再制造技术等已进入实用化阶段，但是离产业化应用还有一定的距离。热喷涂技术、电刷镀技术、激光熔敷技术及微束等离熔覆技术等再制造工程技术在部分矿山机械、石油管线等已有工业化实践，并初步实现工业化生产。

工程装备在役再制造研发取得较好进展，但离产业化应用还有一定距离。我国钢铁、有色金属、化工等工业流程长，以不间断模式开展生产，重大工业装备需在生产过程中进行表面修复等在役再制造。我国工业装备在役再制造尚处于技术研发阶段，尚不具备产业化推广条件。

未来，应大力推广石油管线、重点工业机械装备再制造技术产业化应用，推动在役再制造技术工业化实践。

7. 多类别固体废物协同利用

多类别固体废物协同充填效益良好，具备广泛推广价值。基于多种固体废物协同作用的地下胶结充填采矿技术，特别是膏体胶结充填采矿技术，可使胶结剂的成本比普通硅酸盐水泥成本降低30%～50%，固化砷和重金属的能力提高5倍。例如，利用粉煤灰作为胶结剂开展铁矿充填［实际灰砂比达到（1∶8）～（1∶10)］，利用赤泥取代水泥实现无水泥胶结充填等技术的工程实践均取得了良好的效果，降低了尾矿的处理成本。

协同利用固体废物生产高性能建筑材料规模化发展前景良好。尾矿、废石、煤矸石、粉煤灰、冶炼渣、工业副产石膏等工业固体废物中组分各异，经合理配伍后可大大提高其中有效组分在水泥、混凝土、功能性建材中的协同作用，提高其产品性能，并开发出多系列高值化产品。例如，通过多种工业废弃物协同利用，可减少水泥熟料用量40%以上的C40混凝土已完成较大规模的工程试用。

国土资源部数据表明，2012年我国建材非金属矿山数量为727个，生产各类非金属矿物产品39亿t。按我国现有技术能力，近六成的天然建材资源可以利用固体废物进行替代，未来经济效益预期良好。利用固体废物生产建材产品、充填等关键技术和设备已经基本实现国产化，产业化应用成本可以接受。

案例一　承德依靠尾矿综合利用走出了资源型城市可持续发展途径

承德是一座“依矿而起，靠矿而兴”的资源型城市，截至2013年年底，全市共有尾矿库826座，约占全国的1/17、全省的1/4，年均尾矿排放量约2.5亿t，累计存积量20亿t以上，约占全市工业固体废物总量的85%。为有效利用丰富的尾矿资源，全力推进承德国家级工业固体废物综合利用基地建设，承德市委、市政府将尾矿综合利用提升到资源型城市转型升级、培育新兴产业的战略高度，成立机构，出台政策，建立机制，强力推进。2013年，全市尾矿排放量达2.52亿t，尾矿综合利用量0.56亿t，尾矿综合利用率达22.2%，实现年产值52亿元，利税10.5亿元，尾矿综合利用产值超过矿产资源采选、冶炼等传统优势产业，走出了一条“变废为宝、利国利民”的资源型城市可持续发展之路。

案例二　铜陵有色金属集团深化资源利用技术提升企业竞争力

铜陵有色金属集团控股有限公司开发了复杂难处理铜硫铁矿高效选别及综合利用技术、矿山全尾砂低成本高效连续充填关键技术、超高强度智能数控闪速炼铜技术、铜冶炼废渣选矿综合利用技术、超细磁黄铁矿焙烧技术、富氧顶吹湍冲洗涤稀贵金属冶炼技术等。2013年与2010年相比，能源产出率为14.32万元/t标准煤，提高了0.98%；水资源产出率为0.2万元/m^3，提高了7.5%。2013年共产出电解铜120万t、铜加工材12万t、黄金13.45t、白银467t、工业硫酸392万t、铁球团119万t；矿山废石、尾矿井下充填量220万t；综合利用铜冶炼产废物料235万t和硫铁矿制硫酸产烧渣68万t，回收社会废杂铜40万t左右；回收余热近5.2万t标准煤，极大地提高了资源利用效率，降低了废物产生量，提升了企业的市场竞争力，仅电解铜一项就实现销售收入 1222 亿元，利润总额 7.8 亿元。

8. 提取有价元素

提取有价元素是资源综合利用的基础。近两年，我国废有色金属综合利用的技术水平明显提高，全自动化废金属预处理设备、先进的再生铜熔炼技术、再生铝双室反射炉技术、再生铅富氧熔炼技术及富氧燃烧等节能技术、高效收尘等环保技术已被多家企业采用，并取得了良好的经济效益和环境效益。完成了废易拉罐熔炼生产铝合金铸锭的工艺研发，建成年处理废铝易拉罐 10 000t 示范生产线。产业集中度稳步提高，年产量 10 万 t 以上的再生铜企业达到 6 家，30 万 t 以上的再生铝企业 5 家。

综上，根据 2015 年工业固体废物分类资源化利用的经济效益，估算 2020 年我国重点工业固体废物分类资源化经济效益为 10 752.2 亿元，预计可新增就业 200 万人；到 2030 年，我国重点工业固体废物分类资源化经济效益可达 13 535.6 亿元，预计可新增就业 153 万人（表 2-15）。

表 2-15 我国重点工业固体废物分类资源化经济效益估算表

工业固体废物	2020 年			2030 年		
	产生量预测（亿 t）	可资源化利用量（亿 t）	综合利用产值（亿元）	产生量预测（亿 t）	可资源化利用量（亿 t）	综合利用产值（亿元）
尾矿	10.41	3.64	2 166.3	11.66	5.83	3 465.0
冶炼渣	3.70	3.15		3.15	2.83	
煤矸石	7.26	5.81		6.00	5.10	
粉煤灰	3.75	3.38	7 544.2	3.52	3.34	6 789.8
脱硫石膏	0.69	0.59		0.65	0.58	
炉渣	2.48	2.23		2.32	2.21	
报废工业装备	0.53	0.37	1 041.7	1.38	1.17	3 280.8
合计	28.82	19.17	10 752.2	28.68	21.06	13 535.6

（四）典型再生金属资源替代效果综合分析

以再生资源量与资源消费量之比作为再生金属资源替代比例，以进口的原生和废物资源量之和与资源消费量之比作为对外依存度。2010 年，除铅以外，我国典型矿产资源再生比例较低，3 种大宗金属（铜、钢铁和铝）再生资源替代比例不到 30%，对进口资源依存度较高，铜为 72.0%，钢铁为 51.2%，铝为 47.9%。

结合物质流核算，预测基准情景下 4 种金属资源的主要代谢指标见表 2-16，再生资源替代总体效益显著，资源对外依存度逐步下降。2010～2030 年，钢铁资源替代比例增加了 40.1 个百分点，对外依存度降低了 17.9 个百分点；铜资源替代比例增加了 18.7 个百分点，对外依存度降低了 25.8 个百分点；铝和铅的资源替代比例分别增加了 5 个百分点和 10.2 个百分点。

表 2-16 基准情景下典型金属资源关键指标

资源名称	年份	资源需求量	进口需求量	资源再生量		再生替代比例（%）		对外依存度（%）
				城市矿山	工业固体废物	城市矿山	工业固体废物	
钢铁（百万 t）	2020	756.5	438.8	223.49	36.44	26.9	4.8	52.8
	2030	806.8	295.4	471.74	58.28	53.2	7.2	33.3
铜（万 t）	2020	916.5	525.5	330.5	25.5	34.1	2.8	54.2
	2030	1246.9	608.8	607.8	40.8	46.1	3.3	46.2
铝（万 t）	2020	4829.3	3441.1	930.4	—	13.3	—	49.2
	2030	8055.2	5374.9	2472.6	—	21.2	—	46.1
铅（万 t）	2020	1030.8	678.4	549.3	—	40.4	—	49.9
	2030	1714.8	1029.5	1012.9	—	44.8	—	45.5

由于工业生产过程中产生的再生金属资源主要用于替代原生矿产资源，对于进口资源影响不大，因此对进口资源具有替代效果的主要是“城市矿山”中的再生金属资源。基于“城市矿山”中的再生金属资源，分析不同减量化措施对再生金属资源替代效果的影响。比较低资源消耗情景和强化回收利用情景下矿产资源代谢主要指标可得：低资源消耗措施通过减少源头资源需求量改变资源代谢特征，减少资源进口需求量和资源再生量，然而从长期角度看却不能减少资源的对外依存度。强化回收利用情景通过增加资源再生量来改变资源代谢特征，随着资源报废量的增长资源替代效益显著（表 2-17）。

表 2-17 低资源消耗情景、强化回收利用情景与基准情景关键指标对比

情景模式	资源名称	年份	资源需求量	进口需求量	资源再生量	再生替代比例（%）	对外依存度（%）
低资源消耗情景	钢铁（百万 t）	2020	−60.6	−61.7	−4.6	1.7	−3.5
		2030	−70.6	−57.9	−19.4	2.7	−4.0
	铜（万 t）	2020	−71.5	−65.2	−7.9	2.0	−2.7
		2030	−129.9	−88.3	−44.6	1.6	−2.1
	铝（万 t）	2020	−648.9	−638.4	−45.2	1.3	−2.9
		2030	−1329.2	−1080.1	−315.0	1.0	−2.0
	铅（万 t）	2020	−90.7	−69.1	−38.9	0.8	−0.8
		2030	−284.4	−180.1	−158.6	0.5	−0.5
强化回收利用情景	钢铁（百万 t）	2020	0.0	−10.4	10.4	1.2	−1.2
		2030	0.0	−33.3	33.3	3.8	−3.8
	铜（万 t）	2020	0.0	−16.1	16.1	1.7	−1.7
		2030	0.0	−73.4	73.4	5.6	−5.6
	铝（万 t）	2020	0.0	−108.5	106.1	1.5	−1.6
		2030	0.0	−904.7	884.6	7.6	−7.8
	铅（万 t）	2020	0.0	−38.6	38.6	2.8	−2.8
		2030	0.0	−217.8	217.8	9.6	−9.6

第三章　我国固体废物分类资源化利用的战略方针、目标和路线图

一、我国固体废物分类资源化利用的战略方针

从“十三五”开始，我国将进入全面建成小康社会，逐步实现“两个一百年”奋斗目标的决胜阶段。为实现经济发展绿色转型和生态文明建设，需要将固体废物分类资源化作为国家资源环境战略的重要组成部分，以“政府引领、产业支撑，源头减量、处置限制，精细分类、充分循环”作为指导方针，将固体废物分类资源化逐步打造为支撑我国可持续发展的重要战略性新兴产业。

（一）政府引领，产业支撑

以资源的全生命周期管理为主线，统筹资源战略、环境战略、工业发展战略，努力构建环境影响最小、资源效率最大、经济成本最优的“资源-废物-资源”的综合管理系统，尽快完善符合我国国情的生产者责任延伸制度、多渠道回收制度、集中利用处置制度等配套制度体系，建立多部门统筹协调的综合管理机制。

实现政府宏观引导与市场资源配置相互协调，合理分配资源化利用过程相关方责权利，形成“谁利用、谁受益”“谁回收、谁受益”的多方效益共享共赢的长效机制，培育产业市场内生动力。以科技创新引领产业发展，大力推进具有自主知识产权的高附加值的清洁生产、有价资源提取、规模化利用技术工艺的产业化，保障二次资源有效供应能力和生产能力。

（二）源头减量，处置限制

统筹我国经济社会发展总体战略，以降低全社会资源消耗和废物产生强度。以降低生产过程和产品全生命周期环境影响、提高资源回收利用效率为目标，逐步降低金属矿产资源开采强度、限制非金属矿产资源开采活动，推进工业生态设计、产品生态设计、绿色供应链建设，大力发展清洁生产、循环经济、生态工业园区，促进传统工业全产业链绿色转型，从源头减少固体废物产生量和提高可资源化利用量，扩大绿色产品供给规模。限制可资源化、能源化利用的固体废物进入填埋、焚烧等最终处置，倒逼固体废物分类资源化。

（三）精细分类，充分循环

统筹我国资源供给能力和战略需求，对固体废物按资源禀赋情况实施精细分类管理，优先提取铁、10 种有色金属等对经济发展支撑性战略资源，对含有重要战略资源（如

稀散金属、稀土元素等）的固体废物实施战略储备，着力提高再生资源回收能力，逐步提高固体废物对非金属矿产资源、能源的替代比例。

二、我国固体废物分类资源化利用的战略目标

变革发展理念，将由线性经济发展模式向循环经济发展模式转变是实现我国“两个一百年”奋斗目标和中华民族伟大复兴的根本途径。为此，在未来一段时间内，我国需要在生态文明建设过程中，努力改变工业、农业生产模式和社会生活消费方式，提高资源利用效率，减少、回收和充分利用各类固体废物，努力实现资源在全生命周期过程中的最大化循环利用，努力将固体废物的产生量和对生态环境影响减到最小，努力建设一个可持续发展的、“无废物”的国家，并成为世界经济循环发展的引领。

但是，在全面完成工业化和城镇化之前，我国需要客观面对资源能源的巨大消耗和继续快速增长的固体废物产生量，以及不断累积的环境风险，科学规划固体废物分类资源化发展路径（图 3-1）。

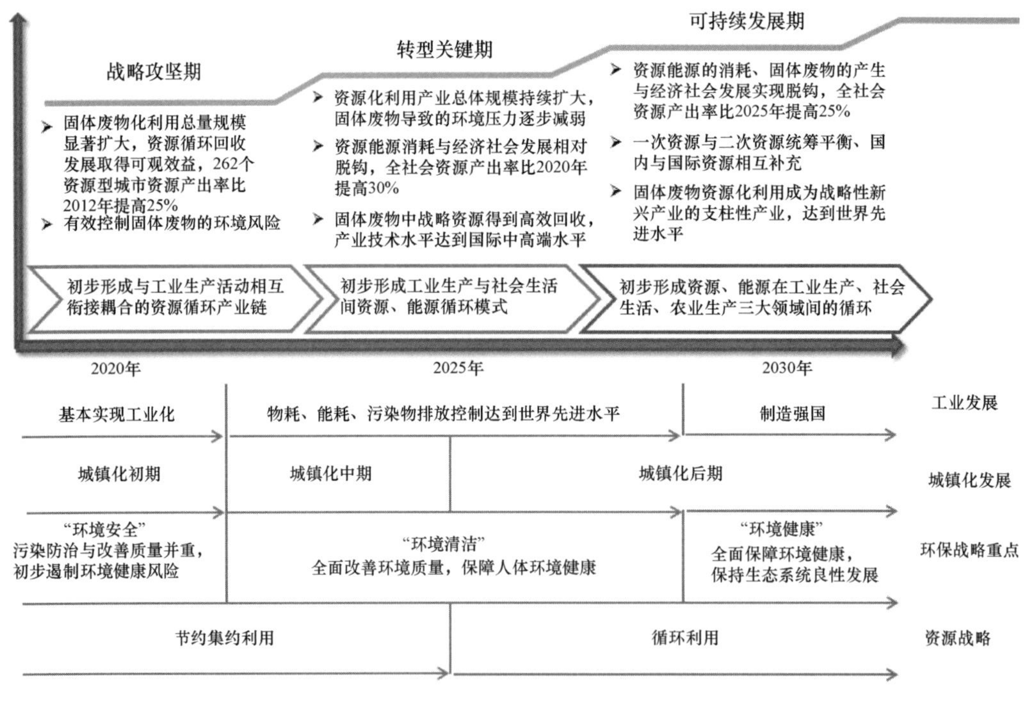

图 3-1　我国固体废物分类资源化发展路线图

数据来源：环境保护部环境规划院提供

（一）战略攻坚期（2020 年以前）

1. 宏观形势

“十三五”期间，我国将进入工业化后期，完成初步城镇化，但粗放发展惯性仍未消除，环境质量难以从根本上得到改善，环境风险高企态势难以遏制，人民群众对环境

健康风险的关注日益提高。一方面，长期历史堆积的固体废物影响我国整体环境质量改善，在局部地区导致突出环境健康风险；另一方面，每年新增的固体废物产生量仍处于高位运行、综合利用能力相对较低，对工业经济稳定运行和产业绿色转型的负面影响进一步凸显。工业固体废物减量化、资源化仍将是艰巨任务。同时需要高度关注随着人口增加和城镇化率逐步提高而激增的“城市矿山”类固体废物，并逐步推进农村固体废物的资源化工作。

2. 战略目标

在全面建成小康社会时，固体废物分类资源化利用总量规模显著扩大，资源循环回收发展取得可观效益，历史堆存的固体废物风险得到初步遏制，新增固体废物分类回收效率显著提升，固体废物对环境质量和人居生态环境的不利影响及潜在风险得到有效控制。

3. 奋斗指标

初步形成促进固体废物分类资源化的管理制度体系。262 个资源型城市资源产出率比 2012 年提高 25%。农村生活垃圾治理初见成效。工业固体废物产生量与工业增加值增长实现稳定相对脱钩。工业固体废物分类资源化利用总体规模超过 30 亿 t/年。以废钢铁、废有色金属为重点，二次金属资源占工业金属资源消费的比重达到 25%。

（1）资源产出率

资源产出率（%）（=地区生产总值×100%/主要物质资源消费量）是经济系统内地区生产总值与资源利用量的比值，是指主要物质资源实物量的单位投入所产出的经济量，其内涵是经济活动使用自然资源的效率。在我国目前统计制度中，主要物质资源包括煤炭、石油、天然气、铁矿、铜矿、铝土矿、铅锌矿、镍矿、石灰石、硫铁矿、磷矿、木材、工业用粮等 13 类。日本 2007 年资源产出率为 36.1 万日元/t（约折合人民币 2.14 万元/t），2020 年目标是 46 万日元/t（约折合人民币 2.73 万元/t）。

（2）二次资源占全社会资源总消费量的比重

二次资源占全社会资源总消耗量的比重（%）（=二次资源消费量×100%/主要物质资源消费量）可反映全社会对资源的回收利用能力和效率。

在日本，基于系统的资源物质流研究提出使用“循环利用率”[=循环利用量/（循环利用量+自然资源等输入量）]表示经济社会中循环利用的物质投入数量占总数量比例的指标。根据 2000 年发布的《建设循环经济社会基本法》要求，日本已经制定完成了两期《建设循环经济社会基本规划》，通过固体废物分类资源化，日本资源循环利用率从 2000 年的 10%，提高到 2007 年的 13.5%，在 2013 年发布的第三期规划中，设定了 2020 年循环利用率达到 17%的目标。

我国目前尚未建立资源循环利用率统计指标。2015 年我国 10 种有色金属产量为 5089.9 万 t，再生有色金属主要品种（铜、铝、铅、锌）总产量约为 1167 万 t，占有色金属产量的 23%，比世界平均水平低 5～10 个百分点；废钢铁回收量约 1.44 亿 t、消耗量0.82亿t，粗钢产量8.04亿t、表观消费量7亿t，废钢铁替代比例约为11.7%，比世界平均水平（2015年世界废钢消费量约为5.6亿t，替代粗钢比例约为34.5%）低约23个百分点。总体而言，2015年我国再生有色金属、废钢铁等二次资源替代同类原生资源的比例约为12.5%，低于世界平均水平（约35%）超过22个百分点。

（3）再制造率

再制造率=当年实现再制造的整机数量/当年报废的整机数量。

4. 重点任务

以建成固体废物分类资源化体制机制为重点，开展基本法律及其制度体系的制修订，落实生产者责任，初步形成“经济调节和技术规范为主、行政管理为辅”的产业市场发展长效激励机制，充分释放综合利用产业市场活力，促进固体废物合理有序资源化。

提高生活垃圾资源能源回收能力，推动生活垃圾清运、再生资源回收两网融合工程，重点建设地级以上城市（2014年共288个地级以上城市）生活垃圾分类收集体系，提高再生资源、二次资源专业化分类能力，到2020年地级城市生活垃圾分类收集体系覆盖率达到50%，生活垃圾中再生资源回收利用率达到30%。

生活垃圾分类回收指标体系

生活垃圾分类收集覆盖率=已实施生活垃圾分类收集的地域范围/评价地域范围

生活垃圾回收利用率（%）=［生活垃圾中再生资源回收量+单独收集并资源化利用的有机垃圾量（如餐厨垃圾）］×100%/生活垃圾产生量

生活垃圾产生量=生活垃圾清运量+生活垃圾中再生资源回收量（即废品回收量）

国家发展改革委办公厅　住房和城乡建设部办公厅关于征求对《垃圾强制分类制度方案（征求意见稿）》意见的函（发改办环资〔2016〕1467号）提出：“到2020年底，重点城市生活垃圾得到有效分类，垃圾分类的法律法规和标准制度体系基本建立，生活垃圾减量化、无害化、资源化和产业化体系基本形成，初步形成可复制、可推广、公众基本接受的生活垃圾强制分类典型模式。实施生活垃圾强制分类的重点城市，生活垃圾分类收集覆盖率达到90%以上，生活垃圾回收利用率达到35%以上（含再生资源回收、分类收集并实施资源化利用的餐厨等易腐有机垃圾）。

“到2030年，生活垃圾分类得到全社会的普遍认可和积极参与，差异化的垃圾分类模式在全国所有城镇得到推广，农村生活垃圾分类水平明显提高。”

治理农村突出环境问题，以农村环境综合整治工作为抓手，促进农村生活垃圾、秸秆、畜禽养殖废物综合利用等小型化、专业化技术装备应用；开展农村生活垃圾分类收集体系建设工程，到2020年基本建成覆盖主要乡镇的分散式、小型化农村生活垃圾收集处理系统；推广生态农业生产模式，促进秸秆、养殖废物等生物质就地资源化，秸秆综合利用率达到85%，养殖废弃物综合利用率达到75%以上。

在工业领域，以减量化为重点，全面实施绿色矿山战略，大力推广重点制造业产品生态设计和绿色供应链设计，降低工业固体废物产生量，提高资源利用效率。显著扩大工业固体废物资源综合利用规模，鼓励利用历史堆存固体废物开展废弃矿山生态环境治理，推广尾矿等工业固体废物井下充填、道路建设等规模化利用技术的应用，到2020年工业固体废物分类资源化利用总体规模超过30亿t；工业危险废物综合利用量达到3000万t。在西部、京津冀等大宗工业固体废物产生集中区域，开展建材矿山资源替代工程，逐步禁止天然建筑材料开采活动，到2020年全国建材矿山资源替代总体水平达到30%。显著提高工业固体废物综合利用率，环境统计重点企业综合利用率达到73%，其中尾矿综合利用率达到35%。积极扶持危险废物处置专业市场发展，形成充分的危险废物无害化处置保障能力。

再制造成为“绿色制造”的重要内容，重点开展石油化工、矿产资源开采等重点行业装备再制造，报废石油管线、矿山机械等高价值装备再制造率达到70%，汽车零部件再制造产业规模显著扩大。

（1）秸秆综合利用率

秸秆综合利用率（%）=综合利用量×100%/可收集量

秸秆资源可收集利用量是指在现实耕作管理尤其是农作物收获管理条件下，可以从田间收集并可为人们利用的秸秆资源的最大数量。秸秆资源可收集利用量=秸秆资源的总产量×秸秆可收集利用系数（秸秆资源可收集利用系数是指可收集利用的秸秆重量占农作物茎秆总生物量即秸秆总产量的比重）。

（2）畜禽粪便综合利用率

畜禽粪便综合利用率（%）=综合利用量×100%/产生量

畜禽粪便产生量是按不同种类畜禽的日排粪便量及存栏数算出的量。

（二）转型关键期（2020～2025年）

1. 宏观形势

“十四五”期间，我国将基本完成工业化，并进入城镇化后期，经济社会发展将进入摆脱资源能源消耗依赖路径的调整过渡阶段，环境质量开始改善，环境风险得到初步遏制，人民群众环境权益诉求进一步提高。随着产业结构调整的深入和我国制造强国战略的实施，一方面，深加工产业比重的提升将进一步拉动对稀缺资源的需求；另一方面，将导致我国固体废物的构成发生变化，危险废物、废弃消费产品、生活垃圾等占固体废物的比重会进一步提升，我国稀缺资源相对短缺和固体废物环境风险提升的矛盾将进一步加剧，我国固体废物分类资源化将进入从扩大利用总量规模向提高资源利用质量的转型关键期。

2. 战略目标

资源化利用产业总体规模持续扩大，产业发展达到国际中高端水平，初步形成资源高效循环的发展模式，资源能源消耗与经济社会发展相对脱钩。

3. 奋斗指标

全社会资源产出率比 2020 年提高 30%。工业固体废物产生量与工业增加值增长绝对脱钩，并开始逐步下降。形成灵活配置的固体废物分类资源化产业市场，有价组分提取产业规模显著提高，二次金属资源占工业金属资源消耗量的比重达到 35%。农村生活垃圾资源化、农业废物能源化体系初具规模。

4. 重点任务

落实生产者责任延伸制度，以建立生产者逆向物流体系为重点，促进生产商、销售商开展城镇废弃的主要耐用消费品的分类回收。推进城市生活垃圾分类回收体系覆盖范围，提高再生资源回收率，地级以上城市生活垃圾分类收集覆盖率达到 65%；显著提高城市生活垃圾分类水平，生活垃圾回收利用率达到 45%。

到 2025 年，以推广生态农业生产模式为重点，改善农村生产生活环境，建立基本覆盖行政村的农村生活垃圾分散式、小型化收集处置体系；秸秆、畜禽养殖废物、农林废物等生物质资源基本得到就地资源化或能源化，农村生活垃圾基本得到无害化治理，国家现代农业示范区和粮食主产县基本实现区域内农业资源循环利用，秸秆综合利用率达到 90%，养殖废弃物综合利用率达到 80%以上。

以提升工业固体废物分类资源化利用产业技术水平为重点，着力提高新增工业的废物分类资源化利用产品附加值，促进资源化利用产业升级。环境统计重点企业尾矿综合利用率达到 40%，其中提取有价组分占综合利用量的比例提升 5%，尾矿及冶炼渣中有色金属回收率提升 20%；推进历史遗留工业固体废物分类资源化利用，分类资源化利用总量超过 35 亿 t。统筹我国资源战略，将含有稀贵金属、稀散金属、稀土金属等重要战略资源的工业固体废物纳入资源储备战略，改善我国战略资源采储比。持续推进建材矿山资源替代工程，工业固体废物对建材资源替代比例达到 40%。基本消除历史遗留危险废物堆场，其污染场地基本得到治理；生态安全保障区、自然保护区、禁止或限制开发区等空间区域内已识别的历史遗留固体废物堆场基本得到规模化生态利用。重点推进装备制造行业再制造技术产业化应用，重点机械设备装备再制造率超过 75%，机电产品再制造产业初具规模，工业装备在役再制造产业规模显著扩大。

（三）可持续发展期（2025～2030 年）

1. 宏观形势

到 2030 年，我国基本完成工业化和城镇化建设，经济发展进入稳定期，人口总量达到峰值，资源能源消耗与社会经济发展基本达到平衡，全社会固体废物总量和构成将逐步达到稳定，资源、环境、社会发展趋于平衡。

2. 战略目标

资源能源的消耗、固体废物的产生与经济社会发展实现脱钩，全社会资源产出率比2025年提高25%。一次资源与二次资源统筹平衡、国内与国际资源相互补充，固体废物分类资源化利用、固体废物分类资源化达到世界先进水平，固体废物分类资源化利用成为战略性新兴产业的支柱性产业。

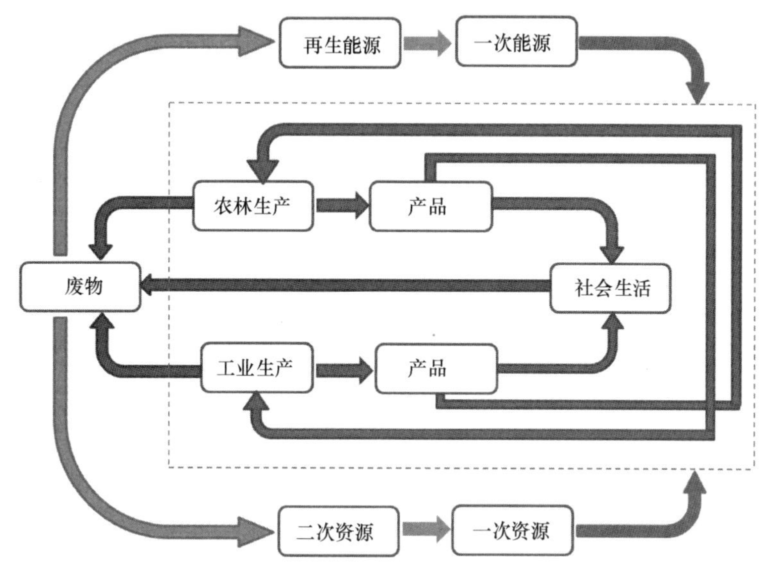

图 3-2　资源能源物质循环模式

3. 奋斗指标

二次资源占工业资源消费量的比重达到40%～50%，成为支撑国民经济发展的“新型矿山”，固体废物分类资源化利用产业产值达到7万亿～8万亿元，带动4000万～5000万个就业岗位。

资源循环利用产业与新增就业岗位

“十一五”以来，我国资源循环利用产业总产值年均增长率超过30%，2015年总产值约为1.2万亿元，占当年GDP比重约2.9%。按目前发展趋势，2020年该产业总产值有望达到3万亿元，占当年GDP（82万亿元，按2010年的两倍计算）比重约3.7%；到2030年将达到6.6万亿元，预计占当年GDP比重约5%，将成为国民经济发展的重要组成部分。与2015年相比，将拉动GDP 9.2个百分点，带动就业岗位300万个。

4. 重点任务

地级及以上城市生活垃圾分类收集覆盖率达到90%，生活垃圾回收利用率达到

60%。农村废物资源利用高效、产地环境良好，全国基本实现农业废弃物趋零排放，秸秆综合利用率达到95%以上，养殖废弃物综合利用率达到90%以上。工业固体废物分类资源化利用量超过40亿t，综合利用水平接近国际先进水平，环境统计重点企业尾矿综合利用率达到50%，重点工业装备再制造率超过85%。

三、我国固体废物分类资源化利用的发展路线图

（一）优化制度体系与市场机制，促进资源闭环循环

整合和完善固体废物分类资源化法制体系，形成有利于资源化产业发展的外部政策环境。完成《中华人民共和国固体废物污染环境防治法》《中华人民共和国循环经济促进法》《中华人民共和国清洁生产促进法》等固体废物分类资源化相关法律修订，明确固体废物分类资源化管理法律定位及部门分工。强化和细化废物产生者减量化、资源化、无害化法律责任和义务。从原料开采、加工、制造、消费、废弃、利用处置全生命周期考虑，对有毒有害物质实施全生命周期过程控制，将固体废物污染控制、资源化利用要求前置于产生源及全过程。

优化财税激励机制，培育资源化产品发展内生动力。将资源环境效益内部化，强化资源税、环境税对固体废物源头减量和可利用固体废物焚烧、填埋处置的约束作用，促进精细分类、充分资源化。扩大固体废物综合利用产品税收优惠、绿色采购、产品限制淘汰、政府补贴等覆盖范围，建立灵活的资源化利用和无害化处置价格调节机制，提高可利用废物的处置成本，建立“谁利用、谁受益”“谁回收、谁受益”的市场环境。

健全技术标准体系，引领和促进资源化产业健康发展。建立健全资源化利用过程污染控制标准体系、综合利用产品质量控制标准体系，推动综合利用产品顺利进入消费市场。建立工业副产品鉴别标准及质量标准体系，从产生源头控制固体废物品质，促进可利用固体废物充分资源化。构建重点行业产品生态设计标准、绿色供应链建设标准。构建重点工业装备再制造技术规范及再制造产品标准体系。

欧盟《废弃物框架指令》（*EC Waste Framework Directive* 2008/98/EC，19th November 2008）对副产品（by-product）的定义：

由生产过程产生的一种物质或物品，该生产过程的主要目的并不是生产该物质，只有当满足以下条件时该物质才可以被认为是副产品而不是废弃物：

1）该物质或物品进一步利用具有充分可行性。

2）该物质或物品不需要常规工业生产以外的进一步加工就可以被直接利用。

3）该物质或物品由生产过程中不可分割的生产环节产生。

4）进一步利用为合法的，即该物质或物品在具体使用过程中满足相关产品、环境和健康保护要求，且不会对环境或人体健康造成不利的影响。

（二）促进绿色消费模式，促进“城市矿山”开发

着力构建多渠道分类回收体系，推进城镇地区再生资源回收与垃圾清运处理网络体系“两网合一”，提高生活垃圾、再生资源、建筑废物等的精细化分类回收效率和分类收集能力。推动落实生产者延伸责任，建立和完善含有有毒有害物质废弃产品的强制回收体系，构建工业装备、机电产品、电器电子产品等生产逆向物流体系，为再制造、资源化利用等提供稳定原料供应。结合绿色建筑、绿色建材产业战略，推动建筑垃圾资源化利用。推广绿色生活方式和消费模式，在全社会树立新的资源观，减少不必要的废物产生。

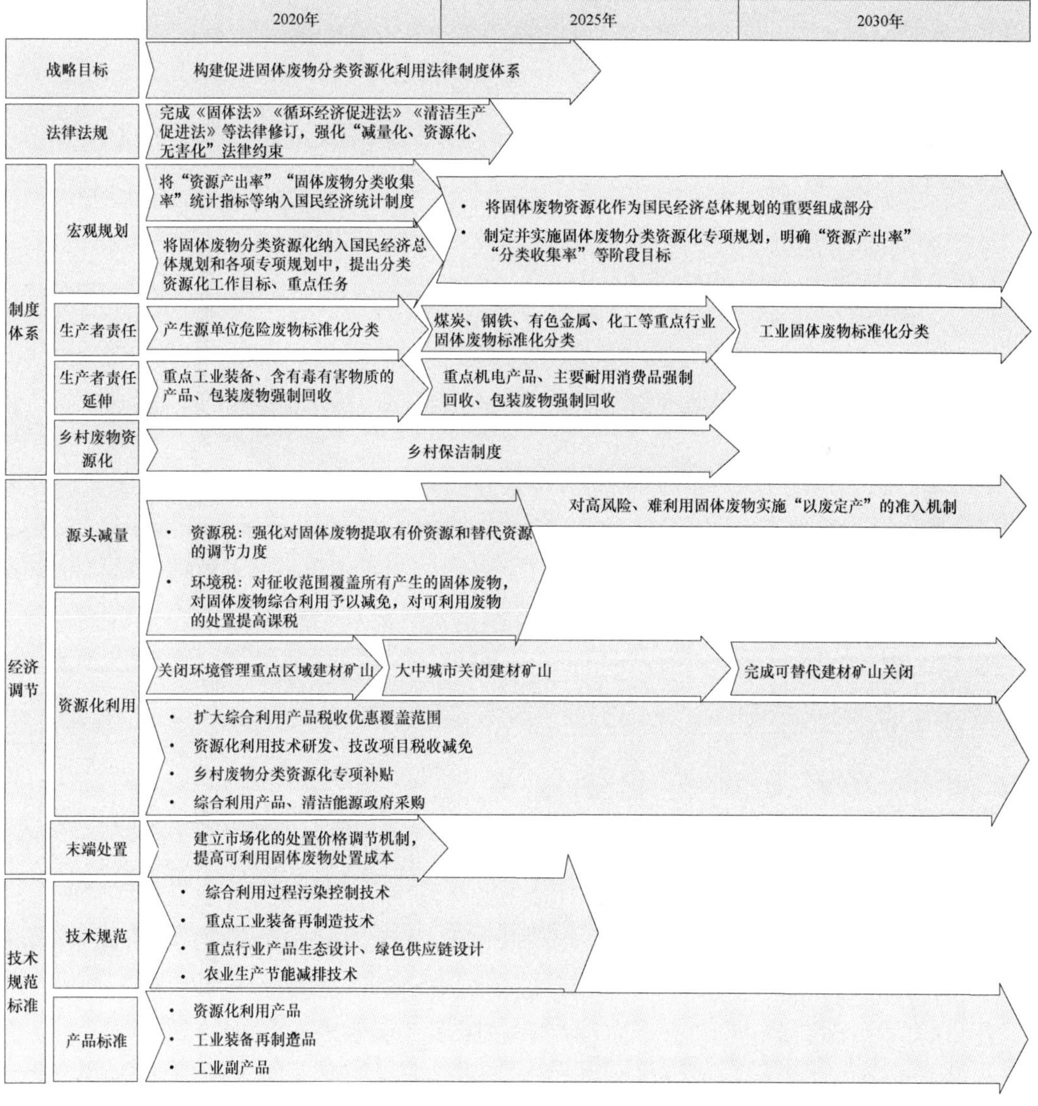

图 3-3　我国固体废物分类资源化利用管理机制建设路线图

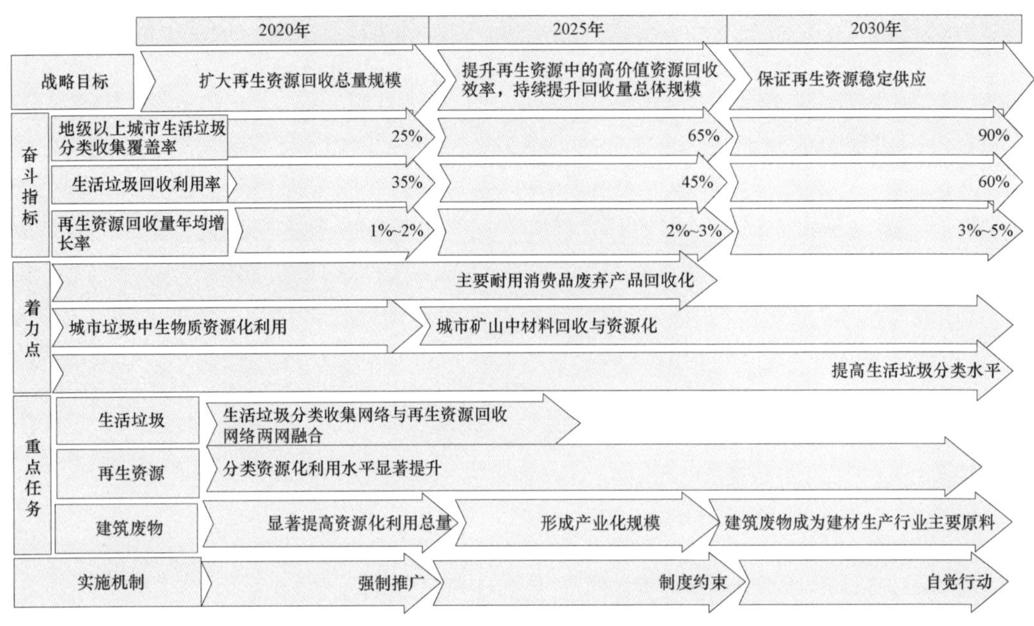

图 3-4 “城市矿山”开发战略路线图

（三）推动生态农业生产模式，促进乡村废物分类资源化利用

改进农业生产生活模式，推广生态农业建设，促进以能源、有机质回收为主的农业生产废弃物、生活垃圾等就近资源化利用和协同资源化，开发农业剩余物多联产系统、林业剩余物资源化与能源化利用系统、畜禽粪便能源化工系统，提升乡村废物分类资源化利用率。到 2020 年，全面消除农村垃圾乱扔乱放、农林生物质废物露天焚烧、畜禽养殖废水随意排放现象，农业主产区基本实现区域内农业资源循环利用；到 2025 年，农村生活垃圾基本得到无害化治理；到 2030 年，乡村废物基本实现就近资源化，全国基本实现乡村废物趋零排放。

（四）推动工业发展绿色转型，提高资源利用效率

以钢铁、煤炭、有色金属等大宗工业废物、工业危险废物相关行业为重点，将工业固体废物减量化、资源化要求纳入绿色矿山、绿色制造、清洁能源等战略内容，降低我国工业固体废物产生强度，开展有利于废物资源利用和再制造的工业产品生态设计、绿色供应链，提高全产业链清洁生产水平和固体废物精细化分类水平，从源头解决工业固体废物导致的环境污染和环境风险。

统筹绿色矿山建设，以生态红线为指导，统筹矿产资源开发和环境功能区划保护等空间规划；将尾矿及废石等固体废物减量化、就地生态利用和生态环境恢复等纳入绿色矿山考核指标；严格控制尾矿库、废石堆场等工业固体废物贮存场地审批建设。

统筹绿色制造战略，推动固体废物减量化技术产业化应用，提高资源循环利用效率。

对于产生强度高、环境风险大、经济效益差、综合利用难度大的赤泥、铬渣、锰渣等危险废物和Ⅱ类工业固体废物，逐步实施“以废定产”，变“被动利用”为“主动促进”，降低综合利用难度。推广钢铁、有色金属等主要工业产品和主要耐用消费品的生态设计及绿色供应链设计。统筹清洁能源战略，提高洁净煤使用比例，减少煤炭生产消费过程产生的固体废物。进一步优化国外优质矿产资源、能源进口管理机制，提高二次资源使用比例。

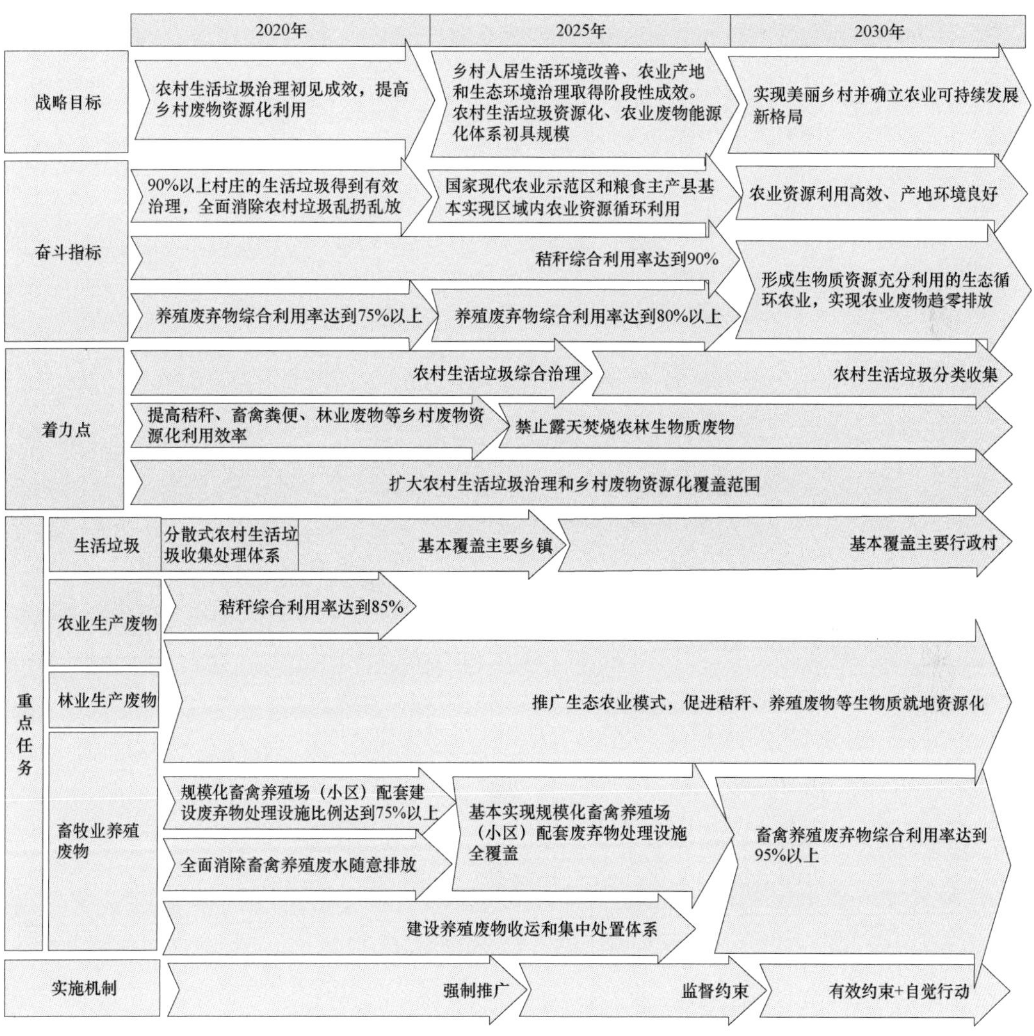

图 3-5　乡村废物分类资源化战略路线

在优化工业布局方面，根据经济活动中物质流动规律，合理布局固体废物分类资源化产业，推进生态工业园区建设和现有园区循环化、生态化改造，打造固体废物分类资源化利用的企业微循环、园区小循环、区域中循环和国家大循环，推进企业间、行业间、产业间共生耦合，形成循环链接的产业网络，促进固体废物就近综合利用，鼓励产业集聚发展。

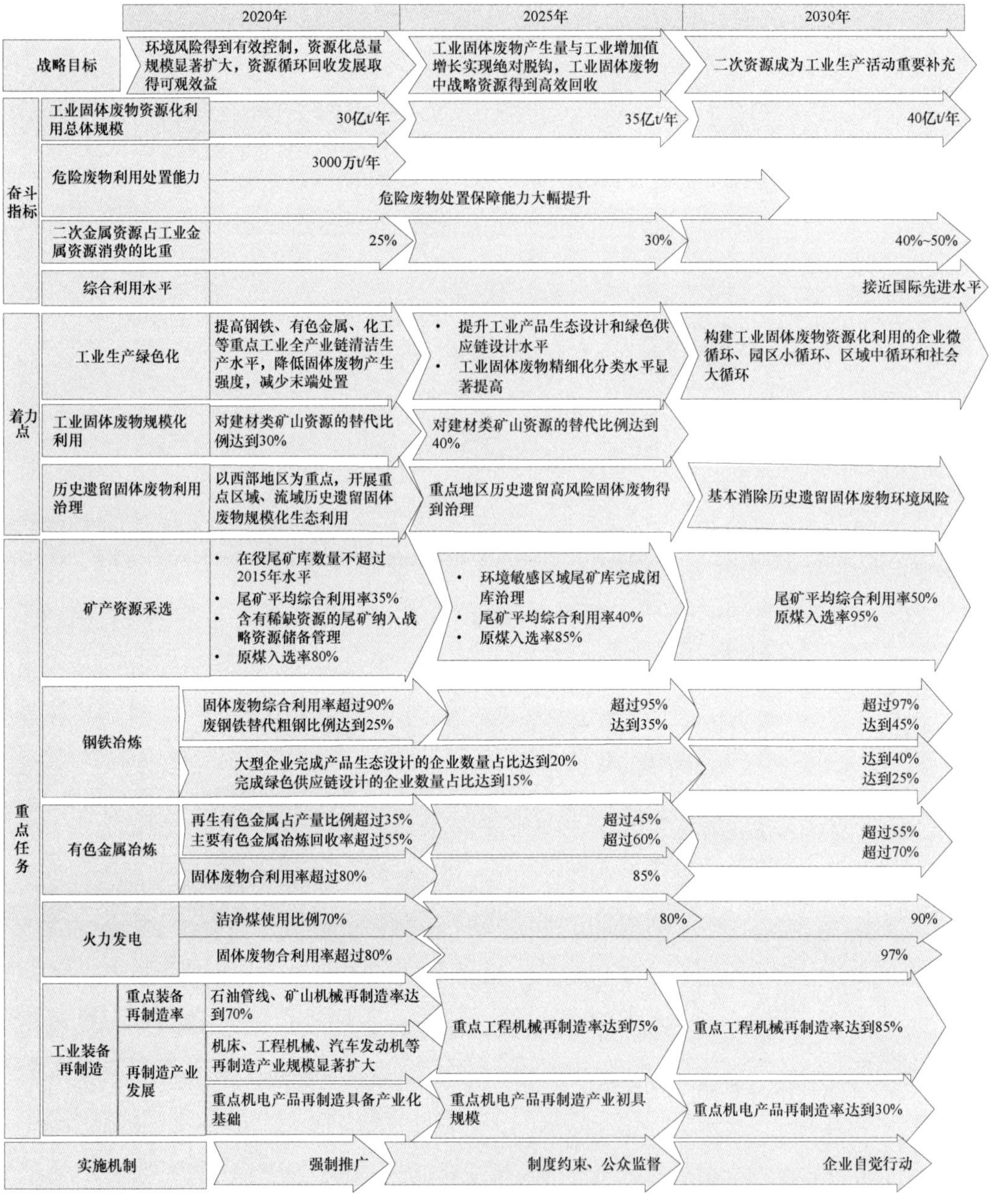

		2020年	2025年	2030年
战略目标		环境风险得到有效控制，资源化总量规模显著扩大，资源循环回收发展取得可观效益	工业固体废物产生量与工业增加值增长实现绝对脱钩，工业固体废物中战略资源得到高效回收	二次资源成为工业生产活动重要补充
奋斗指标	工业固体废物资源化利用总体规模	30亿t/年	35亿t/年	40亿t/年
	危险废物利用处置能力	3000万t/年 危险废物处置保障能力大幅提升		
	二次金属资源占工业金属资源消费的比重	25%	30%	40%~50%
	综合利用水平			接近国际先进水平
着力点	工业生产绿色化	提高钢铁、有色金属、化工等重点工业全产业链清洁生产水平，降低固体废物产生强度，减少末端处置	• 提升工业产品生态设计和绿色供应链设计水平 • 工业固体废物精细化分类水平显著提高	构建工业固体废物资源化利用的企业微循环、园区小循环、区域中循环和社会大循环
	工业固体废物规模化利用	对建材类矿山资源的替代比例达到30%	对建材类矿山资源的替代比例达到40%	
	历史遗留固体废物利用治理	以西部地区为重点，开展重点区域、流域历史遗留固体废物规模化生态利用	重点地区历史遗留高风险固体废物得到治理	基本消除历史遗留固体废物环境风险
重点任务	矿产资源采选	• 在役尾矿库数量不超过2015年水平 • 尾矿平均综合利用率35% • 含有稀缺资源的尾矿纳入战略资源储备管理 • 原煤入选率80%	• 环境敏感区域尾矿库完成闭库治理 • 尾矿平均综合利用率40% • 原煤入选率85%	尾矿平均综合利用率50% 原煤入选率95%
	钢铁冶炼	固体废物综合利用率超过90% 废钢铁替代粗钢比例达到25%	超过95% 达到35%	超过97% 达到45%
	钢铁冶炼	大型企业完成产品生态设计的企业数量占比达到20% 完成绿色供应链设计的企业数量占比达到15%		达到40% 达到25%
	有色金属冶炼	再生有色金属占产量比例超过35% 主要有色金属冶炼回收率超过55%	超过45% 超过60%	超过55% 超过70%
	有色金属冶炼	固体废物合利用率超过80%	85%	
	火力发电	洁净煤使用比例70%	80%	90%
	火力发电	固体废物合利用率超过80%		97%
	工业装备再制造：重点装备再制造率	石油管线、矿山机械再制造率达到70%	重点工程机械再制造率达到75%	重点工程机械再制造率达到85%
	工业装备再制造：再制造产业发展	机床、工程机械、汽车发动机等再制造产业规模显著扩大		
	工业装备再制造：再制造产业发展	重点机电产品再制造具备产业化基础	重点机电产品再制造产业初具规模	重点机电产品再制造率达到30%
实施机制		强制推广	制度约束、公众监督	企业自觉行动

图 3-6 我国工业固体废物分类资源化发展路线

第四章　我国固体废物分类资源化利用的技术发展方向及重大工程

一、国外固体废物分类资源化利用的技术发展趋势

（一）“城市矿山”开发利用的技术趋势

发达国家率先将信息技术、生物技术、先进制造等高科技手段引入固体废物减量化、资源化领域，完成了传统产业技术的绿色升级，固体废物实现大幅度源头减排与循环利用，支撑构建了以循环型社会为目标的固体废物全生命周期管理与法律体系。例如，美国将激光无损探测、表面纳米修复等先进技术应用于机电设备零部件再制造，引领了高科技再制造成套技术与装备快速发展，成功应用于航空航天、舰船汽车、医疗卫生、风电能源等领域。当前，针对固体废物源头减量与高值利用，发达国家已经深入到微纳米尺度构效关系研究，将固体废物产生过程工艺优化与固体废物特性在线调控高度耦合，从源头实现固体废物原材料化生产，催生了固体废物生产过程与材料利用一体化、原生矿产与再生矿产加工一体化、智能拆解与高端制造一体化等系列重大原创性技术体系和专属装备。美国、欧盟、日本均将固体废物分类资源化技术创新列入国家高新技术研发计划，如美国的《国家先进制造战略规划》，欧盟的《绿色创新行动计划（EcoAP）》，日本专项部署了《循环型社会形成推进基本计划》等。

（二）乡村废物分类资源化利用的发展趋势

发达国家针对农业废物的特性，非常重视应用先进工程技术，提升农业废弃物的肥料化、饲料化、能源化、基质化及工业原料化水平，使技术向机械化、无害化、资源化、高效化、综合化发展，产品向廉价化、商品化、高质化、多样化和多功能化靠拢，以达到物尽其用、变废为宝、消除污染、改善农村生态环境、促进农业可持续发展、高效利用废弃物的目标。具体技术方向有开发集储装备技术，以适用于以农作物秸秆为原料的规模化饲养、工业化发电及液化、气化等新兴技术发展的需要；微生物强化堆肥技术基本上达到了规模化和产业化水平，但堆肥设施的运行成本仍然偏高；开发高效干法厌氧发酵技术，提高产气率的同时降低成本；利用第二代生物燃料，如麦秆、草和木材等农林废弃物为主要原料的纤维素转化技术生产乙醇燃料技术；进一步开发生物质燃料发电、供热等能源化利用。

在技术发展目标方面，美国计划到2025年生物燃料替代中东进口原油的75%，到2030年生物燃料替代车用燃料的30%；德国预计到2020年沼气发电总装机容量达到950万kW；日本计划在2020年前车用燃料中乙醇掺混比例达到50%以上；另外印度、巴西、欧盟

分别制定了“阳光计划”“酒精能源计划”和“生物燃料战略”，加大生物质燃料的应用规模。到 2020 年，欧盟生物质能需求量比 2010 年至少增加 44%，世界生物质燃料市场规模有望增长到 2010 年的 3 倍以上，实现 950 亿美元销售额，生物质能容量增至 13 152 万 kW 左右；预计到 2035 年，生物质燃料将替代世界一半以上的汽柴油，经济环境效益显著。

（三）工业固体废物分类资源化利用的发展趋势

发达国家针对工业固体废物分类资源化利用，增加研发投入、充分发挥其关键核心作用，积极开发循环经济技术。资源有效利用技术已列入欧盟地平线 2020（Horizon 2020）研发重点优先领域，将为欧盟循环经济提供强有力的技术支撑。研发创新模式还包括：改变原有的原材料从生产、消费、丢弃线性模式到创新型的循环模式；创新回收材料市场及其商务模式；大力发展绿色设计和升级循环（up-cycled）设计；积极开发“零废弃”工业生产模式。欧盟在 2014 年 7 月和 9 月分别通过了《循环经济发展战略》《走向循环经济：欧洲零废弃物计划》，将循环经济行动贯穿在整个产业链，并为废弃物资源利用制定了相关目标。例如，2030 年之前城市垃圾再利用和再循环率至少达到 70%；2030 年之前包括特殊材料的包装废物再循环率提高到 80%，中期目标是 2020 年之前达到 60%，2025 年之前达到 70%；2025 年之前禁止填埋可循环使用的塑料、金属、玻璃、纸、硬纸板和可生物降解的废弃物，2030 年之前欧盟成员国应该尽力消除垃圾填埋场等。日本在 2013 年发布了《推动循环型社会形成基本法》，鼓励发展废物高效利用的高质量企业，并促进建立静脉物流体系建设。

二、我国固体废物分类资源化利用的技术发展方向

（一）总体思路

“城市矿山”的资源化开发利用将信息技术、生物技术、先进制造等高科技手段引入固体废物减量化、资源化领域，实现传统产业技术的绿色升级，支撑构建了以循环型社会为目标的固体废物全生命周期管理与法律体系；乡村废物的资源化利用将以“现代化需求牵引、系统化规划设计、工业化手段实施、市场化模式运行”，强化农业废弃物的能源化、资源化转化技术水平，实现资源化、无害化、高效化和综合化发展。工业固体废物的资源化将推进工业生态设计、产品生态设计、绿色供应链建设，从源头减少固体废物产生量和提高可资源化利用量，扩大绿色产品供给规模，促进传统工业全产业链绿色转型。

（二）我国“城市矿山”开发利用重点技术的发展方向

1. 产品生态设计与再生组织性能调控原理

针对当前废弃产品成分复杂、拆解分选难度大、再生材料质量难以保证等关键问题，开展产品生态识别、生态诊断、生态设计基础研究；开展产品全生命周期环境影响科学

评估，识别产生环境影响的主要类型和关键环节；开展替代数据模拟、替代方案比较方法研究，为产品生态设计提供科学依据。突破典型废旧产品分析检测与评估方法，探索自动化精细拆解、多级破碎与智能分选、材料化和再制造过程组织性能调控新原理，揭示回收利用过程中有价元素富集分离规律与毒害元素迁移转化规律，为建立典型“城市矿山”回收利用关键技术与装备提供基础支撑。

2. 废旧新能源装备可循环拆解与清洁利用技术

针对废旧新能源装备涉及面宽、结构集成度高、利用残值可观等特点，以动力电池、光伏电池、储能电池、风电装备、智能电网发电及配电装备为主要对象，重点突破动力锂电池可循环拆解、旧件检测与梯级制备微型锂电技术；锂、钴、镍等能源金属湿法冶金强化分离与再生利用技术；光伏电池多晶硅片清洁回收与银浆绿色分离技术；铅酸蓄电池可循环智能拆解、免冶炼清洁再生与废酸除杂回用技术；风电装备无损拆解与电机组件直接利用技术。形成废旧新能源装备及其核心部件可循环拆解和清洁利用技术体系与标准。

3. 废旧便携电子产品精细拆解与稀贵金属回收技术

针对废旧便携电子产品种类繁多、组成复杂、复合程度高及更新换代快等特点，以废旧手机、笔记本电脑、平板电脑、液晶显示器件、移动存储终端等为主要对象，重点突破储存信息安全擦除与防泄漏技术；机器人辅助精细拆解、电子元器件自动检测与直接再利用技术；液晶绿色分离、铟锡高效回收、深度提纯与清洁再生技术；内置荧光灯或 LED 微组件精细拆离、稀土金属和稀散金属回收提纯与汞二次污染协同控制技术；内置集成线路板的多级粉碎与涡流分选技术、稀贵金属无氰回收与提纯技术。形成废旧便携电子产品全量化高效利用成套装备。

4. 废旧机电关键零部件及成套系统再制造技术

针对废旧机电装备个性化强、服役环境差异大、再制造基础条件不一等问题，研发大型机电设备柔性拆解、再制造产品声磁多参量综合检测与可靠性评价、智能化高能束柔性再制造成型及数字化加工、基于机器人的高能束能场纳米复合快速增材再制造，废旧电机磁体纳米修复再制造等关键共性技术；突破大型船舶和重型汽车动力系统再制造升级、风电设备/医疗设备智能拆解集成系统再制造等成套技术装备；加快技术集成示范与推广应用，形成系列再制造产品标准与应用推广的商业模式，满足再制造产业深入发展的技术需求。

5. 废旧复合材料智能分选与高效回收技术

针对废旧产品中多种复合材料应用和淘汰更新不断加快，而有效回收技术手段缺乏等新问题，重点突破铝镁合金外壳、铝镁塑料外壳、废旧铜铝线缆、废弃铝塑基材等多种复合材料的光谱识别、智能分选、深度提纯与综合利用关键技术，研究航空复合板材、风机复合叶片等大型复合材料的精细拆解、分类回收技术与装备。研发复合绝缘塑料精细分选和电气性能保级再生技术、多种有机树脂类危险废物再生制备复合材料技术等材料化高值利用技术。形成废弃复合材料智能分选与多途径高值利用技术组合体系。

6. 基于互（物）联网的固体废物监管与回收系统构建技术

针对区域或行业的固体废物收运和资源化利用，突破智能型标签技术与设备、便携式自动检测与传感识别设备、废旧商品自动分拣与回收设备等关键技术与装备，开发基于用户终端和互联网的废旧产品回收交易平台，探索回收体系与财税、金融市场机制融合的商业模式；针对不同来源固体废物，开发移动式车载计量和监控一体化固体废物收运装备，以及体系回收利用大数据采集与管理决策分析技术。依托工业园区循环化改造、"城市矿产"基地和循环经济示范区，加快基于互（物）联网的固体废物回收利用平台集成示范、推广应用，提升固体废物回收利用效率和经济效益。

7. 全生命周期固体废物精细化管理体系构建技术

针对固体废物全生命周期管理需求，研究固体废物分类方法与收运机制、废弃产品环境责任分担机制、典型产品生产者责任延伸制度、废弃产品回收产业基金等市场化制度；研究固体废物回收利用成本效益分析方法、资源循环利用经济激励政策，探索固体废物回收新型商业化模式。研究固体废物分类资源化技术标准体系框架，加快构建资源循环利用产业标准化体系，促进"技术—标准—政策"的有效衔接和成套标准整体实施；支撑初步构建适合我国国情的固体废物全生命周期管理模式，符合生态文明建设的制度创新要求。

8. 资源循环利用综合评价及决策支撑技术

针对生态文明建设对资源循环利用的总体要求，以固体废物分类资源化为重点，研究构建循环经济特征评价指标体系及支撑方法，重点开展资源产出率、循环利用率等指标统计测算方法研究，以及不同区域层面的应用示范与推广；研究循环经济鼓励技术评价筛选方法和基于市场化的推广机制，研究适应新常态的区域循环经济发展模式评估机制，分析区域或跨行业循环经济产业链的形成机制、保障制度和运行机制。选择典型大型城市群，以促进循环发展为目标，探索政策法规、商业市场、技术创新、资源供给多方位融合模式与机制，开展综合示范，为促进循环经济大规模发展提供范式。

9. 资源循环利用系统评估技术

以固体废物分类资源化为核心，针对我国生产、生活领域，研究再生金属资源及生物质燃气的理论蕴藏量和大尺度时空分布，开展资源循环利用对国家资源安全保障潜力综合评估；研究区域尺度原生、再生资源一体化供给保障机制及统筹优化战略，形成资源安全保障的全新理论与发展战略，探索构建原生与再生资源融合的新资源观；开展循环发展的协同效益综合评价，研究典型固体废物物质流、经济流、生态流耦合的分析方法，优化提出资源循环利用综合管理措施；研究国际贸易政策变化对资源循环利用产业发展的影响与应对；为国家资源循环利用重大决策提供关键支撑。

10. 城市生活垃圾收集布点的地理信息系统技术

采用最短路径分析原理研究城市生活垃圾收集布点问题。首先，对收集到的空间环境资料进行数据矢量化，将矢量化生成的 Shape 文件转存入地理信息系统（GIS）空间网络数据库。其次，对网络数据库进行拓扑除错，保证网络分析功能的正常使用。再次，在进行最短路径分析之前，对矢量化处理后的研究区环境地理信息数据进行缓冲分析，包括河流、水域、水源地等，即将这些敏感目标周围设置为禁止生活垃圾收集区域，从而进一步排除无效备选点。最后，利用 Arcgis 软件的位置分配功能和 Dijkstra 算法，对其余生活垃圾收集备选点进行短路径分析和资源分配，得出最优化结果。

11. 城市生活垃圾的高值化与多样化利用技术

城市生活垃圾的分类与分选技术，可采用如下方法：①分类收集；②在混合收集的情况下，垃圾分选一般包括人工分选和机械分选。各地区可根据本地区的垃圾属性进行相关配套的垃圾分选系统；生活垃圾和污泥联合堆肥技术。利用餐厨、果蔬等多种易腐有机成分，再添加污泥、粪便等其他有机固体废物进行联合厌氧发酵。联合厌氧发酵产生的沼气可用于燃烧发电，或提纯后制天然气用于内燃机发电。此外，沼气发电机组发电产生的余热，还可循环利用，用于沼气发酵过程的增温、保温；水泥生产协同处理生活垃圾技术。该类技术以在水泥回转窑旁建垃圾焚烧炉为基础，利用水泥回转窑联合处理生活垃圾。垃圾燃料进入水泥窑可采用固体直接入窑和燃料气入窑；生活垃圾气化熔融处理技术。将垃圾在 450～600℃下的热解气化和灰渣在 1300℃以上熔融两个过程有机地结合起来。含碳灰渣在高于 1300℃以上的高温下熔融燃烧，能扼制二噁英类毒性物质的形成，熔融渣被高温消毒可实现再生利用，最大限度地实现垃圾减容、减量。

垃圾焚烧发电技术方面，开发两段式生物质与垃圾气化焚烧炉技术，在保证热值足够的情况下减小对单一燃料的依存度，利用先进的气化焚烧技术缩减工艺系统复杂度、减少能源转化过程中污染物的排放；开发生活垃圾焚烧飞灰等离子熔融处理技术，对飞灰进料和混料系统、等离子发生器及电源系统、等离子熔融炉和出渣系统等方面进行全面优化设计，实现飞灰的安全化、减量化及资源化处理；开展湿法脱酸系统及干法脱酸系统开发，解决目前系统效率低、存在结垢和堵塞等问题，进一步满足更高的生活垃圾焚烧发电烟气排放标准。

（三）我国乡村废物分类资源化利用的技术发展方向

1. 农村生活垃圾移动式前处理技术

针对农村垃圾分散且收集困难等问题，将干式自动分选系统改进成车载移动式生活垃圾自动分选，通过破袋、一级对辊筛选和一级分选筛选，可将可燃杂物、塑料类和纸片进行筛选分离，餐厨混杂物可利用磁选将残余金属去除，达到农村生活垃圾的移动便捷、就地消纳的前处理效果，实现农村生活环境改善，促进农业产地和生态环境的整治。

2. 农林废物能源化工技术

根据农林废弃物能源化利用不同技术方式，分为 6 种能源化利用技术模式：①生物质发电（热电联产）利用技术模式。②生物质成型燃料替代燃煤技术模式。生物质成型燃料“原料收集—成型加工（颗粒、压块燃料）—用户使用（炉具、锅炉、窑炉）”产业链。③生物质热裂解炭气油联产技术模式。包括适于自然村生物质热解气炭联产技术模式、适于村镇或园区使用的生物质热电炭肥联产技术模式。④秸秆沼气利用技术模式。目前主要采用村镇集中供气模式，秸秆沼气采用完全混合式厌氧反应器、竖向推流式厌氧反应器、序批式固态厌氧反应器等技术。⑤生物质制备液体燃料利用技术模式。建立纤维素热化学转化制高品位液体燃料，农林废物制生物柴油、纤维素混合醇、合成液体燃料等能源转化应用模式。⑥高附加值化学品及生物质基材料技术模式。开发生物质化学转化制备高附加值化学品、生物质基纳米材料等高附加值产品技术应用模式。

3. 农村生活固体废物综合利用技术

1）垃圾填埋气体发电、热能利用、提纯天然气利用技术模式，即“垃圾收集分选+填埋产气+发电、热能利用、提纯天然气”模式。

2）有机废弃物厌氧发酵沼气利用技术模式。

3）有机废弃物堆肥技术模式，即“有机废弃物收集+堆肥发酵+还田肥料”模式。

4）垃圾焚烧发电利用技术模式。一般为“垃圾收集分选+焚烧发电+渗滤液污水处理”，焚烧发电既可采用直燃模式，也可采用与煤或生物质混燃模式。

4. 多种乡村废物协同处置与多联产技术

主要利用农村生活垃圾、农林废物、畜禽粪便和水果蔬菜边角料等作为原料，开展特色农林废物高附加值提取与有机肥联产、果蔬垃圾与秸秆类废物多联产化工原料、畜禽粪便—能源作物循环一体化清洁利用、农村垃圾—畜禽粪便—生物质协同处置多联产系统等技术群及单元技术集成、耦合和优化系统，推进多种乡村废物协同处置与多联产系统的研发与示范生产，实现各类乡村废物全面高效综合利用，同时提高乡村废物综合利用的经济性。

5. 特色农林废物分类资源化技术

针对含有特殊成分、具有特别用途、呈现局部富集特点的特色农林废物，以及农林废物经气化、液化处理后的副产物，开展有用成分生产/提取、高值化深加工、返田化利用、二次资源化利用等，并结合现有成熟的农林废物分类资源化利用技术，拓宽以农业循环经济理念为指导建立的农林废物循环利用模式，在特色农林废物分类资源化利用的基础上，建立系统的宽领域物质循环，实现突出特色、物尽其用的循环利用模式。

6. 畜禽粪便能源化工技术

畜禽粪便能源化利用主要以沼气、有机肥为纽带的生态农业模式，可分为 3 种模式：农户小循环技术利用模式、村镇级中循环技术利用模式和产业化循环技术利用模式。

1）农户小循环技术利用模式。即“菜（果、粮）+畜禽粪便和人粪尿+沼气（炊事）+菜（果、粮）”模式，面向居住分散、户用炊事供气工程，形成“四位一体”循环利用技术模式。

2）村镇级中循环技术利用模式。即“种植业+养殖业+集中供气+有机肥+种植业”模式，建立面向新型村镇化建设的村镇集中供气工程。

3）产业化循环技术利用模式。即“多元有机废弃物处理（畜禽粪污、污泥、秸秆、果蔬和餐厨垃圾、食品加工残渣、有机废水、能源植物等）+燃气生产与利用+生态利用（有机肥料）”模式，面向区域城乡一体化的大型生物燃气工程，燃气可直接作为民用燃气，可上网发电，也可提纯并网天然气或用作车用燃料，能够保证大规模工业化生产和普遍化推广。

（四）我国工业固体废物分类资源化利用的技术发展方向

1. 尾矿资源化利用技术

开展矿山采空区尾矿胶结充填、膏体充填技术规模化应用，减少尾矿、废石等排放量，实施规模化生态利用，消除矿区地质灾害。提高矿产资源综合利用率，提高含共伴生金属元素的铁矿、铅锌矿、金矿、磷矿等尾矿综合利用率，提高可回收金属及非金属资源回收效率。部分尾矿二次选矿技术，钒钛磁铁矿资源、铁-稀土多金属共伴生资源、镍铜多金属共伴生资源、锡和铅锌铟等复杂多金属共伴生资源等我国特有矿产资源综合利用技术研究和产业化前景广阔。结合绿色建材产业建设，开展低风险尾矿对建材资源的替代技术应用，利用不含有毒有害物质的尾矿生产多类别建材产品，尤其是高标号水泥、混凝土，高附加值耐火材料、微晶玻璃、无机保温材料等建筑材料，可快速提升资源化利用量及产品附加值。

2. 冶炼渣综合利用产业技术

我国在高炉渣制备超细微粉、矿棉等基本实现产业化，钢渣制备人工渔礁、制备路基材料等已有工业实践，但是钢渣膨化处理技术的工业应用及钢渣大规模利用仍然存在技术瓶颈，需要技术突破；未来冶炼渣应采取分类资源化利用技术，重点促进钢铁冶炼渣再选后制备微粉、生产高性能水泥和混凝土等的产业化应用，推广历史堆存冶炼渣作为道路建设、市政基础建设充填材料、路面材料等规模化应用；推动多渠道利用历史堆存赤泥、锰渣、电解铝大修渣等高风险冶炼渣进行替代水泥、制备建材产品等技术产业化；积极探索利用冶炼渣开展土壤改良。

3. 危险废物分类资源化过程风险控制技术及关键装备

我国近70%的危险废物被用于综合利用，尤其是废矿物油、有色金属冶炼废渣、电镀污泥、蚀刻液等危险废物综合利用产品价值较高，基本都被综合利用。但我国80%的固体废物资源利用企业属于中小型企业，危险废物中有价资源提取、替代燃料生产等过程中污染控制和风险控制技术积累不足，缺乏关键工业装备，是当前制约危险废物综合利用产业发展的技术瓶颈，相关技术研发和吸收引进需求迫切。

4. 煤矸石规模化资源化利用及减量化技术

废石是我国产生量、堆存量最大、侵占土地最多的一类固体废物，技术上由于废石堆场一般位于远离建筑材料终端市场，运输成本相对较高，是制约其规模化推广和普遍替代建材矿山产品的关键因素。未来在废石资源化利用应优先推动“井下分选”“坑口矸石电厂”等减量化技术，推广废石、煤矸石生产建筑砂石料的低成本资源化利用技术及装备的产业化应用。

5. 粉煤灰资源化利用技术

粉煤灰资源化利用技术包括粉煤灰多途径综合利用、历史堆积粉煤灰等混合固体废物生态利用、粉煤灰提取有价元素技术等。未来粉煤灰资源化利用应优先在燃煤电厂集中区域推广充填，在油田生产地区推广堵水调剖等规模化生态利用；促进高附加值的多途径综合利用产品实现规模化生产；对于高铝粉煤灰等含有有价资源但暂不具备提取技术经济可行性的粉煤灰，优先进行分类贮存处置，为未来开发保留条件。

6. 工业副产石膏高价值资源化技术

目前我国利用脱硫石膏、磷石膏生产石膏板材、砌块等在部分地区实现了产业化，未来如果能够加强对产生环节的工艺控制，产生的脱硫石膏、磷石膏等基本完全可以替代天然石膏用于石膏产品生产。未来，应优先强化生产过程工业副产石膏品质控制要求，提高高价值资源化产品产业化率。

7. 多类别固体废物协同利用技术

基于多种固体废物协同作用的地下胶结充填采矿技术，特别是膏体胶结充填采矿技术，可使胶结剂的成本比普通硅酸盐水泥成本降低30%～50%，固化砷和重金属的能力提高5倍，未来具备广泛推广价值；协同利用固体废物，如尾矿、废石、煤矸石、粉煤灰、冶炼渣、工业副产石膏等，经合理配伍后可大大提高其中有效组分在水泥、混凝土、功能性建材中的协同作用，生产高性能建筑材料规模化发展前景良好。

8. 工业装备再制造技术

目前我国用于工程机械表面再制造的零部件剩余寿命评估技术、无损拆解与分类回收技术、绿色清洗技术、纳米表面工程技术、快速成型再制造技术及虚拟再制造技术等已进入实用化阶段，但是离产业化应用还有一定的距离；工程装备在役再制造研发取得较好进展，但离产业化应用还有一定距离。未来，应大力推广石油管线、重点工业机械装备再制造技术产业化应用，推动在役再制造技术工业化实践。

三、“十三五”时期我国固体废物分类资源化利用的优先发展重大工程

（一）“城市矿产”示范基地建设与技术创新工程

“城市矿产”示范基地扶持和激励项目。发挥“城市矿产”示范基地对区域城市的环境服务和静脉消化的功能。加强对再生资源环境外部性研究，在定量化表征再生资源的环境外部效益的基础上，制定能够体现再生资源与原生资源环境外部效应区别的价格机制；合理规划空间布局和产能规模，提高新申请“城市矿产”示范基地的准入门槛，

建立“城市矿产”示范基地的年度考核制度，建立合法经营、有序竞争、环境友好的产业政策环境。支持地方政府因地制宜地推动省级“城市矿产”示范基地建设，以补充和优化国家级“城市矿产”示范基地的布局。

建立“城市矿产”开发利用技术创新项目。以区域和行业固体废物环境管理的实际需求为导向，按照“基础研究—技术突破—工程示范—技术推广”的创新链条，发挥跨部门、跨区域一体化的组织保障功能。实行多元化的资金投入保障机制，针对典型“城市矿产”资源化技术研发，推动采用“后补助”资助方式，扶持和加快资源循环利用产业的快速健康发展。针对固体废物来源广、种类多、跨行业、跨部门等特点，发挥高校科研院所突破基础研究与关键技术的优势，依托骨干企业的成果转化和工程示范能力，激发产业协会的市场推广作用，按照创新链上的各个环节建立新型的产学研技术创新机制。强化与发达国家的国际合作，提升我国固体废物分类资源化技术研发与管理决策的创新能力。针对“城市矿产”资源化与安全处置，探索建立国家科技成果共享平台，提升技术转化的市场化服务水平。建立一批资源循环利用示范园区，充分利用第三方环境服务治理，将“城市矿产”资源化技术纳入示范区产业升级及配套政策中，加快先进适用技术成果的推广转化。落实科技成果使用处置和收益改革政策，调动社会各界从事科技成果转化应用的积极性。推动物联网、“互联网+”和大数据技术在“城市矿产”开发利用方面的应用，利用信息化手段优化和监测开发利用过程的物流系统、信息与控制系统、综合服务系统和综合管理系统，鼓励“互联网+”在“城市矿产”分类回收，以及资源、产品和装备的交易方面的应用，构建高效的“城市矿产”公共信息服务平台。

（二）乡村废物分类资源化和综合利用工程

畜禽粪便无害化、能源化和资源化利用项目。推动规模化养殖业循环发展，切实加强饲料管理，支持规模化养殖场、养殖小区建设粪便收集、贮运、处理、利用设施。积极探索建立分散养殖粪便储存、回收和利用体系，在有条件的地区，鼓励分散储存、统一运输、集中处理；推广工厂化堆肥处理、商品化有机肥生产技术；利用畜禽粪便因地制宜地发展集中供气沼气工程，鼓励利用畜禽粪便、秸秆等多种原料发展规模化大型沼气发电工程、生物天然气工程，推进沼渣沼液深加工生产适合种植的有机肥；在污染严重的规模化生猪、奶牛、肉牛养殖场和养殖密集区，按照干湿分离、雨污分流、种养结合的思路，建设一批畜禽粪污原地收集储存转运、固体粪便集中堆肥或能源化利用、污水高效生物处理等设施和有机肥加工厂。在畜禽养殖优势省区，以县为单位建设一批规模化畜禽养殖场废物处理与资源化利用示范点、养殖密集区畜禽粪污处理和有机肥生产设施。到2020年和2030年养殖废弃物综合利用率分别达到75%和90%以上，规模化养殖场畜禽粪污基本资源化利用，实现生态消纳或达标排放。

农业废物能源化利用项目。实施秸秆机械还田、青黄贮饲料化利用，实施秸秆气化集中供气、供电和秸秆固化成型燃料供热、材料化致密成型等项目。配置秸秆还田深翻、秸秆粉碎、捡拾、打包等机械，建立健全秸秆收储运体系，全面禁止秸秆露天焚烧，推进秸秆全量化利用。大力实施秸秆机械还田、青黄贮饲料化利用；推广秸秆气化集中供气、供电和秸秆固化成型燃料供热、材料化致密成型等产业化项目，建立完整的农业废弃物能源化利用产业链；加快生物质液体燃料制备技术的产业化示范推广，研制一批核心技术和成套设备，升级和建设一批体现技术特色、区域特色和产品特色的示范工程，建成一批万吨级生物质液体燃料示范生产线；推进生物质制备高附加值化学品、生物质基纳米材料等高技术应用研发及示范生产，大幅提高秸秆综合利用经济性。到 2020 年和 2030 年农业废物和农产品副产物综合利用率分别达到 85%和 95%以上，实现农业主产区农作物秸秆及农产品加工副产物得到全面高效综合利用。

多种乡村废物协同处置与多联产项目。针对现有乡村废物种类多，附加值低，共性明显等特点，开展多种乡村废物协同处置与多联产关键技术突破，构建物理转化、热转化、生物转化、化学转化、污染控制等技术群，以及单元技术集成、耦合和优化系统，推进特色农林废物高附加值提取与有机肥联产、果蔬垃圾与秸秆类废物多联产化工原料、畜禽粪便–能源作物循环一体化清洁利用、农村垃圾–畜禽粪便–生物质协同处置多联产系统等技术应用研发与示范生产，因地制宜地建立一批万吨级、千吨级体现技术特色、区域特色和产品特色的乡村废物协同处置与多联产系统工程，实现区域内单一工程对各类乡村废物的处置利用，大幅度提高乡村废物综合利用的经济性。到 2020 年和 2030 年乡村废物综合利用率分别达到 80%和 90%以上，在全面高效综合利用各类乡村废物的同时，解决农村环境污染问题。

（三）工业固体废物分类资源化和产业化工程

重点行业工业固体废物减量化工程。开展“无尾矿山”关键技术及装备研发，研发矿山固体废物环境无害化高效充填技术，开展采选一体化等技术及重大装备研发，降低尾矿、废石产生量和堆存量。开展钢铁、有色金属、化工等重点行业固体废物减量化及产品替代工程，降低冶炼渣、危险废物产生量及环境危害性。开展有利于固体废物品质控制的清洁生产技术集成，提高工业副产石膏、冶炼渣、危险废物等分类资源化。开展石油化工、机械加工、矿山机械等重点领域重大工业装备退役再制造及在役再制造关键技术和装备研发，延长工业装备使用寿命，降低工业装备报废率。

重点行业生态设计项目。围绕钢铁、有色金属、化工及装备制造等重点行业，强化产品全生命周期绿色管理，支持企业推行绿色设计，建设绿色工厂，发展绿色工业园区，全面推行循环生产方式，实现工业固体废物污染治理全面达标。在钢铁冶炼行业，研发高比例废钢利用技术，降低冶炼渣产生量，加强资源化利用关键技术、工艺、装备的研发、产业化应用和推广；在铝工业，开展冶炼渣和烟气中稀贵金属与硫等无机元素在线回收技术装备研发及产业化；在化工行业，开展高风险固体废物产生工艺及替代产品研发，打造“绿色化工”产业；在工业装备制造业，开展有利于报废后拆解、回收的产品生态设计技术研发。围绕装备全生命周期理论，积极研发再制造适用的拆解、清洗、无损检测、表面工程、增材制造、寿命预测评估等技术及装备产业化。

大宗工业固体废物分类资源化利用能力提升工程。加强低风险工业固体废物规模化生态利用关键技术研发，提高金属尾矿再选过程中矿产资源二次回收率、降低贫化率。大力推动共伴生矿和尾矿综合利用。推动赤泥、锰渣等废弃物的处置利用。充分利用低品位、共伴生矿产资源，重点加强有色金属、贵金属、稀有稀散元素矿产等共伴生矿产采选回收。扩大固体废物分类资源化绿色建材产品结构，研发和推广天然矿产资源制备建材的替代技术及产品。推动多种工业固体废物协同利用、全产业链协同利用和跨行业综合利用先进适用技术产业化。重点突破煤矸石、粉煤灰、钢渣、尾矿等杂质深度脱除、组成调控与结构重构技术，材料强化成型等关键技术；大宗固体废物协同利用、生态利用过程风险控制等关键技术。

危险废物分类资源化利用质量提升工程。以有色金属尾矿、冶炼渣为重点，开展有害元素去除及有价元素提取技术、装备研发及产业化应用，提高稀缺金属资源回收率。以化工、装备制造等行业为重点，开展高热值危险废物生产替代燃料产品研发及自动化关键设备研发；开展废酸、废碱、废乳化液、废有机溶剂等危险废物减量化和资源化利用技术及其关键装备研发。开展危险废物分类资源化利用过程污染防治、风险控制等关键技术及装备研发和吸收引进，开展资源化利用产品风险评估技术研究，为提升危险废物分类资源化利用产业的整体环境安全性和技术水平提供技术支撑。将危险废物集中处置设施纳入当地公共基础设施建设，合理制定并实施危险废物集中处置设施建设规划，完善危险废物综合处置能力保障体系。

历史遗留工业固体废物规模化利用工程。开展重要的生态安全保障区和主要生态服务功能供给区、自然保护区、禁止或限制开发区等空间区域内的历史遗留固体废物堆场等重点区域工业固体废物堆场卫星遥感定位及环境敏感性评估，建立工业固体废物堆场综合整治清单。在京津冀及其周边地区、长江三角洲地区、珠江三角洲地区及重点流域，开展历史堆存的环境风险较低、可提取资源量少的一般工业固体废物用于废弃矿山治理、建筑工程充填等规模化利用工程，消除固体废物堆存对环境敏感区域的不良影响。在长江经济带及西南地区有色金属共伴生尾矿集中区域，开展老旧尾矿库、废石等工业固体废物二次矿产资源勘查评估，研发有价资源提取关键技术及装备，促进盘活历史堆存的高价值资源。在四川攀枝花、内蒙古包头、江西等稀土、钒钛战略资源生产基地，开展有利于后续开发利用的战略资源储备技术研究及应用，为我国未来工业经济发展开展战略资源保护。

第五章　对我国加强固体废物分类资源化利用的建议

结合生态文明建设、城镇化发展、美丽乡村建设、产业转型升级等国家重大战略与需求，固体废物分类资源化利用是一项关系到国家经济发展、生态环境保护及广大人民民生的大事，是我国实现现代化必须迈过的一道坎。“十三五”是我国大力发展固体废物分类资源化利用产业的合适时机，要深入贯彻落实“创新、协调、绿色、开放、共享”的五大发展理念，通过政策、管理、模式、技术的组合拳来大力推动产业化进程。

一、提升战略地位，夯实政策与制度基础，构建健康市场环境

整合和完善固体废物分类资源化法律法规体系，形成有利于资源化产业发展的政策环境。抓紧推动修订《中华人民共和国固体废物污染环境防治法》《中华人民共和国循环经济促进法》《中华人民共和国清洁生产促进法》及其配套制度，从原料开采、加工、制造、消费、废弃、利用处置的全生命周期管理需求考虑，将固体废物污染控制、规范分类、资源化利用、再制造等要求前置于产生源及全过程，明确和强化政府、企业和公众对固体废物尤其是危险废物的减量化、资源化、无害化等方面的法律责任和义务。针对现行制度体系中的监管盲区，明确固体废物相关产业源头准入控制、回收、综合利用等环节相关法律责任和管理要求，推进生产、消费责任延伸制度建设，即“谁生产、谁负责，谁消费、谁负责”，建立资源化利用市场退出机制，不断优化市场结构，提升资源化利用整体水平。针对现行制度体系中妨碍固体废物分类资源化利用正常市场活动的“堵点”，优化固体废物分类资源化利用管理机制，取消不合理的行政审批，实施精细化、差异化管理，促进固体废物进入资源化利用生产，充分释放市场活力。

强化经济调节杠杆作用，强化政府引导带动，培育资源化产品发展内生动力。强化国家财政专项资金、政府性投资等直接投入对市场的带动作用，加大国家财政预算在历史遗留固体废物分类资源化、城市生活垃圾分类、农村生活垃圾治理、农业生产废物分类资源化等公益性领域的投入，引导社会资本进入资源化利用产业市场。加大财税优惠力度，扩大综合利用产品税收优惠、绿色采购、产品限制淘汰、政府补贴等优惠政策覆盖范围，提高政策实施的差异化，建立灵活的资源化利用和无害化处置价格调节机制，建立“谁利用、谁受益”“谁回收、谁受益”的市场环境；优化优质矿产资源等进口关税政策，对国内不能生产的、国家鼓励引进的工业固体废物分类资源化利用技术、装备，减免进口关税。创造良好的投融资渠道，充分发挥政策的引导和激励作用，构建“政府

主导、市场运作、全社会参与”的固体废物分类回收和资源化产业模式，努力将固体废物分类资源化利用培育成为支持我国经济社会绿色、创新发展的支柱产业。推进税制改革，将资源开发及固体废物利用处置的综合成本纳入资源开发、利用、消费的全过程，强化资源税、环境税对固体废物源头减量和可利用固体废物焚烧、填埋处置的限制作用，促进精细分类、充分资源化。首先要把固体废物分类资源化利用上升到国家生态文明建设的战略高度，落实规划，推动资源产出率、资源循环利用率等量化指标的广泛应用，将其作为生态文明建设的重要战略指标，纳入经济社会发展评价和政府绩效考核体系。

健全技术标准体系，引领和促进资源化产业健康发展。建立健全资源化利用过程污染控制标准体系、综合利用产品质量控制标准体系，推动综合利用产品顺利进入消费市场。建立工业副产品鉴别标准及质量标准体系，从产生源头控制固体废物品质，促进可利用固体废物充分资源化。构建重点行业产品生态设计标准、绿色供应链建设标准。重点工业装备再制造技术规范及再制造产品标准体系。推进再制造产品认定，规范再制造产品生产，引导再制造产品消费，推动建立再制造产品认定国际互认机制。

建立新型的社会管理制度和模式，化解固体废物分类资源化利用过程中可能发生的“邻避效应”。近年来，“邻避效应”导致垃圾焚烧项目被停建或缓建的事件时有发生，如广州番禺事件、北京阿苏卫事件、湖北仙桃事件等。“邻避效应”问题涉及地方政府、企业和群众的利益，是一个综合性的社会问题，仅仅依靠某一方面的力量难以解决。建议将“邻避效应”纳入社会综合治理体系，统筹进行化解。采用由政府、企业、公众、专家共同参与的“环境协调委员会”等有组织的机制，深度沟通，有效解决“邻避效应”问题。具体来说，要做好以下工作：加强党委政府领导，形成各部门联动机制；在各类“邻避效应”逐渐显现的形势下，要强化分类分区域精准施策，搞好管控结合；发挥社会组织作用，推进多方沟通协调。

建立部门联合监管惩戒机制，清理整顿资源化产业市场。根据资源化利用产业市场发展基本规律，以解决“部门墙”制约为重点，合理配置不同部门的管理责权，形成分工明确、相互衔接、充分协作的联合监管工作机制。以强化部门间信息共享、执法联动、联合行动为重点，建立环保、公安、质检、商务、工信、金融等多部门联合惩戒机制，对固体废物非法抛弃、转移、利用、处置等行为保持高压打击态势，提高企业和公众守法自觉性。

二、加强顶层设计，实施综合管理战略

贯彻落实国家“创新、协调、绿色、开放、共享”五大发展理念，基于全生命周期分析，结合国家宏观战略，系统开展固体废物分类资源化利用战略研究。**工业固体废物分类资源化战略与产业结构调整、绿色制造、战略性新兴产业战略目标相统筹。**对于高风险、难利用及重要的战略资源、稀缺资源实施“以废定产”战略。将危险废物产生量大、毒性高、处理难的行业纳入产业结构调整范围；根据国家和地区对相应工业固体废物的利用和处置能力确定产能规模。开展重点行业产品生态设计、绿色供应链建设和工业园区循环化改造。将再制造产品纳入绿色产品范畴。“城市矿山”开发战略与城镇化

发展目标相统筹，乡村废物分类资源化与美丽乡村建设目标相统筹，合理规划城乡生活垃圾、再生资源、建筑废物分类收集和资源化体系建设，提升城乡废物分类资源化利用水平。将乡村废物分类资源化与改进农业生产、提升农村生活环境质量、精准扶贫工作要求相结合。固体废物能源化利用与国家清洁能源战略相衔接，将城市生活垃圾新兴发电技术、生物质废物能源化作为分布式能源发展重点内容，促进生物质能源化利用率与促进工业固体废物的能源替代。

衔接生态红线、国土空间规划，统筹一次资源、二次资源开发战略。以生态红线为限制，从空间布局角度，科学管控一次矿山资源开发活动。对于位于生态红线以内的实施保护战略，禁止开发，有序退出现有矿山企业，恢复生态环境；限制开发可使用固体废物作为替代资源的非金属矿山、建材类矿山；以提高资源“储采比”为重点，加强优势资源的储备与保护，将具有开发价值的含稀土元素、放射性元素等稀缺资源的固体废物纳入战略储备资源管理。对于位于生态红线外的矿产资源，强化矿产资源规划管控，严格实施分区管理、矿山总量控制和开采准入制度，引导小型矿山兼并重组，关闭技术落后、破坏环境的矿山，提高矿产资源开采率、选矿回收率和综合利用率。

统筹二次资源开发利用产业布局，引导资源深加工产业向传统资源聚集区域聚集。以工业生态设计为指导，以区域资源环境承载力条件和产业基础为前提条件，资源型地区在传统资源型产业基础上，统筹规划布局工业固体废物分类资源化产业，配套建设综合利用项目，依托优势产业需求，发展再制造产业，构建工业固体废物就地利用转化的工业生态网络，支持资源枯竭城市发展资源深加工产业，集约化、特色化、差异化的产业发展格局。以京津冀及周边地区铁矿资源生产基地为重点，推进尾矿、冶炼渣、废石等工业固体废物生态利用，以及钢铁、矿山行业工业装备再制造。以长江经济带为重点，发展有色金属尾矿中共伴生元素，冶炼废渣、工业污泥中有价资源提取等深加工产业。

提升全民资源环境意识水平，构建有效的社会监督机制。加强领导干部的培训教育，强化对固体废物分类资源化的大局意识和主体责任认识。加强企业宣传，提高企业开展有利于固体废物分类资源化的自觉性，提高企业守法意识。将固体废物分类资源化纳入国民教育体系工作内容，在全社会培育和树立“人人做循环经济主人”的意识，提高全社会对固体废物分类资源化利用紧迫性的认识，普及资源循环理念知识，促进每个公众生活方式的绿色化。构建企业信息公开机制，建立固体废物减量化、分类资源化和无害化处置的公众监督机制，促进企业提高自觉意识。

三、改革发展模式，促进资源充分循环，确立“无废国家”的长远目标

改革生产模式，构建资源正逆向流动相互耦合的生态产业链，改变资源依赖型发展路径。构建企业资源微循环体系，以开展企业产品生态设计、绿色供应链设计、工业生态设计为重点，提升企业资源利用效率，促进企业实施固体废物在线资源化利用，促进工业装备充分再制造，促进传统重工业企业绿色化改造。构建区域层面资源循环的工业

生态网络，以园区循环化改造、生态工业园区建设、生态城市试点为重点，根据区域产业特征定位、固体废物分类资源化实际需求和产业基础，开展资源循环利用产业补链设计，合理引进促进综合利用产业，促进企业间资源能源梯级利用和相互转化利用。大力发展工业固体废物分类回收、分类资源化的专业服务体系，形成固体废物分类资源化、能源化区域循环。

引导生活模式改革，树立绿色消费意识，努力提高全社会资源产出效率。结合国家供给侧改革总体部署，增加固体废物分类资源化利用的绿色产品供应，积极推广生态设计产品、综合利用产品消费。在公共服务供给方面，优先提供固体废物分类资源化基础设施体系建设和分类收集服务，优先提供可再生能源、清洁能源供应。在市政工程建设等公共基础设施建设领域，实施综合利用产品政府采购，引导全社会购买使用分类资源化利用产品。

构建固体废物资源多级循环模式，逐步实现固体废物在工业生产、农业生产、城市和农村生活三大体系间的衔接循环。以促进资源能源有序流动为重点，在城乡发展过程中，科学评估工业固体废物、“城市矿山”、乡村废物的资源、能源平衡，促进“城市矿山”开发、乡村废物能源化工产业发展等对工业资源消费的供给，促进工业能源、生物质能源对城市生活和农村生活能源需求的供给，显著增加再生资源在国家资源供应中的比重，逐步构建全社会固体废物分类资源化循环体系，努力实现全社会资源能源消耗最小化、资源利用最大化，通过“无废城市”试点，逐步推广，最终实现具有我国特色的循环经济社会发展模式，实现“无废国家”的长远目标。

四、强化科技支撑，提速产业高端发展

设立国家科技计划（专项），加强固体废物分类资源化利用科技支撑能力建设，提高资源化利用的水平。重点支持开展固体废物分类资源化利用关键共性技术和重点设备装备研发；支持资源高效提取、工艺自动控制等关键技术、装备的引进集成和自主创新。针对工业固体废物、“城市矿山”、农林废物的资源化和能源化利用三大产业链，鼓励并支持前瞻性关键技术的产学研联合攻关和技术储备，有序安排先进适用技术装备集成及其产业化示范，带动产业高端发展。支持固体废物分类资源化利用高附加值新产品研发，稀贵金属提取、复合材料分离回收、废弃产品精细拆解等先进技术及装备研发；加强再制造技术创新，提高在役再制造、先进再制造技术研发；加强陈旧垃圾填埋场资源化再生利用技术创新；提高生活垃圾填埋场废气、废物的能源化和资源化利用，促进新型生活垃圾处置系统建设；加强农林废物（农业、林业、养殖废物）能源化工及多联产技术创新。支持固体废物智能化管理信息技术研发。要加快创新技术的推广应用，建设重大试点示范工程，加快推进固体废物分类资源化利用产业化进程。

强化科技支撑能力建设。以工程实验室、产学研平台、产业孵化器、标准实验室等为依托，建设分行业固体废物分类资源化利用过程及产品的污染防治技术、标准研究，先进适用技术评估验证，资源化产品质量评估，危害评价与风险评估等科技支撑体系，为开展固体废物分类资源化利用产业技术政策研究和管理决策提供技术支撑条件。

加强信息技术与固体废物分类资源化利用的深度融合，推进固体废物分类资源化市

场配置的智慧管理。依托云计算、“互联网+”、物联网等现代化信息技术手段，构建固体废物综合管理和公共信息服务体系，将其纳入智能城市建设体系，加强固体废物产生、回收、资源化利用的信息采集、数据分析、流向监测，合理配置利用处置资源市场，促进固体废物进入规范回收利用渠道。提升固体废物环境管理信息化水平，加强固体废物收集、转移、利用处置等环节的远程监管，提升固体废物分类资源化过程环境风险防控水平；提高申报登记、行政审批等管理工作信息化服务水平，提高工作效率，促进固体废物资源快速有序流动。

附录一　国内固体废物分类资源化利用的领军企业和典型案例

一、“城市矿山”分类资源化利用的领军企业和典型案例

（一）生活垃圾处理处置企业

企业名称：中国光大国际有限公司

典型案例：

1）镇江市垃圾焚烧项目，日处理规模1450t，年均获得约1.45亿kW·h的绿色电力。整个项目产出大于投入，处于盈利状态；并且各项环境指标达到国际先进水平；核心设备实现了国产化，是具有完全自主知识产权的垃圾焚烧发电整体技术体系，并达到了同类技术的国际先进水平。

2）苏州市垃圾发电项目一、二、三期为目前国内处理规模最大的生活垃圾发电厂，住房和城乡建设部评定的五家AAA级垃圾发电厂之一，获江苏省“扬子杯”优质工程奖。中央电视台以“花园式垃圾焚烧发电厂”为题做了专题报道。

3）常州市垃圾发电项目为国内唯一坐落在城区的垃圾发电厂。江苏省住房和城乡建设厅达标投产综合评分98分，为全国同行业项目验收最高分。

4）宜兴市垃圾发电项目一期，系自主研发，设备全部国产化的示范工程。

5）江阴市垃圾发电项目一、二期是国内实现垃圾与污泥协同处理的样板项目，实现了城乡垃圾全量焚烧，获无锡市“太湖杯”全优工程奖。

企业名称：瀚蓝环境股份有限公司

典型案例：

公司投资超过20亿元，建设了南海固体废物处理环保产业园。产业园规划建设了固体废物全产业链处理系统，形成了由源头到终端完整的固体废物处理产业链。产业园以系统的整体规划，国际领先的建设标准，优于欧盟标准的排放指标，专业、坦诚、透明的运营，赢得了社会的认可和支持，与大学城及高档生活社区比邻而居、和睦相处，受到住房和城乡建设部及各地方政府、行业的认可，被称为“破解垃圾围城困境的‘南海样本’”，成为国内同行业的标杆和典范。

其中，南海垃圾焚烧发电项目位于佛山市南海区中部的狮山镇狮山林场大榄分场，总规模3000t/d，包括垃圾焚烧发电二厂和一厂改扩建项目。南海垃圾焚烧发电项目以国内领先的建设和运营标准，被视为国内标杆的垃圾焚烧发电项目，2012年被广东省环境卫生协会评为最佳运营项目，并获评为代表国家最高运营管理水平的AAA级垃圾焚烧发电厂。

（二）废塑料资源化利用企业

企业名称：北京盈创再生资源有限公司

典型案例：

目前是国内唯一、世界单线产能最大的再生瓶级聚酯切片生产企业，年处理废旧PET饮料瓶5万t，相当于22亿个废旧PET饮料瓶，年产再生洁净PET碎片3万t，再生超洁聚酯切片2万t，是国家第二批循环经济试点单位、中国包装联合会常务理事单位。

盈创再生工艺符合美国食品药品监督管理局（FDA）和国际生命科学学会（ILSI）等国际专业机构的指导要求，并通过了美国食品药品监督管理局的认证，产品是安全可靠的，已在美国及欧洲等国家和地区使用。

北京盈创再生资源有限公司还与可口可乐公司等跨国企业进行了深入的技术合作，经过卫生部（现国家卫生和计划生育委员会）联合国家质量监督检验检疫总局进行安全性评估后，"盈创再生瓶级聚酯切片"可以用于生产接触各类食品的包装产品，达到了GB/T 17931—2003原生瓶级聚酯切片的标准，是国内唯一被允许用于食品包装容器的再生原料。

（三）餐厨垃圾资源化利用企业

企业名称：江苏维尔利环保科技股份有限公司

典型案例：

（1）常州市餐厨废弃物综合处置BOT项目

处理类型：餐厨垃圾。

处理规模：200t/d餐厨垃圾+40t/d地沟油。

采用工艺：自动分选、固液分离、深度水解、高效厌氧、沼气发电、生物柴油。

投入运营时间：2015年12月。

（2）杭州市餐厨垃圾处理一期工程设计采购施工（EPC）

处理类型：餐厨垃圾。

处理规模：200t/d。

采用工艺：预处理+厌氧发酵（或厌氧消化）。

企业名称：山东十方环保能源股份有限公司

典型案例：

1）青岛市餐厨垃圾处理项目主要处理青岛市四城区产生的餐厨垃圾，日处理能力200t，餐厨垃圾经过厌氧消化处理后，转化为沼气、粗油脂、生物有机肥等资源化产品。其中年生产天然气147万m^3。

2）昆明市餐厨废弃物处理项目设计日处理规模500t，一期为200t，主要处理昆明市主城区及其他四区产生的餐饮垃圾。

3）济南市餐厨废弃物收运处理项目负责处理济南市餐饮行业、院校食堂、机关单位食堂产生的餐厨废弃物，日处理能力 200t，年处理能力约 66 000t。

4）烟台市餐厨废弃物处理厂工程主要处理烟台市六区规模经营的饭店、宾馆及食堂产生的餐厨废弃物，日处理能力为 200t，并具有 25t/d 废油脂处理能力。

企业名称：江苏洁净环境科技有限公司

典型案例：

苏州市从 2007 年开始推进餐厨垃圾资源化利用和无害化处理工作进程，经过多年的实践，已经基本形成了具有苏州市特点的“属地化两级政府协同管理、收运处一体化市场运作”餐厨垃圾资源化利用和无害化处理的“苏州模式”。

收运来的餐厨垃圾首先进入预处理车间进行分拣处理，去除其中的生活垃圾和杂质，为后续处理创造良好条件。分拣后的餐厨垃圾被送入湿加热处理系统进行处理。湿热处理不仅能够通过高温高压有效杀灭其中的细菌病毒，也能够将固相中的油脂大量溶出，提高资源利用率，还可以水解大分子有机物，改善酸值和营养结构，提高后续发酵产沼气率。

（四）电子废物拆解企业

企业名称：格林美股份有限公司

典型案例：

格林美作为中国废旧电池、电子废弃物回收利用的发动单位和国家循环经济试点企业，在各级政府的支持下，以广东深圳、湖北武汉、湖北荆门、江西南昌等 20 多个城市为中心，分层建立中国首个以“回收箱、回收超市相结合”为模式的废旧电池、电子废弃物回收体系。创立了中国废旧电池和电子废弃物回收利用的“武汉模式”，按照“自愿者，免费提供废弃物；非自愿者，付费收购”的原则，构建了方便市民、企业分类回收的集中交易的绿色回收网络，达到 1000 人拥有一个回收箱、100 000 人拥有一个回收超市。5 年内，在全国 20 个中心城市建设 10 万个回收箱，1500 个回收超市及 3R 循环消费社区连锁超市，达到年回收废弃物总量 50 万 t 以上。初步形成遍布全国的废旧电池与电子废弃物的回收网络，实现了对中国主要中心城市的废旧电池和电子废弃物的集中收集。使中心城市的废旧电池与电子废弃物的回收率超过 50%，达到欧洲、日本等先进地区的水平，以此探索中国“城市矿山”资源的开采试验，为中国“城市矿山”资源的大规模开采提供示范模式。

企业名称：华新绿源环保产业发展有限公司

典型案例：

1）华新绿源研发的整个线体技术，适用于废旧电视、电脑、洗衣机、冰箱等家用电器的拆解处理，采用物理法进行处理，不产生任何的废气废水，符合环保部门的要求。本设备采用独特的双层结构，形成一套独特的拆解工艺、物流、一体化的处理流程。

2）第三代自动切屏机专门用于 CRT 阴极射线管加工、分离，将 CRT 的屏玻璃和锥玻璃进行有效分离，实现荫罩板、荧光粉的回收。整个过程采用 PLC 全自动触摸屏控制面板，自动化程度高（加热时间、加热位置、切割数量均自动控制）、切割速度快、故障率低，有利于保证产品品质的稳定性并提高生产效率。

（五）报废汽车拆解企业

企业名称：广东省金属回收有限公司

典型案例：

广东省金属回收有限公司成立于 1988 年，是广东省广物控股集团公司下属的国有全资子公司，是中国物资再生协会、中国拆船协会及广东省金属材料流通协会的副会长单位。经商务部认定具有报废汽车回收资格并被广东省经济和信息化厅评为“广东省优势传统产业转型升级示范企业”“广东省资源综合利用龙头企业”，是华南地区最大的废旧汽车综合利用商及汽车循环经济产业运营发展商。

长期以来，公司秉承“创新经营，持续发展”的经营理念，实施“再生资源综合利用为主，专业化、多元化经营”的发展战略，以报废汽车回收拆解加工、报废船只购销拆解、再生资源利用、新造船业务、钢材贸易、矿产资源进口贸易、设备及技术进出口等多种贸易于一体，以再生资源为核心，致力于供应链整合营销，延伸上下游产业链。

（六）建筑废物处理处置企业

企业名称：许昌金科资源再生股份有限公司

典型案例：

“许昌金科模式”涵盖了经营模式的确立及建筑废弃物的收集、运输、处置和资源化再利用的产业链，实现了从建筑废弃物到再生建筑材料的循环发展。目前，许昌建筑垃圾管理及资源化利用工作模式已经在河南信阳、安徽淮南和宿州、广州等地推广，并于 2013 年获得住房和城乡建设部“中国人居环境范例奖”。

在经营方式方面，通过许昌市政府和公司两次十年的共同努力，走出了一条“政府投资少、企业有效益、垃圾得利用、环境大改善”的新路子，确立了政府主导的特许经营模式，从根本上解决了建筑废弃物私拉乱运、围城堆放、破坏环境等难题。公司被授予许昌市规划区范围内建筑废弃物再利用特许经营单位，同时也是国内首家建筑废弃物领域特许经营企业。

（七）废电池资源化处理企业

企业名称：广东邦普循环科技有限公司

典型案例：

广东邦普循环科技有限公司年处理废旧电池总量超过 20 000t、年生产镍钴锰氢氧化物 10 000t，总回收率超过 98.58%，回收处理规模和资源循环产能已跃居亚洲首位。该公司通过独创的“逆向产品定位设计”技术，在全球废旧电池回收领域率先破解“废料还原”的行业性难题，并成功开发和掌握了废料与原料对接的“定向循环”核心技术，一举成为回收行业为数不多的新材料企业。除此之外，该公司年回收拆解报废汽车设计总量为 20 000 辆、回收和再生产钢炉精料 18 000t、有色金属 900t、非金属及其他材料 5000t，该公司是湖南宁乡报废汽车回收拆解定点企业。广东邦普循环科技有限公司也是国内同时拥有电池回收和汽车回收双料资质的资源综合利用企业。

（八）废橡胶轮胎资源化利用企业

企业名称：中胶资源再生（苏州）有限公司

典型案例：

中胶资源再生（苏州）有限公司成立于 2010 年 8 月，总部坐落在苏州国家高新技术产业开发区。公司下设胶粉生产研发基地和废旧轮胎常温全自动处理成套设备制造研发基地，主要从事国家鼓励发展的环境保护技术目录中“废旧橡胶轮胎深加工利用技术”的应用示范和产业化推广。目前新建的国内最大的利用废旧轮胎生产硫化胶粉及塑化胶粉的产业化生产基地，一期可以年处理 2 万 t 废旧轮胎，生产硫化胶粉及塑化胶粉 14 000t，该生产线突破了国内常温法处理废旧轮胎生产精细胶粉单线年产超万吨的规模。公司在“十一五”期间获得了国家科技支撑计划项目的立项。

公司自主研发的废旧轮胎常温、全自动生产精细胶粉成套设备和技术，已获得国家四项发明专利及多项新型实用专利，具有自主知识产权。该技术在常温、全自动、全封闭工况下，将废旧轮胎破碎、精细粉碎，同时自动分离废旧轮胎中的橡胶、钢丝和尼龙纤维，并自动分级生产出 40～200 目的胶粉产品，实现“精细胶粉”和“塑化胶粉”产品的规模化生产。全机组由工业计算机控制，中央控制室集中监控。整个生产过程清洁环保，无废弃物排放，生产过程中分离出的废钢丝及废尼龙可作为再生原料为下游利废企业利用，实现了废旧轮胎 100%资源循环利用。“精细胶粉”和“塑化胶粉”产品可以被橡胶制品企业作为原料广泛使用，因而大幅度地降低了橡胶制品的配方成本，具有较高的性价比。

企业名称：河北唐山再生资源循环利用科技产业园

典型案例：

“河北唐山再生资源循环利用科技产业园”由唐山市再生资源开发有限公司与中国再生资源开发有限公司、河北荣泰再生资源开发利用有限公司、唐山兴宇橡塑工业有限公司合作投资开发。园区位于玉田县“后湖工业聚集区”，于 2010 年 5 月由唐山市供销合作社启动立项。园区占地 1600 亩，总投资 30 亿元。主要进行**废旧轮胎、废旧钢铁、废旧塑料、废旧汽车、废旧家电**的回收再利用。到 2015 年可形成回收处理及循环利用等 180 万 t 的产能：拆解废弃电器电子产品 250 万台、含汞废旧灯管 2500t、拆解报废车辆 1.5 万台、回收加工废钢铁 60 万 t、拆解废旧机电设备 12 万台、处理废旧轮胎 50 万 t。在项目全部建成达产后，年可实现销售收入 60 亿元以上，可解决 15 000 人就业。将成为华北地区重要的再生资源集散地和再生制品生产基地。

河北唐山再生资源循环利用科技产业园每年可回收处理废旧轮胎 50 万 t，生产混杂塑料制品 5 万 t、胶粉 12 万 t，翻新轮胎 20 万 t、燃气专用管材 2 万 t、轮胎排水管材 1.5 万 t、港口运转专用包装袋 2000 万条。

（九）废钢铁资源化利用企业

企业名称：江苏苏物再生利用有限公司

典型案例：

江苏苏物再生利用有限公司是中国物资再生协会副会长单位，是江苏省物资协会会长单位。1976年成立的江苏省物资局直属企业江苏金属回收公司经1997年改制设立为江苏苏物再生利用有限公司。主要开展**废钢、废车**、**废船**回收业务，主要给江苏沙钢集团有限公司、江苏沙钢集团鑫瑞特钢有限公司、南京南钢钢铁联合有限公司、江阴市西城钢铁有限公司、江阴兴澄特种钢铁有限公司、常熟市钢铁有限责任公司、锡澄钢铁有限公司、江苏苏南特钢科技有限公司、南通宝钢新日制钢有限公司、联峰钢铁（张家港）有限公司、江苏如皋钢铁有限公司、宝钢集团梅山钢铁股份公司、常熟市龙腾特种钢有限公司、无锡华润特钢有限公司、江苏苏钢集团有限公司、中天钢铁集团有限公司等钢厂供应废钢。

江苏苏物再生利用有限公司2007年收购废钢246万t，2008年收购废钢156万t，2009年收购废钢603万t，2008年江苏苏物再生利用有限公司被江苏省发展和改革委员会评定为百强服务业第68位，每年都被江苏沙钢集团有限公司、南京南钢钢铁联合有限公司、江阴市西城钢铁有限公司、锡澄钢铁有限公司、江阴兴澄特种钢铁有限公司、宝钢集团等厂家表彰。

（十）废有色金属资源化利用企业

企业名称：江苏春兴合金（集团）有限公司

典型案例：

江苏春兴合金（集团）有限公司是国内最大的铅再生企业，主要从事废铅酸蓄电池等含铅废料研究开发和综合利用。具备年产铅及铅合金10万t的能力。主要产品有精铅、蓄电池板栅合金、电缆护套铅、三氧化二锑等四大类六十多个品种，拥有资产1.5亿元。江苏春兴合金（集团）有限公司以邳州为基地，在徐州和邳州市委市政府的重点扶持下，得到快速发展，创造出具有中国特色的无污染冶炼废铅酸蓄电池新技术，获得国家科学技术部确认的专有技术拥有权，是我国铅冶炼行业唯一一家以技术优势在国外成功办厂的企业，被国家列为“八五”无污染再生铅攻关项目示范厂。该公司自主研发的节能环保熔炼炉和废铅酸蓄电池破碎分选国产化社会各种性能指标优良。

（十一）废纸资源化利用企业

企业名称：浙江永泰纸业集团股份有限公司

典型案例：

永泰纸业于2006年4月斥资7477万元与华南理工大学开展了办公废纸脱墨替代原木浆产业化合作，在工艺流程、生产技术、白水回用、污泥治理、油墨回收、循环利用等环节上，自主创新，选择最佳设计方案，降低生产成本，达到循环综合再利用。办公废纸脱墨循环再利用替代原商品木浆34 000t/年，成本节约额为1712万元/t浆。

（十二）废玻璃资源化利用企业

企业名称：上海燕龙基再生资源利用有限公司

典型案例：

上海燕龙基再生资源利用有限公司是一家废玻璃资源化开发利用公司，由上海燕龙基再生资源利用有限公司和上海华尔润环保工程有限公司组成，是全国最大的废玻璃回收利用企业，构建了行业内最完善的废玻璃收集网络体系和最先进的分拣加工基地。

该公司目前有867个经营网点，主要遍布于华东三省一市及沿海地区。公司目前有4条清洗加工流线，年清洗加工能力为40万t。年收购废玻璃总量达110万t，营销额6亿余元。

（十三）报废船舶拆解企业

企业名称：舟山长宏国际船舶再生利用有限公司

典型案例：

舟山长宏国际船舶再生利用有限公司是一家专业从事国内外废旧船舶绿色拆解的企业，项目投资约28亿元，占地面积1500亩，海域岸线约2000m。主要建设项目有610m×120m、520m×120m港池各一座，900m×25m拆船码头一座，配备相应的堆场、仓库、起重设备和齐全的环保设施，能同时进行10艘万吨级船舶拆解，港池最大靠泊能力30万t，年拆解各类船舶100艘左右，总拆船量约150万轻吨，拆解产品包括废钢、各类有色金属及可回用船配件等。

公司积极推行“安全环保，绿色拆船”的理念，已获得国际广泛认可。目前，已与丹麦马士基航运有限公司、英国皇家壳牌集团、美国雪佛龙股份有限公司、日本邮船株式会社等世界知名公司及欧盟非政府组织等建立了良好的合作关系。

二、乡村废物分类资源化利用的领军企业和典型案例

（一）农村生活垃圾资源化利用企业

企业名称：晟锋投资控股集团有限公司和广东合创生能源有限公司

典型案例：

农村生活垃圾资源化与能源化清洁利用示范工程。晟锋投资控股集团有限公司和广东合创生能源有限公司针对我国生活垃圾构成复杂、自主分类难、民众参与积极性差的问题，研发了基于干式过程的新一代短流程高分离率生活垃圾自动分选技术及成套设备、两段式可燃固体废物热解燃烧技术及下吸式热解气发电技术，显著降低了分选过程对洁净水和电力的消耗，避免了大量二次污染物的产生，同时大幅降低了系统能耗及实际运行成本，提高了各类物质的分离效率，有效解决了由于民众对生活垃圾自主分类积极性和参与度不高所导致的垃圾组分混杂而无法实现分类资源化利用的难题，在湖北恩施、江苏镇江、广东佛山和清远等地建有日处理量百吨级工程示范。

（二）生物质能源化利用企业

企业名称：河南秋实新能源有限公司

典型案例：

河南汝州大规模生物质成型燃料技术集成与产业化示范工程。河南省科学院与河南秋实新能源有限公司合作在河南汝州建成生产能力300套的成套设备生产基地。以当地农作物秸秆和林业废弃物为主要原料，在汝州6个乡镇建成年产3万t成型燃料的生产线1条，年产1万t成型燃料的生产线7条，形成年产10万t成型燃料的生产能力，是目前河南单场规模最大的生物成型燃料生产基地，可解决20万亩农田的秸秆问题，经济、社会、环境效益显著。

企业名称：肥城方兴阳光能源技术有限公司

典型案例：

秸秆成型燃料村镇集中供热示范工程。农业部（现农业农村部）规划设计研究院和肥城方兴阳光能源技术有限公司在山东泰安肥城建立了秸秆成型燃料示范工程，集成从秸秆原料供应，到烘干、粉碎、调质、输送等初级处理技术，从秸秆原料供应、初级处理及固体成型技术工艺模式到成型燃料高效应用全产业链条开展试点示范，实现周年连续稳定运行，达到规模化生产3万t生物质成型燃料的规模；在密云建成生物质供热系统工程，包括生物质锅炉、自动上料机、料仓等设备。可实现自动装料，供暖面积13 000m^2，满足了种鸭孵化的采暖及厂内区域供热用能需求。

企业名称：昆明电研新能源科技开发有限公司

典型案例：

云南省生物质能源化梯级利用示范工程。以昆明电研新能源科技开发有限公司为项目实施单位，截至2015年，项目建设所在地西双版纳州橡胶林种植面积720万亩，每年更新砍伐36万亩，约867万m^3。当地专业加工橡胶木的木材厂约40家，每年生产加工产生的边皮、锯末、刨花和料头约277万m^3，折合为162万t。项目产品有生物质炭和生物质燃气。生物质炭及民用和工业用炭用于替代炼钢、工业硅、有色金属等冶炼行业的还原剂；制作渗碳剂改进零件力学性能；制作良好的溶剂——二硫化碳；生物质炭丰富的孔隙结构、较大的比表面积，羧基、羟基、脂肪族、芳香族等结构，使其具备较强的吸附力和抗氧化力。应用于农林业改良土壤。生物质燃气热值高、焦油含量低，可用于发电、供热、烘烤，如木材加工、造纸、粮食加工等用电工业用户；以锅炉供热如农林产品烘烤等企业，项目根据实际需求，将生物质燃气用于项目自身，不对外供气。

企业名称：国能单县生物发电有限公司

典型案例：

农林生物质直燃发电工程。国能单县生物发电有限公司采用农林生物质直燃发电，装机容量为30MW，通过10kV单能线并网于20kV单城变电站，2006年正式并网发电。燃料以破碎后的棉秆为主，可掺烧部分树枝、桑条、果枝等林业废弃物，年可消耗农林废弃物30万t。项目引进丹麦BWE技术，消化吸收国外技术，自主设计研发130kW的秸秆燃烧锅炉，实现了生物质发电设备国产化。项目设备包括锅炉、汽轮机、发电机等，主厂房采用三列式布置，依次为汽机房、除氧间和锅炉房，汽轮发电机采用纵向布置。在原料供应方面，电厂所在县设有8个秸秆收购网点，这8个收购网点辐射面积广。

企业名称：合肥天焱绿色能源技术开发有限公司

典型案例：

生物质热解炭电联产工程。合肥天焱绿色能源技术开发有限公司在安徽凤阳建立了生物质热解炭电联产工程，实现年处理农作物秸秆及林业剩余物 4 万 t，项目燃料以水稻、油菜、小麦等的秸秆为主，其他农作物秸秆及林业剩余物为辅，采用横流移动床生物质干馏技术，建设 4 条生物质热裂解多联产生产线。项目一期系统运行安全平稳，年发电能力达到 1.79 万 kW·h。2014 年年底，项目二期建成达产后，年处理农作物秸秆及林业剩余物 18.76 万 t，年发电量可达 8400 万 kW·h，生物质炭年产量 4.7 万 t。

企业名称：广西中粮生物质能源有限公司

典型案例：

木薯燃料乙醇利用工程。广西中粮生物质能源有限公司在广西建设年产 20 万 t 燃料乙醇项目，采用风选风送（干法）、泵送（湿法）、除砂除杂、中温连续液化、同步糖化浓醪发酵、闪蒸热能回收、热耦合差压蒸馏、分子筛变压吸附脱水、蛋白质絮凝分离、木薯渣和沼气掺烧热电联产、内循环厌氧（internal circulation，IC）反应器处理废水等新工艺。项目占地 45.26 万 m^2，年产燃料乙醇 20 万 t、木薯渣 8 万 t、沼气 2970 万 m^3、二氧化碳 5 万 t。建有一条铁路专用线、一座装机容量为 15 000kW 的自备电站、一条燃料乙醇生产线和一座大型污水处理系统。

（三）畜禽粪便资源化利用企业

企业名称：揭阳市揭东区润丰生猪养殖专业合作社

典型案例：

基于畜禽粪便清洁利用的新型种养一体化工程示范。揭阳市揭东区润丰生猪养殖专业合作社针对当前我国畜禽养殖行业面临的环境污染严重、养殖效益低下的突出问题，以畜禽粪便的资源化清洁利用为核心突破口，耦合可腐物及农林废物清洁处置，根据营养元素和能量元素设计利用路径，开发了混杂组分畜禽粪污生物强化高负荷厌氧消化稳定产沼新技术、太阳能辅助畜禽粪便和沼渣沼液制肥新技术、畜禽废弃物气—液—固多联产新技术、沼渣液种植高蛋白高热值经济作物、经济作物循环再利用等具有自主知识产权的肥、气、电与饲料等生物转化关键技术及成套装备。目前建成日产 2 万 m^3 沼气工程 1 座，实现了废物全链条清洁利用，大幅提升了畜禽粪便的资源化清洁利用水平。

企业名称：山东民和牧业股份有限公司

典型案例：

养殖场沼气发电工程。山东民和牧业股份有限公司建设了“鸡–肥–沼–电–生物质”的循环经济产业链。采用高浓度鸡粪沼气发酵工艺，建设大型沼气发酵工程，产生的沼气用于发电上网，沼气发电机组余热可供沼气发酵工程自身的增温和鸡场的供温。沼气发电工程的主要单元为 8 座 3200m^3 的厌氧发酵罐和 3 台（套）装机容量 1064kW 的发电机组，配套工程包括 4000m^3 的格栅集水池、2 座 2000m^3 的匀浆调节池、2000m^3 的沼液贮存罐、50 000m^3 的沼液贮存池、2150m^3 的贮气柜。项目年处理鸡粪便约 18 万 t；年产生沼气 1095 万 m^3，项目发电机组装机容量为 3MW，年可发电 2190 万 kW·h；固态有机肥年产量为 13 262t，液态有机肥年产量为 23.7 万 t。

（四）杏仁壳、椰子壳等农业废物分类资源化利用企业

企业名称：河北承德华净活性炭有限公司

典型案例：

果壳活性炭生产工程。河北承德华净活性炭有限公司是中国最大的果壳活性炭生产企业，是一家集技术研发、活性炭系列产品及活性炭工艺生产为一体的业内大型企业。公司以杏仁壳、椰子壳等农业废物为原料，联产活性炭、电、气、热水、炭基肥等，实现了废物资源的再生利用，同时减少了环境污染排放。

三、工业固体废物分类资源化利用的领军企业和典型案例

（一）钢铁矿山联合企业工业固体废物综合利用企业

企业名称：鞍山钢铁集团有限公司

典型案例：

鞍钢矿山具有百年开采历史，铁矿资源量全国第一，资源特征和利用水平在国内都具代表性。

1. 典型难选铁矿工业固体废物源头减量

研发了“提铁降硅”核心技术，盘活了贫赤铁矿资源，显著减少了废石排放。建立了地下采选一体化技术，实现采矿、选矿、废弃物处理均在地下完成，用废石和尾矿直接充填采空区，地上无选矿厂、排岩场、尾矿库。研发了分步浮选技术，解决了鞍山近10亿t含碳酸盐赤铁矿“精矿和尾矿不分”的技术难题，每年多入选碳酸铁矿石100万t，创效2.34亿元，为国内多达50亿t的含碳酸盐难选铁矿石的回收利用提供了技术支撑，大大减少了排放。创建“五品联动”系统，解决了贫铁矿加工流程长、开发效率低的问题。该模式以贫铁矿开发勘查、采矿、配矿、选矿、冶炼五大工序集成一个大系统，构建工序间、矿山间、要素间的网络化联动关系，合理分担成本，最大限度地减少了废弃物排放，提升了资源利用效率。

2. 铁矿山工业固体废物综合利用

鞍钢矿业累计排岩量27.23亿t，估算平均含矿率4.2%、含矿量1.144亿t；已排尾矿9.6亿t。鞍钢集团已在岩石和尾矿开发利用相关技术方面获得取得专利9项、专有技术12项。

铁尾矿综合利用。铁尾矿改良苏打盐碱地，试验田每公顷产水稻6800kg，产品检验结果符合《绿色食品　大米》（NY/T 419—2007）标准。极贫赤铁矿湿式预选技术，形成干粗粒级尾矿，可替代建筑用砂。尾矿悬浮焙烧磁选回收铁矿物达到国际领先水平。

岩石综合利用。截至2015年年底，累计处理岩石5000万t，回收矿石近600万t，减少了废石排放，也有效弥补了矿山生产能力不足的缺陷。

绿色生态矿山建设。从源头上消除了扬尘污染和水土流失。目前大孤山铁矿东山包

排岩场已成为集绿化观光、养殖为一体的多功能生态园区。其中，东烧前峪尾矿库生态恢复实验区累计投资4.9亿元，完成矿区生态恢复面积2228万m^2，可绿化率达85%，居同行业领先水平。通过持续治理，矿区及周边环境明显改善，粉尘合格率和污染因子合格率分别达到97.2%和96%。

3. 钢铁冶炼工业固体废物分类资源化利用

鞍山钢铁集团有限公司钢年产量2200万t，产生固体废物1310万t，吨钢固体废物发生量为572kg。其中，企业可内部利用含铁物料225万t，各类冶金渣980万t，危险废物、废耐材、废旧资材等105万t。目前鞍钢集团已经拥有了一整套世界领先的冶金渣处理工艺技术，钢渣处理率达到100%，利用率达到70%，钢渣中金属物料提取率达到98%以上，钢尾渣再通过钢渣粉生产线进一步深加工。未来，如能将鞍钢现有综合利用技术充分应用，可实现15大类工业固体废物分类资源化利用，其中11类产品可以回用于企业内部生产。

（二）冶炼渣综合利用企业

企业名称：宝钢集团有限公司
典型案例：

1）成功开发了滚筒法熔渣处理技术，开发液态钢渣、溅渣护炉后高黏度钢渣的处理技术工艺设备，彻底解决罐底渣处理污染问题，实现了炼钢渣不落地，以及对转炉熔渣、电炉熔渣和钢包渣的循环利用。大力推进建设矿渣微粉、磁性材料、废耐材、废旧油再生等产业化项目和钢渣微粉试验线、透水砖、喷丸料等钢渣制品的深度利用，促进固体副产资源的再利用和再循环。

2）在国内率先建立了全物流管控模式下的固体废物资源综合利用管理体系，并利用计算机信息技术建成钢铁行业内第一个资源综合利用计算机系统。按资源价值、利用方式对固体副产资源进行分类管控，收集固体副产资源产生、作业、外卖、消耗、质量等信息，实现了对一次资源、二次资源的物流和信息流进行综合管理，为固体副产资源循环利用全过程的精细化管理提供了技术手段和管理依据。

3）开发了具有国际先进水平的短流程渣处理（BSSF）技术等固体废物源头减量技术。短流程渣处理（BSSF）技术是宝钢股份自行开发的具有世界领先水平的转炉熔态渣处理技术，是将高温熔态冶金渣在一个转动的密闭容器中进行处理，在工艺介质和冷却水的共同作用下，高温渣被急速冷却和碎化并被排出，处理过程污水循环使用，集中排放的蒸汽符合国家环保标准；粉尘排放浓度＜50mg/Nm^3，系统风量15万m^3/h，金属回收率＞90%，配套渣不落地装置，处理后的渣性能稳定，可直接利用。

（三）危险废物分类资源化利用企业

企业名称：东江环保集团
典型案例：

1）含铜蚀刻液生产α-碱式氯化铜技术（深圳东江华瑞科技有限公司）：公司引进美

国 Heritage 公司专有技术，利用印制线路板厂的酸性铜蚀刻废液和碱性铜蚀刻废液，经过严格的处理工艺，本土化生产碱式氯化铜（α 晶型）产品，该产品是一种新型的更环保的铜源饲料添加剂，以代替传统的饲料级硫酸铜产品，于 2007 年获得农业部颁发的“碱式氯化铜（α 晶型）”新产品证书，是国内第一个以晶体结构命名的饲料添加剂产品。目前全球仅有两条碱式氯化铜（α 晶型）生产线，一条在美国本土，一条即是本项目。本项目生产能力达到 400t/月。碱式氯化铜（α 晶型）的生产，实现了对危险废物处理的资源化、减量化、无害化的特点，是循环经济清洁生产的有力体现。

2）含铜蚀刻液生产电镀级硫酸铜技术（江西东江环保技术有限公司）：利用印制线路板行业产生的含铜蚀刻废液为生产原料，自主研发出通过盐析、萃取、酸化、结晶、洗涤等工序，严格控制原料所带来的重金属如铁、砷[①]、镍、锌及氯等杂质的含量，生产出高纯电镀级硫酸铜资源化产品，其硫酸铜含量高于 99%，杂质含量远远低于国家标准要求，并制定了企业标准，产品指标甚至超过德国、日本的标准，满足高精密电镀的要求，可返回印制电路板行业作生产原料。本项目技术是东江环保集团含铜蚀刻废液资源化生产普通级别的碱式氯化铜、硫酸铜、氧化铜等铜盐产品技术的重大提升。目前产品规模已达 10 000t/年。

3）工业危险废物焚烧（惠州东江威立雅环境服务有限公司、江西东江环保技术有限公司）：采用回转窑加双效二燃室工艺焚烧处理危险废物。根据废物特性、热值合理配伍，进料适应和通畅性好；废物灼减率在 0.55%～5%，废物燃烧彻底，减容率大，出渣率低。尾气处理采用半干法喷淋加布袋除尘，烟气监测和控制系统反应敏感，安全可靠，尾气排放满足最严格的欧盟标准；并设余热回收。

（四）采矿尾矿综合利用企业

企业名称：邯郸一二循环科技有限公司

典型案例：

邯郸一二循环科技有限公司与国家重型企业中联重科股份有限公司强强联合在西戌矿区建设一座全国首创的八维一体循环经济园区，利用符山矿区堆积成山的铁矿采矿废石和尾矿制造绿色新型建筑材料，然后对矿山进行绿化和地貌恢复。在项目生产建设过程中，对矿山固体废物实行“边清理利用、边绿化恢复”的原则，把尾矿石和尾矿砂吃干榨净，不生产二次污染，通过科学的规划和开发设计，植树造林，兴建农业。最后形成集绿色生态农业、旅游观光、健康养老基地于一体的绿色环保循环经济园区。

（五）再制造工业企业

企业名称：南京田中机电再制造有限公司

南京田中机电再制造有限公司成立于 1995 年，专业从事办公设备再制造。在中国中高端打印复印机市场，市场占有率第一，目前年销量已达 7.5 万多台，占国内市场

① 砷为非金属，鉴于其化合物具有金属性，本书将其归入重金属一并统计。

份额的 50%以上，已发展为全球最大的打印复印机设备再制造企业。中国复印机再制造国家标准第一起草单位。田中机电已获得 15 项技术专利。现已进入自主研发打印复印机整机设计攻坚阶段。现已建成全球第一大规模打印复印机再制造生产线，年产能可达 40 万台。南京田中机电再制造有限公司 2015 年度再制造复印机全年产值 2.3 亿元，销售收入 1.7 亿元，年销售 7.5 万台。

专 题 研 究

专题一

"城市矿山"开发利用战略研究

一、概　　述

党的十八大提出建设中国特色社会主义的总布局是经济建设、政治建设、文化建设、社会建设、生态文明建设"五位一体"，而且要把生态文明建设放在突出地位，融入经济建设、政治建设、文化建设和社会建设的各方面及全过程。把生态文明建设提到了更高的地位。"小康全面不全面，生态环境质量是关键。"环境和生态已成为我国全面建成小康社会的短板之一。国家"十三五"规划建议中提出了创新、协调、绿色、开放、共享的发展理念，要求全面节约和高效利用资源，坚持节约优先，树立节约、集约、循环利用的资源观。

我国人均矿产资源严重不足，重要矿产资源对外依存度越来越高。"城市矿山"可作为再生资源循环利用，为实现经济的可持续发展开辟了光明大道。与天然矿山矿石品位逐渐下降、富矿储量日益减少、难选矿石逐年增加相反，"城市矿山"所包含资源品位更高，开采更为容易，成本更加低廉，而且是源源不断、取之不竭的资源。

随着经济社会的不断发展，"城市矿山"所涵盖的范围越来越广，除了传统的"工业化和城镇化过程产生和蕴藏在废旧机电设备、电线电缆、通讯工具、汽车、家电、电子产品、金属和塑料包装物以及废料中，可循环利用的钢铁、有色金属、稀贵金属、塑料、橡胶等资源"外，可能源化利用的废物如餐厨垃圾等也被纳入其中。"城市矿山"资源因其量大面广，增长迅速，价值较高，社会影响面大，具有特殊的资源化价值，开发利用的价值也越来越凸显。在我国坚持绿色发展，加快生态文明建设和资源节约型、环境友好型社会建设，建设美丽中国的目标指引下，开发利用"城市矿山"在缓解资源约束和环境压力、应对气候变化、培育新的经济增长点、实现循环经济运行模式等方面均具有重要的战略意义。

本报告系统分析了发达国家"城市矿山"开发利用的沿革，以及德国、日本和美国三个主要发达国家在"城市矿山"开发利用方面的政策法规体系、发展模式、政策措施和产业现状，总结了三国在该领域的主要经验，即德国基于物质流分析的循环经济评价体系、日本精细的垃圾分类收集和管理体系、美国多维配套的经济手段，以及各国的共性经验，归纳了对我国"城市矿山"开发利用的启示，包括因地制宜，走本国特色之路，强化本国特色的发展模式；强化主体参与力度，编制未来发展纲要，加强民众的环保意识及参与的积极性；参与国际交流与合作；建立完善"城市矿山"有关法律体系等。

本报告总结了我国"城市矿山"开发利用政策法规体系、"城市矿产"示范基地发展现状和主要“城市矿山”资源开发利用现状。本报告还梳理了产业发展现状：行业规模不断壮大，行业聚集度显著提升；资源回收利用效率不高，产品附加值低；行业技术水平有待提高，技术装备落后；企业规模化、规范化经营程度低等。在此基础上分析了我国“城市矿山”开发利用存在的问题，如政策法规不完善，实施方案落实不足；缺乏长期稳定的财税政策；“城市矿产”示范基地建设缺乏合理规划；再生资源回收渠道商业模式缺失；社会力量支持“城市矿山”开发利用的具体机制缺位；竞争环境不完善，企业发展面临威胁；生活垃圾分类回收仍处于试点阶段。

本报告在对我国典型“城市矿山”开发潜力和时空分布进行估算的基础上，分析了我国“城市矿山”资源的区域分布特征：区域整体分布不均衡，与区域经济发展水平密切相关；广义的扩散化与相对的积聚化并存；进口资源主要集中在沿海地区的园区；以废旧物资交易市场的发展为先导，形成了聚集大量资源的区域性中心；“城市矿山”资源量迅速增加，中西部地区增长快速。在此基础上，选择回收利用价值较高的几种代表性金属资源，结合结构调整、提升资源利用率、强化回收等废物减量化措施，进行资源再生利用潜力及减量化评估和能源环境效益评估，结果表明：降低资源消耗可通过减少源头资源需求量，改变资源代谢特征，减少资源进口需求量和资源再生量，然而从长期角度看却不能减少资源的对外依存度；消费结构调整在短期内能降低资源对外依存度，但长期的资源效果不显著；强化回收利用情景通过增加资源再生量来改变资源代谢特征，随着资源报废量的增长资源替代效益显著。

本报告在分析我国“城市矿山”开发利用技术现状和发展趋势的基础上，提出了我国“城市矿山”开发利用重点技术发展方向，如产品生态设计与再生组织性能调控原理；废旧新能源装备可循环拆解与清洁利用技术，废旧便携电子产品精细拆解与稀贵金属回收技术，废旧机电关键零部件及成套系统再制造技术，废旧复合材料智能分选与高效回收技术，基于互（物）联网的固体废物回收系统构建技术，全生命周期固体废物精细化管理体系构建技术，资源循环利用综合评价及决策支撑技术，资源循环利用体系构建系统分析方法等。

本报告在上述研究的基础上，提出了我国“城市矿山”开发利用的发展战略目标，即“十三五”期间，“城市矿山”开发利用应作为一项战略性新兴行业重点支持发展。到 2020 年，建立并完善生产者责任延伸制度，建立完善的监管体系及生活垃圾分类制度与标准；建立“城市矿山”开发利用跨部门组织协调机制；全国主要城市建成网点布局合理、管理规范、回收方式多元、重点品种回收率较高的再生资源和生活垃圾回收体系；在全国范围内推广“城市矿山”示范基地的经验，在每个地级市建立一个规模化“城市矿山”综合利用基地；“城市矿山”开发利用中互联网、云平台技术得到普及；广大人民群众环保和资源再生意识得到全面提高。地级以上城市生活垃圾分类收集覆盖率达到 25%，生活垃圾回收利用率达到 35%。

围绕上述战略目标，本报告提出了以下对策建议：

1）提升“城市矿山”战略地位。确定循环经济和“城市矿山”开发利用在我国国民经济发展中的地位，将“城市矿山”作为我国战略资源的重要组织部分。

2）加强各部门分工合作，统筹协调。建立多部门联合的政策保障措施；建立部门协同工作机制。

3）建立并完善生产者责任延伸（EPR）制度。在法律层次引入生产者责任延伸制度、完善各层级制度设计；完善回收体系，促进回收方式创新；鼓励生产者参与生态设计和循环利用；建立资金筹集和使用机制，鼓励企业投资回收利用，开展综合利用活动；建立示范企业，推进生产者责任延伸制度建设。

4）完善再生资源进口管理政策。加强源头风险控制，完善国际合作机制；统筹国内外两种再生资源，促进再制造和再生资源回收利用水平的提高。

5）扶持"城市矿山"开发利用示范基地发展。制定持续稳定的"城市矿山"示范基地政策扶持和经济激励措施，包括制定税费优惠；拓宽融资渠道；协调行业政策，建立体现资源属性的价格机制；加强产业规划；加快示范基地经验的推广应用，促进全国"城市矿山"的开发利用。

6）因地制宜地选择适宜的生活垃圾收运处置模式。大中型城市分类收集，利用处置；小城市一体收运，终端分类处置。完善配套政策和处理处置设施，推动历史积存垃圾的资源化处理，强化公众分类收集、回收的责任。

7）促进"城市矿山"开发利用技术创新。建立多部门联合的政策保障措施和跨部门/跨区域组织协调机制，实行多元化的资金投入保障机制，组织产、学、研、用各方力量开展联合攻关，建立科技成果转化应用的商业化模式，促进固体废物分类资源化国际科技合作。

8）推动"互联网+"在"城市矿山"开发利用中的应用。加强信息共享，建立"城市矿山"公共信息服务平台；建立统一标准，构建回收利用一体化模式；推进物联网技术在"城市矿山"开发利用方面的运用。

9）加强"城市矿山"开发利用的宣传教育。为提高政府、普通居民和拾荒者参与"城市矿山"开发建设的积极性，必须加强"城市矿山"开发利用宣传教育工作，总结推广具有代表性的可复制的"城市矿山"发展模式，提高现有国家"城市矿产"示范基地的示范带动作用，以点带面促进行业的整体发展。

二、开发"城市矿山"的概念及其开发利用的战略意义

（一）"城市矿山"概念的由来及演变

"城市矿山"是相对于自然矿产而言的，是基于原生矿产资源经过一个多世纪的开发和利用，从地下转移到地上，由矿区转移到城市的事实，是针对目前全球所面临的矿产资源短缺的困境，提出的在城市中"开采"废弃产品中的资源的形象表达。

"城市矿山"术语又叫"城市矿产""城市矿藏""都市矿山"，英文中以"Urban mine(s)""Urban Mining"和"Urban ore"为主，国内一般称为"城市矿产"。学术界关于"城市矿山"概念最早于1969年由美国城市社会学家简·雅各布斯（Jane Jacobs）提出（程会强，2013），认为除了从有限的自然资源中提取资源外，还可以从城市垃圾中开采大量所需要的原材料。经过许多学者共同的努力，"城市矿山"不断发展并被越来越多的国家所接受，其中比较典型的概念是1988年，日本东北大学选矿精炼研究所教授南條道夫从金属资源回收循环利用出发，把城市比喻成一座可以进行二次资源开发的矿山，首

次定义了“都市矿山”的概念，把蓄积有再生资源的废旧电器电子、机电设备等“再生资源蓄积场所”称为“都市矿山”。2006 年，同为日本东北大学的白鸟寿一和中村崇从技术、经济、环境和资源观等角度出发重新论证了再生资源回收问题，并提出“人工矿床”的设想，把可回收的资源蓄积均视为“矿床”，新构想在讨论资源回收的各种可能性的同时，还注意尽可能降低对环境的影响。

“城市矿山”这一术语最早于 1985 年被我国学者杨显万等首次使用，从有色金属、稀贵金属角度出发论述了再生金属的回收利用，但是未对“城市矿山”概念作进一步的界定和阐述。1989 年，我国学者张汉民引用日本学者南條道夫把蓄积有再生资源的废旧电器电子产品、机电设备等“再生资源蓄积场所”称为“都市矿山”的提法，将“都市矿山”比喻成为“静脉”，认为是实施资源再循环的理想场所。

事实上，有关“城市矿山”的概念尚未形成统一的认识，Paul H. Brunner 认为目前对这一概念主要存在两种观点，一是将其视为描述从城市垃圾中开采资源的术语；二是将其视为传统废弃物回收体系。同时他还指出，**“城市矿山”概念包含的对象应该不仅仅只是材料，还应该包含能源的回收利用。**这一观点与我国学者郑龙熙和王海洲的看法不谋而合，后者也认为“城市矿山”应包含废热、废气、废水等城市代谢废物。郑龙熙和 Paul H. Brunner 等的观点更综合地诠释了“城市矿山”的内涵，并从更广泛的资源观，即资源是包含一切对人类有用的物质及其相互关系的综合，对“城市矿山”的这种解读，也更加符合南條道夫教授提出“城市矿山”这一概念的初衷。正如张汉民提出的将“废弃物纳入生产-消费-生产（或再生产）闭路循环系统”，从而“发挥节约和弥补原生矿产资源的不足、节约能源、减少污染、保护环境的重要作用”。周永生和章昌平认为应该将“城市矿山”视为资源再循环过程的一个环节，是人类在使用资源（包括原生资源和二次资源）进行生产生活过程中产生的废弃物的总称，随着技术的发展，原本被视为垃圾的废弃物的价值被重新利用的过程，即是对这一矿产资源的开发过程。

（二）“城市矿山”的概念

“城市矿山”的概念在不同的国家包含不同的对象。日本较早地提出了“城市矿采”的理念，并将富含锂、钛、金、铟、银、锑、钴、钯等（类）金属的废家电、电子垃圾称为“城市矿山”。德国的“城市矿山”则指要分类回收利用的产品，包括包装废弃物、报废汽车、废旧电子器件和电子设备、废旧电池、生物废弃物、建筑或拆毁废墟、废地毯和纺织物、废木柴等。2010 年 5 月，我国公布《关于开展城市矿产示范基地建设的通知》，其中使用“城市矿产”这一术语，并将其界定为“工业化和城镇化过程产生和蕴藏在废旧机电设备、电线电缆、通讯工具、汽车、家电、电子产品、金属和塑料包装物以及废料中，可循环利用的钢铁、有色金属、稀贵金属、塑料、橡胶等资源，其利用量相当于原生矿产资源”。

事实上，根据 Paul H. Brunner 等的观点，除了废家电、废手机等电子废弃物中的稀贵金属，如金、钛、锂、钯等，“城市矿山”还包括塑料、橡胶、玻璃、纸张等资源。随着经济和技术的发展，生活垃圾、餐厨垃圾、建筑废物等城市废弃物中所有可供循环利用、能源化的资源都逐渐被纳入“城市矿山”之中。因此，“城市矿山”的范围已从传统的材料回收扩展到可能源化的废物，既包括对材料的回收利用，也涵盖了可能源化利用的废物。

本报告中，"城市矿山"所涵盖范围包括工业化和城镇化过程中产生的可以回收利用材料的废物，如废金属、废玻璃、报废电器电子产品等，同时也包括可以能源化利用的废物，如生活垃圾、餐厨垃圾、园林废物等。

我国"城市矿山"的来源主要有工业生产、生活住家、建筑工地及服务行业等，本报告中将所涵盖的废物类型分为以下几类：

1）金属类：包括废钢铁、废有色金属、废稀贵金属等。

2）有机类：包括生活垃圾、餐厨垃圾、园林废物等。

3）产品类：包括电子废物、报废汽车、废机电产品及报废电线电缆等。

4）非金属类：包括废玻璃、废塑料、废橡胶、建筑垃圾等。

5）其他：主要指其他新兴类型的"城市矿山"，如光伏产品等。

在上述"城市矿山"类型中，废钢铁、废有色金属、废橡胶、废塑料、废纸、建筑垃圾等金属类和非金属类"城市矿山"资源量大且来源广泛，可用于生产再生产品以替代原生产品，具有广泛的社会影响力；报废汽车、废电器电子产品、报废机电产品等类"城市矿山"产生量大，增长迅速，价值较高，拆解后的部分零部件可用于再制造[①]，其他拆解产生的废钢铁、塑料等可纳入废钢铁和废塑料的回收利用途径中，具有特殊的资源化价值；而有机类"城市矿山"尚未在我国现有的再生资源体系中有所体现，但可用于生产沼气、堆肥等，具有极高的能源化价值。

（三）我国"城市矿山"开发利用的战略意义

1. 缓解资源约束

战略性资源短缺是我国经济社会发展的主要瓶颈之一。由于受资源储量严重不足和禀赋较差的制约，我国重要矿产资源对外依存度很高，目前我国主要有色金属品种中，约 70%铜原料、50%铝原料、35%铅原料、13%锌原料需要依靠进口。当前我国正处在工业化和城镇化快速发展阶段，经济增长对矿产资源的需求巨大，且随着原生矿产开采程度的不断加大，我国矿产资源对国民经济的保障程度不断降低（刘烈武和宋焕斌，2011）。据地矿专家论证，按实现第二步战略目标需求测算，我国 45 种主要矿产中有 10 多种矿产探明储量不能满足生产发展的需要，到 2020 年，除煤炭、钨、铝、稀土金属和部分非金属矿外，大部分主要矿产将缺乏必要的储量保证（高正文，2005）。在 15 种支柱性矿产中，铁、铜、金、钾盐 4 种不能自给；石油及铅矿由于储采比小于 30，面临减产状态；天然气、锌和水泥石灰岩要靠新增储量来维持目前的生产水平（任忠宝和吴庆云，2011）。据估算，近几年内，我国铜矿生产能力将消失 26%，铅锌矿生产能力将减少 46%，金矿生产能力将降低 70%（许智迅和陈华超，2009）。但是随着经济社会的发展，这些资源的需求量仍在大幅攀升。与此同时，我国每年产生大量废弃资源，如有

① 再制造工程是以废旧产品为再制造的对象，以产品的整体回收为特点，能够大量地保存产品的附加值。再制造产品的质量和性能达到或超过新品，成本却仅为新品的 50%左右，节能 60%左右，节材 70%以上，对保护资源环境贡献显著。

效利用，可有效替代部分原生资源。

以铜为例（专题表 1-1），2010 年我国国内开采铜矿 135.2 万 t，进口铜资源 630.9 万 t（其中原生资源进口 500.9 万 t，废物进口 130 万 t），对外依存度高达 72.0%。而当年我国再生铜资源量为 240 万 t，替代比例仅为 27.4%，远低于发达国家 40%的水平。钢铁、铝的再生资源替代比例也都远远小于发达国家的平均替代水平。如果加大对再生资源的回收利用，再生资源完全可以成为原生资源的有效补充，大大缓解我国资源短缺压力，减少对外依存度。

专题表 1-1　2010 年我国部分矿产资源代谢分析

资源名称	铜（万 t）	钢铁（百万 t）	铝（万 t）	铅（万 t）
国内开采	135.2	320.1	1121.1	235.9
原生资源进口	500.9	331.4	940.2	99.3
废物进口	130	5.5	239.6	0
再生资源量	240	86	400	135
再生资源替代比例（%）	27.4	13.1	16.2	34.6
发达国家水平（%）	40	70	33	35
对外依存度（%）	72.0	51.2	47.9	25.5

“城市矿山”中含有大量的钢铁、铝、铜及贵金属等资源，开发利用“城市矿山”可大幅提高能源资源开发利用效率，节约、集约、循环利用原生资源，对于建设资源节约型社会，促进绿色发展，实现建设美丽中国梦想具有重要意义。

2. 缓解环境压力

矿产资源的快速消耗带来了严峻的环境压力。一方面，矿产资源的开发对生态环境造成了严重的破坏，原生矿产的加工利用产生了大量的废弃物（李秋元等，2002）。例如，2010 年我国原生金属相关产业（包括黑色金属、有色金属采选业与冶炼加工业）固体废物产生量达 10.8 亿 t，占工业固体废物总产量的 48%；SO_2 排放量为 273 万 t，占工业总排放量的 16%；能耗 7.3 亿 t 标准煤，占国家能源消费总量的 22.4%。

生活消费过程中报废产品类废物处置不当又会带来极大的环境污染及风险。近年来，高资源含量的产品报废量快速增长，如电子废物、报废汽车等，这些产品类废物也含有各种有害物质［重金属（汞、铅、镉、六价铬）、溴化物阻燃剂（多溴联苯和多溴二苯醚）、制冷剂、含氟发泡剂等］，如不妥善处理，将会造成严重的环境污染，影响居民的身体健康。我国浙江、广东的一些电子废物集散地和拆解处理区采用的粗放作业方式已经导致当地土壤、水体、空气的严重污染，并对人体健康产生了极大的威胁（Song and Li，2014a，2014b，2015；Li *et al.*，2011）。

可见，科学合理利用“城市矿山”不仅可以节约资源，同时也可产生显著的环境效益。2010 年，我国回收废旧金属、废塑料、废旧电器电子产品等八类社会消费品废物，总量达到了 1.49 亿 t，与直接利用原生矿产资源相比，相当于节能 1.79 亿 t 标准煤（占当年全国能源消耗的 5%以上），可减排二氧化硫 393.1 万 t（占当年全国排放总量的 17.9%）、废水 102.5 亿 t、固体废物 10 亿 t 以上。

3. 应对气候变化

近百年全球及我国气候变暖趋势已毋庸置疑，我国二氧化碳排放总量已经位居世界各国首位，人均排放量也已高于世界人均排放量，且我国气候变暖幅度明显高于全球。气候变化对全球和我国水资源、生态系统、粮食生产及人类健康等领域的影响都已获证实。随着温室气体累积排放量的增加，未来全球气候仍将继续变暖，各类风险将显著增加。

生活垃圾的收集处理活动是温室气体的一个重要产生源，尤其是甲烷、氧化亚氮等温室效应较高的气体排放尤为突出。据统计，目前卫生填埋、堆肥和焚烧三种方法每处理 1t 生活垃圾的碳单位排放量分别为 2.1t CO_2 当量、0.4t CO_2 当量和 2.0t CO_2 当量，而我国现在生活垃圾的主要处理方式还是填埋和焚烧。根据《中华人民共和国气候变化第二次国家信息通报》（国家发展和改革委员会，2013），2005 年我国生活垃圾处理排放温室气体约 1.12 亿 t CO_2 当量。同时由于我国居民生活水平的提高和快速城市化的发展，生活垃圾产量的快速增长，垃圾成分产生变化，因此生活垃圾处理排放的温室气体也不断增长，据统计，2001～2007 年北京市生活垃圾处理引起的温室气体排放总量从 365 万 t CO_2 当量增至 1157 万 t CO_2 当量左右（潘玲阳等，2010），2001～2010 年合肥市生活垃圾填埋产生的碳排放量由 29.75 万 t CO_2 当量上升至 77.62 万 t CO_2 当量（张婷等，2011）。可见，对生活垃圾进行分类回收，减少焚烧和填埋量，可以极大地减少温室气体的排放。

据统计，2011 年我国回收本土各类再生资源 1.62 亿 t，从国外引进各类再生资源 4726 万 t，相当于少开采矿石 4.5 亿 t、少开采石油 6000 万 t、少砍伐树木 3 亿 m^3 及节能 2.83 亿 t 标准煤，同时减少 CO_2 排放量 3.86 亿 t（张子瑞，2012）。2013 年，我国综合利用废钢铁、废有色金属等再生资源，与使用原生资源相比，可节能 2.5 亿 t 标准煤，减少二氧化碳排放 6 亿 t（国家发展和改革委员会，2014）。

可见，通过开发利用“城市矿山”，回收利用再生资源，可以大大减少对原生资源的开采，减少温室气体排放。这将为我国应对气候变化，促进可持续发展，积极承担国际责任和义务，落实减排承诺提供强有力的支持。

4. 培育新的经济增长点

“城市矿山”开发利用将带动兴起一批新兴产业，激发创新创业活力，推动大众创业、万众创新，解决大量就业问题。例如，2015 年，我国废钢铁、废有色金属、废塑料、废旧轮胎、废纸、废弃电器电子产品、报废汽车、报废船舶、废玻璃、废电池十大类别的主要“城市矿山”回收总量约为 2.46 亿 t，回收总值为 5149.4 亿元。

此外，利用“城市矿山”资源有助于带动技术装备制造、物流等相关领域发展和创新，增加更多社会就业岗位。可见，“城市矿山”产业将会成为节能环保产业战略性新兴产业的巨大增长点。

5. 实现循环经济运行模式

从国内外发展的经验教训来看，发展“城市矿山”产业可以大大提高资源利用效率，减少污染排放，提高产品附加值，实现绿色发展，从而使整体产业结构高级化、循环化，是构建循环经济体系的必然途径，而循环经济建设正是发展“城市矿山”产业的目标。利用“城市矿山”资源能够形成“资源—产品—废弃物—再生资源—产品”的循环经济发展模式，切实转变传统的“资源—产品—废弃物”的线性发展模式，是循环经济“减量化、再利用、资源化”原则的集中体现。

发展“城市矿山”产业能够直接或间接促进城市经济和环境生态化，达到城市生态回归的目的，进而促进社会民生的改善，使人们在优美的生态环境中工作和生活，走上生产发展、生活富裕、生态良好的文明发展道路，形成人与自然和谐发展现代化建设新格局，推进绿色发展和美丽中国建设，实现生态文明。

三、主要发达国家“城市矿山”开发利用的现状与经验

（一）国外发达国家“城市矿山”的发展沿革

“城市矿山”概念的提出，为解决如何将循环经济的原则应用到实际资源循环过程中提供了一个很好的思路。“城市矿山”的开发利用充分体现了资源的再利用和再循环原则，可通过将废物再生成为资源减少废物的产生量，实现循环经济的减量化、资源化原则。“城市矿山”开发利用是循环经济的重要内容。相比于循环经济更加广义的范围，“城市矿山”在循环经济发展理念的基础上，更加关注城市中蕴藏资源的循环利用，聚焦到废弃资源的开发利用，对于推动资源的有效循环利用具有十分重要的意义。

国外发达国家“城市矿山”的发展过程即是循环经济的发展过程。国外循环经济新模式，从 1966 年有朦胧的思想到现在的体制推进和理论整合，其发展可以粗略分为三个阶段（诸大建，2016）。

1. 1966～1992 年主要是循环经济的思想萌芽和初步探索阶段

1966 年，美国经济学家 Boulding 发表了一篇畅想性的短文，认为地球作为封闭的物质系统是有物理极限的，传统的强调经济增长无极限的牛仔经济不可能持续下去，需要转向新的在地球极限内追求繁荣的宇宙飞船经济，而实现宇宙飞船经济的思路就是通过闭环的物质流创造增长的价值流。1976 年，瑞士有经济思维的建筑师 Stahel 提出了功能服务经济的概念，强调了通过延长产品寿命和产品服务系统走向循环经济的思想。而循环经济的英文词“Circular Economy”则是由英国经济学家 Pearce 于 1989 年首先提出的，以便区别于垃圾经济的“Recycling”，但他没有对循环经济与垃圾经济的区别进行细化表述。

2. 1992～2010 年是循环经济的理论模型发散式研究与表述阶段

理论背景是在巴西里约热内卢举办的联合国环境与发展大会通过了可持续发展战略，使人们认识到经济增长存在物理极限是客观的现实的而不是虚幻的想法。先行者开始思考如何走出新古典经济学推崇的牛仔经济或线性经济模式，提出了具有各种替代意义的循环经济新模式。其中有代表性的是 Stahel 的绩效经济与湖泊经济，

Braungart 和 McDonald 的从摇篮到摇篮经济，Pauli 的蓝色经济，以及稍微早一些的产业生态学等。

3. 2010 年以来循环经济发展出现了新的动向，正在进入第三阶段

主要的动力来自英国的 Ellen McArthur 基金会，他们聚集全球研究循环经济的主要理论家和推行循环经济的创新型企业家，做了两方面的推进工作。一方面，要把到现在为止的各种循环经济思想、学派和模型整合成为系统的理论，提升循环经济的理论成果和科学含量；另一方面，要通过循环经济世界 100 强活动，使循环经济在企业层面成为现实和潮流。2012 年，在欧洲货币基金组织（EMF）和麦肯锡公司、埃森哲公司等联手推动下，世界经济论坛决定把循环经济作为第四次工业革命的重要内容进行推进，为此专门成立了循环经济全球议程理事会。2015 年欧盟推出了全新的循环经济推进方案。

（二）德国"城市矿山"开发利用的现状

1. 德国"城市矿山"开发利用的政策法规体系

在发展循环经济和开发"城市矿山"方面，德国走在世界前列。德国废弃物管理坚持以预防为主，同时采取生产者责任延伸制度和合作参与的原则，以最大限度降低不必要的废弃物产生为宗旨。德国的"城市矿山"始于"垃圾经济"，将废物管理贯穿于整个经济循环之中，实现面向未来的、可持续的循环经济，其中资源保护是其政策的重心，并最大限度回收利用废弃物。

法律是德国成功推动"城市矿山"开发的又一个非常重要的手段，1994 年德国制定的《物质闭合循环与废物管理法》是德国发展循环经济的总"纲领"，它把资源闭路循环的循环经济思想推广到所有生产部门，其重点在于强调生产者的责任是对产品的整个生命周期负责，规定对废物管理的优先顺序是避免产生、循环使用、最终处置。其核心思想是对所有资源必须尽力减少使用量。在这一法律框架下，根据各个行业的不同情况，又制定出了该行业发展循环经济的相关法规，如《废旧汽车回收条例》《废旧电池回收条例》《废弃木料回收条例》等（专题图 1-1），使饮料包装、矿渣、废汽车、废铁、废旧电子产品等都"变废为宝"，这些立法措施极大地推动了德国"城市矿山"的利用效率，形成了强有力的政策及法律支撑体系。在严格执法的基础上，鼓励工商企业界的自愿承诺，形成了一套比较完善、全面并富有特色的废弃物管理体系。

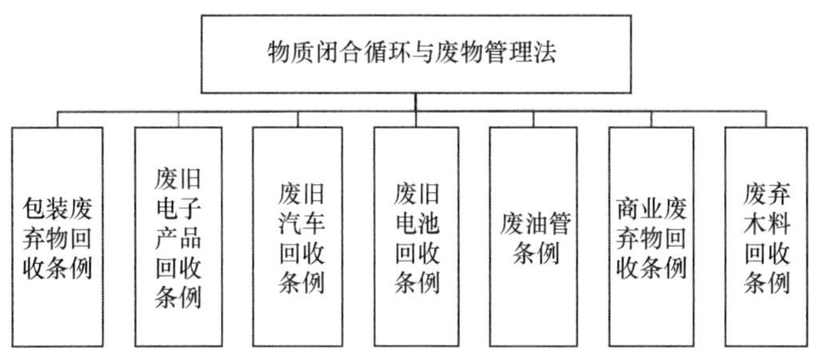

专题图 1-1　德国资源回收利用法律框架体系

专题图 1-1 所列的法规中，值得一提的是 1990 年制定的《包装废弃物回收条例》，该法规第一次在法律上确立了“生产者责任延伸制度”的原则，强制性要求生产企业不仅要对产品负责，还要对产品包装的回收负责，并责成从事运输、代理、销售的企业，包装企业及批发商回收其使用后的包装物，或委托专业回收公司回收处理。

为便于对“城市矿山”的开发及废弃物的处理情况进行监督管理，德国还专门设立了相关的监督机构。生产企业必须要有能力回收和处理废旧产品，才有资格进行生产和销售。年垃圾排放量在 2000t 以上且具有较大危害性的生产企业需事先提交相应的处理方案，以便监督。同时，德国企业的行业自律在废物回收和再利用方面也发挥了重要作用。如汽车工业及相关行业的代表于 1996 年承诺到 2002 年将旧汽车中的废物重量比例降低到 15%，到 2015 年争取减低到 5%，同时建设一个涉及面比较广的回收和利用系统，另外还允诺无偿地回收使用时间在 12 年以上的旧车。

2015 年 12 月，欧盟委员会正式通过了新的循环经济一揽子计划，以刺激欧洲循环经济的推进和可持续社会转型。计划覆盖从产品的生态设计、制造、消费、废物处理到二级原料的全生命周期过程，并公布了新的循环经济相关的废弃物管理法的修改建议（revised legislative proposals on waste），主要包括欧盟现行的《废弃物框架指令》《垃圾填埋指令》和《包装废弃物回收条例》等。计划到 2030 年，生活垃圾回收率达到 65%，包装物回收率达到 75%，垃圾最终处置率降低到 10%。据预测，在全欧洲推行循环经济模式，可节约成本 1.8 万亿欧元，增加 6.5%的 GDP 和近百万就业岗位。该计划的实施对于其成员国，尤其是德国的循环经济和“城市矿山”的发展将起到极大的促进作用。

2. 德国“城市矿山”的发展模式和政策措施

德国的“城市矿山”的开发先后经历了 4 个阶段，可以概括为：早期环保思想萌芽期；以“末端治理”为主的发展阶段；伴随经济的发展，逐步加强对生活废弃物的处理；向循环再生型社会迈进，最终形成了当前全面构建循环经济发展模式的“城市矿山”资源再生利用阶段。

德国“城市矿山”开发的发展路径以“二元回收系统”为基点，综合社会—企业及生产—消费两个层面，以废旧物质流量管理为核心，积极探索发展区域及园区的“城市矿山”发展模式。德国“城市矿山”开发模式包括生产者责任延伸制度、二元回收系统及押金制度等内容。

（1）生产者责任延伸制度

德国推进“城市矿山”的重要经济政策手段是生产者责任延伸制度。德国将经济责任作为生产者责任延伸制度的核心内容，延续到生产者责任延伸制度的生产者付费模式，目的是通过单个生产者付费义务的落实，促使他们改进产品的设计，从源头上预防和减少废弃物的产生，提高资源的循环利用率，减少对环境的影响（曹平和尤海林，2013）。根据 1996 年生效的《物质闭合循环与废物管理法》，德国规定生产者的责任主要包括：设计产品时需考虑产品的生产及使用过程中尽可能地减少废弃物的产生；生产中优先使用再利用的废物及再生的材料；标明产品中所含有害物质的量，以确保使用后产生的废物可进行环境允许的回收再利用或处置；通过产品说明书提供关于产品返还、再使用和回收再利用等信息；接收产品使用后的废物及对这些产品和废物进行回收利用或处置。

（2）二元回收系统和“绿点”标志

与地方政府垃圾处理系统同时并存的另一个回收利用系统是德国二元回收利用系统“DSD”。德国通过 DSD“二元回收系统”的运作模式形成循环的产业链，如专题图 1-2 所示。作为民间企业发起和创建的废物回收系统，“二元回收系统”享受政府的支持和免税政策。1990 年由 95 家包装工业、消费、零售企业发起成立并负责运作“二元回收系统”的 DSD 组织，目前已达到 16 万个企业成员，占包装企业的 90%。DSD 企业成员按照事先规定支付一定费用后取得“绿点”包装回收标志的使用权，DSD 组织则利用成员交纳的费用，负责收集并进行清运、分拣及循环再生利用。不参加该组织的企业按照 1996 年颁布的《物质闭合循环与废物管理法》内容，自行回收处理包装材料。

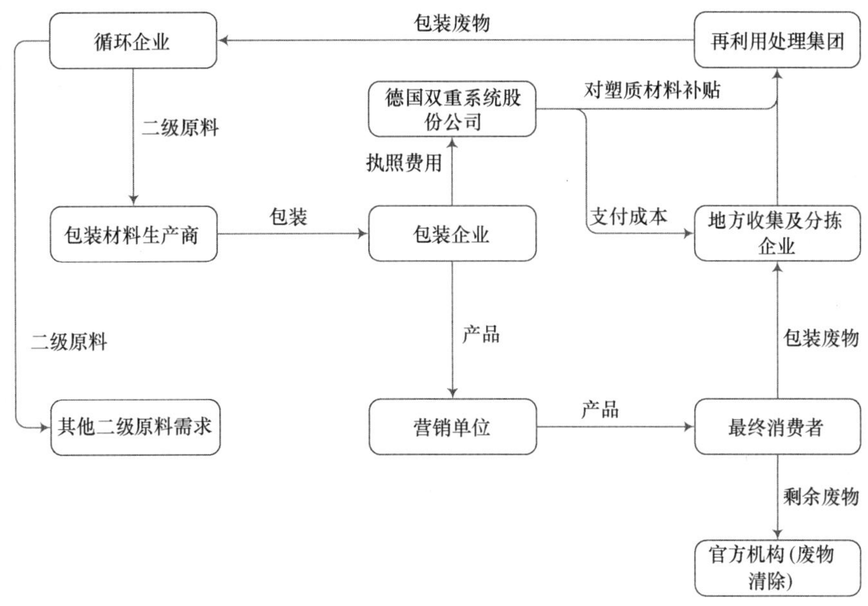

专题图 1-2　德国 DSD“二元回收系统”的运作模式

（3）押金制度

为提高包装品回收率，德国环境部制定了押金制度以达到保护环境的目的。德国包装法明确规定，如果一次性饮料包装的回收率低于 72%，则必须实行强制性押金制度。自此制度实行以来，消费者在购买所有用塑料瓶和易拉罐包装的矿泉水、可乐、啤酒、汽水等饮料时，均需支付相应的押金，1.5L 以下为 0.25 欧分，顾客在退还空瓶时取回押金。目前德国一些零售连锁企业如 PLUS、LIDL、ALDI 已实现交叉退还制度，即在一家购买物品所交包装品抵押金，可在另一家交还被抵押包装品时领回。

3. 德国“城市矿山”开发利用的现状

德国是“城市矿山”发展水平最高的欧洲国家之一，“城市矿山”开发利用体系已相当成熟。2014 年德国产生废物 4.009 亿 t，78.7%的废物得到回收（专题图 1-3），其中有 69%以材料的形式回收，另外 10%以能量的形式回收。相比 2000 年的 3.503 亿 t 废物产生总量，2014 年德国废物产生量下降了 14%，最主要的原因是建筑垃圾的减少。

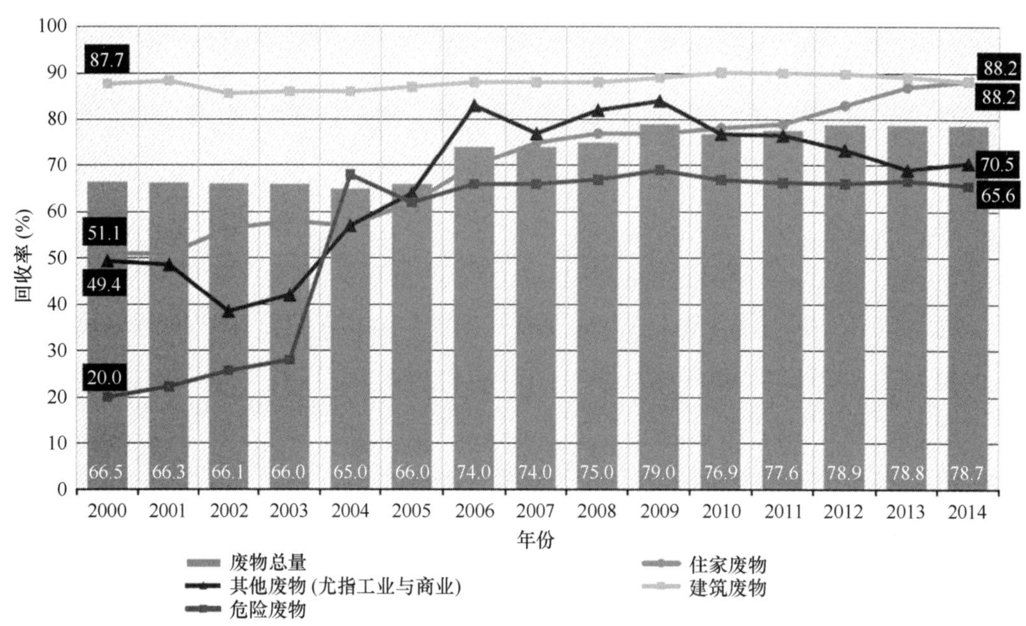

专题图 1-3　2000～2014 年德国主要废物种类的回收率与总体平均回收率

2014 年度，德国几类主要废物的产生和回收情况如下：建筑废物总量 2.095 亿 t，占德国废物总量的 52.3%（专题图 1-4），为产生量最大的一种废物，回收率达到 88.2%；商业废物[①]总量 0.595 亿 t，占德国废物总量的 14.8%，回收率达 70.5%；由采矿和矿物

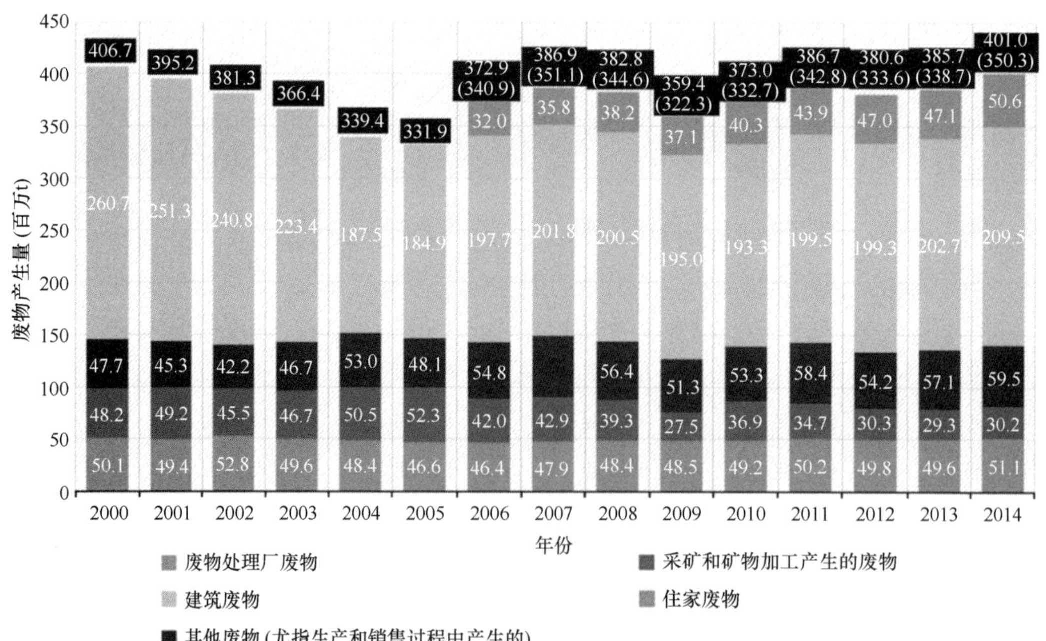

专题图 1-4　2000～2014 年德国各类废物产生量

① 又称“其他废物”，尤其指生产和销售过程中产生的废物。

加工产生的废物总量为 0.302 亿 t，占德国废物总量的 7.5%，主要来自于煤炭行业，大部分暂时堆存，只有 0.5%得到回收；住家废物产生量有所增长，由 2000 年的 0.501 亿 t，增长为 2014 年的 0.511 亿 t，然而回收率实现了大幅的提升，从 2000 年的 51%，提升为 2014 年的 89%，其中 67%以材料形式回收。

（三）日本“城市矿山”开发利用的现状

1. 日本“城市矿山”开发利用的政策法规体系

日本作为工业体系完备但资源极度匮乏的国家，对“城市矿山”的开发利用及其产业的法律保障体系以资源利用最大化和污染排放最小化为目标，本质是将资源综合利用、清洁生产、生态设计和可持续消费等融为一体的循环经济战略。

日本的循环经济立法起步早、发展快，现已形成了一个完整、系统、严密的“城市矿山”政策支持体系（专题图 1-5）。该体系以《促进建立循环社会基本法》为基本法，统领综合法和专项法，基本建成企业、行政机关和消费者三位一体，遏制废物产生、推动资源再生和预防随意处置废物等多重目的的体制，做到充分利用“城市矿山”和发展循环经济有法可依，有章可循。

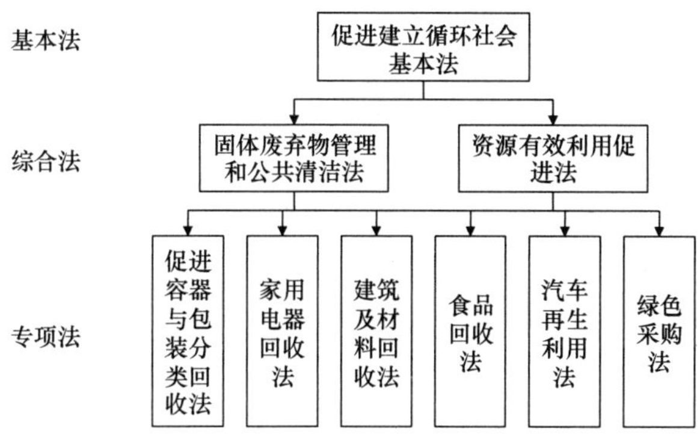

专题图 1-5　日本循环经济法律体系示意图

日本循环经济法律体系可以分成 3 个层次（蓝庆新，2005）：

第一层次也可称为基础层次，它由基本法《促进建立循环社会基本法》构成。该法于 2000 年 12 月公布，2001 年 1 月 6 日起全面施行。该法规提出建立“城市矿山”法律体系的基本原则，即“促进物质的循环以减轻环境负荷，从而谋求实现经济的健全发展，构筑可持续发展的社会”，并确立了可循环资源“优先处理”顺序：垃圾减量→回用→回收→能量利用→安全处理。该法规还明确了政府、地方主管、企业和公众的责任与义务：政府负责制定构筑循环型经济社会的基本计划，首先在中央环境委员会颁布的指导原则下，由环境部拟定规划草案，促进建立循环社会基本规划应作为政府制定其他规划的基础；地方政府具体实施限制废弃物排出并对其进行分类、保管、收集、运输、再生及处理等措施；企业负有减少“循环资源”产生并对其进行循环利用和处理的义务，即对产品从生产到最终处理的全过程负责；国民则尽可能延长消费品的使用时间，并对地方政府或企业的回收工作给予配合。该法明确了建立循环社会的政府措施：减少垃圾产生量；以法规形式规定“垃圾产生者责任”；在产品回收利用到评估的整个过程中增加“生产者责任”；

鼓励使用再循环产品；对妨碍环境保护、产生污染的企业征收环境补偿费。

第二层次是综合性的两部法律，分别是《固体废弃物管理和公共清洁法》和《资源有效利用促进法》。

《固体废弃物管理和公共清洁法》于 1970 年制定，并于 2000 年进行了修订。其主要内容包括：①整顿废弃物的处理体制和处理设施，防止不适当处理；②推行在废物处理中心处理；③推行产业废弃物管理票单制度，记载废弃物从排出者、中间处理者到最终处置者的情况；④禁止私自焚烧废弃物；⑤产业废弃物的排出者要制定废弃物的减量和处理计划；⑥发生不适当处理和非法丢弃时，排出者要受处罚，并负有恢复原状的义务等。

《资源有效利用促进法》原名为《可循环资源利用促进法》，1991 年开始生效，2001 年 4 月完成修订并更名。该法的主要内容是从过去主要促进废物再生利用扩大为通过清洁生产以促进废弃物的源头减量和尽可能对废旧产品和零部件进行再利用，即由主要强调 Recycle（原材料的循环）改为 3R：①废弃物的减量化（Reduce）：对制品设计时要考虑小型、轻便、易于修理，达到省资源、长寿命；修理体制充实完善，使产品的寿命延长；通过升级使产品的寿命延长。②部件的再使用（Reuse）：在设计时使部件易于再使用；要再使用的部件应标准化；经修理或再生后再使用。③循环（Recycle）的强化：生产者有回收废产品循环利用的义务。为了使不同材料的废弃物再回收时易于区别，生产者有义务添加材料标号；抑制副产物的产生，强化副产物的循环利用。总之，要在制品的设计、制造、加工、销售、修理、报废各阶段综合实施 3R，达到资源的有效利用。充分体现了循环经济的特点。

第三层次是根据各种产品的性质制定了 6 部具体法律法规，分别对不同行业的废弃物处理和资源再利用等作了具体规定，见专题表 1-2。这些法律详尽地规定了废物处理的程序和标准，以及各方参与者的责任与义务，为“城市矿山”的开发利用提供了法律保障。

专题表 1-2　日本循环经济专项法律

序号	法律	内容
1	《促进容器与包装分类回收法》	1995 年颁布，1997 年开始实施。规定容器包装生产企业负有废物回收和处置的义务，要求建立容器与包装回收体系，并对玻璃瓶、PET 瓶、纸制品、塑料包装等制品的回收制定了具体条款
2	《家用电器回收法》	1998 年颁布，2001 年 4 月开始全面实施。明确废弃电视、冰箱、空调和洗衣机由厂家负责回收、再生和处置，用户向厂家交付少量再循环所需费用。规定制造商和进口商制造、进口的家用电器有回收义务，并需按照再商品化率标准对其实施再商品化。明确规定电冰箱、洗衣机的再商品化率（资源回收）必须达到 50%以上，电视机必须达到 55%以上；空调必须达到 60%以上
3	《建筑及材料回收法》	2000 年颁布，2002 年实施。该法除要求建筑商做好分类解体和再生利用外，对新建筑的设计亦应努力提高使用寿命，为减少废物创造条件。还规定要大力推进砼块、沥青块、废木材等废物的再生利用，要求到 2010 年上述三种废料的再生利用率目标为 96%
4	《食品回收法》	2000 年 6 月颁布，2001 年 5 月开始实施。该法所指的废弃物是指食品残渣和到期食品及食品生产过程产生的动植物残渣等，要求对食品废弃物主要采取的方法是抑制产生、减量（如脱水、干燥等）以供饲料、肥料和沼气发电的方式予以再生利用；对于食品废弃物的排出量在 100t 以上的有关生产者，5 年内要减少排出量的 20%，要与饲料、肥料制造者建立稳定的关系。若食品废弃物的抑制产生、再生利用不充分，将进行处罚；地方公共团体有促进食品废弃物再利用的义务
5	《汽车再生利用法》	2002 年 4 月部分实施，2005 年 1 月全部实施。法律规定了相关方必须履行的义务，汽车制造商需对粉碎机处理后的残渣回收、再生资源化；汽车销售商、汽车修理企业需回收、交付废旧汽车；汽车所有者要交付最终处置费用，在使用后要将报废汽车交给回收企业
6	《绿色采购法》	2000 年制定，2001 年 4 月实施。规定环境友好型产品包括：再生打印纸、低污染办公车、节能型复印机等，政府等单位负有优先采购环保型产品的义务

日本的“城市矿山”开发相关法律法规具有调整范围大、可操作性强、规定的权利和义务明确等特点，贯穿于产品的整个生命周期，明确规定了政府、生产者和消费者、再生利用者的责任与义务，调整了废物处置过程中不同参与者之间的经济关系和社会责任义务关系。

2. 日本“城市矿山”的开发模式和政策措施

日本“城市矿山”开发利用产业规模不断扩大，其发展过程经历了由政府推动，到政府推动企业拉动，再到官、产、学的共同推动，现已逐渐成为日本经济发展的主导产业。

（1）开发模式

从 20 世纪末开始到现在，日本的“城市矿山”产业已经形成了一个“减量化、循环化、资源化”的循环经济社会模式。从“城市矿山”的开发模式上来看，这个循环系统又可以分为三个层面，分别是：以企业为主导的小循环模式、以生态工业园为主体的中循环模式和以构建循环型社会为终极目标的大循环模式（刘姝含，2011）。

1）以企业为主导的小循环模式。

企业层面的小循环模式是循环经济在微观层面的基本表现，也是循环经济的第一个层面。这种发生在企业内部的循环，根据提高生态效率的理念推行清洁生产，减少产品和服务中物料及能源的消耗量，一方面降低污染物的排放，另一方面提高资源的回收和循环使用率，变有毒、有害废弃物为可循环利用的可再生资源和可替代资源。最终构建起企业生产经营“资源（消耗）—产品（生产和利用）—资源（再生）”的双向反馈式封闭循环流程。

在推进循环型社会的过程中，日本企业主动承担了构建循环型经济体系和生产体系的责任，以实现绿色生产、清洁生产为己任，实现了从 1R（Recycle）到 3R[减少原料（Reduce）、物品中所含原料回收（Recycle）的转换和重新利用（Reuse）]，在向市场提供环保型产品和服务的同时，企业不断加大对环保技术的研发投入，开发废弃物处理和再利用技术，在技术和经济层面最大限度地采取有效对策并付诸行动。

2）以生态工业园为主体的中循环模式。

区域层面的中循环模式是以生态工业园区为代表的一种循环经济模式，它的特点在于运用工业生态学的原理把生产不同产品的工厂或部门按照工业生态学的原理联结起来，在企业之间构建一个物质循环链，实现废弃物的转换和循环利用。在中循环模式中，优先考虑将上游企业产生的废弃物充分利用到下游企业中去，使所有的物质都得到循环往复的利用，最终实现废弃物的再循环利用。

日本从 1997 年起就开始规划和建设生态工业园，并将其作为建设循环型社会的重要举措。截至目前，日本已有 26 个以静脉企业为主的生态工业园，这些生态工业园遍布全国各地。为了促进生态工业园的建设，日本政府专门制定了生态工业园补助金制度，并由环境省和经产省执行。在全国 26 个生态工业园中的 40 多个静脉企业建设中，经产省给予了 20%左右经费支持，环境省给予了 30%左右经费支持。与此同时，生态工业园所在的地方政府也给予了一定比例的经费资助，大大加快了生态工业园的建设速度。目前，这些生态工业园已成为日本政府推行静脉产业发展战略的重要支柱，同时又为当地循环经济的发展起着示范和带动作用。

3）以构建循环型社会为终极目标的大循环模式。

大循环模式是循环经济在社会层面上的体现，是指在整个经济社会领域，通过工业与农业、城市与农村的资源循环利用，不排放或少排放废物，最终建立循环型社会的实践模式。

日本的循环城市建设为“城市矿山”开发利用开辟了更广阔的领域。通过转变城市生产、消费和管理方式，调整产业结构和消费习惯，在一个城市或者地区范围内，在一、二、三次产业内及其之间构建各种产业生态链，把城市的生产、消费、废弃物处理和城市管理统一组织为生态网络系统结构。它以污染预防为出发点，以物质循环流动为特征，以社会、经济、环境可持续发展为最终目标，最大限度地高效利用资源和能源，以减少污染排放物。

（2）生产者责任延伸制度

日本开发“城市矿山”的最主要措施是生产者责任相应地扩大。日本在发展循环经济时期明确了生产企业是承担回收费用的主体，消费者有进行合作的义务。但实际上，日本的生产者责任延伸制度与德国的生产者责任延伸制度内容并不完全相同。日本的循环基本法对费用的分担没有做出明确的规定，并不是完全意义上的生产者责任延伸制度。同时消费者必须支付再商品化的费用及把废旧家电运输至生产者所在地的费用。生产企业的主要责任在于，制定产品策略时要从原材料的筹集到产品制造、流通阶段，直至消费和废弃、循环回收阶段，在整个产品生命期都必须进行以减少环境负荷为目标的环境设计，并对消费者承担较低回收费用的环保商品给予充分宣传。

3. 日本“城市矿山”开发利用的现状

2000 年 6 月，日本正式颁布了《促进建立循环社会基本法》，其目的是建设一个物质循环型社会，以减少自然资源的消耗，减少环境负荷。该法明确指出资源利用的优先顺序为：“减量化→再使用→热回收→安全处理”。在推动《促进建立循环社会基本法》的同时，日本也在推动 6 部专项法的实施，来促进“城市矿产”的开发利用。2003 年 3 月，日本政府内阁会议通过了第一个《循环型社会形成推进基本计划》，按照这一计划来系统地建设物质循环型社会。

在这一系列政策出台的影响下，日本 2000 年之后废物最终处置量显著降低，从 2000 年的 0.56 亿 t 下降到 2013 年的 0.163 亿 t（Ministry of Environment，Government of Japan，2016），“资源循环利用率”从 2000 年的 10.0%上升至 2013 年的 16.1%（专题图 1-6）。日本的年废弃物回收量已经达到 3.8 亿 t 左右，其中一般废弃物的回收率达到 30%～35%，产业废弃物的回收率达到 45%～50%。

2013 年，日本政府内阁会议发布的第三个《循环型社会形成推进基本计划》中指出，“城市矿产”的开发利用不能仅局限于废弃阶段的材料回收，3R 中的减量化和再使用两项原则应优先于再利用的原则，而日本在减量化和再使用方面仍有较大的提升空间。2013 年，日本的工业废物回收率较高，已达到 53.4%，然而对与居民日常生活息息相关的生活垃圾的回收率只有 20.6%。从资源产出率来看，尽管相比于 2000 年的 24.8 万日元/t，2013 年的资源产出率已经大为提升，达到 37.8 万日元/t，但是要达到第三个《循环型社会形成推进基本计划》制定的 2020 年的目标（46.0 万日元/t），还存在较大的差距（专题图 1-7）。而从最终处理量来看，日本在 2013 年已提前实现了 2020 年的目标值（专题图 1-8）。

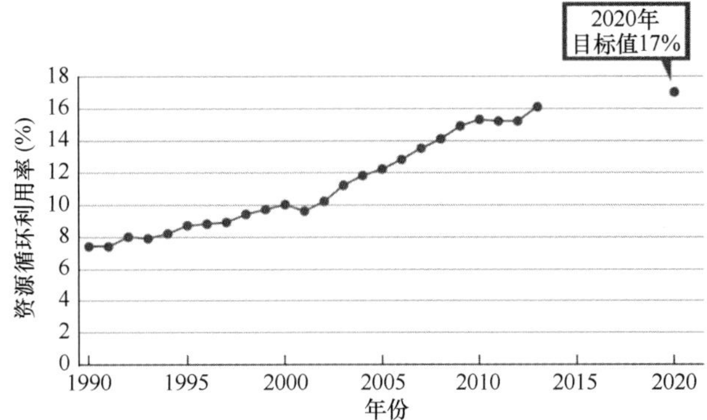

专题图 1-6　1990～2013 年日本的资源循环利用率①

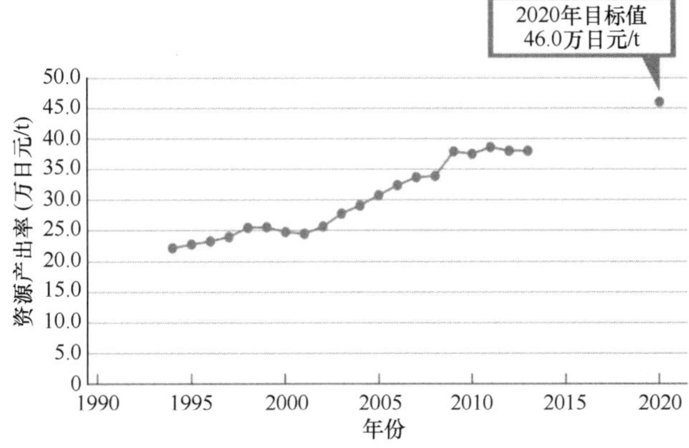

专题图 1-7　1994～2013 年日本的资源产出率

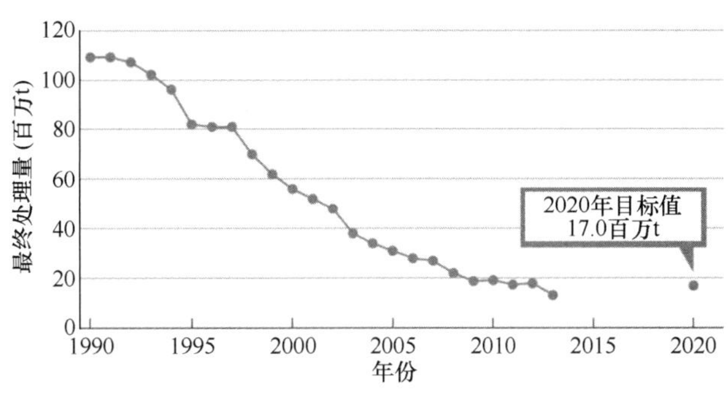

专题图 1-8　1990～2013 年日本的废物最终处理量

为了进一步提升资源产出率，促进资源的减量化、再使用和再利用，不能仅停留在废物回收和处置层面，而更应该关注减少资源使用量，开展生态设计，在产品早期的生

① 根据日本第一个《循环型社会形成推进基本计划》定义"资源循环利用率"=循环利用量/（循环利用量与自然资源等投入量之和），"资源产出率"= GDP/自然资源等投入量。

产销售和使用阶段就使用或再使用再生原材料。

（四）美国“城市矿山”开发利用的现状

1. 美国“城市矿山”开发利用的政策法规体系

目前，国外循环经济主要有两种立法模式：一种是以德国、日本为代表的循环经济型，另一种是以美国为代表的污染预防型。美国将资源的回收利用纳入污染预防的法律范畴，1990 年颁布的《污染防治法案》要求企业要更加注重通过设计和工艺的改善来减少污染。

美国的循环经济法律法规的制定不同于其他国家，迄今为止还没有一部完整的关于循环经济的法规和再生利用的法规，而且联邦政府制定的法律并不多，主要是以各州的立法为主。美国循环经济的法律法规包括四个层次：一是综合性的法律（《资源保护和回收法》等）；二是专项法律法规（《商品包装法》《能源政策法》等）；三是在其他相关法律法规中能够促进循环经济发展的规定；四是各州不同的循环经济法律法规。

美国循环经济法律重视环境保护和维护公众健康，涉及传统的塑料业、造纸业、炼钢炼铁业，同时也包括新兴的电器电子、计算机、办公设备及家居用品等多个领域。例如，《资源保护和回收法》是从之前的污染控制转向对污染源头进行控制的重要标志，该法调整了对危险废弃物的生产、运输、处置的责任和义务，促进废物的回收重复利用，促进了美国循环经济的快速发展。

美国的循环经济立法模式不同于其他国家的地方是联邦、州、地方政府都有立法权，各州根据本地具体情况制定与本地经济发展相适应的相关法律法规，部分法律的严格度也堪比联邦法律。例如，加利福尼亚州的《综合废弃物管理法令》要求对 50%的废物以再循环的方式处理；佛罗里达州向本地销售的饮料瓶征收 5 美分的处理税，以开展资源再生和循环利用的相关研究。到目前为止，已经有半数以上的州都制定了不同形式的再生循环法规，在这些法律法规的有效推动下，各州的废弃物循环再利用已取得了长足的发展。

2. 美国“城市矿山”的开发模式和政策措施

（1）开发模式

美国循环经济由萌芽阶段、开启阶段到发展阶段，经历了以生态、环保理念为基础的环保运动到扎扎实实开展循环经济的过程。美国循环经济和“城市矿山”开发模式可划分为三个层次（周永生和张晓飞，2013）。

1）企业内部循环——微观模式。

企业内部循环经济发展模式的发展理念是：生产厂家先收集企业内各部门或者工艺之间的物质和能源，再通过一定的系统或工艺实现资源的有效、合理再利用。这不仅节约了物料和能源，控制和减少了有毒物质、废弃物的排放，还实现了对资源的最大化利用。

2）生态工业园区建设——中观模式。

美国生态工业园区从 1993 年开始建立。生态工业园区相关计划，主要由美国总统可持续发展委员会（PCSD）的专家组制定。此外，联邦政府在总统可持续发展委员会下还设立了一个“生态工业园区特别工作组”，专门研究如何将生态工业园区理论模型引入到具体实践中。

3）循环生产和循环消费——宏观模式。

从宏观角度讲，美国的循环经济发展模式是循环型生产和循环型消费相结合的模式，在不影响环境的前提下，充分合理利用现有资源。所谓循环型生产是指将生产废弃物及废弃产品回收再利用，重新作为其他企业的生产原料进入生产环节。同时，美国民众通过庭院市场、旧物店及网上旧物买卖市场等方式开展循环消费，由政府、慈善机构、其他民间组织办的旧货店、二手交易活动遍及全国。

（2）政策措施

美国开发“城市矿山”的政策措施主要包括生产者责任延伸和消费者付费两大基本制度。在美国，相关法律和制度的制定明确了产业链上各参与方的责任，鼓励各利益相关者积极参与循环生产和消费。美国生产者责任延伸制度明确了企业在生产环节和消费环节的责任与义务。消费者付费制度要求消费者对其消费过程中产生的非环保废弃物支付一定的费用，以补偿企业或社会回收利用废弃物的成本，通过市场这只无形的手来约束民众的消费行为。

美国在引入生产者责任延伸和消费者付费两大基本制度的同时，基于市场的经济手段越来越受青睐，排污权交易、排污收费、押金返还制度、生态税、资源税等政策工具通过国家发布信息的制度安排也与日俱增，驱使生产者和消费者。责、权、利尽可能明确，从而促进循环链的形成和系统效率的提升，促进形成了发展循环经济的激励和约束机制。

3. 美国“城市矿山”开发利用的现状

1990 年以前，美国的城市固体废物回收和堆肥的比例不超过 15%。此后的 15 年中，美国的废物回收率有了显著提升。而从 2009 年开始，回收率的增长速度有所放缓，呈现出缓慢增长的趋势。

美国 2016 年发布的《可持续材料管理——2014 年公报》显示，2014 年美国约有 0.664 亿 t 城市固体废物得到了回收再利用，其中的 0.23 亿 t 堆肥处理，0.331 亿 t 用于燃烧回收能量，0.136 亿 t（52.6%）的固体废物填埋。2014 年，铅酸蓄电池回收量 281 万 t，回收率约为 99%。瓦楞纸箱回收量为 0.273 亿 t，回收率为 89%（专题图 1-9）。

三种废物的堆肥或回收率相比于 2013 年有所提升，包括庭院废物、典型电子消费产品和餐厨垃圾。2014 年庭院废物的堆肥量为 0.211 亿 t，堆肥比例为 61.1%（专题图 1-9），而 2000 年庭院废物的堆肥率仅为 51.7%。2014 年典型电子消费产品的回收量为 140 万 t，回收率为 41.7%（专题图 1-9），而 2000 年典型电子消费产品的回收率仅为 10.0%。2014 年，餐厨垃圾的堆肥量为 194 万 t，堆肥率为 5.1%，而 2000 年堆肥率仅为 2.2%。

（五）发达国家“城市矿山”开发利用的经验

1. 德国：基于物质流分析的循环经济评价体系

物质流分析（material flow analysis，MFA）是在社会代谢论的基础上，定量描述经济系统与自然环境之间的物质交换，度量输入、输出及经济系统内的物质存量，客观反映经济系统的代谢规模——物质吞吐量的一种分析方法（李兆前，2006）。物质流分析是实现循环经济的重要手段，通过物质流分析可调控经济系统与生态环境之间物质流动方向和流量，达到减少资源开采与投入，提高资源利用效率，减少污染物排放的目的（吴开亚，2012）。

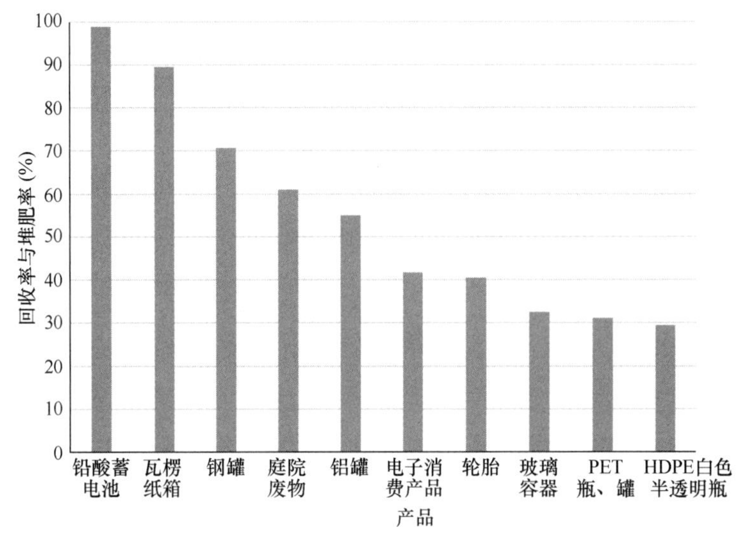

专题图 1-9　2014 年美国城市固体废物回收再利用情况

1991 年，德国成立乌柏塔能源、环境和气候研究所（Wuppertal Institute），其主要职能是对德国的物质流动进行分析，同时对经济可持续发展进行理论指导（佘雪锋，2012）。目前德国已对本国经济系统进行过完整的物质流分析，结合物质流分析衍生指标测度经济活动对生态环境造成的压力（平卫英，2011），基于提高资源利用效率、减少废物环境影响、保证国内资源获取可持续性、占领世界资源战略高点等原因和考量，积极推进资源效率管理政策。

德国将资源产出率作为监测国家可持续发展战略中资源利用效率情况的重要指标，并为其设置了具体的目标。资源产出率（=地区生产总值/主要物质资源消费量）是经济系统内地区生产总值与资源利用量的比值，是指主要物质资源实物量的单位投入所产出的经济量，其内涵是经济活动使用自然资源的效率，能够较好地反映经济和环境两个系统之间的联系。

德国联邦政府于 2002 年将资源产出率作为首批指标在国家首个可持续发展战略计划《德国的未来》(*Perspectives for Germany: Our Strategy for Sustainable Development*)（Germany Federal Government 于 2002 年公布的资料）中发布，并给予了高度重视。德国的资源产出率数据有两大特点：一是计算的资源产出率基于非生物质资源直接投入量，即指标所包括的资源种类不包括生物质，仅包括能源物质、矿石、建筑矿物和工业矿物 4 类的国内开采与进口量数据；二是资源产出率指标设置形式独特，即将 1994 年作为基准年，指标设置为 100，之后每一年的数据均以相对的指数来表示，2020 年的目标为 200，即为 1994 年的 2 倍。

为实现所设定的资源产出率目标，德国将推动资源产出率的行动融入推动可持续发展的行动中，包括以下 5 个重要的工作方向：①通过生态设计、再利用、微型化等新技术提高资源利用效率；②开发资源节约的新型材料，使未来的新材料强度更高、质量更轻、寿命更长，提高整体资源、能源利用效率；③提高再生资源利用率；④确保资源的可获得性；⑤为原生资源开采业创造可持续的发展条件，推进原生资源开采业行业透明程度（Germany Federal Government 于 2002 年公布的资料）。德国推动资源高效利用的一大特点是注重创新的作用，强调生态设计和新材料对提高资源效率的重要性。

经过可持续发展实践行动的努力，到 2010 年，德国资源产出率指数为 143.6（专题表 1-3），绝对值约为 2005 欧元/t，完成了目标的 43.6%，自 1994 年以来 16 年内平均每年提高 2.3%。德国 1994～2020 年资源产出率的目标值及实际值见专题表 1-3（朱兵等，2015）。

专题表 1-3 德国资源产出率的目标值和实际值

年份	目标值	实际值
1994	—	100
2000	—	119.5
2005	—	132.9
2010	—	143.6
2020	200	—

2. 日本：精细的垃圾分类收集和管理体系

作为一个资源极度匮乏的国家，日本非常重视废旧物资的回收，以便获取再生资源，最佳的体现就是对生活垃圾的分类收集和管理体系。

日本的生活垃圾一般分为可燃垃圾、不可燃垃圾、资源垃圾和有害垃圾等四大类。资源垃圾主要是纸张、塑料、玻璃、金属等，有害垃圾包括日光灯、水银温度计、干电池、气体打火机、灭火器等（周宏和涂晓玲，2007）。在日本各地，具体的垃圾类别细分有一些区别。如水俣市生活垃圾分类项目共 19 项，包括：可回收使用的酒瓶、各种杂瓶（依颜色分为 6 类），罐头（分为铁罐和铝罐），金属（分为锅子类小型金属和自行车大型金属），纸类（分旧报纸、厚纸箱和其他纸类），布类及家具、家电等大型垃圾；可掩埋垃圾包括陶器、食品等；另外还有电池、灯泡等有害垃圾（息文，1997）。

分类垃圾被专人回收后，报纸被送到造纸厂，用以生产再生纸；饮料容器被分别送到相关工厂，成为再生资源；废弃电器被送到专门公司分解处理；可燃垃圾燃烧后可作为肥料；不可燃垃圾经过压缩无毒化处理后可作为填海造田的原料。日本商品的包装盒上就已注明了其属于哪类垃圾，牛奶盒上甚至还有这样的提示：要洗净、拆开、晾干、折叠以后再扔（金熙德，2008）。

自实施生活垃圾分类收集以来，日本生活垃圾产生量与人均废弃物的排放量变化呈相同趋势，近 30 年来没有太大的变化，总量维持在 5000 万 t 左右，人均大致在 1.1kg/日。由于普遍推广循环经济 3R 原则和政府资助的垃圾分类，近 30 年来日本生活垃圾水分降低，热值明显提高。

日本生活垃圾分类收集和管理的经验主要包括以下几项。

（1）立法推动

日本环境省于2000年发布的《环境白皮书》中明确指出“21世纪是环境的世纪”，日本以环境立国的经济和社会发展战略为支撑，面向未来确立“最适量生产、最适量消费、最小量废弃”的经济发展模式。以环境立国战略为基础，奠定了循环型社会建设的基本立法方略，此后与之相关配套的法律保障体系也逐步建立健全和完善起来（李海军，2014）。

如前所述，2000年颁布的《促进建立循环社会基本法》确立了可循环资源“优先处理”顺序，明确了政府、地方主管、企业和公众的责任与义务。《促进容器与包装分类回收法》将玻璃容器、PET饮料容器、纸制容器及其他各种塑料容器立为分类回收对象，加强了对有用资源垃圾的回收再生利用，延长了制品的使用寿命以节省资源，促进了回收制品中的部件等的再使用，抑制了废弃物的产生。此后随着《家用电器回收法》《食品回收法》《建筑及材料回收法》等法规的实施，废弃物的回收再生利用已在各行业得到广泛推广，资源回收产业链逐步形成，资源回收企业对资源废弃物的循环再利用效果显著。而且，随着资源回收产业的成熟和再生利用技术的开发、普及，不同行业、企业之间的交流合作不断增多。

（2）政府主导

日本政府在分类垃圾处理模式中起着主导和规划作用，值得称道的有两点：一是日本无论是都道府县还是市区町村政府层次，都以量化指标管理方式，相应制定了针对分类垃圾处理各个环节切实可行的数量规划和清晰的废弃物削减目标。在日本政府公布的《环境白皮书》里，有翔实的各类垃圾分类处理数据。二是设置了深入社区的垃圾分类回收网络系统。

日本地方政府一般不会给废弃物处理企业补贴，而是把公民缴纳的税金主要用于垃圾的回收、分类、清洗、储存保管等多个环节，以保证进入处理企业的垃圾质量。2013年，全国地方政府这部分负担花费约2500亿日元，而全日本再生利用企业处理垃圾花费的金额是400亿日元。可见，地方政府在前期收运环节花了很大资金和气力（陈阳，2015）。

（3）政策支持

日本还制定了较为健全的促进垃圾分类回收的政策体系。经济政策、奖励政策和规制政策等构成了日本促进垃圾分类回收的政策体系。经济政策方面，如对各种废旧物资实行商品化收费，消费者在丢弃废旧物资时要支付对其废旧物资的回收利用等方面的费用。奖励政策方面，为了鼓励居民进行资源回收，制定了针对居民资源回收的奖励制度。规制政策方面，日本对于废弃物不法投弃状况等行为防范严密，加大惩罚力度（李岩，2010）。

（4）产业支撑

产业界和企业是社会经济活动的主体，它们在推进垃圾分类回收中具有重要的作用。根据《促进建立循环社会基本法》，企业应采取必要的措施控制原材料等转为废弃物，要合理利用资源并延长产品使命寿命，以减少废弃物的产生。同时规定，要合理循环利用废弃物资源，对不能进行循环利用的资源，企业则应进行合理处理。日本企业积极研发和生产有利3R政策的产品及资源回收企业的再造，并自觉编制环境报告书向社会公布，接受社会监督。另外，日本企业都有“绿色经营”理念，并根据这个理念制定循环利用再生资源具体量化的中长期发展目标。

（5）民众参与

日本政府的环境管理部门会定期安排给社区居民系统细致地讲授循环经济、循环型社会的法规和知识，并采用一些亲民的环境教育措施，日本的资源回收利用企业也利用参观生产线等形式为民众提供环境教育机会。日本国民自觉参与分类垃圾回收活动，除了政府部门的便民管理和技术因素之外，日本作为岛国，资源贫乏，日本民众从小就接受对环境应有敬畏之心的教育，对资源珍惜之情起到了莫大的作用。

3. 美国：多维配套的经济手段给予企业充分的市场自由

近年来，美国的循环经济快速发展，已成为一大支柱性产业。在美国循环经济和“城市矿山”开发利用的发展过程中，企业的作用尤为突出。美国是市场经济高度发达的国家，企业作为市场经济的主体，美国政府不但给予了企业充分的市场自由，而且借助于合理的财税政策手段鼓励各类企业的发展，因此，美国针对企业采取的财税优惠政策全面而丰富，美国对“城市矿山”类企业的财税政策亦是如此（周永生等，2014）。

美国政府为鼓励“城市矿山”资源的开发利用，针对企业采取的财政税收政策包括：一是为“城市矿山”类企业提供税收减免或抵免、财政补贴等优惠政策，通过各种税收优惠政策平衡企业的进项和销项流转税税率。二是设立处罚性税收政策，如征收废弃物填埋和焚烧税，向那些将垃圾直接运往倾倒场的公司或企业征收垃圾税。三是征收新材料税，对使用原生材料的企业征税，这就迫使企业更多地选用再生资源材料和循环利用材料资源。四是对一些环保行为和再生资源相关技术的创新，政府给予一定的奖励。除此之外，还对废旧物资商品征收一定的费用，对饮料瓶采用垃圾处理押金制度（李亮，2006）。

4. 发达国家“城市矿山”开发利用的共性经验

纵观发达国家“城市矿山”的开发利用史，虽然不同国家在“城市矿山”资源的具体开发利用细节方面有所区别，但也有其共同的关注点，主要包括以下4个方面的措施。

（1）健全法律法规

纵观全球“城市矿山”发展水平高的国家，无不有健全的法律法规体系。德国的《物质闭合循环与废物管理法》明确了固体废物管理的准则，确立了将固体废物循环再生利用作为一部分回用经济圈中的目标。该法对废物管理与处理、处置有了更清晰的法律规范的优先顺序和政策措施，并体现了以环境保护、节约和保护现有不可再生资源与可持续发展的目的。此外，在“废物避免与废物管理”上，体现了对政府、企业和社会（社区、市民）各自的义务与责任。日本建立的城市矿产法律体系具有全面和立体化的特点。《促进建立循环社会基本法》强化了对各种资源的循环利用，控制对各种天然原料的消耗，减少环境污染。为了确保法律的实施效力，日本针对各个废物流制定了专项的法律，如《家用电器回收法》《报废汽车再生利用法》等。

（2）完善回收体系

注重各种机制完善回收体系。在美国，废钢、报废汽车、废有色金属等再生资源回收主要依靠市场机制调节，政府则主要以环境保护标准为手段进行管理。对于家庭产生的再生资源，通过“有偿回收中心”“特定废弃物回收渠道”“垃圾清运公司”“垃圾填埋场或垃圾转运中心”等4种渠道进行回收。以加利福尼亚州橘郡为例，当地政府将本地垃圾清运工作进行招标，一般每 7～8 年进行一次。中标的垃圾清运公司在居民家中安放垃圾分类箱，并收取垃圾清运费。对于其中可利用的再生资源，垃圾清运公司直接卖给再生资源回收企业。欧盟拥有较为健全的城市矿产分类回收制度，分类回收率也较高。对于其成员国，欧盟建立了由生产者、销售者、消费者共同承担责任的分类回收体系。日本也建立了由消费者承担经济责任的回收付费制度，鼓励消费者延长产品的使用期。消费者在废物回收过程中，给予废物回收者或者再利用者一定的费用支持其回收。

（3）注重技术研发

具有先进水平的技术支撑是发展“城市矿山”的关键，德国、美国和日本等都非常重视培育先进技术。德国的汽车生产企业为达到欧盟报废法规的要求，提高回收利用率，与废弃物处理企业积极合作，致力于研究粉碎残余物的分离技术，提高粉碎残余物的再生利用率，并已经取得了良好的成效。由于资源匮乏，日本特别重视开发回用新技术，相继开发了废旧塑料回收利用、电子废弃物处理和综合利用及报废汽车回收利用等技术。美国政府通过财政税收手段，鼓励再生资源的开发和利用，对相关科研项目进行资金上的援助。对于一些环保行为和再生资源相关技术的创新，政府给予一定的奖励。

（4）加强宣传引导

在运用法律和经济手段的同时，为了提高大众的节约、环保意识，美国将每年 11月15日确定为“回收利用日”。各州则依托再生资源回收利用协会及有关非政府组织，开展形式多样的倡导宣传活动，并通过专门网站发布使用再生资源进行生产的厂商名录，供人们选择购买，努力在全社会营造节约资源、保护环境的良好氛围。德国同样积极开展废旧物资回收的宣传和咨询服务，除了专职的咨询员以外，还有许多义务人员从事废旧物资回收的咨询工作，他们向居民提供咨询的重点方式是电话咨询。日本的民间环保组织负责推进各地区的循环利用实践活动，国民循环利用观念的教育推广，监督各企业资源循环使用情况，提出政策建议，开展民间团体培训等。学校也经常开展环保宣传教育，组织学生进行垃圾分类。

四、我国“城市矿山”开发利用的现状

（一）我国“城市矿山”开发利用的政策法规体系现状

在 2010 年国家发展改革委、财政部正式下发《关于开展城市矿产示范基地建设的通知》以前，我国尚没有对“城市矿山”概念做出明确的界定，对于“城市矿山”回收利用的法规政策均以再生资源或循环经济的形式予以体现。较有代表性的包括 2002 年全国人大通过的《中华人民共和国清洁生产促进法》，该法确立了为发展循环经济、促进企业之间在资源和废弃物综合利用等领域进行合作、实现资源的高效利用和循环使用、促进清洁生产等活动的一系列法律制度；2005 年，《国务院关于加快发展循环经济的若干意见》（国发〔2005〕22 号）提出大力发展循环经济，按照“减量化、再利用、

资源化”原则，采取各种有效措施，以尽可能少的资源消耗和尽可能小的环境代价，取得最大的经济产出和最少的废物排放；2008 年 8 月，国务院通过的《废弃电器电子产品回收处理管理条例》，该条例对废弃电器电子产品开发起到了指导和规范作用，对生产者、消费者及回收处理者的责任进行了规定；2009 年，开始实施的《中华人民共和国循环经济促进法》也着重强调提高资源利用效率，保护和改善环境，在生产、流通、消费过程中进行减量化、再利用、资源化的活动。

2010 年 5 月，国家发展改革委、财政部联合下发了《关于开展城市矿产示范基地建设的通知》，明确提出开展“城市矿产”示范基地建设是缓解资源约束瓶颈的有效途径，是减轻环境污染的重要措施，是发展循环经济的重要内容。这一通知的下发是继中国《废弃电器电子产品回收处理管理条例》《再生资源回收管理办法》《中华人民共和国循环经济促进法》等系列政策、法规之后在循环经济领域的又一重大举措，意味着国家和政府部门正式承认和接受“城市矿山”这一概念，并直接布局全国“城市矿山”的开发利用，是国家资源观念和发展战略的重大转变。

“十一五”期间，国家进一步提出大力建设环境友好型、资源节约型社会的目标，以“城市矿山”开发利用为主的再生资源法规政策得以快速发展。2006 年，国家发展改革委发布《“十一五”资源综合利用指导意见》，强调了发展再生资源的重要性，将构建再生资源回收体系、建设和提高再生资源产业整体水平作为资源综合利用重点发展领域。2007 年，由商务部、国家发展改革委等六部委联合发布的针对再生资源回收体系管理的《再生资源回收管理办法》对再生资源做出了最新界定。同时，青岛新天地静脉产业园、天津子牙循环经济产业区等国家级静脉产业示范试点被创建起来，将再生资源产业扩大到了园区层面。

“十二五”期间，国家进一步完善以“城市矿山”开发为主的再生资源循环利用管理体制和工作机制，积极探索适合资源循环利用产业发展的新思路、新措施、新模式。2010 年发布的《国务院关于加快培育和发展战略性新兴产业的决定》（国发〔2010〕32 号），要求“加快资源循环利用关键共性技术研发和产业化示范，提高资源综合利用水平和再制造产业化水平”。国务院于 2013 年编制的《循环经济发展战略及近期行动计划》提出循环经济发展的中长期目标是：“循环型生产方式广泛推行，绿色消费模式普及推广，覆盖全社会的资源循环利用体系初步建立，资源产出率大幅提高，可持续发展能力显著增强。”2014 年国家发展改革委发布的《重要资源循环利用工程（技术推广及装备产业化）实施方案》（发改环资〔2014〕3052 号）提出到 2017 年，基本形成适应资源循环利用产业发展的技术研发、推广和装备产业化能力，攻克一批技术障碍，技术储备能力显著增强，企业重大科技成果集成、转化能力大幅提高，掌握一批具有主导地位的关键核心技术，部分达到国际先进水平，初步形成主要资源循环利用装备的成套化生产能力。商务部等有关部门于 2010 年发布的《关于促进战略性新兴产业国际化发展的指导意见》（商产发〔2011〕310 号）明确提出鼓励有条件的再生资源回收利用企业实施“走出去”战略，开展对外工程承包和劳务输出，促进国际大循环。商务部、国家发展改革委等五部门于 2015 年印发的《再生资源回收体系建设中长期规划（2015—2020 年）》（商流通发〔2015〕21 号）提出到 2020 年，在全国建成一批网点布局合理、管理规范、回收方式多元、重点品种回收率较高的回收体系示范城市，行业规模化经营水平大幅提升，技术水平显著提高，规范化运行机制基本形成。

“十三五”以来，2016 年 11 月，国务院印发的《“十三五”国家战略性新兴产业发展规划》中将资源循环利用产业作为战略性新兴产业的重要内容，要求促进“城市矿产”开发和低值废弃物利用：提高废弃电器电子产品、报废汽车拆解利用技术装备水平，促进废有色金属、废塑料加工利用集聚化、规模化发展。加快建设城市餐厨废弃物、建筑垃圾和废旧纺织品等资源化、无害化处理系统，协同发挥各类固体废弃物处理设施作用，打造城市低值废弃物协同处理基地。落实土地、财税等相关优惠政策。完善再生资源回收利用基础设施，支持现有再生资源回收集散地升级改造。2017 年 4 月，国家发展改革委等 14 个部委联合印发了《循环发展引领行动》，对“十三五”期间我国循环经济发展工作做出统一安排和整体部署。主要目标是绿色循环低碳产业体系初步形成；城镇循环发展体系基本建立；新的资源战略保障体系基本构建；绿色生活方式基本形成。到 2020 年，主要资源产出率比 2015 年提高 15%，主要废弃物循环利用率达到 54.6%左右。一般工业固体废物综合利用率达到 73%，农作物秸秆综合利用率达到 85%，资源循环利用产业产值达到 3 万亿元。75%的国家级园区和 50%的省级园区开展循环化改造。2016 年 6 月，工业和信息化部印发《工业绿色发展规划（2016—2020 年）》（工信部规〔2016〕225 号），要求到 2020 年，资源利用水平明显提高，主要再生资源回收利用率稳步上升，主要再生资源回收利用量达到 3.5 亿 t。

（二）我国“城市矿产”示范基地的发展现状

2006 年，国家开始创建静脉产业园，并把再生资源产业作为发展循环经济的重要内容写入了国家“十一五”规划中，成为我国未来经济社会发展的战略任务。随后提出创建“资源节约型、环境友好型”社会的重大举措，更加明确了我国走可持续发展道路、发展资源再生产业的决心。从资源回收试点城市开始，以静脉产业园区为切入点，许多地区逐步形成了“回收—转运—分拣—处理”的立体式产业链条，正在逐步建立国家“城市矿山”开采和产业发展格局。

为解决再生资源回收利用行业经营分散、秩序混乱、技术装备水平不高、二次污染的现状，推动资源循环利用产业规模化、产业化发展，提升“城市矿产”资源开发利用的产业化水平，弥补我国原生资源不足，缓解我国经济社会发展的资源、环境瓶颈约束，国家发展改革委、财政部启动了“城市矿产”示范基地建设。

2010 年 5 月，国家发展改革委、财政部联合发布《关于开展城市矿产示范基地建设的通知》，提出 2010～2015 年，在全国建设 30 个具有规模效益、环保效益、经济效益和辐射效益的“城市矿产”示范基地，随后又将示范基地数量增加至 50 个。至 2016 年 8 月，我国已完成六批共 49 个国家级“城市矿产”示范基地的创建，基本上完成了原来设定的目标，具体名称及分布见附录一附表 1。2014 年我国共建设国家“城市矿产”示范基地项目园区 21 万亩，回收“城市矿产”3200 万 t，产值 2500 亿元。“城市矿产”示范基地引进先进设备，引入产业链整合，吸引作坊式拆解企业入园，开展“城市矿产”参观教育活动，对中国再生资源产业发展起到了一定的示范带动作用。

目前，我国的 49 个“城市矿产”示范基地的地域分布总体呈现“东南多、西北少”，与区域经济发展水平密切相关；沿海地区分布密度大，与再生资源的进口有关；围绕已有的废旧物资交易市场，形成了聚集大量资源的区域性中心。

我国“城市矿产”示范基地主要在 3 个区域发展：环渤海地区立足国内国际两个市场，做大做强“城市矿山”；长江三角洲地区依托当地技术优势，发展高附加值产品；中部地区结合区域经济现实，综合发展“城市矿山”（李金惠等，2015）。

专题组对我国“城市矿产”示范基地进行了问卷和现场调研，81%的受方基地反映目前园区内各企业面临资金紧张压力，融资困难，需要国家制定税收补贴政策，切实减轻企业税负。循环经济产业缺乏合理的区域布局，一些规模小、管理差、环境乱的企业对基地内的正规企业形成冲击。废旧商品的原料供给难以有效支撑“静脉产业”规模化发展，基地规模化发展面临着原料难以持续供应的问题，55%的受访基地表示应当鼓励再生资源的进口。此外，还有部分基地建议统一回收平台，加快交易中心建设。

总体来看，我国“城市矿山”的开发利用已经有了一定的基础，一批再生资源集散地、园区及企业已经建立并发展起来，而随着我国社会经济的发展，“城市矿山”资源量将保持持续的增长态势，为我国“城市矿山”的开发利用奠定了稳定的发展基础。

1. 我国“城市矿产”示范基地的模式及典型园区

从目前批复的“城市矿产”示范基地的情况来看，大多数基地具有以下特点或其中的某些特点：

- 基于当地产业基础，资源回收网络成熟、覆盖范围广，具有稳定的废旧资源来源。
- 静脉产业与动脉产业相结合，形成产业的闭合循环。
- 产业链延伸、产业集聚，除分拣、拆解、加工处理外，更加注重精深加工再制造。
- 龙头企业带动产业规模化发展。
- 引进或自主开发先进技术及设备，注重产学研结合。
- 基础设施服务共享，具有专业规范的管理模式。
- 环保设施完备，对园区污染物进行统一管理和集中处理，避免二次污染。

依据各“城市矿产”示范基地的建设和发展情况，我国“城市矿产”示范基地可以分为 4 种类型：政府主导型、市场集散型、龙头企业型及专业基地型。

（1）政府主导型

政府主导型，这种形成模式是指政府作为引导性力量，吸引物流提供企业积极参与、共同建设的“城市矿产”示范基地模式。政府从实际需求出发，以发展城市经济为主要目标，综合考虑城市物流资源、土地资源，通过有关政府部门以基础设施、仓储设施等的投资及廉价的土地，并从各种政策上给予方便和支持，推动示范基地的发展。

政府主导型示范基地能更快地集中资源和各种设施，推动示范基地的建设，但是也应该注意避免盲目规划建设，特别是搞形象工程。

我国“城市矿产”示范基地中，政府主导型示范基地主要包括：天津子牙循环经济产业区、广西梧州再生资源循环利用园区、重庆永川工业园区港桥工业园、北京市绿盟再生资源产业基地、辽宁东港再生资源产业园、黑龙江省东部再生资源回收利用产业园区等。以下是对政府主导型示范园区中发展较好、有代表性的天津子牙循环经济产业区的介绍。

1）天津子牙循环经济产业区概况

天津子牙循环经济产业区坐落于天津市西南方向静海县，与京沪、京九、京广、天津机场、天津新港形成了立体式、综合化、现代化交通运输网络，占据着京津冀腹地的重要位置，连接东北，面向西北，覆盖范围十分广泛，具有明显的地理位置优越性。

天津子牙循环经济产业区是按照环境保护部和天津市政府的总体要求设立的，并列入了天津市政府总体发展规划，是国家批准的天津市省级开发区之一。天津子牙循环经济产业区是天津市循环经济试点城市的重要发展项目，早在2007年，通过国务院批准，环境保护部等六部委联合下发《关于组织开展循环经济示范试点（第二批）工作的通知》（发改环资〔2007〕3420 号），天津市被规划为国家第二批循环经济试点城市。天津子牙模式是以再生资源回收网络和静脉产业发展为核心，以滨海新区为典型的动脉产业，动、静脉产业相辅相成，地理上形成循环经济链条衔接紧密。2010年，天津子牙循环经济产业区被国家发展改革委和财政部列入了首批“城市矿产”示范基地建设园区。

目前该园区已拥有国家发展改革委等六部委颁发的“国家循环经济试点园区”、工业和信息化部与市政府共同颁发的“国家级废旧电子信息产品回收拆解处理示范基地”、环境保护部颁发的“国家进口废物‘圈区管理’园区”及国家发展改革委和财政部颁发的“城市矿产示范基地”四个国家级的园区称号。

2）规划与产业布局

根据《天津子牙循环经济产业区总体规划（2008—2020）》，天津子牙循环经济产业区未来发展方向的定位确定为：“国际一流循环经济产业示范区”“国家级循环经济产业带动基地”“中国节能环保新能源高新技术孵化推广基地”及“中国北方地区的‘城市矿山’”。园区建设的最终目标是把园区建设成为布局合理、产品结构优化合理、加强精深加工、深化高新技术的环境友好型、领先国内外循环经济“城市矿产”示范基地示范区，作为天津新的经济增长点。

天津子牙循环经济产业区是国内最先规划并开始建设的园区之一，长远规划面积为135km^2，总投入172亿元，分为工业区、科研居住区和林下经济带三大区域，已经开发完成的面积约 50km^2。该园区采用回收循环发展模式，“循环子牙、生态子牙、智慧子牙、便捷子牙、宜居子牙”为建设理念，突出建设废旧机电产品拆解加工业、废旧电子产品拆解加工业、报废汽车拆解及加工业、废旧轮胎塑料再生利用业、精深加工和再制造业等五大产业，着力塑造循环型经济发展的“子牙模式”。

3）技术产业链和文化

根据《天津子牙循环经济产业区总体规划（2008—2020）》，建成后将成为一个世界级经济、贸易和工业的示范区，国家级循环经济产业带动基地。基于建筑废料循环再造资源、废旧机电产品及报废汽车拆解再生资源利用，达到综合拆解能力1000万t，成为全国再生资源综合利用示范区。专题图1-10列出了天津子牙循环经济产业区2011～2015年产业关联及产业示意图，通过建设汽车拆解再生区、机电与电子产品拆解加工区和精深加工区，并配套相关的仓储物流区、废物处理中心和污水处理中心，达到资源回收和环境保护的目的。

专题图 1-11 介绍了天津子牙循环经济产业区产业链管理体系。根据产业链相关程度，园区有效规划各功能产业空间，促使资源充分循环，发展建设“综合服务区”“精深加工区""拆解加工区""仓储物流区""污染处理区""居住社区""科技研发区"及"生活服务区"等八大产业功能区，使得资源在上下游生产过程中尽可能实现"零损耗"，以及回收再利用流程"自我消化"。废料将实现一个完整的周期，最大限度地提高资源利用率，开发成高附加值产品。根据相关数据，到 2015 年，园区可回收利用量将达 340 万 t，实现年产值 65 亿元，纳税 20 亿元。

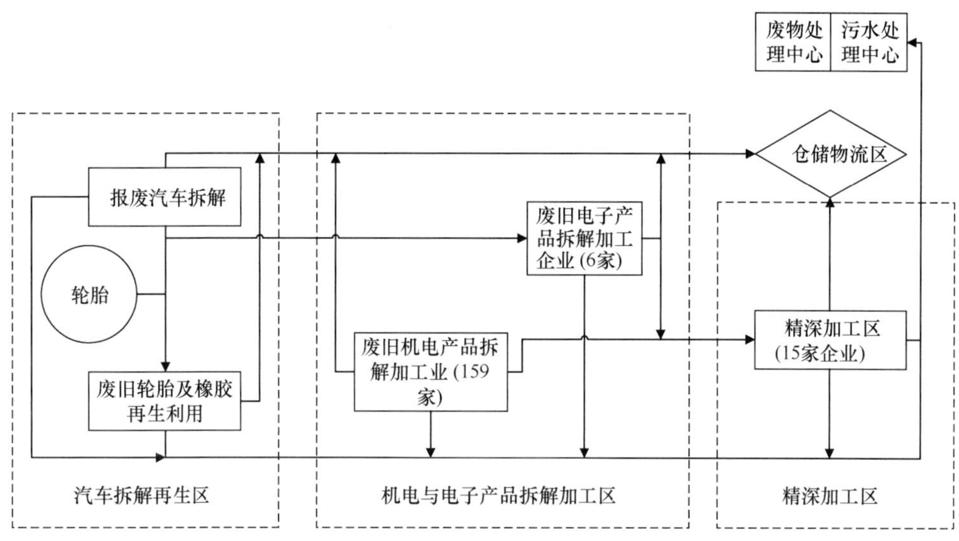

专题图 1-10　2011～2015 年天津子牙循环经济产业区产业关联及产业示意图

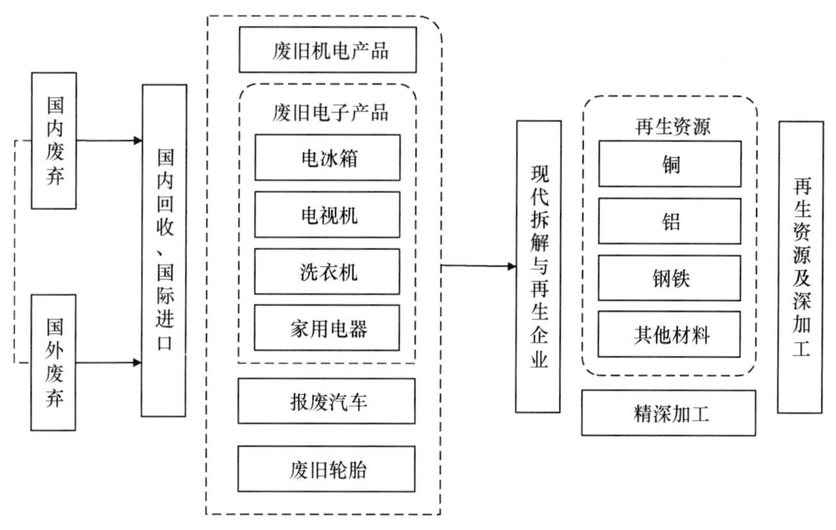

专题图 1-11　天津子牙循环经济产业区产业链管理体系

4）组织管理

天津子牙循环经济产业区管理保障政策主要措施包括：完善园区管理条例，修订《天津子牙循环经济产业区管理办法》；制定各产业的管理实施过程的细则，完善海关、商检、环保和税收"四位一体"的监管体系，坚持入园录取标准，严格审批程序；严格环境管理，保护园区内环境。

园区实行封闭管理，对入园的废弃机电产品从拆解、加工，到拆解后各种成分的去向实行全程监管。园区设立海关监管区，设有电子地磅系统、电子车牌识别系统、集装箱识别系统、视频监控系统、通道式放射性探测系统，形成了海关、检验检疫、环保、园区“四位一体”的联合监管体制。

园区设有现代化信息中心——循环经济科技研发中心和再生资源研究中心，初步实现了企业管理的信息化和产学研结合的科技化。聚集了国内外多所高等学校、科研院所的多学科力量，形成了专业化的研发群体，围绕工业固体废物的有价资源回收、价值延伸和无害化处理等关键技术与装备，开展科技研发和科技创新，打造行业技术平台，有力地推动了园区节约发展、清洁发展、安全发展和园区规模经济的可持续发展。

5）子牙模式

天津子牙循环经济产业区通过对园区的良好规划和管理，促进了园区的快速发展和建设，并形成了独特的子牙模式。

循环：以资源充分循环为目标，根据产业链关联程度，实现了产业链条转化过程中再生资源的“零损耗”及在整个产业循环过程中再生资源在区内的“自消化”。废旧物资将在产业区内得到充分循环，实现资源利用最大化，最终以高附加值产品方式通过区内交易中心走向市场，进入整个社会的大循环系统之中。

便捷：园区对外交通以公路运输为主，其他运输方式为补充，构建公路、铁路及港口等多方式对外交通综合体系。通过东西南北四个方向的沟通辐射，形成立体式、综合化、现代化交通运输网络。

生态：建设了兼具景观、环保、经济等功能的林下经济示范区，建设了集污水处理、中水回用、雨水收集、废弃物处理为一体的节能环保系统，大力发展清洁能源，通过诸多措施实现了能源的梯级利用。

智慧：依托循环经济科技研发中心和再生资源研究中心等科研机构，聘请国内外循环经济领域知名专家参与规划，建立了国际企业孵化器、留学人员创业园、新能源研究中心、开放式实验室等科技创新平台，以及留学人员产业园、民营科技园等产业化基地，给科技型、环保型企业的发展提供了空间。

宜居：居住功能区尊重自然环境，利用环境资源优势，塑造出具有田园风光特色的滨水生活组团。园区建设与子牙新城建设相结合，将规划区域内的村庄统一建设成生活配套完善、自然环境优美的新型社区。

6）经验借鉴

坚持规划先行。2009年，天津市政府专门批复《天津子牙循环经济产业区总体规划（2008—2020）》，明确了园区规划面积、总体布局等，还对加强基础设施建设、建立健全公共安全体系、注重生态环境保护等方面提出了具体要求。

强化产业链衔接。按照方便低成本原则，在园区布局时考虑到产业链的无缝对接，并在招商引资、土地安排等方面留有余地，经过几年努力，目前已形成了废旧物资回收、拆解、初加工和深加工等完整产业链条发展体系。

推进产学研结合。园区内建有循环经济科技研发中心、再生资源研究中心、资源再生利用与再制造研究中心等六家产学研合作机构，汇集了中国科学院、北京化工大学、四川大学、天津大学等科研院所的力量，为园区发展提供技术支撑。

加大政策支持。市政府出台了《关于加快天津子牙循环经济产业区发展的若干意见》（津政发〔2008〕89 号），推进全市再生资源利用产业向子牙集中。

（2）市场集散型

市场集散型示范基地，主要是借助一个中心城市或地区的地理位置、交通、信息等方面的优势，汇集周边各种产业集群和市场，进行资源整合而建立的“城市矿产”示范基地。这种类型的示范基地的前提是中心城市或地区周边已经具备了大量的再生资源回收企业、产品交易市场、信息发布平台等资源，但是由于规模、地域、物流等的限制，不能继续发展壮大。因此，在国家和地方政府政策的支持下，市场集散型示范基地依托中心城市的建设和发展，在业态和功能上将得到进一步提升，成为具有区域影响力的产业基地。

我国“城市矿产”示范基地中，较典型的市场集散型示范基地包括：湖南汨罗循环经济工业园、安徽界首田营循环经济工业区、湖北谷城再生资源园区、河北唐山再生资源循环利用科技产业园、河南省大周镇再生金属回收加工区、宁夏灵武市再生资源循环经济示范区等。以下是对我国市场集散型示范园区中发展较好且有代表性的湖南汨罗循环经济工业园的介绍。

1）湖南汨罗循环经济工业园概况

素有“破烂王之乡”的汨罗废品收购业是汨罗市新市镇一带部分群众的谋生手段，汨罗市再生资源产业由此萌芽，是汨罗市再生资源产业的基础。实行市场经济后，在新市镇、古培镇、城郊一带自发形成以新市镇团山村为中心的废品交易市场，依靠再生资源集散的基础，结合自身的资源禀赋和产业特色，科学发展循环经济园区，2010 年跻身国家首批“城市矿产”示范基地。

湖南汨罗循环经济工业园占地 8km^2，是以废铜、废铝、废塑料、废不锈钢、废橡胶等再生资源回收加工为主的省级工业园区，是湖南省的“一点一线”重点区域。汨罗市再生资源集散市场初步规划为 1.3km^2，将建成一个具有回收、循环、综合利用技术，统筹再生原料批发、贸易办公、品牌展示、现代物流、电子商务、科研开发等多功能于一体的再生资源专业市场之一。

2）产业园开发

湖南汨罗循环经济工业园现有企业 256 家，其中包括 180 多家再生资源企业，20 家企业投资在 5000 万元以上，年加工再生资源能力在 50 万 t 以上，年处理废旧物资达 100 万 t 以上，相当于每年为国家建起一座千万吨级“不需要开采的矿山”。

实践证明，简单的垃圾收集和分类外销，粗加工附加值极低。回收产业发展的前提是需要采取深加工技术。地方政府和园区规划人员立足国家循环经济试点的机遇，以工业园区为硬件基础，深化技术、规范政策，促使再生资源良性发展。首先是**资源回收网络化**。当前园区内回收公司、流通企业超过 200 家，已形成规模化经营，收购网点覆盖全国。收购品种包括废铜、废不锈钢、废铝、废塑料、废纸、废橡胶和电子废弃物等主要再生资源。在 2010 年实现利润 123 亿元、回收 132 万 t 资源。其次是**规模化的循环经济**。湖南汨罗循环经济工业园已经形成再生铜、不锈钢、铝、塑料、橡胶材料五大资源综合利用的集群雏形。其中，大型铜业循环企业近 30 家，产能 20 万 t，超过百亿元交易额，是我国铜循环产业的重要组成部分。再次是**优化配置资源**。汨罗市严格审批材料，规范拨付、最优支配国家“城市矿产”专项资金，科技创新、高校合作，最大限度提高利用率。最后是**进一步规范产业发展和资产管理**。汨罗市先后成立再生资源行业信用协会、资产管理公司等“一会三公司”，内部有效解决中小企业融资难的共同问题。园区按照“基础设施共有、有效资源共享、相关企业共联、环境污染共治”的原则，避免回收过程带来的二次污染。重点关注循环经济中的环保问题，园区内配备30km污水收集主干网，1座日处理能力2.5万t的污水处理厂，投资千万元兴建重金属污水处理中心，垃圾消纳场也启动了二库区建设。

目前，循环经济和“城市矿山”开发利用产业已成为汨罗市的一大支柱产业，产品由单一再生原材料产品向中间产品、终端产品发展，有色金属或橡胶各种综合性精加工产品正在起步，环境监测技术、循环经济信息咨询支持服务系统等资源消耗低、能耗少、效益好的共性技术也正在蓬勃发展。

3）技术产业链

汨罗市的物资流通程序为：废品→个体户→收购网点→废品回收公司→市场综合利用加工→再生资源→进行交易（专题图 1-12）。湖南汨罗循环经济工业园不断延展产业链条，产品科技含量不断提高。产业发展后形成四大产业集群，分别是以长江铜业有限公司、湘北铜业有限公司、衡联铜材有限公司为领头的再生铜产业集群，再生铝产业集群以远东铝业有限公司、龙舟铝业有限责任公司为龙头，以广友有色金属有限公司、正利有色金属有限公司为典型的再生不锈钢产业集群，以平桂制塑实业有限公司、湖南鑫盛铝塑实业有限公司为代表的再生塑料产业集群。四大产业集群为全国再生资源回收加工利用做出了良好的示范作用，对汨罗市成为国内再生资源回收加工利用示范基地和交易原材料基地具有重要意义。

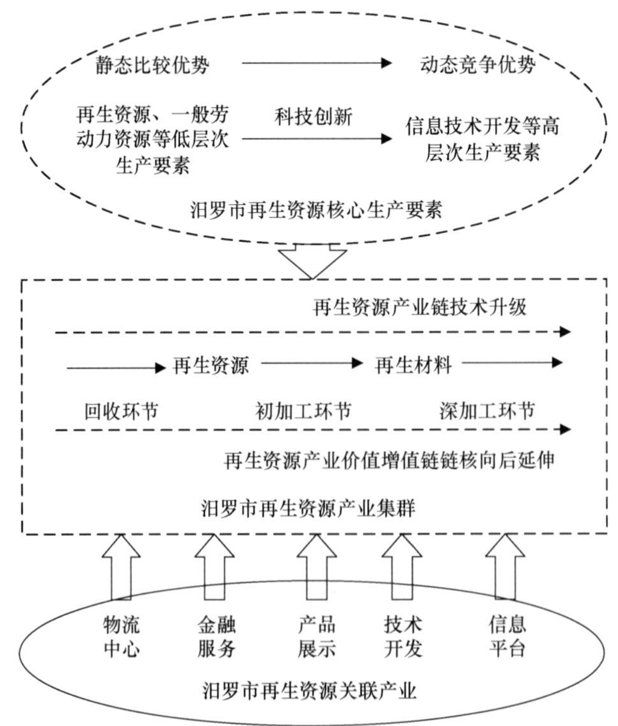

专题图 1-12　湖南汨罗循环经济工业园再生资源产业集群升级框架

针对再生资源回收系统可能存在的问题，汨罗市充分利用布局，在国内各省市设置收购网点，已经形成较为成熟的回收网络体系。避免回收过程中资源分类模糊、流程冗长造成的浪费和效率低下，合理规划人员为回收过程服务。回收网点是体系的基础，按照"统一规划、统一布局、统一管理"等原则，设置再生资源市场细分后的储存、集散、初加工不同功能的体系，按工业流程设计市场经营区、储存区和工作区，完善设备，政府进行宏观调控，对园区进行依法、高效的管理。其中，废铝回收再生能耗仅相当于从铝土矿开采→氧化铝提取→原铝电解→铝锭这一过程所需总能源 5%，逐步建成循环生态原理与循环经济原则的再生资源生态工业园。

作为汨罗市主导产业的再生资源产业，与许多产业密切关联，行业间或生产单位部分副产品可能成为另一企业的原料。因此汨罗市坚持以环境保护和经济效益优先，进行再生资源加工利用系统设计。在建设过程中，汨罗市再生资源产业集群进一步辐射周边和下游企业，上下游的紧密衔接，同时关联产业的发展将对其发展起到相辅相成的作用，各种交互方式也极大地促进了产业间的融合。

4）产业园举措和效益

湖南汨罗循环经济产业园区规划面积 $18km^2$，已建成面积 $12km^2$。近年来，实施重点项目 56 个，投入资金 79.4 亿元。园区现有再生资源加工企业 146 家，其中规模企业 74 家，回收利用数量持续增长，是中南地区最大且最具影响力的"城市矿产"示范基地。园区的发展对湖南省经济的发展起到了至关重要的作用，能源重复利用、物资多级循环的良性模式将加速"两型社会"的建成。

2015 年，再生资源回收量达到 400 万 t，再生资源加工量达到 240 万 t，实现工业总产值 350 亿元，实现税收 8.1 亿元，增幅稳中有升。整个园区回收、加工能力增加到 300 万 t，基本满足湖南省工业产业对再生资源的需求，对中部崛起和湖南省"两型社会"建设及汨罗市经济发展具有重要的推动意义。

湖南汨罗循环经济产业园根据自身特点制定的政策主要包括：

A. 入园项目实行全程代办服务制度，联合政府做到"一门受理、并联审批、一站式服务、限时办结"。

B. 入园企业费税收实行一费制。

C. 实施"绿色通行证"制度，持证人享受 4 项权利[子女入学（托）、入伍、用工等享受汨罗市城镇居民同等待遇；所在企业经登记自用车辆及为企业运送货物车辆在汨罗市境内只纠章不罚款；一半违规案件只纠错不罚款；享受市人民政府规定的有关税费优惠政策]。

D. "围墙法则"企业围墙内的生产与经营，政府不干预；围墙外的食物和环境，企业不操心。

E. 再生资源利用工业企业增值税地方留存部分全额奖返。

F. 再生资源回收企业，增值税"征五返五"后，奖扶比例为"20%～25%"。

G. 汨罗市财政设立 1 亿元专项退库周转金，为进驻企业提供资金周转。

H. 废旧回收企业地税返 45%～55%，企业所得税地方留存部分头三年全征全奖，第 4～6 年奖返 50%。

I. 园区企业固定资产可加速折旧，特殊行业折旧率可提高到 30%。

J. 重大项目企业联通政府实行一事一议。

5）经验借鉴

不断健全回收体系。加快“三网”（再生资源回收网、物流网、电子交易网）、“三场”（再生资源交易市场、再生原料交易市场、再生产品交易市场）建设，打造再生资源聚集中心。

加强园区产业链建设。依托园区的强劲支撑，引进关联度大、带动性强的产业龙头项目，培育纵向协调、横向互补的产业体系，初步形成了再生铜、铝、不锈钢、塑料、橡胶、电子废弃物和报废汽车拆解等六大资源综合利用集群。

深入开展产业科技研发。规范审批，规范拨付，用好国家“城市矿产”专项资金，扶持企业技改扩能、转型升级。设立1亿元循环经济发展专项资金，支持园区和企业开展循环经济示范工程建设，激励企业自主研发。以再生资源研发中心为平台，成立博士后流动站，引导企业与高等院校和科研院所成立战略合作关系，研发共性技术。

推动行业管理规范化。一是加强法制建设。结合国家相关法律法规，出台再生资源行业管理办法，引导再生资源产业发展步入法制化轨道。二是提升行业标准。建立“政府主导、部门主管、多元参与”的工作模式，推进循环经济标准化建设，将循环经济标准化贯穿于企业生产、管理、研发、销售及服务等各个主要环节，园区大部分企业都达到了标准化良好行为要求。三是引导行业自律。创造性建立“一会三公司”（再生资源行业信用协会、会计咨询公司、资产管理公司、中小企业信用担保公司），健全“四位一体”的信用平台，以信用建设为基础推行行业自律自强、规范发展。

促进产业“两型化”发展。在加速资源节约的同时，加强环境保护，着力防治“二次污染”。突出四抓：一抓环保设施。坚持环保设施现行，高起点规划、高标准建设园区污水处理系统和固体废物处置设施，提高三废处理能力。目前，已建成的城市污水处理厂、重金属污水处理厂、污水收集主干管网、垃圾消纳场。二抓环保审批。坚决落实新上项目“环保第一审批权”，严格执行环评和“三同时”制度，坚决做到不符合环保法律法规和产业政策的项目一律不批。三抓环保执法。建立环保联合执法体系，加大对企业、市场和园区的执法力度。实施“淘汰落后产能”行动，坚决取缔“十五小”企业。实施“清洁生产行动”，推广绿色工艺，培育绿色企业，倡导绿色管理，建设绿色园区。四抓节能减排。鼓励园区企业引进先进设备和新工艺，减少资源消耗和三废排放量，2015年万元产值能耗下降0.32个百分点，三废排放量下降0.18个百分点。

（3）龙头企业型

龙头企业型是指由“大型专业公司+基地+其他中小型企业”组成的，以某一产品收集、处置、加工、销售的大型企业为“龙头”，围绕一种或几种废弃产品，实行供应、生产加工、销售一体化经营，形成龙头企业带动基地其他企业的专业化、商品化、规范化生产经营格局。龙头企业外联国内外市场，内联其他中小企业生产经营，形成利益共享、风险共担的经济共同体。

我国“城市矿产”示范基地建设中，最多的示范基地以此模式进行建设，较典型的龙头企业型示范基地包括：青岛新天地静脉产业园、广东清远华清循环经济产业园、四川西南再生资源产业园区、宁波金田产业园、上海燕龙基再生资源利用示范基地、江苏邳州市循环经济产业园再生铅产业集聚区、山东临沂金升有色金属产业基地、浙江桐庐大地循环经济产业园、大连国家生态工业示范园区、福建华闽再生资源产业园、广东佛山赢家再生资源回收利用基地、新疆南疆再生资源综合开发园区、山西吉天利循环经济科技产业园区等。以下是对我国龙头企业型示范园区中发展较好且有代表性的青岛新天地静脉产业园的介绍。

1）青岛新天地静脉产业园概况

位于莱西市姜山镇的青岛新天地静脉产业园，是经原国家环保总局批准建设的国内首个也是目前唯一的静脉产业类国家生态工业示范园区。以青岛新天地集团为基础的园区占地面积 220hm^2，目前已初具规模，已建成及在建项目包括医疗废物处置中心、废旧家电及电子产品处理工厂、危险废物处置中心、废旧轮胎资源化利用设施、工业固体废物填埋场，同时建有固体废物信息交换中心。各种设施建成后，每年处理废旧家电的能力可以达到 180 万台（套），多种固体废物近 8 万 t，拆解报废汽车约 5 万辆。

2）产业布局

园区计划投资 20 亿元，园区分为服务区、实验区、研究区、生产区 4 个功能区和 1 个预留区。青岛循环产业园的建设，将进一步推进青岛市循环经济发展。

青岛新天地静脉产业园管理有限公司负责重庆、山西、济南、陕西等地的废弃电器电子回收销毁或再利用项目及山东省国家秘密载体销毁中心的建设与经营；拥有商务部备案的青岛市报废汽车回收拆解资格，建设完成废旧轮胎资源化利用项目，并正在进行污染后土壤恢复项目的建设。通过各种资源使用途径和处理项目建设，以及相关技术的研发，目前已建成废电器及电子产品、废矿物油开发利用、废旧轮胎资源利用和国家级环保电器电子废物处理销毁与资源化工程技术中心等一批工程，并建立一条静脉产业类生态工业产业链，并将“青岛模式”向全国进行推广应用。

青岛新天地静脉产业园的废旧家电和电子产品综合利用项目，是国家发展改革委批准的全国两个试点之一的示范工程。一期工程规划处理规模 20 万台/年，二期 60 万台/年，主要手工拆解结合机械作业的方式，拆解过程中产生的废旧塑料、金属等材料进行再循环利用，制冷剂（含氟利昂）等危险废物送至青岛周边危险废物处置中心进行无害化处理，符合循环经济的 3R（减量化、循环化、再利用）原则，所有的资源和物料在持续循环中得到合理和科学的利用，以便把经济活动中对生态环境和社会安全的负面影响降到最低。依照国家发展改革委的要求，该项目还建立了覆盖全省的回收中心、网络交易平台，并开通了回收热线，确立了以济南为中心的山东回收网络体系。

产业园目前建成并已投入运行的固体废物回收处置设施，包括青岛危险废物处置中心、青岛市医疗废物处置中心和一般工业固体废物填埋场等，为规划服务的山东东部地区和园区的废物无害化、减量化、安全化提供了基础保障。

3）产业园举措和效益

青岛新天地集团是一家致力于环保领域基础设施投资与运行和环保科技开发及应用的综合性环保产业集团，通过对产业园区的建设，一定程度上提高了区域环境容量，节能减排效果显著，资源化利用已经初具规模，在国内环境保护方面起到模范带头作用。

青岛新天地静脉产业园将解决再生资源的问题作为园区规模发展的先驱条件，建设了覆盖山东全省的废旧商品回收体系，通过国际再生资源监管区完成国外资源回收渠道建设，实现国内外多渠道回收。园区经过建设管理，已成功地将山东省工业、企事业单位和产品消费有机结合起来，延伸成为一个完整的“资源→产品→再生资源→最终处置”封闭式的循环经济产业链，带动区域一、二、三产业突飞猛进发展，为实现资源节约型、环境友好型和谐社会奠定了基础。此外，园区与石化、汽车、家电、电子、造船、港口六大产业集群（动脉产业）建立优势互补的集资源回收—无害化处理—加工制造—产品销售服务于一体的动静脉产业结合的生态工业发展模式。

为了实现生态型、集约型、节约型的现代化园区，近年来，青岛新天地静脉产业园始终坚持“科技兴园”，在引进项目、新产品研发，以及新工艺、新技术、新设备实施应用等方面不断实践。在此过程中，寻求上下游企业合理衔接，建立产业间多层次生态链连接，积极促进废物回收再利用，延伸循环经济链条，促进工业园区建设。并充分发挥静脉产业园辐射和引导作用，采用虚拟园区搭建鲁南固体废物处置中心、山东省固体废物处置中心及 17 个城市回收体系。建设具有先进工艺的技术密集型、资源节约型、环境生态型园区，呈现出技术水平一流、工艺流程合理、生产布局科学、资源配置优化的竞争优势水平。

（4）专业基地型

专业基地型示范基地主要指在具有区域特色的专业型产品的产业集群或产业基础上发展建立起来的“城市矿产”示范基地，如江西新余钢铁再生资源产业基地、滁州市报废汽车循环经济产业园、湖南永兴国家循环经济示范园等三个“城市矿产”示范基地就是集中在废钢铁、报废汽车及贵金属等的回收利用方面。以下是对我国专业基地型示范园区中发展较好且有代表性的永兴县国家循环经济示范园的介绍。

1）永兴县国家循环经济示范园概况

永兴县国家循环经济示范园是第三批国家“城市矿产”示范基地，位于永兴县柏林镇，管理机构为永兴县经济开发区管委会。规划面积 4.2km^2，建成面积 1km^2，现有入园企业 22 家，年产值 70 亿元，主要从废弃电子产品、有色金属工业“三废”中冶炼回收和加工金、银、钯、硒、铟、碲、铂等稀贵金属及铅、铋等有色金属，以及冶炼废渣资源化利用和无害化处理。

园区城市矿产资源以国内回收为主，依托已经形成的回收网络，每年可从全国各地收集各类含稀贵金属及有色金属废料 100 多万吨，长期在外收购废料的从业人员 3 万余人。

2）永兴县国家循环经济示范园资源聚集情况

2011 年，永兴县国家循环经济示范园柏林冶炼项目区从全国各地回收各种含金属废料 33 万余吨，主要有：废弃电器电子产品废料约 10 万 t、相机焦圈等含银废料 6000t、废旧汽车尾气净化剂 4000t、废旧化工产品约 3000t，外购有色金属工业“三废”20 多万吨，回收各类稀贵金属及有色金属约 8 万 t，其中白银 700t、黄金 3t、铋 1500t、铂族金属 2t、铟 20t、碲 90t、硒 80t，其他有色金属 7 万多吨。

根据基地建设实施方案，到 2016 年，年利用各类再生资源 138 万 t，其中新增再生资源 105 万 t，形成年产再生稀贵金属及其他有色金属 32 万余吨的生产能力，其中稀贵金属约 4300t（黄金 10t、银 3500t、铂 6t、钯 100t、铟 100t、其他稀有金属 670t）、铋 6000t、其他有色金属 31 万 t。

2. 我国“城市矿产”示范基地建设的共性经验

对我国各个“城市矿产”示范基地建设的经验进行总结、提炼，得出我国“城市矿产"示范基地建设过程中的共性经验，主要包括以下几点。

（1）强化产业链衔接，构建上中下游完整产业链

按照方便低成本原则，在园区布局时考虑到产业链的无缝对接，并在招商引资、土地安排等方面留有余地。

（2）鼓励科技创新，推动企业发展高新化，推进产学研结合

设备技术水平对再生资源的加工利用效益有着重要影响，各园区不断推动与高校、研究机构等的产学研合作，成立科研公共平台、信息交流平台等。

（3）地方政府大力支持

各相关政府部门能够给予便利，并在中央财政的基础上配套部分资金。

（4）落实建设责任，加强资金监管

严格落实项目审批制度和中央预算资金使用及管理。相关项目必须取得土地、规划、环评、能评、核准等项目建设前期手续后才能申请政府资金支持。同时，在项目建设、资金拨付等方面进行严格规范，确保政府的使用效益。

（5）加快基地设施建设，完善园区服务功能

为更好地开展园区生产，各示范基地要大力进行基础设施的建设，建成通畅的道路体系、污水处理系统等环保设施，一些园区还搭建了电子交易中心和物流中心。同时利用税收等方面的优惠政策吸引相关企业入驻。

（6）完善多元化的资源回收体系

各示范基地均注重在辐射区域内的回收网点建设，点线面结合保证了园区内的再生资源需求；一些园区利用自身的地理位置优势，不仅搭建了国内资源回收体系，同时也在国际市场上寻求合作，构建了国际再生资源回收平台。

（7）立足环保，强化环保，严把环保关

强化环保，实现资源清洁和高效利用。提到再生资源回收利用，都认为是利国利民的好事，但项目园区落地后，当地居民常常又担心有污染。因此必须严把环保关，改变社会对行业的传统认识，树立行业的新形象，以促进园区的良好发展。

（8）注重人才储备和人才优势

"城市矿产"示范基地发展依靠一定的人才储备，包括懂经营、善管理的企业家队伍，技术熟练的产业工人队伍，足迹遍及全国的专业收购队伍。

（9）引进外部资金支持

需要强力招商引资，弥补示范基地建设和发展中的资金缺口，实现跨越式发展。

除了上述"城市矿产"示范基地建设中积累的经验外，还包括部分其他的经验，例如：①坚持规划先行，科学布局；②龙头企业的带动作用，形成品牌效应；③引导诚信建设，推动行业管理规范化；④健全市场体系，推动资源聚散网络化；⑤加大宣传，扩大影响，注重示范基地的公共服务和形象提升，加强公众认知；⑥结合区域和自身优势，以点带面，实现区域性发展；⑦加大产业结构调整，对落后产能进行整改、整合、淘汰，实现规范化管理；⑧加大园区科技力量，引进先进技术装备，实效高效循环和高值利用。

3. 我国其他"城市矿山"相关示范、试点建设现状

为探索循环经济发展路径和模式，国家发展改革委会同财政部等部门开展了一系列

试点示范工作。“十一五”期间，在重点行业、产业园区、重点领域及省市层面，选择了 178 家单位进行广泛试点，探索形成了 60 个循环经济典型模式案例。“十二五”期间，选择循环经济发展薄弱环节开展专项试点示范工作，包括 110 个园区循环化改造示范试点、100 个餐厨废弃物资源化利用和无害化处理试点城市、49 个国家“城市矿产”示范基地、146 个再制造试点、28 个循环经济教育示范基地和 59 个循环经济示范城市（县）建设地区等。通过这些试点示范工作，形成了一批有益的典型经验，也为循环经济制度创新积累了丰富经验。

（1）循环经济示范城市（县）

为落实《国家“十二五”时期文化改革发展规划纲要》和国家《循环经济发展战略及近期行动计划》中实施循环经济“十百千”示范行动的要求，大力发展循环经济，促进绿色、循环、低碳发展，国家发展改革委印发了《国家发展改革委关于组织开展循环经济示范城市（县）创建工作的通知》（发改环资〔2013〕1720 号），启动了循环经济示范城市（县）创建工作。2013 年，国家发展改革委正式确定北京市延庆县等 40 个地区为国家循环经济示范城市（县）创建地区；2016 年 1 月，又将天津市静海区等 62 个地区确定为 2015 年国家循环经济示范城市（县）建设地区（附录一附表 2）。至 2016 年 8 月，我国已有 102 个循环经济示范城市（县）建设地区。

（2）国家循环经济示范试点单位

2005 年 10 月国家发展改革委、国家环保总局等 6 个部门联合选择了钢铁、有色金属、化工等 7 个重点行业的 43 家企业，再生资源回收利用等 4 个重点领域的 17 家单位，13 个不同类型的产业园区，涉及 10 个省份的资源型和资源匮乏型城市，开展第一批循环经济试点，目的是探索循环经济发展模式，推动建立资源循环利用机制。

根据《关于组织开展循环经济试点（第一批）工作的通知》（发改环资〔2005〕2199 号）、《关于组织开展循环经济示范试点（第二批）工作的通知》（发改环资〔2007〕3420 号）的要求，国家发展改革委、环境保护部、科学技术部、工业和信息化部、财政部、商务部与国家统计局共同开展了国家循环经济试点示范单位及城市的验收工作。2014 年 11 月，国家发展改革委与其他有关部门联合公布了第一批通过验收的国家循环经济试点示范单位名单，所列 84 家单位、城市遍布 21 个省份。2015 年 5 月，国家发展改革委、环境保护部等 7 部委公布了第二批通过验收的国家循环经济试点示范单位名单，天津市的天津子牙循环经济产业区及辽宁省的鞍本钢铁集团等 66 家单位榜上有名（附录一附表 3），天津大通铜业有限公司、包头钢铁集团有限公司等 25 家单位未能通过验收。

（3）园区循环化改造示范试点园区

为贯彻落实《中华人民共和国循环经济促进法》《国家“十二五”时期文化改革发展规划纲要》和中央经济工作会议精神，推进园区循环经济发展，提高园区综合竞争力，实现持续健康发展，加快转变经济发展方式，建设资源节约型、环境友好型社会，提高生态文明水平，国家发展改革委、财政部组织实施了园区循环化改造示范试点工作。

至 2016 年 8 月，国家发展改革委会同有关部门已经累计确定了五批 110 个园区循环化改造示范试点园区（附录一附表 4）。

（4）再生资源回收体系建设试点

为规范再生资源回收市场，提高再生资源回收利用率，保护环境，加快再生资源回收体系的建设，商务部于 2006 年开展了再生资源回收体系建设试点。至 2016 年 8 月，我国已有 3 批共 90 个城市列入试点，运用中央财政服务业发展专项资金，支持试点城市新建和改扩建 51 550 个网点、341 个分拣中心、63 个集散市场，同时支持了 123 个再生资源回收加工利用基地建设。目前一些试点城市已初步形成了集回收、分拣和初加工三位一体的再生资源回收网络体系。

（5）国家生态工业示范园区

为全面贯彻落实科学发展观，推动国家级经济技术开发区、国家高新技术产业开发区建设资源节约型和环境友好型的生态工业园区，促进国家级开发区又好又快的发展，原国家环保总局、商务部和科学技术部于 2007 年联合开展国家生态工业示范园区建设工作。至 2016 年 8 月，我国已建立并验收 48 个国家生态工业示范园区，已批准建设 63 个国家生态工业示范园区（尚未通过验收）（附录一附表 5）。

（6）国家进口废物“圈区管理”园区

《固体废物进口管理办法》第十八条规定：“国家鼓励限制进口的固体废物在设定的进口废物‘圈区管理’园区内加工利用。进口废物‘圈区管理’应当符合法律、法规和国家标准要求。进口废物‘圈区管理’园区的建设规范和要求由国务院环境保护行政主管部门会同国务院商务主管部门、国务院经济综合宏观调控部门、海关总署、国务院质量监督检验检疫部门制定。”

至 2016 年 8 月，我国已通过验收的国家进口废物“圈区管理”园区有 13 家（附录一附表 6），已批准建设尚未通过验收的有 7 个，各地还自发建立了若干再生资源加工利用园区。十年来，部分园区通过全过程跟踪、封闭式管理，解决了部分再生资源加工企业小、散、乱的问题，但仍面临着“挑战”。一些园区外固体废物拆解小作坊“野火烧不尽”，甚至仍采用焚烧等落后工艺加工，许多企业入园意愿不强，而园区内企业却存在“吃不饱”的现象，经营存忧（新华网，2015）。

（7）再制造试点

为发展工业循环经济，促进工业转型升级，工业和信息化部自 2009 年以来开展了推进机电产品再制造试点示范工作，取得了明显成效。开展再制造试点的范围包括：工程机械、大型工业机电设备、机床、农用机械、矿采机械、铁路机车装备、船舶装备、医疗及办公信息设备等整机及关键零部件。再制造工程是以废旧产品为再制造的对象，以产品的整体回收为特点，能够大量地保存产品的附加值（包括能源、材料和劳动力）。再制造产品的质量和性能达到或超过新品，成本却仅为新品的 50%左右，节能 60%左右，节材 70%以上，对保护资源环境贡献显著。工业和信息化部于 2015 年 12 月确定了徐工集团工程机械有限公司等 20 家通过验收的机电产品再制造试点单位名单（第一批），其中沈阳大陆激光技术有限公司等 9 家单位确定为机电产品再制造示范单位；并于 2016 年 2 月确定山东临工工程机械有限公司等 53 个企业和 3 个产业集聚区为第二批试点单位(附录一附表 7)。

为继续推进机电产品再制造产业规模化、规范化、专业化发展，充分发挥试点示范引领作用，结合再制造产业发展形势，2014 年 12 月工业和信息化部发布《关于进一步做好机电产品再制造试点示范工作的通知》（工信厅节函〔2014〕825 号），要求扎实做好第一批机电产品再制造试点验收工作，继续深化机电产品再制造试点示范，进一步推进再制造产业发展。

国家发展改革委于2008年组织开展了汽车零部件再制造试点工作，至2016年8月已确定了两批42个再制造试点单位（附录一附表7）。

（8）餐厨废弃物资源化利用和无害化处理城市试点

为实现疏堵结合，建立餐厨废弃物处理的长效机制，国家发展改革委、财政部、住房和城乡建设部会同环境保护部、农业农村部以城市为单位，启动了餐厨废弃物资源化利用和无害化处理城市试点工作。选择部分具备开展餐厨废弃物资源化利用和无害化处理条件的设区城市或直辖市市辖区进行试点，国家循环经济示范城市和节能减排、财政政策综合示范城市优先。试点城市根据财政部、国家发展改革委批复的实施方案，综合考虑当地餐厨废弃物现状和年度项目投资计划，共同确定给予试点城市的中央财政补助资金额，并按照补助金额的50%向地方政府下拨启动资金。

我国自2010年启动了餐厨废弃物资源化利用和无害化处理城市试点工作，至2016年8月，已累计确定了五批100个餐厨废弃物资源化利用和无害化处理试点城市（区）（附录一附表8）。目前试点城市上报的项目80%采用厌氧消化技术路线，这与我国餐厨垃圾高有机物含量、高含水率、高油、高盐分的特性息息相关（中国环保在线，2013）。以苏州市为代表的部分试点城市也取得了较好的成果。由清华大学首次开发出的餐厨垃圾饲料化环境和产品安全性控制技术方法，成功支撑了苏州市成为我国首批餐厨废弃物资源化利用试点，引领了全国100家餐厨废弃物资源化利用和无害化处理城市试点的工作。

除此之外，我国“城市矿山”相关示范、试点还有国家循环经济教育示范基地、园区循环化改造示范试点等，各地还自发建立了各类示范和试点。

纵观各类名目繁多的示范、试点可以看出，主导、归口单位相同的示范、试点单位大部分都有衔接，如由国家发展改革委主导的餐厨废弃物资源化利用和无害化处理城市试点建设国家循环经济示范城市与节能减排财政政策综合示范城市优先，国家循环经济教育示范基地都是国家循环经济（含再制造）试点示范单位或国家循环经济试点省市的省级试点单位。但是主导单位的示范、基地之间却存在较大的不一致，衔接性较差。这也造成了我国“城市矿山”相关的产业从源头到处理无法形成完整的体系和链条。

（三）我国“城市矿山”开发利用的现状

1. 我国“城市矿山”资源回收利用的现状

（1）我国“城市矿山”资源回收体系

我国“城市矿山”资源回收体系建设是由政府主导，通过试点城市的带动以最终实现回收网络体系的建设。2006年，商务部办公厅发布《关于组织开展再生资源回收体系建设试点工作的通知》（商改字〔2006〕22号），拟定了《再生资源回收体系建设试点工作方案》，并确定了第一批再生资源回收体系建设试点单位。在第一批试点工作的影响之下，2009年和2012年商务部组织开展第二批、第三批再生资源回收体系建设试点工作，确定了第二批、第三批再生资源回收体系建设试点单位。专题表1-4列出了前三批再生资源回收体系建设试点城市名单。

自2006年起，商务部会同相关部门开展了以回收站点、分拣中心和集散市场建设为核心的“三位一体”回收体系试点，到2012年试点城市达88个。多年来，在商务部的大力指导和支持下，各地政府高度重视，结合城市发展规划，积极探索切合当地实际的再生资源回收利用体系建设路子，以“提高资源利用率，实现节能减排”为目标，加快回收网络建设，健全法律法规，稳步推进试点工作。

2009～2012 年，中央财政累计投入 33.5 亿元，支持试点城市新建和改扩建 51 550 个网点、341 个分拣中心、63 个集散市场，同时支持了 123 个再生资源回收加工利用基地建设，有效推动了试点城市向网点布局合理、管理规范、回收方式多元的方向发展，试点城市重点种类回收率超过 60%，回收利用基地对再生资源利用企业和“城市矿山”项目形成有力支撑。

专题表 1-4 前三批再生资源回收体系建设试点城市名单

批次	年份	试点单位
第一批	2006	城市 24 个：北京市、天津市、石家庄市、太原市、沈阳市、吉林市、哈尔滨市、上海市、济南市、南京市、宁波市、永康市、福州市、南昌市、郑州市、武汉市、汨罗市、清远市、南宁市、重庆市、成都市、昆明市、西安市、乌鲁木齐市
第二批	2009	城市 29 个：张家口市、大同市、赤峰市、铁岭市、长春市、佳木斯市、苏州市、杭州市、马鞍山市、三明市、景德镇市、临沂市、烟台市、潍坊市、漯河市、襄樊市、长沙市、广州市、海口市、内江市、遵义市、玉溪市、拉萨市、汉中市、兰州市、西宁市、银川市、库尔勒市、青岛市 集散市场 11 个：长春亿北再生资源集散市场、苏北再生资源集散市场、赣粤闽湘区域性再生资源集散市场、江门市嘉能再生资源回收市场、大连废旧金属集散交易市场、马鞍山再生资源集散市场、常州再生资源集散市场、山东德力西再生资源集散市场、浙江慈溪再生塑料产业基地、江西丰城市赣中再生金属集散市场、白银有色集团西北再生金属加工基地
第三批	2012	城市 35 个：承德市、晋城市、鞍山市、营口市、白山市、牡丹江市、齐齐哈尔市、淮安市、徐州市、金华市、台州市、黄山市、芜湖市、厦门市、上饶市、威海市、菏泽市、商丘市、荆门市、宜昌市、衡阳市、娄底市、佛山市、江门市、钦州市、梧州市、三亚市、曲靖市、绵阳市、达州市、安顺市、宝鸡市、武威市、石嘴山市、吐鲁番市

（2）“城市矿山”资源回收利用现状

2006～2016 年，我国“城市矿山”资源回收利用总量持续增长（专题图 1-13）。截至 2016 年年底，我国废钢铁、废有色金属、废塑料、废旧轮胎、废纸、废弃电器电子

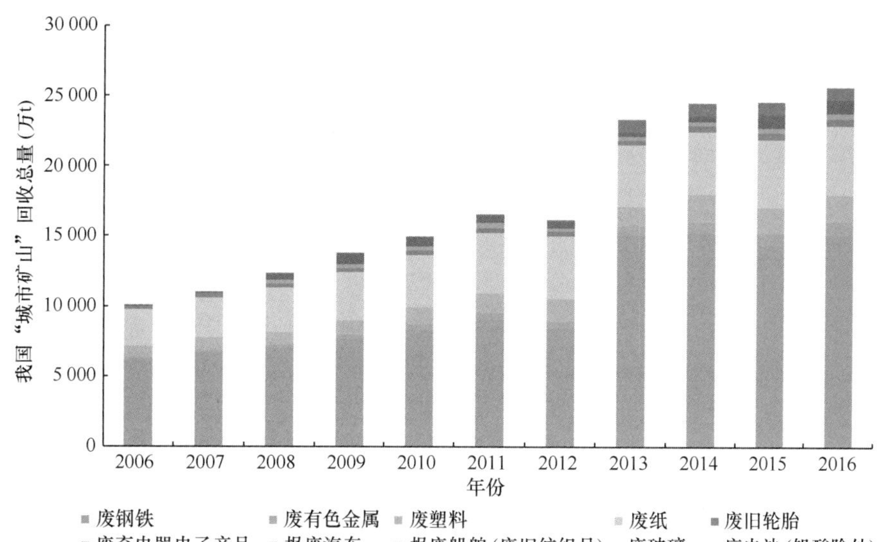

专题图 1-13 2006～2016 年我国主要“城市矿山”回收利用现状（彩图见封底二维码）

数据来源：商务部统计数据

产品、报废汽车、报废船舶（废旧纺织品）①、废玻璃、废电池等十大类别的主要“城市矿山”种类开发回收总量达到2.56亿t（专题表1-5），实现产值5902.8亿元。

专题表1-5　2011～2016年我国主要“城市矿山”资源回收利用现状

名称	年份					
	2011	2012	2013	2014	2015	2016
废钢铁（万t）	9 100	8 400	15 080	15 230	14 380	15 130
大型钢铁企业（万t）	9 100	8 400	8 570	8 830	8 330	9 010
其他行业（万t）	—	—	6 510	6 400	6 050	6 120
废有色金属（万t）	455	530	666	798	876	937
废塑料（万t）	1 350	1 600	1 366.2	2 000	1 800	1 878
废纸（万t）	4 347	4 472	4 377	4 419	4 832	4 963
废旧轮胎（万t）	329	370.3	375	430	501.6	504.8
翻新（万t）	34	45.3	50	50	28.6	28.8
再利用（万t）	295	325	325	380	473	476
废弃电器电子产品						
数量（万台）	16 058	8 264	11 430	13 583	15 274	16 055
重量（万t）	370.6	190.7	263.8	313.5	348	366
报废汽车						
数量（万辆）	149.6	132.3	187.5	220	277.5	300.6
重量（万t）	285	249	274.4	322	871.9	721.3
报废船舶						废旧纺织品
数量（艘）	317	340	65	142	102	
重量（万t）	225.2	255	52	109	91	270
废玻璃（万t）	—	—	849	855	850	860
废电池（铅酸除外）（万t）	—	—	9.3	9.5	10	12
合计（重量）（万t）	16 461.8	16 067	23 312.7	24 486	24 559.5	25 642.1

数据来源：商务部统计数据

1）我国废钢铁回收利用现状

近几年，我国废钢铁消耗量增速加快，我国已成为废钢铁消耗大国。2015年，我国废钢铁利用量达8330万t（国家发展和改革委员会，2016），同比减少5.7%，其中钢铁企业自产废钢铁4190万t，社会回收废钢铁4090万t，进口废钢铁约180万t（专题表1-6）。废钢铁在我国再生资源产业中居主导地位。

2015年废钢铁加工行业准入工作在困境中继续开展，当年有22家废钢铁加工企业被工业和信息化部纳入规范企业。“十二五”期间，全国已有253家废钢铁加工企业跨入准入门槛，年加工能力超过5000万t。在工业和信息化部等相关部委的关注和支持下，“十二五”我国废钢铁行业的面貌发生了很大变化，废钢铁加工配送体系日趋完善，产业化、产品化、区域化的规划目标已初步形成，为服务于绿色钢铁的发展奠定了坚实的基础。

① 《中国再生资源回收行业发展报告（2017）》对于2016年十大类城市矿产资源回收情况的统计中，不再将报废船舶包括在内，而将废旧纺织品统计其中，其他年份均包括报废船舶。

专题表 1-6 2010～2015 年我国废钢铁资源平衡情况

年份	废钢铁利用量（万 t）	废钢铁资源构成（万 t）				
		企业产生量	社会回收量	进口补充量	废次材调出量	库存变化量
2010	8670	3300	5190	440	160	100
2011	9100	3560	5080	510	200	−150
2012	8400	3650	4420	370	150	−110
2013	8570	3850	4650	380	170	140
2014	8830	4100	4740	180	140	50
2015	8330	4190	4090	180	190	−60

数据来源：国家发展改革委统计数据

2）我国废有色金属回收利用现状

我国是有色金属生产和消费大国。2016 年，我国十种有色金属产量为 5283.2 万 t，国内主要废有色金属回收量约为 937 万 t，再生有色金属工业主要品种（铜、铝、铅、锌）总产量约为 1245 万 t，其中再生铜产量 300 万 t，再生铝产量 630 万 t，再生铅产量 165 万 t，再生锌产量 150 万 t（专题图 1-14）。

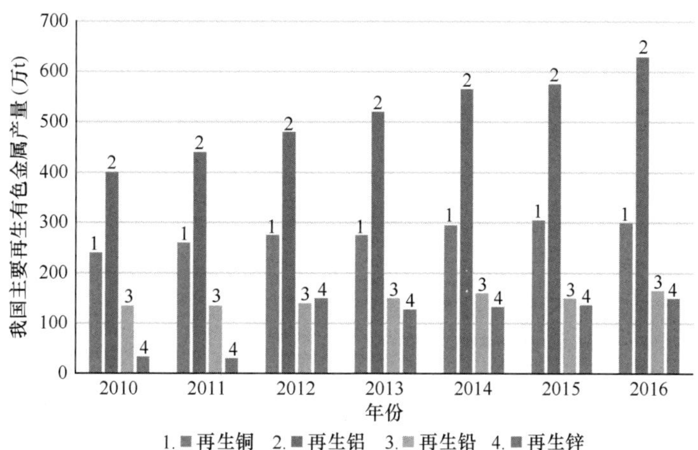

专题图 1-14 2010～2016 年我国主要再生有色金属产量

数据来源：国家发展改革委统计数据

2016 年，我国 10 种有色金属产量为 5283.2 万 t，同比增长 2.5%，增幅比上年收窄了 4.7 个百分点；再生有色金属工业主要品种（铜、铝、铅、锌）总产量约为 1245 万 t，同比增长 6.7%。其中再生铜产量 300 万 t，同比下降 1.6%；再生铝产量 630 万 t，同比增长 9.5%；再生铅产量 165 万 t，同比增长 10.0%；再生锌产量 150 万 t，同比增长 9.5%。

2016 年，中国进口含铜、含铝、含锌废料共计 527.58 万 t，进口金额 84.21 亿美元。其中，进口含铜废料 334.79 万 t，同比下降 8.5%；进口含铝废料 191.8 万 t，同比下降 8.1%；进口含锌废料 0.988 万 t，同比下降 54.5%。

近两年，我国废有色金属综合利用的技术水平明显提高，全自动化废金属预处理设备、先进的再生铜熔炼技术、再生铝双室反射炉技术、再生铅富氧熔炼技术及富氧燃烧等节能技术、高效收尘等环保技术已被多家企业采用，并取得了良好的经济效益和环境效益。完成了废易拉罐熔炼生产铝合金铸锭的工艺研发，建成年处理废铝易拉罐 10 000t

示范生产线。产业集中度稳步提高，年产量 10 万 t 以上的再生铜企业达到 6 家，30 万 t 以上的再生铝企业 5 家。

3）我国废塑料回收利用现状

目前，我国已超过美国成为全球最大的塑料消费国，巨大的需求造成了原材料的巨大缺口，随着塑料的大量使用，废塑料对环境的影响始终是困扰人们的一个难题。迄今为止，解决塑料废弃物的最好出路是对废旧塑料制品进行资源化回收利用。

据估算，2015 年我国塑料回收再生利用量达到 2535.42 万 t，国内废塑料回收利用量约为 4200 万 t，同比增长 110%（专题表 1-7）。

专题表 1-7　2010～2015 年我国废塑料回收利用情况

项目	年份					
	2010	2011	2012	2013	2014	2015
塑料使用量（测算）（万 t）	4 693	5 230	5 467	5 879	6 785	10 590.42
塑料废弃量（测算）（万 t）	2 800	2 871	3 414	3 292	4 028	6 807.13
回收再生量（估算）（万 t）	1 200	1 350	1 600	1 366	2 000	4 200
进口量（万 t）	801	838	888	788	825	1 800
再生利用总量*（万 t）	2 001	2 188	2 488	2 154	2 825	6 000
回收再生率**（%）	25.6	25.8	29.3	23.2	29.5	39.7

*再生利用总量=回收再生量+进口量；**《中国再生资源行业发展报告（2016）》定义：回收再生率=回收再生量/塑料使用量。一般情况下，更客观的计算公式为“回收再生率=回收再生量/塑料废弃量”，塑料使用量减去塑料废弃量为仍在使用的塑料量

数据来源：中国物资再生协会

废塑料再生利用新技术得到持续开发利用。工业和信息化部、科学技术部和环境保护部三部联合发布了《国家鼓励发展的重大环保技术装备目录（2014 年版）》（工信部联节〔2014〕573 号）的通知，明确提出：将重点开发推广高效节能的再生塑料加工装备及技术，实现重点装备关键技术突破，带动能效整体水平的提高；推进再生塑料行业节能环保服务体系建设，加快建立以先进加工装备为支撑的再生塑料回收利用体系。废塑料再生加工利用环节技术途径主要有直接利用、改性再生利用、制造复合材料、化学分解回收单体等几种方式。常用的废塑料分离主要为比重法/密度法分离、静电法分离、光谱法分离、人工半机械化等。

4）我国废橡胶回收利用现状

我国既是橡胶消费世界第一大国，也是轮胎生产大国，轮胎年产量达 6.3 亿多条。但由于地理、气候等条件的限制，我国橡胶资源十分匮乏，自 2002 年起，我国就已成为世界第一大天然橡胶进口国，75%以上的天然橡胶和 46%以上的合成橡胶依赖进口，随着汽车工业的快速发展及橡胶制品在人们生活中的不断使用，废旧橡胶也带来了许多的环境问题。

我国废旧轮胎回收利用行业主要采用的技术是旧轮胎翻新，用废旧轮胎制造再生橡胶、橡胶粉和热裂解。旧轮胎翻新是废旧轮胎综合利用的首选，商务部流通业发展司发布的《中国再生资源回收行业发展报告（2017）》表明，我国 2016 年废旧轮胎产生量约 3 亿条，重量合 1000 万 t 以上，再生橡胶产量达到 440 万 t，橡胶粉产量达到 36 万 t（专题表 1-8）。

专题表 1-8 2010～2016 年我国废旧轮胎回收利用情况

项目	年份						
	2010	2011	2012	2013	2014	2015	2016
翻新（万 t）	39.7	34.0	45.3	50.0	50.0	28.6	28.8
再利用（万 t）	295.0	295.0	325.0	325.0	380.0	473.0	476
橡胶粉产量（万 t）	20	20	25	25	30	35	36
再生橡胶产量（万 t）	270	300	350	380	350	438	440

数据来源：商务部统计数据

近年来，我国废旧橡胶综合利用工作取得了较大成效：旧轮胎翻新量逐年上升，占废旧轮胎生成量的比例已从 7%上升到 10%左右；再生橡胶产业蓬勃发展，再生橡胶已成为重要的橡胶补充资源；我国目前已建成十几条万吨级以上的橡胶粉生产线，生产技术在国际上处于领先水平；废橡胶热裂解技术的推广应用，将不能加工再形成橡胶类资源的废橡胶分解成燃料油，实现了废橡胶的完全综合利用。

目前，我国初步形成了以旧轮胎翻新、废旧轮胎生产再生橡胶、橡胶粉等三大业务为主的废旧轮胎综合利用工业体系。我国废旧轮胎回收利用设备由原来的引进到现今基本实现国产化，已达到国际先进水平，并出口到美国、俄罗斯、澳大利亚等国。

此外，装甲兵工程学院徐滨士院士团队首创的巨型轮胎再制造关键技术——预硫化环状胎面可有效防止出现开胶现象，其致密性、物理机械性能、耐磨性能等综合指标表现良好，且可产生较高的经济效益。轮胎再制造具有良好的经济效益和社会效益，可降低我国对进口橡胶的依赖程度，缓解对天然资源的过度需求，在保护环境的同时满足了我国经济发展的需要，具有广阔的前景。

5）我国废玻璃回收利用现状

我国是玻璃生产和使用大国，废玻璃产生渠道主要有两个：一是玻璃生产企业生产过程中产生的边角料、企业定期停产产生的废玻璃；二是人们日常生活中丢弃的玻璃包装瓶罐及打碎的玻璃窗碎片。据统计，2016 年我国废玻璃回收量约为 860 万 t，同比增长 1.2%。但我国废旧玻璃的回收率只有 13%～15%，与发达国家相比，废玻璃利用率很低，大量的废玻璃还没有得到有效的回收利用。

在废玻璃的回收及其利用方面，我国和世界玻璃工业发达国家相比，起步较晚，但目前已有不少厂家利用回收的碎玻璃料来生产玻璃微珠、玻璃马赛克、彩色玻璃球、玻璃面、玻璃砖、人造玻璃大理石、泡沫玻璃等。有关的科研机构也正在进行深入的研究。然而，由于各种原因，我国废玻璃的回收利用到目前为止并没有真正实现产业化。上海、天津等地早有企业开始尝试废玻璃的回收利用，并取得了不错的效果。但是废玻璃的利用并没有在这些地方形成规模。

6）我国电子废物回收利用现状

随着经济的发展，特别是电器电子行业的飞速发展，电器电子产品的更新换代日益加速，电子废物的产生数量急剧增长，是世界上增长最快的废物类别之一。

此外，电子废物成分复杂，废弃电器电子产品中含有 1000 多种物质，整体而言，可以粗略地分为金属、塑料、玻璃、陶瓷等几大类。电子废物成分的复杂多样使其具有风险特性和资源性双重属性。

2016 年，电视机、电冰箱、洗衣机、房间空气调节器、电脑的回收量约为 16 055 万台，约合 366 万 t。截至 2016 年年底，全国共有 29 个省（自治区、直辖市）的 109 家废弃电器电子产品拆解处理企业纳入废弃电器电子产品处理基金补贴企业名单，随着《废弃电器电子产品处理目录（2014 年版）》的发布，很多企业开始着手准备新纳入目录的废弃电器电子产品的处理工作。商务部、国家发展改革委等 5 部门联合印发《再生资源回收体系建设中长期规划（2015—2020 年）》（商流通发〔2015〕21 号），工业和信息化部开展的生产者责任延伸试点工作，越来越多的生产企业、销售企业、维修企业、处理企业等开始进入回收行业，多元化的回收模式开始显现。如绿色消费+绿色回收、互联网+分类回收、两网融合回收、EPR 回收等回收模式开始出现，但以个体回收者为主的回收模式并未出现根本性变化。

由于电子废物的特殊性质，大部分电子废物能够被回收处置，但是由于大量电子废物进入非正规企业进行处置，对环境质量和人体健康造成了危害，而正规企业的回收处理率仍然较低。2009 年，财政部、商务部、国家发展改革委、工业和信息化部、环境保护部、工商总局、质检总局制定了《家电以旧换新实施办法》（财建〔2009〕298 号），于 2009 年 6 月 1 日至 2010 年 5 月 31 日，在北京市、天津市、上海市、江苏省、浙江省、山东省、广东省、福州市和长沙市等 9 地试点；2010 年，又制定了《家电以旧换新实施办法（修订稿）》（商商贸发〔2010〕190 号），于 2010 年 6 月 1 日至 2011 年 12 月 31 日，结合各地区旧家电拆解处理能力等条件，将家电以旧换新实施范围逐步扩大到全国。在此期间，尤其是 2011 年，正规企业实际处理量大幅提高，然而随着政策结束，其回收量又大幅减少（专题图 1-15）。2012～2015 年，《废弃电器电子产品回收处理管理条例》及基金补贴政策的实施促进了电子废物的回收处理，“四机一脑”（指电视机、电冰箱、洗衣机、房间空气调节器和电脑）的回收处理率由 4.3%增长到 35.9%。但总体来说，我国未来电子废物回收处理尤其是正规的回收处理，仍然有着较长的路需要走。

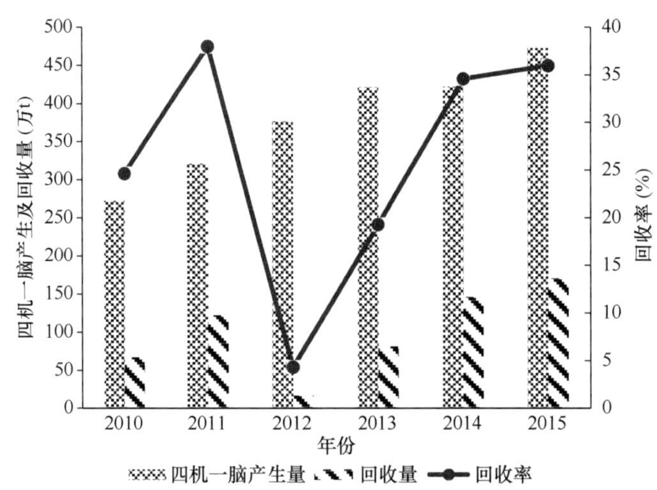

专题图 1-15　2010～2015 年废弃“四机一脑”处理量和理论报废量

7）我国报废汽车回收利用概况

我国已经成为世界汽车产量和消费量最大的国家。随着我国汽车消费量的持续增长，报废汽车数量也将持续增长，专题表 1-9 给出了 2010～2016 年我国报废汽车回收量数据。

专题表 1-9 2010～2016 年我国报废汽车回收量

年份	2010	2011	2012	2013	2014	2015	2016
报废汽车回收量（万辆）	147.87	149.6	132.3	187.5	220	277.5	300.56

数据来源：商务部统计数据

根据商务部发布的《中国再生资源回收行业发展报告 2017》，截至 2016 年年底，全国民用汽车保有量达 1.94 亿辆，同比增长 12.8%；新注册登记的汽车达 2752 万辆，同比增长 15.4%；保有量净增 2212 万辆，同比增长 24.2%。

2016 年，我国报废汽车回收拆解行业发展缓慢，全国获得拆解资质的企业数量 635 家，同比增长 5.3%；隶属回收网点维持在 2300 个左右。报废汽车回收网点已覆盖全国 80%以上的县级行政区域。2016 年，全国回收拆解报废机动车合计 300.56 万辆，同比增长 8.3%，其中报废汽车回收量 280 万辆，同比增长 7.7%，摩托车回收量 20.56 万辆，同比增长 17.3%。拆解再生资源总量合计 721.29 万 t，同比下降 17.3%。

8）我国废稀贵金属回收利用现状

废稀贵金属的来源主要包括：矿山尾矿、选冶废渣中贵金属回收，废旧金银首饰回收，电极泥、电镀废液中金银回收，照相胶片行业中银回收，废旧电器中金银回收，废催化剂中的铂族贵金属回收，功能材料中贵金属回收等。由于稀贵金属种类较多，而且来源广泛，当前我国尚未有单独对废旧稀贵金属回收利用量的统计信息，相关研究也主要集中在回收技术方面。

经过多年的发展，我国已初步形成了一套较为完善的废旧贵金属回收体系，其中以废旧贵金属首饰和制作首饰的废料回收、贵金属矿山尾矿和选冶厂矿渣回收及电解电镀废渣（液）回收为主。与发达国家相比，我国贵金属再生资源回收起步较晚，技术较为滞后，回收生产粗放经营，尚未形成有效的贵金属回收体系和相应配套的管理机制，亟待国家政策扶持。目前，我国回收废旧贵金属厂家有 150～200 家，回收单位分散，形不成规模；而且回收设备简陋、技术落后、回收率不高，浪费了资源和能源；回收渠道杂乱，缺乏政府有力监管。贵金属废料回收的小作坊占据多数。这些个体户的出现，虽然对贵金属废料回收起到了一定的作用，但带来的环境污染等问题却十分严重。

9）我国废纸回收利用现状

2015 年，我国废纸综合利用量为 7760 万 t，其中国内废纸回收利用量 4832 万 t，国内废纸综合利用率约为 46.68%；进口各类废纸 2928 万 t（专题表 1-10），同比 2014 年上升 6.39%。

2015 年，我国纸浆消耗总量达 9731 万 t，其中废纸浆消耗量 6338 万 t（利用进口废纸制浆 2392 万 t，利用国内回收废纸制浆 3946 万 t）（专题图 1-16）。随着废纸制浆技术与装备的进步和普及，废纸浆消耗量已占到总纸浆消耗量的 65%以上，成为我国造纸工业最主要的原料来源。

专题表 1-10　2010～2015 年我国废纸回收利用情况

项目	年份					
	2010	2011	2012	2013	2014	2015
纸及纸板消费量（万 t）	9 173	9 752	10 048	9 782	10 071	10 352
废纸综合利用量（万 t）	6 626	7 075	7 479	7 301	7 171	7 760
国内废纸综合利用量（万 t）	4 016	4 347	4 472	4 377	4 419	4 832
国内废纸综合利用率（%）	43.78	44.57	44.51	44.75	43.88	46.68
废纸进口量（万 t）	2 610	2 728	3 007	2 924	2 752	2 928

数据来源：中国物资再生协会

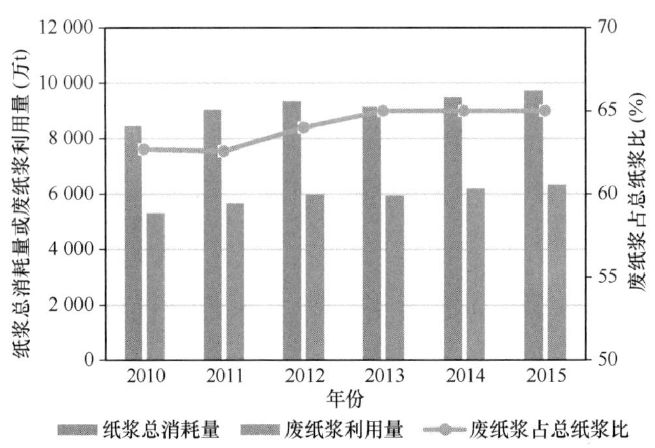

专题图 1-16　2010～2015 年我国纸浆消耗总量与废纸消耗情况

数据来源：中国物资再生协会

10）我国建筑垃圾回收利用现状

目前，我国还没有建筑垃圾年产量的官方统计数据，对于建筑垃圾产量的估算也是“众说纷纭”，预测数据从几亿吨到几十亿吨不等。

住房和城市建设部城市建设司有关负责人曾提出：“城市建筑垃圾的数量急剧增加，目前年生产量已经达到了 7 亿 t，是城市生活垃圾的 5 倍。”另有学者认为近几年城市新建、改建、扩建、重建产生的建筑垃圾已达 24 亿 t/年。

目前我国建筑垃圾回收利用率较低，主要集中在对其中的废旧金属、钢筋等少数具有更高附加值的废弃物的回收，《“十二五”资源综合利用指导意见》和《大宗固体废物综合利用实施方案》提出，到 2015 年全国大中型城市建筑废物利用率也仅有达到 30%的目标。

在我国，建筑垃圾回收利用的技术已不存在困难，但缺乏有效的激励政策和监管措施成为阻碍建筑垃圾回收利用的主要瓶颈。

专栏一　建筑废物管理的许昌模式

近年来，许昌市积极探索、大胆实践，走出了一条“政府主导、市场运作、特许经营、循环利用”的建筑垃圾管理与资源化利用的新路子。政府对建筑废物实行特许经营，出台相关政策措施，从建筑拆除、分类、运输、利用方面保障全市建筑垃圾的规范化综合利用。并且推行绿色采购，促进建筑废物分类资源化产品的使用。年消耗建筑垃圾 400 万 m^3，建筑垃圾资源化利用率在 95%以上，每年节约土地 500 多亩，有效解决了建筑垃圾围城堆放、污染环境、破坏生态等难题，实现了建筑垃圾变废为宝、化害为利，有力促进了许昌市循环经济的发展。

11）我国生活垃圾回收利用现状

住房和城乡建设部数据显示，2015 年我国城市生活垃圾清运量为 19 142.17 万 t。城市生活垃圾的组成成分与城市化程度相关，越是经济发达的城市，城市垃圾中可燃物及可堆腐物所占比例越高。垃圾的含水率、有机质、碳氮比、热值随着垃圾产生种类的不同而不同，其中市场垃圾、商业垃圾含水率较高，居民垃圾含水率略低，垃圾含水率最高可达 50%左右（王德宝和胡莹，2010）。

另外，环境保护部发布的《2016 年全国大、中城市固体废物污染环境防治年报》显示，2015 年，246 个大、中城市生活垃圾产生量 18 564.0 万 t，处置量 18 069.5 万 t，处置率达 97.3%。各省（自治区、直辖市）发布的大、中城市 2015 年生活垃圾产生情况如专题图 1-17 所示。

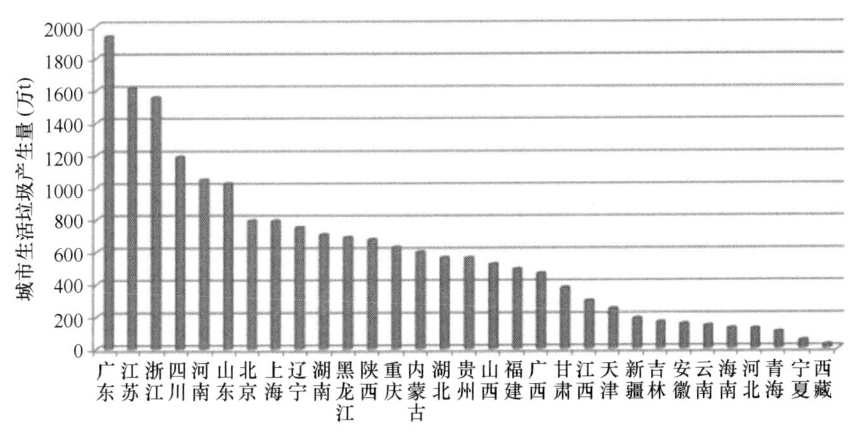

专题图 1-17 2015 年我国各省（自治区、直辖市）城市生活垃圾产生情况

数据来源：《2016 年全国大、中城市固体废物污染环境防治年报》

246 个大、中城市中，城市生活垃圾产生量最大的是上海市，产生量为 742.7 万 t，其次是北京市、重庆市、深圳市和成都市，产生量分别为 733.8 万 t、635.0 万 t、541.1 万 t 和 460.0 万 t。前 10 位城市产生的城市生活垃圾总量为 4818.1 万 t，占全部信息发布城市产生总量的 26.0%。

在我国，公民缺乏垃圾分类的意识，对于垃圾分类所具有的意义认识程度不够高。据调查，我国有近 70%的公民在日常生活中扔垃圾没有分类的习惯，甚至对垃圾可回收与不可回收的区分几乎没有认识，垃圾桶的分类标识更不被人们关注（包云等，2015）。

目前，我国生活垃圾一般分为三大类：可回收垃圾、餐厨垃圾和其他垃圾。目前对城市垃圾的处理方法主要有填埋、堆肥、焚烧 3 种。根据《中国统计年鉴 2015》（国家统计局，2016)，2014 年我国垃圾无害化处理方式中，卫生填埋占 65.5%，焚烧占 32.5%，垃圾堆肥处于萎缩状态。

专栏二　格林美“回收哥”——互联网+分类回收

“回收哥”是由格林美推出的国内首个全方位 O2O 分类回收平台，旨在构建全国性的新型互联网+回收体系，打造城市废物回收的 O2O 平台，构建电子废弃物云回收体系，搭建“回收哥”的网站、微信及 APP 线上推广平台。“回收哥”回收的废品主要是废纸、废塑料、废电池、大家电、小电器、废灯管、破铜烂铁等七大类“城市矿山”资源。利用互联网技术服务于再生资源产业，线上建设回收交易平台，深度整合线下资源，改造传统回收大军模式，改变回收无序低效的局面，改善再生资源回收方式。利用互联网及大数据等科技服务功能产生的协同作用服务于大众，实现老百姓、“回收哥”、格林美、商家、政府五位一体的共生共赢模式。

专栏三　中国生活垃圾收运处置新模式——桑德模式

针对我国垃圾清理、收运、再生资源回收和终端处理各自为政的管理模式，桑德集团将与生活垃圾分类和处置相关的几项创新技术优化组合，推出了一种生活垃圾收运处置颠覆性创新模式——“两网融合”的互联网环卫收运体系+生活垃圾混合收集运输+终端干湿分离+干垃圾洁净气化技术产生合成气+湿垃圾干式厌氧技术产生天然气+两种可燃气体直燃发电或提纯利用。

该模式首次推出了一种定位于终端的垃圾干湿分离技术，可以快速高效地将混合生活垃圾分选为干、湿两部分，分离后的干垃圾热值大幅提高，更加适合热解气化、焚烧发电等热值直接利用的处置技术，而湿垃圾成为一种以有机质为主的半浆化物料，更加适合厌氧发酵的生物处置技术。这种垃圾干湿分离的技术创新将给我国垃圾分类和处置模式带来颠覆性的变革。

12）我国餐厨垃圾回收利用现状

随着我国经济的发展及城镇化进程的加速，餐厨垃圾产生量逐年增长。据统计，我国城市每年产生餐厨垃圾不低于 6000 万 t（新华网，2009），其中，北京市、上海市、深圳市等的餐饮服务单位的餐厨垃圾日产量已突破千吨，其他大中型城市餐饮服务单位餐厨垃圾日产量也在数百吨（钟磊，2013）。

我国目前绝大多数城市的餐厨垃圾与生活垃圾混合堆放，以传统的焚烧、填埋为主。即使在大力发展餐厨垃圾资源化技术的城市，资源化处理比例也相对较低。例如，北京市 2008 年餐厨垃圾日产量超过 1200t，资源化处理量仅为 200t，处理比例不足 20%；上海市 2008 年餐厨垃圾日产量超过 1100t，实际收运量只有 500t（胡新军等，2012）。

专栏四 餐厨垃圾处理与管理

为确保餐厨垃圾处理的利润，保证投资者和运营者的利益，新密市餐厨垃圾处理中心采取了处理产品内循环的商业模式，通过建设日光温室种植有机蔬菜，打造餐厨垃圾从“餐桌（餐厨垃圾）→无害化处理（成为有机肥料）→有机果蔬种植→餐桌”的餐厨垃圾处理“新密模式”。由此，该项目形成了政府有关餐厨垃圾处理补贴、售卖分离的油脂、肥料和有机蔬菜所得相结合的盈利模式。

我国“十一五”国家科技支撑计划项目的成功应用和延续，江苏洁净环境科技有限公司在餐厨垃圾无害化处理、资源化利用方面积极研制新技术，开发了地沟油转化生物塑料聚羟基脂肪酸酯（PHA）的产业化，以及蝇蛆蛋白的提取和机械化养殖的产业化，不仅都在各自的领域填补了国内外的空白，并且在更广空间上延伸了餐厨垃圾处理行业的产业链。

2. 我国“城市矿山”产业发展现状

早在20世纪50年代，我国就有回收垃圾的一些做法。改革开放以来，经济迅猛发展，资源短缺和环境污染问题突出，在可持续发展战略的指引和世界工业发达国家的影响下，我国再生资源产业取得了更显著的成绩，形成了遍布全国各地、网络纵横的格局，对整个国民经济的发展起到了重要作用（刘强和张艳会，2011）。目前，我国“城市矿山”相关的再生资源回收企业有10万多家，从业人员达1500多万人（中国物资再生协会，2017）。

在良好的产业政策环境下，我国“城市矿山”开发利用产业的现代化程度得到了明显提升，装备技术水平进一步提高。“城市矿山”产业在产业规模、技术水平和发展模式上都取得了很大进步，节能减排效果日益显著。但同时，我国“城市矿山”回收利用分散化、无序化的现象仍然较为普遍，回收人员个体化、无组织化的问题依然存在，由于先进的逆向物流体系尚未建立，造成再生资源被多次、多向、多地区地流动和转移，资源回收利用效率较低，也同时造成多次污染。

（1）行业规模不断壮大，行业聚集度显著提升

“十二五”以来，再生资源行业规划实施以来，在国家有关政策的支持下，再生资源回收体系建设、再生资源产业园区建设、“城市矿产”示范基地建设都获得了长足发展，再生资源回收行业的整体规模在持续扩大。

“十二五”期间，我国废钢铁、废有色金属、废塑料、废纸、报废船舶五大类别的再生资源年进口总量变化不大，基本保持在4000万～5000万t的水平（专题表1-11）。自2014年以来，再生资源进口量逐步降低，其中2016年进口3990.4万t。

在很多地区，再生资源产业已经发展成为带动地方经济发展的主导产业。例如，安徽省界首市、浙江省永康市、安徽省凤阳县、河北省邯郸市等地，再生资源产业产值甚至占地方经济总量的一半以上，成为一方百姓赖以生存的产业，辽宁省庄河市等一批城市也将再生资源产业作为带动城市发展的支柱产业。

专题表 1-11　再生资源回收利用规模情况表

年份	国内回收量（万 t）	进口量（万 t）	合计（万 t）
2006	12 456.1	4 394.335	16 850.44
2007	14 032.7	4 672.92	18 705.62
2008	15 053.7	5 114.7	20 168.4
2009	17 914	6 120.06	24 034.06
2010	14 889.9	4 261	19 150.9
2011	16 217.8	4 726.7	20 944.5
2012	16 067	4 970	21 070
2013	23 307.5	4 537.1	27 844.6
2014	24 470.6	4 132.4	28 603
2015	24 729.5	4 104	28 833.5
2016	25 642.1	3 990.4	29 632.5

数据来源：商务部统计数据

49 个国家“城市矿产”示范基地，分布在全国 27 个省（自治区、直辖市）。按建设实施方案确定的建设目标全部建成后将形成每年约 4240 万 t 的再生资源聚集加工能力，目前多个示范基地的资源聚集量已超过了每年 100 万 t，形成了企业集聚、规模化发展的态势，已成为国家重要的资源供应地和产业集聚区。

商务部以再生资源回收体系试点城市和大型再生资源回收利用基地为主要抓手从回收领域支持再生资源行业发展。截至 2013 年年底，已有 3 批共 88 个城市列入试点，运用中央财政服务业发展专项资金，支持试点城市新建和改扩建 51 550 个网点、341 个分拣中心、63 个集散市场，同时支持了 123 个再生资源回收加工利用基地建设。

近年来，再生资源资本市场风起云涌，并购重组相继发生。通过资本力量整合，目前共形成了 6 家与废弃电器电子产品处置行业相关的上市企业。目前在上海市、深圳市和相关上市的再生资源企业主要包括格林美股份有限公司、桑德集团有限公司、东江环保股份有限公司、江苏华宏科技股份有限公司、山鹰国际控股股份公司等 15 家。随着兼并重组加剧，行业集中度进一步提高，推动行业向规范化、有序化方向发展。

（2）资源回收利用效率不高，产品附加值低

目前发达国家的再生金属产量占金属总产量的 40%～70%，废金属的平均回收率（指回收量占总消费量的比重）为 40%～50%，废钢铁为 60%～70%，废铜为 60%。2014 年，我国废钢铁利用量占当年粗钢产量的 10.7%，国内主要废有色金属回收量占再生有色金属原料供应量的 60%以上。相较于发达国家，我国的资源回收利用率仍较低。同时，在市场利益的驱动下，回收企业普遍存在“利大大干，利小小干，无利不干”的现象，导致“城市矿山”资源综合回收利用率低，市场交易混乱，大量可用资源无人问津，造成严重浪费。

再生资源回收行业大部分品种都缺乏产品技术标准、质量分类标准和检测标准，尤其是废纸、废塑料等品种，一直没有统一的国家标准，也没有统一的检测办法，不仅带来了高昂的交易成本，也给资源的高效、高值利用带来了严重障碍。

（3）行业技术水平有待提高，技术装备落后

虽然行业内出现了技术水平领先的企业，但是行业整体上技术水平不高，存在把高品质、高性能的优质再生资源作为加工低端、低档次产品原料使用的现象。行业内技术研发普遍投入不足，操作工人缺乏技术培训，专业知识水平和技能操作水平较低。除少数企业回收工艺和装备较先进、环境保护设施较完善外，大多数从业主体设备简陋、技术落后，分拣精细化、专业化水平较低，在一定程度上影响了再生资源的利用率。由于资金投入少、技术开发能力弱，导致我国废旧物资加工处理工艺落后，技术及装备水平极低，一些与再生资源加工处理相伴的环境污染物未能妥善处理。

由于缺乏先进适用、清洁环保的技术装备，我国大多数企业仅回收利用废旧产品中价值较高的金属组分，再生产品附加值处于国际产业链条的低端。例如，我国废旧家电产品组件和材料再利用率仅为30%左右，欧盟各成员国大多达到75%以上。美国年回收利用再生资源约1.25亿t，规模与我国基本相同，但单位再生资源产值是我国的4倍。

我国“城市矿山”开发利用技术装备研发能力薄弱，多数先进装备还需要依靠引进，总体水平仅达到发达国家20世纪90年代初的水平，严重限制了我国再生资源产业快速健康发展。一是中小型企业占85%以上，龙头型、骨干型和支柱型企业数量偏少，基本没有条件和能力引进及使用新技术、新工艺、新设备，产业化、集约化水平差，产品的技术含量和附加值较低，再生资源的高端市场被合资企业或外资企业垄断。二是自有产权的技术装备不足，具有核心技术的专业化企业仅为1%～2%，先进技术和装备主要依赖进口，行业内科技人员比重远低于其他行业。三是装备产业化能力不足，加工利用技术水平不高，精深加工能力差，许多高品质、高性能的再生资源被作为低端、低档次原料使用。例如，废旧有色金属回收利用大多沿用传统方法，工艺流程落后，污染严重；电器电子废弃物简单作坊式拆解处理现象大量存在。

（4）企业规模化、规范化经营程度低

行业回收主体多元而且分散，在上市公司和龙头企业涌现的同时，普遍存在大量“小、散、差”的企业，全行业有回收企业10万多家，平均每家年回收量1000多吨。民营回收企业占企业总数的80%，占就业总人数的75%左右，是回收行业的主体，规模化企业的回收量仅占回收总量的10%～20%。

标准化、规范化的运作流程尚未形成，回收、运输、储存、利用各环节协作配套不够。酸浸、火烧等野蛮拆解和不具备资质私自拆解现象普遍存在，偷盗销赃行为时有发生，乱堆乱放、乱设摊点现象还比较严重，造成行业秩序混乱，存在一定环保隐患。

（5）创新型回收模式不断涌现，“互联网”思维日益渗透

近年来，随着再生资源回收行业的快速发展，企业着力创新回收模式，提高回收水平。例如，武汉格林美资源循环有限公司采用回收箱、回收超市相结合的废旧电池多渠道回收模式；北京盈创再生资源有限公司将物联网技术与再生资源回收体系相结合，通过自主研发的饮料瓶智能回收机，开创了中国首例将物联网技术与再生资源回收体系结合的先例。

近期，“互联网”思维成为公众讨论的热点。传统再生资源回收产业，通过嫁接互联网进行升级改造，不仅可有效减少行业中间环节，使信息更加透明化，还有助于降低企业经营成本，提高资金使用效率。随着再生资源产业的不断发展，产业转型升级迫在

眉睫，在各种回收和交易模式的演变过程中，涌现了一批并走在时代前端的互联网企业。例如，深圳淘绿信息科技有限公司将互联网思维融入传统回收行业，构建了专注于再生资源行业（废旧手机）的回收服务第一平台，集线上回收交易平台、二手商城平台、拆解物交易平台、积分系统为一体的“三大平台一个系统”（中国物资再生协会，2016）。

3. 进口废物环境管理现状

我国自20世纪80年代以来开始废物原料进口活动，已经成为世界上最主要的废物原料进口国之一。进口废物原料在促进资源能源节约和污染减排、缓解我国经济发展所需原材料的供应缺口、扩大就业及平衡对外贸易关系等方面发挥了积极的作用。与此同时，境外有害废物的非法进口问题也对我国环境和人体健康构成了威胁。为了防止危险废物和其他废物的非法越境转移，促进进口废物原料的无害化、资源化利用，我国建立了一整套比较完善的固体废物进出口管理体系。

（1）进口废物政策法规体系现状

经过十几年的发展，我国固体废物进口管理相关的法律法规不断健全和完善，目前基本形成以1部公约（《控制危险废物越境转移及其处置巴塞尔公约》，简称《巴塞尔公约》）和2部法律（《固体法》《刑法》）的相关条款为根本，以2部部门规章［环境保护部等5部委联合发布的《固体废物进口管理办法》和国家质量监督检验检疫总局《进口可用作原料的固体废物检验检疫监督管理办法》（总局令第 149 号）］、5 项部门规定（2010～2015年环境保护部相继发布的《进口废塑料环境保护管理规定》和《限制进口类可用作原料的固体废物环境保护管理规定》等专项规定）、14个《进口可用作原料的固体废物环境保护控制标准》及国务院和有关部门的数十份规范性文件为主体的进口可用作原料的固体废物管理的法律法规体系。

我国目前的进口废物管理体系形成了以《中华人民共和国环境保护法》为依据，以《固体法》为基础，以《巴塞尔公约》为国际转移原则，综合环保、海关、质检多部门，从废物分类、标准控制、属性鉴别等多方面综合的全过程、全流程和全范围管理。

（2）进口废物管理基本制度

1）目录管理制度

我国固体废物进口实行的是动态目录管理。20世纪90年代，我国为加强《巴塞尔公约》履约能力，有效控制国际废物转移至中国境内而造成污染，分别于1991年和1994年发文列明严格控制转移到中国的23类有害废物和生活垃圾。至此，我国进口可用作原料的固体废物目录管理的雏形基本形成。《禁止进口固体废物目录》中的废物严格禁止入境；可进口用作原料的固体废物分为限制类和自动进口类进行管理。2017年7月，中国政府发布《禁止洋垃圾入境推进固体废物进口管理制度改革实施方案》，明确提出“分批分类调整进口固体废物管理目录”，“逐步有序减少固体废物进口种类和数量”。此后，生态环境部等部委先后于2017年8月、2018年4月、2018年12月对《进口废物管理目录》进行了三次调整。截至2019年1月，我国在目录中列名禁止进口的固体废物有十四类125种，列名限制进口类固体废物有五大类32种。

2）许可审查制度

我国对进口可用作原料的固体废物实行许可审查制度。环境保护部委托固体废物与化学品管理技术中心受理申请材料并进行技术审查，并将技术审查情况予以公示。审查依据主要是《固体废物进口管理办法》《进口可用作原料的固体废物环境保护管理规定》及《进口可用作原料的固体废物环境保护控制标准》等。环境保护部根据固体废物与化学品管理技术中心的技术审查意见，对进口可用作原料的固体废物申请进行审定。

3）检验检疫制度

进口可用作原料的固体废物入境前需通过检验检疫程序。《固体法》第二十五条规定：“进口的固体废物必须符合国家环境保护标准，并经质量监督检验检疫部门检验合格。”《固体废物进口管理办法》第十四条规定：“进口固体废物必须符合进口可用作原料的固体废物环境保护控制标准或者相关技术规范等强制性要求。经检验检疫，不符合进口可用作原料的固体废物环境保护控制标准或者相关技术规范等强制性要求的固体废物，不得进口。”

4）注册登记制度

注册登记制度包括国外供货商和国内收货人登记。2005 年 12 月 1 日实施的《中华人民共和国进出口商品检验法实施条例》（国务院令第 447 号）第二十二条规定：“国家对进口可用作原料的固体废物的国外供货商、国内收货人实行注册登记制度，国外供货商、国内收货人在签订对外贸易合同前，应当取得国家质检总局或者出入境检验检疫机构的注册登记。”第五十三条规定：“进口可用作原料的固体废物，国外供货商、国内收货人未取得注册登记……按照国家有关规定责令退货。”明确规定国外供货商注册申请应向国家质检总局提出，由国家质检总局组织评审组按规定审核，经审核符合注册条件的由国家质检总局准予注册并颁发证书，进口可用作原料的固体废物原料外贸合同的买方不论以何种贸易方式，从事向中国进口可用作原料的固体废物原料的收货人，必须向质检部门申请登记未获得登记资格的收货人，相应检验检疫机构不受理其报检各地直属检验检疫局负责所辖区域国内收货人注册登记申请的受理、评审、批准、变更、延续和日常监督管理工作。

5）圈区管理制度

《固体废物进口管理办法》第十八条规定：“国家鼓励限制进口的固体废物在设定的进口废物‘圈区管理’园区内加工利用。进口废物‘圈区管理’应当符合法律、法规和国家标准要求。进口废物‘圈区管理’园区的建设规范和要求由国务院环境保护行政主管部门会同国务院商务主管部门、国务院经济综合宏观调控部门、海关总署、国务院质量监督检验检疫部门制定。”

6）信息共享机制

信息共享主要指各管理部门相互通报进口废物加工利用企业的违法违纪行为。2011 年，发布《环境保护部、海关总署、质检总局关于加强固体废物进口管理和执法信息共享的通知》（环办〔2011〕141 号），正式建立国家及地方层面固体废物进口管理和执法信息沟通与共享机制（简称“信息共享机制”）。根据信息共享机制，各级环保、海关、质检部门将及时相互通报有关进口属于禁止进口的固体废物，进口不符合国家环境保护控制标准的固体废物，转让固体废物进口许可证，以及涉嫌境外固体废物非法向我国转移等相关信息和情报。

7）争议解决机制

针对经常出现以进口货物为名大量进口可用作原料的固体废物、与实际不符合，而进口者与管理部门又经常对进口的货物是否属于固体废物发生争议的情况，可以诉诸争议解决程序，《固体废物进口管理办法》规定进口者对海关将其所进口的货物纳入固体废物管理范围不服的，可以依法申请行政复议，也可以向人民法院提起行政诉讼。

8）退运与处置机制

退运与处置的主体主要是不符合环境保护控制标准的固体废物。按照修改后的《刑法》规定，对非法进口固体废物的行为应依法追究刑事责任；针对进口者逃避、无人承担固体废物退运责任的情况，承运人将作为固体废物退运的共同责任人。

9）特殊监管区域规定

针对海关特殊监管区域长期以来管理无统一尺度，海关特殊监管区域（包括出口加工区、保税区等）内企业产生的固体可用作原料的固体废物进口和入关处置问题比较普遍，原则上此类废物应当复运出境。确需出区入关作为原料利用的，“按照本办法有关限制进口类固体废物的申请、审批、检验检疫和通关程序执行。”确需出区入关处置的，则需申请取得区所在地和接受处置固体废物单位所在地省级环境保护主管部门的同意，提交一系列证明固体废物能被无害化处置的材料，经环境保护部许可后方可转移。需出区入关处置的固体废物是危险废物的，还必须执行危险废物转移联单制度等危险废物管理的法律制度。

（3）进口废物现状

2015 年，批准的进口废物加工利用企业有 2100 多家，较 2005 年的 4100 多家，数量上减少了近一半，表明进口废物实现加工利用产业规模化（专题图 1-18）。

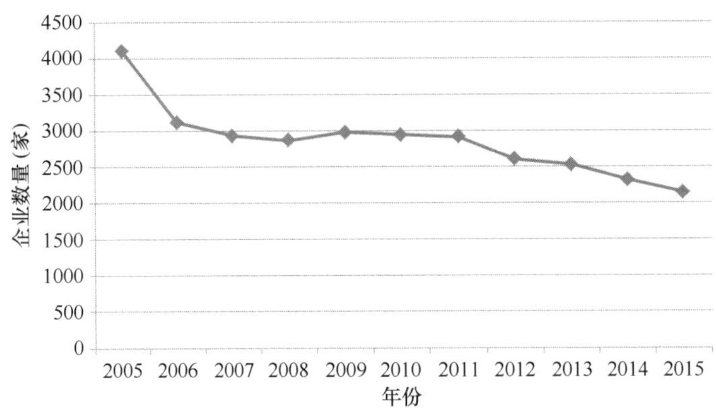

专题图 1-18　2005～2015 年进口废物加工利用企业的数量变化

进口废物加工利用企业普遍分布于东南沿海地区，其中 50%以上位于广东和浙江两省，其他在地域分布上相对分散。按照加工利用废物种类划分，废塑料加工利用企业约占 59%，废金属加工利用企业约占 25%，废纸加工利用企业约占 9%。广东、浙江、江苏、山东、福建五省合计约占进口废物总量的 80%。

近年来，我国经济社会发展对资源和原材料的需求量逐步增大，进口量呈逐年增长的趋势，2008 年达到顶峰，约 5600 万 t。近两年，受我国经济发展下行的影响，进口量有下降的趋势，如专题图 1-19 所示。从进口来源地看，主要来自美国、日本、英国、欧盟、我国香港特别行政区（转口）等发达国家和地区。

专题图 1-19 2000～2015 年进口废物数量及金额

“洋垃圾”走私问题依然突出，形势严峻，“洋垃圾”是指国家禁止进口的不能用作原料的固体废物，以及国家虽允许进口但不符合《进口可用作原料的固体废物环境保护控制标准》要求的部分固体废物。

由于利益驱动，一些企业或个人铤而走险，通过绕关、伪报、瞒报、夹藏等方式从事“洋垃圾”走私活动。我国周边的一些国家和地区（如越南）对“洋垃圾”出口缺乏有效管制，已成为发达国家向我国非法转移“洋垃圾”的中转地。例如，在广西防城港东兴地区通过中越边境非设关地向我国走私废旧衣服、废旧轮胎、废电脑等“洋垃圾”现象严重，广东省陆丰市碣石镇已成为走私废旧服装的集散地。根据海关总署缉私局统计，2013～2014 年，全国共查处走私废物案件 312 起，查获各种固体废物 143 万 t。其中，涉及禁止进口的固体废物 142 起，查获电子废物、废矿渣、废旧衣服等“洋垃圾”共 25 万 t。

一个问题是一些不具备加工资质和能力的企业通过骗取或利用他人许可证进口固体废物，这也是当前最主要的犯罪手法。2013～2014 年，海关查获此类刑事案件 196 起，查证涉案废物 114.95 万 t。在对山东莱州、临沂地区废塑料集散地进行现场调研中，发现倒卖进口废物现象普遍存在，尤其是正规企业将进口废物倒卖给环保设施不达标、甚至无任何污染防治设施的小企业、小作坊进行加工利用，导致废水、废气直接排放，给当地的饮用水安全带来了严重影响，存在较大的环境污染风险。

由于进口废物成分复杂，属于非标准货物，实际操作中存在执行标准难、尺度不一等问题，导致部分不符合环境保护控制标准的进口废物报关进入我国境内，如夹带明令禁止进口的生活垃圾等废物。

另一个问题是对进口废物与国内再生资源企业实行双重管理标准，标准差距越大，非法倒卖的概率越高，污染问题就越突出。国家对进口废物实行严格的许可证审批管理制度，进口废物加工利用企业需要经过考核符合相关的进口废物管理规定才能进口，企业规模大，污染防治水平相对较高；而国内再生资源行业无明确的规范要求，存在一个庞大的小作坊、非法集散地群体，他们处于政府监管体系之外，生产设施落后、无环保设施，超标排放，其经营成本低，用较高的价格截走了大量废旧资源，导致正规企业“吃不饱”，也导致进口废物非法加工利用，扰乱了市场秩序，产生了劣币驱逐良币的后果，对行业的整体形象影响恶劣。

（四）我国“城市矿山”开发利用存在的问题

我国“城市矿山”的开发利用仍处在起步阶段，存在着园区、市场缺乏合理规划、实施方案落实不到位、相关技术支撑缺乏、回收渠道和商业模式缺失及监管政策具体机制缺位等问题（朱坦和张墨，2010）。

1. 政策法规不完善，实施方案落实不足

宏观政策方面，“城市矿山”和再生资源产业在国民经济发展中的定位长期没有明确，行业凝聚力与生产服务能力弱，缺乏有效的产业政策与市场调控手段。部分地区再生资源产业已经出现产能过剩，一些地方利用扶持政策过分圈地，有能力建设厂房，无资金购置生产设备。产业与融资市场均缺乏良好的商业模式和运营监管机制，一些企业融资困难。政府、企业、公众的责任不明确。

具体法规制度方面，《“城市矿产”示范基地实施方案》可操作性尚存在一定的欠缺。如“城市矿山”技术支撑体系没有具体且清晰地安排申报单位的关键技术和装备，或者遗漏了需要大力推广应用的、加快实现产业化的、需要进一步创新研发的相关技术及产业链。

生产者责任延伸（EPR）制度的政策规定缺乏操作性，实施细则的配套程度不足。EPR 制度相关政策中对于生产者等承担的责任缺乏刚性规定，多为鼓励，难于落实；生产者主要承担的经济责任是废弃电器电子产品处理基金的损失，而在绿色设计、回收、处理等环节缺乏强制性；EPR 制度经济激励措施单一，只有专项处理基金，税收优惠、信贷融资等政策不足，绿色产品减征具体实施细则等尚未出台。例如，《中华人民共和国循环经济促进法》规定：生产者必须负责回收其生产的列入强制回收名录的产品或者包装，但配套的强制回收目录一直尚未出台，执行效果有限。《废弃电器电子产品回收处理管理条例》配套的基金管理办法虽提出“对绿色设计的企业可以减征处理基金”，但这些鼓励机制并未建立具体的实施细则，尚未落实。此外，《废弃电器电子产品处理目录（2014 年版）》中新增的产品回收管理细则尚不完善。

问责机制的力度不足。例如，《电子废物污染环境防治管理办法》规定“拆解、利用和处置电子废物不符合有关电子废物污染防治的相关标准、技术规范和技术政策的要求，或者违反本办法规定的禁止性技术、工艺、设备要求的”，由所在地县级以上人民政府环境保护行政主管部门责令限期整改，并处 3 万元以下罚款，与使用禁止性技术、工艺、设备要求造成的环境危害相比，该惩罚力度太小，对违法行为的遏制效果有限。此外，法律责任追究范围较窄，除了生产者，销售者、消费者、回收者等责任相关方未明确或缺乏强制性。

绿色消费、绿色设计推行力度不足。EPR 制度相关政策中生产者主要承担经济责任即废弃电器电子产品处理基金，而在绿色设计、回收、处理等环节缺乏强制性。目前在绿色消费方面缺乏引导措施或推进机制，部分地方政府经济发展理念落后，企业

责任承担意识不足，消费者对绿色产品的认识影响不足，也间接影响了 EPR 制度的实施效果。

2. 缺乏长期稳定的财税政策

国家财税部门取消了原废旧物资销售发票抵扣 10%的增值税，改为发票金额 17%的增值税。由于回收企业难以取得进项税票，自有资金占用多、周转时间长，且退税比例减少，增加再生资源采购成本，使得再生资源价格上扬，市场竞争力不强，正规加工利用企业出现货源短缺。

地方政府对循环经济产业基地建设的支持主要体现在宣传和引导层面，而在鼓励循环经济产业基地发展的财税、金融优惠等方面的政策还存在一定缺失，相关激励机制也不够健全。

3. "城市矿产"示范基地建设缺乏合理规划

当前国家"城市矿山"基地的筛选主要基于专家主观判断和省市之间的利益平衡，总体规划没有考虑再生资源储量的空间布局。根据日本、德国和美国等发达国家的经验，以及我国"城市矿产"基地的实际运行情况看，空间布局不合理造成相邻基地的资源回收恶性竞争，废弃物和再生产品运输半径过长，经济性下降，一些示范基地废料供给不足，大大降低了园区的整体服务效益。

商务部、国家发展改革委、环境保护部等部门的政策衔接不足，使得再生资源产业链条上的回收拆解、加工利用等环节脱节严重。例如，国家发展改革委批复的不少"城市矿产"基地，不具备其他部委批准的报废汽车拆解、危险废物处理资质，许多规划项目不能实施。废旧商品回收体系建设与国家"城市矿产"基地布局缺乏统筹配套，园区选址不利于与周边利废企业形成资源加工利用产业链条和集群发展。

地方再生资源园区规划建设的论证不够充分，规划过于庞大，动辄几十万亩或上百万亩，同类项目重复建设，区域内产能结构性过剩，土地和设备浪费严重。例如，国家出台废家电补贴政策后，各地拆解企业迅速增加，一个区域内甚至出现 10 多家拆解企业，在前端回收渠道不规范的情况下，回收量无法满足企业生产需求。

4. 再生资源回收渠道商业模式缺失

广泛分布于家庭的废旧商品的回收困难重重，大部分回收渠道被走街串巷的游商小贩占据，非法小作坊式生产遍地开花，正规处理企业却难以获得这些资源。同时，我国的垃圾分类推行不力，直接导致收购层次低、分类不细，使得资源回收成为阻碍行业发展的最大难题。除了回收渠道不通畅，"城市矿山"资源化的难度还体现在另外两个方面，即分散性和混合性。"城市矿山"与原生矿不一样，"城市矿山"往往品种繁多，不同的产品对应着不同的再生资源。例如，汽车里面有金属、橡胶、塑料、玻璃等。生产者责任延伸制度没有从法律层面予以明确规定，对产品废弃后回收没有明确政府、企业和公众的责任。

目前，信息化手段正逐步应用于"城市矿山"开发利用中，但成熟的商业化运营模式尚未形成，主要盈利点还不清晰。已有平台涵盖"城市矿山"资源的种类有限；重视在“城市矿山”产业链前端（即回收环节）的应用，而对在其中后端（即拆解、粗加工、循环再造）的应用关注不够，缺乏针对整个产业链的整体应用设计；聚焦于如何通过信息化手段扩大“城市矿山”开发利用规模和降低开发利用成本，而对如何降低其开发利用过程的环境影响考虑不多。

5. 社会力量支持“城市矿山”开发利用的具体机制缺位

“城市矿山”开发利用的参与主体是非常广泛的，不仅包括政府有关部门和相关机构，还应当包括企业、社区、家庭、中介组织和个人。充分发挥社会上其他力量的作用，减轻政府自身实施“城市矿山”政策的负荷，培养企业、社区、家庭、中介组织和个人参与的积极性，调动各种社会资源，形成规范、健全的多个参与主体的管理体系，使得多个参与主体能够主动参与并帮助政府实现“城市矿山”的政策价值。

6. 竞争环境不完善，企业发展面临威胁

近年来，我国再生资源回收和再生利用企业之间的竞争越来越大。“城市矿山”加工园区之间、与园区之外的企业的竞争逐年加剧，甚至可能遭遇不规范企业的恶性竞争。部分涉及生产性废品废料、废金属及其他废旧物资的经营需要凭借有效许可证，有的地方出现相关经营许可证的倒买倒卖现象。同时，园区内废旧资源回收产业的市场机制尚不完善，不利于培育入驻园区的大型企业。

我国作为一个正处于经济高速增长，资源需求大而又相对紧缺的国家，同时面临着因消费增长而产生大量废弃物，以及传统生产领域因粗放型经营方式而产生的大量环境污染和资源浪费的问题，因此有必要尽快制定适合我国国情的旨在推动“城市矿山”回收利用及其产业发展的相关法律制度，以利于全社会了解“城市矿山”的意义及各级政府在推动“城市矿山”产业发展中的义务和职责。

7. 生活垃圾分类回收仍处于试点阶段

我国现行的生活垃圾管理体制是从 20 世纪 80 年代逐步形成的，垃圾分类回收是在政府主导下，由环卫部门主管的事业单位或国企负责，缺乏市场活力和长效机制。国家先后发布了《城市市容和环境卫生管理条例》《城市生活垃圾处理及污染防治技术政策》《生活垃圾处理技术指南》等法规，但是大部分法规偏重于垃圾的末端处理，涉及前端分类回收的法规很少。

我国虽然早就提出了垃圾分类回收的思路，但真正实行垃圾分类回收的城市不多。自从 2000 年 6 月，北京、上海、南京、杭州、桂林、广州、深圳、厦门被确定为全国 8 个垃圾分类收集试点城市（邓俊等，2013），至今，我国垃圾源头分类水平仍在原地踏步。而其他城市的垃圾分类基本处于零的状态，大部分城市的垃圾都采用混合收集的方式。也有些城市对垃圾分类回收进行了一些初步尝试，但由于种种原因，垃圾分类回收都先后夭折（王海亭，2013）。

据有关统计，我国人均每天产生的生活垃圾为 1kg 左右，随着经济发展的加速，人均每天产生的垃圾呈现上升趋势（孟彩英，2015）。与发达国家相比，我国在垃圾分类回收管理观念、技术水平、政策框架、责任体系等各个方面尚比较欠缺，整体水平偏低。

此外，居民分类意识不强，且多数城市生活垃圾分类设施过于简单，垃圾箱分类过于学术化，如“有机类”“无机类”“可回收类”“不可回收类”等，使多数居民无法通过明确的图示与名称来识别和分类投放垃圾。因此，我国城市垃圾回收效率一直比较低，再加上相关顶层设计、垃圾分类回收管理体制、责任体制不健全，垃圾市场化处理体系没有形成，相关的产业不完善，民众分类回收的意识淡薄等，导致我国城市垃圾的处理方式大多只是采用粗放式、单一式的处理方式，如掩埋、堆肥等，固体废物的再生利用率低，且对生态环境影响大。

五、我国典型“城市矿山”开发潜力及资源环境效益估算

（一）我国典型“城市矿山”开发潜力预测

1. 废钢铁潜力分析

本报告以 2010 年为基准年，利用资源代谢模型（附录二）核算框架分析了我国钢铁资源代谢特征，结果见专题表 1-12，根据历史数据将我国钢铁资源消费分为建筑、交通、机械、耐用消费品和其他共 5 个行业，其中建筑行业占钢铁资源总消费的 56%以上。

专题表 1-12　我国不同行业钢铁资源消费量

行业	2004 年	2005 年	2006 年	2007 年	2008 年
建筑（百万 t）	129.90	154.80	180.40	203.40	215.70
交通（百万 t）	27.20	28.20	34.30	43.70	45.30
机械（百万 t）	60.20	72.60	69.00	75.20	73.10
耐用消费品（百万 t）	6.90	8.00	15.10	17.70	19.00
其他（百万 t）	6.90	8.10	8.80	9.70	10.00
合计（百万 t）	231.20	271.80	307.60	349.70	363.10

随着社会经济的快速发展，资源人均拥有量持续增长；严峻的资源压力迫使人们提高资源利用率，减少资源消费；消费结构随着经济发展逐渐变化；国家再生资源回收体系和“城市矿产”示范基地建设初见成效。由于国内铁矿石严重不足，假设人均钢铁拥有量最大值不超过现有技术条件下发达国家生活水平的阈值（现状下的最优值）；消费结构最终达到发达国家平均水平，此时各行业的人均社会容量限值分别为建筑 5.7t、交通 2.3t、机械 2.1t、耐用消费品 0.6t 与其他 0.8t；回收率逐渐提高，达到《循环经济发展战略及近期行动计划》要求的“十二五”矿产资源回收率比“十一五”提高 5%、主要再生资源回收率达到 70%的目标。利用模型核算框架与钢铁资源消费结构，可得出我国钢铁资源物质流核算框架；结合资源的寿命分布函数和各行业的寿命分布概率，可根据资源代谢模型预测 2015～2030 年我国 5 个行业钢铁资源报废量如专题图 1-20 所示。

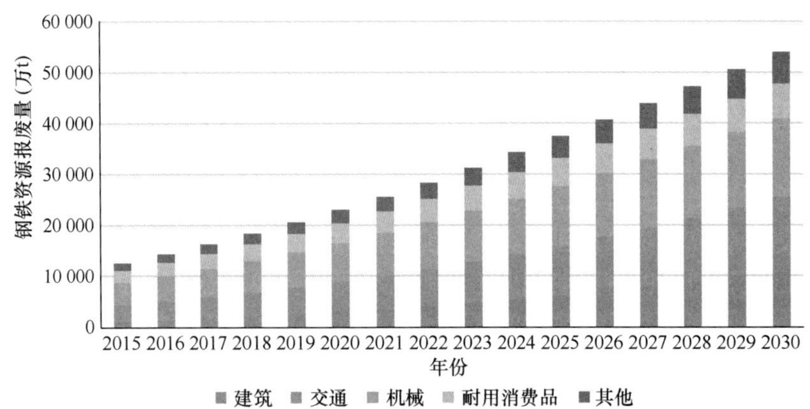

专题图 1-20　2015～2030 年我国钢铁资源报废潜力分行业预测（彩图见封底二维码）

到 2030 年，建筑、交通、机械、耐用消费品和其他行业将分别产生废钢铁 11 200 万 t、14 300 万 t、15 406 万 t、6857 万 t 和 6228 万 t，总计 53 991 万 t。

2. 废有色金属潜力分析

（1）铜资源代谢及报废潜力分析

根据资源代谢模型核算框架和历史数据，将我国铜资源主要消费行业分为电力、家用电器、交通、电子设备、建筑和其他共 6 个行业，其中电力行业占铜资源总消费的 40%以上（专题表 1-13）。

专题表 1-13　我国不同行业铜资源消费量

行业	2004 年	2005 年	2006 年	2007 年	2008 年
电力（万 t）	137.4	153.8	165	184.6	214
家用电器（万 t）	61.9	71.3	72.4	84.4	81
交通（万 t）	37.4	37.5	45	48.7	52
电子设备（万 t）	30.6	32.3	34.5	36.4	37.6
建筑（万 t）	28.6	29.6	32.1	34.6	36.4
其他（万 t）	44.2	50.6	53	67.3	69
总计（万 t）	340	375	402	456	490

由于严峻的资源压力，假设人均铜资源拥有量最大值不得超过现有技术条件下发达国家生活水平的阈值（现状下的最优值，200kg/人）；消费结构逐渐由以电力等基础设施为主导的行业结构调整为以生活服务为主导的行业结构，最终达到发达国家的平均水平，此时各行业的人均社会容量限值分别为电力 44kg、家用电器 10kg、交通 10kg、电子设备 20kg、建筑 100kg、其他 16kg；国家再生资源回收体系和“城市矿产”示范基地建设初见成效，各行业回收率在 2010 年的基础上每年提升 1 个百分点共提升 5 个百分点，达到《循环经济发展战略及近期行动计划》中“十二五”矿产资源回收率比“十一五”提高 5%、主要再生资源回收率达到 70%的目标。利用资源代谢模型可预测 2015～2030 年我国 6 个行业铜资源报废量，结果如专题图 1-21 所示。

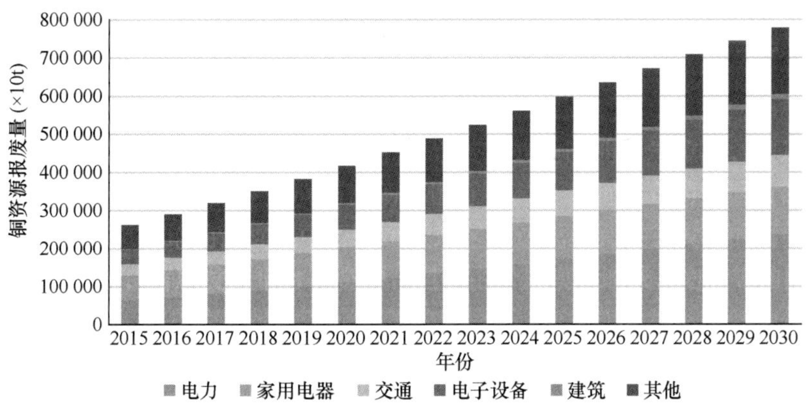

专题图 1-21 2015～2030 年我国铜资源报废潜力分行业预测（彩图见封底二维码）

到 2030 年，电力、家用电器、交通、电子设备、建筑和其他行业将分别报废铜资源 237 万 t、124 万 t、83 万 t、147 万 t、14 万 t、174 万 t，总计约 779 万 t。

（2）铝资源代谢及报废潜力分析

利用资源代谢模型核算框架和历史数据，将我国铝资源主要消费行业分为交通、机械、电子电力、建筑、包装、耐用消费品和其他共 7 个行业，其中建筑行业消费比例最高，年平均消费达到了 34.7%（专题表 1-14）。

专题表 1-14 我国铝资源消费结构变化

行业	2003 年	2004 年	2005 年	2006 年	2007 年	2008 年
交通（%）	16.2	15	15	17	24	17
机械（%）	7.4	11.6	9.4	5.8	10	7
电子电力（%）	18	15	15	18	15	16
建筑（%）	37.2	30	36	33	33	39
包装（%）	8.3	8.1	8.1	16	8	4
耐用消费品（%）	5.4	8.5	6.9	4.3	5	14
其他（%）	7.5	11.8	9.6	5.9	5	3

与其他大宗矿产资源相比，我国铝土矿资源较为丰富，假设人均铝资源拥有量最大值不超过现有技术条件下发达国家生活水平的平均值；消费结构逐渐调整至发达国家的平均水平，此时各行业的人均社会容量限值分别为交通 123.2kg、机械 30.8kg、电子电力 79.2kg、建筑 110kg、包装 57.2kg、耐用消费品 22kg、其他 17.6kg；国家再生资源回收体系和"城市矿产"示范基地建设初见成效，各行业回收率在 2010 年的基础上每年提升 1 个百分点共提升 5 个百分点，达到《循环经济发展战略及近期行动计划》中"十二五"矿产资源回收率比"十一五"提高 5%的目标。利用资源代谢模型可预测 2015～2030 年我国 7 个行业铝资源报废量，结果如专题图 1-22 所示。

包装一直是最大的铝使用行业，也是报废量最大的行业，2030 年可达 4618 万 t，废铝总产生潜力达 6701 万 t。

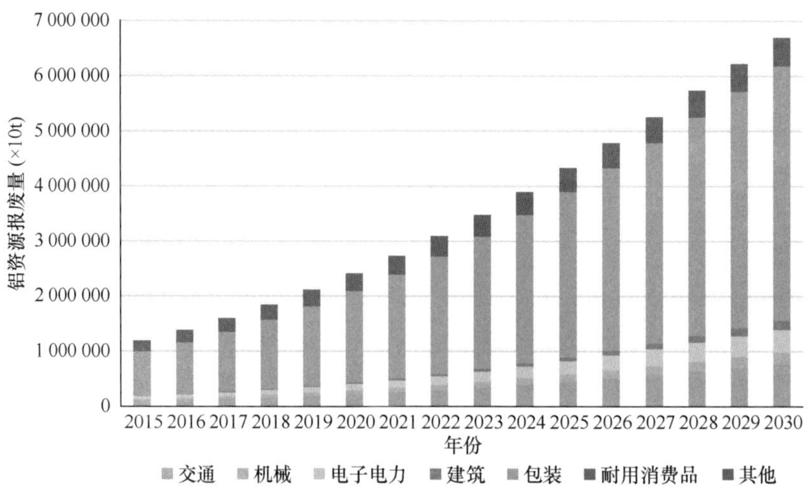

专题图 1-22　2015～2030 年我国铝资源报废潜力分行业预测（彩图见封底二维码）

（3）铅资源代谢及报废潜力分析

以 2010 年为基准年，分析我国铅资源代谢特征。利用资源代谢模型核算框架和历史数据，将我国铅资源主要消费行业分为电池、颜料、金属制品、化学品和其他共 5 个行业，可估算得我国铅资源消费量。其中电池行业是铅资源消费的主导行业，占资源消费的 75%以上。

严峻的资源压力迫使我国人均铜资源拥有量最大值应不超过现有技术条件下发达国家生活水平的阈值；消费结构逐渐由以电力等基础设施为主导的行业结构调整为以生活服务为主导的行业结构，最终达到发达国家的平均水平，此时各行业的人均社会容量限值分别为电池 23.4kg、颜料 2.6kg、金属制品 1.8kg、化学品 1.0kg、其他 2.2kg；国家再生资源回收体系和“城市矿产”示范基地建设初见成效，各行业回收率在 2010 年的基础上每年提升 1 个百分点共提升 5 个百分点，达到《循环经济发展战略及近期行动计划》中“十二五”矿产资源回收率比“十一五”提高 5%的目标。利用资源代谢模型预测 2015～2030 年我国 5 个行业铅资源报废量，结果如专题图 1-23 所示。

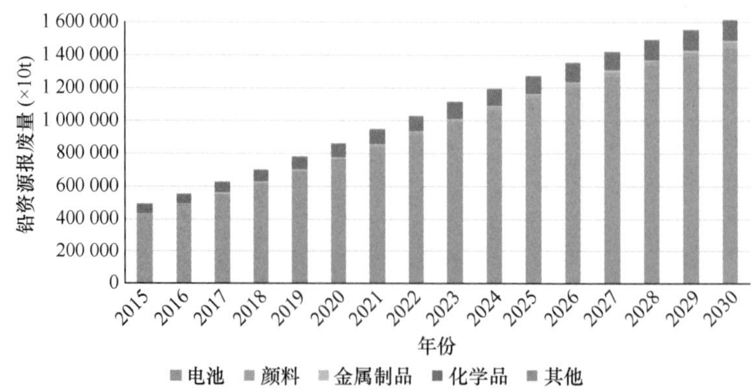

专题图 1-23　2015～2030 年我国铅资源报废潜力分行业预测（彩图见封底二维码）

电池行业是铅使用量最大的行业，也是报废量最大的行业，2030 年可达 1444 万 t，总报废量达 1613 万 t。

3. 废橡胶产生量预测

关于废橡胶的回收，统计数据非常有限，而废橡胶的最大组成部分是废旧轮胎，因此以废旧轮胎的回收量来说明我国废橡胶的回收情况。

根据专题表 1-15 中数据及专题图 1-24 对我国废旧轮胎的回收量历史数据进行线性拟合，预测 2017～2030 年我国废旧轮胎回收量，结果如专题图 1-25 所示。到 2020 年，我国废旧轮胎的回收量将达到 723.6 万 t，2030 年回收量将达 1544.0 万 t。

专题表 1-15　废旧轮胎回收量

年份	2006	2007	2008	2009	2010	2011	2012	2013	2014	2015	2016
废旧轮胎（万 t）	260.0	300.0	314.3	306.9	334.7	329.0	370.3	375.0	430.0	501.6	504.8

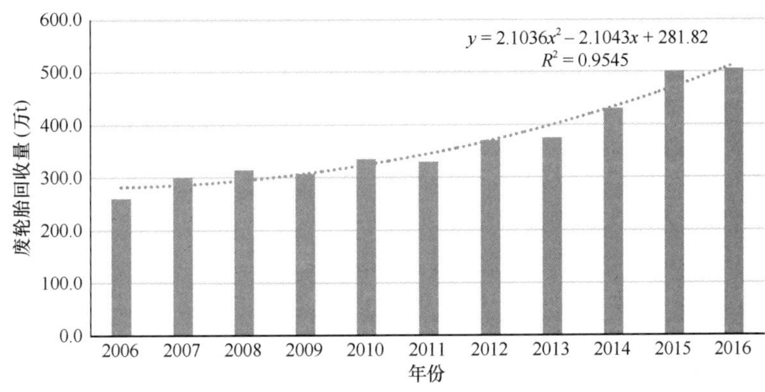

专题图 1-24　2006～2016 年我国废旧轮胎回收量

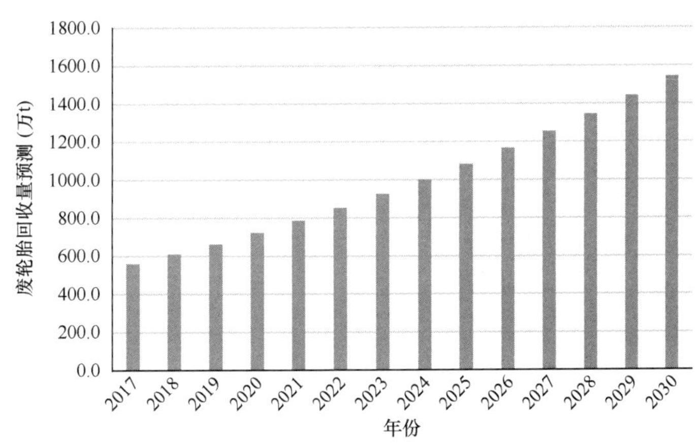

专题图 1-25　2017～2030 年我国废旧轮胎回收量预测结果

目前，我国普遍的废旧橡胶（整体）处理方式有三种：再生橡胶的生产、橡胶粉的生产及轮胎翻新。在废旧橡胶资源化的过程中，几乎所有的再生橡胶制造企业都生产橡胶粉并大部分用于再生橡胶的制造；单独生产橡胶粉的企业，仍处于市场开发阶段；而翻新轮胎，只能延长轮胎使用寿命，最终在报废后，还需要通过生产再生橡胶回收利用。

因此，可根据 2003～2016 年的再生橡胶产量来表示我国的废橡胶消耗量，对我国废橡胶消耗量进行拟合，结果如专题图 1-26 所示。有着较好的线性拟合结果，再生橡胶产量预测结果如专题图 1-27 所示。

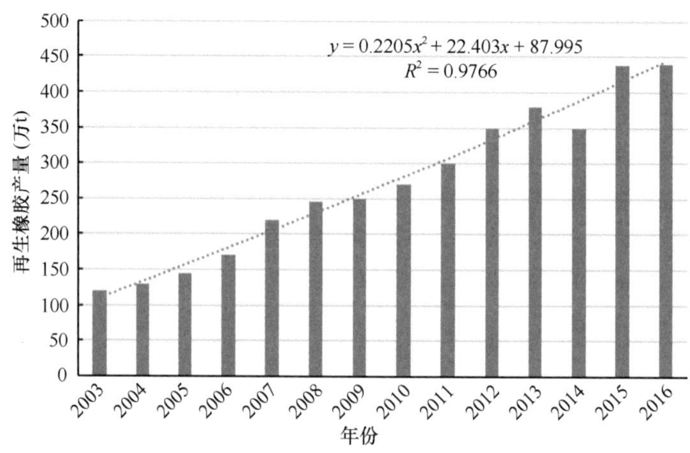

专题图 1-26　2003～2016 年我国再生橡胶产量拟合

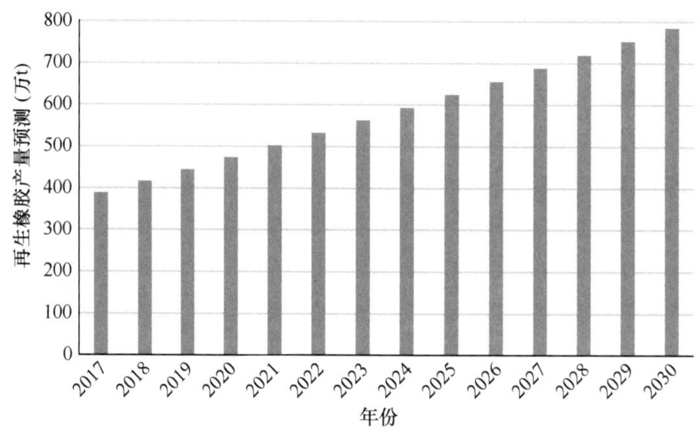

专题图 1-27　2017～2030 年我国再生橡胶产量预测结果

4. 废玻璃产生量预测

2014 年之前，我国对于废玻璃的回收利用量并没有做单独统计，按照有关统计，我国每年废玻璃的产量约占城市生活垃圾产生量的 2%。因此，利用 1985～2015 年我国垃圾产生量可换算废玻璃产生量，并对未来我国废玻璃产生量进行拟合，结果如专题图 1-28 和专题图 1-29 所示。

从上述分析和专题图 1-29 中预测可以看出，2020 年废玻璃将达到 387.55 万 t，而 2030 年则将达到 419.82 万 t。

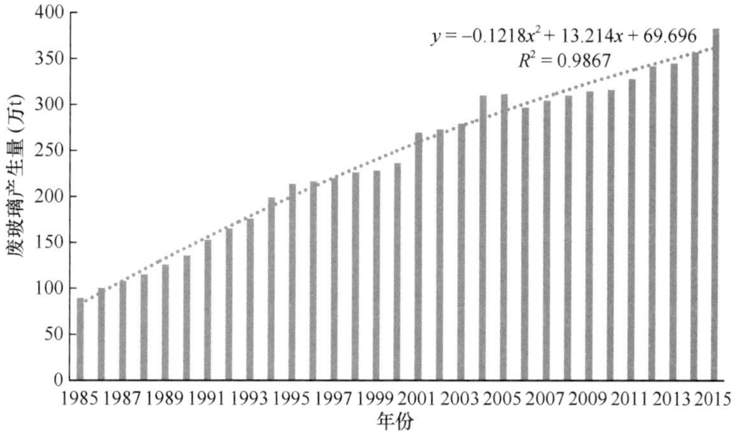

专题图 1-28 1985～2015 年我国废玻璃产生量数学模型拟合结果

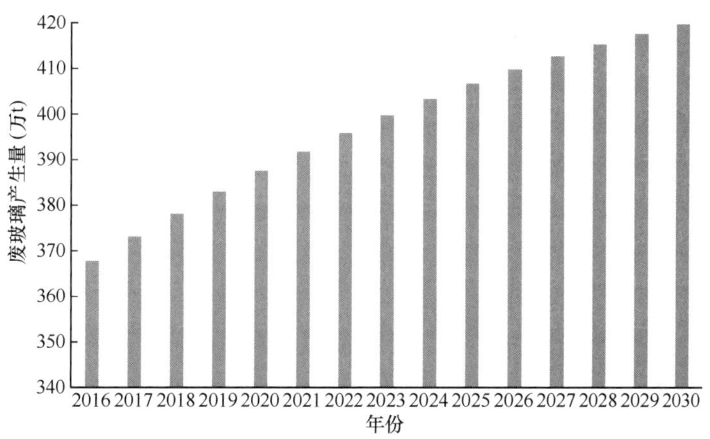

专题图 1-29 2016～2030 年我国废玻璃产生量预测

5. 电子废物产生量预测

根据表观消费量与生命周期方法，以全国统计年鉴中的每百户家庭的家用电器电子产品拥有率，参考电器平均寿命及手机普及率为基础，可计算得未来我国报废家用电器和报废手机的产生量，如专题图 1-30 所示。

由专题图 1-30 可以看出，全国废弃电器电子产品的数量将呈现持续稳步增长的态势，至 2030 年将达到 1516.2 万 t，其中电视机 8278.5 万台、冰箱 8771.3 万台、洗衣机 7239.7 万台、空调 13 435 万台、电脑 8666.7 万台，废手机的重量虽然相比家用电器占比最小，但是其来源分散，废弃数量可达 48 177.4 万部。从总体上看，我国城乡电器电子产品保有量仍存在着一定的差距，城市居民保有量仍普遍高于农村，尤其是冰箱、空调和电脑。随着我国城镇化的发展，这些产品的保有量会越来越多，特别是一户多机特点的家用电器，如空调，其保有量还将有较大的提升空间。因此，未来其报废量也会随之大幅增加。

废弃电器电子产品中各类金属和非金属资源占产品总重量的比例（李金惠等，2010）见专题表 1-16 和专题表 1-17，据此可估算我国废弃电器电子产品中蕴藏的各类资源总量（专题表 1-18，专题表 1-19）。

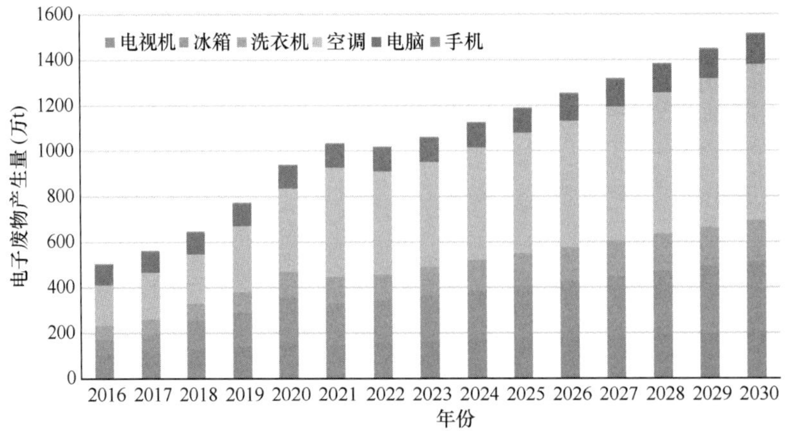

专题图 1-30　2016～2030 年我国家用电器电子产品废物产生量估算（彩图见封底二维码）

专题表 1-16　废弃电器电子产品的典型物质组成比例

物质组成	电视机	冰箱	空调	洗衣机	台式电脑
铝（%）	2	3	7	3	14
铜（%）	3	4	17	4	7
铁（%）	10	50	55	53	20
塑料（%）	23	40	11	36	23
玻璃（%）	57	—	—	—	13
其他（%）	5	3	10	4	23

注：—为未获得数据。

专题表 1-17　废手机典型物质组成

组成	金属材料					塑料（%）	其他（%）
	金（%）	银（%）	钯（%）	铜（%）	其他（%）		
手机材料	0.028	0.2	0.01	10	29.8	40	20

专题表 1-18　我国报废家用电器电子产品中各类资源蕴藏量

物质组成	2015 年	2020 年	2025 年	2030 年
铝（万 t）	30.29	52.16	66.77	84.94
铜（万 t）	45.39	86.49	117.60	151.31
铁（万 t）	183.59	393.05	520.36	672.97
塑料（万 t）	100.67	218.31	267.05	340.83
玻璃（万 t）	65.43	108.13	115.38	134.87
其他（万 t）	47.12	78.34	99.05	125.21

6. 报废汽车产生量预测

随着我国经济的发展和人民生活水平的提高，我国居民对汽车的需求量不断增长，过去 10 多年间，我国汽车保持了持续的增长，年增长率约 24%。其中轿车产量增长尤为快速，从 2001 年占全部汽车生产量的 30%增长到 2015 年的 47%。专题表 1-20 列出了 2001～2015 年我国汽车的产量，并给出了汽车中重要种类汽车（轿车、客车和载货汽车）的产量。

专题表 1-19 手机中各类资源蕴藏量

手机材料组成		2015 年	2020 年	2025 年	2030 年
金属材料	金（t）	8.68	11.98	12.78	17.34
	银（t）	57.87	79.86	85.20	115.63
	钯（t）	2.89	3.99	4.26	5.78
	铜（t）	2 893.44	3 993.12	4 260.00	5 781.28
	其他（t）	8 622.45	11 899.50	12 694.80	17 228.22
塑料（t）		11 573.76	15 972.48	17 040.00	23 125.13
其他（t）		5 786.88	7 986.24	8 520.00	11 562.56

专题表 1-20 我国汽车产量

年份	汽车产量（万辆）	轿车产量（万辆）	客车产量（万辆）	载货汽车产量（万辆）	其他（万辆）
2001	234.17	70.36	72.07	89.01	2.73
2002	325.10	109.20	86.47	109.20	20.23
2003	444.39	207.08	94.66	112.44	30.21
2004	509.11	227.63	48.17	111.56	121.75
2005	570.49	277.01	128.20	149.46	15.82
2006	727.89	386.94	152.41	179.76	8.78
2007	888.89	479.78	189.17	218.31	1.63
2008	934.55	503.74	177.97	234.97	17.87
2009	1379.53	748.48	202.87	308.00	120.18
2010	1826.53	957.59	246.53	391.57	230.84
2011	1841.64	1012.67	227.19	324.74	277.04
2012	1927.62	1077	271.75	302.04	276.83
2013	2212.09	1210.43	162.09	321.5	518.07
2014	2372.52	1248.31	158.7	312.9	652.61
2015	2450.33	1162.97	80.42	272.92	933.99

假设汽车的使用寿命为 12 年，根据我国的汽车产量历史数据，可以预测未来报废汽车的产生量，结果显示我国未来报废汽车产生量增长迅速。对 2001～2015 年我国汽车产量进行线性拟合，利用拟合曲线可预测 2030 年我国报废总量为 3356.65 万辆。

以汽车中的 3 个重要种类——轿车、客车、载货汽车为例，预测我国报废汽车的产生潜力。按汽车的使用寿命为 12 年计算，并对历史产量进行线性拟合，预测得到这三类汽车 2016～2030 年的报废量，如专题图 1-31 所示。

根据专题表 1-21 中三类报废汽车的平均重量及专题表 1-22 中各类金属和非金属资源在三类汽车中的含量比例（孙建亮等，2014），可估算三类报废汽车中各种资源的总蕴含量，结果见专题表 1-23。由此可见，报废汽车中蕴含有大量的废钢、废铁、废有色金属等，具有较大的开发潜力，其所提供的废钢铁占全国废钢铁总量比例将逐渐上升。

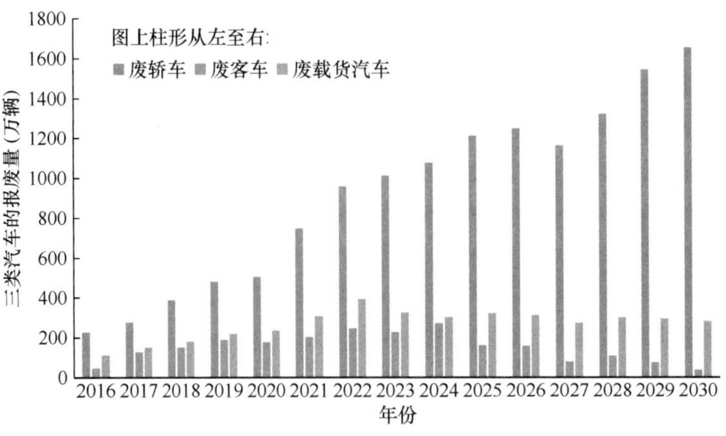

专题图 1-31　2016～2030 年我国废轿车、废客车、废载货汽车产生量预测

专题表 1-21　我国废轿车、废客车、废载货汽车的平均重量假设

	废轿车	废客车	废载货汽车
平均重量（t/辆）	1.5	1.8	2.2

专题表 1-22　我国废轿车、废客车、废载货汽车的典型物质组成比例

废汽车种类	废钢	废铁	废有色金属	废旧轮胎橡胶	废塑料	废玻璃	其他
废轿车（%）	77.7	3.2	4.7	4.3	3.6	2.7	3.8
废客车（%）	77.4	3.4	4.2	4.2	2.9	3.0	5.0
废载货货车（%）	76.1	3.3	4.7	4.7	2.4	1.7	7.1

专题表 1-23　我国废轿车、废客车、废载货汽车的资源蕴含量

物质组成	2017 年	2020 年	2025 年	2030 年
废钢（万 t）	751.689	1228.44	2174.84	2453.85
废铁（万 t）	31.9931	52.1301	91.3614	102.235
废有色金属（万 t）	44.6753	73.2641	130.832	148.706
废旧轮胎橡胶（万 t）	43.0132	70.2417	123.57	138.78
废塑料（万 t）	29.5421	48.8984	90.7995	106.225
废玻璃（万 t）	23.7315	38.7997	69.7994	79.6062
其他（万 t）	50.6732	81.4328	133.801	141.84

7. 建筑废物产生量预测

（1）现有建筑垃圾产生量核算

由于缺乏全国建筑垃圾年产量的统计数据，因此根据因果模型，通过计算历史各年的房屋建筑面积（国家统计局，2017；国家统计局国家数据库，2018）（专题表 1-24）核算我国历年建筑垃圾产生量和累计产量（专题表 1-25）。

从专题表 1-25 的数据可以看出，目前我国每年建筑垃圾的产量已经达到 27.6 亿 t，在不考虑资源化处理回用的情况下，历史各个年份所积累的建筑垃圾量已将近 245 亿 t。

专题表 1-24 全国建筑业房屋的施工、竣工和新开工面积计算（1985～2015 年）

年份	房屋施工面积（万 m²）	房屋竣工面积（万 m²）	本年房屋新开工面积（万 m²）	拆除面积（万 m²）	既有房屋面积（万 m²）	装修面积（万 m²）
1985	35 491.8	17 072.7	35 491.8	3 414.5	17 072.7	1 707.3
1986	37 773.9	18 601.0	19 354.8	3 720.2	35 673.7	3 567.4
1987	39 856.6	19 437.9	20 683.7	3 887.6	55 111.6	5 511.2
1988	42 735.2	19 060.7	22 316.5	3 812.1	74 172.3	7 417.2
1989	40 649.9	19 723.4	16 975.4	3 944.7	93 895.7	9 389.6
1990	37 923.0	19 552.5	16 996.5	3 910.5	113 448.2	11 344.8
1991	41 054.2	20 256.3	22 683.7	4 051.3	133 704.5	13 370.5
1992	51 885.4	24 045.5	31 087.5	4 809.1	157 750.0	15 775.0
1993	65 374.2	28 684.8	37 534.3	5 737.0	186 434.8	18 643.5
1994	78 032.2	32 383.3	41 342.8	6 476.7	218 818.1	21 881.8
1995	89 862.8	35 666.3	44 213.9	7 133.3	254 484.4	25 448.4
1996	129 087.0	60 047.9	74 890.5	12 009.6	314 532.3	31 453.2
1997	128 680.3	62 244.0	59 641.2	12 448.8	376 776.3	37 677.6
1998	137 593.6	65 682.6	71 157.3	13 136.5	442 458.9	44 245.9
1999	147 262.5	73 924.9	75 351.5	14 785.0	516 383.8	51 638.4
2000	160 141.1	80 714.9	86 803.5	16 143.0	597 098.7	59 709.9
2001	188 328.7	97 699.0	108 902.5	19 539.8	694 797.7	69 479.8
2002	215 608.7	110 217.1	124 979.0	22 043.4	805 014.8	80 501.5
2003	259 377.1	122 827.6	153 985.5	24 565.5	927 842.4	92 784.2
2004	310 985.7	147 364.0	174 436.2	29 472.8	1 075 206.5	107 520.7
2005	352 744.7	159 406.2	189 123.0	31 881.2	1 234 612.7	123461.3
2006	410 154.4	179 673.0	216 815.9	35 934.6	1 414 285.7	141 428.6
2007	482 005.5	203 992.7	251 524.1	40 798.5	1 618 278.4	161 827.8
2008	530 518.6	223 592.0	252 505.8	44 718.4	1 841 870.4	184 187.0
2009	588 593.9	245 401.6	281 667.3	49 080.3	2 087 272.0	208 727.2
2010	708 023.5	277 450.2	364 831.2	55 490.0	2 364 722.2	236 472.2
2011	851 828.1	316 429.3	421 254.8	63 285.9	2 681 151.5	268 115.2
2012	986 427.5	358 736.2	451 028.6	71 747.3	3 039 887.7	303 988.8
2013	1 132 002.9	401 520.9	504 311.6	75 646.74	3 441 408.6	344 140.9
2014	1 249 826.3	423 357.3	519 344.3	77 901.65	3 864 765.9	386 476.6
2015	1 239 717.6	420 784.9	413 248.6	61 987.29	4 285 550.8	428 555.1

数据来源：中国建筑设计研究院和青岛市建筑节能与墙体材料革新办公室，2014

（2）建筑垃圾产生量预测

根据历史数据，建筑业房屋建筑面积的竣工率始终保持在 40%以上，假定 2016～2030 年全国每年建筑施工面积的增长速度为 5%（建筑业的发展增速低于国民经济发展增速），取当年拆除建筑面积为当年新建建筑面积的 10%计算年度拆除旧建筑面积。根据因果模型（附录二）可测算未来几年的建筑垃圾产量和累计产量。

专题表 1-25　全国建筑垃圾的每年产量和累计产量估算表（1985～2015 年）

年份	拆除产量（万 t）	施工产量（万 t）	装修产量（万 t）	每年产量（万 t）	累计产量（万 t）
1985	4 901.42	1 774.59	512.18	7 566.51	7 566.51
1986	2 672.90	1 888.70	1 070.21	5 928.21	13 494.73
1987	2 856.42	1 992.83	1 653.35	6 844.84	20 339.57
1988	3 081.91	2 136.76	2 225.17	7 835.62	28 175.19
1989	2 344.30	2 032.50	2 816.87	7 572.28	35 747.47
1990	2 347.22	1 896.15	3 403.45	8 049.28	43 796.75
1991	3 132.62	2 052.71	4 011.14	9 680.49	53 477.23
1992	4 293.18	2 594.27	4 732.50	12 231.53	65 708.76
1993	5 183.49	3 268.71	5 593.04	14 784.46	80 493.23
1994	5 709.44	3 901.61	6 564.54	17 026.94	97 520.17
1995	6 105.94	4 493.14	7 634.53	19 193.28	116 713.44
1996	10 342.38	6 454.35	9 435.97	27 613.37	144 326.81
1997	8 236.45	6 434.02	11 303.29	27 340.79	171 667.60
1998	9 826.82	6 879.68	13 273.77	31 558.18	203 225.78
1999	10 406.04	7 363.13	15 491.51	35 011.24	238 237.03
2000	11 987.56	8 007.06	17 912.96	39 902.72	278 139.74
2001	15 039.44	9 416.44	20 843.93	47 684.00	325 823.74
2002	17 259.60	10 780.44	24 150.44	54 937.35	380 761.09
2003	21 265.40	12 968.86	27 835.27	65 336.35	446 097.44
2004	24 089.64	15 549.29	32 256.19	75 679.07	521 776.51
2005	26 117.89	17 637.24	37 038.38	85 045.79	606 822.30
2006	29 942.28	20 507.72	42 428.57	97 766.91	704 589.21
2007	34 735.48	24 100.28	48 548.35	113 035.90	817 625.11
2008	34 871.05	26 525.93	55 256.11	122 792.73	940 417.84
2009	38 898.25	29 429.70	62 618.16	137 838.01	1 078 255.86
2010	50 383.19	35 401.18	70 941.67	164 974.78	1 243 230.63
2011	58 175.29	42 591.41	80 434.55	190 738.15	1 433 968.78
2012	62 287.05	49 321.37	91 196.63	213 479.01	1 647 447.79
2013	69 645.43	56 600.15	103 242.26	241 566.11	1 889 013.90
2014	107 583.73	62 491.32	115 942.98	286 018.02	2 175 031.92
2015	85 605.69	61 985.88	128 566.53	276 158.09	2 451 190.02

按照十八大确定的“确保到 2020 年全面建成小康社会，实现国内生产总值和城乡居民人均收入比 2010 年翻一番的目标”，GDP 的年均增速需保持在 7%以上。因此，考虑建筑业与国民经济关联关系，假定建筑业的发展增速与国民经济发展增速同步，可以假设的中速增长情景为：从 2016～2030 年，全国每年建筑施工面积的增长速度为 7%；根据历史数据，建筑业房屋建筑面积的竣工率始终保持在 40%以上，建设竣工面积为当年施工面积的 40%；当年拆除建筑面积为当年新建建筑面积的 15%计算年度拆除旧建筑面积；当年装修面积为现有房屋面积的 10%。根据因果模型（附录二）结合单位量产法可测算未来几年的建筑垃圾产量和累计产量。

本研究暂主要考虑民用建筑，其拆除垃圾系数为 1.381t/m^2，施工垃圾的综合系数为 0.05t/m^2，装修垃圾的综合系数为 0.3t/m^2，由此预测 2016～2030 年全国建筑垃圾的每年产量和累计产量，结果见专题表 1-26、专题图 1-32 及专题图 1-33。

专题表 1-26 全国建筑垃圾的每年产量和累计产量预测（2016～2030 年）

年份	拆除产量（万 t）	施工产量（万 t）	装修产量（万 t）	每年产量（万 t）	累计产量（万 t）
2016	105 143.64	66 324.89	144 484.50	315 953.03	2 767 143.05
2017	129 150.36	70 967.63	161 516.73	361 634.73	3 128 777.77
2018	138 190.89	75 935.37	179 741.22	393 867.48	3 522 645.25
2019	147 864.25	81 250.84	199 241.42	428 356.52	3 951 001.77
2020	158 214.75	86 938.40	220 106.64	465 259.79	4 416 261.56
2021	169 289.78	93 024.09	242 432.42	504 746.29	4 921 007.85
2022	181 140.06	99 535.78	266 321.01	546 996.85	5 468 004.70
2023	193 819.87	106 503.28	291 881.80	592 204.95	6 060 209.65
2024	207 387.26	113 958.51	319 231.84	640 577.61	6 700 787.26
2025	221 904.37	121 935.61	348 496.38	692 336.36	7 393 123.62
2026	237 437.67	130 471.10	379 809.45	747 718.22	8 140 841.84
2027	254 058.31	139 604.08	413 314.43	806 976.82	8 947 818.66
2028	271 842.39	149 376.36	449 164.75	870 383.51	9 818 202.17
2029	290 871.36	159 832.71	487 524.60	938 228.67	10 756 430.84
2030	311 232.36	171 021.00	528 569.64	1 010 823.00	11 767 253.84

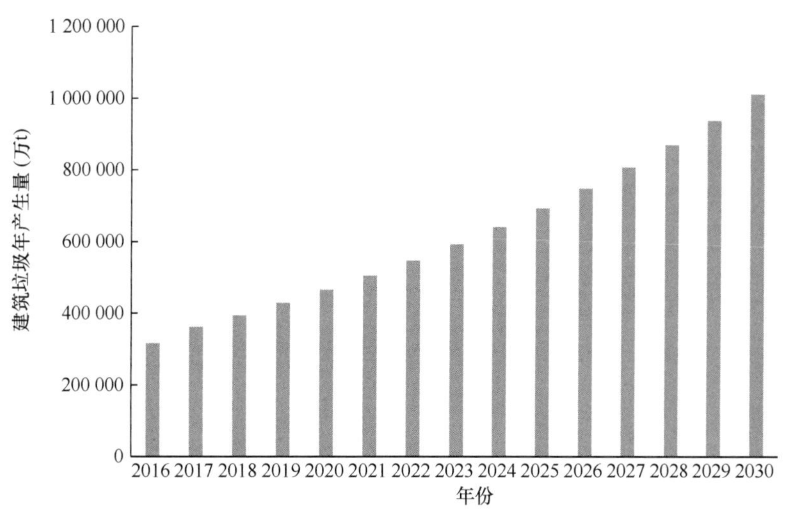

专题图 1-32 2016～2030 年我国建筑垃圾年产生量预测结果

8. 生活垃圾产生量预测

近年来，我国城市生活垃圾无害化处理率不断提高（专题图 1-34）。在无害化处理方式中，卫生填埋率不断下降，焚烧率逐渐上升，垃圾堆肥处于萎缩状态。据此可利用线性拟合预测我国城市生活垃圾的产生量。

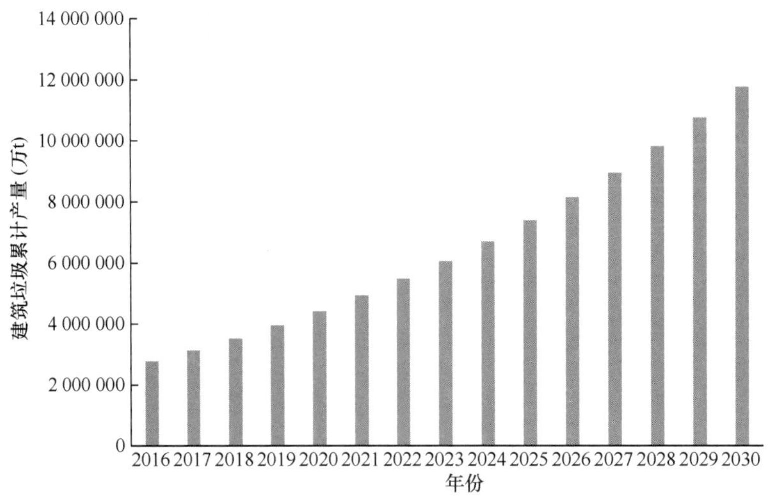

专题图 1-33　2016～2030 年我国建筑垃圾累计产量预测结果

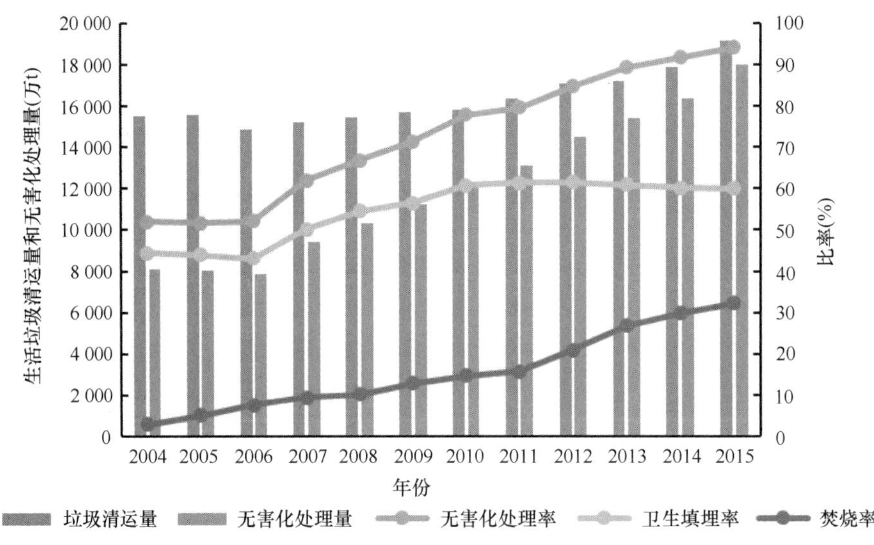

专题图 1-34　2004～2015 年我国生活垃圾无害化处理情况

数据来源：住房和城乡建设部《2015 年城乡建设统计年鉴》

从预测结果来看，全国城镇生活垃圾产生量将逐年增加，年均增长率约为 2.4%。到 2020 年和 2030 年，全国城镇生活垃圾产生量将分别达到 3.6 亿 t 和 4.2 亿 t（专题图 1-35）。这主要是随着国民经济的不断发展，全国城镇人口及人均生活垃圾产生量将出现不同程度的增加所致，年均增长率为 4.2%。到 2020 年和 2030 年，城镇生活垃圾无害化处理量将达到 3.0 亿 t（3.0434 亿 t）和 3.8 亿 t。以 2020 年预测结果为例，填埋、焚烧和其他处理方式处理量将分别达到 1.4 亿 t、1.3 亿 t 和 3620.3 万 t，所占比例分别为 46.8%、41.4%和 11.9%。相比于 2010 年，填埋处理所占比重明显下降，降低了 32.5 个百分点，焚烧处理比重增加趋势明显，上升了 21.9 个百分点。若焚烧的生活垃圾全部用于发电，到 2020 年，年发电量可达 390 亿 kW·h。

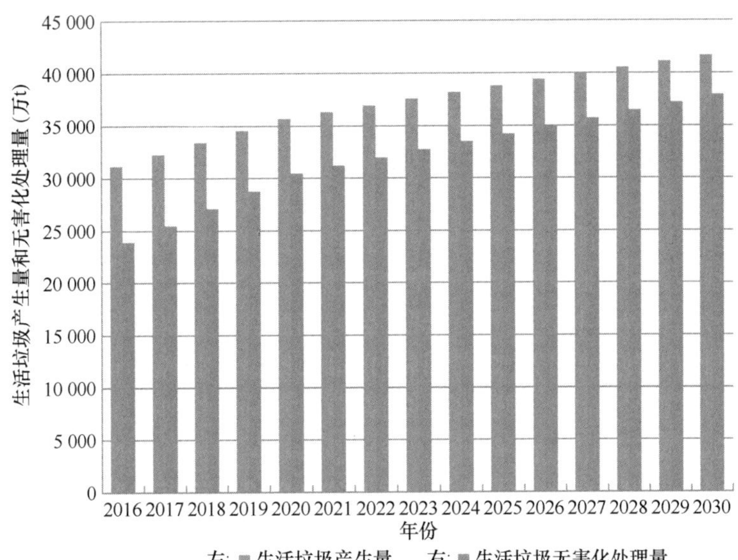

专题图 1-35 2016～2030 年我国生活垃圾产生利用量预测

（二）我国典型“城市矿山”空间分布预测

1. 废钢铁潜力时空分布

通过“城市矿山”开发潜力空间分布估算方法（附录二）预测可得，我国废钢铁资源空间分布变化趋势如下：2010 年废钢铁资源超过 200 万 t 的只有上海市，100 万～200 万 t 的有北京市、广州市、深圳市和重庆市。2013 年，成都市、苏州市、天津市、佛山市、杭州市、武汉市、宁波市、长沙市、东莞市和青岛市的废钢铁资源量也都超过了 100 万 t。2015 年，有 26 个地级及以上城市的废钢铁资源报废量超过 100 万 t；而到 2020 年，我国 287 个地级及以上城市中就有 58 个废钢铁报废量超过 100 万 t，22 个超过 200 万 t，6 个超过 400 万 t。

总体来看，我国废钢铁资源量演变有如下几个阶段：2010 年，废钢铁资源量多集中在经济较为发达的环渤海地区、京津冀地区、长江三角洲地区、珠江三角洲地区及成渝地区；2010～2015 年，东部沿海地区、东北部哈尔滨-长春地区废钢铁资源快速增长，我国中部地区、西北部的天山北坡地区及西南部的滇中地区增长潜力逐步显现；2015～2020 年，我国废钢铁资源的增长极由经济发达的东部沿海转移至中部地区。

2. 废有色金属潜力时空分布

通过“城市矿山”开发潜力空间分布估算方法（附录二）预测可得，与废钢铁资源相类似，2010 年，废有色金属资源超过 40 万 t 的只有上海市，20 万～40 万 t 的有北京市、广州市和深圳市。2013 年，超过 20 万 t 的城市增加了重庆市、成都市、苏州市、天津市、佛山市及杭州市。2015 年，有 15 个地级及以上城市的废有色金属量超过 20 万 t，而 2020 年，我国有 41 个地级及以上城市的废有色金属超过 20 万 t，14 个超过 40 万 t，6 个超过 60 万 t。

总结我国废有色金属资源量空间分布演变趋势如下：2010 年，有色金属报废最集中的地区为长江三角洲地区、珠江三角洲地区及京津冀地区；2010～2015 年，东部沿海地区资源量快速增长，成为再生资源主要供给来源，东北部哈尔滨-长春地区、西部成渝地区的资源量迅速增长；2015～2020 年，废有色金属资源主要供给区域由东向西梯级转移至中部地区。除此之外，西北部的天山北坡地区及西南部的滇中地区增长势头强劲。

3. 废橡胶资源空间分布特征

通过“城市矿山”开发潜力空间分布估算方法（附录二）预测可得，2010 年，我国山东省、广东省、江苏省、浙江省的橡胶资源量相对较大，橡胶资源量均超过 15 万 t，其他地区资源量相对较少；而 2010～2020 年，河北省、河南省、辽宁省等地增长很快；至 2020 年，山东省、江苏省、浙江省、广东省将超过 30 万 t。

4. 废玻璃时空分布与预测

通过“城市矿山”开发潜力空间分布估算方法（附录二）预测可得，2010 年，我国贵州省和西部地区等的玻璃资源量相对较少；而 2010～2020 年，内蒙古自治区、山东省、广东省、江苏省、河南省、浙江省的玻璃资源量增长很快；至 2020 年，河南省、浙江省的玻璃资源量达到 20 万～40 万 t，而山东省、江苏省、广东省的玻璃资源量超过 40 万 t。

5. 电子废物空间分布特征

通过“城市矿山”开发潜力空间分布估算方法（附录二）预测可得，2010 年，报废家电数量超过 100 万台的有上海市和重庆市，80 万～100 万台的有北京市、武汉市和苏州市。2013 年，有 13 个地级及城市的报废量超过 80 万台。2015 年，有 19 个地级及以上城市的家电报废量超过 80 万台，其中上海市、重庆市、北京市和苏州市的报废量均超过 200 万台。到 2020 年，我国 35 个地级及以上城市的家电报废量超过 80 万台，25 个地级及以上城市超过 100 万台，北京市、重庆市、上海市、武汉市、苏州市、天津市、成都市和广州市等 8 个城市家电报废量超过 200 万台。

报废家电的产生量在 2000 年以后就非常高，2010 年我国已经进入了家电报废高峰期，此时报废家电的空间分布还较为集中，主要在京津冀地区、山东半岛、长江三角洲地区、珠江三角洲地区及成渝地区，但自 2013 年起，区域聚集的空间分布趋势已经不明显，从 2013～2020 年的变化趋势可以看出，报废家电较为均匀地分布于我国东部、中部及东北部地区，在人烟稀少的西部和内蒙古自治区的部分地区报废量较少，这与我国人口聚集区分布较为相似。

6. 报废汽车空间分布特征

通过“城市矿山”开发潜力空间分布估算方法（附录二）预测可得，2010 年，汽车报废量超过 4 万辆的有北京市、广州市、上海市等 8 个经济最为发达的城市。2013 年，有 19 个城市的汽车报废量超过 4 万辆，其中 6 个城市汽车报废量超过 8 万辆。2015～2020

年，我国汽车报废量将快速增长，2015 年有 16 个地级及以上城市的汽车报废量超过 8 万辆，而到 2020 年，我国 287 个地级及以上城市中就有 57 个城市汽车报废量超过 8 万辆，42 个超过 10 万辆，14 个超过 20 万辆。

汽车拥有量与地区经济发展有着密切关系，我国还是最大的发展中国家，虽然目前汽车消费量每年都在加速增长，但由于汽车产品的生命周期较长，目前报废量主要集中在经济发展水平高的一些区域。直到 2015 年，我国汽车报废量还是大部分集中在几个经济发达区域：长江三角洲地区、珠江三角洲地区、山东半岛、京津冀地区、成渝地区、滇中地区及哈尔滨-长春地区。2015～2020 年，沿海地区的资源量不断增大，并有开始向中部转移的趋势。

7. 我国"城市矿山"资源的区域分布特征

从以上预测结果可以看出，"城市矿山"资源量自东向西、自南向北减少，沿海地区的资源量高于内陆地区。资源量主要集中于珠江三角洲、长江三角洲和黄河下游地区。由此可以看出，"城市矿山"的资源量与区域的经济发展水平呈正相关关系。

通过比较 2010～2020 年的资源分布可以看出，大部分省份的"城市矿山"资源量都有所变化并呈上升趋势。东部地区在原有资源量的基础上将继续呈上升趋势。从全国分布上看，西南部地区的"城市矿山"资源量呈稳步上升趋势，这种趋势特别突出，"城市矿山"资源量呈现向西扩展的趋势。

结合我国重点"城市矿山"资源的开发现状与潜力分析，我国"城市矿山"资源呈现如下的区域分布特征：

（1）区域分布不均衡，与区域经济发展水平和人口密度密切相关

受到产业、物流及回收体系建设等因素的影响，我国的重点"城市矿山"资源量主要集中在东南沿海等经济发达地区，而在西部地区资源量较少。

（2）广义的扩散化与相对的积聚化

随着社会的发展，一方面，全国各地的"城市矿山"资源量均处于快速增长阶段，而随着国家循环经济战略的发展，各地政府均十分重视再生资源产业的发展，正加大在此方面的投入，推进再生资源在本地进行回收利用。各地"城市矿山"资源本地化的特点明显，即广义上的分散化。

另一方面，广东、山东、江苏等沿海地区具有较好的再生资源加工利用产业基础，且物流、回收网络体系及技术水平相对较高，使得这些地区的"城市矿山"资源蓄积量较大，且对于废弃电器电子产品、稀贵金属等资源附加值高、技术水平要求也相对较高的资源种类，更是相对集中于具备良好的产业发展和技术基础的地区，即相对的积聚化。

（3）进口资源主要集中于沿海地区的园区

从我国海关及环境保护主管部门的统计数据来看，我国的进口资源主要集中在广东、浙江、福建等沿海地区。进入 21 世纪以来，进口再生资源加工园区在全国各地蓬勃发展起来，目前在建或建成的进口再生资源加工园区已达 15 家，年处理废金属占我国进口总量的 50%以上，交易量较大的国内废物回收交易市场也有 10 家，园区和市场的快速发展为再生金属产业和区域经济的发展提供了原料保障。

（4）以废旧物资交易市场的发展为先导，形成了聚集大量资源的区域性中心

各种类别的废旧物资交易市场得到快速发展，我国已兴起了如河北保定、浙江永康、湖南汨罗、山东临沂、四川新津、河南长葛、广东南海和重庆等的废旧物资交易市场。此外，一些专业化的园区如安徽界首的再生铅、江西丰城的再生铝、湖南永兴的贵金属、江西贵溪的再生铜市场也在加速建设发展。以这些市场为中心，其周边聚集了大量的资源再生利用企业，形成了不同的区域性中心。

（5）“城市矿山”资源量迅速增加，中西部地区增长快速

从时间尺度来看，到 2020 年，我国的重点“城市矿山”资源量均处于快速增长的阶段，全国各省（自治区、直辖市）的资源量均出现了快速的增长。且随着社会经济的发展，西部地区所占比重有所增加。未来 10 年中，虽然东部沿海地区仍将占有优势，但“城市矿山”资源分布有逐步向中西部地区发展的趋势。

（三）资源消耗减量化及环境效益评估

在“城市矿山”资源开发潜力预测的基础上，本研究选择回收利用价值较高的几种有代表性的金属资源，结合结构调整、提升资源利用率、降低资源消耗、强化回收等减量化措施，进行资源再生利用潜力及减量化评估，以量化由资源替代引起的能源环境效益。

根据我国目前的政策措施，本研究综合了 3 种不同减量化措施共形成和设置了 5 种不同的发展情景（专题表 1-27）。

专题表 1-27　模型情景设定

情景名称	情景代码	基本假设	参数设置
基准情景	BAU	随着社会经济的快速发展，资源人均拥有量持续增长；严峻的资源压力迫使人们提高资源利用率，减少资源消费；消费结构随着经济发展逐渐变化；国家再生资源回收体系和“城市矿产”示范基地建设初见成效	假设人均行业资源容量不超过现有技术条件下发达国家生活标准的阈值；行业消费结构最终达到发达国家平均水平；回收率逐渐提高，达到“十二五”资源回收率规划目标
低资源消耗情景	LR	深入构建资源节约型社会，引导合理消费，寻找和使用铜替代材料，提高资源使用率，减少源头资源使用量	人均行业资源容量随经济发展持续增长，但最终不超过世界资源的人均消费水平
强化回收利用情景	SR	持续完善再生资源回收体系建设，“城市矿产”示范基地建设效果显著	资源整体回收率在达到规划目标后继续不断提高
结构不变情景	SA	行业消费结构调整未能实现，资源社会存量结构始终保持不变	各行业消费结构同基准年相同
措施组合情景	CM	结构调整，提升资源利用率，强化回收等措施均实现理想效果	参照结构调整情景，低资源消耗情景和强化回收利用情景设定相关参数

构建模型的参数及进行情景分析需要大量的基础数据作为支撑，专题表 1-28 列出数据来源。

1. 钢铁资源消耗减量化及环境效益评估

（1）钢铁资源潜力及减量化评估

我国钢铁资源消费主要有建筑、交通、机械、耐用消费品和其他共 5 个行业。专题

图 1-36 分别显示了 5 个行业钢铁资源的需求量、报废量、存量及钢铁资源的总体代谢趋势。

专题表 1-28 数据来源

数据类型	数据来源
资源产量、消费量、再生量	《中国有色金属工业年鉴》《中国钢铁统计年鉴》《中国钢铁工业年鉴》
资源消费结构	《中国再生资源行业发展报告》《有色金属行业年度报告》及相关文献（Pauliuk et al., 2012）
资源分行业使用年限	相关文献（Melo，1999）、《固定资产分类折旧年限》
人口数据及预测	《中国统计年鉴》、联合国 2010 年人口预测数据
资源生产、处理环节的技术参数	《中国有色金属工业年鉴》《中国钢铁统计年鉴》及相关资源的物质流核算文献（岳强和陆钟武，2005；Chen and Shi，2012；郭学益等，2009）
资源进出口数据	《中国矿业年鉴》《中国有色金属工业年鉴》《中国钢铁统计年鉴》
原生资源储量数据	《中国统计年鉴》
再生资源能源环境效益系数	《再生有色金属产业发展推进计划》《废钢铁产业"十二五"发展规划建议》及相关文献（王岭和江飞涛，2012；闫启平和李银雪，2011；张城等，2010）

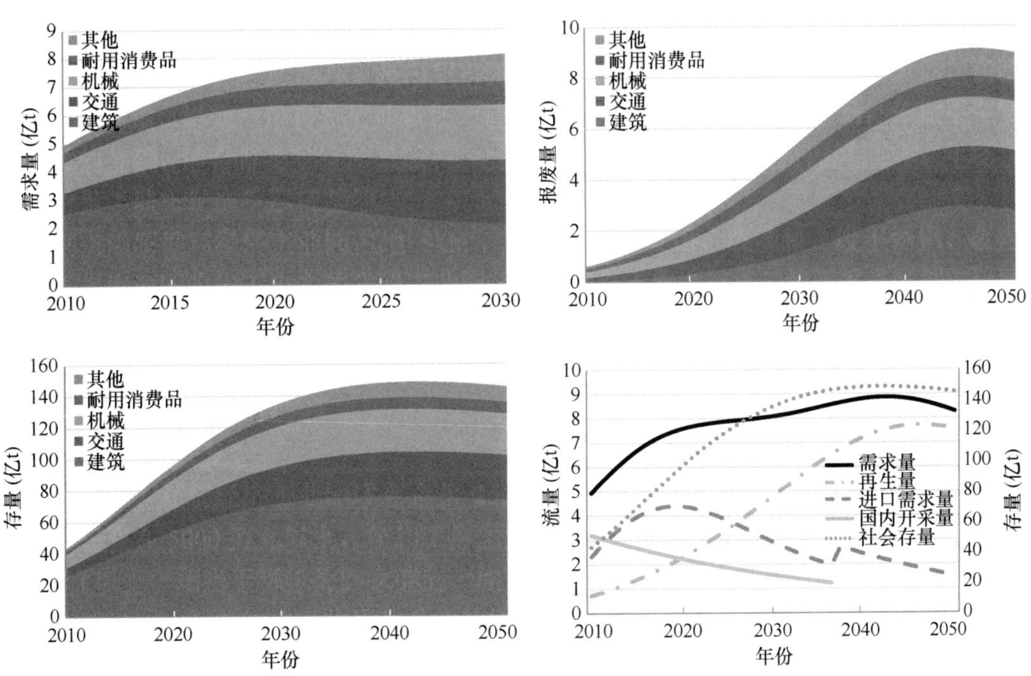

专题图 1-36 钢铁资源流量/存量变化趋势图（彩图见封底二维码）

分行业资源消费结果显示：我国钢铁资源社会存量主要累积于建筑中，占总社会存量的 50%左右；钢铁资源总累积量在 2010 年的基础上不断增加，在 2020 年以后增速将放缓，在 2030 年前后存量达到峰值并基本维持稳定；其他行业的钢铁资源累积量随时间略有增加。建筑行业对钢铁的需求量在 2010 年的基础上缓慢增加，2015 年左右达到峰值，并逐渐下降。由于建筑的使用寿命较长，直至 2030 年以后，建筑行业的钢铁报废量才会开始迅速增长，成为废钢的最大来源。

结合不同的减量化措施分析我国钢铁资源代谢整体趋势：2010～2030 年是我国钢铁社会存量的快速积累期，之后随着主要行业的资源接收容量趋于饱和，以及主要行业资源代谢的漫长周期导致社会存量增速放缓，并在 2035 年前后达到峰值，与 2010 年相比，社会存量将增加 2～2.5 倍，将会成为我国未来稳定的钢铁资源来源。我国未来钢铁消费需求将于 2020 年以后趋于缓和。进口需求量在 2015～2020 年达到最大值并在之后迅速下降。我国废钢铁的报废量和回收利用量将在 2020～2040 年处于快速增长阶段，是我国发展废钢铁产业的发展机遇期。

2011 年，我国铁矿基础储量为 192.8 亿 t，如果以 2010 年的开采量计算，20 年就会消耗殆尽，因此不能成为资源可持续供给的可靠来源。社会存量低、钢铁资源使用寿命较长、再生资源回收率较低等现状导致目前废钢铁回收利用量少，不足以弥补发展带来的资源缺口，以进口铁矿石为主的消费结构还将延续 10 年左右。2025 年以后，废钢铁再生利用将超过进口量和国内原生矿开采量成为我国钢铁行业供给的主要渠道（专题图 1-37）。

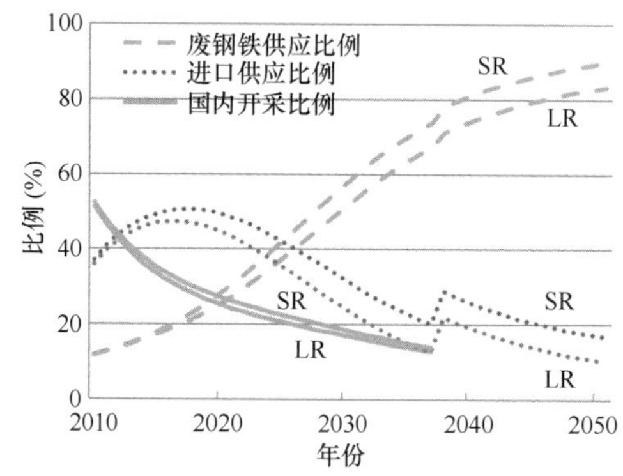

专题图 1-37　不同渠道钢铁资源供应比例趋势预测

SR. 强化回收利用情景；LR. 低资源消耗情景

目前我国钢铁资源的消费结构与世界发达国家的消费结构相类似，如进行结构调整可使钢铁资源的需求峰值有所增加。**通过降低资源消耗和强化回收，可使我国钢铁资源的对外依存度由 2015～2020 年的最高 60%快速下降至 2030 年的 30%以下，并且随钢铁报废量的不断增加进一步提高原生资源的替代率，最终能将资源进口量控制在 10%以下。**

（2）废钢铁再生利用的能源环境效益评估

根据《废钢铁产业“十二五”发展规划建议》及废钢铁冶炼相关文献计算可得（季晓立，2013），利用每吨废钢铁相当于节能 430.8kg 标准煤，节水 2.12m^3，减排固体废物 3t、SO_2 0.003t。由此可得基准情景下开采废钢铁的能源环境效益（专题表 1-29）。

专题表 1-29　基准情景下开采废钢铁的能源环境效益

年份	节能（Mt 标准煤）	节水（Mt）	减排固体废物（Mt）	减排 SO_2（万 t）
2020	96.3	473.8	670.5	67.1
2030	203.2	1 000.0	1 415.1	141.5
2040	306.6	1 508.6	2 134.8	213.5

在结构调整的情景下，减少钢铁资源需求的同时可增加废钢铁的替代效益，因此资源环境效益显著。以 2030 年为例，在降低资源消耗和强化回收两种措施共同作用下，可使钢铁资源对外依存度降低 8.7%，废钢铁的资源替代率增加 7.3%，相当于节能 540.0 万 t 标准煤，节水 26.6Mt，减少固体废物排放 37.6Mt，SO_2减排 3.8 万 t（专题表 1-30）。

专题表 1-30 废钢铁消耗减量化措施下的能源环境效益

年份	节能（万 t 标准煤）	节水（Mt）	减排固体废物（Mt）	减排 SO_2（万 t）
2020	245.9	12.1	17.1	1.7
2025	467.3	23.0	32.5	3.3
2030	540.0	26.6	37.6	3.8

2. 铜资源消耗减量化及环境效益评估

（1）铜资源潜力及减量化评估

我国铜资源消费分为电力、家用电器、交通、电子设备、建筑和其他共 6 个行业。专题图 1-38 分别显示了 6 个行业对铜资源的需求量、报废量、存量及不同来源铜资源的消费变化趋势。

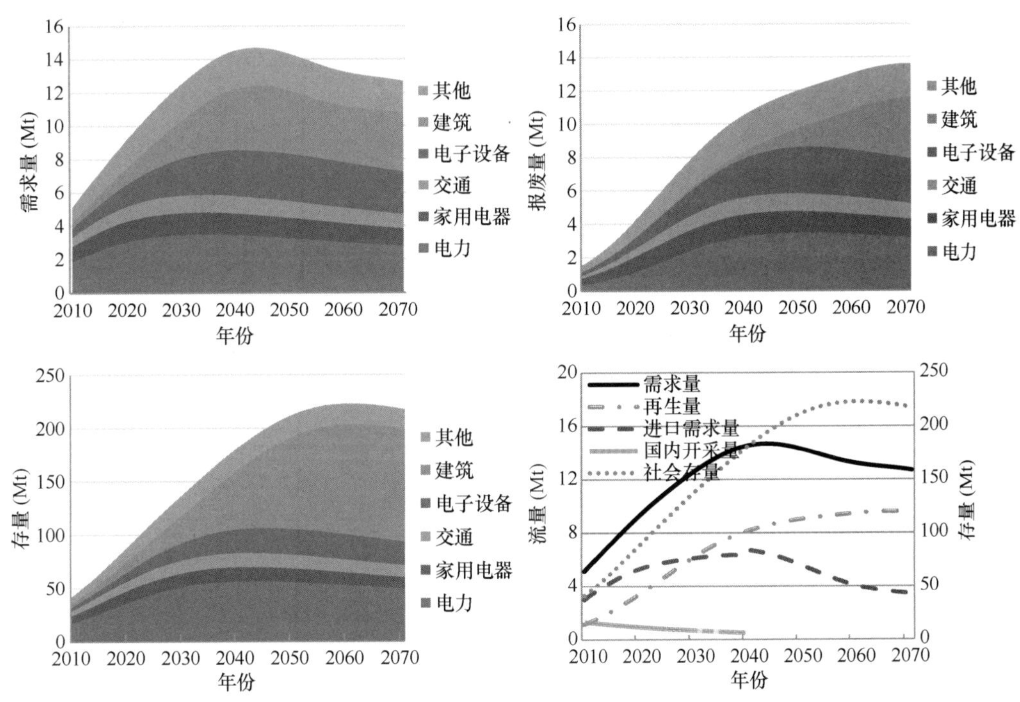

专题图 1-38 铜资源流量/存量变化趋势图（彩图见封底二维码）

分行业分析结果显示：电力行业的铜资源累计量在 2010 年的基础上不断增加，在 2020 年以后增速放缓，并在 2040 年前后存量达到峰值并基本维持稳定；家用电器、交通及其他行业的铜资源累积量基本保持动态平衡；电子行业的累积量将会略有增加；2030 年以后建筑行业相关的铜资源累积量将极大地提高，并最终成为我国铜资源储量最多的行业。电力行业和电子设备行业的铜资源需求量将逐渐增加，并在 2030 年达到动态平衡，建筑行业的增幅最大，需求量将在2040年左右达到平衡。

对于国内废杂铜的主要来源，2010～2020年电力和家用电器行业的废铜资源是主要的报废来源。2020年以后，电力和电子设备成为报废量最大的两个行业；2050年以后，建筑废铜将后来居上，替代电力行业成为我国废铜的主要来源。

结合不同的减量化措施分析我国铜资源代谢整体趋势：2010～2040年是我国铜社会存量的快速积累期，之后随着我国人口数量回落及人均拥有量增速的放缓将导致铜的社会存量增速放缓，并在2060年前后达到峰值。与2010年相比，社会存量将增加4～5倍，将会成为未来我国最可靠的“铜矿石”资源（是目前我国铜矿基础储量的6.7～7.8倍）。我国铜消费需求将于2040年达到峰值。未来废杂铜的报废量和再生铜产量在2010～2030年处于快速增长阶段，2030年以后增速放缓。

我国铜资源的3个来源渠道：国内铜矿开采、废铜再生和铜资源进口。2011年，我国铜矿基础储量只有2810万t，如果以2010年的开采量计算，20年就会消耗殆尽，因此不能成为资源可持续供给的可靠来源。社会存量低、含铜资源使用寿命较长、再生资源回收率较低等现状导致目前再生铜产量偏低，以进口铜为主的消费结构还将延续10～15年。2025～2030年，再生铜将超过进口铜成为我国铜资源供给的主要渠道（专题图1-39）。

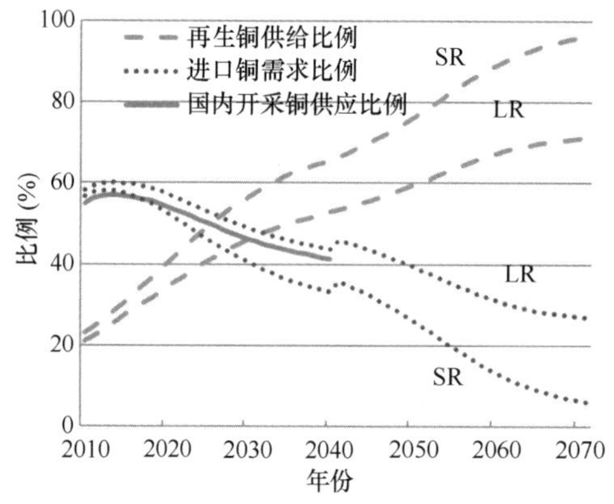

专题图1-39　不同渠道铜资源供应比例趋势预测

SR. 强化回收利用情景；LR. 低资源消耗情景

在结构调整、提升资源利用率、强化回收等措施均实现理想效果的情景下，进口需求曲线平缓，再生铜产量增速快，资源替代比例高，对外依存度将降低。可通过减少资源总需求来降低资源消耗和资源对外依存度；强化回收则可通过提高再生铜的产量来增加资源供给，减少进口需求。如降低资源消耗，铜总需求2020年减少7.8%，2050年减少14.2%。如强化回收，由于短期内废杂铜的供应不足，2020～2030年降低对外依存度的效果并不明显，但未来潜力巨大（2050年对进口资源的替代量是降低资源消耗措施的1.7倍）。

（2）废铜再生利用的能源环境效益评估

本报告采用单位再生资源的能源环境效益系数法来核算“城市矿山”开采过程中附加的能源环境效益。根据工业和信息化部、科学技术部、财政部印发的《再生有色金属产业发展推进计划》，生产每吨再生铜相当于节能 1054kg 标准煤、节水 395m^3、减排固体废物 380t、减排 SO_2 0.137t。由此可得基准情景下废铜再生利用的能源环境效益（专题表 1-31）。

专题表 1-31 基准情景下废铜再生利用的能源环境效益

年份	节能（万 t 标准煤）	节水（Mt）	减排固体废物（Mt）	减排 SO_2（万 t）
2020	348.3	1 305.5	1 255.9	45.3
2030	640.6	2 400.8	2 309.6	83.3
2040	852.4	3 194.4	3 073.1	110.8

在结构调整、提升资源利用率、强化回收等措施均实现理想效果的情景下，由于在减少铜资源需求的同时增加了再生铜的替代效益，因此资源环境效益显著。如专题表 1-32 所示，**以 2030 年为例，在降低资源消耗和强化回收两种措施共同作用下，可使铜资源对外依存度降低 17%，再生铜的资源替代率增加 15.9%，相当于节能 71.7 万 t 标准煤，节水 268.6Mt，减少固体废物排放 258.4Mt，SO_2 减排 9.3 万 t。**

专题表 1-32 减量化措施下废铜再生利用的能源环境效益

年份	节能（万 t 标准煤）	节水（Mt）	减排固体废物（Mt）	减排 SO_2（万 t）
2020	16.5	62.0	59.7	2.2
2030	71.7	268.6	258.4	9.3
2040	122.2	457.8	440.4	15.9

3. 铝资源消耗减量化及环境效益评估

（1）铝资源潜力及减量化评估

目前我国铝资源消费分为交通、机械、电子电力、建筑、包装、耐用消费品和其他共 7 个行业。专题图 1-40 分别显示了 7 个行业铝资源的需求量、报废量、存量及铝资源的总体代谢趋势。分行业分析结果显示：我国铝资源社会存量主要累积在交通与建筑中，各行业的铝资源存量将在 2030 年之前不断累积，之后将保持动态稳定。

包装行业是我国对铝资源需求量增长最快的行业，2010～2040 年包装对铝资源的需求量，将由占我国铝资源需求总量的 20%提高至 70%。包装物的寿命周期短，导致包装行业废铝产生量随之不断增加，是我国发展再生铝的主要供应渠道。

结合不同减量化措施分析我国铝资源代谢整体趋势：2010～2020 年是我国铝资源社会存量的快速积累期，随后增速放缓并在 2030 年前后达到峰值，与 2010 年相比，社会存量将增加 3.3～4.5 倍。我国未来 20 年内铝资源消费需求将保持快速增长趋势，于 2040 年达到峰值。2020～2040 年我国再生铝的产量也会不断增加，但由于废铝回收率低的现实（2010 年废铝回收率不到 30%），使得再生铝替代原生铝的总量有限，导致未来对进口的需求量将会长期地维持在高位（50%～60%），如专题图 1-41 所示。

如降低资源消耗，资源需求峰值和进口需求峰值将有所下降（峰值时分别下降了 21%和 23%），但资源供给结构和趋势没有发生变化。**如通过强化资源回收利用可使再生铝资源替代比例增加 13.7%，对外依存度降低 15.2%。**如保持消费结构不变，由于包装行业存量的变化导致未来对铝资源需求量的强烈变化，我国对铝资源的需求量将在2020年达到峰值并维持基本稳定。**在结构调整、提升资源利用率、强化回收等措施均实现理想效果的情景下，铝资源需求量和进口需求量都会有大幅度的减少，资源替代比例也有显著提高。**

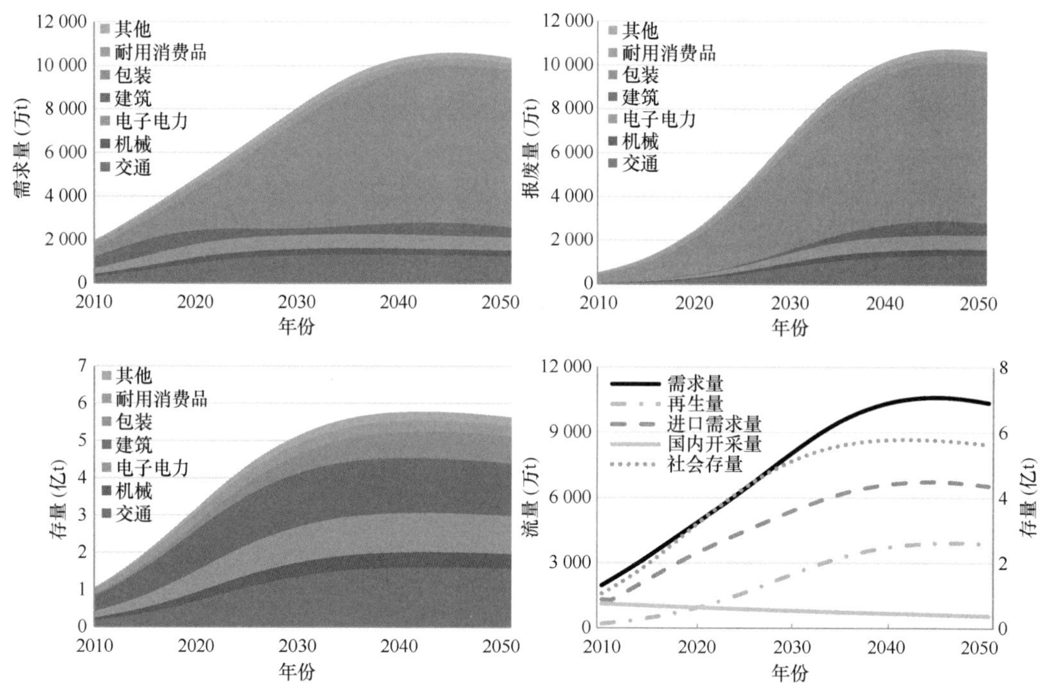

专题图 1-40　铝资源流量/存量变化趋势图（彩图见封底二维码）

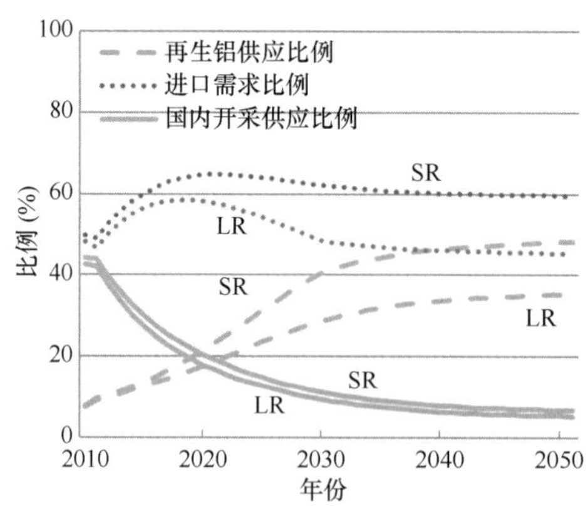

专题图 1-41　不同渠道铝资源供应比例趋势预测

SR. 强化回收利用情景；LR. 低资源消耗情景

（2）废铝再生利用的能源环境效益评估

根据工业和信息化部、科学技术部、财政部印发的《再生有色金属产业发展推进计划》及废铝加工相关文献，生产每吨再生铝相当于节能 3443kg 标准煤、节水 22m^3、减排固体废物 20t、减排 SO_2 0.06t。由此可得基准情景下废铝再生利用的能源环境效益

（专题表 1-33）。

专题表 1-33 基准情景下废铝再生利用的能源环境效益

年份	节能（Mt 标准煤）	节水（Mt）	减排固体废物（Mt）	减排 SO_2（万 t）
2020	32.0	204.7	186.1	55.8
2030	85.1	544.0	494.5	148.4
2040	127.3	813.5	739.6	221.9

在结构调整、提升资源利用率、强化回收等措施均实现理想效果的情景下，由于在减少铝资源需求的同时增加了再生铝的替代效益，因此资源环境效益显著。如专题表 1-34 所示，**以 2030 年为例，在降低资源消耗和强化回收两种措施的共同作用下，可使铝资源对外依存度降低 14.7%，再生铝的资源替代率增加 12.9%，相当于节能 15.9Mt 标准煤，节水 135.1Mt，减少固体废物排放 92.1Mt，SO_2 减排 37.3 万 t。**

专题表 1-34 减量化措施下废铝再生利用的能源环境效益

年份	节能（Mt 标准煤）	节水（Mt）	减排固体废物（Mt）	减排 SO_2（万 t）
2020	2.0	16.8	11.4	4.6
2030	15.9	135.1	92.1	37.3
2040	12.8	109.2	74.5	30.2

4. 铅资源消耗减量化及环境效益评估

（1）铅资源潜力及减量化评估

我国铅资源消费分为电池、颜料、金属制品、化学品和其他共 5 个行业。专题图 1-42

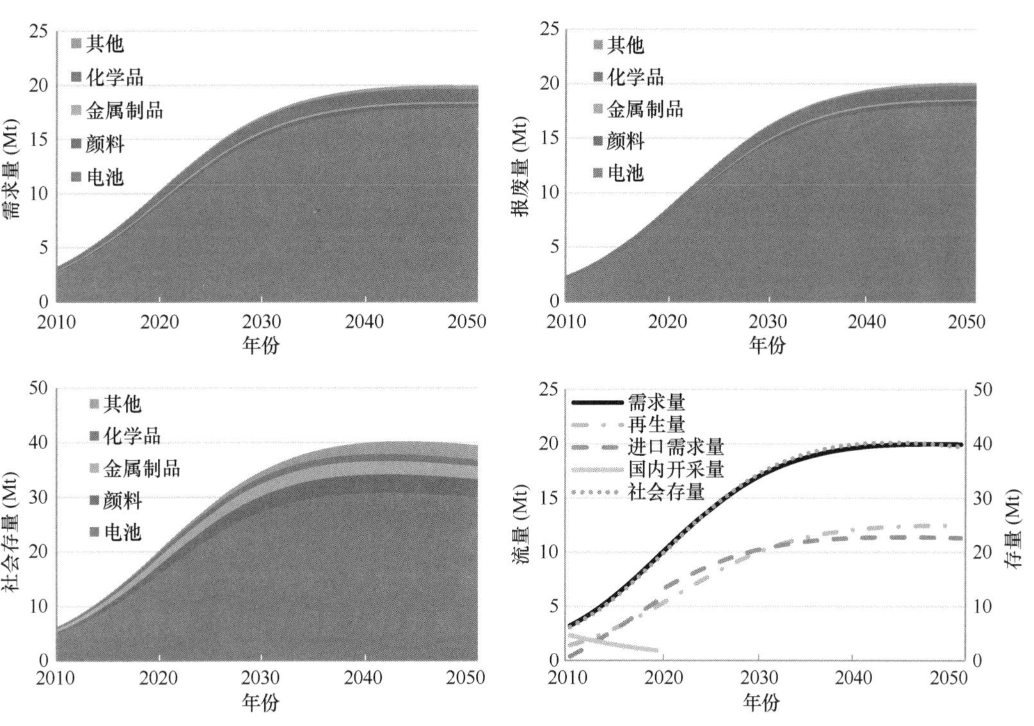

专题图 1-42 铅资源流量/存量变化趋势图（彩图见封底二维码）

中分别显示了 5 个行业铅资源的需求量、报废量、存量及铅资源的总体代谢趋势。分行业分析结果显示：我国铅资源社会存量主要累积在电池行业中，占总社会存量的 75%以上；电池行业铅资源累积量在 2010 年的基础上不断增加，在 2025 年以后增速放缓，并在 2030 年前后存量达到峰值并维持动态平衡。

铅资源的报废量和需求量的趋势与存量特征相类似，因此电池行业的废铅回收利用是发展再生铅行业的关键所在。

结合不同的情景分析我国铅资源代谢整体趋势：2010～2030 年是我国铅资源社会存量的快速积累期，之后增速放缓，并在 2040 年前后达到峰值。与 2010 年相比，社会存量将增加 4.2～5.4 倍，将会成为我国未来最可靠的铅资源（是目前我国原生铅基础储量的 2.5～3.1 倍）。我国未来铅资源消费需求将于 2040 年达到峰值。进口需求量在 2020 年以后趋于稳定。铅的报废量和再生铅产量在 2010～2020 年处于快速增长阶段，2020 年以后基本维持稳定状态。

2011 年我国铅资源基础储量只有 1291.7 万 t，以目前开采速度，2020 年以前就消耗殆尽。因此，由国内原生铅主导的资源产业结构将很快发生重大转变，2015 年以后，再生铅将成为我国铅资源消费的主要供给渠道，再生铅产量占我国铅资源的需求量将提高 20%左右。国内铅资源的停止开采将在短期内导致对外依存度增加，2030 年以后将逐渐减少并趋于稳定。

如专题图 1-43 所示，如降低资源消耗，资源需求峰值和进口需求峰值有所下降（峰值时均下降了 19.7%），但资源供给结构和趋势没有发生变化。**如强化回收，增加 15%的回收率能增加再生铅产量 271.5 万 t，提高了 21.8%，资源对外依存度减少了 13%。在结构调整、提升资源利用率、强化回收等措施均实现理想效果的情景下，进口需求曲线峰值最低，对外依存度低，再生铅资源替代比例最高。**

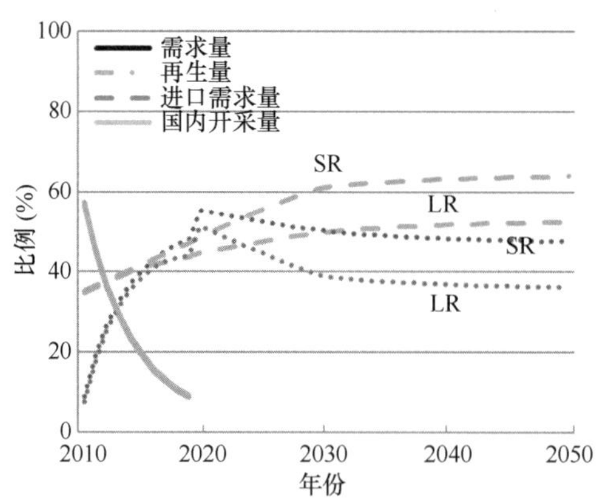

专题图 1-43　不同渠道铅资源供应比例趋势预测

SR. 强化回收利用情景；LR. 低资源消耗情景

（2）铅资源的能源环境效益评估

根据工业和信息化部、科学技术部、财政部印发的《再生有色金属产业发展推进计划》，生产每吨再生铅相当于节能 659kg 标准煤、节水 235m^3、减排固体废物 128t、减排 SO_2 0.03t。由此可得基准情景下废铅再生利用的能源环境效益（专题表 1-35）。

专题表 1-35 基准情景下废铅再生利用的能源环境效益

年份	节能（万 t 标准煤）	节水（Mt）	减排固体废物（Mt）	减排 SO_2（万 t）
2020	362.0	1 290.9	703.1	16.5
2030	667.5	2 380.3	1 296.5	30.4
2040	796.2	2 839.3	1 546.5	36.2

在结构调整、提升资源利用率、强化回收等措施均实现理想效果的情景下，由于在减少铅资源需求的同时增加了再生铅的替代效益，因此资源环境效益显著。如专题表 1-36 所示，**以 2030 年为例，在降低资源消耗和强化回收两种措施共同作用下，可使铅资源对外依存度降低 13.5%，再生铅的资源替代率增加 13.5%，相当于节能 116.3 万 t 标准煤，节水 967.1Mt，减少固体废物排放 604.7Mt，减排 SO_2 0.5 万 t。**

专题表 1-36 减量化措施下废铅再生利用的能源环境效益

年份	节能（万 t 标准煤）	节水（Mt）	减排固体废物（Mt）	减排 SO_2（万 t）
2020	33.6	279.1	174.4	0.1
2030	116.3	967.1	604.7	0.5
2040	138.5	1151.4	720.5	0.6

综上，降低资源消耗可通过减少源头资源需求量，改变资源代谢特征，减少资源进口需求量和资源再生量，然而从长期角度看却不能减少资源的对外依存度。消费结构调整在短期内能降低资源对外依存度，但长期的资源效果不显著。强化回收利用情景通过增加资源再生量来改变资源代谢特征，随着资源报废量的增长资源替代效益显著。

（四）典型再生金属资源替代效果综合分析

根据物质流核算结果，我国 4 种典型矿产资源的代谢现状见专题表 1-37。其中以再生资源量与资源消费量之比作为再生资源替代比例；以进口的原生和废物资源量之和与资源消费量之比作为对外依存度。由专题表 1-37 可知，除铅以外，我国典型矿产资源再生比例较低，3 种大宗金属（铜、钢铁和铝）再生资源替代比例不到 30%，对进口资源依存度较高，铜为 72.0%，钢铁为 51.2%，铝为 47.9%。

专题表 1-37 2010 年我国 4 种典型矿产资源的主要代谢指标

资源名称	国内开采量	原生资源进口量	废物进口量	再生资源量	再生资源替代比例（%）	对外依存度（%）
铜（万 t）	135.2	500.9	130.0	240.0	27.4	72.0
钢铁（百万 t）	320.1	331.4	5.5	86.0	13.1	51.2
铝（万 t）	1121.1	940.2	239.6	400.0	16.2	47.9
铅（万 t）	235.9	99.3	0.0	135.0	34.6	25.5

基准情景（BAU）下，我国 4 种典型矿产资源的关键指标见专题表 1-38，“城市矿山”的资源替代总体效益显著，资源对外依存度逐步下降。2010～2030 年，钢铁资源替代比例增加了 40.1 个百分点，对外依存度降低了 17.9 个百分点；铜资源替代比例增加了 18.7 个百分点，对外依存度降低了 25.8 个百分点；铝资源和铅资源的资源替代比例

分别增加了 5 个百分点和 10.2 个百分点。

专题表 1-38　基准情景（BAU）下我国 4 种典型矿产资源的关键指标

资源名称	年份	资源需求量	进口需求量	资源再生量	再生资源替代比例（%）	对外依存度（%）
铜（万 t）	2020	916.5	525.5	330.5	34.1	54.2
	2030	1 246.9	608.8	607.8	46.1	46.2
	2040	1 449.8	631.7	808.7	52.8	41.2
钢铁（百万 t）	2020	756.5	438.8	223.5	26.9	52.8
	2030	806.8	295.4	471.7	53.2	33.3
	2040	877.0	248.3	711.6	73.0	25.5
铝（万 t）	2020	4 829.3	3 441.1	930.4	13.3	49.2
	2030	8 055.2	5 374.9	2 472.6	21.2	46.1
	2040	10 320.9	6 603.5	3 697.9	24.8	44.2
铅（万 t）	2020	1 030.8	678.4	549.3	40.4	49.9
	2030	1 714.8	1 029.5	1 012.9	44.8	45.5
	2040	1 963.8	1 130.6	1 208.2	46.6	43.6

低资源消耗情景（LR）、结构不变情景（SA）及强化回收利用情景（SR）下矿产资源代谢的关键指标见专题表 1-39、专题表 1-40 和专题表 1-41。

专题表 1-39　低资源消耗情景（LR）下 4 种矿产资源代谢的关键指标

资源名称	年份	资源需求量	进口需求量	资源再生量	再生资源替代比例（%）	对外依存度（%）
铜（万 t）	2020	844.9	460.3	322.6	36.1	51.5
	2030	1 117.0	520.6	563.1	47.7	44.1
	2040	1 268.1	535.8	718.7	53.6	40.0
钢铁（百万 t）	2020	695.9	377.1	218.9	28.6	49.3
	2030	736.2	237.5	452.4	55.9	29.4
	2040	804.1	217.0	663.2	75.0	24.6
铝（万 t）	2020	4 180.4	2 802.7	885.2	14.6	46.3
	2030	6 726.0	4 294.8	2 157.7	22.2	44.1
	2040	8 256.4	5 151.6	2 987.8	25.0	43.1
铅（万 t）	2020	940.1	609.3	510.4	41.2	49.1
	2030	1 430.4	849.4	854.2	45.3	45.0
	2040	1 585.7	909.9	978.7	46.8	43.5

专题表 1-40　结构不变情景（SA）下 4 种矿产资源代谢的关键指标

资源名称	年份	资源需求量	进口需求量	资源再生量	再生资源替代比例（%）	对外依存度（%）
铜（万 t）	2020	1194.2	783.6	356.5	28.2	62.1
	2030	1742.0	924.2	798.8	43.4	50.2
	2040	1944.3	685.8	1260.4	61.3	33.4
钢铁（百万 t）	2020	778.0	464.0	221.9	26.0	54.3
	2030	757.3	275.8	437.2	52.5	33.1
	2040	783.0	213.6	643.4	74.8	24.8

续表

资源名称	年份	资源需求量	进口需求量	资源再生量	再生资源替代比例（%）	对外依存度（%）
铝（万 t）	2020	4832.3	3578.2	799.4	11.4	51.2
	2030	5549.0	3708.9	1516.4	18.9	46.2
	2040	5760.0	3624.2	1906.1	22.9	43.5

专题表 1-41　强化回收利用情景（SR）下 4 种矿产资源代谢的关键指标

资源名称	年份	资源需求量	进口需求量	资源再生量	再生资源替代比例（%）	对外依存度（%）
铜（万 t）	2020	916.5	509.4	346.6	35.8	52.6
	2030	1 246.9	535.4	681.1	51.7	40.6
	2040	1 449.8	502.4	938.0	61.2	32.8
钢铁（百万 t）	2020	756.5	428.5	233.8	28.1	51.5
	2030	806.8	262.1	505.0	57.0	29.6
	2040	877.0	195.4	764.6	79.3	20.3
铝（万 t）	2020	4 829.3	3 332.6	1 036.5	14.8	47.7
	2030	8 055.2	4 470.2	3 357.2	28.8	38.3
	2040	10 320.9	5 234.3	5 036.7	33.7	35.0
铅（万 t）	2020	1 030.8	639.8	587.8	43.2	47.1
	2030	1 714.8	811.7	1 230.7	54.4	35.9
	2040	1 963.8	868.1	1 470.7	56.8	33.5

比较 3 种措施下的资源代谢指标可得：低资源消耗措施通过减少源头资源需求量，改变资源代谢特征，减少资源进口需求量和资源再生量，然而从长期角度看却不能减少资源的对外依存度（专题表 1-42）。消费结构调整在短期内能降低资源对外依存度，但长期的资源效果不显著；强化回收利用情景通过增加资源再生量来改变资源代谢特征，随着资源报废量的增长资源替代效益显著（专题表 1-43）。

专题表 1-42　低资源消耗情景（LR）与基准情景（BAU）下的主要指标对比

资源名称	年份	资源需求量	进口需求量	资源再生量	资源替代比例（%）	对外依存度（%）
铜（万 t）	2020	–71.5	–65.2	–7.9	2.0	–2.7
	2030	–129.9	–88.3	–44.6	1.6	–2.1
	2040	–181.7	–95.9	–90.0	0.8	–1.2
钢铁（百万 t）	2020	–60.6	–61.7	–4.6	1.7	–3.5
	2030	–70.6	–57.9	–19.4	2.7	–4.0
	2040	–72.8	–31.3	–48.4	2.0	–0.9
铝（万 t）	2020	–648.9	–638.4	–45.2	1.3	–2.9
	2030	–1329.2	–1080.1	–315.0	1.0	–2.0
	2040	–2064.5	–1451.9	–710.1	0.2	–1.1
铅（万 t）	2020	–90.7	–69.1	–38.9	0.8	–0.8
	2030	–284.4	–180.1	–158.6	0.5	–0.5
	2040	–378.1	–220.8	–229.5	0.1	–0.1

专题表 1-43　结构不变情景（SR）与基准情景（BAU）下的主要指标对比

资源名称	年份	资源需求量	进口需求量	资源再生量	资源替代比例（%）	对外依存度（%）
铜（万 t）	2020	0.0	−16.1	16.1	1.7	−1.7
	2030	0.0	−73.4	73.4	5.6	−5.6
	2040	0.0	−129.3	129.3	8.4	−8.4
钢铁（百万 t）	2020	0.0	−10.4	10.4	1.2	−1.2
	2030	0.0	−33.3	33.3	3.8	−3.8
	2040	0.0	−52.9	52.9	6.3	−5.2
铝（万 t）	2020	0.0	−108.5	106.1	1.5	−1.6
	2030	0.0	−904.7	884.6	7.6	−7.8
	2040	0.0	−1369.2	1338.8	9.0	−9.2
铅（万 t）	2020	0.0	−38.6	38.6	2.8	−2.8
	2030	0.0	−217.8	217.8	9.6	−9.6
	2040	0.0	−262.5	262.5	10.1	−10.1

在资源回收利用提高 20%的条件下，废钢铁和废杂铜的资源替代效果显著，将在 2025 年前后替代进口资源成为我国资源需求的主要供给渠道，并最终能将资源对外依存度降低至 10%以下，保障资源安全；由于铝资源的回收利用基础薄弱，再生资源替代比例只达到 50%。因此需针对铝资源特别是包装废铝的回收体系构建与再生利用研究，提高原生资源替代效率，降低对外依存度；再生铅行业结构简单，回收利用基础较强，是未来铅资源的重要保障。在实际工作中，3 种方案应配合使用。

六、“城市矿山”开发利用需要技术创新

（一）我国“城市矿山”开发利用技术现状

随着全球可持续发展与资源循环理念逐渐形成共识，废旧产品已成为发达国家资源供应的重要来源，并衍生形成“城市矿山”新资源。世界各国大力培育和发展节能环保产业，加快开发“城市矿山”，提升固体废物分类资源化水平。我国积极推动“城市矿山”资源的开发利用，但科技水平与发达国家仍有差距，关键技术总体处于跟跑阶段，中高端装备自主研发能力明显不足。

发达国家工业化时期较长，随着各种产品陆续完成生命周期进入回收再利用环节，各种再生资源的社会蓄积量规模庞大。针对废旧电器电子产品、废旧金属产品、废塑料等典型“城市矿山”资源，再生资源回收利用企业已经开发出精细化拆解、智能化分选、清洁化利用、多金属协同处置及复合材料增值改性等较为成熟的资源化处置关键技术和装备，形成了大规模的产业化应用。同时，发达国家率先将信息技术、生物技术、先进制造技术等高科技手段引入固体废物减量化、资源化领域，完成了传统产业技术的绿色升级，固体废物实现大幅度源头减排与循环利用，支撑构建了以循环型社会为目标的固体废物全生命周期管理与法律体系。例如，美国将激光无损探测、表面纳米修复等先进技术应用于机电设备零部件再制造，引领了高科技再制造成套技术与装备快速

发展，成功应用于航空航天、舰船汽车、医疗卫生、风电能源等领域。当前，针对固体废物源头减量与高值利用，发达国家已经深入到微纳米尺度构效关系研究，将固体废物产生过程工艺优化与固体废物特性在线调控高度耦合，从源头实现固体废物原材料化生产，催生了固体废物生产过程与材料利用一体化、原生矿产与再生矿产加工一体化、智能拆解与高端制造一体化等系列重大原创性技术体系和专属装备。美国、欧盟、日本均将固体废物分类资源化技术创新列入国家高新技术研发计划，如美国的《国家先进制造战略规划》，欧盟的《绿色创新行动计划（EcoAP）》，日本专项部署了《循环型社会形成推进基本计划》等。

“十二五”以来，我国积极推动“城市矿山”开发利用，先后批复建设了49家国家“城市矿产”示范基地、4家再制造示范基地和75家再制造试点单位，推动了废钢铁、废有色金属、废弃电器电子产品、报废汽车、废塑料、废旧轮胎等主要“城市矿山”再生利用技术研发与应用，形成了废旧电器电子产品高效破碎、精细分选、有价组分提取利用的全链条技术体系，废杂铜铝机械物理分离、火法熔炼、湿法冶炼等专属技术及制备了专属装备，以及废旧塑料橡胶的精准识别与高值利用关键技术；突破了大型装备零部件表面纳米修复、无损拆解与绿色清洗、损伤零部件原位修复与再制造加工等核心技术，培育了一批具有示范效应的骨干企业。

但相比于发达国家，针对“十三五”科技发展需求，我国在该领域尚处于解决复合型污染、实现低端资源化的发展阶段，除少部分“城市矿山”资源化技术处于国际先进水平外，**尚缺乏针对我国固体废物量大、成分复杂特点的重大原创性核心技术和成套集成装备，尚未形成从源头到末端全过程减排增效的重大集成技术和产品体系，以及跨产业的固体废物协同利用技术**，整体上与国际先进水平相差10～15年，主导性工艺基本处于跟跑地位，**特别是在固体废物源头减量化重大技术方面差距更为明显**。因为**资源化技术总体落后，造成政策标准与管理体系处于发展初期，缺乏对技术创新的促进作用**；导致我国在产业发展方面，和国外该领域已有成熟的商业模式与产业规模相比尚有巨大差距。

目前我国该领域面临的主要科技问题在于：固体废物再生利用顶层设计缺乏、源头处理不足、特性不清、产生量大、成分复杂，固体废物污染迁移和转化规律不明确，缺乏统一的数据采集和统计平台，基础数据不足，难以为其大规模有效利用和监管提供管理支撑；尽管在源头减量化、无害化处理、资源化回收、能源化利用等环节的关键技术、设备及产品取得了一些突破，但这些技术多是停留在单元节点或局部环节，科技成果推广与政策标准、管理体系严重脱节，缺乏从单元到过程、从研发到推广的全产业链重大集成，许多环节仍然利用效率低，二次污染重。**在经济发展新常态下，现有固体废物分类资源化技术体系还无法解决我国环境承载力有限、资源保障能力严重不足的重大问题。**而发达国家先进技术和装备不能直接适用于我国固体废物，**迫切需要开发针对我国国情的重大原创性技术和推广模式，并建立与之相适应的政策管理体系。**

（二）“城市矿山”开发利用技术发展趋势

随着我国电子信息、交通运输、航天航空、国防军工等领域快速发展，以新能源装备、便携电子产品、大型机电装备、复合材料为代表的“城市矿山”产生量还将日益增加，其所含元素种类繁多而复杂、微型化集成化发展趋势明显，急需开展产品可循环设计，突破废弃产品的精细拆解、智能分选技术与装备，构建完善的旧件检测、再利用、修复再制造技术体系，稀贵金属的高效回收利用技术与装备将是重要发展方向。

“城市矿山”开发利用技术的发展趋势可概括为：向产品全寿命周期的生态设计，梯次循环利用发展；从单一组分简单利用，向多组分高值化利用发展；技术装备向精细化梯级分离、高效分离装备制造发展；收运向基于物联网、信息化的智能化收运系统构建发展；从单纯回收利用有用材料向利用再制造技术回收利用零部件方向发展。

我国“城市矿山”开发利用技术难点与挑战主要有：消费品成分和材料的升级换代加速，需提高技术与装备适应性；产生源分散，废物赋存量勘查和时空溯源困难；急需金属超临界流体萃取分离和产物纯化技术；毒害元素迁移检测与控制和尾渣无害化处置。

我国“城市矿山”开发利用技术发展目标可概括为：将信息技术、生物技术、先进制造等高科技手段引入固体废物减量化、资源化领域，实现传统产业技术的绿色升级，支撑构建以循环型社会为目标的固体废物全生命周期管理与法律体系；重点突破废弃资源时空信息服务与时空溯源监控、稀贵金属分离和清洁回收、大型废旧机电产品再制造等核心技术；形成一系列自主创新技术与成套装备，大幅度提升再生产品质量和附加值，达到国际先进水平；废旧消费品组件与材料再利用率大于 80%，与国际先进水平同步；建立再生产品评价方法与指标体系。

（三）我国“城市矿山”开发利用重点技术的发展方向

1. 产品生态设计与再生组织性能调控原理

针对当前废弃产品成分复杂、拆解分选难度大、再生材料质量难以保证等关键问题，开展产品生态识别、生态诊断、生态设计基础研究；开展产品全生命周期环境影响科学评估，识别产生环境影响的主要类型和关键环节；开展替代数据模拟、替代方案比较方法研究，为产品生态设计提供科学依据。突破典型废旧产品分析检测与评估方法，探索自动化精细拆解、多级破碎与智能分选、材料化和再制造过程组织性能调控新原理，揭示回收利用过程中有价元素富集分离规律与毒害元素迁移转化规律，为建立典型“城市矿山”回收利用关键技术与装备提供基础支撑。

2. 废旧新能源装备可循环拆解与清洁利用技术

针对废旧新能源装备涉及面宽、结构集成度高、利用残值可观等特点，以动力电池、光伏电池、储能电池、风电装备、智能电网发电及配电装备为主要对象，重点突破动力锂电池可循环拆解、旧件检测与梯级制备微型锂电技术；锂、钴、镍等能源金属湿法冶金强化分离与再生利用技术；光伏电池多晶硅片清洁回收与银浆绿色分离技术；铅酸蓄电池可循环智能拆解、免冶炼清洁再生与废酸除杂回用技术；风电装备无损拆解与电机组件直接利用技术。形成废旧新能源装备及其核心部件可循环拆解和清洁利用技术体系与标准。

3. 废旧便携电子产品精细拆解与稀贵金属回收技术

针对废旧便携电子产品种类繁多、组成复杂、复合程度高及更新换代快等特点，以废旧手机、笔记本电脑、平板电脑、液晶显示器件、移动存储终端等为主要对象，重点突破储存信息安全擦除与防泄漏技术；机器人辅助精细拆解、电子元器件自动检测与直接再利用技术；液晶绿色分离、铟锡高效回收、深度提纯与清洁再生技术；内置荧光灯或 LED 微组件精细拆离、稀土金属和稀散金属回收提纯与汞二次污染协同控制技术；内置集成线路板的多级粉碎与涡流分选技术、稀贵金属无氰回收与提纯技术。形成废旧便携电子产品全量化高效利用成套装备。

4. 废旧机电关键零部件及成套系统再制造技术

针对废旧机电装备个性化强、服役环境差异大、再制造基础条件不一等问题，研发大型机电设备柔性拆解、再制造产品声磁多参量综合检测与可靠性评价、智能化高能束柔性再制造成型及数字化加工、基于机器人的高能束能场纳米复合快速增材再制造，废旧电机磁体纳米修复再制造等关键共性技术；突破大型船舶和重型汽车动力系统再制造升级、风电设备/医疗设备智能拆解集成系统再制造等成套技术装备；加快技术集成示范与推广应用，形成系列再制造产品标准与应用推广的商业模式，满足再制造产业深入发展的技术需求。

5. 废旧复合材料智能分选与高效回收技术

针对废旧产品中多种复合材料应用和淘汰更新不断加快，而有效回收技术手段缺乏等新问题，重点突破铝镁合金外壳、铝镁塑料外壳、废旧铜铝线缆、废弃铝塑基材等多种复合材料的光谱识别、智能分选、深度提纯与综合利用关键技术，研究航空复合板材、风机复合叶片等大型复合材料的精细拆解、分类回收技术与装备。研发复合绝缘塑料精细分选和电气性能保级再生技术、多种有机树脂类危险废物再生制备复合材料技术等材料化高值利用技术。形成废旧复合材料智能分选与多途径高值利用技术组合体系。

6. 基于互（物）联网的固体废物监管与回收系统构建技术

针对区域或行业的固体废物收运和资源化利用，突破智能型标签技术与设备、便携式自动检测与传感识别设备、废旧商品自动分拣与回收设备等关键技术与装备，开发基于用户终端和互联网的废旧产品回收交易平台，探索回收体系与财税、金融市场机制融合的商业模式；针对不同来源固体废物，开发移动式车载计量和监控一体化固体废物收运装备，以及体系回收利用大数据采集与管理决策分析技术。依托工业园区循环化改造、“城市矿产”基地和循环经济示范区，加快基于互（物）联网的固体废物回收利用平台集成示范、推广应用，提升固体废物回收利用效率和经济效益。

7. 全生命周期固体废物精细化管理体系构建技术

针对固体废物全生命周期管理需求，研究固体废物分类方法与收运机制、废弃产品环境责任分担机制、典型产品生产者责任延伸制度、废弃产品回收产业基金等市场化制度；研究固体废物回收利用成本效益分析方法、资源循环利用经济激励政策，探索固体废物回收新型商业化模式。研究固体废物分类资源化技术标准体系框架，加快构建资源循环利用产业标准化体系，促进“技术—标准—政策”的有效衔接和成套标准整体实施；支撑初步构建适合我国国情的固体废物全生命周期管理模式，符合生态文明建设的制度创新要求。

8. 资源循环利用综合评价及决策支撑技术

针对生态文明建设对资源循环利用的总体要求，以固体废物分类资源化为重点，研究构建循环经济特征评价指标体系及支撑方法，重点开展资源产出率、循环利用率等指标统计测算方法研究，以及不同区域层面的应用示范与推广；研究循环经济鼓励技术评价筛选方法和基于市场化的推广机制，研究适应新常态的区域循环经济发展模式评估机制，分析区域或跨行业循环经济产业链的形成机制、保障制度和运行机制。选择典型大型城市群，以促进循环发展为目标，探索政策法规、商业市场、技术创新、资源供给多方位融合模式与机制，开展综合示范，为促进循环经济大规模发展提供范式。

9. 资源循环利用系统评估技术

以固体废物分类资源化为核心，针对我国生产、生活领域，研究再生金属资源及生物质燃气的理论蕴藏量和大尺度时空分布，开展资源循环利用对国家资源安全保障潜力综合评估；研究区域尺度原生、再生资源一体化供给保障机制及统筹优化战略，形成资源安全保障的全新理论与发展战略，探索构建原生与再生资源融合的新资源观；开展循环发展的协同效益综合评价，研究典型固体废物物质流、经济流、生态流耦合的分析方法，优化提出资源循环利用综合管理措施；研究国际贸易政策变化对资源循环利用产业发展的影响与应对；为国家资源循环利用重大决策提供关键支撑。

10. 城市生活垃圾收集布点的地理信息系统技术

采用最短路径分析原理研究城市生活垃圾收集布点问题。首先，对收集到的空间环境资料进行数据矢量化，将矢量化生成的 Shape 文件转存入地理信息系统（GIS）空间网络数据库。其次，对网络数据库进行拓扑除错，保证网络分析功能的正常使用。再次，在进行最短路径分析之前，对矢量化处理后的研究区环境地理信息数据进行缓冲分析，包括河流、水域、水源地等，即将这些敏感目标周围设置为禁止生活垃圾收集区域，从而进一步排除无效备选点。最后，利用 Arcgis 软件的位置分配功能和 Dijkstra 算法，对其余生活垃圾收集备选点进行短路径分析和资源分配，得出最优化结果。

11. 城市生活垃圾的高值化与多样化利用技术

城市生活垃圾的分类与分选技术，可采用如下方法：①分类收集；②在混合收集的情况下，垃圾分选一般包括人工分选和机械分选。各地区可根据本地区的垃圾属性进行相关配套的垃圾分选系统；生活垃圾和污泥联合堆肥技术。利用餐厨、果蔬等多种易腐有机成分，再添加污泥、粪便等其他有机固体废物进行联合厌氧发酵。联合厌氧发酵产生的沼气可用于燃烧发电，或提纯后制天然气用于内燃机发电。此外，沼气发电机组发电产生的余热，还可循环利用，用于沼气发酵过程的增温、保温；水泥生产协同处理生活垃圾技术。该类技术以在水泥回转窑旁建垃圾焚烧炉为基础，利用水泥回转窑联合处理生活垃圾。

垃圾焚烧发电技术方面，开发两段式生物质与垃圾气化焚烧炉技术，在保证热值足够的情况下减小对单一燃料的依存度，利用先进的气化焚烧技术缩减工艺系统复杂度、减少能源转化过程中污染物的排放；开发生活垃圾焚烧飞灰等离子熔融处理技术，对飞灰进料和混料系统、等离子发生器及电源系统、等离子熔融炉和出渣系统等方面进行全面优化设计，实现飞灰的安全化、减量化及资源化处理；开展湿法脱酸系统及干法脱酸系统开发，解决目前系统效率低、存在结垢和堵塞等问题，进一步满足更高的生活垃圾焚烧发电烟气排放标准。

七、对我国“城市矿山”开发利用的相关建议

（一）战略目标

“十三五”期间，应实现我国“城市矿山”开发利用的重点跨越式发展。

到 2020 年，建立并完善生产者责任延伸制度，建立完善的监管体系及生活垃圾分类制度与标准；建立“城市矿山”开发利用跨部门组织协调机制；全国主要城市建成网点布局合理、管理规范、回收方式多元、重点品种回收率较高的再生资源和生活垃圾回收体系；在全国范围内推广“城市矿山”示范基地的经验，在每个地级市建立一个规模化“城市矿山”综合利用基地；“城市矿山”开发利用中互联网、云平台技术得到普及；广大人民群众环保和资源再生意识得到全面提高。地级以上城市生活垃圾分类收集覆盖率达到 25%，生活垃圾回收利用率达到 35%。到 2030 年，落实生产者责任延伸制度，以建立生产者逆向物流体系为重点，促进生产商、销售商开展城镇废弃的主要耐用消费品的分类回收。形成灵活配置的“城市矿山”资源化产业市场，有价组分提取产业规模显著提高。“城市矿山”资源化利用产业总体规模持续扩大，达到世界先进水平，成为战略性新兴产业的支柱性产业。地级及以上城市生活垃圾分类收集覆盖率达到 90%，生活垃圾回收利用率达到 60%。

（二）战略方针

1. 国务院各部门统筹进行全社会的再生资源综合利用管理

再生资源从回收、处理到形成资源综合利用产品，涉及居民、企业、政府等全社会的各个方面、各个部门，需要国务院各部门统筹协调进行管理。

2. 环境污染防治与经济效益协同促进

在利用经济手段引导发展资源综合利用的过程中，注重环境污染防治，使资源向污染防治可控、达标的大型园区、企业集聚，使综合利用集中化、规模化、产业化。

3. 国内再生资源与进口再生资源统筹管理

以资源可持续供应为出发点，以国内再生资源为主，进口再生资源为补充，统筹管理国内再生资源与进口再生资源。

（三）具体建议

1. 提升“城市矿山”的战略地位

抓紧推动修订《中华人民共和国固体废物污染环境防治法》《中华人民共和国循环经济促进法》和《中华人民共和国清洁生产促进法》及其配套制度，确定循环经济和“城市矿山”在我国国民经济发展中的地位，将“城市矿山”作为我国战略资源的重要组织部分，确定我国资源开发的顺序为：“城市矿山”资源→原生资源→进口资源。

2. 加强各部门分工合作，统筹协调

（1）建立多部门联合的政策保障措施

针对“城市矿山”的不同种类及其特性，建立“城市矿山”综合开发利用和环境管理的联动机制，综合部门加强宏观管理政策对“城市矿山”综合开发利用的引领驱动，职能部门推进“城市矿山”资源化相关管理政策、技术政策、法律法规和标准体系建设，促进技术应用和产业化推广，强化固体废物污染的环境执法和严格管理，切实减少企业违法行为，为专项实施提供政策保障。

（2）建立部门协同工作机制

进一步完善“城市矿山”综合开发利用相关部门领导与协调机制，明确专门机构和人员，建立部门协调机制，明确责任，形成工作合力。充分发挥行业协会的桥梁和纽带作用；加强行业数据的统计分析，建立行业信息定期发布制度和行业预警制度。

3. 建立并完善生产者责任延伸制度

（1）在法律层次引入生产者责任延伸制度、完善各层级制度设计

建立生产者责任制相关制度，完善配套政策和细则，明确电子产品生产者、销售者、消费者、回收者等责任相关方的法律责任。

强化污染防治技术规范、标准，制定产品生态设计标准、循环产品标准、回收利用标识等。

（2）完善回收体系，促进回收方式创新

鼓励“互联网+回收”等新兴回收模式，推动生产者参与电子废物等“城市矿山”回收体系建设，对生产者回收废弃电器电子产品等活动进行评估，研讨纳入基金减征政策以鼓励生产者参与回收活动。

（3）鼓励生产者参与生态设计和循环利用

引导生产者设计制造再利用产品，鼓励产品再制造，依据国家发布的有害物质限量值标准，并综合考虑产品的性能、安全使用年限、材料可回收利用性、产品易拆解性、包装等因素制定再利用产品评价体系；鼓励生产者参与电子废物处理和综合利用，在符合生产

者进入电子废物处理行业需满足电子废物处理行业相关要求的前提下，优先生产者的许可。

（4）建立资金机制，鼓励企业投资回收利用，开展综合利用活动

制定绿色产品税费减征政策，完善现有废弃电器电子产品处理基金征收补贴政策，研究押金等资金机制；研究将生产者责任延伸制度扩展至废旧汽车回收等其他废旧产品领域的可行性，并探索相关机制；探讨鼓励"城市矿山"开发企业发展的财政优惠政策。

（5）建立示范企业，推进 EPR 制度建设

开展生产者责任延伸（EPR）制度建设示范企业活动，适时发布示范企业名录，并探讨鼓励示范企业发展的财政优惠政策。

推广 EPR 制度，研究将 EPR 制度扩展至废旧汽车回收等其他废旧产品领域的可行性，并探索相关机制和试点。

4. 扶持"城市矿产"示范基地发展

建立持续稳定的"城市矿产"示范基地政策扶持和经济激励措施，包括以下几项。

（1）制定税费优惠

推动对出台"城市矿山"开发利用企业有长效支撑作用的增值税退税政策和其他税费优惠政策。

（2）拓宽融资渠道

设立"城市矿山"产业基金，以强制回收产品目录中的废弃产品为切入点，加强对资源量大、环境影响大的废弃产品的回收处理力度；完善现有废弃电器电子产品处理基金征收补贴政策，加强废弃电器电子产品处理基金补贴流程管理，缩小补贴周期；制定绿色产品基金减征具体实施细则，研究押金等资金机制。

（3）协调行业政策，建立体现资源属性的价格机制

建立京津冀等几个区域性"城市矿山"行业的政策支撑体系，发挥"城市矿产"示范基地对区域城市的环境服务和静脉消化的功能；加强对再生资源环境外部性研究，在定量化表征再生资源的环境外部效益的基础上，制定能够体现再生资源与原生资源环境外部效应区别的价格机制。

（4）加强产业规划

合理规划空间布局和产能规模，提高新申请"城市矿产"示范基地的准入门槛，建立"城市矿产"示范基地的年度考核制度，建立合法经营、有序竞争、环境友好的产业政策环境。支持地方政府因地制宜地推动省级"城市矿产"示范基地建设。

（5）推广"城市矿产"示范基地发展经验

加强对"城市矿产"示范基地发展经验的总结，凝练出具有代表性的可复制、可推广的"城市矿山"发展模式，通过多种形式和手段宣传推广典型经验与做法，提高现有国家"城市矿产"示范基地的示范带动作用，以点带面促进行业的整体发展，以及全国"城市矿山"的开发利用。

5. 因地制宜地选择适宜的生活垃圾收运处置模式

（1）大中型城市分类收集，利用处置

加快推进再生资源回收与垃圾清运处理网络体系"两网合一"，实现垃圾处置前端

的分类投放和收集、中端的分类运输及终端的分类利用和处置的统一管理与协同处理，按照分类投放、分类收集、分类利用、分类处置的“四分”方法，严格规范垃圾分类，提高资源化利用效率。

（2）小城市一体收运，终端分类处置

根据社会经济状况，小城市可采用生活垃圾一体收集，终端干湿分离，分类处置技术。

（3）推动历史积存垃圾的资源化处理

推动城市边缘露天堆存或简易填埋的大量生活垃圾的资源化处理，鼓励各类所有制经济积极参与投资和经营，逐步建立与社会主义市场经济体制相适应的投融资及运营管理体制，实现投资主体多元化、运营主体企业化、运行管理市场化，形成开放式、竞争性的建设格局。在地方政府制定和实施符合实际的具体政策措施的基础上，创造条件把新建垃圾处理设施积极推向市场，鼓励社会投资主体采用 BOT 等特许经营方式投资或与政府授权的企业合资建设垃圾处理设施。

（4）强化公众分类回收的责任

对城镇居民个人应以鼓励为主，引导居民积极参与并逐步形成主动分类的生活习惯，强化生活垃圾分类的观念和环保意识，促进生活垃圾的源头减量。对城镇范围内责任主体明确的公共机构和企业，应强制其进行垃圾分类。鼓励各地结合实际制定地方性法规，对城市居民（个人、家庭）实施垃圾分类提出明确要求。

（5）完善配套政策和处理处置设施

从土地、财政、税收、信贷等方面对生活垃圾分类收运给予配套扶持政策，鼓励社会资本参与，形成政策配套引导、市场配置资源、企业主体运作的长效机制。通过政府引导，企业主导，发挥市场机制和活力，将标准化分类回收和综合利用设施纳入城市基础设施规划与建设，提高生活垃圾回收量和利用率。

6. 促进“城市矿山”开发利用技术创新

（1）建立跨部门/跨区域组织协调机制

以区域和行业固体废物环境管理的实际需求为导向，按照“基础研究—技术突破—工程示范—技术推广”的创新链条，发挥跨部门、跨区域一体化的组织保障功能；以研发内容和总体目标为导向，发挥企业市场主体作用，建立研究单位、环保企业、社会资本多方参与的创新团队、责任主体落实及协同创新机制。

（2）实行多元化的资金投入保障机制

以国家重点专项资金投入为主，建立配套经费专项账户制度。强化与重大工程建设的结合，争取有关财政专项资助。建立国家公益性重点投入与引导社会资本投入相结合的科技创新投入机制，引导产业基金或社会资本有效投入。针对典型“城市矿产”资源化技术研发，推动采用“后补助”资助方式，扶持和加快资源循环利用产业的快速健康发展。

（3）组织各方力量开展产学研联合攻关

针对固体废物来源广、种类多、跨行业、跨部门等特点，发挥高校科研院所突破基础研究与关键技术的优势，依托骨干企业的成果转化和工程示范能力，激发产业协会的市场推广作用，按照创新链上的各个环节建立新型的产学研技术创新机制。

强化与发达国家的国际合作，提升我国固体废物分类资源化技术研发与管理决策的创新能力。

（4）建立科技成果转化应用的商业化模式

针对“城市矿产”资源化与安全处置，探索建立国家科技成果共享平台，提升技术转化的市场化服务水平。建立一批资源循环利用示范园区，充分利用第三方环境服务治理，将“城市矿产”资源化技术纳入示范区产业升级及配套政策中，加快先进适用技术成果的推广转化。落实科技成果使用处置和收益改革政策，调动社会各界从事科技成果转化应用的积极性。

（5）促进固体废物分类资源化国际科技合作

针对消费品国际贸易和固体废物越境转移，开展 4～5 种“城市矿产”资源国际大循环及再利用评估的国际合作，建立东亚地区、太平洋地区“城市矿产”资源开发伙伴关系和国际合作网络；针对多金属固体废物高效清洁利用关键技术，联合欧盟及北美科技创新团队进行攻关；借此推动形成“城市矿产”资源化全球科技合作网络。

7. 推动“互联网+”在“城市矿产”开发利用中的应用

（1）加强信息共享，建立“城市矿产”公共信息服务平台

推动“城市矿山”资源、产品和装备的 O2O 交易模式，吸引多元主体参与，构建高效的回收物流信息系统，逐步形成行业性、区域性、全国性的交易系统；鼓励“城市矿产”产业链上下游企业积极参与，促进回收、拆解、粗加工、循环再造全过程的规范化、规模化、数据化和可视化；鼓励“城市矿产”资源交易服务平台为居民提供一揽子服务，降低居民使用时间成本，提高居民使用积极性。建立“城市矿产”示范基地的全国性信息平台，加强基地之间、企业之间的信息交流，实现基地与基地及企业与企业之间的共生代谢。

（2）建立统一标准，构建回收利用一体化模式

发挥行业协会作用，统一“城市矿产”资源分类、定价等相关标准，开展在线竞价，发布价格交易指数，增强主要“城市矿产”资源的定价权；建立面向“城市矿产”资源线上交易的产品标准化体系、资金安全保障体系、产品估值体系、信用评价体系和金融服务体系，实现“城市矿产”资源的电子化交易。促进利废企业向上整合回收环节、向下延伸产品制造环节，构建回收利用一体化模式，保障废物来源、降低成本，提高产品附加值和利润，形成城市资源循环利用闭合产业链。

（3）推进物联网技术在“城市矿产”开发利用方面的运用

利用信息化手段对其运输路线的优化和循环再造过程中的污染监控；通过电子标签实现“城市矿产”资源的来源跟踪和快速检验与分拣，通过智能感知设备实现污染的实时监控和回收需求的及时判断与可循环再造性的准确评估，通过智能分析实现企业布局和运输路线的合理规划；利用物联网技术、信息通信技术、在线监测技术、GPRS 技术、GIS 技术和视频技术打造集物流管理、废物流监控、生产现场监控、污染排放在线监测于一体的物流系统、信息与控制系统、综合服务系统和综合管理系统，实现“城市矿产”园区运营情况与管理部门之间的实时对接。

8. 加强“城市矿产”开发利用的宣传教育

“城市矿产”的开发利用对于缓解资源短缺的瓶颈和减少环境污染的危害、支持经济社会的可持续发展意义重大，又与管理者、生产者和广大消费者息息相关，因此必须加强“城市矿产”开发利用的宣传教育工作，使广大人民能够树立开发利用“城市矿产”，为建设资源节约型、环境友好型的社会作出贡献的信念，并付诸行动。

加强“城市矿产”开发利用宣传教育工作，提高政府、普通居民和拾荒者参与“城市矿产”开发建设的积极性。学校、媒体和公共团体都应负起开发利用“城市矿产”宣传教育的责任，提倡绿色消费、减少资源浪费和废物产生。生产者、销售者、消费者、回收者、管理者等责任相关方应充分意识到各自的责任。生产者应开展生态设计从源头节约资源、减少废弃物的产生，消费者应主动配合参与垃圾分类回收，管理者应大力推行垃圾分类并制定与之配套的政策法规。

我们坚信，“城市矿产”的开发利用必将在“十三五”期间取得新的跃进，为实现伟大的中国梦作出不可忽视的贡献。

附录一 我国“城市矿山”的相关示范、试点名单

附表1 国家“城市矿产”示范基地名单

序号	名称	省市
	第一批国家“城市矿产”示范基地	
1	天津子牙循环经济产业区	天津
2	宁波金田产业园	浙江
3	湖南汨罗循环经济工业园	湖南
4	广东清远华清循环经济产业园	广东
5	安徽界首田营循环经济工业区	安徽
6	青岛新天地静脉产业园	山东
7	四川西南再生资源产业园区	四川
	第二批国家“城市矿产”示范基地	
1	上海燕龙基再生资源利用示范基地	上海
2	广西梧州再生资源循环利用园区	广西
3	江苏邳州市循环经济产业园再生铅产业集聚区	江苏
4	山东临沂金升有色金属产业基地	山东
5	重庆永川工业园区港桥工业园	重庆
6	浙江桐庐大地循环经济产业园	浙江
7	湖北谷城再生资源园区	湖北
8	大连国家生态工业示范园区	辽宁
9	江西新余钢铁再生资源产业基地	江西
10	河北唐山再生资源循环利用科技产业园	河北
11	河南省大周镇再生金属回收加工区	河南
12	福建华闽再生资源产业园	福建
13	宁夏灵武市再生资源循环经济示范区	宁夏
14	北京市绿盟再生资源产业基地	北京
15	辽宁东港再生资源产业园	辽宁
	第三批国家“城市矿产”示范基地	
1	广东佛山赢家再生资源回收利用基地	广东
2	安徽滁州市报废汽车循环经济产业园	安徽
3	新疆南疆“城市矿产”示范基地	新疆
4	山西吉天利循环经济科技产业园区	山西
5	黑龙江省东部再生资源回收利用产业园区	黑龙江
6	永兴县国家循环经济示范园	湖南
	第四批国家“城市矿产”示范基地	
1	荆门格林美“城市矿产”资源循环产业园	湖北
2	鹰潭（贵溪）铜产业循环经济基地	江西
3	江苏如东循环经济产业园	江苏
4	台州市金属资源再生产业基地	浙江
5	中航工业战略金属再生利用产业基地	河北

续表

序号	名称	省市
	第四批国家“城市矿产”示范基地	
6	四川保和富山再生资源产业园	四川
7	洛阳循环经济园区	河南
8	贵阳白云经济开发区再生资源产业园	贵州
9	福建海西再生资源产业园	福建
10	厦门绿洲资源再生利用产业园	福建
	第五批国家“城市矿产”示范基地	
1	烟台资源再生加工示范区	山东
2	内蒙古包头铝业产业园区	内蒙古
3	兰州经济技术开发区红古园区	甘肃
4	克拉玛依石油化工工业园区	新疆
5	哈尔滨循环经济产业园区	黑龙江
6	玉林龙潭进口再生资源加工利用园区	广西
	第六批国家“城市矿产”示范基地	
1	江苏戴南科技园区	江苏
2	丰城市资源循环利用产业基地	江西
3	大冶有色再生资源循环利用产业园	湖北
4	河北大无缝建昌再生资源利用产业基地	河北
5	陕西再生资源产业园	陕西

附表 2　循环经济示范城市（县）名单

序号	名称	省份
	2013 年国家循环经济示范城市（县）建设地区名单	
	一、东部城市	
1	苏州市	江苏省
2	潍坊市	山东省
3	广州市	广东省
4	衢州市	浙江省
5	南平市	福建省
6	承德市	河北省
	二、东部县	
1	宁波市宁海县	浙江省
2	永康市	浙江省
3	新泰市	山东省
4	延庆县	北京市
5	泰兴市	江苏省
6	石狮市	福建省
7	高阳县	河北省
	三、中部城市	
1	鹤壁市	河南省
2	娄底市	湖南省

续表

序号	名称	省份
2013 年国家循环经济示范城市（县）建设地区名单		
三、中部城市		
3	铜陵市	安徽省
4	黄石市	湖北省
5	吉林市	吉林省
6	晋城市	山西省
四、中部县		
1	界首市	安徽省
2	贵溪市	江西省
3	谷城县	湖北省
4	资兴县	湖南省
5	调兵山市	辽宁省
6	博爱县	河南省
7	孝义市	山西省
五、西部城市		
1	梧州市	广西壮族自治区
2	金昌市	甘肃省
3	乌海市	内蒙古自治区
4	广安市	四川省
5	普洱市	云南省
6	大足区	重庆市
7	商洛市	陕西省
六、西部县		
1	通渭县	甘肃省
2	田东县	广西壮族自治区
3	龙里县	贵州省
4	霍林郭勒市	内蒙古自治区
5	格尔木市	青海省
6	鄯善县	新疆维吾尔自治区
7	易门县	云南省
2015 年国家循环经济示范城市（县）建设地区名单		
一、东部城市		
1	台州市	浙江省
2	聊城市	山东省
3	徐州市	江苏省
4	湛江市	广东省
5	扬州市	江苏省
6	青岛市城阳区	山东省
7	静海区	天津市
二、中部城市		
1	荆门市	湖北省
2	洛阳市	河南省

续表

序号	名称	省份
2015年国家循环经济示范城市（县）建设地区名单		
二、中部城市		
3	沈阳市	辽宁省
4	新乡市	河南省
5	鞍山市	辽宁省
6	吉安市	江西省
7	阜阳市	安徽省
8	长沙市	湖南省
三、西部城市		
1	包头市	内蒙古自治区
2	六盘水市	贵州省
3	白银市	甘肃省
4	石嘴山市	宁夏回族自治区
5	綦江区	重庆市
6	拉萨市	西藏自治区
7	铜仁市	贵州省
8	泸州市	四川省
9	合川区	重庆市
10	曲靖市	云南省
11	柳州市	广西壮族自治区
四、东部县		
1	平原县	山东省
2	安吉县	浙江省
3	招远县	山东省
4	广宁县	广东省
5	罗定市	广东省
6	海宁市	浙江省
7	丹阳市	江苏省
五、中部县		
1	安化县	湖南省
2	凤阳县	安徽省
3	丰城市	江西省
4	枝江市	湖北省
5	樟树市	江西省
6	繁昌县	安徽省
7	安乡县	湖南省
8	潜江市	湖北省
9	通河县	黑龙江省
10	建平县	辽宁省
11	洮南县	吉林省
12	长葛市	河南省

续表

序号	名称	省份
2015 年国家循环经济示范城市（县）建设地区名单		
六、西部县		
1	韩城市	陕西省
2	岑巩县	贵州省
3	临夏市	甘肃省
4	浦江县	四川省
5	富川瑶族自治县	广西壮族自治区
6	新疆生产建设兵团二师 34 团	新疆维吾尔自治区
7	梁平县	重庆市
8	西充县	四川省
9	托克托县	内蒙古自治区
10	新疆生产建设兵团一师 10 团	新疆维吾尔自治区
11	日喀则市桑珠孜区	西藏自治区
12	玛纳斯县	新疆维吾尔自治区
13	泾川县	甘肃省
14	永宁县	宁夏回族自治区
15	青铜峡市	宁夏回族自治区
16	大通县	青海省
17	祥云县	云南省

附表 3　通过验收的国家循环经济试点示范单位名单

批次	地区	名称
第一批	北京	北京市 北京水泥厂有限责任公司 北京市密云县十里堡镇 北京市朝阳区中兴再生资源回收利用公司 北京金运通大型轮胎翻修厂 北京盈创再生资源有限公司
	河北	河北西柏坡发电有限责任公司 河北冀衡集团公司 河北唐山三友集团化纤有限公司 石家庄市物资回收总公司 河北省曹妃甸循环经济示范区 邯郸市
	山西	山西省 太原钢铁（集团）有限公司 山西焦化集团有限公司 山西焦煤集团西山煤矿总公司 山西潞安矿业（集团）有限公司 山西丰喜肥业（集团）股份有限公司 山西安泰集团股份有限公司
	内蒙古	包头铝业有限责任公司 内蒙古伊东资源集团股份有限公司（原内蒙古伊东煤炭集团有限责任公司） 内蒙古乌兰水泥厂有限公司 内蒙古塞飞亚集团有限公司 内蒙古蒙西高新技术工业园区
	大连	大连经济技术开发区

续表

批次	地区	名称
第一批	吉林	吉林亚泰集团股份有限公司 吉林省吉林市再生资源集散市场 吉林省四平循环经济示范区 白山市
	黑龙江	黑龙江龙煤矿业集团有限责任公司鸡西分公司 黑龙江伊春市朗乡林业局 黑龙江省牡丹江经济技术开发区 七台河市 黑龙江省望奎县望奎镇
	浙江	浙江省 浙江省废旧家电回收利用 浙江绍兴滨海工业园区 浙江巨化集团公司
	宁波	宁波市 宁波金田铜业股份有限公司
	福建	福建省三钢（集团）有限责任公司[原福建三钢（集团）有限责任公司] 福建泉港石化工业园区 福建三明市环科化工橡胶集团有限公司（原福建三明市环科化工橡胶有限公司） 福建凤竹纺织科技股份有限公司
	江西	萍乡市 江西铜业集团公司 江西永修云山经济开发区
	河南	河南省 鹤壁市 河南省大周镇再生金属回收加工区 河南天冠企业集团有限公司 河南省沈丘县付井镇 河南豫光金铅集团有限责任公司 中国铝业公司中州分公司
	湖北	湖北武汉市青山区 湖北武汉市东西湖工业区 湖北宜昌经济开发区 荆门市 湖北金洋冶金股份有限公司
	深圳	深圳市 深圳市格林美高新技术股份有限公司（原深圳市格林美高新技术有限公司） 深圳南山热电股份有限公司 东江环保股份有限公司
	广西	广西贵糖（集团）股份有限公司 广西河池市南方有色冶炼有限责任公司
	四川	五粮液集团有限公司 宜宾天原集团股份有限公司（原四川宜宾天原化工股份有限公司） 四川西部化工城 四川国栋建设股份有限公司 四川绵阳长鑫新材料发展有限公司 四川成都市青白江工业集中发展区
	云南	云南驰宏锌锗股份有限公司 云南锡业集团（控股）有限责任公司
	贵州	贵州赤天化纸业股份有限公司 贵阳市 贵阳开阳磷化工集团公司 贵州茅台酒厂（集团）有限责任公司（原贵州茅台酒厂有限责任公司） 瓮福（集团）有限责任公司（原贵州宏福实业有限公司）

续表

批次	地区	名称
第一批	陕西	中钢集团西安重型有限公司
	宁夏	宁夏宁东能源化工基地 石嘴山市
	新疆	新疆库尔勒经济开发区 中粮新疆屯河股份有限公司
	新疆兵团	新疆天业（集团）有限公司
第二批	天津	天津市 天津子牙循环经济产业区（原天津子牙工业园） 天津国投北疆发电厂（原天津北疆发电厂） 天津经济技术开发区 天津临港经济区（原天津市临港工业区）
	辽宁	辽宁省 鞍本钢铁集团 抚顺矿业集团 中冶葫芦岛有色金属集团有限公司（原葫芦岛有色金属集团有限公司） 铁法煤业（集团）有限责任公司 阜新市
	大连	大连松木岛化工园区
	上海	上海市 上海化学工业区 上海新格有色金属有限公司 上海市莘庄工业区 宝山钢铁股份有限公司 伟翔环保科技发展（上海）有限公司
	江苏	江苏省 苏州高新技术产业开发区 苏州工业园区 江苏春兴合金（集团）有限公司 江苏国信协联能源有限公司（原江苏宜兴协联热电有限公司） 江苏中再生投资开发有限公司 鑫缘茧丝绸集团股份有限公司 扬州经济技术开发区（原扬州经济开发区） 江苏省吴江市再生资源回收利用有限公司
	安徽	淮南矿业（集团）有限责任公司 铜陵市 淮北市 马鞍山钢铁股份有限公司 安徽省阜阳市阜南县 安徽省界首市田营循环经济工业区
	山东	山东省 烟台经济技术开发区 山东海化集团有限公司 济南钢铁集团有限公司 莱芜钢铁集团有限公司 山东菱花集团有限公司 山东泉林纸业有限公司 山东金升有色集团有限公司 山东鲁北企业集团总公司（原山东鲁北企业集团有限公司） 山东香驰粮油有限公司 新汶矿业集团有限责任公司 烟台万华合成革集团有限公司 济南复强动力有限公司

续表

批次	地区	名称
第二批	青岛	青岛市 青岛市废旧家电回收利用试点 青岛天盾橡胶有限公司
	湖南	湖南智成化工有限公司 湖南省汨罗再生资源集散市场 湖南泰格林纸集团有限责任公司 湖南省郴州市永兴县
	广东	广州经济技术开发区 江门市新会双水拆船钢铁有限公司 广州清远再生资源集散市场 广州银洲湖纸业基地
	重庆	重庆市（三峡库区） 长寿经济技术开发区（原重庆长寿化工产业园区） 重庆钢铁（集团）有限责任公司 重庆发电厂
	四川	宜宾丝丽雅集团有限公司
	陕西	陕西省杨凌农业高新技术产业示范区
	甘肃	甘肃省
	青海	青海省西宁经济技术开发区 青海省柴达木循环经济试验区

附表 4　园区循环化改造示范试点园区名单

序号	名称	地区
	2012 年园区循环化改造示范试点单位名单	
1	北京经济技术开发区	北京
2	天津经济技术开发区	天津
3	沧州临港经济技术开发区	河北
4	赤峰红山经济开发区	内蒙古
5	宾西经济技术开发区	黑龙江
6	镇江经济技术开发区	江苏
7	浙江台州化学原料药产业园区	浙江
8	宁波经济技术开发区	浙江
9	铜陵经济技术开发区	安徽
10	福建德化陶瓷产业园区	福建
11	江西鹰潭高新技术产业园区	江西
12	东营经济技术开发区	山东
13	青岛经济技术开发区	山东
14	湖北宜昌经济开发区猇亭园区	湖北
15	湖南衡阳松木工业园	湖南
16	长沙再制造示范基地	湖南
17	广西钦州港经济开发区	广西
18	广安经济技术开发区	四川
19	贵阳经济技术开发区	贵州
20	昆明高新技术产业开发区	云南
21	宁夏石嘴山经济技术开发区	宁夏

续表

序号	名称	地区
	2012年园区循环化改造示范试点单位名单	
22	乌鲁木齐经济技术开发区	新疆
	2013年循环化改造示范试点园区名单	
1	濮阳经济开发区	河南省
2	武汉市青山工业区	湖北省
3	长寿经济技术开发区	重庆市
4	宁夏中宁工业园区	宁夏回族自治区
5	湖南岳阳绿色化工产业园	湖南省
6	辽宁法库经济开发区	辽宁省
7	甘肃临夏工业园	甘肃省
8	大连经济技术开发区	大连市
9	乌兰工业园	青海省
10	胶南经济开发区	青岛市
11	衢州高新技术产业园区	浙江省
12	曹妃甸工业区	河北省
13	赣州经济技术开发区	江西省
14	淮安经济技术开发区	江苏省
15	临沂市经济技术开发区	山东省
16	广西鹿寨经济开发区	广西壮族自治区
17	遵义经济技术开发区	贵州省
18	太原不锈钢产业园区	山西省
19	吉林市化学工业循环经济示范园区	吉林省
20	鄂托克经济开发区棋盘井工业园区	内蒙古自治区
	2014年循环化改造示范试点园区公示名单	
1	绍兴滨海工业园区	浙江省
2	四川达州经济开发区	四川省
3	南通经济技术开发区	江苏省
4	神府经济开发区神木县锦界工业园区	陕西省
5	广州经济技术开发区	广东省
6	福建泉港石化工业园区	福建省
7	安徽霍邱经济开发区	安徽省
8	张家港国家再制造产业示范基地	江苏省
9	宁波石化经济技术开发区	宁波市
10	南昌高新技术产业开发区	江西省
11	石河子经济技术开发区	新疆生产建设兵团
12	宁夏平罗工业园区	宁夏回族自治区
13	湖北潜江经济开发区	湖北省
14	海林经济技术开发区	黑龙江省
15	深圳高新区光明高新技术产业园区	深圳市
16	日照经济技术开发区	山东省
17	湖南桂阳工业园区	湖南省

续表

序号	名称	地区
2014 年循环化改造示范试点园区公示名单		
18	张掖经济技术开发区生态科技产业园	甘肃省
19	红旗渠经济技术开发区	河南省
20	乌海经济开发区海勃湾工业园	内蒙古自治区
21	万州经济技术开发区	重庆市
22	西宁经济技术开发区甘河工业园区	青海省
23	洋浦经济开发区	海南省
24	贵州大龙经济开发区	贵州省
25	天津空港经济区	天津市
2015 年园区循环化改造示范试点备选名单		
1	丽水经济开发区	浙江
2	贵州红果经济开发区	贵州
3	陕西省铜川经济技术开发区董家河循环经济产业示范园	陕西
4	新疆五家渠经济技术开发区	新疆
5	江苏邳州经济开发区	江苏
6	衡阳常宁水口山经济开发区	湖南
7	井冈山经济技术开发区	江西
8	新乡经济开发区	河南
9	湛江经济技术开发区	广东
10	鞍山经济开发区	辽宁
11	潍坊滨海经济技术开发区	山东
12	厦门市集美（杏林）台商投资区	福建
13	孝感高新技术产业开发区	湖北
14	上海青浦工业园区	上海
15	宁波大榭开发区	浙江
16	上海临港再制造产业示范基地	上海
17	甘肃嘉峪关工业园区	甘肃
18	宁东能源化工基地	宁夏
19	深圳国家自主创新示范区坪山园区	广东
20	广西-东盟经济技术开发区	广西
21	新疆准东经济技术开发区	新疆
22	西宁经济技术开发区东川工业园区	青海
23	牡丹江经济技术开发区	黑龙江
24	叶集经济开发区	安徽
25	内蒙古巴彦淖尔经济开发区	内蒙古
2016 年园区循环化改造重点支持名单		
1	冀州经济开发区	河北
2	常熟经济技术开发区	江苏
3	泰兴经济开发区	江苏
4	杭州大江东产业集聚区	浙江
5	浙江吴兴工业园区	浙江

续表

序号	名称	地区
	2016年园区循环化改造重点支持名单	
6	安庆高新技术产业开发区	安徽
7	安徽霍山经济开发区	安徽
8	南昌经济技术开发区	江西
9	十堰经济技术开发区	湖北
10	湖南安化经济开发区	湖南
11	珠海经济技术开发区	广东
12	南宁经济技术开发区	广西
13	德阳经济技术开发区	四川
14	泸州高新技术产业开发区	四川
15	重庆潼南工业园区	重庆
16	贵州钟山经济开发区	贵州
17	贵州安顺西秀工业园区	贵州
18	阿拉尔经济技术开发区	新疆

附表5 国家生态工业示范园区名单

序号	名称	批准文号	批准时间
	一、通过验收批准命名的国家生态工业示范园区		
1	苏州工业园区	环发〔2008〕9号	2008年3月31日
2	苏州高新技术产业开发区	环发〔2008〕9号	2008年3月31日
3	天津经济技术开发区	环发〔2008〕9号	2008年3月31日
4	烟台经济技术开发区	环发〔2010〕46号	2010年4月1日
5	无锡新区（高新技术产业开发区）	环发〔2010〕46号	2010年4月1日
6	山东潍坊滨海经济开发区	环发〔2010〕47号	2010年4月1日
7	上海市莘庄工业区	环发〔2010〕103号	2010年8月26日
8	日照经济技术开发区	环发〔2010〕103号	2010年8月26日
9	昆山经济技术开发区	环发〔2010〕135号	2010年11月29日
10	张家港保税区暨扬子江国际化学工业园	环发〔2010〕135号	2010年11月29日
11	扬州经济技术开发区	环发〔2010〕135号	2010年11月29日
12	上海金桥出口加工区	环发〔2011〕40号	2011年4月2日
13	北京经济技术开发区	环发〔2011〕50号	2011年4月25日
14	广州开发区	环发〔2011〕144号	2011年12月5日
15	南京经济技术开发区	环发〔2012〕35号	2012年3月19日
16	天津滨海高新技术产业开发区华苑科技园	环发〔2012〕158号	2012年12月26日
17	上海漕河泾新兴技术开发区	环发〔2012〕158号	2012年12月26日
18	上海化学工业经济技术开发区	环发〔2013〕25号	2013年2月6日
19	山东阳谷祥光生态工业园区	环发〔2013〕25号	2013年2月6日
20	临沂经济技术开发区	环发〔2013〕25号	2013年2月6日
21	江苏常州钟楼经济开发区	环发〔2013〕108号	2013年9月15日
22	江阴高新技术产业开发区	环发〔2013〕108号	2013年9月15日
23	沈阳经济技术开发区	环发〔2014〕8号	2014年1月10日

续表

序号	名称	批准文号	批准时间
	一、通过验收批准命名的国家生态工业示范园区		
24	上海张江高科技园区	环发〔2014〕48号	2014年3月20日
25	宁波经济技术开发区	环发〔2014〕48号	2014年3月20日
26	上海闵行经济技术开发区	环发〔2014〕48号	2014年3月20日
27	徐州经济技术开发区	环发〔2014〕145号	2014年9月30日
28	南京高新技术产业开发区	环发〔2014〕145号	2014年9月30日
29	合肥高新技术产业开发区	环发〔2014〕145号	2014年9月30日
30	青岛高新技术产业开发区	环发〔2014〕145号	2014年9月30日
31	常州国家高新技术产业开发区	环发〔2014〕199号	2014年12月25日
32	常熟经济技术开发区	环发〔2014〕199号	2014年12月25日
33	南通经济技术开发区	环发〔2014〕199号	2014年12月25日
34	宁波高新技术产业开发区	环发〔2015〕101号	2015年7月31日
35	杭州经济技术开发区	环发〔2015〕101号	2015年7月31日
36	福州经济技术开发区	环发〔2015〕101号	2015年7月31日
37	上海市市北高新技术服务业园区	环科技〔2016〕106号	2016年8月3日
38	江苏武进经济开发区	环科技〔2016〕106号	2016年8月3日
39	武进国家高新技术产业开发区	环科技〔2016〕106号	2016年8月3日
40	南京江宁经济技术开发区	环科技〔2016〕106号	2016年8月3日
41	长沙经济技术开发区	环科技〔2016〕106号	2016年8月3日
42	温州经济技术开发区	环科技〔2016〕114号	2016年8月22日
43	扬州维扬经济开发区	环科技〔2016〕114号	2016年8月22日
44	盐城经济技术开发区	环科技〔2016〕114号	2016年8月22日
45	连云港经济技术开发区	环科技〔2016〕171号	2016年11月29日
46	淮安经济技术开发区	环科技〔2016〕171号	2016年11月29日
47	郑州经济技术开发区	环科技〔2016〕171号	2016年11月29日
48	长春汽车经济技术开发区	环科技〔2016〕171号	2016年11月29日
	二、批准建设的国家生态工业示范园区		
1	国家生态工业（制糖）示范园区—贵港	环函〔2001〕170号	2001年8月14日
2	南海国家生态工业建设示范园区暨华南环保科技产业园	环函〔2001〕293号	2001年11月29日
3	包头国家生态工业（铝业）建设示范园区	环函〔2003〕102号	2003年4月18日
4	长沙黄兴国家生态工业建设示范园区	环函〔2003〕115号	2003年4月29日
5	鲁北企业集团公司	环函〔2003〕324号	2003年11月18日
6	抚顺矿业集团有限责任公司	环函〔2004〕113号	2004年4月26日
7	大连经济技术开发区	环函〔2004〕114号	2004年4月26日
8	贵阳市开阳磷煤化工（国家）生态工业示范基地	环函〔2004〕418号	2004年11月22日
9	郑州市上街区生态工业示范园区	环函〔2005〕144号	2005年4月21日
10	包头钢铁生态工业园	环函〔2005〕536号	2005年12月8日
11	山西安泰集团	环函〔2006〕198号	2006年5月18日
12	绍兴袍江工业区	环函〔2006〕481号	2006年12月4日
13	昆明高新技术产业开发区	环发〔2008〕75号	2008年8月25日
14	萧山经济技术开发区	环发〔2009〕3号	2009年1月7日

续表

序号	名称	批准文号	批准时间
二、批准建设的国家生态工业示范园区			
15	南昌高新技术产业开发区	环发〔2010〕45 号	2010 年 4 月 1 日
16	西安高新技术产业开发区	环发〔2010〕104 号	2010 年 8 月 26 日
17	重庆永川港桥工业园	环发〔2010〕129 号	2010 年 11 月 4 日
18	郑州经济技术开发区	环发〔2010〕129 号	2010 年 11 月 4 日
19	合肥经济技术开发区	环发〔2010〕129 号	2010 年 11 月 4 日
20	东营经济技术开发区	环发〔2010〕149 号	2010 年 12 月 25 日
21	株洲高新技术产业开发区	环发〔2010〕149 号	2010 年 12 月 25 日
22	太原经济技术开发区	环发〔2011〕46 号	2011 年 4 月 2 日
23	南昌经济技术开发区	环发〔2011〕46 号	2011 年 4 月 2 日
24	武汉经济技术开发区	环发〔2011〕122 号	2011 年 10 月 10 日
25	贵阳经济技术开发区	环发〔2011〕122 号	2011 年 10 月 10 日
26	广州南沙经济技术开发区	环发〔2012〕64 号	2012 年 5 月 30 日
27	肇庆高新技术产业开发区	环发〔2012〕114 号	2012 年 9 月 3 日
28	天津港保税区暨空港经济区	环发〔2013〕24 号	2013 年 2 月 6 日
29	沈阳高新技术产业开发区	环发〔2013〕24 号	2013 年 2 月 6 日
30	吴江经济技术开发区	环发〔2013〕24 号	2013 年 2 月 6 日
31	淮安经济技术开发区	环发〔2013〕24 号	2013 年 2 月 6 日
32	青岛经济技术开发区	环发〔2013〕26 号	2013 年 2 月 5 日
33	长春经济技术开发区	环发〔2013〕41 号	2013 年 4 月 9 日
34	长春汽车经济技术开发区	环发〔2013〕41 号	2013 年 4 月 9 日
35	连云港经济技术开发区	环发〔2013〕53 号	2013 年 4 月 18 日
36	广东东莞生态产业园区	环发〔2013〕53 号	2013 年 4 月 18 日
37	浙江杭州湾上虞工业园区	环发〔2013〕53 号	2013 年 4 月 18 日
38	上海市青浦工业园区	环发〔2013〕158 号	2013 年 12 月 20 日
39	昆山高新技术产业开发区	环发〔2013〕158 号	2013 年 12 月 20 日
40	赣州经济技术开发区	环发〔2013〕158 号	2013 年 12 月 20 日
41	乌鲁木齐经济技术开发区	环发〔2013〕158 号	2013 年 12 月 20 日
42	成都经济技术开发区	环发〔2014〕150 号	2014 年 10 月 14 日
43	马鞍山经济技术开发区	环发〔2014〕150 号	2014 年 10 月 14 日
44	张家港经济技术开发区	环发〔2014〕150 号	2014 年 10 月 14 日
45	珠海高新技术产业开发区	环发〔2014〕150 号	2014 年 10 月 14 日
46	赣州高新技术产业园区	环发〔2014〕150 号	2014 年 10 月 14 日
47	内蒙古鄂尔多斯上海庙经济开发区	环发〔2014〕150 号	2014 年 10 月 14 日
48	山东茌平经济开发区信发工业园	环发〔2014〕150 号	2014 年 10 月 14 日
49	廊坊经济技术开发区	环发〔2014〕150 号	2014 年 10 月 14 日
50	连云港徐圩新区	环发〔2014〕198 号	2014 年 12 月 18 日
51	芜湖经济技术开发区	环发〔2014〕198 号	2014 年 12 月 18 日

续表

序号	名称	批准文号	批准时间
二、批准建设的国家生态工业示范园区			
52	潍坊经济开发区	环发〔2014〕198 号	2014 年 12 月 18 日
53	昆明经济技术开发区	环发〔2015〕83 号	2015 年 7 月 3 日
54	上海市工业综合开发区	环发〔2015〕83 号	2015 年 7 月 3 日
55	蒙西高新技术工业园区	环发〔2015〕83 号	2015 年 7 月 3 日
56	嘉兴港区	环发〔2015〕83 号	2015 年 7 月 3 日
57	杭州钱江经济开发区	环发〔2015〕83 号	2015 年 7 月 3 日
58	杭州萧山临江高新技术产业园区	环发〔2015〕83 号	2015 年 7 月 3 日
59	徐州高新技术产业开发区	环发〔2015〕120 号	2015 年 9 月 21 日
60	锡山经济技术开发区	环发〔2015〕120 号	2015 年 9 月 21 日
61	吴中经济技术开发区	环发〔2015〕120 号	2015 年 9 月 21 日
62	天津子牙经济技术开发区	环发〔2015〕120 号	2015 年 9 月 21 日
63	长沙高新技术产业开发区	环发〔2015〕120 号	2015 年 9 月 21 日

附表 6　已通过验收的国家进口废物“圈区管理”园区名单

序号	名称	地区
1	宁波市镇海再生资源加工园区	浙江省
2	肇庆亚洲金属资源再生工业基地	广东省
3	广东贵屿循环经济产业园区	广东省
4	广东清远华清循环经济产业园	广东省
5	天津子牙循环经济产业区	天津市
6	浙江台州市金属资源再生产业基地	浙江省
7	福建全通资源再生工业园	福建省
8	安徽开源金属再生产业园	安徽省
9	烟台资源再生加工示范区	山东省
10	鹰潭（贵溪）铜产业循环经济基地	江西省
11	梧州进口再生资源加工园区	广西壮族自治区
12	文安东都再生资源环保产业园	河北省
13	南通如东进口再生资源加工区	江苏省

附表 7　再制造试点单位名单

序号	单位名称	试点类型
通过验收的机电产品再制造试点单位名单（第一批）（工业和信息化部）		
1	徐工集团工程机械有限公司	工程机械
2	武汉千里马工程机械再制造有限公司	工程机械
3	广西柳工机械股份有限公司（原广西柳工机械有限公司）	工程机械
4	天津工程机械研究院	工程机械
5	中联重科股份有限公司（原长沙中联重工科技发展股份有限公司）	工程机械（示范单位）
6	三一集团有限公司	工程机械

续表

序号	单位名称	试点类型
	通过验收的机电产品再制造试点单位名单（第一批）（工业和信息化部）	
7	哈尔滨汽轮机厂有限责任公司	工业机电设备
8	湘电集团有限公司	工业机电设备（示范单位）
9	安徽皖南电机股份有限公司	工业机电设备（示范单位）
10	沈阳大陆激光技术有限公司	工业机电设备（示范单位）
11	武汉武重装备再制造工程有限公司（原武汉重型机床集团有限公司）	机床
12	华中自控技术发展有限公司	机床（示范单位）
13	山东能源重型装备制造集团有限公司（原山东泰山建能机械集团公司）	矿采机械（示范单位）
14	宁夏天地奔牛实业集团有限公司	矿采机械
15	胜利油田胜机石油装备有限公司	矿采机械（示范单位）
16	松原大多油田配套产业有限公司	矿采机械
17	中国北车集团大连机车车辆有限公司	铁路机车装备
18	珠海天威飞马打印耗材有限公司	办公信息设备（示范单位）
19	富美科技集团有限公司（原山东富美科技有限公司）	办公信息设备
20	富士施乐爱科制造（苏州）有限公司	办公信息设备（示范单位）
	机电产品再制造试点单位名单（第二批）（工业和信息化部）	
1	山东临工工程机械有限公司 安徽博一流体传动股份有限公司 芜湖鼎恒材料技术有限公司 山河智能装备股份有限公司 北京南车时代机车车辆机械有限公司 宁波广天塞克思液压有限公司 中铁工程装备集团有限公司 中铁隧道集团有限公司 蚌埠市行星工程机械有限公司 安徽省泰源工程机械有限责任公司 中国铁建重工集团有限公司 利星行机械（扬州）有限公司 南京钢加工程机械科技发展有限公司 青岛迈劲工程机械制造有限公司	工程机械（14家）
2	宝钢轧辊科技有限责任公司 上海君山表面技术工程股份有限公司 上海万度力机械工程有限公司 中冶宝钢技术服务有限公司 中冶京诚（湘潭）矿山装备有限公司 安徽威龙再制造科技股份有限公司 内蒙古中天宏远再制造股份公司 四川皇龙智能破碎技术股份有限公司	专用设备（8家）
3	沈阳机床股份有限公司	机床（1家）
4	江苏环球特种电机有限公司 文登奥文电机有限公司 南车株洲电力机车研究所有限公司 平煤神马机械装备集团有限公司 山东开元电机有限公司 河北新四达电机制造有限公司 广西绿地球电机有限公司	电气机械和器材（7家）

续表

序号	单位名称	试点类型
	机电产品再制造试点单位名单（第二批）（工业和信息化部）	
5	南京蒲镇海泰制动设备有限公司 南车南京浦镇车辆有限公司 南车戚墅堰机车有限公司 南车洛阳机车有限公司 湖北吉隆表面工程有限公司 温州市东启汽车零部件制造有限公司 成都航利（集团）实业有限公司 沈阳金研激光再制造技术开发有限公司	运输设备（8 家）
6	厦门厦工机械股份有限公司 河北长立汽车配件有限公司 江苏毅合捷汽车科技股份有限公司 广州市欧瑞德汽车发动机科技有限公司 成都正恒动力配件有限公司 盘锦市重汽实业有限公司 辽宁五星曲轴再制造有限公司 胜利油田胜利动力机械集团有限公司 北京柴发动力技术有限公司 湖南法泽尔动力再制造有限公司 武汉材料保护研究所	内燃机及配件（11 家）
7	南京田中机电再制造有限公司 上海力克数码科技有限公司 珠海联合天润打印耗材有限公司 中国电子科技集团公司第十二研究所	电子信息产品（4 家）
8	彭州航空动力产业功能区 马鞍山市雨山经济开发区 合肥再制造产业集聚区	再制造产业集聚区（3 家）
9	潍柴动力（潍坊）再制造有限公司 中国重汽集团济南复强动力有限公司 淄博柴油机总公司 康跃科技股份有限公司 龙口油泵油嘴有限责任公司 大众一汽发动机（大连）有限公司 大连海事大学董氏镀铁有限公司 中国石油集团济柴动力总厂再制造中心 长沙一派数控机床有限公司 湖南天雁机械有限责任公司 三立（厦门）汽车配件有限公司 东风康明斯发动机有限公司 康明斯（襄阳）机加工有限公司 张家港富瑞特种装备股份有限公司 玉柴再制造工业（苏州）有限公司 柏科（常熟）电机有限公司 无锡威孚高科技集团股份有限公司 云南云内动力集团有限公司 上海幸福瑞贝德动力总成有限公司 上海上柴发动机再制造有限公司	纳入本批试点管理的内燃机再制造推进计划实施单位（20 家）
	发改委汽车零部件再制造试点	
	2008 年确定汽车零部件再制造试点企业	
1	中国第一汽车集团公司	汽车整车生产企业
2	安徽江淮汽车集团有限公司	汽车整车生产企业
3	奇瑞汽车有限公司	汽车整车生产企业
4	上海大众联合发展有限公司（上海大众汽车有限公司授权）	零部件再制造试点企业
5	潍柴动力（潍坊）再制造有限公司（潍柴动力股份有限公司授权）	零部件再制造试点企业

续表

序号	单位名称	试点类型
	发改委汽车零部件再制造试点	
	2008 年确定汽车零部件再制造试点企业	
6	武汉东风鸿泰控股集团有限公司（东风汽车公司授权）	零部件再制造试点企业
7	广州市花都全球自动变速箱有限公司（东风悦达起亚汽车有限公司等授权）	零部件再制造试点企业
8	济南复强动力有限公司（中国重型汽车集团有限公司授权）	零部件再制造试点企业
9	广西玉柴机器股份有限公司	零部件再制造试点企业
10	东风康明斯发动机有限公司	零部件再制造试点企业
11	柏科（常熟）电机有限公司	零部件再制造试点企业
12	陕西法士特汽车传动集团有限责任公司	零部件再制造试点企业
13	浙江万里扬变速器有限公司	零部件再制造试点企业
14	中国人民解放军第六四五六工厂	零部件再制造试点企业
	2013 年第二批再制造试点单位	
1	北京奥宇可鑫表面工程技术有限公司	再制造专业技术服务
2	北京首特钢报废机动车综合利用有限公司	发电机、起动机再制造
3	长城汽车股份有限公司（长城汽车授权）	发动机再制造
4	唐山瑞兆激光再制造技术有限公司	再制造专业技术服务
5	河北省物流产业集团有限公司	旧件逆向物流回收体系
6	哈飞工业集团汽车转向器有限责任公司	转向器再制造
7	沃尔沃建筑设备（中国）有限公司（沃尔沃授权）	发动机再制造
8	采埃孚销售服务（中国）有限公司（宝马、捷豹路虎授权）	变速箱再制造
9	上海孚美汽车自动变速箱技术服务有限公司（神龙汽车，长城汽车授权）	变速箱再制造
10	张家港富瑞特种装备股份有限公司（东风朝柴，萍乡科尔授权）	发动机再制造
11	玉柴再制造工业（苏州）有限公司（玉柴集团，卡特彼勒公司授权）	发动机再制造
12	江苏新亚特钢锻造有限公司	再制造专业技术服务
13	全兴精工集团有限公司	助力泵再制造
14	浙江再生手拉手汽车部件有限公司（吉利集团授权）	发动机、变速箱再制造
15	滁州市洪武报废汽车回收拆解利用有限公司	发电机、起动机再制造，旧件逆向物流回收体系
16	山东能源集团大族激光再制造有限公司	再制造专业技术服务
17	河南飞孟激光再制造有限公司	再制造专业技术服务
18	武汉法利莱切割系统工程有限责任公司	再制造专业设备生产
19	湖南机油泵股份有限公司	机油泵再制造
20	湖南博世汽车部件（长沙）有限公司	发电机、起动机再制造
21	江西江铃汽车集团实业有限公司（江铃汽车授权）	发动机再制造
22	广州市跨越汽车零部件工贸有限公司	转向器再制造
23	广东明杰零部件再制造有限公司	发电机、起动机再制造
24	陕西北方动力有限责任公司（道依茨授权）	发动机再制造
25	大连报废车辆回收拆解有限公司	发电机、起动机再制造
26	威伯科汽车控制系统（中国）有限公司	空压机再制造
27	青岛联合报废汽车回收有限公司	发电机、起动机再制造
28	三立（厦门）汽车配件有限公司	发电机、起动机再制造

续表

序号	单位名称	试点类型
2012年通过验收的再制造试点单位（第一批）		
1	济南复强动力有限公司	发动机再制造
2	潍柴动力（潍坊）再制造有限公司	发动机再制造
3	无锡大豪动力有限公司（一汽集团）	发动机再制造
4	上海幸福瑞贝德动力总成有限公司（上汽集团）	发动机、变速箱再制造
5	陕西法士特汽车传动集团有限责任公司	变速箱再制造
6	浙江万里扬变速器股份有限公司	变速箱再制造
7	广州市花都全球自动变速箱有限公司	变速箱再制造
8	柏科（常熟）电机有限公司	起动机和发电机再制造

附表8　餐厨废弃物资源化利用和无害化处理城市试点名单

序号	城市	省份
第一批餐厨废弃物资源化利用和无害化处理试点		
1	朝阳区	北京市
2	闵行区	上海市
3	津南区	天津市
4	主城区	重庆市
5	石家庄市	河北省
6	太原市	山西省
7	鄂尔多斯市	内蒙古自治区
8	沈阳市	辽宁省
9	白山市	吉林省
10	哈尔滨市	黑龙江省
11	苏州市	江苏省
12	嘉兴市	浙江省
13	合肥市	安徽省
14	三明市	广东省
15	南昌市	江西省
16	潍坊市	山东省
17	郑州市	河南省
18	武汉市	湖北省
19	衡阳市	湖南省
20	南宁市	广西壮族自治区
21	三亚市	海南省
22	成都市	四川省
23	昆明市	云南省
24	贵阳市	贵州省
25	宝鸡市	陕西省
26	兰州市	甘肃省
27	银川市	宁夏回族自治区
28	西宁市	青海省

续表

序号	城市	省份
第一批餐厨废弃物资源化利用和无害化处理试点		
29	乌鲁木齐市	新疆维吾尔自治区
30	大连市	辽宁省
31	宁波市	浙江省
32	青岛市	山东省
33	深圳市	广东省
第二批餐厨废弃物资源化利用和无害化处理试点城市		
1	常州市	江苏省
2	咸阳市	陕西省
3	唐山市	河北省
4	梧州市	广西壮族自治区
5	大同市	山西省
6	牡丹江市	黑龙江省
7	克拉玛依市	新疆维吾尔自治区
8	宜昌市	湖北省
9	金华市	浙江省
10	泰安市	山东省
11	丽江市	云南省
12	长沙市	湖南省
13	芜湖市	安徽省
14	遵义市	贵州省
15	呼和浩特市	内蒙古自治区
16	延吉市	吉林省
第三批餐厨废弃物资源化利用和无害化处理试点城市		
1	洛阳市	河南省
2	济南市	山东省
3	石嘴山市	宁夏回族自治区
4	杭州市	浙江省
5	广州市	广东省
6	邯郸市	河北省
7	大理市	云南省
8	湘潭市	湖南省
9	大庆市	黑龙江省
10	襄阳市	湖北省
11	赣州市	江西省
12	赤峰市	内蒙古自治区
13	铜仁市	贵州省
14	长春市	吉林省
15	库尔勒市	新疆维吾尔自治区
16	渭南市	陕西省
17	徐州市	江苏省

续表

序号	城市	省份
第四批餐厨废弃物资源化利用和无害化处理试点城市		
1	衢州市	浙江省
2	聊城市	山东省
3	镇江市	江苏省
4	绵阳市	四川省
5	西安市	陕西省
6	吉林市	吉林省
7	黄石市	湖北省
8	淮北市	安徽省
9	娄底市	湖南省
10	綦江区	重庆市
11	浦东新区	上海市
12	承德市	河北省
13	呼伦贝尔市	内蒙古自治区
14	晋中市	山西省
15	吴忠市	宁夏回族自治区
16	东莞市	广东省
17	齐齐哈尔市	黑龙江省
第五批餐厨废弃物资源化利用和无害化处理试点城市		
1	十堰市	湖北省
2	临沂市	山东省
3	涪陵区	重庆市
4	株洲市	湖南省
5	佛山市	广东省
6	绍兴市	浙江省
7	延安市	陕西省
8	铜陵市	安徽省
9	扬州市	江苏省
10	毕节市	贵州省
11	和平区	天津市
12	拉萨市	西藏自治区
13	南充市	四川省
14	焦作市	河南省
15	白银市	甘肃省
16	厦门市	福建省
17	乌海市	内蒙古自治区

附录二 我国“城市矿山”的开发潜力估算和预测方法

对“城市矿山”资源代谢进行模拟分析，掌握未来大宗金属矿山资源的需求量和“城市矿山”产生量，是对“城市矿山”资源产业进行科学规划和合理布局的基础，也是制定相关政策的基础数据支撑。

“城市矿山”资源开发应建立在对其产生量有清晰把握的基础上，“城市矿山”资源的产生量与社会经济发展水平、地区文化等方面密切相关，而且种类繁多、来源复杂、回收利用涉及因素众多，目前我国的统计体系尚没有针对性的专项统计，在研究过程中，针对工业化和城镇化过程产生和蕴藏在废旧机电设备、电线电缆、通信工具、汽车、家电、电子产品、金属和塑料包装物及废料中，可循环利用的钢铁、有色金属、稀贵金属、塑料、橡胶、废玻璃等资源，根据“城市矿山”资源的不同类型及数据的可获得性，采用如下不同方法估算资源潜力。

（一）统计数据收集及模型

根据相关行业协会收集的历年废玻璃、废橡胶等重点再生资源数据、海关进出口数据等进行整理，并使用数学模型进行估算其回收利用量。

近年来，随着我国经济的高速发展，人民生活水平和消费能力显著提高，各类产品的消费量均经历了或正在经历一个快速增长的态势。但从长远来看，产品销量的增长趋势终将趋于缓和或处于稳定状态，这也符合市场发展的规律。而从生命周期的角度来讲，消费品将通过各种途径最终转化为废弃品，也就意味着各类再生资源的产生量与消费量有着类似的增长模型。综合各类消费模型，其中对数函数、幂函数、Logistic函数被认为是可以较好地反映实际情况的数学模型，而考虑到我国所处的社会发展阶段及研究年限，在对废玻璃、废橡胶等“城市矿山”资源的研究过程中使用了线性模型进行简化。

（二）资源代谢模型

资源代谢模型的基本原理是将矿产资源在经济社会中的流动进行细致划分，构建一个从资源“开采—加工—制造—使用—报废回收—再生利用”的全生命周期的资源流动核算框架，结合存量分析模型、寿命分布模型，模拟我国经济社会矿产资源代谢趋势，预测我国未来矿产资源的需求量、报废量及再生利用量。

本研究中废钢铁、废有色金属产生量预测即采用此法（季晓立，2013）。

（三）表观消费量平移法

表观消费量平移法是一种近似估算方法，由于实际消费量难以统计，在进行估算时，采用表观消费量的概念进行近似。

表观消费量=国内产量+进口量–出口量

根据统计年鉴中的产量、进口量及出口量等数据即可进行表观消费量的计算。平移法则是根据生命周期理论进行的近似估算方法，即假设所有的产品（表观消费量）都将会在一定的年限后报废，即 $S(N+t) = C(N)$，其中 $S(N+t)$ 是指第 $N+t$ 年的报废量，$C(N)$ 是指第 N 年的表观消费量，t 指平均报废年限。

本研究中报废汽车产生量预测即采用此法。

（四）表观消费量与生命周期方法

对报废家电的估算采用了表观消费量与生命周期相结合的方法。根据我国家电的生产量、出口量、进口量对国内消费量进行估计，并根据不同种类的平均使用寿命对其报废量进行估算。

手机等社会保有量统计数据较为完善，采用社会保有量结合手机的平均使用寿命对手机的报废量进行估算。

（五）因果模型

由于缺乏我国历年的建筑垃圾产生量和拆除垃圾、装修垃圾产生量的统计数据。因此，无法直接从建筑垃圾产生量的时间序列角度建模预测，也不适合使用其他直接以建筑垃圾历年产生量为依据建立序列关系预测模型的预测方法。

在这种缺乏历史直接数据资源的实际情况下，考虑从间接建立因果模型的角度对建筑垃圾产生量进行预测，即从与建筑垃圾产生量存在直接关系的施工面积、拆除面积和装修面积的统计数据入手，根据通常单位施工面积、拆除面积与装修面积建筑垃圾产生量，利用单位量产法来核算现有的、并预测未来的建筑垃圾产生量情况。

通过建筑面积来估算建筑垃圾数量是一种常用方法，主要指标是建筑面积和单位面积建筑垃圾产出系数。采用这种估算方法，关键在于确定合理的单位面积建筑垃圾产出系数。

（六）“城市矿山”潜力空间分布估算方法

根据上述计算方法，可得到“城市矿山”资源的全国报废潜力，为了得到“城市矿山”资源潜力的空间分配情况，需要对资源量在城市间进行分配。这个分配采用居民资源消费指标进行。根据《中国统计年鉴》中人均居民消费支出构建居民资源消费指标。该指标包含居民的居住支出、家庭设备和服务支出、交通和通信支出及其他服务支出四项，基本涵盖了居民生活中对“城市矿山”资源的消费活动。居民可以分为城市居民和农村居民分别计算。城镇人口预测参考城市化率进行（徐曙光等，2010）。

从整体看来，某一地区的“城市矿山”资源总量与其消费水平、人口数量等具有直接的关系。为估算出某一地区的“城市矿山”资源潜力，研究中收集了部分省市的GDP 总量与再生资源回收利用量（附表 9），从总体看来，二者呈现明显的正相关关系（专题一附图 1）。

附表 9　部分省市 2009 年再生资源回收利用量

单位	北京	吉林	山西	浙江	云南	广东	天津
再生资源回收利用量（万 t）	440	200	160	1600	335	1 800	540
GDP（亿元）	11 469	7 072	7 050	22 716	6 178	37 775	7 068

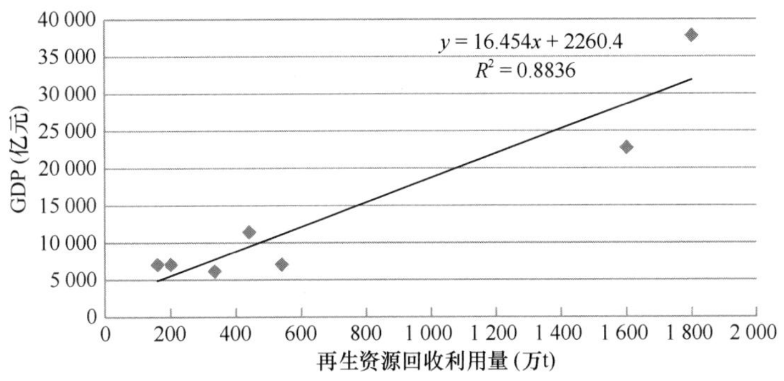

专题一附图 1　资源回收总量与 GDP 总量呈现正相关关系

由于各地再生资源量与 GDP 总量呈现明显的正相关关系，因此在估算分区域的资源量分布时，可先计算各地 GDP 占全国 GDP 的比重，即可得到全国各省（自治区、直辖市）的分布系数，再根据上述已经估算的“城市矿山”资源总量，即可得到对全国各省市重点“城市矿山”资源量的估算。

2010～2015 年 GDP 增长率由各省“十二五”国民经济与社会发展规划提供，2015～2020 年 GDP 增长率参考国家 GDP 增长率和各省“十二五”增长率，分 4 个经济区域设置：东部、东北部、中部和西部（分别为 6.6%、8.0%、7.0%、7.7%）。由此根据居民消费指标可以获得省域资源分布系数。在省域分配的基础上，根据省内地级市的经济实力（GDP）对“城市矿山”资源产生量进行城市层面的资源分配。各地级及以上城市 GDP 数据由《中国城市统计年鉴》获得。

专题二

乡村废物分类资源化利用战略研究

一、概　　述

我国是世界上固体废物产生量最大的国家，每年来自各类经济活动和生活过程的固体废物近 120 亿 t，其中乡村固体废物产生量每年超过 53 亿 t。大量的乡村生活垃圾无序堆放、农业废物和林业剩余物就地焚烧及畜禽粪便随意排放，造成严重的大气污染和农业水土污染，对资源造成极大浪费，严重影响了农业生态和人居环境。“废物是放错位置的资源、宝贵财富”，如果按照减量化、再利用、资源化的原则，加快建立循环型农业体系，乡村固体废物进行分类资源化利用，提高资源利用效率，不仅可以解决农村的能源和环境问题，还可以催生新的产业发展，增加就业，改善农民经济条件，从而带来显著的环境效益、经济效益和社会效益。

本专题围绕固体废物分类资源化利用课题研究任务，在细致分析我国乡村废物产生量和开发利用情况的基础上，总结国外乡村废物分类资源化利用的先进经验，并与我国的实际情况进行了对比，分析了存在的不足，再结合新农村建设和城镇化发展，深入分析我国乡村废物的管理模式、技术发展方向、资源化利用系统等，科学规划了我国乡村废物分类资源化利用的发展路径和分阶段目标，并提出我国未来乡村废物分类资源化利用的保障措施和政策建议。

本报告经过了两年的紧张工作，最终在调研分析、专家研讨及多次修改和完善的基础上形成。研究过程中组织了中国科学院广州能源研究所、农业部（现农业农村部）规划设计研究院、河南省科学院、华中科技大学、中国科学院成都生物研究所、河南农业大学、东南大学、常州大学等科研及企业的相关院士和专家参与。通过上述工作，以期对我国乡村废物的资源化利用及农业生态的可持续发展做出贡献。

二、乡村废物分类资源化利用的研究任务及重要意义

（一）研究背景、任务及技术路线

1. 研究背景及任务

2015 年 3 月 5 日召开的十二届全国人大三次会议上，李克强总理在政府工作报告中指出：“积极发展循环经济，大力推进工业废物和生活垃圾资源化利用。”2015 年 5 月 5 日，中共中央、国务院印发了《关于加快推进生态文明建设的意见》——发展循环经济。按照减量化、再利用、资源化的原则，加快建立循环型工业、农业、服务业体系，提高全社会资源产出率。完善再生资源回收体系，实行垃圾分类回收，开发利用“城市矿产”，推进秸

秆等农林废弃物及建筑垃圾、餐厨废弃物资源化利用，发展再制造和再生利用产品，鼓励纺织品、汽车轮胎等废旧物品回收利用。推进煤矸石、矿渣等大宗固体废弃物综合利用。

2. 专题研究技术路线

专题研究技术路线分为初期准备、深入研究和调研、初步成果总结及成果论证等 4 个阶段，具体实施内容如专题图 2-1 所示。

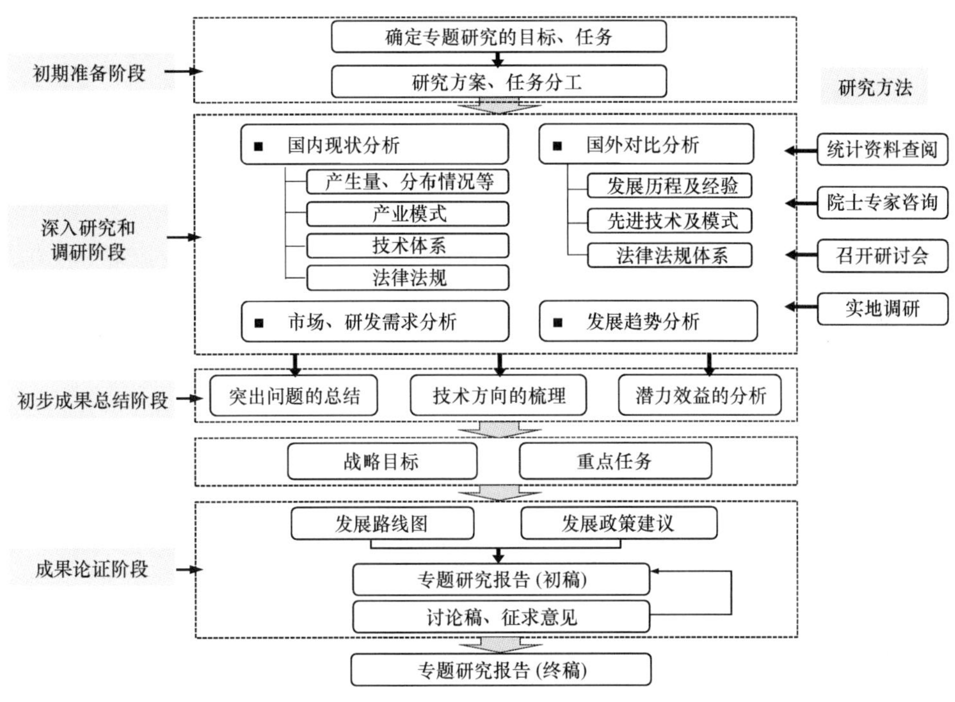

专题图 2-1　专题研究技术路线

（二）乡村固体废物的定义和分类

乡村固体废物主要指农村生活固体废物、农业废物、林业剩余物及畜禽粪便等四类农村生产生活所产生的废弃物。农村生活固体废物主要包括餐厨垃圾、废弃塑料、废纸及灰渣等；农业废物主要包括农作物秸秆与农产品加工剩余物；林业剩余物包括森林采伐剩余物、木材加工剩余物及育林剪枝所获得的薪材量等（统称林业“三剩物”）；畜禽粪便是指牛、羊、猪、家禽等畜禽排出的粪便、尿及其与垫草的混合物，它是其他形态生物质（主要是粮食、农作物秸秆和牧草等）的转化形式（专题表 2-1）。

专题表 2-1　乡村固体废物的分类和来源

分类	产生源	主要物质
农村生活固体废物	乡村居民日常生活或生产	餐厨垃圾、废弃塑料、废纸、灰渣等
农业废物	农业生产和加工	稻草、稻壳、小麦秸秆、玉米秸秆、玉米芯、大豆秸秆、薯类藤蔓、花生秧和花生壳、油菜秆、向日葵秆、棉秆、麻秆、甘蔗渣及叶梢、甜菜渣及叶梢、烟秆、蔬菜残余物等
林业剩余物	伐区采伐、木材加工及育林剪枝	采伐剩余物包括：枝桠、梢头、枯倒树、遗弃材等；加工剩余物包括：树皮、板皮、边条和下脚料、锯末和刨花等；各类经济林育林剪枝获得的薪材
畜禽粪便	圈养畜禽排放	牛、羊、马、驴骡、猪及家禽等的粪便、尿及其与垫草的混合物

（三）乡村废物的环境影响和危害

1. “雾霾元凶”之一，秸秆焚烧屡禁不止

农作物秸秆中含有氮、磷、钾、碳、氢等元素及有机硫等。特别是刚收割的秸秆尚未干透，经不完全燃烧会产生大量氮氧化物、二氧化硫、碳氢化合物及烟尘，在阳光作用下还可能产生臭氧等二次污染物。而且秸秆焚烧时，大气中二氧化硫、二氧化氮、可吸入颗粒物三项污染指数达到高峰值。当可吸入颗粒物浓度达到一定程度时，对人的眼睛、鼻子和咽喉等含有黏膜的器官刺激较大，轻则造成咳嗽、胸闷、流泪，严重时可能导致支气管炎的发生。

近几年，我国数次大范围的“十面霾伏”，使得雾霾成为备受关注的环境问题。秸秆焚烧造成的灰霾在每年秋冬季交替时节尤为严重。秸秆焚烧会排出大量的二氧化硫、二氧化氮、可吸入颗粒物等大气污染物。2011 年，我国开始运用环境卫星监测秸秆焚烧情况。2015 年 11 月的监测数据统计表明，全国 13 个省（自治区、直辖市）共监测到秸秆焚烧点 885 个，比 2014 年增加 169%。其中黑龙江 663 个、吉林 119 个、辽宁 54 个，为火点最多的 3 个省份。同时，在沈阳、哈尔滨和长春等地也遭到严重雾霾袭击，$PM_{2.5}$一度爆表。经环境保护部调查通报，这轮大规模的持续重污染天气成因中，秸秆焚烧排在首位，其对当地 $PM_{2.5}$的日均浓度影响贡献率在 4%～55%。11 月 7～9 日，上海的污染事件也是典型案例，导致学校停学的污染事件与周边秸秆焚烧关系密切。另据测算，我国每年大概有 1.2 亿 t 秸秆被无序焚烧，由此产生的 $PM_{2.5}$总量达到 200 万 t，二氧化碳更是多达 1 亿 t。

焚烧秸秆会降低土壤肥力，带走土壤水分，破坏耕地墒情、破坏农田生物群落、致使耕地贫瘠化，农作物产量下降。每焚烧一次秸秆会使土壤有机质下降 0.2%～0.3%，如果通过秸秆还田来生成，一般需要 5～10 年；焚烧秸秆使土壤水分损失 65%～80%，这种破坏对北方干旱地区来说尤为严重；未经火烧的玉米和大豆样地均采集到 26 个属的钾螨，而火烧后仅分别采集到 16 个属和 21 个属的钾螨，同时火烧后土壤中细菌、放线菌和真菌数量减少 85%以上，容易造成农田土壤板结；秸秆焚烧土壤不利于玉米和大豆幼苗根系的生长，根系活力明显下降，对幼苗的正常生长和抗逆性非常不利。

2. 畜禽粪便排泄量巨大，危害和污染惊人

长期以来，我国对养殖业的扶持，规模化养殖业迅猛发展，各级政府将其作为国民经济的增长点，但对畜禽粪便污染的严重性和污染治理的必要性认识不够，导致水质不断恶化，湖泊水库出现富营养化、土壤重金属严重集聚超标，出现板结盐碱化、畜禽病原微生物和寄生虫病严重威胁人类健康、大型反刍动物排放的温室气体也是造成温室效应的重要因素。据环境保护部统计，畜禽污染的有机污染负荷（化学需氧量，COD）早就超过了工业废水和生活污水的总和。据测定，我国畜禽粪便的总体土地负荷警戒值已经达到 0.49（正常值应小于 0.4）。

据估算，1995～2013 年畜禽粪便中的总氮年平均量约为 1500 万 t，总磷量约为 400 万 t。畜禽粪便中大量的氮磷经雨水冲刷污染水体环境，使水体富营养化，引起藻类疯长，最终将使水体变黑发臭，导致鱼类及水生生物死亡，导致生化需氧量增高；粪便中

产生的恶臭气体和温室气体主要包括粪便污物在堆放过程中产生的 NH_3、H_2S、吲哚等胺化物和硫化物，温室气体主要包括 CH_4、CO_2、N_2O 等。CH_4 是气候变暖的影响气体，其中以养殖业排放的 CH_4 占比最多，而我国畜禽粪便产生的 CH_4 约占全球的 5%。畜禽粪便也是最大的 NH_3 来源；畜禽养殖场排放的污水中，平均每毫升含有 33 万个大肠杆菌和 69 万个大肠球菌、每升沉淀池污水中含有高达 190 个蛔虫卵和 100 多个毛首线虫卵。另外，畜禽粪便病原各类微生物存活时间在 20～270 天，常规灭菌很困难；畜禽饲养期间为了盲目追求畜禽生长速度、增强动物抗病力或调控动物生理与代谢，超量添加 Cu、Zn、As、Mn、Pb 等微量元素添加剂，根据研究分析，我国鸡粪中 Zn、Cu、Cr、Cd、Ni 的超标率为 21.3%～66%，猪粪中的超标率为 10.3%～69%，牛粪中的超标率为 2.4%～38.1%，羊粪中的超标率为 6.7%～20%。另外，生产者为了预防疾病，促进动物生长，在饲料中盲目使用抗生素和激素类药物、镇静剂、激动剂等，造成药物在粪便和尿液中残留，使动物和人类产生耐药性。

3. 生活垃圾随意丢弃，农村环境形势严峻

我国农村面积大、人口多，垃圾消纳处理问题突出。据统计，截至 2013 年年底，全国 58.8 万个行政村中，对生活垃圾进行处理的仅有 21.8 万个，占总数的 37%；有 14 个省份该比例低于 30%，少数省份甚至不到 10%。2014 年年底，对生活垃圾进行处理的村达到 26 万个，占总数的 44%，但仍有很大的提升空间。过去农村垃圾的成分主要是秸秆、动物粪便等，容易自然消纳。随着农村生活水平的提高，食品袋、塑料袋、农膜、化肥袋等不可降解的物质逐步累积，对农村生态环境造成严重威胁。

由于农村缺乏专门有效的垃圾处理设施和运行管理机制，农户的生活垃圾多被随意堆放或就地焚烧，多数农村生活垃圾问题仍未能得到有效解决。大量生活垃圾被随意丢弃，侵占了大量土地，散落在村头屋旁，造成村庄环境面貌较差；生活垃圾乱抛乱撒，大多散落在农村河沟边，且相当部分浸泡在水体中，甚至部分地区将收集好的垃圾运送到附近的河道违法倾倒，造成地表水体污染。垃圾渗出液中含有多种重金属和有毒有害的物质，进入水体和农田后，还会严重污染土壤和地下水环境；此外，部分垃圾本身就含有病原体，垃圾堆放村头，蚊蝇鼠害滋生，成为疾病的滋生地和传播源。

（四）乡村废物分类资源化利用的重要意义

1. 改善农村生态环境，有力支撑美丽宜居乡村建设

美丽宜居乡村是指“田园美、村庄美、生活美”，其特征是“美丽、特色和绿色”，是建设美丽中国的重要行动和途径，是推进新型城镇化和社会主义新农村建设、生态文明建设的必然要求。尽管国家和地方政府十分重视乡村废物管理工作，且也取得了一定的成效；但在许多地方的农村，生活垃圾、粪便处置严重滞后，养殖场随意排污情况十分普遍，农作物秸秆丢弃和焚烧现象屡禁不止。这些恶劣现象造成了臭气、秸秆焚烧、温室气体排放等大气污染，污水横流增加水体污染，重金属和农药、兽药残留等造成了土壤污染，成为美丽宜居乡村建设、全面实现小康社会的最大障碍。

“十三五”规划纲要提出推动城乡协调发展，加快建设美丽宜居乡村，全面改善农村生产生活条件，加强环境卫生设施的改造和治理。乡村固体废物的分类资源化利用可以从源头防治污染，推广使用农村清洁能源，实行秸秆综合利用，加大养殖业环境污染防治力度，实现畜禽养殖废弃物的无害化和资源化，彻底改变当前脏、乱、差的旧面貌，改善农业生产环境、农村生态环境，运用现代农业的技术手段和管理经验，在为农村垃圾找到一条出路的同时，也为建设美丽宜居乡村及生态文明提供了有力支撑。

2. 解决农村能源短缺问题，推进农村能源革命

我国农村有6亿人口，生物质一直是农村的主要能源之一，秸秆、薪柴等生物质能仍是农民生活的主要用能，占生活用能的一半以上。农村家庭大多以传统的炉灶直接燃烧薪柴和秸秆等来获取炊事和热水用能，热效率只有10%～18%，而且大量烟尘和余灰的排放使人们的居住和生活环境日益恶化，大量薪柴的使用，导致森林植被被破坏，水土流失加剧。若以秸秆和粪便为原料，生产沼气及固体成型燃料等清洁生物质能源，利用节能炉灶供热可使热效率提高到55%～90%。不仅使农林废物、畜禽粪便等废物得到资源化高效利用，也促进生态良性循环，减轻了对森林资源的破坏，减少了土壤侵蚀和水土流失，保护了生物多样性。

农村是中国能源革命的薄弱环节，能源形态比较落后、能源基础设施差，不少地方用能方式仍然较为原始，高碳特征突出，如何防止农村能源进一步高碳化的风险，建立生物质能及其他可再生能源分布式低碳能源体系是推动我国能源革命的重要组成部分。预计到2020年和2030年，我国新能源及可再生能源利用量分别达到7.2亿t标准煤和11.7亿t标准煤，占能源消费总量的比重分别为15%和22%，为2020～2030年贡献90%的能源消费增量。生物质能源作为低碳清洁、可再生的能源，对化石能源多途径的替代，不仅解决了未来农村用能短缺问题，还为国家能源和电力紧张作出了贡献。

3. 促进农业绿色产业发展，创造新的经济增长点

绿色发展理念是一种以环境保护为目标，在充分考虑资源承载力和生态环境容量约束条件的一种新型发展模式。美丽宜居乡村建设中，通过大力开展乡村废物的资源化利用，使废弃物资源物尽其用，可以有效地保护农村生态环境，促进农业产业的升级改造及农业绿色产业的进一步发展，从而最终达到农业现代化指标。2015年9月，环境保护部实施的八大绿色产业重大工程中包含针对性强的绿色清洁能源、大气和水污染防治、土壤保护、固体废物分类资源化、农村环境综合整治等，这些内容体现出农村废物分类资源化利用的重要性，以绿色大投入带动产业大发展，创造新的经济增长点。

乡村废物的资源化利用可以为农业产业发展提供更丰富的内容，发展农村经济并为农民增收拓展渠道，从而促进农民收入稳定增长，使农民生活富裕起来，培育更多工作岗位。而物质生活的富裕，又可以保障精神生活的富有及农村精神文明的良性发展，为创建平安村、文明村等打下坚实的基础。因此，乡村废物分类资源化利用是农民生活不断富裕的必然要求，应转变认识，作为“多功能战略新兴产业”来重点培育和发展。

（五）乡村废物分类资源化利用面临的机遇与挑战

1. 面临的挑战

目前，我国农村环境污染问题越来越突出，确保农产品质量安全的任务更加艰巨。工业“三废”和城市生活等外源污染向农业农村扩散，镉、汞、砷等重金属不断向农产品产地渗透，全国土壤主要污染物点位超标率为16.1%。农业内源性污染严重，化肥、农药利用率不足1/3，农膜回收率不足2/3，畜禽粪污有效处理率不到一半，秸秆焚烧现象严重。海洋富营养化问题突出，赤潮、绿潮时有发生，渔业水域生态恶化。农村垃圾、污水处理严重不足。农业农村环境污染加重的态势，直接影响了农产品质量安全。

生态系统退化明显，建设生态保育型农业的任务更加艰巨。全国水土流失面积达295万km^2，年均土壤侵蚀量45亿t，沙化土地173万km^2，石漠化面积12万km^2。高强度、粗放式生产方式导致农田生态系统结构失衡、功能退化，农林、农牧复合生态系统亟待建立。草原生态总体恶化局面尚未根本扭转，湖泊、湿地面积萎缩，生态服务功能弱化，生物多样性受到严重威胁，濒危物种增多。生态系统退化，生态保育型农业发展面临诸多挑战。

体制机制尚不健全，构建农业可持续发展制度体系的任务更加艰巨。水土等资源资产管理体制机制尚未建立，山水林田湖等缺乏统一保护和修复。农业资源市场化配置机制尚未建立，特别是反映水资源稀缺程度的价格机制尚未形成。循环农业发展激励机制不完善，种养业发展不协调，农业废弃物资源化利用率较低。农业生态补偿机制尚不健全。农业污染责任主体不明确，监管机制缺失，污染成本过低。全面反映经济社会价值的农业资源定价机制、利益补偿机制与奖惩机制的缺失和不健全，制约了农业资源合理利用和生态环境保护。

2. 发展机遇

当前和今后一个时期，推进农业可持续发展面临前所未有的历史机遇。一是农业可持续发展的共识日益广泛。党的十八大将生态文明建设纳入“五位一体”的总体布局，为农业可持续发展指明了方向。全社会对资源安全、生态安全和农产品质量安全高度关注，绿色发展、循环发展、低碳发展理念深入人心，为农业可持续发展集聚了社会共识。二是农业可持续发展的物质基础日益雄厚。我国综合国力和财政实力不断增强，强农惠农富农政策力度持续加大，粮食等主要农产品连年增产，利用“两种资源、两个市场”，以弥补国内农业资源不足的现实，为农业转方式、调结构提供了战略空间和物质保障。三是农业可持续发展的科技支撑日益坚实。传统农业技术精华广泛传承，现代生物技术、信息技术、新材料和先进装备等日新月异、广泛应用，生态农业、循环农业等技术模式不断集成创新，为农业可持续发展提供有力的技术支撑。四是农业可持续发展的制度保障日益完善。随着农村改革和生态文明体制改革稳步推进，法律法规体系不断健全，治理能力不断提升，将为农业可持续发展注入活力、提供保障。“三农”是国家稳定和安全的重要基础。我们必须立足世情、国情、农情，抢抓机遇，应对挑战，全面实施农业可持续发展战略，努力实现农业强、农民富、农村美。

三、我国乡村废物分类资源化利用的发展形势

（一）我国乡村废物的产生量与分布情况

1. 农村生活垃圾

目前，农村生活垃圾还没有统计数据，只能根据农村人口及人均排放量估算每年的产生量（鞠昌华等，2015）。随着城市化的发展，我国农村人口一直保持负增长，从1995年的8.59亿下降到2015年的6.03亿，在2011年被城市人口反超。如将城市农民工归为城市人口，农村实际人口可能会比上述统计要少2亿多人。根据农村社会经济发展水平和生活方式的不同，各地区农村生活垃圾人均产生量在0.24～1.2kg/d。依照《农村生活污染控制技术规范》（HJ 574—2010）要求，可将农村、农户按人均年收入高、中、低的水平进行分类。经济条件高的农村地区，人均生活垃圾产生量约为0.58kg/d，经济条件中等和低等水平的农户，人均生活垃圾产量分别为0.43kg/d和0.345kg/d。如按中等水平（0.43kg/d）估算，1995～2015年，我国农村生活固体废物年产生量从1.35亿t减少到0.95亿t左右（专题图2-2）。农村生活固体废物中有机物的含量约为30%，热值要低于城市生活垃圾（5000～6300kJ/kg），取热值4000kJ/kg估算2015年的资源量约达1300万t标准煤。

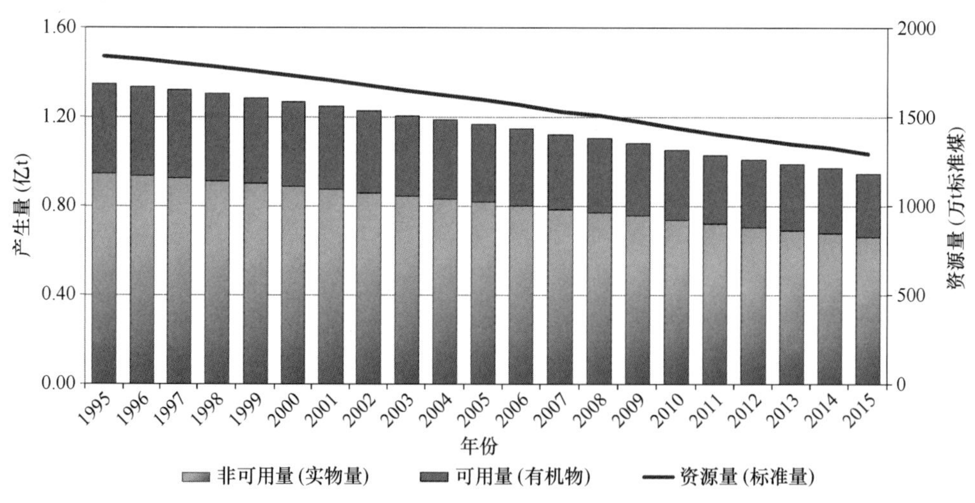

专题图2-2　1995～2015年我国农村生活固体废物产生量及资源量

我国各地区农村生活固体废物主要由餐厨垃圾、废弃塑料、废纸等可回收垃圾及灰渣等组成。我国南北地区差异较大，北方还有许多地方取暖、做饭用的燃料是煤炭，因此生活垃圾中渣土所占的比例约为40%。而我国南方地区农村沼气池入户率较高，一般不使用煤作为燃料，且过冬取暖不需消耗煤，垃圾中几乎无渣土成分；浙江等经济发达地区以电和液化气等燃料为主，燃料灰渣百分比低，反之在经济欠发达农村地区，由于经济收入低，生活燃料主要以原煤和林材为主，因此垃圾中灰渣成分高，说

明生活垃圾中无机灰渣的含量还受能源结构的影响。此外，由于食品类消费和返乡人口数量受季节性变动的影响，农村生活垃圾的人均产生量和日产生量各月份也会有一定的波动。

附录二和专题图 2-3 是根据上述依据估算的 2015 年我国各地区的农村生活固体废物产生情况。结果显示，广东的农村生活固体废物产生量为全国之最，其他超过 500 万的省份还有山东、河南、河北、江苏、四川和湖南。这 7 个地区农村人口占全国农村人口的 45%，产生的生活固体废物量约占全国的 47%。西藏、青海、宁夏和海南等总人口少的地区，农村生活固体废物产生量偏少；而北京、天津和上海等总人口较多的地区，由于城市化率超过 82%，农村人口较少，农村生活固体废物产生量也较少。

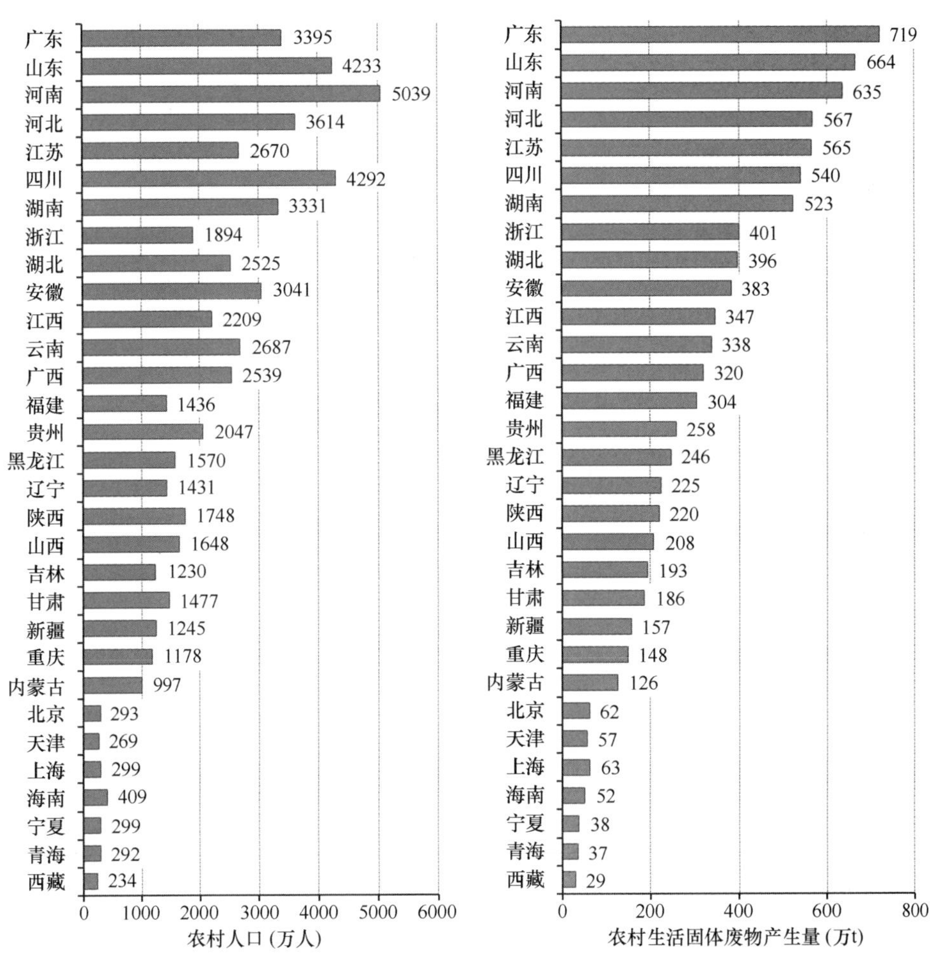

专题图 2-3　2015 年我国各省份农村人口与农村生活固体废物产生量

数据来源：国家统计局，2016

2. 农业废物

我国是农业大国，农作物秸秆资源尤其丰富。农作物秸秆是重要的有机物和能源资源，在农业生产的基本循环中，秸秆还田对保持土地肥力、防止土壤侵蚀、维持作物可持续生产具有重要作用。加快推进秸秆的资源化利用，对资源节约、环境保护和农民增收具有重要作用。目前，用主要农作物秸秆产量直接代替秸秆总产量是我国秸秆资源数量估算中较为普遍的现象。例如，农业部印发的《农业生物质能产业发展规划（2007—2015 年）》、国家发展改革委基础产业发展司发布的《中国新能源与可再生能源 1999 白皮书》，因忽略了蔬菜残余物、稻壳及玉米芯等农作物副产物，且对草谷比取值不当导致秸秆总产生量估算结果显著偏低。本报告参考毕于运（2009）提出的草谷比对谷类秸秆（包括水稻秸秆、小麦秸秆、玉米秸秆）、豆类秸秆（大豆及其他豆类秸秆）、薯类藤蔓、油料秸秆（包括花生秧壳、油菜秆、向日葵秆等）、糖料秸秆（包括甘蔗渣、甜菜渣和茎叶）、棉秆、麻秆、烟秆及蔬菜残余物等，较为细致全面地对所有农作物进行了统计和估算。专题表 2-2 显示本报告中估算农作物秸秆产生量时所采用的草谷比。

专题表 2-2　主要农作物副产品与主产品比（草谷比）

秸秆类别	草谷比	秸秆类别	草谷比	秸秆类别	草谷比
水稻秸秆	1.17	薯类藤蔓	0.5	甘蔗渣和叶梢	0.3
小麦秸秆（壳）	1.1	花生秧壳	1.11	甜菜渣和叶梢	0.18
玉米秸秆（芯）	1.45	油菜秆	1.5	烟秆	1.6
其他谷物秸秆	1.6	向日葵秆	3.0	蔬菜残余物	0.1
大豆秸秆	1.6	棉秆	9.2	麻秆	1.3

专题图 2-4 显示了 1995～2015 年我国各类农作物秸秆、副产物及蔬菜残余物等的产生量。随着我国农业生产水平的持续提高，农作物秸秆总产量总体上呈增长趋势。2015 年，全国各类农业废物产生量达到 9.94 亿 t，其中大宗秸秆作物，如玉米、水稻和小麦等粮食作物秸秆占 73.5%，依然是中国主要作物秸秆类型。其他蔬菜残余物占 7.9%、棉秆占 5.2%、油料秸秆占 5.2%、糖料副产物占 3.7%、豆类秸秆占 2.7%、其他占 1.8%。另外，农产品初级加工品如稻壳、玉米芯、甘蔗渣、甜菜渣等产量可观，开发潜力很大。按各类作物秸秆热值折算标准煤，2015 年总量约达到 4.74 亿 t 标准煤。

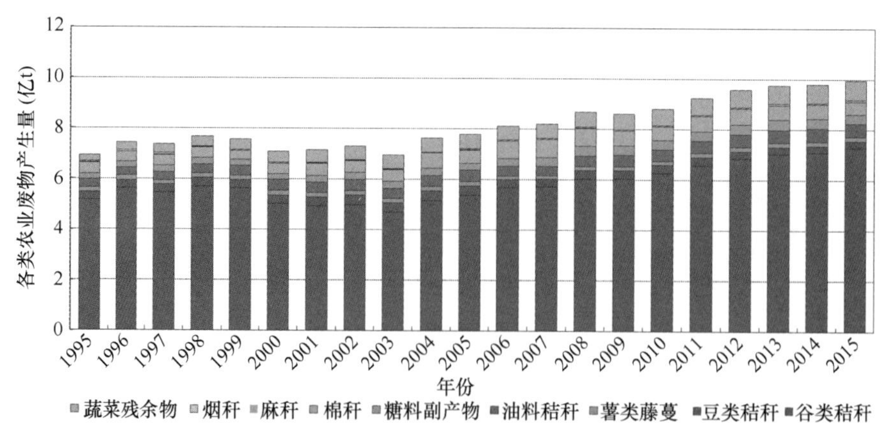

专题图 2-4　1995～2015 年我国各类农业废物产生量（彩图见封底二维码）

专题图 2-5 显示 2015 年全国各地区各类农业废物产生情况（数据见附录二）。农业废物产生量居前三的省份为河南、黑龙江和山东，年产生量分别达到 8607 万 t、8546 万 t 和 7668 万 t。从农业废物来源分析，河南以小麦、玉米等谷类秸秆为主，此外花生秧壳和蔬菜残余物也占有较大的比重，黑龙江除玉米、水稻等谷类秸秆以外，豆类秸秆及蔬菜残余物也较多，山东除小麦、玉米等的秸秆以外，蔬菜残余物所占比例较高。另外，新疆是我国棉花高产地，2015 年产生的棉秆达 3222.8 万 t，占全国产生量的 62.4%。除此之外，由于南北方农业的差异，广西、云南、广东和海南等地产生大量的甘蔗副产物，约占全国的 90.6%。

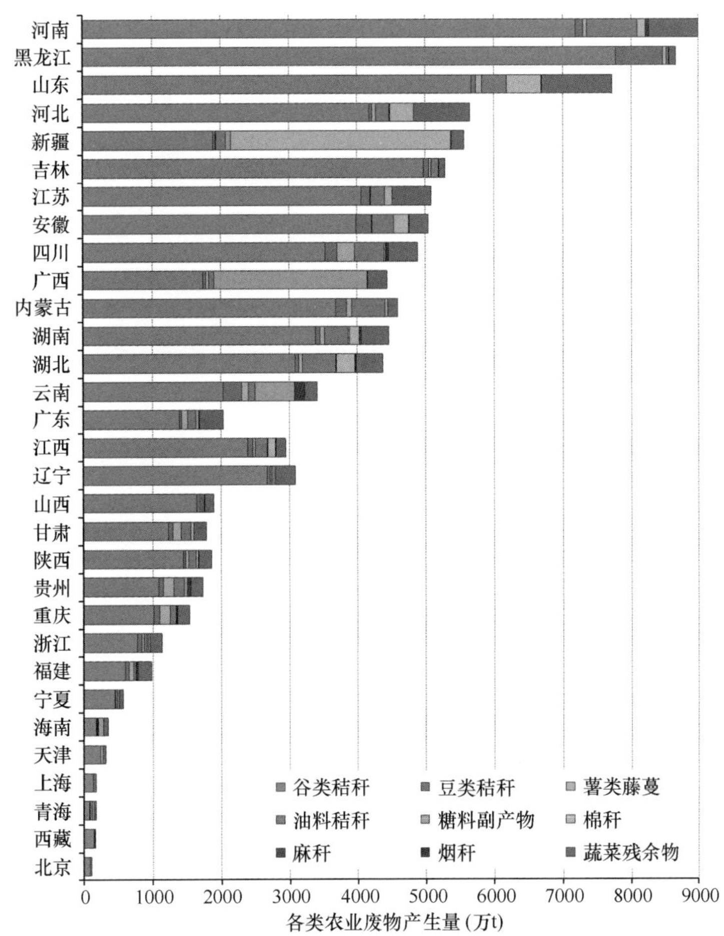

专题图 2-5　2015 年我国各地区各类农业废物产生情况（彩图见封底二维码）

3. 林业废物

生物质原料资源的林业剩余物包括森林采伐剩余物、木材加工剩余物及育林剪枝所获得的薪材量，统称林业“三剩物”。森林采伐剩余物的估算可以从国家批准的采伐限额进行反推获得。根据《国务院批转国家林业局关于“九五”期间和“十二五”期间年采伐限额审核意见通知》，以及一般采伐方式与出材率之间的关系（专题表 2-3），推算采伐剩余物和加工剩余物的产生量，计算结果列于专题表 2-4。

专题表 2-3　采伐方式与出材率

采伐方式	主伐	抚育采伐	更新采伐及其他
出材率	70%	30%～55%	60%

专题表 2-4 1991～2015 年我国采伐剩余物及加工剩余物的估算值（国务院，2016）

期间	年份	采伐方式			采伐量合计	采伐剩余物	加工剩余物	采伐剩余物及加工剩余物合计	
		主伐	抚育采伐	其他					
		万 m^3	万 m^3	万 m^3	万 m^3	万 m^3	万 m^3	万 m^3	万 t
九五	1996～2000	11 152	4 634	10 866	26 652	10 356	6 518	16 875	10 125
十五	2001～2005	8 452	6 053	7 805	22 310	9 138	5 269	14 407	8 644
十一五	2006～2010	11 744	5 624	7 448	24 816	9 737	6 032	15 768	9 461
十二五	2011～2015	14 119	6 965	6 022	27 105	10 649	6 582	17 232	10 339

注：①取木材平均体积密度为 0.6g/cm³；②原木加工成木材成品剩余物比例取 40%

另一部分薪柴量的估算，按不同地区和不同林地类型的取柴系数和产柴率，从各省林地类型和面积中估算出全国薪柴产生量。据测算，扣除薪炭林的薪柴，全国每年约产生薪柴 5200 万 t。云南、四川、广西及西藏等的薪柴产生量约占全国薪柴总产生量的 40%。综合上述结果，“十二五”期间，每年约产生的森林采伐剩余物、木材加工剩余物和育林剪枝所获得的薪柴量为 1.38 亿 t，折合成标准煤约为 8000 万 t。

专题图 2-6 显示 2015 年全国各地林地面积与林业废物产生情况（数据见附录二）。

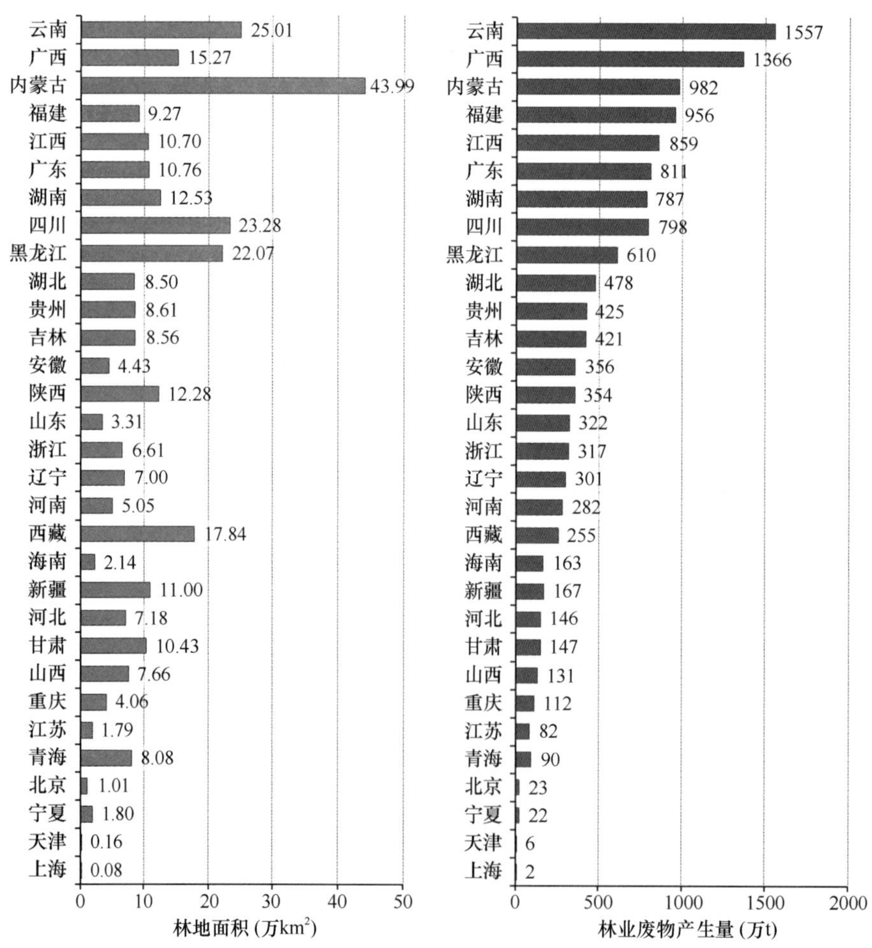

专题图 2-6 全国各地林地面积及林业废物产生量（2015 年）

林业废物产生量超过 1000 万 t 的地区有云南、广西两地。这些地区主要是国家规定的采伐限额高，使得森林采伐剩余物和木材加工剩余物大量产生。其他超过 500 万 t 的地区有内蒙古、福建、江西、广东、湖南、四川和黑龙江等。内蒙古和黑龙江等地虽然采伐限额低，但因林地面积大，薪柴的产生量也较多。

4. 畜禽粪便

畜禽粪便是畜禽排泄物的总称，它是其他形态生物质（主要是粮食、农作物秸秆和牧草等）的转化形式，包括畜禽排出的粪便、尿及其与垫草的混合物。我国畜禽养殖业迅猛发展，规模日益扩大，畜禽养殖量每十年增加 1～2 倍，剧增的畜禽粪便排放量引起广泛关注。粪便排放量的估算是按不同种类畜禽的日排粪便量及存栏数算出的实物量，再按粪便收集系数获得可开发量。专题表 2-5 显示畜禽粪便排放系数及饲养期。

专题表 2-5　畜禽粪便排放系数及饲养期

畜种	猪	牛	羊	马	驴骡	肉鸡	蛋鸡	鸭鹅
日排放（粪）（kg/d）	2.2	29.0	2.38	16.2	13.7	0.14	0.11	0.11
日排放（尿）（kg/d）	3.5	13.5	—	2.8	2.88			
饲养期（d）	199	＞365	＞365	＞365	＞365	55	＞365	210

结果显示，2015 年我国畜禽养粪便排放实物量达到 41.01 亿 t，其中猪、牛、羊、马驴骡及家禽等分别产生 17.87 亿 t 干物质、16.80 亿 t 干物质、2.70 亿 t 干物质、0.87 亿 t 干物质和 2.78 亿 t 干物质。按照不同畜种粪便干物质热值计算干物质标准量，2015 年可达到 4.21 亿 t 标准煤。专题图 2-7 显示 1995～2015 年我国畜禽粪便排放实物量与干物质标准量。

专题图 2-8 显示 2015 年全国各地区畜禽粪便产生情况（数据见附录二）。从地区的产生量来看，四川和河南居前两位，年产生畜禽粪便分别为 3.76 亿 t 和 3.56 亿 t。其次，山东、湖南和云南三地的年产生量也超过了 2.30 亿 t。从排放结构来看，上述 5 个地区猪和牛的粪便排放量分别占 90.3%、87.6%、76.8%、94.2%和 91.1%。

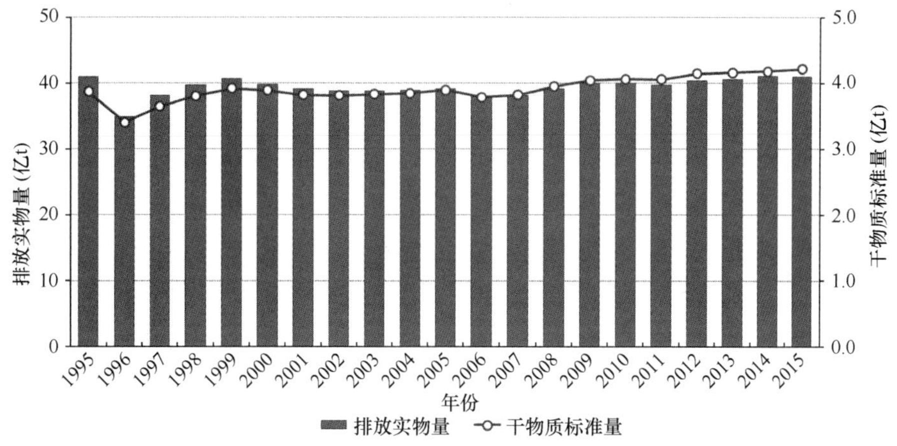

专题图 2-7　1995～2015 年我国畜禽粪便排放实物量与干物质标准量

数据来源：国家统计局，2016

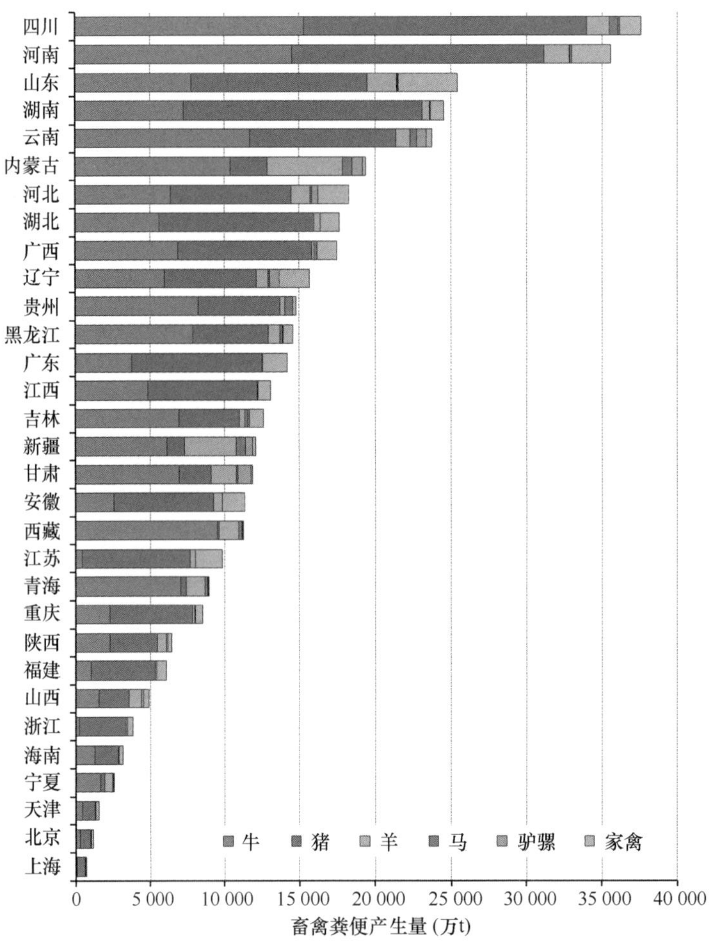

专题图 2-8　2015 年我国各地区畜禽粪便产生情况（彩图见封底二维码）

数据来源：国家统计局，2016

（二）我国农村废物分类资源化利用的情况

1. 农村生活垃圾

我国农村生活垃圾的处置仍处于初步探索阶段，随着农村环境综合整治工作的推进，在部分试点地区取得了一些成效。大部分地区有专人负责垃圾的收集，收集方式以定点堆放为主，其他依次为统一收集和随意堆放。垃圾处理方式以填埋为主，其次是焚烧、外运、无处理、高温堆肥和再利用，农村生活垃圾最终无害化处理率还较低。目前，我国多数农村地区生活垃圾仍处于无序抛撒状态，垃圾治理较好的地区已在农户的生活区附近装有垃圾桶，并进行定期处理。而在垃圾处理相对落后的地区，垃圾仍然呈现乱堆乱放的状态。

2. 农业废物

随着省柴节煤技术的推广、蜂窝煤炉和液化气灶的迅速普及，秸秆作为燃料的价值急剧降低，再加上收集农作物秸秆费时费力，秸秆基本已成为农业废弃物。随着农业机械购机补贴政策的实施，农业机械化可在短时间内大面积收割庄稼，农民处置大量被丢弃秸秆最简单的方法就是焚烧，这也导致了严重的大气污染，已成为破坏生态环境的大问题，甚至还影响到公共安全。目前，农业废物秸秆的主要利用方式为秸秆还田、秸秆饲料和秸秆能源等。2013 年，新增机械化秸秆还田面积 3600 万亩以上，新增秸秆粉碎还田机 4.2 万台、秸秆捡拾压捆机 0.4 万台。秸秆直接还田量约为 2.4 亿 t，占理论总量的 24%，向土壤“取之者多，而予之者少”的现状，导致了土壤贫瘠化加速和农业面源污染加重。国家发展改革委、农业部、环境保护部相继出台扶持政策，积极开展秸秆压块成型、秸秆气化等秸秆生物质能源技术。2013 年，我国农业废物（秸秆）可收集量约为 8.3 亿 t，按理论产生量 9.99 亿 t 计算，约有 1.7 亿 t 秸秆被无序焚烧或废弃。国家发展改革委的测算数据显示，2013 年我国农业废物（秸秆）的综合利用量约 6.4 亿 t，综合利用率约达到 77%。

3. 林业废物

林业废物的能源化利用取得了较大进展，现已形成以成型燃料、液体燃料、热电联产、气体燃料等为主的多元化格局。生物合成液体燃料先进技术取得重大突破，以灌木平茬物为燃料的林业生物质热电联产机组已投产运营，木质纤维素转化乙醇技术取得较大进展。目前，我国林业废物的综合利用率达到 95%以上。

4. 畜禽粪便

畜禽粪便的资源化利用方式主要有肥料化、饲料化和能源化，但由于畜禽粪便作为饲料使用存在很多安全隐患，已不宜提倡饲料化技术处理。生物好氧高温发酵生产有机肥和厌氧，发酵产生沼气仍是国内外畜禽粪便资源化处理的首选方法，但我国目前这两种技术还不完善，如生物好氧高温发酵技术仍存在氮素损失大、易产生氨污染、发酵热量不能充分利用等问题。厌氧发酵技术仍存在沼气出产率低、污水难达标排放、能耗大、处理成本高等问题。另外，我国现有畜禽污染防治政策、法规很不完善，一般是以倡导性的条文为主，缺乏监督管理机制，可操作性不强，导致政策、法规不能有效落实。目前，我国畜禽粪便综合利用率仅为 42%。

（三）我国乡村废物分类资源化利用存在的突出问题

1. 法规和章程缺乏，针对性强的技术体系不完善

根据《中华人民共和国固体废物污染环境防治法》，农村生活垃圾污染环境防治的具体办法，由地方性法规规定，县级及以上人民政府应当提高生活垃圾的利用率和无害化处置率。但是，目前关于生活垃圾管理的地方性法规基本处于空白状态。我国环境保护法律法规体系主要是针对城市环境问题和工业污染制定的，可以说，针对农村生活垃圾处理的地方性法规和规定基本空白。一些涉及农村环境保护的法规条款只是原则性的或政策性规定的，在农村的实用性和可操作性不强。我国现行的技术标准大都针对城市生活垃圾，不适用于农村生活垃圾管理和处理处置的需要。《农村生活污染防治技术政策》等文件的可操作性差，农村小型垃圾填埋场的技术标准缺乏。

2. 农村生活垃圾监测空白，农村环保基础设施薄弱

农村环境监测基本处于空白，即使有监测记录的地区也存在监测不规范和数据不准确的情况，导致制定科学、系统的生活垃圾管理体系和技术体系缺乏依据。城市生活垃圾处置技术在农村可能出现水土不服的情况，一些焚烧技术、堆肥技术、集中分拣技术不适合农村的实际情况，建设成本和运行成本超过乡镇政府的财政能力，而且投入和效益比很低。只有加强对农村生活垃圾产量和结构特征的调研与分析，才能筛选出最佳、可行的处理处置技术。基层领导决策盲目性强。城乡二元结构导致城市投入多，农村投入少。垃圾分类收集设备、封闭式运输和末端处置等环保基础设施建设严重滞后，制约了农村垃圾集中收集处理。主要体现在：达标垃圾处理设施较少；乡镇垃圾中转站和封闭式收集站短缺；专用封闭垃圾收运车辆缺少；回收再利用设施缺乏。

3. 缺少农村垃圾处理处置的整体规划，地方政府部门“各自为政”

对垃圾的收集、运输和处理，没有形成一个在区（县）、乡（镇）或属地范围内的整体规划。按照属地管理的原则，各乡（镇）、行政村负责自己辖区内生活垃圾的清理，在不同程度上“各自为政”，在城乡村结合地带容易出现垃圾“三不管”的死角。

4. 管理上涉及多个管理部门“九龙治水”

由于治理困难，职责不清，部门间相互推诿的现象时有存在。此外，在经济发展为重心的思维影响下，乡镇的主要领导普遍将精力投入到招商引资、发展项目上，而垃圾治理被动应付的现象十分普遍。

5. 市场化水平极低，村民参与不足

乡镇政府在农村生活垃圾管理中一家独唱，经常心有余而力不足。“以奖促治”专项资金和地方财政配套是目前农村环境整治的主要资金来源，时间久了，地方财政不堪重负，农村生活垃圾基础设施有钱建设、没钱运营的现象比较普遍。政府主导、市场参与、社会协同的格局尚未形成。农村环境保护的问题并没有内化为社区和村民自己的问题。实践证明，市场化水平低和社会参与不够，导致农村环境保护的成本相当高。

6. 环境教育缺失，农民环保科普知识欠缺

由于政府环境教育缺失，作为农村生活垃圾处理的主体，乡镇领导干部和村民环保意识淡薄。有些农村，虽然领导意识到农村环保宣传教育的重要性，但是活动组织和实施过程中脱离农村实际，存在重形式、轻内容、效果差的现象。大量宣传手册的内容晦涩难懂，宣传方式以说教为主，并不被广大群众接受和喜欢，不仅没有达到预期的宣传效果，还造成了资金的浪费。即使在配备了分类垃圾桶的新农村，由于生活垃圾分类的宣传和教育跟不上，也造成了垃圾不分类或者分类不正确的现象。

7. 处置简单粗暴，缺乏科学的处理机制

根据农村生活垃圾不易燃烧等特点，卫生填埋依然是农村生活垃圾处理处置的最主要手段。大部分农村的简单填埋场或垃圾倾倒场成为污染源，蚊蝇乱飞，直接污染周围环境和地下水。小型标准化卫生填埋场也普遍存在重建设、轻管理的现象，后期管理不到位，特别是对于渗滤液的处理，填埋气的监测尚属空白，存在一定的环境风险。

四、国外乡村废物分类资源化利用的管理及发展

（一）美国乡村废物的管理模式

1. 乡村废物的产生及特点

美国农村人口仅占总人口的2%，而且大多数人都是一家一户散住，分散居住度高。美国农村生活垃圾按每人每天2kg计算，每年产生量约460万t。美国农业部（USDA）和能源部（USDE）估算，每年农业产生的生物质原料的干重有近10亿t，其中秸秆就有4.28亿t。美国森林资源面积为2.98亿hm^2，森林覆盖率为35%，人均森林面积为0.84hm^2。木屑、板皮、树枝、树叶、树桩、树根、果壳、果核、低劣木材等可利用的生物质资源十分丰富。每年可用于生物质能源开发和利用的木材资源为520亿t，目前美国生物质能源资源的65%取自于木材。美国畜禽养殖业发展迅速，每年畜禽粪便干物质达0.15亿t，屠宰场排除有机废水3800万t，水果、蔬菜等农产品加工后污水废弃物3790万t。美国土地资源丰富，美国农业部最新统计，美国闲置土地约60万英亩[①]，其中大部分用于种植能源类植物。美国是世界上开发利用生物质能最早的国家之一，目前，生物质能已成为美国最大的可再生能源供应来源。

2. 管理模式及经验

健全的法律法规，为垃圾处理的管理和实施提供了充分的法律依据，保障了垃圾处理制度全面和彻底的执行。美国政府与议会先后于1965年、1970年通过了《固体废弃物法》和《资源保护回收法》。除了联邦政府颁布的法案包含对农村垃圾治理相关规定外，有些市州还颁布了专门针对农村垃圾处理的专项法规。例如，美国的俄克拉荷马州和肯塔基州，就对农村地区路边倾倒垃圾的问题颁布了法规，对非法倾倒垃圾的行为有详细的条文加以规范。此外，在农业污染控制方面，美国也有系统的法律框架，如《清洁水法案》（CWA）；非点源污染实施计划——CWA319条款。美国国会颁布了一个综合性的《国家环境政策法》，针对生活垃圾制定了《生活垃圾处置法》，除此之外，还有《全面环境响应、赔偿和责任法》及《危险废物管理条例》等。由于美国垃圾处理的法律法规比较健全，保证了农村垃圾可以得到及时合理的处理。

建立完善的农村垃圾收集运输网络。一般由规模不大的家庭公司来承担，基本覆盖

① 1英亩=0.404 856hm^2。

到每家每户。在美国垃圾公司会深入到每个乡村的每个角落，公司的员工也是农民，他们开着小垃圾车，到各家各户收取垃圾，同时也收取一定的费用。每个家庭都要将垃圾分类，装入塑料袋，然后装进不同颜色的垃圾桶。每家每户都有一个带轮子的垃圾箱，在规定的时间内送到公路边，等待环卫公司特大垃圾车将分类好的垃圾装到车厢不同的格子运走。杂草与落叶由每个家庭成袋堆放在自家周围，环保部门也会派工具车前来割草、清扫路边的树叶、修整树枝。

垃圾处理基本上采取市场化运作，市场化运作是农村垃圾治理的有力手段。即成立大大小小的垃圾处理公司，这些公司负责处理垃圾，农民要向公司缴费。但是，对于有些项目，美国政府也给予了一定的补贴，如固体废弃物的研究开发、资源回收装置的设计等。美国政府对农村垃圾治理的资助主要由美国联邦政府农村发展部负责，重点是对农村公用设施进行资助，而非提供全部建设资金。例如，美国政府每年从农业联合税中拿出几十亿美元。专门用于开展农业面源污染治理和资源保护工作，对治理项目投入补贴 70%～80%。各州政府也都为农业面源污染治理列专项开支。其中，美国农村污水和垃圾处理项目可以通过在水和环境计划项目中得到拨款和贷款，分对象进行；拨款的对象是非营利的乡镇组织，目的是对其进行训练并提供技术援助；贷款对象是在农村地区从事污水和垃圾处理的企业，目的是改善和建设这些企业的运行设施。有一个限制条件就是接受这类拨款和贷款的农村地区人口不超过万人。农村社区人口越稀少，收入越低下，那么它可能得到的资助就越高。为了解决垃圾处理服务供给中的经费问题，美国设立专门的理事会或基金会，管理环卫资金。资金不仅包括政府的投入，也包括居民支付的垃圾费。对于垃圾处理厂的运营，实行“公共投资、私人经营”，即有关部门在建好垃圾处置厂后，先核算处理每吨垃圾的最低费用，然后将垃圾处置厂的运营权向社会公开招标，在达到环保标准的前提下，出价最合理的公司即获得运营权。

严格控制畜禽饲养规模。美国《联邦水污染控制法》中做出如下规定：超过一定规模的畜禽场，必须得到有关部门的批准许可后，才能建场；1000 标准头以下、300 标准头以上的畜禽场，其污水无论排入自身蓄粪池，还是排入流经本场的水体，均需先得到批准许可；300 标准头以下的畜禽场，无特殊情况，可不经审批。美国佛罗里达州政府则为了防止畜禽污染，出钱补贴鼓励奶牛养殖主停业。

公众参与是农村垃圾治理的重要途径。美国在制定环境相关法律、计划时或者在许可建造废弃物处理设施时，都需要邀请农民广泛参与，而不仅仅是征求意见。只有农民参与制定的法律和计划，农民才有意愿遵守和执行，才是具有可操作性的法律和计划。根据法律，农民可以申请组成类似于非政府组织的农村社区自治体，宣传、推广废弃物循环利用知识和家庭简单易行的再利用、资源化方法或者是直接开展废弃物回收。在美国农村，社区是最基层、最贴近民众的社会管理单位，是广大民众活动的基本场所。在农村社区中，主要实行公民自治，政府一般不干预社区管理，只是负责制定社区发展规划，提供财政支持，并对社区运行进行监督。像农村垃圾治理项目的选址、设计和规划等活动，是由当地居民自己组织、自愿参加的。

（二）德国乡村废物的管理模式

1. 乡村废物的产生及特点

德国农村人口占总人口的15%，约为1230万人，按照每天人均垃圾排放量0.6kg/（人·天）计算，每年农村生活垃圾产生量达到270万t。德国的农业以中小型家庭农场为主，全国共有44.7万家农场，平均面积为38.2hm^2，乡村废物相对比较分散，为了充分利用乡村废物，德国大力发展分布式生物质能源，单体项目覆盖半径25～30km。以农林废物和禽畜粪便为原料，发展分布式生物质能源，目前分布式生物燃气工程逐渐形成了标准化模式，包括总体设计标准化、工艺设备标准化及生产运营标准化3个方面。德国能源植物的种植在欧盟国家中居领先地位，也是目前世界上农村沼气工程数最多的国家。

2. 管理模式及特点

健全的法规体系和市场运作是德国垃圾管理体系的特色。德国针对农村垃圾处理的法律主要是《废物处置法》，以及在此基础上制定的《废物消除和管理法》《产品再生利用和废物管理法》。另外，还制定了对废物污染进行控制的标准，即《环境最终管理标准》。当然，欧盟关于垃圾处理的法律在德国必须首先适用。德国的这些法律法规及欧盟的相关法律为农村垃圾处理提供了法律依据。

重视发展循环经济，“资源—产品—再生资源”模式背后依靠的是德国严密高效的垃圾管理体系。由于德国属于欧盟成员国，欧盟在垃圾处理方面实施统一的管理和运作，欧盟实施“市政府主导”的模式。农村所有的生活垃圾都由市政集中进行收集、运输和处理，垃圾箱等垃圾处理设施也由市政府统一配置和安装。垃圾箱和垃圾收集处理的费用由地方政府征收的房地产税及其他税收支付。德国农户每个家庭备有3个垃圾桶，一般用黄色、棕色和灰色区分。黄色垃圾桶放置有“绿点”标志的包装类废弃物，棕色垃圾桶放置餐厨垃圾，灰色垃圾桶放置不能回收利用的垃圾，如白炽灯泡、煤渣等。德国的垃圾公司负责给居民发放小册子，对生活垃圾分类进行指导，并且会定期派人来收集、清理垃圾并收取清运费用。由一些环境保护协会的会员或小区志愿者进行监督，没有遵守分类回收等规定的家庭将会被罚款。在垃圾处理费用方面，一是德国政府用税收来支付收集、运输、清除和回收垃圾的费用；二是农民也要缴纳垃圾处理费用，费用的多少取决于垃圾的数量和种类。

高度重视垃圾处理绿色技术的研发和应用。早在1992年德国政府就颁布了《德国生活垃圾处理技术条例》，并严格控制进入填埋场的有机垃圾数量，制定了进入填埋场的垃圾总有机碳含量小于5%的目标。近年来，德国生活垃圾填埋场数量逐渐减少，垃圾处理绿色技术得到广泛应用和好评，包括生物降解有机垃圾热处理技术、机械生物处理加焚烧的新技术、干燥稳定技术等。为加快垃圾处理绿色技术的研究，德国很多大学新开设了垃圾处置有关专业与课程，并为学生和技术人员提供系统培训，培养了大批垃圾处理产业技术和管理人才。

德国规定畜禽粪便不能直接排入水源中。德国规定畜禽粪便不经处理不得排入地上或地下水源中。同时，德国还规定在城市或公用饮水区域，每公顷土地上家畜的最大允许饲养量不得超过规定数量：牛 3～9 头、马 3～9 匹、羊 18 头、猪 9～15 头、鸡 1900～3000 只、鸭 450 只。

（三）瑞典乡村废物的管理模式

1. 乡村废物的产生及特点

瑞典人口较少，只有 970 万左右，农村生活垃圾产生量远低于德国等其他欧洲国家，瑞典已有 99%的垃圾实现了再利用，其中，多数被转化为能源或电力。因本国垃圾不够用，瑞典还在向邻国购买垃圾。瑞典是生物质能利用率较高且运行体系较为健全的典型国家，也是沼气提纯用于车用燃气最好的国家。瑞典森林覆盖率高达 64%，丰富的农林废弃物是其发展生物质能的基础，瑞典的生物质能利用量已占其能源消耗总量的 35%以上。瑞典乡村固体废物主要分为 3 种利用模式，即沼气利用模式、综合利用模式及生物燃料开发模式。沼气利用模式在农场经营中得以普遍采用，农民利用林业和农业废弃物生产沼气，并实现电能和热能的自给自足；综合利用模式是指通过大中型沼气工程对各类生产和生活废弃物进行集中处理，并实现电、热、气的联网及销售；生物燃料开发模式是指利用高科技手段对生物质能进行深入开发，并形成如生物柴油、生物乙醇等产品，以推动新能源对传统能源产品的有效替代。

2. 管理模式及经验

强化基础设施建设，实现垃圾收集贮运设施的分类化。瑞典垃圾分类收集系统在垃圾产生、转运、处理的各个环节都设有配套的基础设施。如在每户家庭中都有多个垃圾桶，来分类回收诸如可直接回收利用废物、可燃性废物、可降解性废物及有害废物等各种废物。在瑞典的居民小区中通常设有专门的垃圾房，每个垃圾房中都会有 8～10 个不同的箱子，分别针对普通纸（报纸、打印纸等）、包装纸（牛奶、果汁包装纸等）、塑料、玻璃、旧药品、危险品及环境污染物品、电子垃圾、粗垃圾、餐厨垃圾、植物等不同种类的垃圾进行回收。为了避免垃圾回收时的分类混乱，瑞典政府对垃圾容器进行了重新设计从而缓解了垃圾分类混乱的现象。例如，把扔瓶罐的容器口设计成小孔状的，把扔硬纸盒和纸板箱的容器口设计成信封状的，这样一来，回收时不同种类的垃圾在形状上就做出了很好的区分。此外，瑞典所有大中型超市都设有垃圾回收站。这里会分门别类地摆放许多垃圾箱，上面标明专“吃”某种垃圾。有的回收金属类包装盒，有的回收报纸杂志，有的回收塑料包装瓶和罐等。在瑞典如果有一件商品你觉得不再需要了，但是可能对其他人有用，不管是自行车还是微波炉，你都可以放到一个公用的“交流废物间”里，一个居住小区有一个这样的公用小屋子，这样的交流方式，也在很大程度上促进了“物尽其用”。

完善垃圾处理法律法规及体制机制，建立严格的垃圾处理制度。瑞典的垃圾处理法律共分为三个层次：①欧盟法，如欧盟《关于报废电子电气设备的指令》等；②瑞典环保法典，规定了瑞典垃圾处理的一些基本概念、市政府的责任、处理垃圾的总原则等；③市政府的实施细则，各个城市都根据国家法律，结合本地实际制定本市的实施细则，以利实际操作。除法律外，瑞典还制定了诸如“押金回收”制度、生态环保标志制度、生活垃圾收费制度、第三方机构评估制度、垃圾收集与处置技术方案及标准等一系列有关减少垃圾产生、提高回收利用率与削减垃圾处理过程中造成二次污染的制度。2011 年，瑞典国家检察院宣布，从 2011 年 7 月 10 日起，警察将有权对在公共场所乱扔垃圾者直接处以罚款，并还规定凡在公共场所丢弃含有污染环境的化学物质的人，不仅将受到罚款惩罚，情节严重者将受到起诉，甚至获刑 1 年。日益完善的法律法规体系为瑞典的垃圾管理提供了强有力的保障。瑞典除了完善的垃圾收集及处置法规制度外，其垃圾处理的体制也较为完善，如哥德堡市在长期实践中形成了立法机构（市议会）、执行机构（哥德堡市再生中心）、监督机构（市环保局）与协助监督机构（警察局），各机构之间责权利的明晰保障了垃圾处理的规范化与高效化。

实施公司化运行，实现垃圾处理产业化。垃圾处理产业化就是要以市场为导向，找到一种有效方案，把政府统管的公益性事业行为转变成政府引导与监督、非政府组织参与和企业运营的企业行为，把被分割成源头、中间和末端的垃圾处理产业链整合成一个完整的产业体系，以实现垃圾处理的社会效益、经济效益和处理效率最佳化。20 世纪 70 年代，一种全新的地区性的政府间合作与政企合作股份制垃圾处理公司的运营模型在瑞典产生，在这一新型的垃圾处理运营模式下，政企间各自的权责利益均得到合理的强化和优化，而且也使环境目标规划、垃圾处理投资、设施建设运营及全过程动态管理实现了有机的协调与互补。在企业趋利机制及政府监管机制的双重驱动下，进一步促进了垃圾减量化、资源化与无害化处理目标的实现。

加大技术研发，实现垃圾资源化利用、无害化处理。瑞典是全世界生活垃圾处理最成功的国家之一，据统计，2005 年全国 89%的垃圾被用于再生处理、生物处理及焚烧供能，2008 年这一比例提高到了 97%，仅有 3%的垃圾最后需填埋处理。瑞典通过不断改进废弃物处理技术来减少污染，提高回收效率，依据垃圾处理难易程度分为再生利用、生物处置、焚烧及填埋等四个层次。由于在废弃物回收、生物处理、垃圾焚烧领域科技先进，最后填埋处理的比例并不高，据统计，瑞典全国每年要处理 200 多万吨不可回收的生活垃圾，其中大部分被焚烧，产生的热能可为瑞典提供 20%的集中供热；约 40 万 t 的生活垃圾被生物处理，垃圾生物处理过程中留下的残渣制成肥料，其中 98%用于农业生产，其余的脱水或做堆肥，用于改良土壤。先进的垃圾处理技术也带动了瑞典垃圾处理产业的发展，据统计，瑞典环保产业产值已近 400 亿美元，其中垃圾处理和再生循环产值占到 40%以上。

（四）日本乡村废物的管理模式

1. 乡村废物的产生及特点

日本农村人口数约为 540 万人，占总人口的 4%左右。如按家庭垃圾 0.96kg/（人·天）计算，每年产生的农村生活垃圾量约为 190 万 t。根据日本农林水产省统计（2006 年），日本每年生产大约 900 万 t 水稻秸秆，其中，翻入土层还田的约占 75.9%，用作饲料的约占 10.3%，与畜粪混合做成肥料的约占 6.4%，制成畜栏用草垫的约占 4.0%，只有一小部分难以处理的秸秆被焚烧。其他比较集中的农业废物为甘蔗渣，年产生量约 44 万 t，大量用于糖厂自用燃料（专题表 2-6）。

专题表 2-6　日本水稻秸秆用途比重

用途	比重（%）	目的和需求
还田	75.9	农业利用，作为肥料还田
制饲料及肥料	16.7	农业利用，肥料
畜栏用草垫	4.0	农业利用
焚烧及其他	3.4	处理，灰渣还田

日本每年各类畜禽粪便产生量约 8295 万 t，根据产生的粪便特性主要经过堆肥、干燥、发酵等处理后还给农田（专题表 2-7）。

专题表 2-7　畜禽粪便产生量（2013 年）

畜种	产生量（万 t）	畜种	产生量（万 t）
乳牛	2357	蛋鸡	745
肉牛	2442	肉鸡	514
猪	2238	合计	8295

2. 管理模式及经验

完整的法律体系为日本生活废弃物规范化处置提供了制度保障，专门的政府机构保障了有关规定的严格贯彻和执行。日本农村垃圾处理的法律法规主要是《废弃物处理及清除法》和《空气污染控制法》，这两部法律为日本农村垃圾的处理提供了主要的法律依据。日本有一套相对完善的生活废弃物管理和处理的法律法规体系，如《废弃物处置法》《促进容器与包装分类回收法》《家用电器回收利用法》《废弃物处置法修改案》。日本通过制定《促进再生资源利用法》分别赋予了企业、消费者和公共机关不同的责任。企业的责任主要是利用再生资源；消费者的责任主要是协助国家、地方公共团体和企业措施的实施；公共机关的责任主要是确保资金。

日本用“畜产公害”高度概括了畜禽粪便污染的严重性。日本先后制定了 7 个与畜禽污染管理控制相关的法律。其中直接相关的有《废弃物处理及清除法》《水污染防止法》和《恶臭防止法》。《废弃物处理及清除法》中规定，在城市规划地区，畜禽粪便必须经过处理，处理方法有发酵法、干燥或焚烧法、化学处理法等。《水污染防止法》中规定，畜禽场的污水排放标准：BOD、COD 日平均为 120mg/L，最大不得超过 160mg/L；SS（固体悬浮物）日平均 150mg/L，最大不得超过 200mg/L。后来又增加了氮、磷的排放标准，并规定一个畜禽场养猪超过 2000 头、牛超过 800 头、马超过 2000 匹时，排出的污水必须经过处理，并符合规定要求。《恶臭防止法》中规定畜禽粪便产生的腐臭气中，8 种污染物的浓度不得超过工业废气浓度。

分类严格细致，公众强烈的环保意识和高度的自觉行为是实现生活垃圾规范化处理的重要因素。日本的垃圾分类非常清楚，能回收的垃圾与生活垃圾都分开投放，各放其箱。在有些地方每周回收不同的垃圾，包括玻璃制品、不燃物质（塑料、橡胶、皮革等）、金属、家电等。这样的好处是，垃圾车装运同一种垃圾，可直接送到处理厂去处理，省工省时。日本运送垃圾的垃圾车也很讲究，全部是自动封闭式、自动加压式的，装车的垃圾可以自动压实，易拉罐之类的废弃物可以压扁成片。日本小学生需要学习生活垃圾分类知识，日本人外出都会把产生的垃圾带走，大多数居民养成了不乱扔垃圾的习惯，而且会对垃圾分类不正确的行为进行监督。国民强烈的环境保护意识，得益于日本政府的大力宣传教育和良好的社会氛围。

收缴处置费，促进垃圾减量。垃圾处理费用主要来源于农民缴纳的费用。收费标准有三种：一是定额收费制，以人头或户为单位收取费用；二是计量收费制，按照产生垃圾的数量缴费，垃圾数量多，则费用相应就高；三是超量收费制。对于某些垃圾，在一定数量内免费，超量则要缴费。日本实行这种办法后，产生了比较好的效果，大大降低了垃圾的数量。

政府不断加大对生活垃圾处理新技术研发的投入，生活垃圾生物处理新技术已经成为研究的热点。根据垃圾种类的不同，采用不同的方法进行处理。处理垃圾的方法，包括直接资源化利用、焚烧、填埋和加工处理再利用。日本的垃圾处理以源头减量处理为主，焚烧的目的也是资源的再利用，填埋和加工处理也并非进行简单填埋，而是在严格分类的基础上进行焚烧、粉碎，没有利用价值之后才能填埋。采取不同的处理技术和方法处置分类后的生活垃圾。例如，焚烧技术用来处置可燃烧垃圾，压缩无毒化处理和填埋用来处置不可燃垃圾；可回收垃圾被收集后进行简单加工，然后循环再利用。

五、我国与发达国家乡村废物分类资源化管理的差异

（一）国内外差异性对比（专题表 2-8）

专题表 2-8　我国与发达国家的差异比较

方面	发达国家	中国
法律法规	除综合性的一般法外，还针对废物处理制定了个别法及标准，为乡村废物处理顺利进行提供充分的法律依据	制定了《中华人民共和国环境保护法》一般性法律，规定比较原则和抽象，很少能用到乡村废物处理领域。2004 年制定的《中华人民共和国固体废物污染环境防治法》，由于缺少应有的实施细则，并未发挥作用
管理运作	发达国家成立了大大小小的公司，政府进行管理和监督，企业负责具体工作，农民缴纳费用并协助企业收集，三者形成了良性互动关系	政府起着决定性和主导作用，行政部门既是管理者，又是实施者，工作任务繁重，精力分散，两者难以兼顾，垃圾处理工作困难重重，不能及时清理，污染严重
分类方面	对废物实施详细的分类，以便分类收集、分类处置。一是分类是为了更好地处置；二是规定必须分类，否则要承担相应的法律责任	乡村废物根本没有进行分类，很多农民不遵守分类规定，也并未对农民进行大力宣传，对于错误行为也未规定相应的惩罚手段和措施
处理费用	费用来源不是单一的，政府承担之外农民都也要承担部分费用，各国的比例不同	都由政府承担，农民基本不需要缴纳费用，但政府投入有限，很难满足全部需求
处理方法	处理方法的理念是可持续发展、循环经济等，标准以无害化为原则，必须可靠、稳定	处理方法上有些没有进行处理，堆放不够科学，造成能源浪费，违背循环经济的理念

（二）国内外相关政策的对比（专题表 2-9）

专题表 2-9　国内外生物质能技术相关政策

法规政策名称	颁布单位	实施及修订时间
国内政策		
中华人民共和国可再生能源法	人民代表大会常务委员会会议	2006.01；2009.12 修订
中华人民共和国节约能源法	人民代表大会常务委员会会议	1997.11；2007.10 修订
中华人民共和国循环经济促进法	人民代表大会常务委员会会议	2009.01
中华人民共和国环境保护法	人民代表大会常务委员会会议	1989.01；2014.04 修订
中华人民共和国大气污染防治法	人民代表大会常务委员会会议	2000.09
可再生能源产业发展指导目录	国家发展改革委	2005.11
中华人民共和国国民经济和社会发展“九五”计划和 2010 年远景目标纲要	全国人民代表大会	1996.03
中华人民共和国国民经济和社会发展第十个五年计划纲要	全国人民代表大会	2001.03
中华人民共和国国民经济和社会发展第十一个五年计划纲要	全国人民代表大会	2006.03
中华人民共和国国民经济和社会发展第十二个五年计划纲要	全国人民代表大会	2011.03
新能源和可再生能源产业发展“十五”规划	国家经贸委	2001.1
可再生能源发展“十一五”规划	国家发展改革委	2008.03
可再生能源发展“十二五”规划	国家发展改革委	2012.07
可再生能源中长期发展规划	国家发展改革委	2007.08
生物质能发展“十二五”规划	国家能源局	2012.07
农业生物质能产业发展规划（2007—2015 年）	农业部	2007.07
全国林业生物质能发展规划	国家林业局	2013.06
生物质能源科技发展“十二五”重点专项规划	科技部	2012.07
生物产业发展十二五规划	国务院	2012.12
“十二五”农作物秸秆综合利用实施方案	农业部	2011
关于促进玉米深加工工业健康发展的指导意见	国家发展改革委	2007.09
促进生物产业加快发展的若干政策	国务院办公厅	2009.06
政府核准的投资项目目录（2013 年本）	国务院	2013.12
柴油机燃料调合用生物柴油（BD100）（GB/T 20828—2007）	国家标准化技术委员会	2007.05
生物柴油调合燃料（B5）（GB/T 25199—2010）	国家标准化技术委员会	2011.02
航空可替代喷气燃料（AJF）技术标准规定（CTSO-2C701）	中国民用航空局	2012.03
可再生能源发电有关管理规定	国家发展改革委	2006.01
可再生能源发电价格和费用分摊管理试行办法	国家发展改革委	2006
可再生能源电价附加收入调配暂行办法	国家发展改革委	2007.01
电网企业全额收购可再生能源电量监管办法	国家电力监管委员会主席办公会议	2007.09
关于生物质发电项目建设管理的通知	国家发展改革委	2010.01
关于农林生物质发电项目建设年度计划审核有关要求的通知	国家能源局	2011.02

续表

法规政策名称	颁布单位	实施及修订时间
	国内政策	
关于做好秸秆沼气集中供气工程试点项目建设的通知	农业部办公厅	2009.03
全国农村沼气服务体系建设方案	农业部办公厅、国家发展改革委办公厅	2007.04
养殖小区和联户沼气工程试点项目建设方案	农业部办公厅、国家发展改革委办公厅	2007.06
可再生能源发展专项资金管理暂行办法	国务院	2006.05
关于加快推进农作物秸秆综合利用的意见	国务院办公厅	2008.07
关于以三剩物和次小薪材为原料生产加工的综合利用产品增值税即征即退政策的通知	财政部、国家税务总局	2006.01
关于资源综合利用及其他产品增值税政策的通知	财政部、国家税务总局	2008.12
关于以农林剩余物为原料的综合利用产品增值税政策的通知	财政部、国家税务总局	2009.12
关于调整完善资源综合利用产品及劳务增值税政策的通知	财政部、国家税务总局	2011.11
关于资源综合利用企业所得税优惠管理问题的通知	国家税务总局	2008.01
资源综合利用企业所得税优惠目录（2008 年版）	财政部、国家税务总局和国家发展改革委	2008.09
促进生物产业加快发展的若干政策	国务院办公厅	2009.06
关于发展生物能源和生物化工财税扶持政策的实施意见	财政部、国家发展改革委、农业部、国家税务总局、国家林业局	2006.09
生物能源和生物化工非粮引导奖励资金管理暂行办法	财政部	2007.07
生物能源和生物化工原料基地补助资金管理暂行办法	财政部	2007.09
关于调整变性燃料乙醇定点生产企业税收政策的通知	财政部、国家税务总局	2011.1
关于燃料乙醇亏损补贴政策的通知	财政部	2004.06
生物燃料乙醇弹性补贴财政财务管理办法	财政部	2007.11
关于调整生物燃料乙醇财政补助政策的通知	财政部	2012.04
循环经济发展专项资金支持餐厨废弃物资源化利用和无害化处理试点城市建设实施方案	财政部	2011.05
关于明确废弃动植物油生产纯生物柴油免征消费税适用范围的通知	财政部、国家税务总局	2011.06
可再生能源发电价格和费用分摊管理试行办法	国家发展改革委	2006.01
可再生能源电价附加补贴和配额交易方案	国家发展改革委、电监会	2006
关于完善农林生物质发电价格政策的通知	国家发展改革委	2010.07
可再生能源电价附加补助资金管理暂行办法	财政部、国家发展改革委、国家能源局	2012.03
关于调整可再生能源电价附加标准与环保电价有关事项的通知	国家发展改革委	2013.08
农村沼气项目建设资金管理办法	财政部、农业部	2007.09
全国农村沼气服务体系建设方案	农业部办公厅、国家发展改革委办公厅	2007.04
2015 年农村沼气工程转型升级工作方案	国家发展改革委、农业部	2015
绿色能源示范县建设补助资金管理暂行办法	财政部、国家能源局、农业部	2011.04
秸秆能源化利用补助资金管理暂行办法	财政部	2008.01

续表

法规政策名称	颁布单位	实施及修订时间
国外政策		
美国能源政策独立法案 2005（EPAct 2005）	各部门合作完成	2005
美国能源政策独立与安全法案 2007（EISA）	各部门合作完成	2007
美国可再生燃料标准Ⅰ（RFSⅠ）	美国环境保护署	2005
美国可再生燃料标准Ⅱ（RFSⅡ）	美国环境保护署	2010
美国加州低碳燃料标准法案（LCFS）	加州空气资源署	2007
加拿大联邦可再生燃料法规（FRFR）	加拿大环境署	2010
欧盟关于促进交通部门使用生物燃料和其他可再生燃料的法令	欧盟委员会能源委员会	2003
欧盟可再生能源法令（RED）	欧盟委员会能源委员会	2009.06
欧盟质量法令（FQD）	欧盟委员会能源委员会	2010
英国可再生交通燃料规范（RTFO）	英国交通部	2008
可再生能源路线图	英国能源与气候变化部	2011
碳行动计划草案	英国能源与气候变化部	2011
德国生物燃料可持续认证（BSC）	德国农业与营养部	2009
能源概念 2010	德国	2010
可再生能源法（EEG-2014）	德国	2014 年修订
绿色电力证书体系	瑞典	2003
能源政策协议	丹麦	2008
日本生物发展战略（BNS）	多部委联合实施	2008 年修订

（三）国外先进经验对我国的启示

1. 各级政府要提高认识，加快制定农村垃圾治理法规

多年来，我国的环境保护体系一直是以城市为中心展开的，农村环境保护相当薄弱，甚至在农村垃圾治理领域出现了空白。由于我国农村地区性差异性大，建议各级地方政府充分认识到农村垃圾治理的紧迫性与重要性，积极借鉴发达国家的经验，因地制宜地制定一系列有关农村环境保护的法律法规，同时针对农村垃圾治理的特殊性积极出台专门立法，并尽快颁布实施，为我国各地农村垃圾治理提供切实可行的规范指导，从而实现农村垃圾治理的法制化管理。

2. 建立系统与有效的管理模式，为乡村废物处理提供切实保障

应成立专门负责废物处理的公司，形成废物收集、回收、处理、加工及销售系统产业，依靠高度的商业化模式来运行。政府只负责管理，可以集中精力进行管理，而企业负责垃圾处理的具体运作，工作效率可以大大提高，处理效果也会变好。

3. 建立公众参与垃圾治理的机制，营造齐抓共管的良好氛围

发动群众参与垃圾治理的关键在于建章立制，营造齐抓共管的良好氛围。一是各

村要建立宣传引导机制，加大宣传力度，向村民广泛宣传垃圾治理的必要性，使村民改变陋习，做生态文明的模范村民。充分利用广播、电视、短信、报纸等村民能接触到的媒体，宣传农村垃圾治理工作。二是要充分发挥地方各级政府和基层居民委员会、村委会在社区、村庄环境卫生管理和建设中的自主作用，引导公众参与对环境卫生管理的积极性，支持各类环境卫生志愿者组织的活动，通过公众参与政策制定、价格听证、规划公示、污染监督、权益维护等形式，实现环境卫生管理民主化、决策科学化。三是积极组建环保志愿者或协会，利用各种帮扶活动引导村民进行垃圾分类，把可回收垃圾与不可回收垃圾分开处理。同时，协调组织指导村民搞好生态创建等活动，让他们养成环保卫生意识。

4. 多方引资加强投入，共同完善农村垃圾处理设施

农村垃圾治理工作中的基础设施建设、清扫保洁工具设施的维护，以及清扫保洁人员工资、托运人员工资，都需要一定的资金支持，任何一个环节出现问题都会影响工作的实施。通过政府投资、社会集资和农民投资投劳的方法，集中财力、物力解决农民关心的垃圾治理问题。村镇要加大农村垃圾处理的投入力度，确保农村垃圾处理支出有预算，落实资金。加快建设垃圾中转站、中转点等基础设施，加紧配置满足运转要求的垃圾运输车辆和分类垃圾桶。要在全域内统筹考虑，积极创造社会资本参与农村垃圾治理的优惠政策和良好环境，引导多方投入，共同建设乡村环卫基础设施。

5. 完善垃圾处理方法，为乡村废物处理提供高效率和效果

根据乡村废物产生的特点，因地制宜地推广多元化分类及资源化利用技术。开发农业剩余物多联产系统、林业剩余物资源化与能源化利用系统、畜禽粪便能源化工系统，提升乡村废物分类资源化利用率。

六、乡村废物分类资源化利用的需求与趋势

（一）我国乡村废物的需求及产生量预测

1. 农村生活垃圾

农村未来生活垃圾产生量主要受农村人口数量变化及人均产生量两个因素影响。根据相关预测，随着我国城市化发展，城市化率到2020年、2025年和2030年分别将提高到60%、65%和70%，届时农村人口会下降至5.68亿人、5.02亿人和4.35亿人左右。虽然农村人口呈减少趋势，但随着农村生活水平的提高，人均排放量可能会提高。与现在中等经济条件的人均排放量（0.4kg/d）相比，到2020年、2025年和2030年，预计农村人均排放量将可能达到0.45kg/d、0.5kg/d和0.58kg/d左右，生活垃圾的产生量分别达到0.933亿t、0.917亿t和0.921亿t左右，资源量均约为0.13亿t标准煤（专题图2-9）。

2. 农业废物

相关研究表明，我国粮食产量的预测研究较多，且预测较为准确。而蔬菜、油料产

品及糖料产品产量的预测报道则很少，因此很难从总体上预测整个农作物产品的产量。但可以观察到过去粮食产量与谷草比，甚至与农作物废物之间呈线性关系（专题图2-10）。根据这种关系，可以推算我国在2020年、2025年和2030年所产生的农作物废物量分别将达到10.38亿t、10.47亿t和10.55亿t左右。按农作物综合折标系数0.52计算，2020年、2025年和2030年资源量分别将达到5.40亿t标准煤、5.44亿t标准煤和5.49亿t标准煤（专题图2-11）。

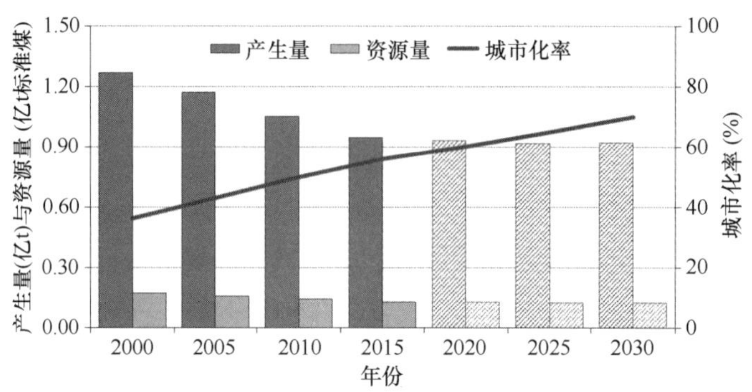

专题图2-9　2000～2030年我国农村生活固体废物产生量与资源量

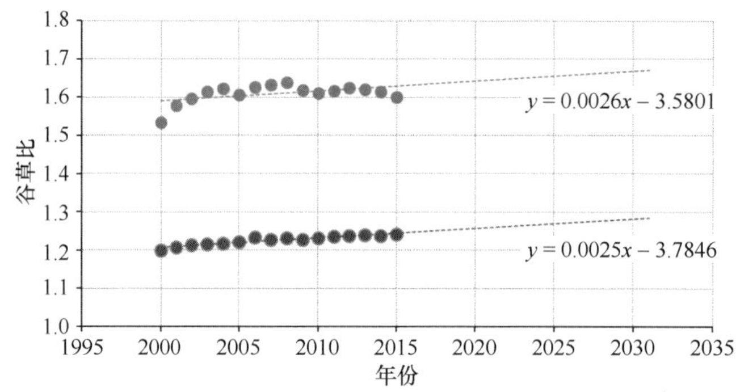

专题图2-10　1995～2035年我国粮食与农作物废物谷草比

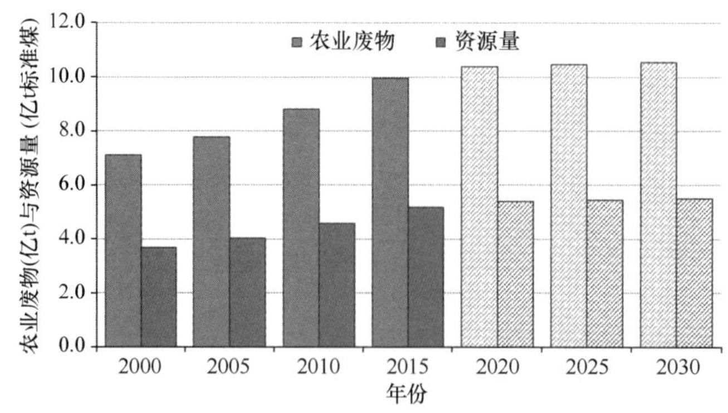

专题图2-11　2000～2030年我国农业废物产生量与资源量的统计和预测结果

3. 林业废物

由于国内将在未来进一步强化对生态资源的保护，严格林木的采伐限额，林业废物的产生量可能一直与现在水平相当，每年产生的采伐、加工剩余物及薪材等林业废物在1.4 亿 t 左右，资源量保持在 8000 万 t 标准煤左右。

4. 畜禽粪便

至 2030 年，畜禽粪便产生量的估算是按照历年肉类、蛋类和奶类等产品的实际产量与同年产生的粪便量之比，再根据中国工程院《中国养殖业可持续发展战略研究》咨询报告（中国养殖业可持续发展战略研究项目组，2013）中对 2020 年和 2030 年的肉类、蛋类和奶类产品的预测产量推算得到。2020 年和 2030 年粪便产生量将分别达到 41.76 亿 t 和 43.38 亿 t，按照历年各类畜禽粪便的综合折标系数约为 0.1 估算，资源量将分别达到 4.18 亿 t 标准煤和 4.34 亿 t 标准煤（专题表 2-10）。

专题表 2-10　畜禽产品产量及粪便产生量的预测

年份	肉产品			蛋产品			奶产品			畜禽粪便量（亿 t）
	产量（万 t）	肉便比	粪便量（万 t）	产量（万 t）	蛋便比	粪便量（万 t）	产量（万 t）	奶便比	粪便量（万 t）	
2015	8 625	1∶45	390 449	2 894	1∶2.95	8 862	3 725	1∶2.88	10 796	41.01
2020	9 110	1∶43	391 730	3 047	1∶2.95	8 989	5 870	1∶2.88	16 906	41.18
2030	10 060	1∶40	402 400	3 324	1∶2.95	9 806	7 513	1∶2.88	21 637	43.34

（二）乡村废物分类资源化利用的经济可行性

乡村废物分类资源化利用是一种可以收集、储存、运输的最接近常规化石燃料的可再生能源，不仅是绿色的洁净能源，也是可再生能源中唯一可以培育和能够转化为液体燃料的碳资源。未来 10～20 年，农林生物质燃料有望替代世界一半以上的汽柴油，世界和我国能源格局将发生重大变化。生物质能源工程科技的发展对于促进能源结构优化、保障能源安全、稳定能源价格、维护能源市场正常秩序、节能增效、推动建立可持续发展型能源生产方式和消费模式、有效扩大内需、增加社会就业、优化区域环境、提高农村地区人民生活水平都有着重要的作用。根据我国乡村废物产生量及资源量分析，主要对农村生活垃圾、农作物秸秆、林业废物及畜禽粪便等四类废物的资源化利用进行可行性和经济性分析。

1. 农村生活垃圾综合利用

目前，我国农村生活垃圾产生量 1 亿 t 左右，其中有机物占 30%，资源量达到 1300 万 t 标准煤左右。针对农村垃圾分散且收集困难等问题，采用移动式前处理技术；采用垃圾填埋气体发电，利用填埋气采用工业锅炉转化为热能，提纯天然气模式是将填埋气提纯，压缩成压缩天然气（compressed natural gas，CNG），提供清洁能源；采用有机废弃物厌氧发酵沼气利用及有机废弃物堆肥技术和垃圾焚烧发电利用技术等，实现无害化（无杂草、寄生虫等）、减量化、资源利用的目的；实施“垃圾收集分选+焚烧发电+渗滤液污水处理”模式实现垃圾焚烧发电利用。在整治农村生活环境的同时获得客观的经济效益。

2. 农作物秸秆和林业废物综合利用

目前，我国农作物秸秆和林业废物年产生量达到 10 亿 t 和 1.38 亿 t，折合标准煤约达到 4.8 亿 t 和 8000 万 t。预测在 2020 年和 2030 年农作物秸秆分别产生 10.38 亿 t 和 10.55 亿 t，资源量约为 5.4 亿 t 标准煤。未来林业废物保持在 1.4 亿 t 左右，资源量保持在 8000 万 t 标准煤左右。未来在生物质发电（热电联产）利用技术、生物质成型燃料替代燃煤技术、生物质热裂解炭气油联产技术、秸秆沼气利用技术及纤维素燃料乙醇利用技术等五个方向具有广泛推广可行性。

案例一　河南汝州大规模生物质成型燃料技术集成与产业化示范工程

以当地农作物秸秆和林业废弃物为主要原料，在汝州市 6 个乡镇建成年产 3 万 t 成型燃料的生产线 1 条，年产 1 万 t 成型燃料的生产线 7 条，形成年产 10 万 t 成型燃料的生产能力，是目前河南单场规模最大的生物成型燃料生产基地，可解决 20 万亩农田的秸秆问题，经济效益、社会效益、环境效益显著。

案例二　湖北鄂州万吨级生物质热解联产联供示范工程

以棉秆为原料（年处理量约 5 万 t），通过热解技术，连续生产生物燃气、生物质炭和生物油，实现供气、供电、供热，为新农村集中居住区提供高品位清洁能源。系统包括生物质热解联产联供新技术设备生产线 2 条，集中供气储气柜 2 座，生物燃气发电车间 1 座，总装机 3MW。项目年产生物燃气 1100 万 m^3（其中 330 万 m^3 供周边 6000 户居民的生活用气，其余燃气用于发电），木炭 13 000t，生物油 10 000t，同时可发电约 950 万 kW·h，其中可向电网供电 400 万 kW·h。

3. 畜禽粪便能源化工综合利用

目前，我国畜禽粪便产生量达到 41 亿 t，按照不同畜种粪便产热值计算干物质标准量，年约达到 4.2 亿 t 标准煤。预测在 2020 年和 2030 年粪便产生量分别达到 41.8 亿 t 和 43.4 亿 t，资源量分别达到 4.2 亿 t 标准煤和 4.3 亿 t 标准煤。未来可实现畜禽粪便能源化利用主要以沼气、有机肥为纽带的生态农业模式，包括农户小循环技术利用、村镇级中循环技术利用及产业化循环技术利用。实现面向居住分散，户用炊事供气工程；实现集中式生产和分布式供气；面向区域城乡一体化的大型生物燃气工程，燃气可直接作为民用燃气，可上网发电，也可提纯并网天然气或用作车用燃料，能够保证大规模工业化生产和普遍化推广。

案例三　山东民和牧业养殖场沼气发电工程

主要包括 8 座 3200m^3 的厌氧发酵罐和装机容量 1064kW 的发电机组 3 台（套），配套工程包括 4000m^3 的格栅集水池、2 座 2000m^3 的匀浆调节池、2000m^3 的沼液贮存罐、50 000m^3 的沼液贮存池、2150m^3 的贮气柜。项目年处理鸡粪便约 18 万 t；年产生沼气 1095 万 m^3，工程发电机组装机容量为 3MW，年可发电 2190 万 kW·h；固态有机肥年产量为 13 262t，液态有机肥年产量为 23.7 万 t。

4. 乡村废物分类资源化利用效益分析

乡村废物分类资源化利用根据其资源潜力，通过发展多种能源化及资源化利用技术，可获得固体成型燃料、液体燃料、气体燃料、电力及热能等产品，用于生活用能耗、运输等。不仅提供了能源产品，还可以拉动投资、增加税收，同时废弃物的收、储、运等工作可以拉动就业、增加农民收入、节省国土空间等，具有显著的经济效益、环境效益和社会效益，产生的综合效益对我国社会经济可持续发展有着重要的战略意义。根据预测结果，我国到 2020 年和 2030 年的资源潜力，即理论上分别替代能源约为 10.5 亿 t 标准煤和 10.7 亿 t 标准煤。按照农业可持续发展规划（农业部等，2015），到 2020 年和 2030 年的发展目标分别要建成覆盖主要乡镇的分散式、小型化农村生活垃圾收集处理系统，生活垃圾回收利用率分别达到 30%和 60%；农林废弃物资源综合利用率分别达到 85%和 95%，并实现农业示范区和粮食主产区农业废弃物零排放；畜禽粪便资源化利用率分别达到 75%和 90%，并实现规模化养殖场畜禽粪便基本资源化利用。如顺利完成规划目标，到 2020 年和 2030 年，乡村废物分类资源化利用总量分别可达 8.43 亿 t 标准煤和 9.93 亿 t 标准煤。

乡村废物分类资源化利用产业发展拉动投资效果较为明显，2020 年和 2030 年，平均每吨标准煤可拉动投资 4000 元左右（秦世平和胡润青，2015）；减少环境污染物排放方面，平均每吨标准煤减排二氧化碳和二氧化硫约为 2.67t 及 0.02t（郝先荣和沈丰菊，2006）；另外在增加就业和农民增收方面有较大优势，2020 年和 2030 年平均每万吨标准煤可带动就业人数分别为 175 人和 115 人，其中农民本地化就业比例占总就业人数的 65%左右，平均每吨标准煤可为农民增加收入 450 元左右。专题表 2-11 显示我国在 2020 年和 2030 年乡村废物分类资源化利用综合效益。

专题表 2-11　我国乡村废物分类资源化利用综合效益

类别	资源量	2020 年	2030 年
农村生活垃圾	理论资源量（亿 t 标准煤）	0.13	0.13
	资源化利用目标	30%	60%
农林废物	理论资源量（亿 t 标准煤）	6.18	6.26
	资源化利用目标	85%	95%
畜禽粪便	理论资源量（亿 t 标准煤）	4.18	4.34
	资源化利用目标	75%	90%
合计	资源化利用总量（亿 t 标准煤）	8.43	9.93
经济效益	拉动投资（亿元）	33 720	39 720
环境效益	减排 CO_2（亿 t）	22.51	26.51
	减排 SO_2（亿 t）	0.17	0.20
社会效益	就业人口（万人）	1 475	1 142
	农民增收总计（亿元）	3 794	4 469

（三）国外乡村废物分类资源化利用的技术现状及趋势

1. 国外乡村废物分类能源化利用的技术现状

乡村废物分类资源化利用技术是世界各国普遍需要解决的重大课题。特别是随着自然资源日趋短缺和废弃物数量剧增，农业废弃物资源化利用越来越受到人们的重视。国外农业废弃物用作发电燃料，生产液体燃料、气体燃料及固体燃料等方面已实现了示范和产业化应用。

目前，生物质发电技术是目前国际上总体技术最成熟、发展规模最大的现代生物质能利用技术，2013 年全球生物质发电装机约为 5860 万 kW，生物质发电技术在欧美发展最为完善，其中欧洲发电装机达到 2540 万 kW；我国的发电装机达到 850 万 kW。生物质液体燃料方面，生物柴油和燃料乙醇技术已经实现了规模化发展，2013 年，世界生物柴油生产量约 2500 万 t，燃料乙醇产量 6500 万 t。欧洲是世界上最大的生物柴油生产和消费地区，生产能力约 2000 万 t；巴西的乙醇产量替代了全国 50%以上的汽油。欧洲是沼气技术最成熟的地区，德国是目前世界上农村沼气工程数最多的国家；瑞典是沼气提纯用于车用燃气最好的国家；丹麦是集中型沼气工程发展最有特色的国家，集中型联合发酵沼气工程已经非常成熟，并用于集中处理畜禽粪便、农作物秸秆和工业废弃物，大部分采用热电肥联产模式。欧美的成型燃料技术属于领跑水平，其相关标准体系较为完善，形成了从原料收集、储藏、预处理到成型燃料生产、配送和应用的整个产业链；德国、瑞典、芬兰、丹麦、加拿大、美国等的成型燃料生产量 2000 万 t 左右。总体上，欧美在生物质发电、液体燃料、气体燃料、成型燃料等技术方面均属于领跑水平，多数生物质能技术实现了示范及产业化应用。

2. 国外乡村废物分类能源化利用技术的发展趋势

世界各国非常重视应用先进工程技术，提升农业废弃物的肥料化、饲料化、能源化、基质化及工业原料化水平，使技术向机械化、无害化、资源化、高效化、综合化发展，产品向廉价化、商品化、高质化、多样化和多功能化靠拢，以达到物尽其用、变废为宝、消除污染、改善农村生态环境、促进农业可持续发展、高效利用废弃物的目标。具体技术方向有开发集储装备技术，以适用于以农作物秸秆为原料的规模化饲养、工业化发电及液化、气化等新兴技术发展的需要；微生物强化堆肥技术基本上达到了规模化和产业化水平，但堆肥设施的运行成本仍然偏高；开发高效干法厌氧发酵技术，提高产气率的同时降低成本；利用第二代生物燃料，如麦秆、草和木材等农林废弃物为主要原料的纤维素转化技术生产乙醇燃料技术；进一步开发生物质燃料发电、供热等能源化利用。

行动计划包括，美国计划到 2025 年生物燃料替代中东进口原油的 75%，到 2030 年生物燃料替代车用燃料的 30%；德国预计到 2020 年沼气发电总装机容量达到 950 万 kW；日本计划在 2020 年前车用燃料中乙醇掺混比例达到 50%以上；另外印度、巴西、欧盟分别制定了“阳光计划”“酒精能源计划”和“生物燃料战略”，加大生物质燃料的应用规模。到 2020 年，欧盟生物质能需求量比 2010 年至少增加 44%，世界生物质燃料市场规模有望增长到 2010 年的 3 倍以上，实现 950 亿美元销售额，生物质能容量增至

13 152 万 kW 左右；预计到 2035 年，生物质燃料将替代世界一半以上的汽柴油，经济环境效益显著。

（四）我国乡村废物分类资源化利用技术面临的挑战和趋势

1. 我国乡村废物分类资源化利用技术面临的挑战

随着我国经济社会的发展，我国未来将面临更加严峻的能源消耗和环境保护压力，需要通过改变能源的生产方式及调整能源消费结构来应对和解决。同时，农作物废物和畜禽粪便等产生量将与日俱增，这些生物质资源也需要更加合理的利用和转化。生物质能源工程科技的发展对于优化能源结构、促进生态环境改善具有重大意义。随着生物质能源在我国能源生产和消费结构中所占比例逐步上升，将发挥 3 种作用：一是生物质资源的能源化利用节省了化石能源，减少了化石能源利用过程中的污染排放；二是生物质资源利用本身具有清洁环保性，对环境影响小，加上若生物质能源利用技术取得突破性的进步，其全生命周期温室气体排放和污染物排放将更低，相比化石能源将发挥更加明显的环境保护作用；三是生物质资源的能源化利用实现了变废为宝，避免了生物质资源随意焚烧和乱弃带来的环境污染。

在市场经济和产业化经营的今天，以高值化产品开发为目标，对农业废弃物资源综合利用是其发展趋势之一。利用农业废弃物开发新型的生物材料、生化产品及替代石化产品和紧缺资源替代物的研究日益受到重视，极大地拓展了农业废弃物的资源化领域。当前乡村废物分类资源化利用技术应在以下几个方面寻求突破：一是研究手段趋于多元性，提升或研发新的农业废弃物生态技术；二是研发方式趋于技术升级与系统集成，利用高新技术对传统技术与产品进行升级改造及技术系统集成；三是研发技术趋于机械化、规模化、专业化。随着现代信息技术、生物技术、计算机技术、先进制造技术、高分子材料等领域取得的重大科学突破，正深刻影响着我国现代农业高效利用废弃物资源技术的发展进程，为其科技含量大幅提升带来了新的机遇与契机。现代农业高效利用乡村废物资源技术研究正从“精量、高效、低耗、环保”等理念入手，开展前沿与重大关键技术研究，利于高新技术对传统技术与产品进行改造升级，强化各类农业废物分类资源化利用技术与方法间的有机紧密结合。

2. 我国乡村废物分类资源化利用技术的发展趋势

畜牧业在未来朝植物农业向动物农业发展、标准化规模养殖、生态绿色有机畜产品市场需求不断增长、一体化产业化、低碳畜牧业发展将成为不可逆转的五大发展趋势。针对我国畜牧业温室气体排放量、畜禽粪便、饲料污染和药物残留等对环境影响问题，必须通过无害化、减量化、资源化和生态化的途径进行解决。优先发展农牧结合的循环经济模式，积极发展沼气工程和有机肥利用技术，严格控制排放。加强畜禽环境工程技术开发，减少环境污染和温室气体排放；推进草原畜牧业关键技术研究应用；加大生物技术研究力度，提高科技支撑能力。

（1）能源化利用

能源化利用主要有发酵及热解两个方向。厌氧发酵制沼气技术是农业废弃物经多种微生物厌氧降解成高品位的沼气燃料及副产品沼液和沼渣的过程。沼气除了可供日常生活外，还可以进行大棚温室种菜、发电、孵化雏鸡、车用燃气供应等。农业废弃物通过热解技术可转化为清洁气体燃料与热解油等产品。富氢燃料气体部分可进入锅炉燃烧，进行城镇集中供热供气、供燃料电池等。热解液体经过加工制备生物柴油、生物汽油等有机化工产品。

（2）饲料化利用

农业废弃物中含有大量的蛋白质和纤维类物质，经过适当技术处理便可作为畜禽饲料，如植物纤维性废弃物的饲料化和动物废弃物的饲料化。

（3）材料化利用

蛋白质、纤维素是材料化利用的有效成分，是农业废弃物材料化利用的重要方向，有着广阔的应用前景。利用农业废弃物中的高纤维性植物废弃物生产纸板、人造纤维板、轻质建材板等材料；利用甘蔗渣、玉米渣等制取膳食纤维产品，通过固化、炭化技术制成活性炭材料；秸秆、稻壳经炭化后生产钢铁冶金行业金属液面的新型保温材料；利用稻壳作为生产白炭黑、碳化硅陶瓷、氮化硅陶瓷的原料；利用棉秆皮、棉铃壳等含有酚式羟基化学成分制成吸收重金属的聚合阳离子交换树脂等。

（4）基质化利用

基质化利用是指农业废弃物经过适当处理后用作农业栽培的原料。农业废弃物可用作不同基质制作原料。玉米、稻草、油菜、小麦等农作物秸秆，稻壳、花生壳、麦壳等农产品的副产物，木材的锯末、树皮，甘蔗渣、蘑菇渣、酒糟等二次利用的废弃有机物，鸡粪、牛粪、猪粪等养殖废弃物都可以作为基质原料。

七、乡村废物分类资源化利用的技术方向

根据乡村废物体积小、能量密度低、收集运输难、转化利用附加值小等特性，可以针对性地开发相关高效、清洁资源化利用技术，如采用移动式前处理系统、农林废物能源化工系统、生活固体废物综合利用系统、特色农林废物分类资源化系统、畜禽粪便能源化工系统、多种废物协同处置与多联产系统及能源植物能源化利用技术等。相关乡村废物分类资源化利用领军企业和典型代表见附录一。

（一）农村垃圾移动式前处理系统

针对农村垃圾分散且收集困难等问题，将干式自动分选系统改进成车载移动式生活垃圾自动分选系统。通过破袋、一级对辊筛选和一级分选筛选可将可燃杂物、塑料类和纸片进行筛选分离，餐厨混杂物可利用磁选将残余金属去除，达到前处理效果。自动分选系统如专题图 2-12 所示。

（二）农林废物能源化利用系统

根据农林废物能源化利用不同技术方式，分为 5 种能源化利用技术模式。

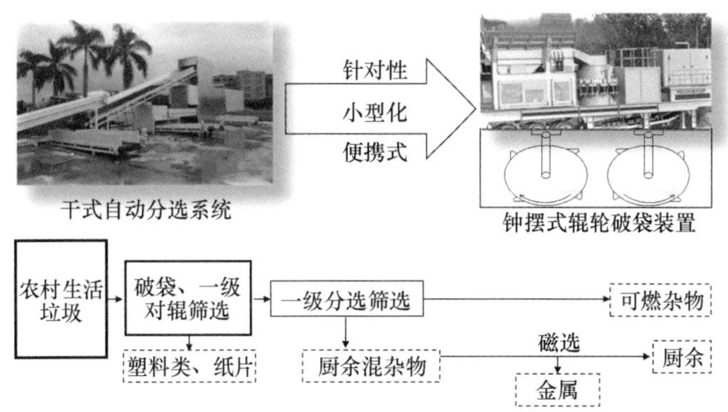

专题图 2-12　车载移动式生活垃圾自动分选系统

1. 生物质发电（热电联产）利用技术模式

农林废弃物经集中收集储存运输，采用直接燃烧或转化可燃气燃烧发电技术产生电力能源。生物质发电技术包括直燃发电、混燃发电、气化发电技术。

专栏一　农林生物质直燃发电工程

生物质能电厂装机容量为 30MW，通过 10kV 单能线并网于 20kV 单城变电站，2006 年正式并网发电。燃料以破碎后的棉秆为主，可掺烧部分树枝、桑条、果枝等林业废弃物，年可消耗农林废弃物 30 万 t。

项目引进丹麦 BWE 技术，消化吸收国外技术，自主设计研发 130kW 的秸秆燃烧锅炉，实现了生物质发电设备国产化。项目设备包括锅炉、汽轮机、发电机等，主厂房采用三列式布置，依次为汽机房、除氧间和锅炉房，汽轮发电机采用纵向布置。在原料供应方面，电厂所在县设有 8 个秸秆收购网点，这 8 个收购网点辐射面积广。

专题图 2-13　生物质发电工程

2. 生物质成型燃料替代燃煤技术模式

生物质成型燃料“原料收集—成型加工（颗粒、压块燃料）—用户使用（民用炉具、工业锅炉）”产业链。根据不同用户使用，可分为 3 种技术模式，即生物质成型燃料户用炊事取暖模式、生物质成型燃料村镇集中供热模式、生物质成型燃料工业燃煤替代利用模式（专题图 2-14）。

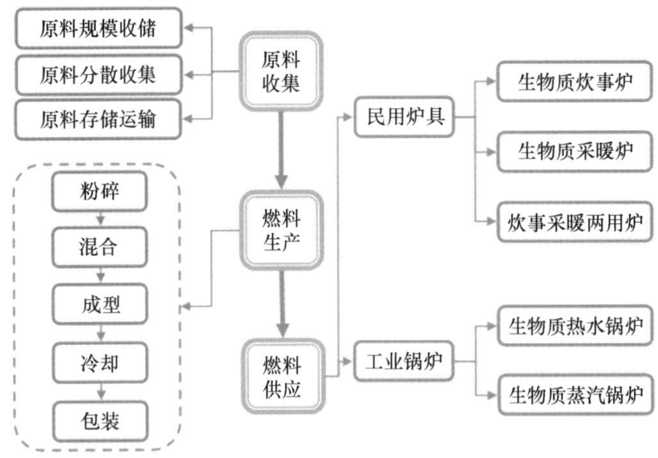

专题图 2-14　生物质成型燃料能源化利用技术模式

专栏二　秸秆成型燃料村镇集中供热示范工程

集成从秸秆原料供应，到烘干、粉碎、调质、输送等初级处理技术，从秸秆原料供应、初级处理及固体成型技术工艺模式到成型燃料高效应用全产业链条开展试点示范，实现周年连续稳定运行，达到规模化生产 2 万 t 生物质成型燃料规模。建成生物质供热系统工程，包括生物质锅炉、自动上料机、料仓等设备。可实现自动装料，供暖面积 13 000m^2，满足了种鸭孵化的采暖及厂内区域供热用能需求。

专题图 2-15　生物质成型燃料规模化生产及供热示范工程

3. 生物质热裂解炭气油联产技术模式

适于自然村生物质热解气炭联产技术模式，采用生物质干馏热解技术，主要产品为生物燃气、生物质炭等，工艺对生物燃气进行了多级分离和净化提纯，生物燃气热值较高，可作为燃气直接供气使用，生物质炭可用于土壤改良剂或制作炭基肥。适于村镇或园区使用的生物质热电炭气油联产技术模式。主要产品生物燃气用于工业用气（蒸汽、供热等）和发电，生物质炭加工为商品炭基肥，液体产物木焦油和木醋液加工多种化工产品。专题图 2-16 显示生物质热裂解炭气油联产技术模式。

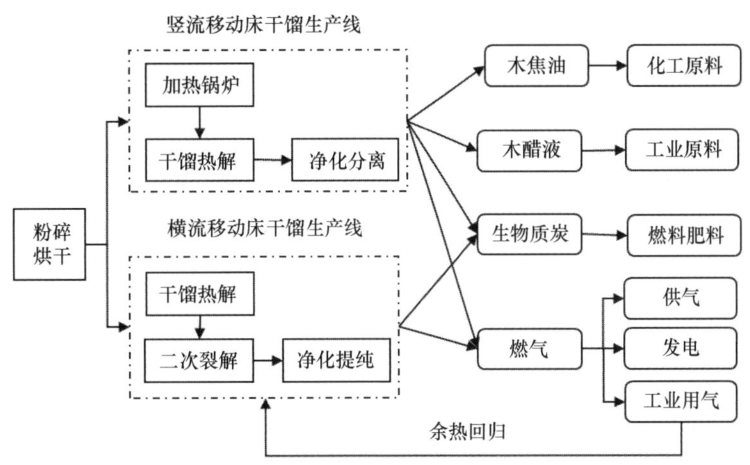

专题图 2-16　生物质热裂解炭气油联产技术模式

专栏三　生物质热解炭电联产工程

实现年处理农作物秸秆及林业剩余物 4 万 t，项目燃料以水稻、油菜、小麦等的秸秆为主，其他农作物秸秆及林业剩余物为辅，采用横流移动床生物质干馏技术，建设 4 条生物质热裂解多联产生产线。项目一期系统运行安全平稳，年发电能力达到 1.79 万 kW·h。2014 年年底，项目二期建成达产后，年处理农作物秸秆及林业剩余物 18.76 万 t，年发电量可达 8400 万 kW·h，生物质炭年产量 4.7 万 t。

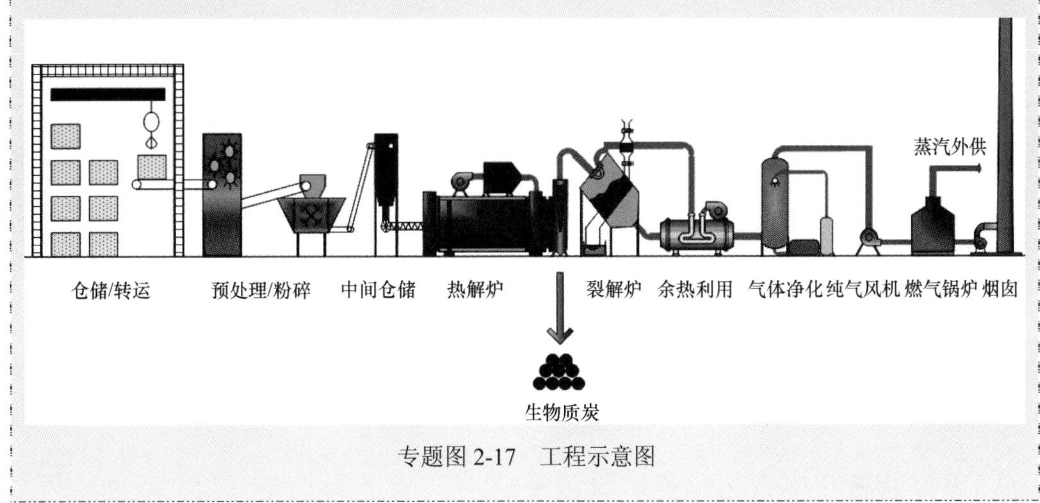

专题图 2-17　工程示意图

4. 秸秆沼气利用技术模式

秸秆沼气利用目前主要采用村镇集中供气模式，秸秆沼气采用完全混合式厌氧反应器、竖向推流式厌氧反应器、序批式固态厌氧反应器等技术，沼气主要用于村镇居住区的集中供气，作为农户做饭、供暖等生活用能。

5. 纤维素燃料乙醇利用技术模式

纤维素乙醇技术主要采用秸秆等纤维素含量较高的原料，工艺技术包括高效预处理、纤维素酶解发酵生产乙醇、提纯等过程。目前纤维素乙醇生产仍存在工艺复杂、原料利用率低、生产成本高等问题，纤维素乙醇利用技术仍有待技术突破，其利用技术模式仍待进一步深入研究。

（三）农村生活固体废物综合利用系统

1. 垃圾填埋气体发电、热能利用、提纯天然气利用技术模式

垃圾填埋气体发电、热能利用、提纯天然气利用技术模式也指“垃圾收集分选+填埋产气+发电、热能利用、提纯天然气”模式。填埋气发电利用模式是将固体废弃物填埋场产生的填埋气通过收集系统集中，再通过预处理装置净化（除尘、除水等）、稳压后送入燃气发电机组，发电后通过配电系统、控制系统，将发出的电能输送到电网。热能利用是将填埋气直接采用工业锅炉转化为热能。提纯天然气模式是将填埋气提纯，压缩成压缩天然气（CNG），提供清洁能源。

2. 有机废弃物堆肥技术模式

有机废弃物堆肥技术模式也指“有机废弃物收集+堆肥发酵+还田肥料”模式，将树枝、落叶、草末等有机废弃物经过一定的处理和混合配比，在适合的条件下经过有氧发酵，形成有机肥料和土壤改良剂的过程，达到无害化（无杂草、无寄生虫等）、减量化、资源化利用的目的。

3. 垃圾焚烧发电利用技术模式

利用焚烧技术处理城市垃圾并利用余热发电供热模式，一般为“垃圾收集分选+焚烧发电+渗滤液污水处理”技术模式。焚烧发电可采用直燃模式也可采用与煤或生物质混燃模式。

（四）多种乡村废物协同处置与多联产系统

该系统主要是利用农林废物、畜禽粪便和果蔬边角料等作为原料，通过厌氧发酵产生沼渣、沼液及沼气等中间体，再利用这些制作有机肥、叶面肥及甲烷、二氧化碳等产品应用于果蔬和农作物的种植及制作化工原料。工艺流程参照专题图 2-18。

（五）特色农林废物分类资源化系统

1. 农林废弃物板材加工利用技术模式

以农林废弃物为原料，以不含甲醛的异氰酸酯为胶黏剂，通过切草、粉碎、干燥、

拌胶、铺装、预压、热压和后处理等工序，制成无甲醛释放的稻麦秸秆板，产品质量达到国家标准的要求，可用于家具制造和室内装修等。

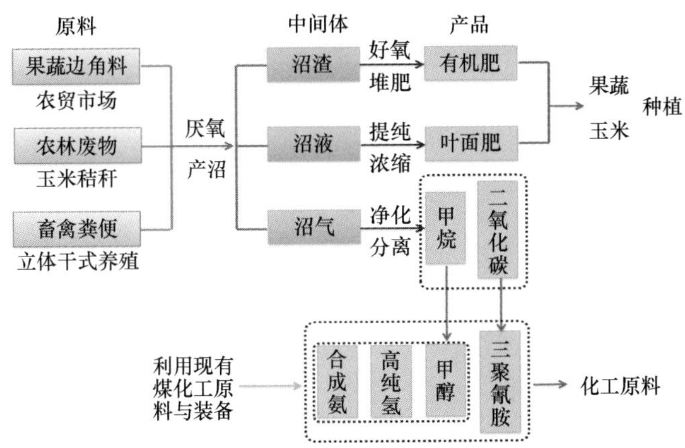

专题图 2-18　多种农村废物协同处置与多联产系统

2. 农林废弃物饲料利用技术模式

秸秆在产地通过联合收获或分段收获后，再运送到饲料厂或养殖场，然后根据秸秆营养价值与水分含量的不同，选择适宜的秸秆饲料化转化技术对秸秆进行饲料化处理，包括青贮、氨化、黄贮等（专题图 2-19）。

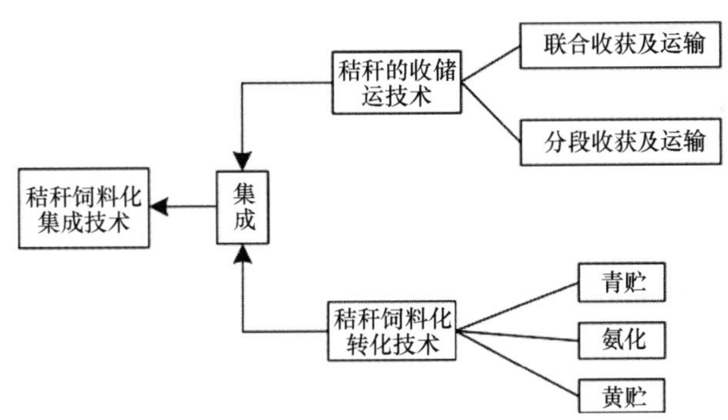

专题图 2-19　秸秆饲料化集成技术模式

3. 农林废弃物基料利用技术模式

实现农林废弃物基料化利用，可采用“农林废弃物+食用菌+有机肥”模式或“农林废弃物→食用菌→饲料→粪便→还田”模式，形成能量多级利用、物质链式循环生态农业模式。利用机械粉碎成小段并碾碎，以此为基料栽培食用菌，工艺流程包括原料准备、辅料添加、拌料、装袋、灭菌、接种、发菌、出菇管理等。

（六）畜禽粪便能源化工系统

畜禽粪便能源化利用主要以沼气、有机肥为纽带的生态农业模式，可分为 3 种：农户小循环技术利用模式、村镇级中循环技术利用模式和产业化循环技术利用模式。

1. 农户小循环技术利用模式

农户小循环技术利用模式，即“菜（果、粮）+畜禽粪便和人粪尿+沼气（炊事）+菜（果、粮）”模式，面向居住分散、户用炊事供气工程，形成“四位一体”循环利用技术模式。

2. 村镇级中循环技术利用模式

村镇级中循环技术利用模式，即“种植业+养殖业+集中供气+有机肥+种植业”模式，建立面向新型村镇化建设的村镇集中供气工程。结合新农村和新型城镇化建设，以粪便、秸秆、垃圾等为原料生产沼气，开展村镇集中供气工程建设，实现集中式生产和分布式供气。既可解决城镇生活用气问题，又可利用一个设施同时解决村镇多种废物的处理问题，为“美丽乡村”建设服务。

3. 产业化循环技术利用模式

产业化循环技术利用模式，即“多元有机废弃物处理（畜禽粪污、污泥、秸秆、果蔬和餐厨垃圾、食品加工残渣、有机废水、能源植物等）+燃气生产与利用+生态利用（有机肥料）”模式，面向区域城乡一体化的大型生物燃气工程，燃气可直接作为民用燃气，可上网发电，也可提纯并网天然气或用作车用燃料，能够保证大规模工业化生产和普遍化推广。

专栏四　养殖场沼气发电工程

山东民和牧业股份有限公司建设了“鸡—肥—沼—电—生物质”的循环经济产业链。采用高浓度鸡粪沼气发酵工艺，建设大型沼气发酵工程，产生的沼气用于发电上网，沼气发电机组余热可供沼气发酵工程自身的增温和鸡场的供温。

沼气发电工程的主要单元为 8 座 3200m^3 的厌氧发酵罐和 3 台（套）装机容量 1064kW 的发电机组，配套工程包括 4000m^3 的格栅集水池、2 座 2000m^3 的匀浆调节池、2000m^3 的沼液贮存罐、50 000m^3 的沼液贮存池、2150m^3 的贮气柜。项目年处理鸡粪便约 18 万 t；年产生沼气 1095 万 m^3，项目发电机组装机容量为 3MW，年可发电 2190 万 kW·h；固态有机肥年产量为 13 262t，液态有机肥年产量为 23.7 万 t。

专题图 2-20　工程示意图

八、战略目标及重点任务建议

（一）乡村废物分类资源化发展战略目标

总体目标：改进农业生产生活模式，推广生态农业建设，促进以能源、有机质回收为主的农业生产废弃物、生活垃圾等就近资源化利用和协同资源化，开发农业剩余物多联产系统、林业剩余物资源化与能源化利用系统、畜禽粪便能源化工系统，提升乡村废物分类资源化利用率。

到 2020 年，明确乡村废物分类资源化利用的战略定位，结合新农村建设、美丽宜居乡村建设、农村扶贫工作，协同考虑农村环境、能源、资源，初步实现现代工业化手段和运营管理模式。到 2020 年，全面消除农村垃圾乱扔乱放、农林生物质废物露天焚烧、畜禽养殖废水随意排放现象，农业主产区基本实现区域内农业资源循环利用。开展农村生活垃圾分类收集体系建设工程，到 2020 年基本建成覆盖主要乡镇的分散式、小型化农村生活垃圾收集处理系统；推广生态农业生产模式，促进秸秆、养殖废物等生物质就地资源化，秸秆综合利用率达到 85%，养殖废弃物综合利用率达到 75%以上。

到 2025 年，以推广生态农业生产模式为重点，改善农村生产生活环境，建立基本覆盖行政村的农村生活垃圾分散式、小型化收集处置体系；秸秆、畜禽养殖废物、农林废物等生物质资源基本得到就地资源化或能源化，农村生活垃圾基本得到无害化治理，国家现代农业示范区和粮食主产县基本实现区域内农业资源循环利用，秸秆综合利用率达到 90%，养殖废弃物综合利用率达到 80%以上。

到 2030 年，以实现美丽乡村并确立农业可持续发展新格局为目标，形成生物质资源充分利用的生态循环农业，乡村废物基本实现就近资源化，实现乡村废物趋零排放。农村废物资源利用高效、产地环境良好，全国基本实现农业废弃物趋零排放，秸秆综合利用率达到 95%以上，养殖废弃物综合利用率达到 90%以上。

（二）乡村废物分类资源化发展重要任务和重大工程

1. 重要任务

（1）建立健全农村废物分类资源化管理相关法律规定

根据农村地区差异性大，积极出台相关针对各类废物治理的专门立法，并尽快颁布实施，为规范治理农村垃圾提供切实可行的规范指导，实现农村垃圾治理的法制化管理。

（2）治理环境污染，保障农村生态环境

全国农村规模化畜禽养殖场（小区）配套建设废弃物处理设施比例达到 75%以上，秸秆综合利用率达到 85%以上，全面消除农林生物质废物露天焚烧、畜禽养殖废水随意排放现象。

（3）积极推广多元化分类资源化技术

因地制宜地实施农林废物能源化工系统、生活固体废物综合利用系统、畜禽粪便能源化工系统和多种废物协同处置与多联产系统等多元处置方法，实现提升乡村废物分类资源化利用率。实施农村生物质废物能源化示范工程，在典型地区针对典型废物开发能源化利用技术及装备，建设一批示范乡村加以推广。

（4）引导多方投入，共同建设乡村环卫基础设施

加大农村垃圾处理的投入力度，确保农村垃圾处理支出有预算，落实资金。加快建设垃圾中转站、中转点等基础设施，加紧配置满足运转要求的垃圾运输车辆和分类垃圾桶。

（5）建立公众参与垃圾治理的机制，提高农民环保意识

建立宣传引导机制，公众参与政策制定、价格听证、规划公示、污染监督、权益维护等形式，实现环境卫生管理民主化、决策科学化，营造齐抓共管的良好氛围，让农民形成良好的环境保护意识。

2. 重大工程

（1）畜禽粪便无害化、能源化和资源化利用项目

推动规模化养殖业循环发展，切实加强饲料管理，支持规模化养殖场、养殖小区建设粪便收集、贮运、处理、利用设施。积极探索建立分散养殖粪便储存、回收和利用体系，在有条件的地区，鼓励分散储存、统一运输、集中处理；推广工厂化堆肥处理、商品化有机肥生产技术；利用畜禽粪便因地制宜地发展集中供气沼气工程，鼓励利用畜禽粪便、秸秆等多种原料发展规模化大型沼气发电工程、生物天然气工程，推进沼渣沼液深加工生产适合种植的有机肥；在污染严重的规模化生猪、奶牛、肉牛养殖场和养殖密集区，按照干湿分离、雨污分流、种养结合的思路，建设一批畜禽粪污原地收集储存转运、固体粪便集中堆肥或能源化利用、污水高效生物处理等设施和有机肥加工厂。在畜禽养殖优势省区，以县为单位建设一批规模化畜禽养殖场废物处理与资源化利用示范点、养殖密集区畜禽粪污处理和有机肥生产设施。到 2020 年和 2030 年养殖废弃物综合利用率分别达到 75%和 90%以上，规模化养殖场畜禽粪污基本资源化利用，实现生态消纳或达标排放。

（2）农业废物能源化利用项目

实施秸秆机械还田、青黄贮饲料化利用，实施秸秆气化集中供气、供电和秸秆固化成型燃料供热、材料化致密成型等项目。配置秸秆还田深翻、秸秆粉碎、捡拾、打包等机械，建立健全秸秆收储运体系，全面禁止秸秆露天焚烧，推进秸秆全量化利用。大力实施秸秆机械还田、青黄贮饲料化利用；推广秸秆气化集中供气、供电和秸秆固化成型燃料供热、材料化致密成型等产业化项目，建立完整的农业废弃物能源化利用产业链；加快生物质液体燃料制备技术的产业化示范推广，研制一批核心技术和成套设备，升级和建设一批体现技术特色、区域特色和产品特色的示范工程，建成一批万吨级生物质液体燃料示范生产线；推进生物质制备高附加值化学品、生物质基纳米材料等高技术应用研发及示范生产，大幅提高秸秆综合利用经济性。到 2020 年和 2030 年农业废物和农产品副产物综合利用率分别达到 85%和 95%以上，实现农业主产区农作物秸秆及农产品加工副产物得到全面高效综合利用。

（3）多种乡村废物协同处置与多联产项目

针对现有乡村废物种类多，附加值低，共性明显等特点，开展多种乡村废物协同处

置与多联产关键技术突破，构建物理转化、热转化、生物转化、化学转化、污染控制等技术群，以及单元技术集成、耦合和优化系统，推进特色农林废物高附加值提取与有机肥联产、果蔬垃圾与秸秆类废物多联产化工原料、畜禽粪便–能源作物循环一体化清洁利用、农村垃圾–畜禽粪便–生物质协同处置多联产系统等技术应用研发与示范生产，因地制宜地建立一批万吨级、千吨级体现技术特色、区域特色和产品特色的乡村废物协同处置与多联产系统工程，实现区域内单一工程对各类乡村废物的处置利用，大幅度提高乡村废物综合利用的经济性。到 2020 年和 2030 年乡村废物综合利用率分别达到 80%和 90%以上，在全面高效综合利用各类乡村废物的同时，解决农村环境污染问题。

（三）乡村废物分类资源化发展政策建议

1. 进行顶层设计和规划

结合生态文明建设、城乡一体化发展、城镇化发展、美丽宜居乡村建设、新农村建设、产业转型升级等重大需求，进行顶层设计和规划，制定发展战略和路线图，建立科学规范的补贴机制和定价标准。逐步建立符合“城乡矿山”发展的新型种养模式和农村生活方式。

2. 地方政府提高认识，加快制定农村垃圾治理法规

我国农村地区差异性大，建议各级地方政府充分认识到农村垃圾治理的紧迫性与重要性，积极借鉴发达国家的经验，因地制宜地制定一系列有关农村环境保护的法律法规，同时针对农村垃圾治理的特殊性积极出台专门立法，并尽快颁布实施，为我国各地农村垃圾治理提供切实可行的规范指导，从而实现农村垃圾治理的法制化管理。

3. 因地制宜地推广多元化分类资源化技术

城乡废物实施农林废物能源化工系统、生活固体废物综合利用系统、特色农林废物分类资源化系统、畜禽粪便能源化工系统和多种废物协同处置与多联产系统等多元处置方法，实现提升乡村废物分类资源化利用率。

4. 建立系统与有效的管理模式，为乡村废物处理提供切实保障

应成立专门负责废物处理的公司，形成废物收集、回收、处理、加工及销售系统产业，依靠高度的商业化模式来运行。政府只负责管理，可以集中精力进行管理，而企业负责垃圾处理的具体运作，工作效率可以大大提高，处理效果也会变好。

5. 实施“以废定产”战略

针对农林废物、畜禽粪便等，实施“以废定产”战略，即以乡村废物排放的废物量制定养殖规模，优先考虑废物的资源化再生利用，避免过度采伐或养殖带来的环境破坏。

6. 多方引资加强投入，共同完善农村垃圾处理设施

通过政府投资、社会集资和农民投资投劳的方法，集中财力、物力解决农民关心的垃圾治理问题。村镇要加大农村垃圾处理的投入力度，确保农村垃圾处理支出有预算，

落实资金。加快建设垃圾中转站、中转点等基础设施，加紧配置满足运转要求的垃圾运输车辆和分类垃圾桶。要在全域内统筹考虑，积极创造社会资本参与农村垃圾治理的优惠政策和良好环境，引导多方投入，共同建设乡村环卫基础设施。

7. 建立公众参与垃圾治理的机制，营造齐抓共管的良好氛围

各村要建立宣传引导机制，充分利用广播、电视、短信、报纸等村民能接触到的媒体，宣传农村垃圾治理工作，向村民广泛宣传垃圾治理的必要性，使村民改变陋习；充分发挥地方各级政府和基层居民委员会、村委会在社区、村庄环境卫生管理和建设中的自主作用，引导公众对环境卫生管理参与的积极性，支持各类环境卫生志愿者组织的活动，通过公众参与政策制定、价格听证、规划公示、污染监督、权益维护等形式，实现环境卫生管理民主化、决策科学化；积极组建环保志愿者或协会组织，利用各种帮扶活动引导村民把垃圾分类，将可回收垃圾与不可回收垃圾分开处理，让农民养成环保卫生意识。

附录一 乡村废物分类资源化利用的领军企业和典型代表

（一）农村生活垃圾资源化利用企业

企业名称：晟锋投资控股集团有限公司和广东合创生能源有限公司

典型案例：农村生活垃圾资源化与能源化清洁利用示范工程。

晟锋投资控股集团有限公司和广东合创生能源有限公司针对我国生活垃圾构成复杂、自主分类难、民众参与积极性差的问题，研发了基于干式过程的新一代短流程高分离率生活垃圾自动分选技术及成套设备、两段式可燃固体废物热解燃烧技术及下吸式热解气发电技术，显著降低了分选过程对洁净水和电力的消耗，避免了大量二次污染物的产生，同时大幅降低了系统能耗及实际运行成本，提高了各类物质的分离效率，有效解决了由于民众对生活垃圾自主分类积极性和参与度不高所导致的垃圾组分混杂而无法实现分类资源化利用的难题，在湖北恩施、江苏镇江、广东佛山和清远等地建有日处理量百吨级工程示范。

（二）生物质能源化利用企业

1. 企业名称：河南秋实新能源有限公司

典型案例：河南汝州大规模生物质成型燃料技术集成与产业化示范工程。

河南省科学院与河南秋实新能源有限公司合作在河南汝州建成生产能力300套的成套设备生产基地。以当地农作物秸秆和林业废弃物为主要原料，在汝州6个乡镇建成年产3万t成型燃料的生产线1条，年产1万t成型燃料的生产线7条，形成年产10万t成型燃料的生产能力，是目前河南单场规模最大的生物成型燃料生产基地，可解决20万亩农田的秸秆问题，经济、社会、环境效益显著。

2. 企业名称：肥城方兴阳光能源技术有限公司

典型案例：秸秆成型燃料村镇集中供热示范工程。

农业部（现农业农村部）规划设计研究院和肥城方兴阳光能源技术有限公司在山东泰安肥城建立了秸秆成型燃料示范工程，集成从秸秆原料供应，到烘干、粉碎、调质、输送等初级处理技术，从秸秆原料供应、初级处理及固体成型技术工艺模式到成型燃料高效应用全产业链条开展试点示范，实现周年连续稳定运行，达到规模化生产3万t生物质成型燃料的规模；在密云建成生物质供热系统工程，包括生物质锅炉、自动上料机、料仓等设备。可实现自动装料，供暖面积13 000m^2，满足了种鸭孵化的采暖及厂内区域供热用能需求。

3. 企业名称：昆明电研新能源科技开发有限公司

典型案例：云南省生物质能源化梯级利用示范工程。

以昆明电研新能源科技开发有限公司为项目实施单位，截至2015年，项目建设所在地西双版纳州橡胶林种植面积 720 万亩，每年更新砍伐 36 万亩，约 867 万 m^3。当地专业加工橡胶木的木材厂约 40 家，每年生产加工产生的边皮、锯末、刨花和料头约 277 万 m^3，折合为 162 万 t。项目产品有生物质炭和生物质燃气。生物质炭及民用和工业用炭用于替代炼钢、工业硅、有色金属等冶炼行业的还原剂；制作渗碳剂改进零件力学性能；制作良好的溶剂——二硫化碳；生物质炭丰富的孔隙结构、较大的比表面积，羧基、羟基、脂肪族、芳香族等结构，使其具备较强的吸附力和抗氧化力。应用于农林业改良土壤。生物质燃气热值高、焦油含量低，可用于发电、供热、烘烤，如木材加工、造纸、粮食加工等用电工业用户；以锅炉供热如农林产品烘烤等企业，项目根据实际需求，将生物质燃气用于项目自身，不对外供气。

4. 企业名称：国能单县生物发电有限公司

典型案例：农林生物质直燃发电工程。

国能单县生物发电有限公司采用农林生物质直燃发电，装机容量为 30MW，通过 10kV 单能线并网于 20kV 单城变电站，2006 年正式并网发电。燃料以破碎后的棉秆为主，可掺烧部分树枝、桑条、果枝等林业废弃物，年可消耗农林废弃物 30 万 t。项目引进丹麦 BWE 技术，消化吸收国外技术，自主设计研发 130kW 的秸秆燃烧锅炉，实现了生物质发电设备国产化。项目设备包括锅炉、汽轮机、发电机等，主厂房采用三列式布置，依次为汽机房、除氧间和锅炉房，汽轮发电机采用纵向布置。在原料供应方面，电厂所在县设有 8 个秸秆收购网点，这 8 个收购网点辐射面积广。

5. 企业名称：合肥天焱绿色能源技术开发有限公司

典型案例：生物质热解炭电联产工程。

合肥天焱绿色能源技术开发有限公司在安徽凤阳建立了生物质热解炭电联产工程，实现年处理农作物秸秆及林业剩余物 4 万 t，项目燃料以水稻、油菜、小麦等的秸秆为主，其他农作物秸秆及林业剩余物为辅，采用横流移动床生物质干馏技术，建设 4 条生物质热裂解多联产生产线。项目一期系统运行安全平稳，年发电能力达到 1.79 万 kW·h。2014 年年底，项目二期建成达产后，年处理农作物秸秆及林业剩余物 18.76 万 t，年发电量可达 8400 万 kW·h，生物质炭年产量 4.7 万 t。

6. 企业名称：广西中粮生物质能源有限公司

典型案例：木薯燃料乙醇利用工程。

广西中粮生物质能源有限公司在广西建设年产 20 万 t 燃料乙醇项目，采用风选风送（干法）、泵送（湿法）、除砂除杂、中温连续液化、同步糖化浓醪发酵、闪蒸热能回收、热耦合差压蒸馏、分子筛变压吸附脱水、蛋白质絮凝分离、木薯渣和沼气掺烧热电联产、内循环厌氧（internal circulation，IC）反应器处理废水等新工艺。项目占地 45.26 万 m^3，年产燃料乙醇 20 万 t、木薯渣 8 万 t、沼气 2970 万 m^3、二氧化碳 5 万 t。建有一条铁路专用线、一座装机容量为 15 000kW 的自备电站、一条燃料乙醇生产线和一座大型污水处理系统。

（三）畜禽粪便资源化利用企业

1. 企业名称：揭阳市揭东区润丰生猪养殖专业合作社

典型案例：基于畜禽粪便清洁利用的新型种养一体化工程示范。

揭阳市揭东区润丰生猪养殖专业合作社针对当前我国畜禽养殖行业面临的环境污染严重、养殖效益低下的突出问题，以畜禽粪便的资源化清洁利用为核心突破口，耦合可腐物及农林废物清洁处置，根据营养元素和能量元素设计利用路径，开发了混杂组分畜禽粪污生物强化高负荷厌氧消化稳定产沼新技术、太阳能辅助畜禽粪便和沼渣沼液制肥新技术、畜禽废弃物气—液—固多联产新技术、沼渣液种植高蛋白高热值经济作物、经济作物循环再利用等具有自主知识产权的肥、气、电与饲料等生物转化关键技术及成套装备。目前建成日产 2 万 m^3 沼气工程 1 座，实现了废物全链条清洁利用，大幅提升了畜禽粪便的资源化清洁利用水平。

2. 企业名称：山东民和牧业股份有限公司

典型案例：养殖场沼气发电工程。

山东民和牧业股份有限公司建设了“鸡–肥–沼–电–生物质”的循环经济产业链。采用高浓度鸡粪沼气发酵工艺，建设大型沼气发酵工程，产生的沼气用于发电上网，沼气发电机组余热可供沼气发酵工程自身的增温和鸡场的供温。沼气发电工程的主要单元为 8 座 3200m^3 的厌氧发酵罐和 3 台（套）装机容量 1064kW 的发电机组，配套工程包括 4000m^3 的格栅集水池、2 座 2000m^3 的匀浆调节池、2000m^3 的沼液贮存罐、50 000m^3 的沼液贮存池、2150m^3 的贮气柜。项目年处理鸡粪便约 18 万 t；年产生沼气 1095 万 m^3，项目发电机组装机容量为 3MW，年可发电 2190 万 kW·h；固态有机肥年产量为 13 262t，液态有机肥年产量为 23.7 万 t。

（四）杏仁壳、椰子壳等农业废物分类资源化利用企业

企业名称：河北承德华净活性炭有限公司

典型案例：果壳活性炭生产工程。

河北承德华净活性炭有限公司是中国最大的果壳活性炭生产企业，是一家集技术研发、活性炭系列产品及活性炭工艺生产的业内大型企业。公司以杏仁壳、椰子壳等农业废物为原料，联产活性炭、电、气、热水、炭基肥等，实现了废物资源的再生利用，同时减少了环境污染排放。

附录二　我国各地区固体废物的相关数据

（一）农村生活固体废物的产生情况（2015年）

地区	乡村人口（万人）	农村生活固体废物产生量（万t）
西藏	234	29
青海	292	37
宁夏	299	38
海南	409	52
天津	269	57
北京	293	62
上海	299	63
内蒙古	997	126
重庆	1178	148
新疆	1245	157
甘肃	1477	186
吉林	1230	193
山西	1648	208
陕西	1748	220
辽宁	1431	225
黑龙江	1570	246
贵州	2047	258
福建	1436	304
广西	2539	320
云南	2687	338
江西	2209	347
安徽	3041	383
湖北	2525	396
浙江	1894	401
湖南	3331	523
四川	4292	540
江苏	2670	565
河北	3614	567
河南	5039	635
山东	4233	664
广东	3395	719

（二）农作物废物（秸秆）的产生情况（2015年）

地区	谷类秸秆（万t）	豆类秸秆（万t）	薯类藤蔓（万t）	油料秸秆（万t）	糖料副产物（万t）	棉秆（万t）	麻秆（万t）	烟秆（万t）	蔬菜残余物（万t）	农业废物总量(万t)
北京	85	1.5	0.4	0.70	0.0	0.1	0.00	0.0	21	112
西藏	145	3.2	0.3	9.6	0.0	0.0	0.00	0.0	7	160
青海	80	11.2	17.4	46.1	0.0	0.0	0.00	0.0	17	170
上海	131	1.7	0.3	1.7	0.2	0.4	0.00	0.0	36	176
天津	237	2.0	0.4	0.5	0.0	35.1	0.00	0.0	44	313
海南	179	4.0	14.3	12.7	79.4	0.0	0.08	0.0	57	395
宁夏	452	6.8	18.6	36.4	0.0	0.0	0.00	0.4	58	577
福建	603	46.6	64.2	35.0	13.1	0.1	0.04	23.2	190	971
浙江	778	62.0	30.4	45.8	18.6	18.3	0.04	0.2	181	1142
重庆	1012	87.9	153.4	86.2	2.9	0.0	1.11	13.9	178	1512
贵州	1088	64.8	151.9	149.5	46.8	1.1	0.14	56.0	173	1680
陕西	1442	42.5	42.9	98.9	0.0	35.5	0.08	11.7	182	1726
甘肃	1227	72.4	112.6	140.6	2.9	39.1	0.44	2.0	182	1759
山西	1642	53.1	18.4	34.6	1.0	13.3	0.00	1.5	130	2014
辽宁	2671	43.5	24.0	52.7	0.9	0.1	0.00	4.2	293	2766
江西	2396	66.1	35.7	171.1	19.7	106.0	0.87	8.7	136	2935
广东	1390	36.7	83.9	123.4	42.9	0.0	0.04	8.9	344	3062
云南	2032	272.8	97.1	97.2	579.0	0.1	0.07	148.4	187	3427
湖北	3081	57.5	49.7	497.8	9.6	273.8	2.85	13.9	385	4263
湖南	3389	68.6	59.4	353.9	19.8	133.1	2.02	36.3	400	4399
内蒙古	3684	164.8	73.5	485.8	41.4	0.1	0.00	1.8	145	4415
广西	1745	42.6	39.2	74.6	2251.5	2.3	1.38	4.4	279	4563
四川	3527	179.4	258.2	435.9	16.2	9.0	6.94	35.6	424	4798
安徽	3987	222.9	16.4	311.4	6.1	215.0	3.42	6.8	271	4892
江苏	4063	128.2	16.5	202.5	2.8	107.5	0.13	0.0	560	5014
吉林	4970	81.3	29.7	111.3	0.2	0.0	0.00	7.1	86	5185
新疆	1886	41.7	10.0	139.0	80.7	3222.8	1.40	0.0	193	5596
河北	4177	48.5	52.0	196.7	16.1	343.5	0.07	1.0	824	5700
山东	5678	62.8	86.9	363.6	0.0	493.9	0.01	10.0	1027	7668
黑龙江	7770	699.9	50.2	37.3	1.3	0.0	2.57	11.0	96	8546
河南	7187	107.5	55.4	735.8	7.3	116.3	3.72	46.2	746	8607

（三）我国各地林地面积及林业废物的产生情况（2015 年）

地区	林地面积（万 km^2）	林业废物量（万 t）
上海	0.1	2
天津	0.2	6
宁夏	1.8	22
北京	1.0	23
青海	8.1	90
江苏	1.8	82
重庆	4.1	112
山西	7.7	131
甘肃	10.4	147
河北	7.2	146
新疆	11.0	167
海南	2.1	163
西藏	17.8	255
河南	5.0	282
辽宁	7.0	301
浙江	6.6	317
山东	3.3	322
陕西	12.3	354
安徽	4.4	356
吉林	8.6	421
贵州	8.6	425
湖北	8.5	478
黑龙江	22.1	610
四川	23.3	798
湖南	12.5	787
广东	10.8	811
江西	10.7	859
福建	9.3	956
内蒙古	44.0	982
广西	15.3	1366
云南	25.0	1557

（四）我国各地区畜禽粪便的产生情况（2015年）

地区	牛（万t）	猪（万t）	羊（万t）	马（万t）	驴骡（万t）	家禽（万t）	畜禽总量（万t）
上海	85	545	27	0	0	48	704
北京	281	682	60	1	2	174	1 201
天津	455	856	42	0	4	185	1 542
宁夏	1 670	246	511	1	40	44	2 513
海南	1 308	1 503	58	0	0	228	3 097
浙江	233	3 079	98	0	0	366	3 776
山西	1 569	1 945	870	8	120	375	4 886
福建	1 045	4 254	111	0	0	678	6 089
陕西	2 279	3 207	610	5	99	249	6 449
重庆	2 307	5 558	196	12	7	497	8 577
青海	7 069	417	1 247	136	58	13	8 939
江苏	477	7 246	363	2	19	1 746	9 853
西藏	9 567	105	1 300	210	48	4	11 233
安徽	2 556	6 722	598	1	2	1 501	11 378
甘肃	6 987	2 153	1 685	105	883	101	11 913
新疆	6 163	1 179	3 471	625	491	208	12 137
吉林	6 998	4 000	393	178	150	897	12 617
江西	4 865	7 355	51	0	0	852	13 122
广东	3 763	8 795	36	0	0	1 600	14 194
黑龙江	7 930	5 036	778	157	62	603	14 565
贵州	8 322	5 428	308	493	14	192	14 758
辽宁	5 972	6 200	789	118	594	2 000	15 673
广西	6 924	8 884	176	205	25	1 273	17 487
湖北	5 610	10 373	405	4	3	1 284	17 678
河北	6 405	8 079	1 260	111	410	2 022	18 286
内蒙古	10 418	2 458	5 019	609	672	235	19 412
云南	11 752	9 624	919	464	599	380	23 736
湖南	7 324	15 761	474	37	6	916	24 519
山东	7 819	11 676	1 942	16	75	3 861	25 390
河南	14 502	16 671	1 673	56	80	2 599	35 582
四川	15 294	18 677	1 548	552	109	1 425	37 606

专题三

工业固体废物分类资源化利用战略研究

一、概　　述

矿产资源、能源是经济发展的基础，我国 90%以上的能源、80%以上的工业原料、70%以上的农业生产原料都来自矿产资源。在资源开发利用的过程中，无法被利用或被认为无用的部分及产品被丢弃，由此产生了固体废物。我国处于全球工业产业链的前端，资源能源开采及初级加工比重高于发达国家水平，工业活动强度居于世界首位，是全球第一大资源能源生产和消费国，也是工业固体废物产生大国。

2014 年，我国工业固体废物产生量达到了 32.56 亿 t，但综合利用率仅为 60%左右，每年约有 13 亿 t 新产生的固体废物不得不进行填埋处置或贮存，历年堆存的工业固体废物总量已经接近 600 亿 t。其中，金属矿产资源开采和加工过程产生的尾矿、冶炼渣，煤炭消费过程中产生的粉煤灰、脱硫石膏等固体废物，以及资源深加工过程产生的危险废物等固体废物综合利用问题尤为突出。在资源开发加工工业集中的西部地区、大中型工业城市等地，工业固体废物大量堆存导致的大气扬尘、土壤和地下水环境污染等问题十分突出，引发的环境突发事件时有发生，已经成为影响区域环境质量改善和局部地区社会稳定的突出问题之一。

固体废物不仅仅是“废物”，其中赋存的未能利用的有价资源在一定技术经济条件下可以被再次提取和利用。尤其是我国金属生产过程产生的尾矿、冶炼渣等固体废物中，赋存大量未能提取的低品位矿产资源，以及共伴生稀散金属元素，其中的稀土金属、贵金属等金属元素是宝贵的战略资源。如能充分资源化，可形成稳定二次资源供应能力，在一定程度上缓解我国战略资源的对外依存度。如能将我国有色金属总回收率提升至发达国家 70%～80%的水平，在维持现有消费水平不变的情况下，可减少开采有色金属原生矿产 7 亿～7.5 亿 t，可将我国有色金属平均对外依存度从目前的 54%降低到 20%～23%。同时从根本上消除固体废物堆存导致的长期环境风险。因此，工业固体废物分类资源化利用是缓解我国资源环境约束的重要途径之一，是我国生态文明建设的重要途径和基本保障之一。

未来，需要在新的环境管理战略及新的资源观的指导下，将工业固体废物分类资源化纳入国家资源管理、环境管理战略，推进工业固体废物减量化与资源节约统筹管理、固体废资源化与一次资源集约循环利用统筹管理、固体废物无害化处置与未来资源开发统筹管理。

近期，应针对我国工业固体废物来源广泛、成分复杂及综合利用水平差异巨大的情况，分类推进重点行业、重点区域中重点类别的工业固体废物资源化利用工作，具体建议包括以下几个方面。

（一）优化资源环境统筹管理的分类资源化法律制度体系

推进建立工业固体废物与资源统筹管理的法律制度体系，理顺和落实部门管理分工和相关方主体责任；实施区域差异化指导，推进西部地区、大中型城市等工业固体废物分类资源化利用。强化资源税、环境税、综合利用产品增值税减免等财税政策对产业市场的引导和对资源配置的调节作用；建立对资源输出基地的生态补偿机制。强化利用技术规范、产品标准、政府采购目录等对产业发展的引领作用，优化危险废物综合利用管理制度。

（二）优化工业固体废物分类资源化产业结构

统筹布局产废利废两条产业链空间布局，促进资源就地回收利用；推进西部地区煤炭相关固体废物减量化和多渠道利用；推进金属尾矿资源化利用和储备；分类推进历史遗留工业固体废物治理和利用；大力推进深度资源化利用技术研发及产业化。

（三）推进钢铁、有色金属、化工、装备制造四大重点行业生态设计

推广钢铁行业产品生态设计和产业间耦合，推进年产能超过1000万t的钢铁冶炼企业开展产品生态设计和绿色供应链建设，促进钢铁行业全产业链资源循环利用，构建钢铁与建材、农业、供热等多行业融合发展产业模式；提升有色金属行业资源循环利用水平，重点突破赤泥、电解铝大修渣无害化利用处置关键技术及重大装备研发；力争到2020年，再制造技术达到国际先进水平，重点针对汽车零部件、石化装备、工程机械、矿采设备、航空、船舶、机车、机床、办公用品等重点行业开展再制造技术与装备攻关。

二、我国工业固体废物的产生利用情况

（一）我国工业固体废物的分类资源化总体情况

根据我国《中华人民共和国固体废物污染环境防治法》（以下简称《固体法》），我国将固体废物定义为“在生产、生活和其他活动中产生的丧失原有利用价值或者虽未丧失利用价值但被抛弃或者放弃的固态、半固态和置于容器中的气态的物品、物质以及法律、行政法规规定纳入固体废物管理的物品、物质”（《固体法》第八十八条）。

在《固体法》中，我国对固体废物同时采用两种分类方法，一种是按产生源将固体废物分为工业来源和社会生活来源两类；另一种是按其对物质环境的危害程度将其分为一般固体废物和危险废物两类。一般工业固体废物指在工业生产活动中产生的除危险废物之外的固体废物。在这种分类方式下，我国法律中将固体废物分为工业固体废物、生活垃圾和危险废物三类（专题图 3-1）。其中，危险废物以《国家危险废物名录》为依据进行分类统计，既包括工业活动产生的，也包括社会居民日常生活产生的。

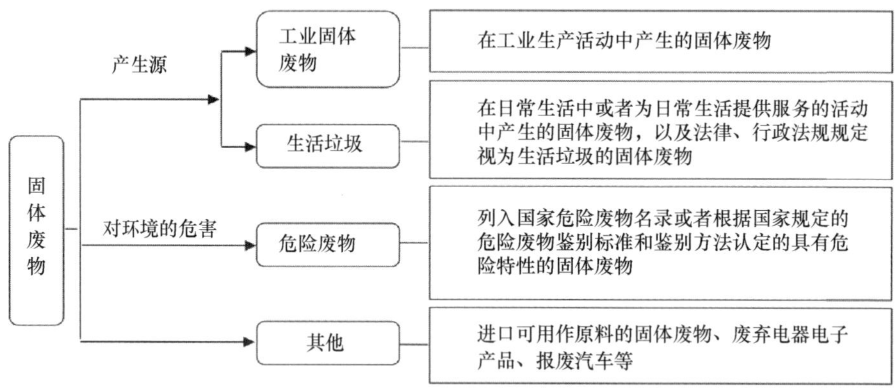

专题图 3-1　我国固体废物分类

一般工业固体废物尚未建立明确而统一的分类体系，不同管理部门工业固体废物调查范围口径不同。在环境管理的排放污染物申报登记、环境统计、污染源普查及大中型城市固体废物环境防治信息发布等工作中，根据管理范围和工作需要分别制定了不同的调查统计分类指标（专题表 3-1）。例如，在环境管理工作中，主要针对符合下列任何一项条件的企业开展调查统计：①固体废物产生量 1 万 t 以上的工业企业；②有危险废物产生的工业企业。而 2012 年工业和信息化部发布《大宗工业固体废物综合利用“十二五”规划》，其中将我国各工业领域在生产活动中年产生量在 1000 万 t 以上、对环境和安全影响较大的固体废物称为大宗工业固体废物并开展调查统计，主要包括尾矿、煤矸石、粉煤灰、冶炼渣、工业副产石膏、赤泥和电石渣等。

专题表 3-1　我国环境统计工作中部分固体废物的分类

大类	细类
一般工业固体废物	环境统计（10 类）：冶炼废渣（SW01）、粉煤灰（SW02）、炉渣（SW03）、煤矸石（SW04）、尾矿（SW05）、脱硫石膏（SW06）、污泥（SW07）、赤泥（SW09）、磷石膏（SW10）、其他废物（SW99）
	排放污染物申报登记和大、中城市固体废物环境防治信息发布[28 类，见附表（一）]：含氮有机废物、含硫有机废物等 28 种工业固体废物[见附表（一）]
	第一次污染源普查（9 类）：冶炼废物、粉煤灰、炉渣、煤矸石、尾矿、脱硫石膏、污泥、放射性废物及其他废物等
危险废物	《国家危险废物名录》（2008 版）49 大类、524 小类： 医疗废物（HW01），医药废物（HW02），废药物、药品（HW03），农药废物（HW04），木材防腐剂废物（HW05），有机溶剂废物（HW06），热处理含氰废物（HW07），废矿物油（HW08），油/水、烃/水混合物或乳化液（HW09），多氯（溴）联苯类废物（HW10），精（蒸）馏残渣（HW11），染料、涂料废物（HW12），有机树脂类废物（HW13），新化学药品废物（HW14），爆炸性废物（HW15），感光材料废物（HW16），表面处理废物（HW17），焚烧处置残渣（HW18），含金属羰基化合物废物（HW19），含铍废物（HW20），含铬废物（HW21），含铜废物（HW22），含锌废物（HW23），含砷废物（HW24），含硒废物（HW25），含镉废物（HW26），含锑废物（HW27），含碲废物（HW28），含汞废物（HW29），含铊废物（HW30），含铅废物（HW31），无机氟化物废物（HW32），无机氰化物废物（HW33），废酸（HW34），废碱（HW35），石棉废物（HW36），有机磷化合物废物（HW37），有机氰化物废物（HW38），含酚废物（HW39），含醚废物（HW40），废卤化有机溶剂（HW41），废有机溶剂（HW42），含多氯苯并呋喃类废物（HW43），含多氯苯并二噁英废物（HW44），含有机卤化物废物（HW45），含镍废物（HW46），含钡废物（HW47），有色金属冶炼废物（HW48），其他废物（HW49）

（二）我国工业固体废物产生利用情况

1. 总体情况

我国是世界上工业固体废物产生量最多的国家。环境统计显示，2014 年调查的 15.5 万家重点企业（以下简称“环统调查企业”）中一般工业固体废物产生量 32.6 亿 t（其中工业危险废物产生量 3633.5 万 t），是当年城市生活垃圾清运量的 18.2 倍。从总量上看，工业固体废物产生量远高于城市生活垃圾产生量，是我国固体废物管理的突出问题。

我国每年新产生的固体废物中有四到五成不能综合利用。环统调查企业中，每年工业固体废物的产生量约是综合利用量的 1.7 倍（专题图 3-2），每年有 13 万～16 亿 t 及以上的工业固体废物需要贮存和处置。2012 年以来，每年综合利用率趋于稳定，年均 60%左右，综合利用量年均增长率维持在 12.2%的水平；但 2012 年以来受建材产品产能过剩和市场需求下降影响，每年综合利用总量出现负增长。根据工业和信息化部对综合利用企业运行情况的历年统计情况，全国大宗工业固体废物总体的综合利用率仅达到约 50%。而在环统调查企业中，综合利用率相对较好，约为 60%。2014 年，环统调查企业中一般工业固体废物综合利用量 20.4 亿 t，综合利用率为 62.1%；危险废物综合利用量 2061.8 万 t，综合利用率约为 57%。

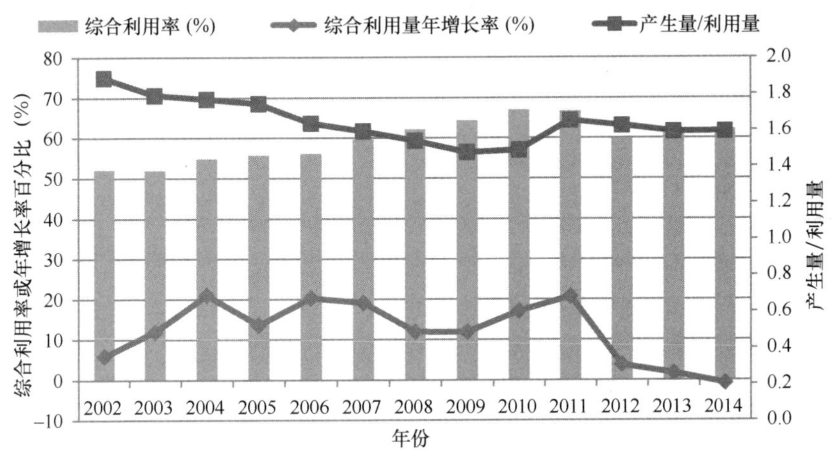

专题图 3-2 2002～2014 年我国工业固体废物综合利用总体情况

数据来源：国家统计局和环境保护部，2003～2015

不同类别工业固体废物的综合利用情况差异较大，适宜制备建材的工业固体废物综合利用率相对较高（专题表 3-2）。粉煤灰、脱硫石膏等用于水泥生产，冶炼渣、炉渣、煤矸石用于制砖、煤矸石发电等综合利用工艺简单、技术成熟，市场容量大，综合利用率较高；而尾矿等危害成分较多，所在地区建材需求量相对较小，综合利用率低。受制

专题表 3-2 2014 年环境统计调查企业工业固体废物产生和综合利用情况

废物类别	尾矿	粉煤灰	煤矸石	冶炼渣	炉渣	脱硫石膏
产生量（亿 t）	10.5	4.6	3.7	3.4	3.0	0.84
综合利用率（%）	29.4	87.5	74.1	92.6	88.6	81.7

数据来源：国家统计局和环境保护部，2015

于综合利用技术水平较低，以及产品市场不畅影响，大多数第Ⅱ类一般工业固体废物利用率低。例如，2011 年，赤泥综合利用率仅为 5.2%，电解锰渣仅为 1%，磷石膏仅为 24%。金、铜、铅等冶炼渣由于含有有价元素，且提取技术较为成熟，基本得到综合利用。

中东部地区综合利用率要高于其他地区。受地域条件、资源禀赋、经济发展阶段等差异的影响，我国各地区对资源需求差异巨大，各地工业固体废物分类资源化利用情况也存在较大差异（专题图 3-3）。东部地区以资源深加工行业为主，人口密集，对各类资源的需求量大，工业固体废物综合利用情况好。如江苏、上海等地的粉煤灰、脱硫石膏综合利用率达到 100%，已经出现供不应求的局面。中部地区综合利用率提升较快。尤其是长江经济带区域，是传统的有色金属冶炼加工基地，冶炼渣等危险废物的综合利用情况好于其他地区。西部地区产业结构依赖资源开采及初级加工行业，城市发展和高附加值行业发展相对滞后，综合利用整体情况较差，尤其是危险废物利用水平明显低于其他地区。例如，内蒙古包头铁尾矿的综合利用率不足 3%，粉煤灰的综合利用率不足 60%。东北地区的一般工业固体废物综合利用情况与西部地区相当，危险废物综合利用情况相对较好，但危险废物综合利用类别相对较少。截至 2015 年，东北地区综合利用的危险废物主要是废矿物油、废有机溶剂、精蒸馏残渣等少量类别废物，其他废物只能转移或处置。

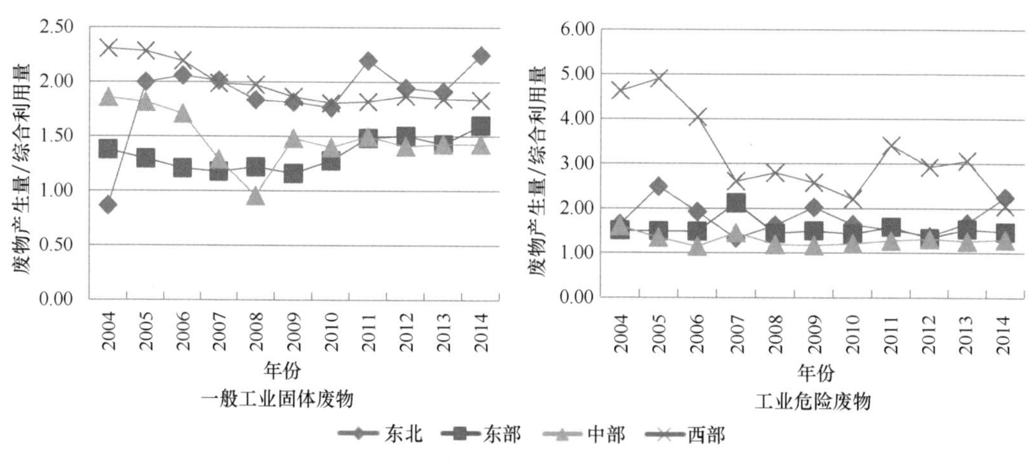

专题图 3-3　2004～2014 年我国各地区工业固体废物产生量与综合利用量比值

数据来源：环境统计数据

2. 一般工业固体废物产生量巨大

2014 年，环统调查企业产生的尾矿、冶炼渣、煤矸石、粉煤灰、脱硫石膏、炉渣等 6 大类一般工业固体废物总量超过 26 亿 t，占总产生量的 83.7%，是我国工业固体废物管理的重点类别。

（1）尾矿

尾矿是产生量最大的大宗工业固体废物，但综合利用率最低。随着我国对金属资源需求的不断提高，我国尾矿产生量逐年走高。2014 年，环统调查企业尾矿产生量为 10.5 亿 t，占一般工业固体废物产生量的 33.6%。其中，铁尾矿是我国最主要的尾矿，2013

年占环统调查企业尾矿产生总量的51%，其次是铜、金等有色金属尾矿及其他尾矿（专题图3-4）。尾矿产生量最大的两个行业是黑色金属矿采选业和有色金属矿采选业，2014年环统调查企业中这两个行业的尾矿占尾矿产生总量的87.5%。相对于巨大产生量，尾矿的综合利用率低。2014年，黑色金属矿采选业和有色金属矿采选业环统调查企业尾矿综合利用率分别为21.7%和34.0%。而行业协会根据全国铁矿石生产量估算的全国尾矿平均综合利用率不足20%，远低于发达国家的综合利用率（60%）。

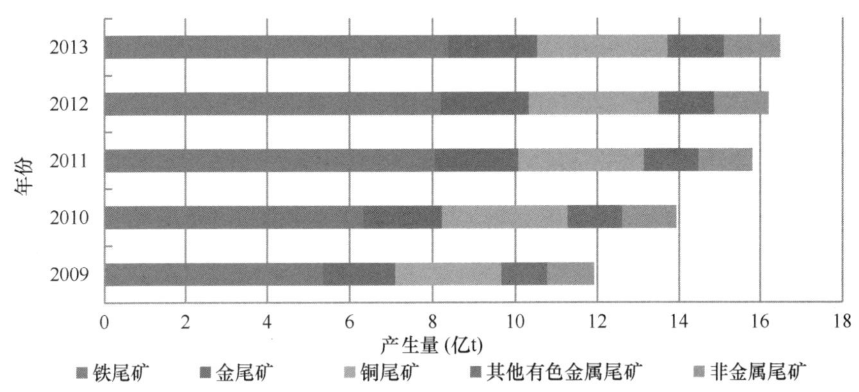

专题图3-4　2009～2013年我国各类尾矿产生情况（彩图见封底二维码）

数据来源：国家发展和改革委员会，2014

（2）冶炼渣

冶炼渣主要产生于黑色金属和有色金属冶炼过程。由于成分特性不同，黑色金属和有色金属冶炼渣综合利用特性差异较大。

钢铁冶炼行业冶炼渣综合利用率最高。在我国，钢铁冶炼是冶炼渣的最主要来源。在环统调查企业中，平均每生产1t铁产生330～350kg高炉渣（也称水渣、铁渣），每生产1t钢产生125～140kg钢渣（郝以党等，2015）。2014年，环统调查企业中，黑色金属冶炼和压延加工业冶炼废渣综合利用率为94.0%。其中，由于在混凝土、水泥中应用情况好，高炉渣综合利用率较高，2013年高炉渣综合利用率超过82%，约是钢渣的2.7倍。据不完全统计，我国综合利用的高炉渣中有56.5%用于生产矿渣粉作混凝土掺合料，22.7%用作水泥混合材料，2.8%的未经水淬的重矿渣作为碎石使用。

有色金属冶炼渣综合利用情况差异较大。不同统计口径下，有色金属冶炼废渣综合利用率差异较大。2014年，环统调查企业中有色金属行业冶炼渣综合利用率为80.7%；而2013年，行业协会统计全国有色金属行业冶炼渣综合利用率约为17.5%。其主要原因是有色金属行业冶炼渣的综合利用情况差异较大。我国有色金属以共伴生矿居多，有色金属冶炼渣中属于危险废物的比例约为7%。比较而言，含有较多稀散金属成分的危险废物综合利用情况要好于一般工业固体废物。据中国有色金属工业协会调研结果显示，2010年有色金属行业一般工业固体废物综合利用率约为33.24%（中国有色金属工业协会再生金属分会2010年的内部资料“有色金属行业危险废物管理战略前期研究”的记录），尤其是部分Ⅱ类一般工业固体废物由于其有毒有害物质污染控制难度较大、有价资源提取效率较低，综合利用率很低，如电解铝行业的赤泥综合利用率不足5%、电解锰行业的锰渣综合利用率不足1%等，其综合利用和污染治理在世界范围内均尚未得到根本解决。而有色金属行业危险废物综合利用率为 48.19%，其中铜、铅锌冶炼渣等由于含有较多可提取的稀散金属，基本都能得到综合利用。

（3）煤矸石

我国是煤炭生产消费大国，煤炭开采和洗选业产生的煤矸石占煤炭产量的 10%～20%。2014 年，环统调查企业的煤矸石产生量为 3.7 亿 t，占调查范围工业固体废物总量的 11.4%，综合利用量为 2.8 亿 t（含利用往年贮存量 883.2 万 t)，综合利用率为 74.1%。

煤矸石已经成为我国重要的发电资源之一。国家发展改革委统计数据显示，2013 年，我国煤矸石综合利用发电机组总装机容量达 3000 万 kW，发电量超过 1600 亿 kW·h，年利用煤矸石、煤泥量 1.5 亿 t，占利用总量的 32%；生产建材产品利用煤矸石 5600 万 t，占利用总量的 12%；用于填坑筑路、土地复垦和塌陷区回填等途径的煤矸石量达 2.6 亿 t，占利用总量的 56%。

（4）粉煤灰、脱硫石膏、炉渣

煤炭消费过程产生的固体废物产生量大，其中粉煤灰是综合利用量最大的固体废物。我国煤炭消费总量始终处于高位运行，粉煤灰、脱硫石膏、炉渣等主要是煤炭消费过程中产生的固体废物，产生量也居高不下。2014 年，环统调查企业以上三类固体废物产生总量 8.44 亿 t，占工业固体废物产生总量的 26%。粉煤灰、脱硫石膏、炉渣等固体废物成分特性与天然石灰石、黏土等材料相近，适宜制备水泥、混凝土、砖等建材，综合利用情况较好。2014 年，环统调查企业综合利用量分别达到 4.1 亿 t、6914.7 万 t、2.7 亿 t，综合利用率分别为 87.5%、81.7%、88.6%，是我国综合利用量最大的固体废物。国家发展改革委统计数据显示，2014 年全国粉煤灰用于生产水泥的占 44%、生产混凝土的占 16%、生产墙体材料的占 28%、筑路的占 5%、其他用途的仅占 7%。脱硫石膏与天然石膏类似，主要用作水泥缓凝剂、生产纸面石膏板和墙体材料，其中制造水泥缓释剂的约占 1/3、制造纸面石膏板的约占 13%、制造墙体材料的约占 2%。炉渣主要用于制砖。

3. 工业危险废物占比小、风险高

我国工业危险废物产生量相对较小。随着资源化加工的深化，在生产高附加值产品的同时，有毒有害物质的投入和富集程度提高，产生的工业危险废物比例较高。在我国，主要集中在化学原料和化学制品制造业、有色金属冶炼和延压加工业等资源深加工行业。近年来，随着我国工业的发展，工业危险废物产生量逐年走高（专题图 3-5)。但总体而言，我国资源深加工产业相对滞后，工业危险废物产生量相对较小。历年统计数据显示，我国环统调查企业申报的危险废物产生量不到工业固体废物总产生量的 1%，远小于发达国家的平均水平（10%）。

工业危险废物综合利用总体水平低于一般工业固体废物。我国工业危险废物主要集中于废碱、废酸、石棉废物、有色金属冶炼废渣、无机氰化物、废矿物油等 6 大类废物。2014 年，环统调查企业这 6 大类危险废物产生量占总工业危险废物量的 70%。危险废物危害成分环境风险高，污染控制难度大，导致综合利用率相对较低（专题图 3-6)。2014

年，环统调查企业的工业危险废物产生量 3633.5 万 t，综合利用量 2061.8 万 t，综合利用率约为 57%（专题图 3-5）。

危险废物集中利用比例较高。对全国危险废物集中利用处置设施运行情况调查发现，2014 年约有 38.2%进入环保部门核准经营的集中利用处置设施，其中约 75%进行了综合利用（专题图 3-7）。全国约 48.2%的危险废物是由第三方集中利用设施完成的。对部分城市调查显示，精蒸馏残渣、废有机溶剂、废矿物油等部分具有较高热值的危险废物产生量约占总产生量的 10%，但用于替代燃料的比例相对较低。

我国对危险废物环境风险高度关注。我国《刑法》第三百三十八条规定“违反国家规定，向土地、水体、大气排放、倾倒或者处置有放射性的废物、含传染病病原体的废物、有毒物质或者其他危险废物，造成重大环境污染事故，致使公私财产遭受重大损失或者人身伤亡的严重后果的，处三年以下有期徒刑或者拘役，并处或者单处罚金；后果特别严重的，处三年以上七年以下有期徒刑，并处罚金。”2013 年，最高人

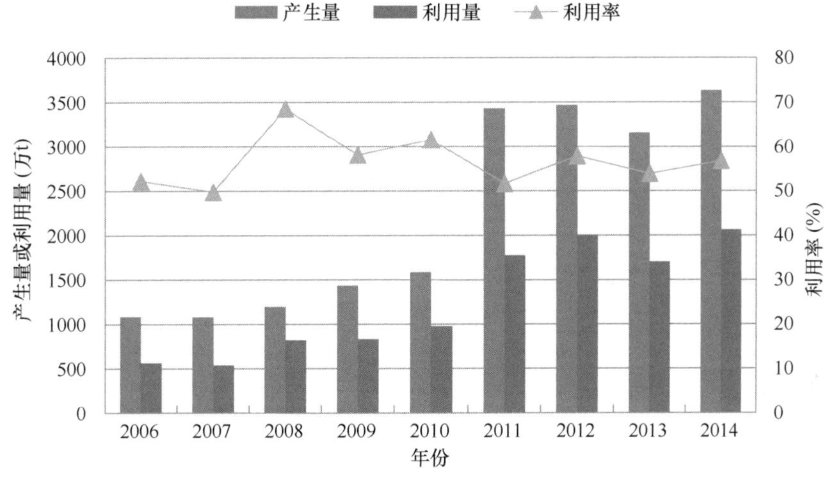

专题图 3-5 2006～2014 年我国工业危险废物产生利用情况

数据来源：环境保护部，2007～2015

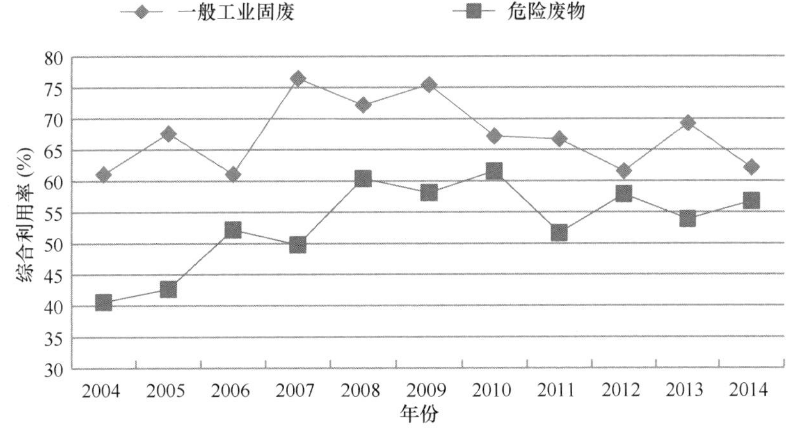

专题图 3-6 2006～2014 年我国一般工业固体废物和危险废物综合利用率差异

数据来源：国家统计局和环境保护部，2003～2015；国家统计局，2003～2015

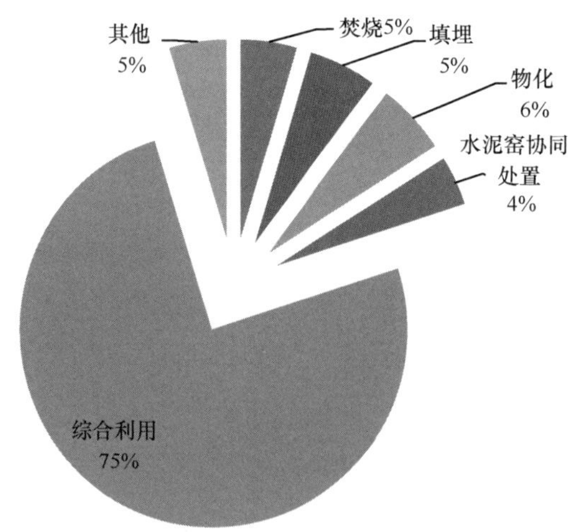

专题图 3-7　2014 年全国危险废物许可经营单位集中利用处置情况

数据来源：环境保护部

民法院、最高人民检察院发布《关于办理环境污染刑事案件适用法律若干问题的解释》中将危险废物认定为“有毒物质”，明确了“非法排放、倾倒、处置危险废物三吨以上的”适用于《刑法》第三百三十八条规定的环境污染犯罪。2014 年，公安机关受理的涉嫌环境污染犯罪案件共 2080 件，其中涉及危险废物非法转移倾倒的案件就占到了近 40%。2015 年，环境保护部、公安部和最高人民检察院建立三部委启动联合挂牌督办工作机制，对江苏靖江填埋疑似危险废物案件、腾格里沙漠污染环境案等多起危险废物环境违法案件进行联合挂牌督办。

4. 工业报废装备问题不可忽视

我国工程机械、机床等工程装备、设备保有量居于世界首位，每年报废的工业机械、机床、汽车等金属总重量超过 3000 万 t。2014 年，我国汽车保有量达到 1.47 亿辆，每年汽车注销率为 5%；工程机械保有量已达 600 万台以上，涉及 18 大类、2000 多个品种，14 种主要型号的工程机械在我国保有量已达 300 万台左右；机床保有量 800 万台左右，传统旧机床超过 200 万台，每年裁减的旧机床约 25 万台。以油气开采过程的油井管为例，目前我国油井管（油管、套管、钻杆等）年生产能力已经达到 1000 万 t，均采用高等级高压管材生产。据估算，油（套）管约占建井成本近 1/4。我国中石油、中石化、中海油的三大管网干线全长约 12.3 万 km，每年报废约 7000 万 m（约 70 万 t），大量报废油气管线的利用处置成为部分企业难以解决的突出问题。

（三）我国工业固体废物与经济发展密切相关

1. 工业固体废物与经济发展的正相关关系有减弱趋势

（1）产生总量与经济增长仍未脱钩

以资源开发和初级加工为主的产业结构和以低品位为主的资源禀赋，导致我国工业固体废物产生强度较高，人均产生量和总产生量分别是日本的 3 倍和 30 倍。长期以来，我国处于国际产业链的前端，从工业内部结构看，重工业主导型特征依然明显，占比持续稳定在 70%左右（中国环境与发展国际合作委员会，2012），以供应粗钢等初级加工产品为主。目前，我国的钢铁、有色金属、化工产品等产能和产品产量均居于世界首位。但我国矿产资源以低品位、多元素共伴生为主，资源精深加工产业技术发展相对滞后，导致资源开发利用效率较低，固体废物产生量居高不下。例如，专家估算，目前我国国内铁矿石平均品位为 25%～30%，平均每生产 1t 铁矿石（按含铁 65%计算）约产生 3t 尾矿；铜矿平均入选品位仅为 0.5%、锰矿平均入选品位仅为 19%，平均 1t 有色金属矿石约产出 97%的尾矿；根据行业分析，我国尾矿产生量约占世界总产生量的 50%。在我国现有冶炼技术条件下，铜铅锌矿产伴生贵金属、稀有金属的冶炼回收率平均为 50%左右，冶炼渣等固体废物产生量大。

从历史趋势来看，**工业固体废物产生量与工业增加值保持正相关**（专题图 3-8）。经济总量的快速增长始终伴随着固体废物产生量的高速增长。2004～2014 年，我国工业固体废物产生量年平均增长率为 17.3%，“十二五”以来年产生量超过 30 亿 t，2014 年产生量达到 32.56 亿 t，是 2004 年的 2.7 倍。**我国经济增长与资源消耗出现相对脱钩趋势，工业固体废物的产生强度呈现减弱趋势。**近年来，我国大力推动落后产能淘汰、环境治理和清洁生产，资源循环效率有所提高，经济活动对金属、水、能源、生物质等资源的消耗强度下降。同时，对工业固体废物产生量贡献率最大（75.6%）的煤炭、钢铁、有色金属工业等三大行业产能严重过剩、需求不振，很大程度上减缓了工业固体废物产生量剧增的压力。经合组织的统计数据表明，我国经济的资源强度从 1990 年的单位 GDP 4.3kg 原材料下降到 2011 年的 2.5kg。2013 年国家统计局统计数据显示，2005～2013 年我国单位 GDP 的资源消耗量和单位 GDP 的废物排放量指标分别改善 34.7%和 46%。尤其是，“十二五”前四年单位资源产出率提高了 10%左右。与此同时，单位工业增加值的工业固体废物产生强度由 2004 年的 1.85t/万元降低到 2014 年的 1.4t/万元。

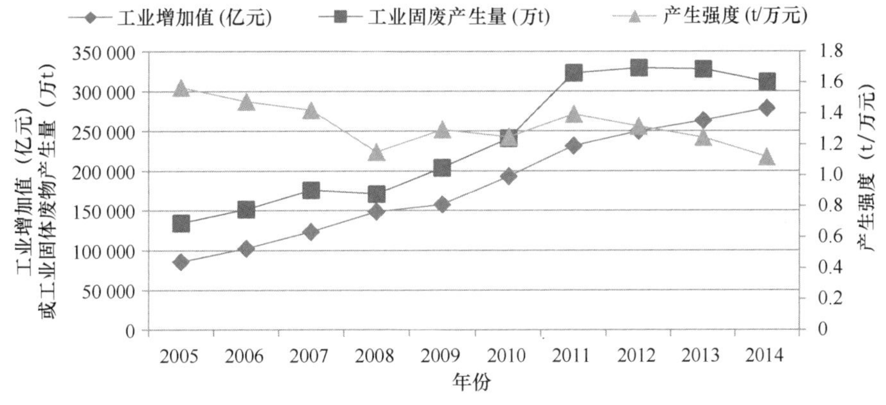

专题图 3-8　我国工业固体废物产生量与工业增加值呈正相关关系

数据来源：国家统计局和环境保护部，2003～2015；国家统计局，2003～2015

（2）产生强度出现区域分化

我国各地在资源禀赋、产业结构、工业发展程度、社会经济发展程度等方面差异巨大，导致工业固体废物产生情况区域差异十分明显。从经济发展水平与固体废物产生强度比较情况来看，越是经济发达的地区，固体废物产生强度也就相对越小，而经济欠发达地区固体废物的产生强度也就相对越大。东部地区在产业结构、资源利用效率、环境污染治理投入等方面领先于全国，单位 GDP 的工业固体废物产生强度大约是全国平均水平的一半。相对而言，西部地区技术能力相对滞后，资源开发利用效率较低，工业固体废物产生强度约是全国平均水平的 1.5 倍，是东部地区的 3 倍。从京津冀地区、长江三角洲地区、珠江三角洲地区和长江经济带四大经济发展情况来看，经济总量相对较低的京津冀地区的产生强度高于全国平均水平，而珠江三角洲地区、长江经济带和长江三角洲地区的产生强度低于全国平均水平。例如，2013 年，广东、江苏、山东、浙江、河南五省位列地区工业增加值排名前 5 位，五省集中了全国 55.3%的工业法人单位，产生的工业增加值占全国的 41.1%，而工业固体废物产生量仅占全国的 17.5%，单位工业增加值固体废物产生强度排名分别位于第 31、第 26、第 22、第 28、第 20 位。比较而言，位于全国工业增加值排名最后 5 位的甘肃、宁夏、青海、海南、西藏五省（自治区）集中了全国 1.3%的工业法人单位，产生的工业增加值占全国的 1.7%，而工业固体废物产生量占到全国的 7.1%，产生强度分别为第 9、第 5、第 1、第 20、第 2 位。2013 年各地区单位 GDP 固体废物产生强度如专题图 3-9 所示。

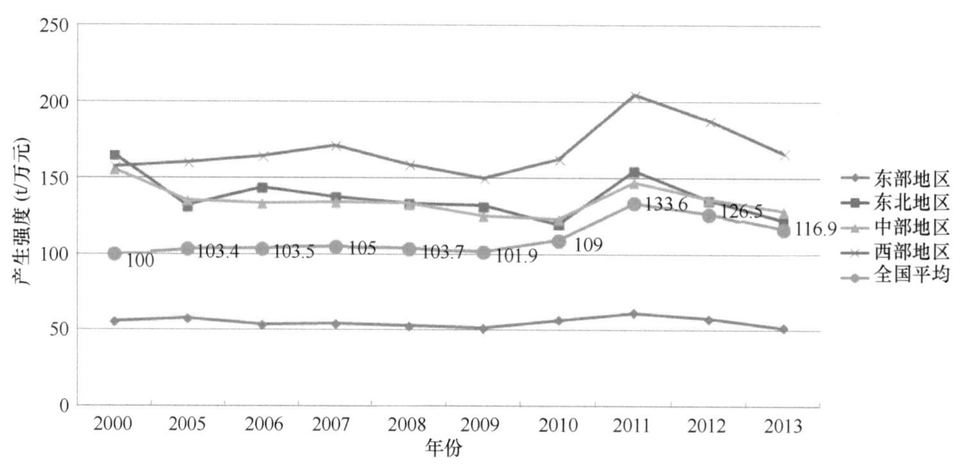

专题图 3-9　2000～2013 年我国各地区工业固体废物产生强度情况

资料来源：中国科学院，2015

总体而言，随着我国东部等经济发达区域进入工业化发展后期，其工业固体废物产生情况与经济发展出现了脱钩趋势，带动了全国整体固体废物产生强度的下降。2000 年以后，各地产生强度分化日益明显，参见 2013 年我国各地工业固体废物产生强度情况（专题图 3-10）。西部等经济欠发达地区成为工业固体废物产生强度最高的区域。

2. 重点行业集中特征明显

（1）一般工业固体废物

根据环境统计数据分析，**煤炭、钢铁、有色金属等三大行业对一般工业固体废物产生量贡献率超过 70%**。其中，钢铁、有色金属生产加工活动对工业固体废物的总贡献率在 44.6%，主要是各类尾矿和冶炼渣；煤炭生产和消费相关活动贡献率超过 39.1%，主要是煤矸石、粉煤灰、脱硫石膏、炉渣等（专题表 3-3）。

钢铁行业固体废物产生量最大。 2013 年，我国黑色金属采选业产生的一般固体废物量占当年全国总产生量的 22%。2014 年，我国铁矿石产量约 15.14 亿 t，产生铁尾矿 5.7 亿 t，占黑色金属采选业尾矿量的 84%，平均每生产 1t 铁矿石产生 2.66t 铁尾矿。钢铁冶炼过程中产生的冶炼渣约 3.0 亿 t，平均每生产 1t 粗钢产生钢铁冶炼渣 0.37t。

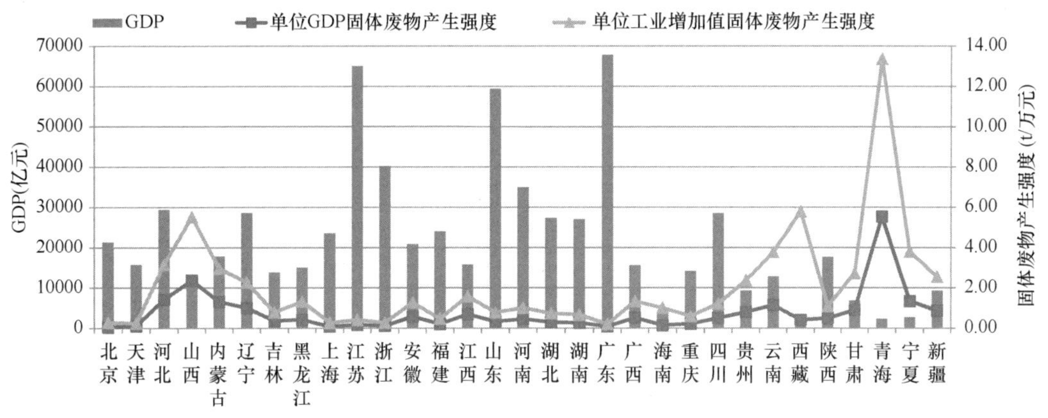

专题图 3-10　2013 年我国各地经济发展水平与工业固体废物产生强度

数据来源：环境统计调查、国民经济统计调查

专题表 3-3　2014 年主要一般工业固体废物产生量行业分布

序号	行业分类	主要固体废物	2014 年产生量（亿 t）	占全国总产生量的比例（%）	行业固体废物产生总量（亿 t）	占全国总产生量的比例（%）
1	黑色金属矿采选业	铁尾矿等	5.7	17.5	5.7	17.5
2	有色金属矿采选业	有色金属尾矿等	3.5	10.7	3.5	10.7
3	煤炭开采和洗选业	煤矸石等	3.7	11.4	3.7	11.4
4	钢铁冶炼	钢铁冶炼渣	3	9.2	3.683	11.3
		粉煤灰	0.1	0.3		
		炉渣	0.56	1.7		
		脱硫石膏	0.023	0.1		
5	有色金属冶炼	有色金属冶炼渣	0.26	0.8	0.49	1.5
		粉煤灰	0.12	0.4		
		炉渣	0.093	0.3		
		脱硫石膏	0.0189	0.1		
6	电力发电	粉煤灰	3.8	11.7	6.01	18.5
		炉渣	1.5	4.6		
		脱硫石膏	0.71	2.2		
7	化学原料和化学制品制造业	粉煤灰	0.1853	0.6	0.583	1.8
		炉渣	0.3411	1.0		
		脱硫石膏	0.0566	0.2		
合计			23.67	/	23.67	72.70

有色金属行业工业固体废物产生强度高、类别复杂，铝工业固体废物问题较为突出。我国有色金属矿产品位低、共伴生元素多，采选冶炼过程中单位产品固体废物产生强度大，固体废物类别多。例如，我国国民经济中使用的主要有色金属约 10 种（铜、铝、铅、锌、钨、锑、镍、钴、钼、锡等），产生的冶炼渣多达数十种。2014 年，我国 10 种有色金属产量 4417 万 t，产生有色金属尾矿 3.5 亿 t、冶炼渣 2560.9 万 t，平均每生产 1t 有色金属产生 7.92t 有色金属尾矿和 0.58t 冶炼渣；而矿山开发过程每生产 1t 有色金属，约产生采矿废石 30t。另外，每种有色金属产品在采矿、洗矿、冶炼、加工等过程中都会产生危险废物。如铜冶炼过程中产生的铅砷阳极板泥中，化学成分有 Cu、Ag、Au、Db、Bi、Sb、As、Se、Te、Fe、SiO_2 等十多种，其中 Au、Ag、Cu、Se、Te 等具备回收技术条件，其他则仍然留在固体废物中需要进行处置。在有色金属中，铝的产量和消耗量仅次于钢铁。截至 2014 年年底，我国氧化铝总产能 6500 万 t，总产量 5125 万 t，其中山东、山西、河南和广西四省区产量占全国总产量的 66.1%。氧化铝生产过程中产生的赤泥和电解铝产生的大修渣（包括电解槽废槽衬、铝灰渣和阳极炭渣等）是铝工业产生量大、环境风险高、综合利用难度大的最主要的固体废物。其中，电解铝大修渣属于危险废物，尤其是废槽衬含有较高浓度的氟化物和氰化物。在我国现有技术水平下，氧化铝行业平均每生产 1t 氧化铝产生 1.0～1.8t 赤泥，全国每年产生赤泥 5000 万～9000 万 t。电解铝工业每年产生的大修渣高达 180 万～250 万 t。同时，铝工业行业也是我国仅次于化工和钢铁冶炼的第三大耗能行业，2012 年有色金属行业总能耗中电解铝消耗电力占全国总电力的 60%，高达 2345.4 亿 kW·h，粉煤灰、脱硫石膏、炉渣等固体废物的产生量十分显著。

煤炭消费过程固体废物产生强度较高。我国是世界上第一大能源生产和消费国。2014 年我国原煤产量 38.74 亿 t、煤炭消费量 35.26 亿 t。煤炭采选和消费导致粉煤灰、脱硫石膏、炉渣等工业固体废物大量产生。在我国，平均每生产 1t 原煤，将产生 0.2t 煤矸石，全国每年约产生煤矸石 7.75 亿 t。据国际能源机构（IEA）统计，2011 年我国煤炭消费总量占全世界的 50.5%。中国工程院研究显示，煤炭对我国 GDP 的贡献率超过 15%。但是，与发达国家相比，我国煤炭消费强度过大，从单位国土面积煤炭消费量看，我国煤炭消费强度分别是美国的 4.0 倍、欧盟的 3.1 倍（中国工程院“生态文明建设与能源生产消费革命”课题组，2015）。从煤炭消费途径来看，我国 48%的煤炭用于工业，尤其是火力发电行业消耗的煤炭占总消费量的 48%（约 17 亿 t）。由于我国煤炭入洗率较低，燃煤过程中粉煤灰、脱硫石膏、炉渣等固体废物产生量十分惊人。环境统计数据显示，2014 年，仅环统调查企业产生的粉煤灰就高达 4.6 亿 t 左右，其次为炉渣（3.0 亿 t）和脱硫石膏（0.84 亿 t），分别占全国同类废物产生总量的 83%、88%和 54%。

（2）工业危险废物

制造业是工业危险废物产生的主要来源。2014 年，我国环境统计调查中共有 40 个行业的工业企业申报了危险废物产生量[见附表(二)]。化学原料和化学制品制造业，有色金属冶炼和压延加工业，非金属矿采选业，造纸和纸制品业，计算机、通信和其他电子设备制造业，石油加工、炼焦和核燃料加工业，有色金属矿采选业等七大行业总产生量 2958.54 万 t，占总量的 81.43%（专题图 3-11）。其中，非金属矿采选业主要是石棉尾矿、废石，造纸和纸制品业主要是造纸黑液，这两个行业企业分布相对集中。除此之外的五大行业在我国区域分布广泛，是危险废物的重要来源。

2014 年，环境统计统计数据显示，化学原料和化学制品制造业共有 48 大类危险废物产生，主要是废酸、废碱、废催化剂、废溶剂，以及精蒸馏残渣、废矿物油等危险废物；有色金属冶炼和延压加工业共有 26 大类危险废物产生，主要是含各类重金属（如铅、铜等）的废物、有色金属冶炼废物、表面处理废物、废矿物油、废酸、废碱等危险废物；非金属矿采选业有 4 大类危险废物，其中石棉废物占 99.8%；造纸和纸制品业共产生 23 大类危险废物，其中废碱占 94%；计算机、通信和其他电子设备制造业共产生 43 大类危险废物，其中表面处理废物、含铜废物、废酸占 78%；石油加工、炼焦和核燃料加工业共产生 27 大类危险废物，主要是废矿物油、精（蒸）馏残渣、废碱等，三类合计占 70%；有色金属矿采选业共产生 14 大类危险废物，主要是无机氰化物废物、有色金属冶炼废物，以及含各类重金属废物等，其中金矿采选产生的无机氰化物废物占 92%。

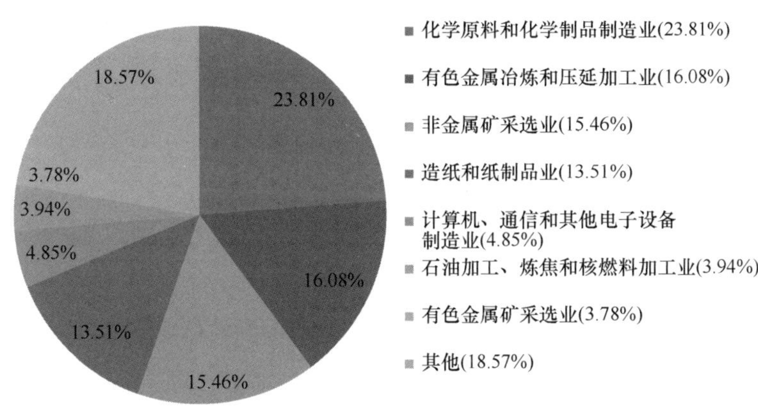

专题图 3-11　2014 年我国主要危险废物产生行业情况（彩图见封底二维码）
数据来源：环境保护部，2015a

（3）环境管理重点企业是重要产生源

超过六成的工业固体废物来源于环统调查企业。我国将固体废物产生量大于 1 万 t 及有危险废物产生的工业企业纳入环境统计调查范围。2014 年，全国共调查了 154 633 家工业企业，其中产生一般工业固体废物的有 105 282 家，占调查总数的 68%；产生工业危险废物的有 25 965 家，占调查总数的 17%。比较环统调查企业申报量与行业管理部门对主要工业企业的调查统计产生量可以发现（2013 年数据见专题表 3-4），环统调查企业的工业固体废物约占全部产生量的 66%。

专题表 3-4　2013 年大宗工业固体废物不同统计产生量情况

统计口径	尾矿（亿 t）	粉煤灰（亿 t）	煤矸石（亿 t）	冶炼废渣（亿 t）	炉渣（亿 t）	脱硫石膏（亿 t）	合计（亿 t）
环境统计调查	10.65	4.62	3.84	3.68	2.65	0.813	26.253
行业统计	16.49	5.8	7.5	5.44	3.77	0.76	39.76
环境统计/行业统计	65%	80%	51%	68%	70%	107%	66%

数据来源：环境保护部，2015；国家发展改革委，2014

3. 区域集中特征明显

（1）工业固体废物产生量与资源区域分布基本一致

总体而言，我国不同地区工业固体废物的产生类别、产生量与主要资源基础储量分布基本一致。例如，河南、辽宁、内蒙古、山东、山西五省（自治区）资源储量占全国的比重为65%，工业固体废物产生量占全国的比重为36%，均位列资源总储量排名和固体废物产生量排名前10位地区。尤其是铁、煤炭等资源聚集区域，工业固体废物产生量巨大。尾矿、冶炼渣等分布与金属矿产资源分布一致。我国铁矿资源主要集中在京津冀、辽宁、四川、内蒙古等地区，有色金属矿产资源主要分布在中部、西南、长江中下游等区域。与之相对应，这些地区金属矿产资源开采、冶炼等工业集中布局，尾矿、冶炼渣等产生量十分集中。中国钢铁工业协会统计信息显示，河北、辽宁、四川、内蒙古、山西等5个地区铁矿石产量占全国总产量的77%左右，其中河北产量达到40%；2014年，河北、辽宁两省环统调查企业尾矿产生量占全国的34%。同期，河北、江苏、辽宁、山东、山西等地冶炼渣的产生量占全国的49.6%，仅河北冶炼废渣产生量就占全国的19.6%。与此同时，这些区域长期的金属矿产资源开发活动导致尾矿、废石、冶炼渣等工业固体废物大量堆积。仅京津冀地区尾矿堆存量就高达53亿t，铁尾矿的堆存量就高达75亿t左右，约占全国尾矿堆存量的51%。

煤炭生产消费产生的固体废物分布差异明显。我国西北、华北、东北（以下简称“三北”地区）煤炭储量占全国的76%，集中了全国87.5%的大型煤电基地（14个）。“十二五”和“十三五”期间，“三北”地区承受我国大部分的新增火电开工规模，“北煤南调、西煤东运”格局长期存在。在主要产煤区，煤矸石等固体废物产生量巨大。2014年，山西煤炭总储量占全国的38.4%，居于全国首位；同期，山西环统调查企业的煤矸石产生量占全国的35.5%。而东南部地区是煤炭消费的集中地区，粉煤灰、脱硫石膏、炉渣等燃煤过程产生的固体废物十分集中。例如，华东、华中、华南地区的煤炭消费量占全国的50%，2014年这3个地区环统调查企业粉煤灰的产生量占全国粉煤灰的44.5%。

（2）大中型资源城市固体废物产生量集中

2015年，环境保护部发布的《2015年全国大、中城市固体废物污染环境防治年报》中统计了244个大、中城市一般工业固体废物产生利用情况，其中产生量占全国的58.9%、综合利用量占全国的58.8%、处置量占全国的59.7%、贮存量占全国的57.8%（专题图3-12）。

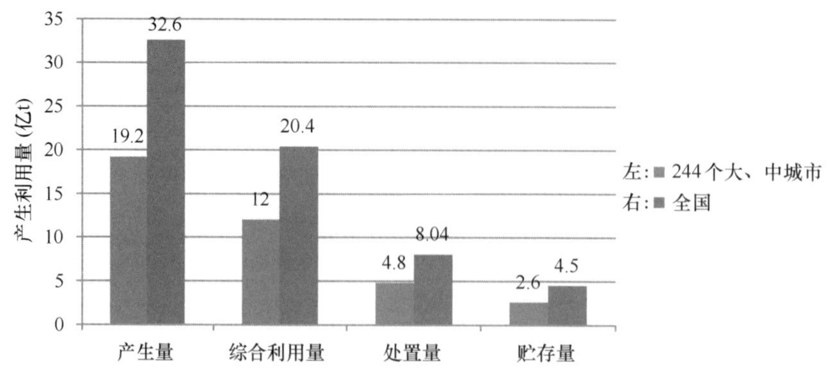

专题图3-12　2014年大、中城市一般固体废物产生利用情况

数据来源：环境保护部，2015

2014 年，环境统计调查数据显示，一般工业固体废物产生量排名前 10 的城市产生量合计超过 5.8 亿 t（专题表 3-5），占全国总产生量的 17.8%，其中 9 个属于资源型城市。

对于危险废物而言，大、中城市的产生量集中度更高。2014 年，244 个大、中城市的工业危险废物产生量占全国的 67.1%、综合利用量占全国的 69.4%、处置量占全国的 95.7%、贮存量占全国的 20.0%（专题图 3-13）。

专题表 3-5　2014 年一般工业固体废物产生量排名前 10 的城市

序号	城市名称	产生量（万 t）
1	河北省唐山市	9 988
2	辽宁省辽阳市	8 398
3	辽宁省本溪市	7 051
4	四川省攀枝花市	5 801
5	内蒙古自治区鄂尔多斯市	5 736
6	辽宁省鞍山市	5 279
7	山西省忻州市	4 313
8	内蒙古自治区呼伦贝尔市	3 773
9	山西省朔州市	3 677
10	山西省大同市	3 549
合计		57 565

数据来源：环境保护部，2015

（3）危险废物产生源集中于中东部地区

长期以来，我国工业集中布局发展，辽中南、京津唐、沪宁杭和珠江三角洲是我国重要的四大工业基地，聚集了全国大部分重工业、轻工业，制造业十分发达，资源生产加工产业链条长。相应区域的工业危险废物产生量大、类别较多，并呈现出与产业结构明显相关的区域特征。2014 年环境统计调查各地危险废物产生量情况如专题图 3-14 所示。

化学原料和化学制品制造业园区化程度较高，沿江沿河沿海分布特征明显，西部煤化工产业布局集中。化学原料和化学制品制造业是我国规模以上企业法人数量居于全国

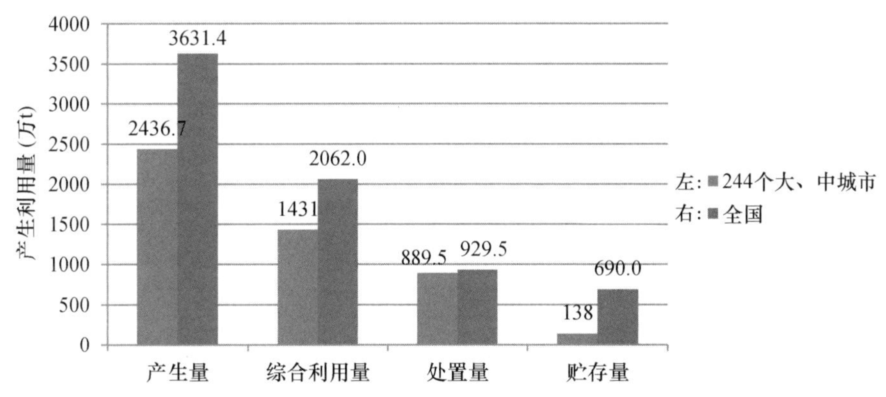

专题图 3-13　2014 年大、中城市工业危险废物产生利用情况

数据来源：环境保护部，2015

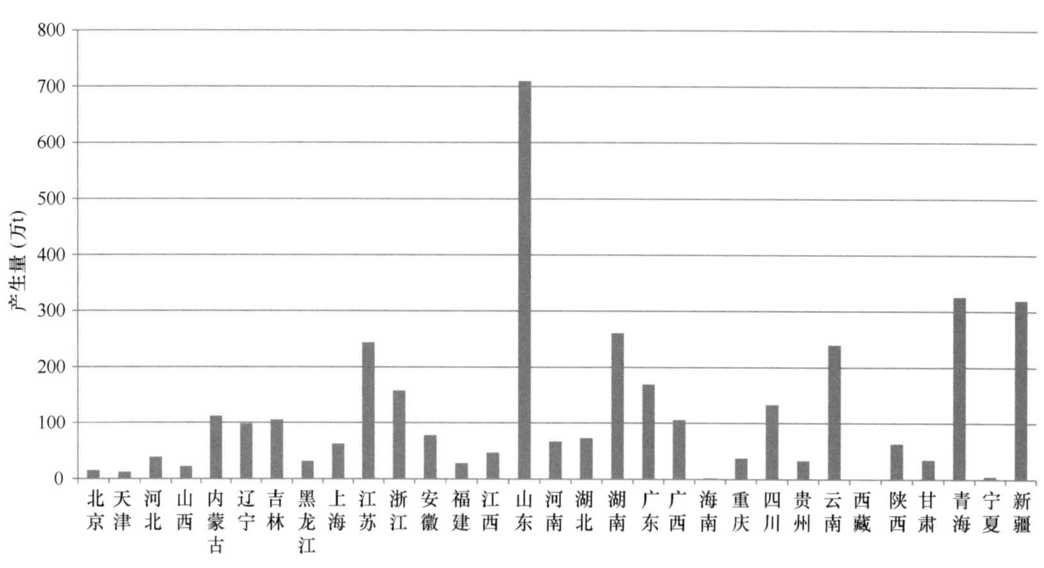

专题图 3-14　2014 年各地工业危险废物产生量

第二的行业，2014 年占全国的比重约为 7%，企业在全国各地均有分布。2008 年国务院安委会办公室发布《关于进一步加强危险化学品安全生产工作的指导意见》（安委办〔2008〕26 号）要求："从 2010 年起，危险化学品生产、储存建设项目必须在依法规划的专门区域内建设……新的化工建设项目必须进入产业集中区或化工园区，逐步推动现有化工企业进区入园。"2012 年，工业和信息化部印发的《石化和化学工业"十二五"发展规划》中提出："对不在规划区域内的危险化学品生产储存企业制定'关、停、并、转（迁）'计划。"截至 2012 年，我国共有 1185 个省级以上化工园区或化工产业聚集区。其中，国家级化工园区主要集中在环渤海、长江三角洲、珠江三角洲等东南沿海，尤其是山东、江苏、浙江、广东、辽宁、吉林等是传统化工产业的基地。仅太湖流域就集中了 88 个工业园区。这些化工行业集中区域产生的危险废物主要是含有机物和重金属的危险废物及废酸、废碱等。近年来，随着"中部崛起""西部大开发"等国家战略的实施，中部、西部化工产业发展迅速。尤其是煤化工在新疆、内蒙古、宁夏、陕西、四川和黑龙江东部等地高速发展，形成了以煤化工为主的新型化工基地，导致这些区域煤化工行业相关危险废物产生量增长较快。例如，2014 年，陕西废矿物油产生量占全国的比重约为 20%，精蒸馏残渣产生量占全国的比重约为 10%，仅次于传统化工产业聚集的江苏。

我国有色金属冶炼和压延加工业主要集中于中部、西南及东部的山东等部分地区，尤其是长江中下游城市群地区，铁、铜等金属矿产资源丰富，是全国的"有色金属之乡"和"非金属之乡"。以上区域有色金属冶炼加工产生的危险废物集中特征十分突出。例如，2014 年，云南、湖南、广西三地产生的有色金属冶炼废物占全国的比重约为 50%；山东黄金冶炼产生的无机氰化物占全国的比重高达 75%。

装备制造、电子产品制造等产业主要集中于我国东部沿海地区，相关地区表面处理等过程产生的危险废物非常集中。例如，2014 年，广东电子产品制造产业产生的表面处理废物占全国的比重约为 36%，含铜废物产生量占全国的比重约为 44%；江苏装备制造产业产生的油/水、烃/水混合物或乳化液占全国的比重约为 58%。

非金属矿采行业产生的石棉废物主要来源于青海和新疆（含新疆兵团及新疆维吾尔自治区）两地，两地石棉废物产生量占全国的比重分别为 51.6%和 48.4%。

我国产业布局及其发展基本与资源禀赋区域分布情况一致。首先，综合分析发现，山东、江苏、浙江、湖南、广东、四川等地聚集了多个危险废物产生量集中行业，导致这些地区危险废物产生量十分集中。例如，聚集了化工、有色金属冶炼、制造业的山东，2014 年危险废物产生量占到了全国的 19.5%，位于全国第一。其次，需要关注的是长江中下游地区（江西、湖北、湖南、安徽、江苏、浙江、上海等），这些地区是我国重要的石化和冶金装备制造基地，也是有色金属开采、冶炼加工等工业基地，危险废物产生量占全国的比重超过 1/4。值得注意的是，近年来，在国家产业战略转移的大背景下，危险废物产生强度较高的产业持续向中部、西部、东北部等地区转移，导致这些地区危险废物的产生量急剧增加，危险废物产生类别更为复杂。

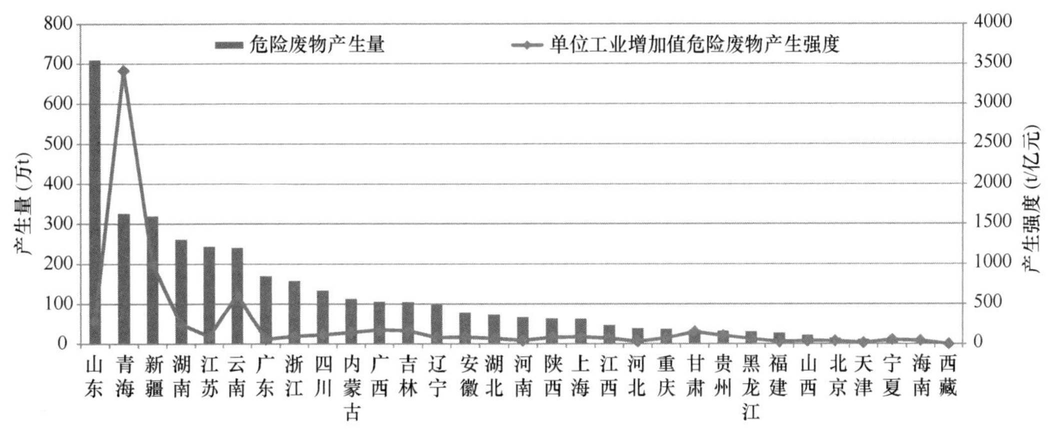

专题图 3-15　2014 年我国各地工业危险废物产生情况

数据来源：环境保护部，2015

（4）西部地区工业固体废物集中度不断提高

我国西部地区资源能源禀赋丰富，全国 171 种矿产资源在西部地区均有分布；已探明储量的矿产种类有 132 种；化石能源总储量占全国的 67%；45 种主要矿产资源储量的潜在价值高达 45 万亿元（张秀萍等，2010），占全国总金属储量潜在价值的 51%，一些稀有金属的储量位居全国甚至世界首位。近年来，钢铁、有色金属冶炼、化工、电力、制造业等资源型产业在东部沿海地区产业结构调整和土地资源日益匮乏的压力下，日益向西部地区集中，随之而来的是西部地区固体废物产生量急剧增加。自 2011 年开始，西部地区一般工业固体废物产生量超越东部地区成为全国首位（专题图 3-16）。

以煤炭为例。电力行业“西电东输”战略布局调整导致新疆、内蒙古、山西等主要煤炭产区火电产能增长迅速，相应的煤矸石、粉煤灰、脱硫石膏、炉渣等工业固体废物产生量增长过快。2013 年，西部煤炭消费量增长 2.64 亿 t，占全国总增长量的 37.1%，增长率达 72.62%（专题图 3-17），远高于全国平均水平（2%）。2008～2013 年，新疆火电行业煤炭消费增长率达到 201%，宁夏、广西、海南、陕西等地分别为 152%、139.7%、133.5%、129.4%。在国家“产业援疆”战略影响下，2013 年新疆钢铁产能达到 2300 万 t，是 2010 年的 2.9 倍；同期，新疆一般工业固体废物产生量增加到 9283 万 t，是 2010 年的 2.4 倍。

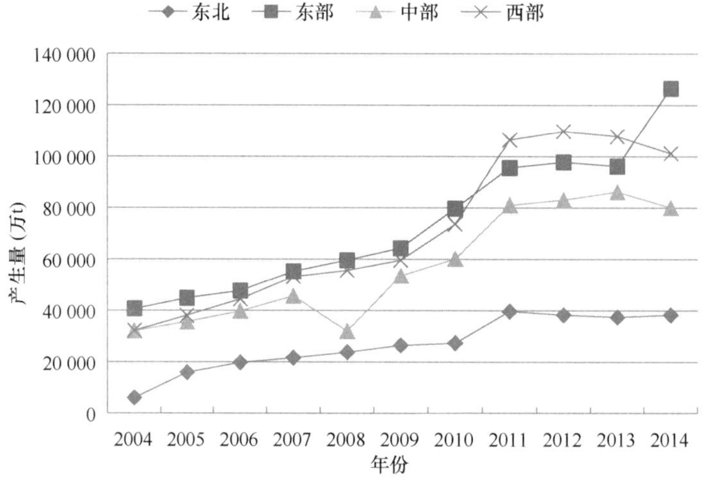

专题图 3-16　2004～2014 年我国各地区一般工业固体废物产生情况

数据来源：环境保护部，2005～2015

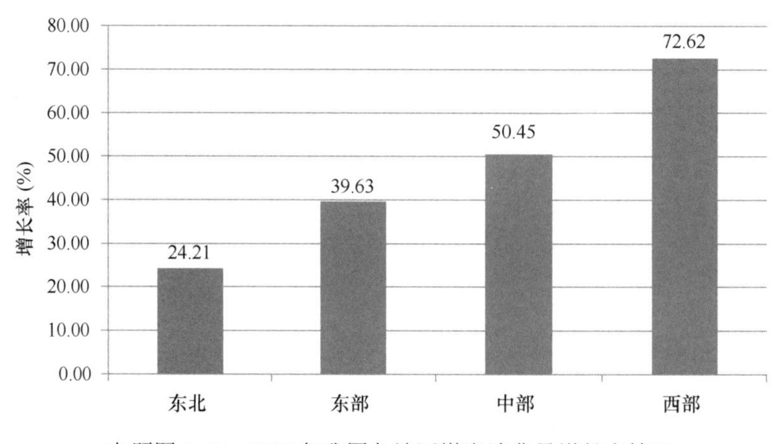

专题图 3-17　2013 年我国各地区煤炭消费量增长率情况

数据来源：国家统计局

三、我国工业固体废物分类资源化利用发展情况

（一）资源利用体制机制不断完善

我国具有“收旧利废”的传统，工业固体废物分类资源化利用实践开展的较早，近年来，为了规范资源综合利用活动，我国从法律体系、制度体系建设等方面开展了较多工作。

1. 综合利用法规制度体系不断完善

我国工业固体废物分类资源化利用的管理体制机制是在《固体法》《中华人民共和

国清洁生产促进法》《中华人民共和国循环经济促进法》三部专项法律框架下形成的。

1995 年出台的《固体法》明确提出"国家对固体废物污染环境的防治，实行减少固体废物的产生量和危害性、充分合理利用固体废物和无害化处置固体废物的原则，促进清洁生产和循环经济发展"(《固体法》第三条)，"资源化"被确立为我国固体废物环境管理的基本原则之一。在《固体法》中，规定了"企业事业单位应当合理选择和利用原材料、能源和其他资源，采用先进的生产工艺和设备，减少工业固体废物产生量，降低工业固体废物的危害性"(《固体法》第三十一条)，以及"企业事业单位应当根据经济、技术条件对其产生的工业固体废物加以利用；对暂时不利用或者不能利用的，必须按照国务院环境保护行政主管部门的规定建设贮存设施、场所，安全分类存放，或者采取无害化处置措施"(《固体法》第三十三条)。其中，也特别规定"矿山企业应当采取科学的开采方法和选矿工艺，减少尾矿、矸石、废石等矿业固体废物的产生量和贮存量"(《固体法》第三十六条)。在法律责任规定方面，《固体法》明确了"国家对固体废物污染环境防治实行污染者依法负责的原则"(《固体法》第五条)，确立了产生者的法律责任。

2002 年出台的《中华人民共和国清洁生产促进法》从"促进清洁生产，提高资源利用效率，减少和避免污染物的产生，保护和改善环境，保障人体健康，促进经济与社会可持续发展"的角度提出基本法律要求。2008 年出台的《中华人民共和国循环经济促进法》为"促进循环经济发展，提高资源利用效率，保护和改善环境，实现可持续发展"提出了生产者责任延伸制度等多项制度建设要求。

随着上位法的逐步完善，我国在工业固体废物分类资源化利用制度建设方面逐渐出台了一系列法律法规和制度。例如，各部委在职责范围内出台了粉煤灰、煤矸石等大宗固体废物综合利用管理等一系列法律法规，完善了资源综合利用财税优惠政策，建立了尾矿库综合整治等多部门协调机制。

2. 废物分类资源化已被纳入国家发展规划

1996 年，国务院发布《国务院批转国家经贸委等部门关于进一步开展资源综合利用意见的通知》(国发〔1996〕36 号)，明确了开展资源综合利用也是国民经济和社会发展中一项长远的战略方针。党的十八大要求经济发展方式转变更多地依靠节约资源和循环经济推动，并把资源循环利用体系初步建立作为 2020 年全面建成小康社会目标之一。2013 年 1 月，国务院发布了《循环经济发展战略及近期行动计划》，提出到 2015 年中国的能源产出率（每能源单位产出 GDP）与 2010 年相比提高 18.5%，水资源产出率提升 43%，资源循环利用产业总产值从 2010 年的 1 万亿元增加到 1.8 万亿元，以及煤炭工业煤矸石综合利用率达到 75%、电力工业粉煤灰综合利用率达到 70%等行业目标。国家发展改革委连续发布"十一五""十二五"《资源综合利用指导意见》。国土资源部 2015 年发布了我国首个《矿产资源综合利用技术指标及其计算方法》，规定了矿产资源综合利用主要技术指标；累积发布 20 个矿种的开采回采率、选矿回收率、综合利用率指标要求；以及 60 项共伴生矿产及尾矿等的综合利用技术。近年来，各级政府为推动资源综合利用和循环经济发展，从财税补贴、产业政策、绿色采购等方面给予了多方面支持。例如，国家设立专项资金用于支持传统工业园区的循环化改造；资源综合利用企业可以享受税收优惠；多部门出台文件支持循环经济相关项目贷款和在资本市场上直接融资。

为实现我国社会经济的可持续发展，十八大以来，我国将生态文明建设作为未来工作的重中之重，并将资源节约集约循环利用与改善环境质量、控制环境风险作为重点任务。2016 年 3 月，《中华人民共和国国民经济和社会发展第十三个五年规划纲要》提出“必须坚持节约资源和保护环境的基本国策，坚持可持续发展……加快建设资源节约型、环境友好型社会”，以及“树立节约集约循环利用的资源观，推动资源利用方式根本转变，加强全过程节约管理，大幅提高资源利用综合效益。”国务院印发的《“十三五”国家战略性新兴产业发展规划》中将“深入推进资源循环利用”作为重点任务之一。标志着资源综合利用已经成为我国发展战略的重要组成部分。

3. 资源税改革将促进矿产资源综合利用

资源税是我国调节资源配置的重要手段，是我国同资源和生态环境关系最为密切的一个税种。2016 年以前，我国对主要矿产资源以“按量计征”的方式征收资源税，征收范围窄、征收额度较低，未能反映资源供求关系和资源稀缺程度，尤其是对从尾矿等固体废物中提取有价资源的活动以同等标准征收资源税，对企业开展尾矿等资源化利用积极性产生了明显的负面影响。2016 年，根据《关于全面推进资源税改革的通知》（财税〔2016〕53 号），2016 年 7 月 1 日起我国开始全面推进资源税改革，扩大了资源税的征收范围（专题表 3-6），将原有“按量计征”为主改为“按价计征”为主，提高资源税对资源供求关系、级差收益的调节作用，实施“浮动税率”，对开采难度大、成本高及综合利用的资源可给予减税或免税的税收优惠。新的资源税有利于促进资源合理开发利用，保护非再生、不可替代资源及环境，促进矿产资源开发使用环境成本内部化。

专题表 3-6　2016 年 7 月 1 日起实施的资源税税目税率幅度表

序号	税目		税率幅度
1	原油		5%～10%
2	天然气		5%～10%
3	煤炭		2%～10%
1	金属矿	铁矿	1%～6%
2		金矿	1%～4%
3		铜矿	2%～8%
4		铝土矿	3%～9%
5		铅锌矿	2%～6%
6		镍矿	2%～6%
7		锡矿	2%～6%
8		未列举名称的其他金属矿产品	税率不超过 20%
9		轻稀土	内蒙古 11.5%、四川 9.5%、山东 7.5%
		中重稀土	27%
10		钨	6.50%
11		钼	11%

续表

序号	税目		税率幅度
12	非金属矿	石墨	3%～10%
13		硅藻土	1%～6%
14		高岭土	1%～6%
15		萤石	1%～6%
16		石灰石	1%～6%
17		硫铁矿	1%～6%
18		磷矿	3%～8%
19		氯化钾	3%～8%
20		硫酸钾	6%～12%
21		井矿盐	1%～6%
22		湖盐	1%～6%
23		提取地下卤水晒制的盐	3%～15%
24		煤层（成）气	1%～2%
25		黏土、砂石	每吨或立方米 0.1～5 元
26		未列举名称的其他非金属矿产品	从量税率每吨或立方米不超过 30 元；从价税率不超过 20%
27	海盐		1%～5%

注：1. 铝土矿包括耐火级矾土、研磨级矾土等高铝黏土

2. 氯化钠初级产品是指井矿盐、湖盐原盐、提取地下卤水晒制的盐和海盐原盐，包括固体和液体形态的初级产品

3. 海盐是指海水晒制的盐，不包括提取地下卤水晒制的盐

新的资源税管理制度中，在已有资源税减免优惠的基础上，对通过废物综合利用获取的资源给予实施地方为主的减免税优惠政策。包括：对符合条件的采用充填开采方式采出的矿产资源减征 50%；对符合条件的衰竭期矿山开采的矿产资源减征 30%。对鼓励利用的低品位矿、废石、尾矿、废渣、废水、废气等提取的矿产品，由省级人民政府根据实际情况确定是否减税或免税。此举将有效激励矿山企业开展尾矿等矿山固体废物的综合利用。

4. 资源化利用产业市场环境得到优化

环保专项整治工作促进净化产业市场。“十二五”期间，针对危险废物不规范利用处置突出问题，环保部门以危险废物规范化考核为抓手，对危险废物综合利用企业开展常态化监督管理，有效促进了危险废物经营单位管理水平和技术水平的提升，2013 年规范化抽查合格率比 2011 年提高了 8.5 个百分点。

中央资金对拉动资源化利用产业投资发挥了积极作用。“十二五”期间，中央财政设立专项资金支持“城市矿产基地”“循环经济试点”“大宗固体废物综合利用基地”“矿产资源综合利用示范基地”等试点示范项目，推动了尾矿、冶炼渣、粉煤灰等工业固体废物的资源化利用，带动了各类资金投入。例如，矿产资源综合利用示范基地建设以来，中央财政资金累计投入 148.8 亿元，拉动企业投入 949.87 亿元。

针对性市场调节措施加快了资源化产业市场发展。各地在国家宏观法律政策框架下，围绕培育产业市场，重点从财税优惠、腾换市场空间等方面因地制宜地出台了一系

列政策措施。例如，承德依据有关产业政策，对全市 141 家黏土砖生产企业进行了强制关闭，大力推进尾矿制备建筑材料和其他新型材料新项目及技改项目，截至 2014 年年底，建成尾矿综合利用项目 81 个，涵盖十大系列 50 多种产品，实现产值 105 亿元，年利用尾矿 5000 万 t，尾矿综合利用率达到 22.2%；浙江省“禁黏”政策实施 1 年，促进固体废物综合利用 6000 万 t。

（二）综合效益开始显现

近年来，在国家“循环经济试点”“矿产资源综合利用示范基地”“资源综合利用‘双百工程’示范基地”等专项资金的支持下，我国工业固体废物综合利用取得了积极进展，在环境保护、资源节约、经济发展等方面取得了积极的综合效益。

1. 环境保护和节能减排效益显著

环境统计数据显示，2001～2014 年，我国累计综合利用工业固体废物 173 亿 t；尤其是“十二五”期间全国共利用大宗工业固体废物约 70 亿 t，减少固体废物占地约 24.5 万 hm^2；2014 年综合利用率达到 62.1%。“十二五”期间，一般工业固体废物处置及贮存总量基本维持在每年约 13 亿 t，并有逐年下降的趋势。2014 年处置及贮存总量比 2011 年减少 6000 万 t，下降了 4.6%。这对于缓解局部地区大气扬尘、地下水污染恶化趋势具有积极意义。2013 年，我国通过资源化利用，减少了固体废物堆存占地 9000hm^2 以上；利用废钢铁、废有色金属等再生资源比使用一次资源减少排放废水 170 亿 t、二氧化碳 6 亿 t，减少产生固体废物 50 亿 t。通过利用尾矿等工业固体废物开展矿山采空区等生态治理工程，有效控制了矿山采空区的环境安全隐患。

2. 经济效益明显

2013 年，全国煤矸石、煤泥发电装机容量达 3000 万 kW，相当于减少原煤开采 5700 多万吨（1t 煤矸石的发热量约折合 0.285t 标准煤）。2013 年，我国工业固体废物分类资源化利用总产值约为 8183 亿元，平均每综合利用 1t 工业固体废物，可产生 320 元产值。再制造发动机的单台利润则可达到 20%，比当前传统制造业利润水平高近 1 倍。经测算，以再制造 5 万台斯太尔发动机为例，与旧机回炉相比，可减少二氧化碳排放 3000t、再用金属 3.825 万 t、节电 7250 万 kW·h、创利税 1.45 亿元、节省购机费 14.5 亿元（再制造发动机的价格是新机价格的 1/2）、回收附加值 16.15 亿元。

3. 工业企业降本增效促进作用明显

开展工业固体废物分类资源化利用一方面减少了企业在固体废物贮存、处置管理的成本；另一方面可回收生产资源和其他副产品，提升企业经济效益。例如，2006～2013 年，鞍钢集团从 1800 万 t 冶金渣中回收精品钢铁物料 690 万 t，相当于减少铁矿石开采近 3000 万 t，节能 1100 万 t 标准煤，同时生产优质建材产品 680 万 t；2014 年，宝钢集团从工业固体废物中回收产品达 825 万 t，其中 2014 年宝钢的工业固体废物综合利用率达到 99.15%；2008 年以来，大庆油田累计修复油管 2445.59 万 m、抽油杆 751.82 万 m，累计节约费用约 10 亿元。

（三）资源化利用产业发展取得积极进步

1. 资源化利用产业加速发展

（1）资源化利用产业正在成为工业发展新的增长点

2008 年以来，我国废弃资源和废旧材料回收加工业固定资产投资一直保持较快速增长，2014 年投资额达到 1200 亿元，是 2008 年的 12 倍，年均增长率保持在 200%（专题图 3-18）。2000～2011 年，固体废物综合利用产业收入年均增长率约为 38.8%，是同期全国工业增加值年均增长率的 2.6 倍。

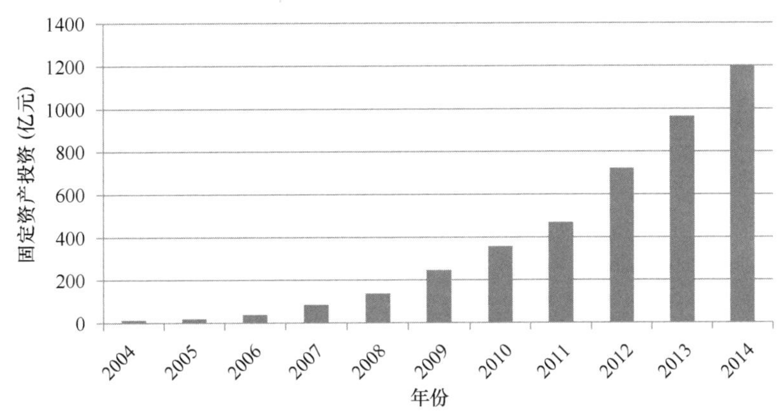

专题图 3-18　2004～2014 年我国废弃资源和废旧材料回收加工业固定资产投资

数据来源：国家统计局

（2）产业发展初具规模

2013 年，我国资源综合利用行业实现产值已达到 1.3 万亿元、综合利用企业超过 15 000 家，从业人员超过 250 万人；全国金属资源尾矿、废石综合利用量为 7.87 亿 t，年产值达到 936 亿元。另据中国汽车工业协会汽车零部件再制造分会统计，汽车零部件再制造生产能力达到发动机约 11 万台，变速箱 6 万台，发电机、起动机约 100 万台（套）；专家估计，我国汽车再制造产业产值已达 80 亿元。工业固体废物分类资源化利用已经成为我国工业结构中的重要组成部分。

2. 多产业协同发展的模式初步形成

工业固体废物中含有有毒有害物质，资源化利用过程环境投入较高，单一化的产业结构和产品类型的市场竞争力与抗风险能力相对薄弱。为此，各地逐步发展出多产业协同发展的产业模式，提升产业整体竞争能力，实现规模效益。例如，本溪、攀枝花、朔州、金昌等地区采取园区化管理方式，促进传统资源型产业基地传统产业与综合利用新兴产业共生耦合，优化园区企业间在资源开发、循环、利用、处置等物质全生命周期过程的产业分工，促进工业固体废物就近综合利用和产业聚集。铜陵有色金属集团控股有限公司整合资源勘探、矿山开采、冶炼、加工等产业链，建立了复杂多金属矿高效循环利用和能源梯级利用的立体循环经济产业链（专题图 3-19），2013 年与 2010 年相比，能源产出率提高 0.98%，水资源产出率提高 7.5%，工业固体废物利用率提高 43%，工业用水重复利用率提高 6%，年回收余热近 5.2 万 t 标准煤。

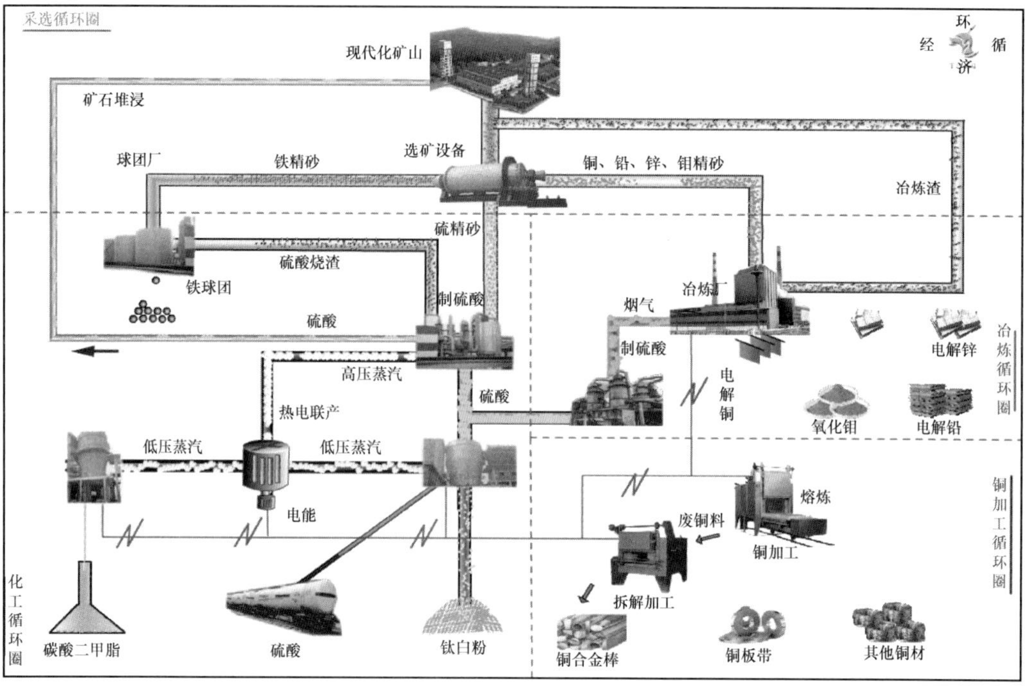

专题图 3-19　铜陵有色金属循环经济产业链

信息来源：中国循环经济协会

3. 资源化利用技术创新取得进步

新技术应用提高了资源利用效率。近年来，我国在共伴生矿产资源提取技术方面取得多项突破，资源回收效率显著提高，低品位、共伴生和难利用资源变成了经济可采资源，显著提升资源保障能力。2013 年，大中型矿山中，金、银、硫、钼回收率分别达到 66.7%、71.4%、76.7%和 47%；钒钛磁铁矿等尾矿综合利用技术、工艺和装备实现产业化应用。钒钛磁铁矿资源综合利用、铁-稀土多金属共伴生资源综合利用、镍铜多金属共伴生资源综合利用、锡和铅锌铟等复杂多金属共伴生资源综合利用、非金属矿资源高效综合利用等方面均取得了技术研究和产业化的突破，红土镍矿生产镍铁技术、中低品位高镁磷矿直接生产高浓度磷复肥及资源化利用关键技术取得了进展。在铁锰尾矿有价组分提取、有色金属尾矿有价组分高效分选回收、石墨尾矿有价组分回收、尾矿制备新型建筑材料等方面取得了较大的技术突破。

一批固体废物消纳量大、经济环保效益好的重大共性关键技术的工程应用取得突破。“十二五”期间，部分尾矿和废石在混凝土中的应用技术达到国际领先水平；以脱硫石膏为主要原料的大型纸面石膏板生产线、钢渣热闷法预处理大型生产线等实现规模化推广。尤其是我国已经突破了低热值、大容量煤矸石发电关键技术，煤矸石、煤泥等综合利用发电机组高参数、大型化已具备产业化基础，135MW 及以上单机容量煤矸石发电机组占煤矸石发电总装机容量的 70%以上。

产学研的有机融合促进了不同层面的技术攻关，技术创新活跃，突破了多项资源综合利用产业化技术难点。据统计，目前已有 133 个大专院校和科研院所参与到 40 个矿产资源综合利用示范基地的平台建设，联合设立了 41 个研究中心、10 个重点实验室、7 个院士工作站、6 个博士后工作站或人才培养基地，共设立科研项目 203 个，获得国家科学技术进步奖、省部级科学技术进步奖共 40 余项，每年新申请专利约 1500 个，已经超过美国、日本、德国等发达国家（专题图 3-20）。2011 年以来，以非金属矿物制品业为代表的资源化利用产业新产品项目数和专利发明数增长迅速（专题图 3-21）。仅 2013 年就有 1000 多项原始创新技术获得国家发明专利授权，其中尾矿综合利用领域的发明专利共授权 213 项。

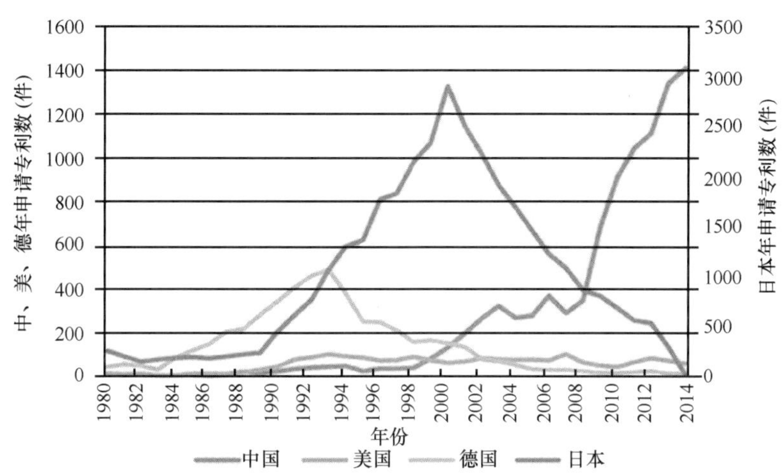

专题图 3-20　近年来我国与部分国家固体废物领域专利申请量比较（彩图见封底二维码）
资料来源：宇墨智库

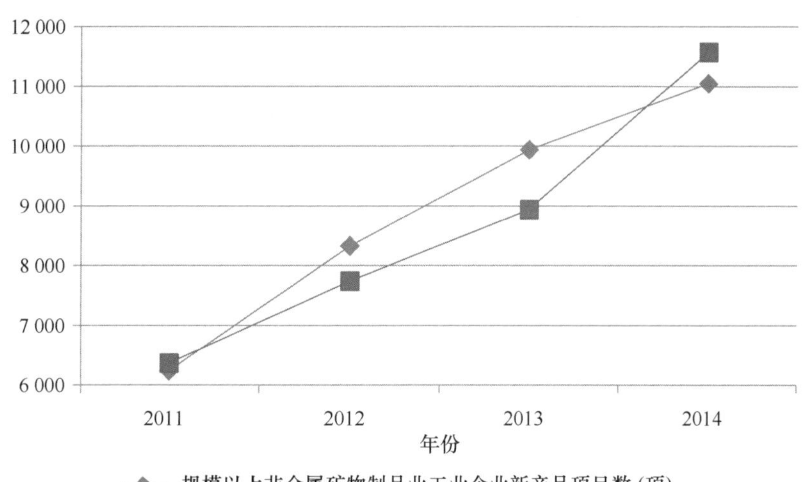

专题图 3-21　2011～2014 年我国非金属矿物制品业技术创新情况
数据来源：国家统计局

4. 再制造产业试点成果丰富

2004 年，时任全国政协副主席、中国工程院院长徐匡迪提出：“中国构建循环经济应以 4R（Reduce 减量化、Reuse 再利用、Recycle 再循环、Remanufacture 再制造）原则为指导。”其后，再制造作为制造领域的优先发展主题和关键技术被列入《国家中长期科学和技术发展规划纲要（2006—2020 年）》，相关研究课题被科技部纳入“十一五”国家科技支撑计划。自 2005 年起，国家发展改革委、工业和信息化部等部门开始以汽车零部件为重点的再制造作为循环经济等试点的重点领域，并逐步扩大试点范围。目前，国家发展改革委已确定了两批 42 家试点单位，涉及项目有发动机、起动机、发电机、变速器、转向机、传动轴、机油泵、水泵等部件。工业和信息化部组织实施了其他机电产品再制造试点，目前已有 84 家企业和 5 个园区（再制造基地）纳入了试点。

在国家重大科技专项支持下，**我国自主研发形成了“尺寸恢复和性能提升”的再制造技术体系**，再制造产品的尺寸精度、性能指标和质量标准均不低于原型新品质量水平。在再制造试点过程中，我国再制造技术产业化应用取得快速发展，近年来专利申请增长快速（专题图 3-22），形成了一系列再制造产品和技术标准，为我国再制造产业的健康发展提供了技术保障。例如：《汽车零部件再制造产品标识规范》、《汽车零部件再制造产品技术要求》（包括发电机、起动机、变速器、转向器等系列标准）、《汽车可再制造零部件拆解技术规范》、《汽车可再制造零部件分类技术规范》、《汽车可再制造零部件清洗技术规范》、《汽车零部件再制造产品出厂检测及验收包装规范》、《汽车零部件再制造产品装配技术规范》、《再制造单位质量技术控制规范（试行）》等 16 项技术标准制定政策及规范。

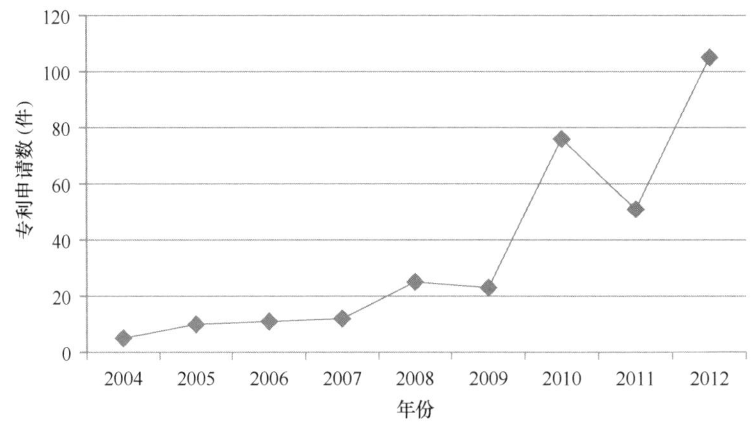

专题图 3-22　近年来我国再制造专利申请数量增长情况

总体而言，我国再制造产业发展已经得到了国家的战略重视，产业发展的技术储备较为丰富，技术的产业转化正在加快，产业市场发展基础已初步形成。

四、发达国家和地区固体废物分类资源化的管理模式及其发展情况

（一）“零废弃”的欧盟模式

欧盟目前有 28 个成员国，成员国之间的经济发展水平、管理水平各不相同，但整体而言，欧盟拥有世界上迄今最为完备的环境立法和超前的制度建设。具体表现在以下

几个方面。

1. 基本情况及取得的成绩

2012 年，欧盟 28 个成员国经济活动和生活过程中共产生固体废物总量为 25.14 亿 t，比 2010 年的产生量（24.65 亿 t）略有增长，但是低于 2004 年的产生量（25.65 亿 t）。2012 年，欧盟处理废物的总量为 23 亿 t，其中处置量为 11.1 亿 t，占总处理量的 48.26%；循环利用量为 8.39 亿 t，占 36.48%；回填量为 2.14 亿 t，占 9.29%；能量回收量为 1.01 亿 t，占 4.39%；焚烧量为 3646 万 t，占 1.59%。

2012 年，欧盟 28 个成员国危险废物产生量为 9985 万 t，处理总量为 7512 万 t，其中处置（不含焚烧）量为 3590 万 t，占 47.79%；回收（不含能量回收）量为 2876 万 t，占 38.29%；焚烧量为 466 万 t，占 6.20%；能量回收量为 580 万 t，占 7.72%。

2. 纵横交错的法规管理体系

传统的环境战略仅关注生命循环的早期和后期阶段：前一个阶段是原材料提取、加工和生产；后一个阶段是废物处理。欧盟认识到需要从资源的整个生命周期进行考虑，这样环境战略才可以确保环境负面影响最小化。因此，经过多年的努力，欧盟构建起以行业和废物流相互补充、纵横交错的管理框架体系。主要包括基于行业的废物源头减量化政策，基于通用要求与特殊要求相补充的废物管理政策；基于废物运输、焚烧、处置等关键环节的废物管理政策，实现了覆盖主要行业、主要废物流、主要环节的废物管理。

（1）行业源头减量

行业源头减量主要包括针对主要工业行业的《欧盟工业排放指令》（欧洲工业排放与污染防控一体化指令）（2010/75/EC）和针对采矿行业的《有关采矿业废物管理的指令》（2006/21/EC）。

《欧盟工业排放指令》旨在最大限度地减少整个欧盟范围各种工业源的污染，涉及能源产业、金属生产加工、采矿、化工、废物处理等多个行业，涵盖的工业装置约 52 000 个。该指令实施依赖于三大支柱，即经营者基本义务，综合许可证制度，排放限值、最佳可行技术和环境质量标准。该指令能够通过实施最佳可行技术，减少固体废物产生量，推动废物正确处理。

《有关采矿业废物管理的指令》主要针对大量尾矿与废石可能引起的环境问题而出台的指令。核心管理要点包括业主制定废物管理计划，主要事故预防和信息交换、废物设施运营的申请与许可、公众参与。此外，欧盟还制定发布了采矿活动中尾矿与废石环境管理的最佳可行技术参考文件，供管理部门和业界参考，作为颁发许可证的依据。

为了从源头减少有毒物质的使用，欧盟于 2002 年实施了《关于在电子电器设备中限制使用某些有害物质指令》（2002/95/EEC），要求在欧盟市场上禁止含有某些有害物质的产品出售及使用。

此外，《废弃物框架指令》（2008/98/EC）要求欧盟成员国于 2013 年 12 月 12 日之前，实施国家废物预防计划项目，并要求每 6 年对该计划进行评估和必要的修订。

（2）通用要求与特殊要求相互补充

在废物的通用管理方面，欧盟早在 1975 年就构建起以《废弃物框架指令》为核心的废物管理框架体系，该指令是欧盟废物管理政策的基本法律。目前实施的是 2008 年修订的《废弃物框架指令》，其核心要点包括：

要求各成员国制定废物管理计划。

实施预防、再使用、循环利用、回收、处置的分级管理。

循环利用目标：例如，针对产生量较大的拆建废物和生活垃圾，明确提出：建筑废物中的 70%要用于再利用、循环利用及其他物料回收利用；生活废物中 50%的纸张、金属、塑料和玻璃等废物用于再使用和循环利用。

自给自足和就近原则：成员国应利用最佳可行技术建立针对废物处置设施及城市废物回收利用设施的综合网络；成员国应考虑各自地理环境或处理特定废物的专业化设施，进而实现自给自足目标；网络应利用最合适的方法和技术确保在最近的设施进行废物处置或城市废物回收利用。但就近原则和自给自足原则并不意味着各成员国必须拥有所有的回收利用设施。

许可要求：针对旨在开展废物治理的机构或单位规定许可要求及许可豁免情况。

此外，针对重点和难点的废物流，欧盟还出台了针对性的指令，实施管理。基于废物环境风险的考虑，1991 年欧盟在《废弃物框架指令》的基础上，出台了《危险废物指令》（91/689/EEC），以强化对危险废物的风险防控。针对环境风险较高的危险废物，欧盟分别出台了专门的指令，例如，1975 年出台了《废油指令》（75/439/EEC）；1978 年出台了《氧化钛废物指令》（78/176/EEC）；1996 年出台了《多氯联苯废物指令》（96/59/EC）；1993 年出台并实施了《含有某些危险物质之电池和蓄电器指令》（91/157/EED，93/86/EEC）。针对持久性有机污染物，2004 年欧盟出台了《持久性有机污染物（POPs）法规》（EC）（No850/2004）。针对包装废物、废弃电器电子产品、报废汽车，采用生产者责任延伸制度的原则，于 1994 年出台了《包装和包装废弃物指令》（94/62/EC）；2000 年出台了《报废汽车技术指令》（2000/53/EC）；2002 年出台了《关于报废电子电气设备指令》（2002/96/EC）。虽然有些指令随着时间推移已经取消，如《危险废物指令》《废油指令》，但其核心管理内容已融入新修订的《废弃物框架指令》中。

（3）覆盖废物全生命周期关键环节

针对废物运输环节，1993 年欧盟出台了《废物运输条例》（EEC）（259/93）；针对废物接收环节，2000 年针对船舶产生的废物，欧盟制定了《船舶废弃物和货物残余物港口接收设施的指令》（2000/59/EC）；针对废物处置环节，1999 年出台了《废物填埋指令》（1999/31/EC），2000 年出台了《废物焚烧指令》（2000/76/EC）。

3. 基于最佳可行技术的环境技术标准体系

欧盟工业排放环境立法通过发放许可证实现对大型工业设施，包括废物利用处置设施的综合污染预防与控制。主管当局发放许可证的条件是企业已经建造了综合环境保护设施，并且这些设施必须满足最低排放限制要求。而最低排放限制的重要参考依据就是各个行业的最佳可行技术参考文件。

为获得许可，工业设施必须达到规定的环境和设施要求，包括：使用适当的污染防治措施，即最佳可行技术；预防大尺度污染的发生；以污染最小化的原则预防、再循环应用及处置产生的废物；高效使用能源；确保突发性污染事故的防治和灾害控制；实施运行结束后，将场地修复至原状。

目前，欧盟已经制定和颁发了 30 多个行业的最佳可行技术参考文件。此外，针对废物处理、焚烧和尾矿管理还专门制定了《废物处理最佳可行技术参考文件》《废物焚烧最佳可行技术参考文件》《矿业活动中尾矿与废石管理最佳可行技术参考文件》。

4. 以环境损害责任追究为核心的司法保障体系

法规和技术标准的生命力在于落实。欧盟为引导经营者采取措施并制定方案将环境损害的风险最小化，从而减少他们所负的经济责任，实施了《欧盟环境责任指令》(2004/35/CE)。该指令基于“污染者付费原则”及“预防原则”，建立起了欧盟预防与补救环境损害的责任认证框架。针对废物管理操作，包括废物收集、运输、回收和处理活动可能造成的环境损害，要求产废者承担预防和补救措施的费用。该公约同时要求成员国提供需由经营者支付的行政、诉讼、执行及其他一般费用的固定费率计算方法；并应采取措施鼓励经营者采用任何适当的保险或其他形式的财务担保，并鼓励金融安全工具和市场的发展，从而为企业履行环境损害赔偿的财政义务提供有效的保证。

5. 展望：启动欧盟《循环经济发展战略》

2014 年 7 月 2 日，欧盟委员会正式通过欧盟《循环经济发展战略》决定，要求成员国制定具体的配套措施加以落实。欧盟《循环经济发展战略》主要由五大部分内容组成。

（1）政策目标：明确欧盟统一的强制性或非强制性跨行业政策目标

到 2030 年，城市垃圾回收再利用率达 70%，包装材料废弃物回收再利用率达 80%，资源生产率（resource productivity）即 GDP 与原材料消耗之比提高 30%，增加垃圾回收再利用新就业岗位 58 万个。到 2025 年，完全杜绝可回收废弃物进入垃圾填埋场，包括降低食品垃圾和海洋垃圾的政策目标。

（2）研发创新：增加研发投入，充分发挥其关键核心作用

循环经济技术，包括资源有效利用技术，已列入欧盟地平线 2020（Horizon 2020）研发重点优先领域，将为欧盟循环经济提供强有力的技术支撑。研发创新模式还包括：将原有的原材料从生产、消费到丢弃的线性模式转变为创新型的循环模式；创新回收材料市场及其商务模式；大力发展绿色设计和升级循环（up-cycled）设计；积极开发“零废弃”工业生产模式。

（3）法律法规：理顺欧盟法律法规并简化调整

在目前欧盟统一的《废弃物框架指令》(2008/98/EC)、《废物填埋指令》(1999/31/EC）和《包装和包装废弃物指令》(94/62/EC）基础上，将陆续推出特定的废弃物流指令，如海洋垃圾、磷化物、建筑与拆迁垃圾、食品、塑料和危险废弃物指令。

（4）行为方式：工业生产及技术工艺向更高效更可持续的方向转变，社会大众向绿色消费转变

循环经济需要工业企业和社会大众的广泛参与，需要全社会的资金投入和精力付出，特别是垃圾的分类回收再利用。

（5）重大行动举措

配套的具体行动举措主要包括：资源有效利用战略科研议程（SRA）；环境/工业政策（EIP）；创新型中小企业绿色行动计划（SMEs GAP）；绿色就业行动计划（GEI）、建筑行业资源高效利用行动举措（REO）；以及随后将陆续推出的具体政策措施等。

（二）物尽其用的日本模式

1. 基本情况及取得的成绩

日本《废弃物处理及清除法》将废弃物分为一般废弃物和产业废弃物。产业废弃物是指政令规定的伴随事业活动产生的燃烧残渣、污泥、废油、废酸、废碱、废塑料等。日本将具有爆炸性、剧毒性、感染性及其他具有可能危害人体健康或生活环境的特性的产业废物作为特别管理产业废物进行管理，类似我国的工业危险废物。特别管理产业废物包括废油、废酸、废碱、传染性产业废物、特定有害产业废物等。

从产生量来看，日本产业废物总量稳中趋降，由1997年的4.15亿t减少到2012年的3.79亿t；从再生利用情况来看，绝对量逐年增加，由1997年的1.69亿t增加到2012年的2.08亿t；从最终处置量来看，数量在明显下降，由1997年的6700万t下降到2012的1300万t（专题图3-23）。

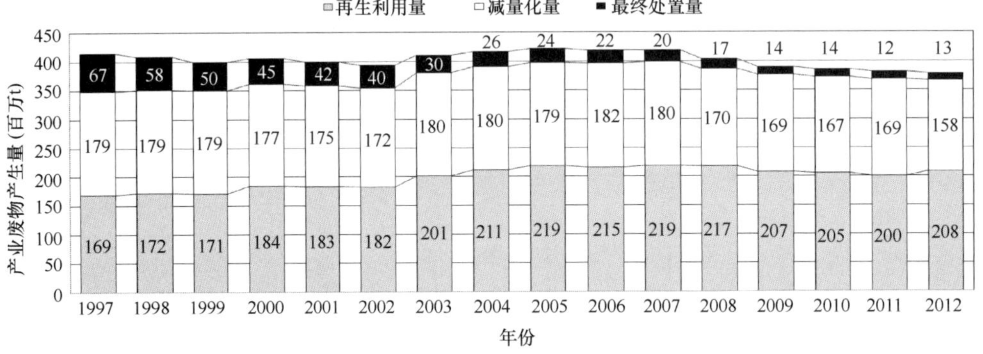

专题图3-23　1997～2012年日本产业废物再生利用情况

从产业废物利用处置整体情况来看（专题图3-24），2012年再生利用率为55%，减量化率为42%，最终处置率为3%。从不同类型产业废物的利用处置情况来看，金属废料、建筑废料、动物粪尿、矿渣的再生利用率都在90%以上；而废酸、废碱、污泥是减量化率均在60%以上；最终处置率在20%左右的产业废物类型为燃烧残渣、废玻璃和废陶瓷、橡胶废料、废塑料类。

2007年，日本全国的工业废物中约2.1881亿t（52%）进行资源化利用，约1.8047亿t（43%）通过间接处理减量，2014万t（5%）进行最终处置；最终处置量比2000年减少了77%；资源生产率达到361 000日元/t，比2000年增长了37%；直接、间接再利用的资源总量为2.4亿t。目前，日本钢铁工业大约99%的副产品得到循环利用，2008年钢铁工业废物最终处置量下降到73万t，电力工业的废物回收利用量为1037万t，回收率达到97%；焚烧设施和最终处置场地等数量显著下降（专题图3-25）。

专题图3-24 2012年日本不同类型产业废物利用处置情况

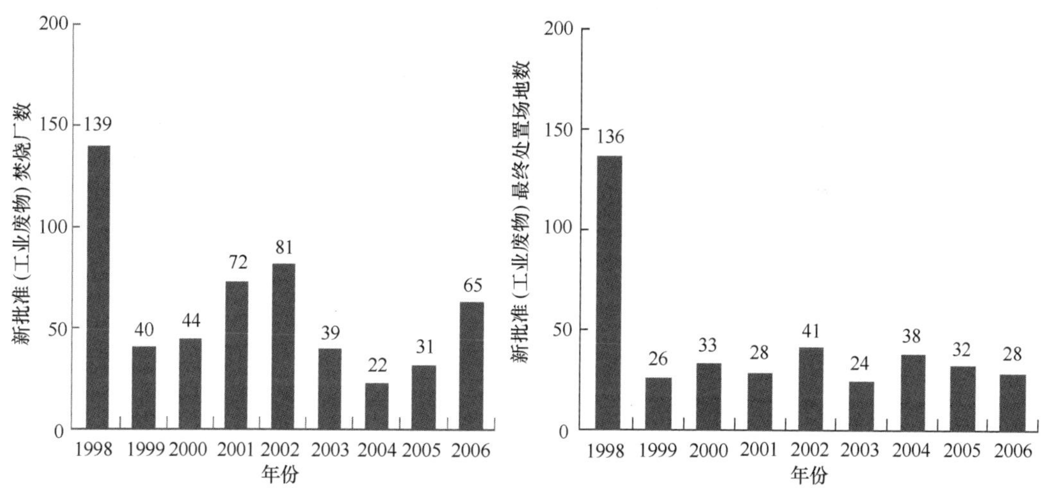

专题图3-25 1998～2006年日本工业固体废物处置设施数量

2. 分类施策的法律体系

从历史上看，日本固体废物管理沿用了一种典型的“先污染后治理”的路径和模式。从20世纪90年代开始，日本推动建立废弃物循环利用体系时，无论是立法还是实施，都是由简单到复杂，逐步完善。更为重要的是，日本能够分门别类、区别对待，有针对性地建立不同类型废物循环利用体系和处理方法，实现资源效用最大化。

具体而言，目前日本的循环管理法采取了基本法统帅综合法和专项法的体系模式，主要分为四个阶段：第一阶段是一部基本框架法，即《促进建立循环社会基本法》（2000年6月公布）。第二阶段为支撑基本框架的两部综合法，即《废弃物处理及清除法》（1970年公布，多次修订）和《资源有效利用促进法》（1991年公布，分别于1993年、1999

年、2000 年修订）。第三阶段为根据各种产品的性质制定的专项法，包括《促进容器与包装分类回收法》(1995 年公布，分别于 1997 年、1998 年、1999 年、2000 年修订)、《特种家用电器再生利用法》(1998 年公布，分别于 1999 年、2000 年修订)、《建筑及材料回收法》(1999 年公布，2000 年两次修订)、《食品资源再生利用法》(2000 年公布)、《报废汽车再生利用法》(2002 年公布)、《小家电回收利用法》(2013 年公布)、《多氯联苯废弃物妥善处理特别措施法》(2001 年公布)。第四阶段是为控制废弃物产生源头而制定的一部倡导性法律，即《绿色采购法》(2000 年公布)。

如果从全生命周期角度梳理日本推动废物减量、资源化的脉络，我们可以发现：在生产制造阶段主要有《资源有效利用促进法》《食品资源再生利用法》《建筑及材料回收法》；在消费环节有《附近容器与包装分类回收法》《家用电器回收法》《小家电回收利用法》《报废汽车再生利用法》；在废弃阶段有《废弃物处理及清除法》《多氯联苯废弃物妥善处理特别措施法》；在促进再生产品应用方面，有《绿色采购法》。

制定《建设循环经济社会基本规划》并严格落实。《建设循环型社会基本法》要求制定《建设循环经济社会基本规划》，规划涵盖了日本所有的物质流——从将物质从自然界转移到人类社会的自然资源提取阶段一直到将物质从人类社会归还到自然界的废物最终处置阶段，并根据物质流的不同阶段，制定针对性资源节约、再利用、再循环和处置措施。该规划提供了循环经济社会的基本图景，确定了建设循环经济社会的量化目标（专题表 3-7），是全面系统推行建设循环经济社会政策的核心工具。

专题表 3-7 《2015 年建立循环经济社会第二个基本规划》的量化目标（物质流指标）

指标	目标
资源生产率*1	42 万日元/t
资源化率*2	14%～15%
最终处置量	2300 万 t
除土石方资源投入以外的资源生产率	77 万日元/t
废物领域的温室气体排放量（共同建设低碳社会）	CO_2 排放量降低：780 万 t*3

注：*1：资源生产率 = GDP/自然资源等的投入
*2：资源化率 = 资源化量/（资源化量+自然资源等的投入量）
*3：目标年度为 2010 年
资料来源：日本环境省

（1）制造环节的源头减量与循环利用

在生产制造环节，《建筑及材料回收法》《食品资源再生利用法》直接针对的是建筑产业和食品制造、加工、批发或者零售业。其中建筑产业固体废物产生量占到产业废物总产生量的近 20%；食品固体废物产生量虽然仅占到产业废物总产生量的 2%，但鉴于废物的特殊性，日本制定专门法规进行管理。

此外，为了推动其他行业的资源节约、资源再生和产品再利用，《资源有效利用促进法》明确了“特定的资源节约行业”，涉及五个行业：纸浆和造纸，有机、无机化工，钢铁，钢的一次精炼和加工，汽车制造行业，要求上述行业重点减少副产物和扩大再生利用，并要求自行设定目标和提高技术以自律；指定“特定再利用行业”，包括五个行业：纸制造业、硬质聚氯乙烯制造业、玻璃容器制造业、复印机制造业、建筑业，重点推动零部件再利用。

针对产品制造环节，《资源有效利用促进法》同样明确了“指定省资源化产品”，包括 6 大类 14 个品种：机动车（汽车、摩托车），家电（电视机、电冰箱、洗衣机、空调机、电炊具和衣服干燥机），电脑，游戏机（老虎机与游戏机），金属家具，煤气、石油燃具，要求重点减少产废量，包括在制造阶段采取从设计和工艺上尽量节约原材料并延长产品使用寿命；明确了“指定促进再利用产品”，包括 10 大类 42 个品种，分别为汽车，家电 4 大件，使用镍铬电池的机器 15 种，电炊具和衣服干燥机，老虎机与游戏机，复印机，金属家具，煤气、石油燃具，浴室装置、厨房系统，使用充电电池的机器 12 种（电源装置、感应灯、火灾报警装置、电话机、手机、备用照明电源、血压计等），上述产品的行业要求重点在设计、制造时为再利用和再生利用创造条件。

（2）产品消费与废物收集环节的源头减量与循环利用

在消费环节针对容器包装物、大型家电（四机一脑）、小型家电、机动车，日本专门出台了《促进容器与包装分类回收法》《家用电器回收法》《小家电回收利用法》《报废汽车再生利用法》，通过生产者责任延伸制度推动废物的回收处理。

同样，针对废物收集环节，《资源有效利用促进法》规定了“指定标示产品”，对 14 个品种要求为促进再生利用和对报废产品易收集（回收）而要求标志，分别为：钢罐头、铝罐头、PET 瓶、密封型镍铬电池、5 种聚氯乙烯制品（硬质管、雨水槽沟、窗框、地板和壁纸）、纸、2 种塑料制包装容器、3 种小型充电电池（小型密封铅电池、镍氢电池和锂电池）。

（3）废弃环节和废物处理环节

《资源有效利用促进法》将生产中产生的副产物作为再生资源回收利用，而不纳入《废弃物处理及清除法》管理的范畴，共有 5 个品种，即火电业的粉煤灰、建筑业的土砂、砖块、沥青砖块和废木材。

此外，《废弃物处理及清除法》对于产业废物处理予以明确规定；为了强化对高风险废物的安全处置，日本还专门针对多氯联苯类废物，出台了《多氯联苯废弃物妥善处理特别措施法》。

根据法律规定，日本工业废物最终处置场地应当由私营企业经营者建设。除了 17 类具有爆炸、有毒、致病或对人体健康和环境有害的废物被纳入“专项控制废物”管理，需要获得相关经营许可外，日本放松了指定企业成为废物处理站点的规定，并依法建立了“回收认证制度”，对工业固体废物处理企业开展系统的技术评估，促进其开展技术提升，对符合日本环境省认证标准的废物处理企业，不需要特定类型的许可证。

日本建立了完善的废物处理和回收利用的配送体系，以促进不同区域、不同企业合作回收处理有关废物。例如，日本全国有 21 个“资源综合回收配送枢纽港口”作为资源回收体系产业基地。此外，日本还支持建设回收资源的处理设施，如通过公私合营及其他单位建设临时储存房屋和存储设施。

（4）再生产品推广应用环节

1994 年，日本制定实施了绿色政府行动计划，拟定了绿色采购的基本原则，鼓励所有中央政府管理机构采购绿色产品。为推动此项行动计划，1996 年日本政府与各产业团体组成了日本绿色采购网络联盟（GPN），参与该联盟的会员团体承诺将通过购买环境友善物品及服务，减少采购活动对环境的不良影响。GPN 的活动主要包括颁布绿色采购指导原则、拟定采购指导纲要、出版环境信息手册、进行绿色采购推广活动等。这种由政府部门、民间企业、社团组织共同组成的绿色采购团体和联盟，在政府、企业和消费者之间宣传绿色采购观念、提供绿色采购信息及会员间的信息交流等方面起到了很好的作用。2000 年，日本颁布了《绿色采购法》，这是日本为建立循环型社会颁布的六个核心法案之一。

3. 职责明晰的全流程链条式管理

日本推动包括产业废物在内的各类固体废物源头减量、过程循环、高效收集、无害化处置的职责方面，具有如下特点：推动工业固体废物再生利用不单是企业的责任，不单是环保部门自己的职责，不单是政府部门的职责，而是政府、企业、行业协会、地方公共团体、民众形成合力才能实现全生命周期管理。

在固体废物循环利用体系构建方面，中央和地方角色与责任不同：政府最重要的责任是立法，负责制定废物处理的基本方针、处理标准、设施标准和委托标准等。在政府的指引下，都（道府县）和地方自治体统筹规划，负责制定本行政区域内废物的处理计划，受理并许可处理设施建设和指导，以及对排放单位实行业务处理监督。例如，《资源有效利用促进法》明确了经产省、国交省、农水省、财务省、厚生劳动省和环境省的职责，要求各主管行业部门负责制定减少废物和副产物产生及促进零部件再利用与资源再生利用的方针。

对于产废单位，**“谁污染，谁买单”是核心原则**。在此原则下，产废单位付费既有助于固体废物源头减量，同时也确保收集、运输和其他中间处理业者有获得利润的空间，降低最终处理企业生产成本，从而增强市场力量进入废弃物循环利用体系的积极性。例如，《促进容器与包装分类回收法》明确改变了市区町村单独承担容器包装废弃物处置义务。目前，除家庭排放的一般废弃物由地方自治体的环保部门直接统一分类收集、运输和保管外，企业排放的工业废物基本全部由企业分类，自主委托有资质的企业运输和处理，并由排放企业向受托企业支付运输费和处理费。

对于产废单位，**推行企业生产者责任延伸制度是另外一个重要的手段**。日本废物循环利用体系还延伸到生产环节，其途径是实施生产者责任延伸制度，要求生产者对其产品废弃后的环境管理承担责任，通过将生产者的责任延伸到产品的整个生命周期，从而促进产品消费后废弃物的回收处理和再生利用。例如，《促进容器与包装分类回收法》规定，生产者不仅要在其生产的包装容器上印刷包装分类标志，以便于后续分类、回收和处理，同时提供包装容器的企业还应按照其生产量向再生利用协会支付容器再商品化的委托费用。又如，《资源有效利用促进法》明确规定行业产废单位的责任，要求为减少废物和副产物的产生，应当从设计和生产上合理使用原材料；利用再生资源和再生零部件；从设计上促进对废物、副产物作为再生资源和零部件的利用。但是，单纯依靠产废者负责和生产者责任延伸制度难以确保市场机制在废物循环利用体系中的有效运行。因此，日本政府还采用了**责任分担制度**的思路，例如，根据相关法令，废物处理实行市区町村和排放者的责任分担制度。除制定一般废弃物处理计划外，市区町村对区域废物负有处理责任。地方自治体通常采用委托、招标、特许和批准许可等多种方式，引导企业从事废弃物收集、运输和中间处理，或建设废弃物处理设施。

生产者责任延伸制度和责任分担制度相结合，将位于废物产生、分类、收集、运输、资源化、中间处理和最终处理等一系列环节的生产企业、再生利用协会、市区町村（地方政府）、排放者（消费者、家庭和企业）、再商品化企业、中间处理企业和最终处理企业等利益相关者组织成了一个各负其责、相互协作的链条，这也为监管者实施全流程链条式管理提供了可能。

4. 财税制度与绿色采购制度调节

为推动固体废物减量化与资源化，日本政府充分应用财税与绿色采购制度推动固体废物源头减量和利用处置。具体而言包括以下几种经济手段。

税收和绿色采购是促进工业固体废物分类资源化利用的关键措施。到 2009 年，日本 27 个县发布了工业废物税，以促进工业固体废物的减量化和分类资源化。根据《国家和其他实体有关促进环保货物和服务的法律》（即《绿色采购法》）要求，日本政府和其他单位制定了采购环境友好型商品和服务的计划，发布了《绿色采购指南》。目前指定采购项目已经扩展到 19 个领域的 256 种商品和服务。例如，钢铁工业的钢铁渣被规定为产品，并纳入《绿色采购法》的指定采购项目。

以补贴促进建设公共服务实施。2000 年建立的工业废物处理设施示范项目补贴制度大大推动了公共部门建设工业废物处理设施的发展。为了解决非法排放和遗留的工业固体废物问题，日本于 2003 年 6 月颁布了《解决规定类型工业废物环境问题特别措施法》并一直执行到 2012 年，用于给 47 个府道县提供经济帮助，帮助其解决和预防由于不合理处理工业废物（规定类型工业废物）导致的环境问题。通过有效的经济措施，日本建立起规模化的循环经济市场（专题表 3-8）。

专题表 3-8　日本建设循环经济社会的市场规模

指标	机器、设备和工厂	服务供应	原材料、最终消费商品供应	总计
企业示例	• 中间处理厂 • 熔炼设备 • RDF 制造/利用设施 • 塑料制油设施 • 厨房废物堆肥设备 • 工厂建设 • 最终处置场建设	• 废物处理 • 资源回收 • 回收利用	• 塑料 • PET 回收纤维 • 森林抚育间伐 • 木材制造的产品 • 回收产品（如碎金属） • 回收材料生产的产品（如回收纸） • 多次填装产品 • 机器、家具维修 • 房间维护	
	• 防治污染设备和材料制造（与废物有关） • 机器和设备建设与安装（与废物有关）	• 服务供应(与废物有关)	• 回收材料 • 维修	
市场和就业规模				
2000 年	8 065 亿日元	27 536 亿日元	260 254 亿日元	295 855 亿日元
2007 年	4 562 亿日元	30 077 亿日元	346 005 亿日元	380 644 亿日元
2000 年	1 872 人	195 292 人	331 513 人	528 677 人
2007 年	8 275 人	130 392 人	511 736 人	650 403 人

（1）税收政策

主要包括产业废物税和废物处理设备相关税收。到 2009 年，日本 27 个县（相当于我国的省）发布了工业废物税，以促进工业固体废物的减量化和分类资源化。专题表 3-9 给出了日本工业废物税收政策。

专题表 3-9 日本工业废物税收政策

分类	课税对象	税种	税率
废物	工业企业废物	产业废弃物税	1000 日元/t（约折合人民币 52 元/t）

资料来源：根据《OECD 报告：日本的环境政策》《日本环境厅二十年史》等相关资料整理

关于废物循环利用及污染防治相关的环境税收政策主要体现在法人税（所得税）、不动产购置税、固定资产税等税种（专题表 3-10）。2012 年之后，新的税制改革方案为：在法人税方面，改革公害处理设施及无害化处理设备相关的折旧制度，将原来 14%的设备折旧率下调为 8%，适用年限延长 1 年。在不动产购置税方面，针对日本环境安全事业股份公司购置的用于废弃物处理项目的不动产，延长其不动产购置税免税措施的适用年限，延长时限为 3 年，3 年期限过后废除免税措施。此外，转让符合日本《产业活力再生特别措施法》规定的设备时，其不动产购置税予以免税或延长税收优惠年限。此外，日本政府对于用于环境保护教育或环境保护活动场所相关的土地和建筑物，减免其固定资产税和城市计划税。

专题表 3-10 日本废物处理设备相关的税收措施

设备种类	特殊折旧制度	固定资产税特例	事业税	土地保有税
废物再生处理设备	有	有	—	—
废物处理普通设备	有	不课税或特例	不课税	—

注：事业税为地方税，属于企业法人税收的一种

资料来源：根据《OECD 报告：日本的环境政策》《日本环境厅二十年史》等相关资料整理

（2）财政信贷政策

财政补贴。为了鼓励企业从事环保产业的研究与投资，日本在《废弃物处理及清除法》中规定，从国库中拨款对修建废物处理设施提供财政补贴；此外日本经产省又引入一套辅助体系，其中最有成效的当属生态城市项目，通过补贴高科技水准的回收基础设施建设与资源再循环型私人企业，推动零排放城市的产生；根据《中小企业基本法》等法律，对中小企业在废物处理和再生利用技术的大规模研发方面，对建设和开发费补助 1/2（直属项目）或 2/3（地区项目），补助金额为每件 500 万～3500 万日元；此外，日本还实施废物再资源化工试装置补助金制度。每年选定一些重大工业化试验项目，对社会公开招标。对确有技术能力和一定经济能力的中标者（企业或地方公共团体），可补助机械设备费的 1/2，每项补助约 1 亿日元。

设立专项资金，提供优惠贷款。针对从事废物利用处置的中小企业融资难的问题，日本政府通过设立专项基金，利用非营利性的金融机构为固体废物循环利用企业提供中长期优惠利率贷款，并形成一种固定的制度。例如，日本开发银行从 1965 年开始，对环保设施建设提供优惠长期贷款，较好地促进了环保产业的发展。又如，日本中小企业金融公库、国民生活金融公库、日本政策投资银行和冲绳振兴开发金融公库，都面向中小企业，针对从事固体废物循环利用所需的废物减量化设施、再生资源产品的制造设备、

废物供制品利用的设施和实施 3R 必要的静脉物流和设备，提供贷款，并享受较低的利率优惠，如 1.6%～1.9%。

（3）绿色采购

日本《绿色采购法》规定，所有中央政府所属的机构都必须制定和实施年度绿色采购计划，并向环境部长提交报告；地方政府要尽可能地制定和实施年度绿色采购计划。

日本《绿色采购法》的具体实施，主要是通过非营利组织绿色采购网络（http://www.gpn.jp/）来实现。日本绿色采购网络联盟的活动遵循如下基本原则：①削减对环境及人类健康有影响的物质的使用和排出；②减少对资源和能源的消耗；③可再生天然资源的可持续利用；④物品的长期使用性；⑤物品的重复使用性；⑥废弃物的再利用性；⑦再生材料和二次使用零部件的使用；⑧废弃时容易做适当的处理。

针对不同的产品采购，绿色采购网络联盟（GPN）还制定了一系列与之相对应的绿色采购纲要。截至 2012 年 3 月 14 日已建立了一个包括 900 余家供应商、商品种类多达 15 005 种的庞大信息数据库。该数据库包括纸、文具事务用品、照明、家具类、包装材、食品、机动车等、资材、灾害储备用品、家电制品、OA 机器、日用品、纤维制品等 15 大类。尤为值得一提的是，在资材大类的公共工事中，就将再生的木纤维水泥板、再生木质板等纳入政府采购的范畴。

（三）“永续物料管理”的台湾模式

1. 基本情况及成效

2013 年，我国台湾申报事业废物数量为 1865 万 t，再利用量为 1490 万 t，再利用率 79.88%。专题图 3-26 给出了我国台湾自 2002～2013 年以来事业废物产生、利用情况，可以看出产生量、再利用量逐年增加；再利用率由最初的约 70%提升到约 80%。

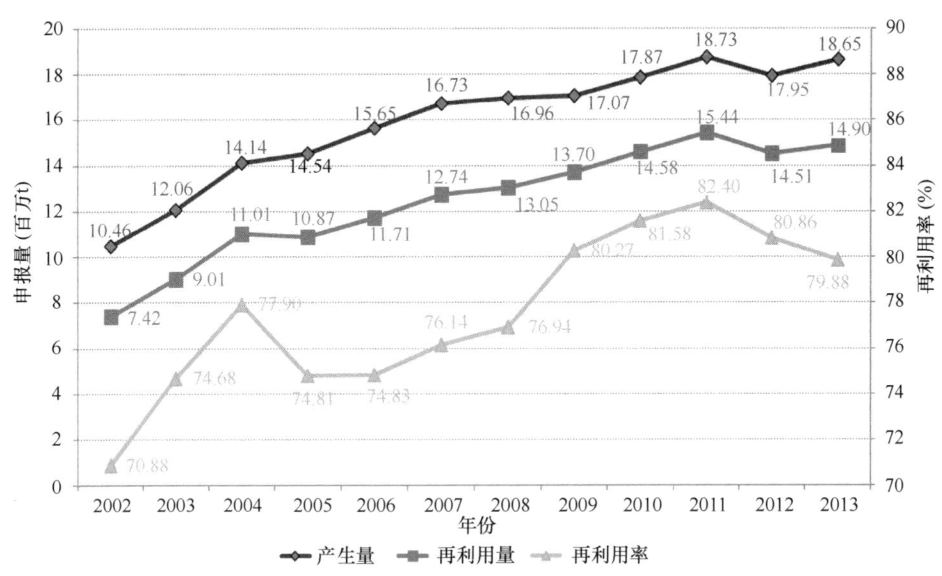

专题图 3-26　2002～2013 年我国台湾事业废物产生、利用情况

我国台湾目的事业废物有六大主要来源：工业废物、营建废物、农业废物、医疗废物、交通废物和其他（如军事废物）。从事业废物的主要来源比例来看，工业废物占事业废物总量的 87.10%。从工业废物循环利用情况来看，2013 年我国台湾工业废物再利用率 80.51%，资源再生产业产值达 659 亿元台币（折合人民币 132 亿元）。

在推动工业固体废物循环利用的最初阶段，我国台湾地区也面临着诸多挑战：一是产废企业的废物产出量不固定、成分复杂，导致再利用企业难以固定技术、流程及配比，再生技术重复使用性低，降低了再生产品的竞争性及市场接受度。二是由于废物产生信息不对称，利用企业难以获得相关信息，工业废物来源不稳定，再利用工程普遍规模较小，工程规模难以大型化，竞争力较弱，投资风险性较高。

2. 增修订推动资源化产业相关法规与落实执法

针对上述问题与挑战，我国台湾地区主要从法规制度、技术规范、应用推广三个方面推动包括工业固体废物在内的事业废物综合利用。

在法规制度方面，台湾环保部门和工业主管部门主要从三个方面入手，增修订推动资源化产业相关法规与落实执法；推动资源化产品规范与验证体系；促进民间投入资源化产业。

从我国台湾事业废物（含工业固体废物）管理的演进来看，经历了 4 个阶段（专题图 3-27）：第一阶段是 20 世纪 90 年代前的法规与组织建置时期；第二阶段为 20 世纪 90 年代中期的推动工业减废时期；第三阶段是 21 世纪前 10 年中期，加强再利用清理管制时期；第四阶段为 2010 年后，推动永续物质管理时期。

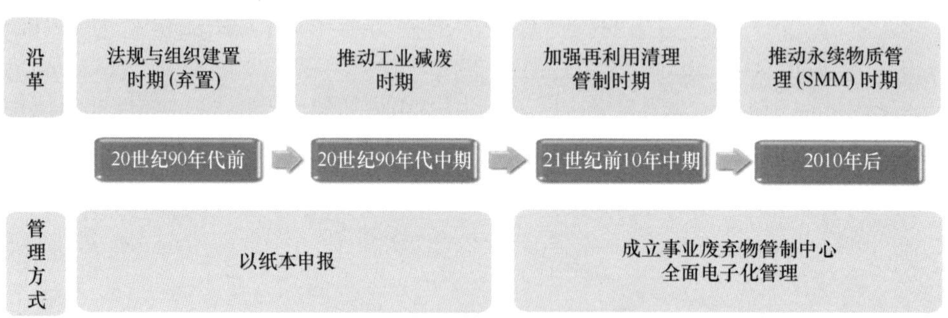

专题图 3-27　事业废弃物管理演进

从推动固体废物管理的法律制度分析，1974 年，我国台湾实施《废弃物清理法》，立法目的是“有效清除、处理废弃物，改善环境卫生”；调整环节为废物在分类、贮存、收集、运输、利用、处置等环节；主管部门为“台湾行政院环境保护署”。应当说《废弃物清理法》主要是侧重于末端的无害化管理。

2002 年，我国台湾实施《资源回收再利用法》，立法目的是“节约自然资源使用，减少废弃物产生，促进物质回收再利用”；调整对象为“从事生产、制造、运输、贩卖、教育、研究、训练、工程施工及服务活动的公司、行号、机构、非法人团体”，主管部门是“台湾环境保护署”（专题图 3-28）。应当说，《资源回收再利用法》侧重于源头的减量化和过程的资源化管理。

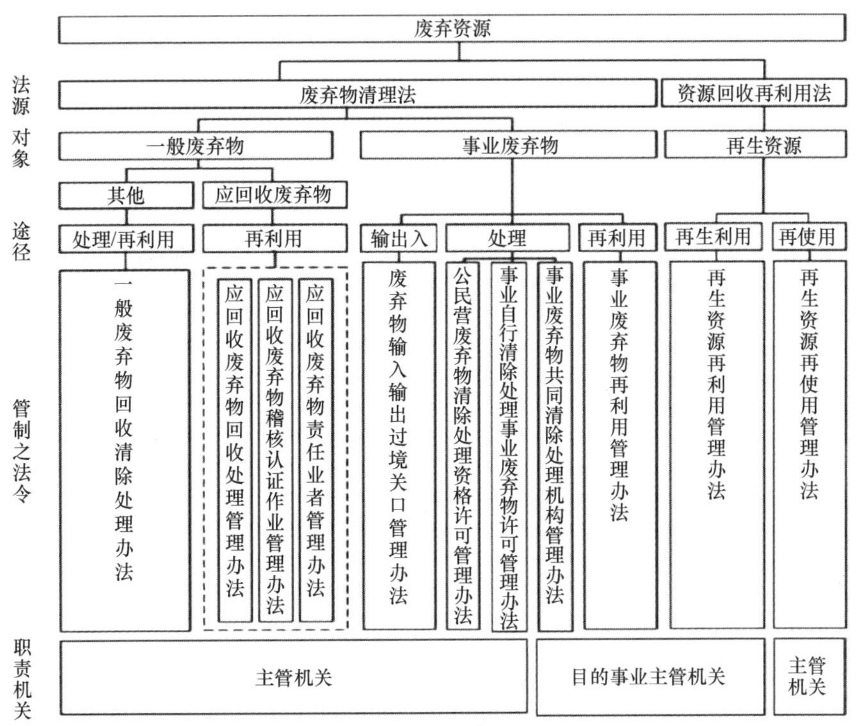

专题图 3-28　我国台湾现行废物管理架构

虽然《资源回收再利用法》《废弃物清理法》的牵头主管部门均为“台湾环境保护署”，但在推动事业废物再利用方面，充分发挥各目的事业主管机关的责任。我国台湾《废弃物清理法》第 39 条规定，授权各事业主管机关制定事业废物再利用相关规定及掌理再利用相关业务，经授权制定事业废物再利用管理办法，办理事业废物再利用管理，包含再利用方式、许可申请、审查程序、许可文件内容、许可核发与展延申请、许可文件变更、契约书签订、再利用前的清除方式、纪录与申报、许可终止及许可废止等相关再利用管理事项。

工业废物由我国台湾“经济部门”负责制定工业废物再利用管理办法；建筑废物、农业废物、交通废物、实验室废物、医疗废物分别由“营建署”“农委会”“交通部门”“教育部门”“卫生部门”制定相关事业废物再利用管理办法和废弃物的种类与管理方式。专题表 3-11 列举了台湾事业废物再利用相关管理要求。

3. 推动工业分废物分类资源化产品规范与验证体系

工业固体废物分类资源化再生产品品质若无一定的规范标准与验证，将造成消费使用者采购运用的疑虑与困扰。因此，我国台湾有关部门推动制定再生材料、再生产品的标准或规范，制定各项公共工程应用再生资源产品的技术规范及建立资源化产品验证体系等，为强化资源化产品市场行销，以提升其市场占有率的重要工作。

我国台湾“经济部门”为推动工业固体废物再利用，针对废铁、废纸、粉煤灰等 50 多种不同类型废物再利用提出针对性的管理方式和相关的标准。

在工业固体废物再利用的全过程，涉及多个部门配合。以工业废物再利用于混凝土为例，在源头管理、流向及环境影响检测系由环保单位和“经济部门”管控；能否用于

专题表 3-11　我国台湾事业废物再利用相关管理要求汇总

类别	法令名称	重点内容
贮存	事业废物贮存清除处理方法及设施标准	贮存方法、设施、再利用期程
清除	事业废物贮存清除处理方法及设施标准	清除方法的规定
	应装置即时追踪系统之事业废物清运机具	清运机具的规定
营运	应检具事业废物清理计划书之事业	应检具事业废物清理计划书之事业
再利用	（1）“经济部门”事业废物再利用管理办法 （2）营建事业废物再利用管理办法 （3）科学工业园区事业废物再利用管理办法 （4）交通事业废物再利用管理办法 （5）“台湾行政院环境保护署”事业废物再利用管理办法	法源、适用范围、再利用途径、许可申请、清除方式、纪录与申报、许可废止
	（1）“经济部门”事业废物再利用管理办法附表再利用种类及其管理方式 （2）营建事业废物再利用种类及其管理方式 （3）交通事业废物再利用种类及其管理方式 （4）“台湾行政院环境保护署”事业废物再利用管理办法附表再利用种类及其管理方式	再利用种类、来源、再利用用途、再利用机构资格、运作管理、再利用产品品质相关规定
	事业废物贮存清除处理方法及设施标准	再利用期程规定及延长再利用期程的方式
	从事事业废物厂（场）内自行再利用及自行处理认定原则	厂内自行再利用行为的判定
违法判定	从事事业废物再利用涉及违法清除处理及再利用认定原则	再利用涉及违法清除处理及再利用的认定
申报	（1）应以网络传输方式申报废物的产出、贮存、清除、处理、再利用、输出及输入情形的事业 （2）以网络传送方式申报废物的产出、贮存、清除、处理、再利用、输出及输入情形的申报格式、项目、内容及频率	再利用者管制编号、再利用检核及再利用申报
	（1）“经济部门”事业废物再利用管理办法 （2）“台湾行政院环境保护署”事业废物再利用管理办法	再利用产品营运纪录申报规定

工程上及其品质的规定则由工程品质单位所负责。专题表 3-12 给出了台湾固体废物资源再利用管理执行方式。

专题表 3-12　台湾固体废物资源再利用管理执行方式

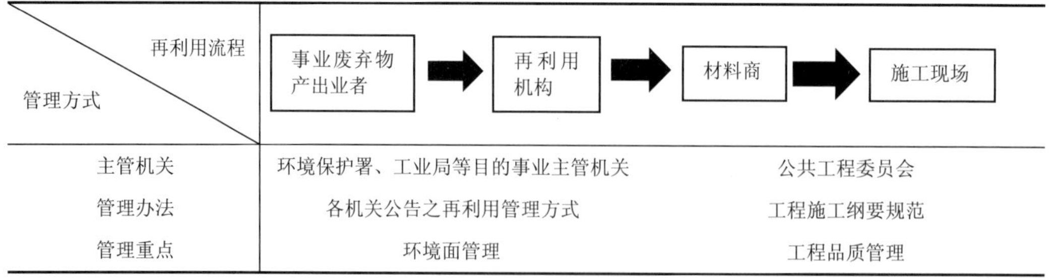

再利用流程 / 管理方式	事业废弃物产出业者 → 再利用机构 →	材料商 → 施工现场
主管机关	环境保护署、工业局等目的事业主管机关	公共工程委员会
管理办法	各机关公告之再利用管理方式	工程施工纲要规范
管理重点	环境面管理	工程品质管理

整个过程包括四个方面：第一，废物再利用于混凝土必须有法定许可；第二，废物再利用必须是无毒无害方能再利用于混凝土中；第三，混凝土掺用事业废物后其品质不能有折扣；第四，使用事业废物必须经由业主同意。具体如下：

（1）确认材料无害

需先依据“台湾行政院环境保护署”公告的“毒性特性浸出程序（TCLP）”测试其溶出液中有害物质的含量，再依据有害事业废物认定标准判定该事业废物系属无害的一般事业废物，同时亦应符合“行政院原子能委员会”公告的“建筑材料用事业废物的放射性含量限制要点”的相关规定。

（2）完成必要的安定化前处理程序

对于有膨胀规律时（如含有港炉渣、废铸砂成分等），需经必要的安定化前处理程序，使其安定性在预计适用条件下或相同耐久性测试结果，与适用天然粒料的体积稳定性相同或更佳。

（3）品质符合使用者要求

材料的物理特性、化学特性必须符合本标准的所有规定。

（4）使用者认同

材料采用前，需经该工程的业主或规格制定者的认可或同意。

克服资源化产品品质不稳定与再生成本高的问题，关键在于技术提升。然而技术提升的研发工作，单依赖产业自行研发，很难突破。因此，台湾当局加强了资源化技术的研发与推广应用，包括促成产、学界对资源化技术的研发与合作开发，鼓励产业界参与科技项目计划申请资源化技术的先期研究与研究开发，促成学术界参与开发产业技术计划县管资源化技术的研发，以及促成研究发展机构或财团法人与产业界共同合作、开发与应用资源化技术与产品等。此外，建立资源化技术信息及加强资源化技术人才培训。

4. 促进民间投入资源化产业

资源化产业属高技术需求和高市场风险产业，且其产值与市场规模不大，却需投入庞大的资金，导致民间投资意愿不高；金融单位参与投资或融资意愿亦低。为此，台湾有关部门协助促成金融机构参与投资或提供融资、推动公营事业机构与民间投资资源化产业、强化资源化产业与产品的优惠奖励。修订用地取得适用“促进民间参与公共建设法”及研订资源化产业的优惠奖励措施，如再生产品免征货物税、补助再生利用“不易回收、经济效益低，但环境效益显著”的产业者等。

5. 加大再生利用产品推广应用

台湾推动资源化产业发展的对策措施主要体现在三个方面：一是加强市场营销；二是强化产业竞争力；三是改善产业经营环境。

在强化营销方面，建立资源化产业信息服务网，提供完整市场及技术信息；利用网络资源，推广各项辅导成果，增加市场机会；扩大办理优良再生产品展示及推广说明会；编印再生产品选购指南及资源循环效益宣教，提高民众对再生产品的认同，进而盘活再生市场；辅导企业界建立 ISO14001 环境管理体系，提高资源再生市场需求；协助推动公共工程提高采用再生材料的比例；配合台湾采购相关规章对于环境保护产品的优先采购规定，指导优良再生产品申请适合该优惠规定。

在加强海外营销方面，请驻外单位协助调查搜集各地区再生资源市场信息，并建立欧、美、日及我国大陆资源化产业数据库；协助我国台湾业者分析主力产品的海外竞争优势；针对先进国家地区较优良的再生产品及技术进行分析，评估我国台湾产品的竞争优势以协助营销；强化各产业协会功能，组成策略联盟，发挥整体力量以推动销售；配合对外经济援助措施，以固体废物再生技术/产品为对外援助与输出项目。

在加强市场营销、提升技术能力方面，利用主导性新产品开发计划及民间科研专项计划，鼓励业界研发；运用工业合作，提供或引进资源化产业所需的关键性技术；协助辅导产业与学术、研发单位合作，针对关键技术进行研发或引进；提高科研专项研发固体废物分类资源化技术比例，并加强落实成果在产业中的应用。在提升人才素质方面，加强人才培训，充实业者专业能力及其对法规制度等的知识；鼓励各种相关领域人才投入资源化产业；编印各类固体废物分类资源化利用技术手册。

在改善产业经营环境方面，增修订产业推动相关法令制度，协调环保机关杜绝队可资源化废物的不当处置；办理机关优先采购环境保护产品办法中的第三类环境保护产品的认定；制定资源化产品的使用规范与验证体系，开拓固体废物再利用途径；加强各部门推动再生资源管理机制；建立生态化工业区及推广生态化循环理念；协助辅导资源化产业协会成立；推动资源化产业的投资及强化优惠奖励；建立产业信息沟通机制。

6. 未来展望：永续物料管理

台湾针对废物循环利用，提出按照“资源使用效率最大化，环境冲击（影响）最小化”策略推动实现永续物料管理，具体任务包括六大方面：

一是建立资源管理架构。制定具有资源管理内涵的管理原则，提供物料主管机关参考，逐步纳入相关政策法规；强化物料管理，确保资源供应安全。

二是发展公私伙伴关系。建立推动计划与跨部门分工；强化推动成效。

三是制定细化配套措施。创新研发、厂商及公众沟通、诱因及处罚措施等。

四是建立科学管理工作。整合物料数据，建立资源循环数据库，建立绩效指标；建立或调整物料申报机制，完备物质流数据库，制定绩效指标目标值；自愿需求预测与调配，政策面资源管理分析平台建立，阶段性评估及调整绩效指标目标。

五是提升资源使用效率。建立个别针对性的产业辅导制度；推动关键物料管理。

六是降低环境冲击（影响）。建立环境冲击（影响）信息交流平台；规划环境冲击（影响）信息建设方法，分阶段汇整信息；环境冲击（影响）信息辅助决策。

希望通过以上举措，在未来 2～3 年，能够掌握资源使用现状；在未来 3～5 年，能够建立永续物料管理基准线资料；在未来 6～10 年，能够展现永续物料管理效益。

（四）发达国家和地区工业固体废物分类资源化管理对我国的启示

1. 完善的法律制度体系是资源化管理的保障

欧盟、日本和我国台湾的经验表明，有效的法律制度体系保障是实现资源化管理的基础。在发达国家和地区，一是认识层次高：把固体废物提升到永续物料的高度，将其作为绿色发展和循环发展的重要切入点与抓手。二是应对策略系统：从全生命周期审视物质的提取、使用、利用与处置，通过绿色设计、生产、消费，减少固体废物产生；基于资源使用效率最大化和环境影响最小化，创新固体废物回收与高质化利用。三是具体举措完善，主要包括以下几方面。

（1）打造完善的法律基础

构建基于行业和废物流相互补充的法规管理体系，以环境损害责任追究为核心的司法保障体系。

欧盟实施了 13 项包括与废物减量、特殊废物管理、运输处置的指令，包括基于行业的废物源头减量化管理政策；基于通用要求与特殊要求相补充的废物管理政策；基于废物运输、焚烧、处置等关键环节的废物管理政策；基于环境损害责任追究核心的司法保障体系。**日本实施了 11 部专项法律**，包括工业生产制造环节的源头减量与循环利用；产品消费与废物收集环节的源头减量与循环利用；废弃环节和废物处理环节及再生产品推广应用环节。我国台湾通过推动《资源回收再利用法》《废弃物清理法》两法合一和充分发挥各目的事业主管机关的责任，实现固体废物的分类资源化。

（2）实施积极而有针对性的财税政策

通过征收工业废物税，源头减少废物产生量；通过积极的财政信贷政策，培育固体废物利用处置产业的健康发展；通过政府绿色采购，推动废物产品销售。

（3）构建多元化资源化和高质化的废物综合利用标准技术体系

欧盟制定和颁发了 30 多个行业的最佳可行技术参考文件；我国台湾“经济部门”针对废铁、废纸、粉煤灰等 50 多种不同类型废物再利用提出针对性的管理方式和相关的标准。此外，欧盟、日本都十分重视固体废物共性关键技术与装备研发。

2. 国内外工业固体废物分类体系比较

科学的分类是实现工业固体废物资源化管理的基础。目前，我国在《固体法》框架下对工业固体废物的分类是根据排放污染物申报登记、环境统计、污染源普查，以及大、中城市固体废物环境防治信息发布等实际工作需要，制定的分类统计目录，并没有形成系统的二级分类目录。与发达国家相比，我国对于一般工业固体废物分类过粗，在环境统计中仅包括 10 大类，且没有二级分类；对于工业危险废物管理过宽，将 49 大类、524 小类废物纳入管理。比较而言，发达国家和地区在工业固体废物分类方面做得更为细致（专题表 3-13），并对于各类固体废物给出了较为明确的管理路线（专题表 3-14）。

专题表 3-13　发达国家和地区工业固体废物分类情况

国家/地区	大类	细类
欧盟	工业废物	25 类： 尾矿，废溶剂，酸、碱、盐废物，废油，化学废物，工业废水污泥，污泥，医疗废物，金属废物（含铁），有色金属废物，金属混合物，玻璃废物，纸张废物，橡胶废物，塑料废物，废木，废纤维，多氯联苯废物，报废设备（废弃电器电子产品），报废汽车，电池和蓄电器废物，混合废物，分类残余物，燃烧废物，废物处理和稳定化过程产生的矿业废物
	工业危险废物	16 类： 化学废物，燃烧废物，废物处理和稳定化过程产生的矿业废物，报废汽车，废油，分类残余物，酸、碱、盐废物，工业废水污泥，废溶剂，报废设备（不含汽车和电池），废木，电池和蓄电器废物，废物处理产生的污泥，混合废物，多氯联苯废物，玻璃废物
日本	产业废弃物	21 类： 1 燃烧残渣、2 污泥、3 废油、4 废酸、5 废碱、6 废塑料类、7 废纸、8 废木屑、9 废纤维（屑）、10 动植物性残渣、11 动物系固态废弃物、12 废橡胶（屑）、13 金属屑、14 废玻璃和废陶瓷、15 矿渣、16 建筑废料、17 动物粪尿、18 动物尸体、19 煤灰、20 以上 1～19 或 21 处理之后产生的不属于 1～19 或 21 的物质、21 进口的废弃物
	特别管理产业废弃物	5 类： 废油、废酸、废碱、传染性产业废物、特定有害产业废物。其中特定有害产业废物包括 9 类：废多氯联苯等、多氯联苯污染物、多氯联苯处理物、指定下水污泥、矿渣、废石棉等、粉尘或燃烧残渣、含有有机溶剂的废油、污泥、废酸或废碱

续表

国家/地区	大类	细类
中国台湾	一般事业废弃物	D 类　一般废弃物 136 种 R 类　公告应回收或再利用废弃物 111 种
	有害事业废弃物	A 类　制程有害事业废弃物 102 种 B 类　毒性有害事业废弃物 182 种 C 类　有害特性认定废弃物 97 种

专题表 3-14　国内外固体废物分类对比

国家/地区	废物分类		废物管理		
	大类	中类/小类	申报登记	环境统计	废物转移
中国大陆	大类按照产生源分为工业固体废物和生活垃圾。存在分类缺失，导致管理缺位	工业固体废物在环境统计中分为 10 类，在排放污染物申报登记和大、中城市固体废物环境防治信息发布中分为 28 类；生活垃圾分为 10 类	未采用现有的分类体系	未采用现有的分类体系。与申报登记一致	/
	大类按照属性分为危险废物和非危险废物	危险废物分为 46 类	采用现有的分类体系	采用现有的分类体系	采用现有的分类体系
日本	大类按照产生源分为产业废弃物和一般废弃物。两者互补，责任清晰	一般产业废弃物分为 20 类；特别管理产业废弃物分为 18 类	采用现有的分类体系	采用现有的分类体系	采用现有的分类体系
	每个大类中，又将危害性较大的划为“特别管理废弃物”	一般废弃物依照后续处理方式分为资源回收类、可燃垃圾、不可燃垃圾、粗大垃圾			
欧盟	大类按照属性分为工业废物和工业危险废物	《欧洲废物清单》按照产生源为主、物质为辅进行分类（20 大类）。《欧洲废物统计名录》基于物质进行分类（13 大类）。欧盟将危险废物和非危险废物有机统一起来。《欧洲废物清单》和《欧洲废物统计名录》可以相互转换	《欧洲废物清单》分类体系	《欧洲废物统计名录》分类体系	《欧洲废物清单》分类体系
美国	大类按照属性分为危险废物和非危险废物	危险废物分为 F、K、P、U、D 五类废物（化学品类废物）	采用现有的分类体系	采用现有的分类体系	采用现有的分类体系
俄罗斯	大类依照产生源分为 4 类。将产业上下游产业链所产生的废物分为一类	依照产生源将废物分类五级，共 802 类。根据风险评价评估废物危险等级	采用现有的分类体系	采用现有的分类体系	采用现有的分类体系

3. 国内外工业固体废物分类资源化管理体系比较

从全生命周期的角度来看，固体废物分类资源化涉及从矿产资源开采、原料生产和供应、产品使用、回收、再利用或再制造、废弃、处置等所有经济活动领域，管理链条长，管理难度大。为此，发达国家通过不断完善法制体系明确管理目标、基本原则、各方主体责任、标准化考核指标，建立了统一管理的制度体系，并通过积极的经济政策限制源头资源投入和无害化处置，积极促进资源化，取得了显著成绩。例如，日本通过将钢铁渣等作为副产品纳入《绿色采购法》指定采购项目，实现了钢铁行业约 99%的废物、电力工业 97%的废物以各种形式被循环利用。目前，发达国家再生有色金属产量占有色金属总产量平均超过 50%，与之相比，我国在工业固体废物分类资源化的战略定位、法规政策顶层设计、技术发展水平、产业市场发育、社会参与等方面仍然存在较大差距。专题表 3-15 列出了我国与发达国家和地区的主要差异情况。

专题表 3-15　我国与发达国家和地区在工业固体废物资源化管理方面的差异分析

指标体系 \ 国家/地区		欧盟	日本	中国台湾	中国大陆
战略定位	战略目标	启动欧盟版循环经济战略	推进循环型社会第二阶段	永续物料管理	推动绿色发展、循环发展、低碳发展
	策略	（1）将原有的原材料从生产、消费到丢弃的线性模式转变为创新型的循环模式 （2）创新回收材料市场及其商务模式 （3）大力发展绿色设计和升级循环（up-cycled）设计 （4）积极开发生态设计和升级循环	基于物质流从自然资源提取到物质最终处置全过程的不同阶段，制定针对性资源节约、再利用、再循环和处置措施	资源使用效率最大化，环境影响最小化	加快转变经济发展方式，更多依靠解决资源和循环经济带动
	指标	到 2030 年资源产出率（GDP/原材料消耗）提高 30%	（1）资源产出率到 2020 年达到 42 万日元/t （2）资源化率到 2020 年达到 14%～15% （3）最终处置量到 2020 年控制在 2300 万 t	尚未提出具体指标，但已作安排： （1）整合物料数据，建立资源循环数据库，建立绩效指标 （2）建立或调整物料申报机制，完备物质流数据库，制定绩效指标目标值	尚未提出具体指标。《大宗工业固体废物综合利用“十二五”规划》提出，到 2015 年，大宗工业固体废物综合利用量达到 16 亿 t，综合利用率达到 50%
法规政策层面	法规规章	构建行业与废物流相互补充，纵横交错的法规管理体系；以环境损害责任追究为核心的司法保障体系 （1）行业源头减量管理政策：《欧盟工业排放指令》（2010/75/EC）和《有关采矿业废物管理的指令》（2006/21/EC） （2）通用要求与特殊要求：《废弃物框架指令》（2008/98/EC）、《废油指令》（75/439/EEC）、《氧化钛废物指令》（78/176/EEC）、《多氯联苯废物指令》（96/59/ EC）、《含有某些危险物质之电池和蓄电器指令》（91/157/EED、93/86/EEC）、《持久性有机污染物（POPs）法规》(EC)（No850/2004） （3）运输、焚烧、处置等关键环节的管理政策：《废物运输条例》（EEC）（259/93）、《港口接收废物设施指令》（2000/59/EC）、《废物填埋指令》（1999/31/EC）、《废物焚烧指令》（2000/76/EC） （4）以环境损害责任追究核心的司法保障体系：《欧盟环境责任指令》（2004/35/CE） 未来将陆续推出特定的废弃物指令，如海洋垃圾、磷化物、建筑与拆迁垃圾、食品、塑料和危险废弃物指令	逐步推进建立和完善固体废物循环利用的法律体系 （1）工业生产制造环节的源头减量与循环利用：《资源有效利用促进法》、《食品资源再生利用法》、《建筑材料再生利用法》 （2）产品消费与废物收集环节的减量与循环利用：《容器包装再生利用法》《家电再生利用法》《小家电回收利用法》《机动车再生利用法》，通过生产者责任延伸制度推动废物的回收处理 （3）废弃环节和废物处理环节：《资源有效利用促进法》《废弃物处理法》《多氯联苯废弃物妥善处理特别措施法》 （4）再生产品推广应用环节：《绿色采购法》	《资源回收再利用法》《废弃物清理法》均由“台湾行政院环境保护署”牵头负责 （1）《资源回收再利用法》侧重于源头的减量化和过程的资源化管理 （2）在推动事业废物（包括工业废物）再利用方法，《废弃物清理法》规定，充分发挥各目的事业主管机关的责任	（1）《循环经济促进法》为鼓励法 （2）《清洁生产促进法》为鼓励法 （3）《固体废物污染环境防治法》一定程度是废物处置法，对废物减量化、资源化的影响有限。现有固体废物管理制度设计不合理，重堵轻疏，阻碍了危险废物利用的市场化

续表

指标体系 \ 国家/地区		欧盟	日本	中国台湾	中国大陆
法规政策层面	财税政策	在欧盟层面没有具体的财税政策，各个成员国为落实指令，推动废物分类资源化，会实施具体的财税政策	（1）税收政策：日本27个县征收工业废物税；法人税（所得税）、不动产购置税、固定资产税的优惠 （2）财政信贷政策：财政补贴；设立专项资金，提供优惠贷款 （3）绿色采购：绿色采购网络联盟（GPN）制定一系列绿色采购纲要，将再生木纤维水泥板、再生木质板等纳入政府采购的范畴	（1）再生产品免征货物税 （2）补助再生利用货物税纲要，将再生木纤维水泥板、再生木质板等纳入政府采购范畴	（1）资源综合利用产品和劳务增值税优惠目录(2015)：对4大类、37种固体废物（不含再生资源）添加比例在30%～90%的57种资源综合利用产品提供50%～70%增值税即征即退优惠 (2)排污费征收使用管理条例(2002)：没有建设工业固体废物贮存或者处置的设施、场所，或者工业固体废物贮存或者处置的设施、场所不符合环境保护标准的，按照排放污染物的种类、数量缴纳排污费；以填埋方式处置危险废物不符合国家有关规定的，按照排放污染物的种类、数量缴纳危险废物排污费
技术层面	技术应用	构建基于最佳可行技术为支撑的环境技术标准体系：制定和颁发了30多个行业的最佳可行技术参考文件。此外，针对废物处理、焚烧和尾矿管理专门制定了《废物处理最佳可行技术参考文件》《废物焚烧最佳可行技术参考文件》《矿业活动中尾矿与废石管理最佳可行技术参考文件》		台湾“经济部门”为推动工业固体废物再利用，针对废铁、废纸、粉煤灰等50多种不同类型废物再利用提出针对性的管理方式和相关的标准	
	技术研发	循环经济技术、资源有效利用技术，已列入欧盟地平线2020（Horizon 2020）重点优先领域		制定资源化产品的使用规范与验证体系，开拓固体废物再利用途径	缺少关于固体废物分类资源化、高质化的重大专项支持
市场层面		在欧盟范围内存在统一的市场	构建利益相关方共同协作的全流程链条式管理 （1）谁污染，谁买单是核心原则；推行企业生产者责任延伸制度是重要的手段 （2）责任分担制度，废物处理实行市区町村和排放者的责任分担制	促进民间投入资源化产业	/
社会层面（利益相关方参与）	民众意识	行为方式，工业生产及技术工艺向更高效更可持续方向转变，社会大众向绿色消费转变	日本政府对于用于环境保护教育或环境保护活动场所相关的土地和建筑物，减免其固定资产税和城市计划税	办理机关优先采购环境保护产品办法中的第三类环境保护产品的认定	/

五、我国工业固体废物分类资源化管理存在的突出问题

近年来，我国为实现可持续发展，大力推动清洁生产和循环经济发展，并取得了一定成绩。但长期以来，我国工业固体废物分类资源化利用工作并未受到充分重视，关键技术装备研发进展缓慢，大量资源未能有效利用。

（一）废物分类资源化利用基础法制尚未完善

1. 法律制度“重末端、轻源头、弱循环”

（1）资源化缺少法律强制要求

我国固体废物环境管理借鉴了发达国家管理经验，确定了“减量化、资源化、无害化”原则。其中，源头减量的工作主要基于《中华人民共和国清洁生产促进法》，资源化主要基于《中华人民共和国循环经济促进法》，但这两部法律都是鼓励法，而不是约束法，是促进法，而不是强制法，较多地属于引导、促进的规定，可操作性不强，对工业固体废物减量化、资源化效果微弱。无害化主要基于《固体法》，其制度法律设计重点在于“无害化处置”，强调末端处置过程的污染控制，对工业固体废物的减量化、资源化只有原则性规定，对于资源化利用过程污染控制及其产品环境风险控制缺少制度要求。尤其是缺少对生产者主体责任的约束性法律制度要求。在法律落实方面，减量化和资源化的主管部门分别是工信部门和发改部门，环保部门参与不足，而工信部门和发改部门在产生源管理过程中对后续利用处置关注不足。相关部门管理边界不清晰，在思想认识、管理模式等方面也存在较大差异，部门间协调沟通不充分、管理措施不协调，令出多门的现象比较突出，制约了工业固体废物源头减量和资源化环节的管理工作效率。

（2）制度设计系统性不足

《中华人民共和国循环经济促进法》《中华人民共和国清洁生产促进法》调整对象主要是生产企业，调整环节主要是生产、流通、消费等领域，在资源利用的客观约束、自然资源的生态价值、产废单位的环境责任等方面未做规定，减量化与资源化的力度受到影响。在《固体法》制度建设方面，强调末端管制，对减量化、资源化过程缺少引导、激励性措施。

2004年以来，我国在《固体法》框架下共出台了5部法规、6部部门规章，主要针对危险废物、电子废物、进口废物等固体废物，但是对于一般工业固体废物尚未设立专门法律规章。以危险废物为例，由于对资源化与无害化处置没有针对性制度要求，导致大量可直接资源化的危险废物得不到有效利用，且处置成本高等问题，影响了市场的活力，增加了管理的行政成本，也与《固体法》实现废物分类资源化的初衷相悖，也未达到防范环境风险的目的；而固体废物自行利用环境管理长期缺位。

（3）资源化目标难以制定

工业固体废物分类资源化利用尚未建立统一统计制度。环保、工信等部门，以及部分行业协会根据各自需求分别统计，统计口径不一致，均难以全面反映固体废物产生和综合利用的整体情况。例如，环境统计调查来源于对一般工业固体废物产生量大于1万t、产生危险废物的重点环境管理的工业企业调查；工信部门数据主要来自于对规模以上

企业的经济运行情况的调查，两者在调查范围、调查方法上存在较大差异(专题表 3-16)。而行业协会关于固体废物产生和利用处置情况的数据信息，主要是根据对部分重点企业调查结果，以及行业产品的生产情况进行预测估算数据综合分析的结果。

专题表 3-16　2014 年部分行业不同统计口径调查企业数量

行业类别	国民经济统计规模以上企业数量（个）	环统调查企业数量（个）
调查企业总数	377 888	154 633
黑色金属冶炼和压延加工业	10 363	3 880
电力、热力生产和供应业	6 471	3 288
造纸和纸制品业	6 822	4 664

数据来源：环境保护部，2015

数据信息存在的显著差异直接导致了宏观统计数据的差异，影响管理目标决策。例如，2013 年，环境统计调查范围内工业固体废物综合利用率为 62%，但工信部门对工业企业运行统计调查显示的综合利用率约为 50%；行业协会调查和估算数据与相关部门统计数据也处置存在较大差异(专题表 3-17)。但是由于各部门都不是全口径调查，统计方法不同，不同统计数据间无法归一处理。同时，由于我国与日本、欧盟等发达国家和地区在废物类别定义、调查范围等方面存在明显差异，发达国家相关指标难以被直接引用。因此，我国在确定固体废物分类资源化利用的宏观工作目标时缺乏必要的基础数据支撑和参考性指标。

专题表 3-17　2013 年部分固体废物综合利用情况统计差异

类别		行业统计（A）	环境统计调查（B）	差异率[（B–A）/A]（%）
尾矿	产生量（亿 t）	16.49	10.5	–36
	综合利用量（亿 t）	3.12	3.3	5.8
	综合利用率（%）	18.90	30.70	62.4
粉煤灰	产生量（亿 t）	5.8	4.6	–20.7
	综合利用量（亿 t）	4	4.02	0.5
	综合利用率（%）	69	86.20	24.9
煤矸石	产生量（亿 t）	7.5	3.7	–51
	综合利用量（亿 t）	4.8	2.8	–41.7
	综合利用率（%）	64	71.10	11.1
脱硫石膏	产生量（亿 t）	0.76	0.84	11
	综合利用量（亿 t）	5436	6725	23.7
	综合利用率（%）	72	82.30	14.3
冶炼渣	产生量（亿 t）	5.44	3.4	–38
	综合利用量（亿 t）	2.5	3.2	28.0
	综合利用率（%）	46	92.60	101.3

数据来源：环境保护部，2014；国家发展和改革委员会，2014

2. 生产者主体责任缺少制度约束

在我国法律中原则性规定了固体废物生产者应当“从源头削减污染，提高资源利用效率，减少或者避免生产、服务和产品使用过程中污染物的产生和排放，以减轻或者消除对人类健康和环境的危害”（《中华人民共和国清洁生产促进法》）、“企业事业单位应当建立健全管理制度，采取措施，降低资源消耗，减少废物的产生量和排放量，提高废物的再利用和资源化水平”（《中华人民共和国循环经济促进法》）。但相对于近年来我国水和大气常规污染物排放总量持续下降的趋势，我国工业固体废物的产生量始终居高不下，主要原因是对于源头减量、资源循环利用等缺少约束性制度要求和管理抓手，生产者责任难以落实。以危险废物为例，在《固体法》制度设计中，规定了生产者应执行危险废物申报登记、转移审批、规范化管理等多项制度，但由于缺少管理抓手和具体措施，相关生产者责任未能有效落实，导致固体废物环境管理工作十分被动，主要表现在以下几个方面：

（1）申报登记落实不力

申报登记落实不力，应申报而未申报现象十分普遍，每年有超过六成的危险废物去向不明。例如，2014 年，哈尔滨环统调查范围内共有 284 家企业开展了工业生产活动，其中申报危险废物产生量的企业仅占其中的 27%，申报危险废物产生量的企业其工业总产值占环统调查企业的 68.36%。

（2）源头分类管理不规范，增加了后续利用处置难度

发达国家和我国部分地区的实践表明，如果固体废物的产生企业能够在废物产生时做到精细分类，将大大提高固体废物回收利用和资源化的效率，形成规模经济。一方面，我国对于企业在工业固体废物源头分类方面没有强制性的规范要求，也没有建立后续分类资源化的管理技术体系，企业疏于源头分类，各类废物混合贮存，导致可利用废物不得不进入处置设施。而发达国家实践证明，危险废物如果能在产生源做到合理归类和分类最多可以减少约 60%的废物被误作为危险废物管理和处置。尤其是建成时间早、管理规范性差的固体废物贮存设施，往往是多种废物混合堆存，导致固体废物中有价资源含量被进一步稀释，大大加大了有价资源提取的技术难度和提高了经济成本，导致难以利用。例如，在北方城市，冬季建材行业实施季节性停产，火电厂产生的粉煤灰、脱硫石膏、炉渣等无处可去，往往被混合堆放在一起。

（3）源头污染控制不足导致部分工业副产品成为难利用的固体废物

源头污染控制不足导致部分工业副产品成为难利用的固体废物。例如，由于电力企业在脱硫设施运行过程中忽视了脱硫剂、运行参数等对脱硫石膏的影响，使得脱硫石膏质量不稳定，导致约 70%的脱硫石膏只能作为水泥胶凝材料进行利用，每年仍有数千万吨的脱硫石膏难以利用。

（4）对固体废物污染防治主体责任缺乏认识

产废单位对履行固体废物环境责任意识淡薄，通过处置协议等把固体废物特别是危险废物“一转（倒）了之”而将责任完全推给利用处置单位的现象普遍存在。2014 年，公安机关受理涉嫌环境污染犯罪案件共 2080 件，其中涉及危险废物非法转移倾倒的案件就占到了近 40%。对江苏、山东、河南、内蒙古、黑龙江等地的调研发现，当前危险废物

违法转移和倾倒现象十分普遍，已经暴露出来的问题只是冰山一角，环境隐患十分突出。

3. 经济措施未能有效促进综合利用

发达国家和地区的管理实践证明，在产生和处置环节实施限制性的经济政策可有效促进固体废物的减量化和无序化处置，更具有引导性、手段灵活多样等优势。这也是各国政府促进生态环境的重要政策工具。但我国目前的财政政策中对于工业固体废物资源的引导和调节作用都非常有限。

（1）固体废物产生和处置缺少限制性财税政策

资源税对资源的稀缺性体现不足，没能充分考虑资源开发过程的环境成本。与目前很多国家将资源税转向环境税不同，在我国资源税仍属于收益税范畴。在计税方式上，对于资源开发过程的环境保护、生态恢复等成本考虑不足，对于不同资源回收效率和污染防治投入等没有计税差异，不利于激励采选行业提高资源回采率和综合利用率。在征收方式上，资源税只在矿产资源开采环节征收，在资源消费活动的税收制度中没有体现资源价值，以外购原材料为主的资源深加工行业节约资源、开展产品生态设计、开展资源回收利用缺乏动力。

环境税缺失、排污收费覆盖不能遏制固体废物粗放式产生和促进可利用固体废物进入资源化环节。环境税制度的缺失大大限制对污染、破坏环境行为的调控力度。排污收费的基础是“排污即收费”，对于固体废物而言，其排污是指：“没有建设工业固体废物贮存或者处置的设施、场所，或者工业固体废物贮存或者处置的设施、场所不符合环境保护标准的，按照排放污染物的种类、数量缴纳排污费；以填埋方式处置危险废物不符合国家有关规定的，按照排放污染物的种类、数量缴纳危险废物排污费”(国务院，2003)。在这种制度设计下，一是收费标准低，不足以涵盖工业固体废物从进入处置场到封场恢复高达每吨 200～300 元的实际需求；二是实际可收费固体废物比例极小，在现有管理制度要求下，只有产生单位申报的被倾倒丢弃的固体废物才能收取排污费，而在实际管理要求中，所有固体废物都必须有合理的利用处置途径，产生单位主动申报倾倒丢弃量的情况几乎没有。2012 年以来，全国一般工业固体废物倾倒丢弃量已降至 144t，主要是环保部门在日常管理工作中发现的无主废物的量；而企业申报的危险废物倾倒丢弃量从 2007 年开始都是零，实际针对固体废物收取的排污费几乎没有。因此，目前排污收费制度在遏制固体废物大量产生和促进资源化方面几乎发挥不了作用。

（2）综合利用财税激励力度不足

以工业固体废物为原料的生产过程，相比同类企业，增加了原料预处理环节，生产过程环保投入相对较高，其产品相对于同类产品不具备价格优势。因此政府补贴、财税激励政策对于行业的发展至关重要。

税收优惠政策覆盖面较窄。在资源化方面，现行管理制度体系中对于工业固体废物可适用的财税优惠政策只有《资源综合利用企业所得税优惠目录（2008 年版）》，覆盖范围包括符合国家发展改革委《产业结构调整指导目录（2011 年本）》、环境保护部《环境保护综合名录（2017 年版）》要求生产的 12 类，仅占全部类别的 16%，工业固体废物（含危险废物）生产的 36 种产品，且对生产原料的使用限制过多。在我国现有固体废物分类规范中，一般工业固体废物分为 28 大类，危险废物分为 46 大类、479 小类。而目前我国仅粉煤灰实现产业化的综合利用技术就超过 70 项，涉及 10 大类产品。因此现有优惠政策覆盖面非常有限。

对于已有税收优惠覆盖的产品的优惠力度较弱。2015 年，国家对《资源综合利用企业所得税优惠目录》进行了调整，将部分利用工业固体废物生产建材类产品的退税比例由 100%调整到 70%、50%，虽然在一定程度上降低了企业经营成本，但由于企业环保投入较高，产品综合成本高于普通产品，如没有“墙改基金”、税收减免等政策，环保产品市场竞争力相对较弱。尤其是对于产生量大的尾矿等退返力度不足，企业开展资源化利用缺乏动力。以普通建筑用砖为例，使用粉煤灰等固体废物生产的环保砖其成本是普通黏土砖的 1.5～5 倍。

（3）政府引导性投入不足

在污染治理投入方面，我国 2014 年处置、贮存的工业固体废物达 12.5 亿 t，处理成本预期将高达 2625 亿～3875 亿元，约占当年国内生产总值的 0.3%，相当于当年我国环境污染治理投资的 27%～40%；而 2014 年我国投入工业固体废物污染治理的总投资额仅为 15.1 亿元，远远不能满足工业固体废物污染治理的实际需求。

在投资来源方面，固体废物分类资源化利用产业中社会资本的投入远远高于国有资本和集体资本。我国各级政府除了对于“城市矿产基地”“固体废物综合利用示范基地”“循环经济示范基地”有中央专项基金投入外，其他引导性资金投入较少。以废弃资源和废旧材料回收加工业为例，每年社会资本投入约是国有资本与集体资本投资之和的 3.5 倍，且仍在保持较快增长（专题图 3-29）。同期，每年外资对资源化利用产业的投入约是我国国家预算投资投入的 5.5 倍（专题图 3-30）。

4. 资源化利用环境管理存在盲点和堵点

（1）资源循环的关键环节存在监管盲区

产业源头准入缺乏调控，固体废物产生量大的产业布局集中，局部地区资源化利用能力不足矛盾突出。在产业准入方面，部分地区盲目发展固体废物大量产生的行业，对于工业固体废物的利用处置考虑不足，导致固体废物大量堆积、难以利用。例如，2014 年，包头市 59%的工业企业集中于主城区，全市 75%的工业固体废物产生量集中于人口密集的市五区，2015 年卫星遥感结果显示，全市固体废物露天堆场数量多达 1051 处，

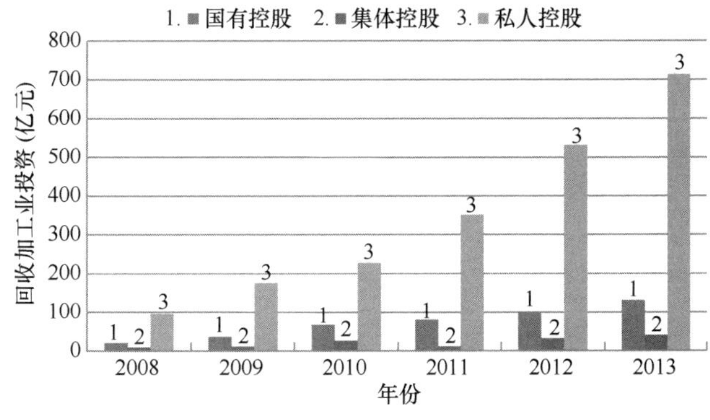

专题图 3-29　2008～2013 年我废弃资源和废旧材料回收加工业投资构成

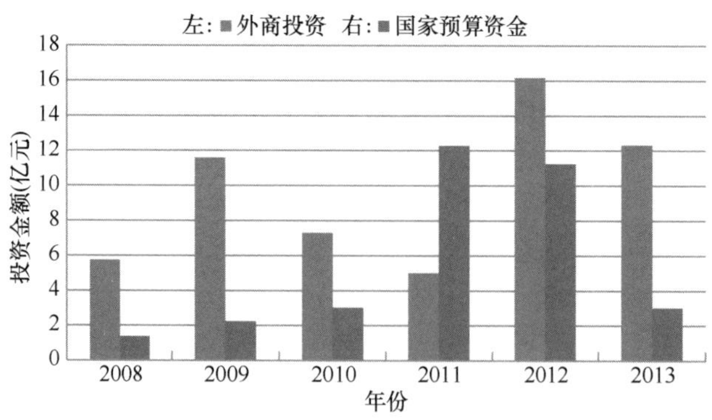

专题图 3-30 2008～2013 年废弃资源和废旧材料回收加工业国内外资金构成

总面积 9266hm^2，是 2014 年包头市工业用地面积的 1.2 倍。河北省承德市是京津冀水源涵养功能区，同时也是资源型城市之一，历史上经济发展依赖铁矿开采及钢铁冶炼产业，截至 2015 年年底，全市共有尾矿库 869 座，约占全国的 1/17，全省的 1/4，累计存积量约 23 亿 t。

回收环节是监管盲区，正规资源化产业受制于不规范的回收渠道。目前，我国固体废物回收行业大部分属于个体经营或小微企业经营，专业技术能力和管理水平较低，“小、散、乱”情况普遍，导致固体废物流向不明。而正规资源化利用企业由于物流及其管理成本显著高于“游商走贩”，生产原料难以维持稳定。以危险废物综合利用为例，截至 2013 年，全国危险废物经营单位核准利用规模约为 2720 万 t/年，但实际运行负荷率仅为 34%，约 2/3（约 2000 万 t）的危险废物未能进入许可经营单位进行利用处置。而对于报废工业装备，目前尚未建立有效回收模式，直接制约了我国再制造产业的原料供应，产业发展十分滞后。

资源化利用风险控制技术规范和产品标准体系不健全，难以发挥产业引导作用。我国对于工业固体废物综合利用过程二次污染控制、高价资源有效回收、非金属资源替代等，以及综合利用产品环境健康风险评估与控制等方面，缺少明确的技术政策和规范标准要求，固体废物特别是危险废物利用产品的环境健康风险缺少评估和质量控制要求，资源化利用产业发展缺少技术规范引领。工业固体废物分类资源化利用产品沿用同类产品质量标准，未能充分考虑其中有毒有害成分的环境风险问题，消费者对综合利用产品的安全性存在疑虑，相关产品市场接受程度低。例如，磷石膏含有氟化物、游离磷酸、P_2O_5、磷酸盐等多种杂质，在生产出砌块建材后可用于铺路，但由于缺乏系统性评估，产品中的有害杂质是否会浸出而污染环境尚不明确。例如，制药行业产生的抗生素药渣含水量较高，处置或填埋成本不经济，且安全性不能保证，只好由制药厂按照危险废物大量堆存待处置；目前，也有制药厂卖给当地农户混入化肥和饲料等“综合利用”，但其安全性受到严重质疑。

（2）不合理行政管制措施制约高价值固体废物综合利用

无差异的行政管制措施制约危险废物分类资源化利用的市场流动。危险废物中往往比一般工业固体废物含有更多稀贵金属、高热值有机物等具有较高资源价值的物质，其综合利用的市场调节作用较强。但是，我国危险废物管理制度设计中对于资源化利用的市场规律考虑不足，行政管理技术手段落后，不能适应资源市场流动需要，是当前危险废物分类资源化利用市场的制约性因素之一。例如，危险废物跨省转移需经移出地和移入地县、市、省三级环保部门逐层申报、审批，审批周期需要3～6个月甚至更长时间，降低了危险废物市场流通性，也增加产废企业的贮存成本和利用处置单位的经营风险。

鉴定鉴别体系不合理，副产品、资源化利用产品无法进入正常的工业产品市场。按现有制度要求，危险废物综合利用产品仍需作为危险废物进行管理，难以作为正常工业产品进入市场，导致大量可综合利用的危险废物或其综合利用产品被迫进入处置设施。例如，山东潍坊滨海经济技术开发区内制药、农药和化工等企业产生的高盐废水属于危险废物，经加工后可生产精致工业盐（96.5%），但因生产的盐仍被作为危险废物管理，无法按正常工业盐产品销售，只能交由危险废物经营单位进行填埋，处置费用约4000元/t。

危险废物综合利用许可经营行业准入条件不高，制度设计上“有进无出”，后续监管不足，行业市场秩序混乱。我国危险废物经营许可证许可条件相对较低，二次污染控制要求不明确，尤其缺少特征污染物控制的针对性要求。对于获得许可的企业，由于没有明确的取消许可证的上位法支持，环保部门对于现有企业难以实施取缔关停等行政管理措施，导致综合利用产业市场秩序混乱，部分企业生产过程二次污染问题较为突出。2012年、2013年，环境保护部分别在全国抽查了323家危险废物经营单位的危险废物规范化管理情况，抽查合格率分别为70.1%和72.5%，部分危险废物利用处置单位技术落后，污染严重，有的甚至连基本的污染治理设施都没有。也导致一些地方保护主义盛行，行业恶意垄断、价格垄断现象普遍存在，行业市场较为混乱。

（3）制度障碍制约装备再制造产品应用

2012年6月国务院颁布的《报废汽车回收管理办法》（国务院令第307号）第十四条指出：“报废汽车回收企业必须拆解回收的报废汽车；其中，回收的报废营运客车，应当在公安机关的监督下解体。拆解的‘五大总成’应当作为废金属，交售给钢铁企业作为冶炼原料；拆解的其他零配件能够继续使用的，可以出售，但必须标明‘报废汽车回用件’。”该政策直接导致汽车再制造产品难以进入消费市场，再制造产业没有发展的市场空间。

（二）单向式发展模式导致资源过度消耗

1. 矿产资源重开发轻利用

绝大部分矿山企业未开展资源综合利用。受资源禀赋影响，我国十分重视煤炭、铁、黄金等部分资源能源的采选技术研发，目前矿产资源、能源开采、洗选等技术水平并不落后于世界水平。但是与国外相比，我国工业固体废物综合利用水平较低。例如，我国矿产资源总回采率仅为30%，低于世界平均水平10～20个百分点，矿产资源的综合回收率不超过50%，总体利用率约为20%。其中，有色金属矿产资源综合回收率为35%，黑色金属矿产资源综合回收率仅为30%，比发达国家低20个百分点。我国多数矿山并未开展共伴生矿的综合利用工作，共伴生矿产资源综合回收率在40%～70%的国有矿山企业不足 40%（国土资源部，2015）。截至 2014 年年底，全国 11 359 座尾矿库中，只有 3.4%开展了尾矿综合利用。2013 年，我国从尾矿中回收有价组分约占尾矿利用总量的 3%、占尾矿产生总量的 0.57%，有价金属资源回收量超过 1000 万 t。按此估计，我国每年尾矿中大量高价值的稀缺资源未能得到合理利用。

2. 外向型制造业“大而不绿”

制造业及其产品的能耗占我国能耗的 70%左右，但**长期以来，我国制造业以供应初级加工产品和中间产品的外向型产业为主，资源消耗强度世界第一**。2012 年，我国国内生产总值（GDP）约占全世界的 11.6%，但消耗了全球 21.3%的能源、45%的钢、43%的铜、54%的水泥。据不完全统计，我国 2012 年火电厂发电煤耗约 305g 标准煤/（kW·h），相对于日本 2000 年水平，吨钢可比能耗 674kg 标准煤，高于日本 1990 年吨钢能耗 7%（国家统计局能源统计司，2015）。经合组织统计数据表明，2011 年我国单位 GDP 物质消耗强度约为 2.5kg，约是经合组织成员国平均值（0.54kg）的 5 倍（专题图 3-31）。而我国部分学者基于物质流研究成果表明，2010 年我国的物质消耗强度为 29.4t/万美元，远高于英国、日本、法国、德国等国家（3.5～5.8t/万美元）的水平（钟若愚，2010）。

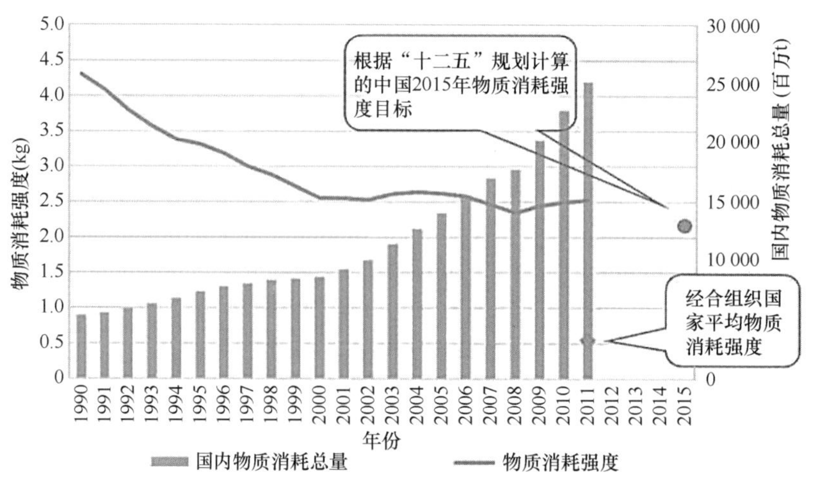

专题图 3-31　我国与经合组织成员国平均物质消耗强度对比情况

数据来源：经济合作与发展组织

我国制造业技术水平较低，资源利用效率与国际先进水平差距较大。现阶段，我国仍处于国际产业分工的中低端，制造业发展仍未摆脱对资源的高度依赖。例如，据测算，我国装备制造业单位产品能耗高出国际先进水平 20%～30%。总体来看，2004 年我国资源生产率为 340.5 美元/t，是荷兰的 40%、英国的 12%、日本的 14%。又如，我国攀枝花钒钛磁铁矿资源开发利用技术国内领先，但也只利用了 70%的铁、47%的钒、18%的钛，从原矿到钛精矿的钛利用率仅为 18%，约有 50%的钛损失在高炉渣中，攀钢集团有限公司每年产生的高炉渣中含 22%左右的二氧化钛，折合 60 万～70 万 t 二氧化钛，铬、镍、镓、钪、钴等稀贵金属尚未得到有效回收利用。

“大而不绿”的制造业产生的大量难利用的高风险固体废物，威胁我国生态环境安

全，影响我国国际形象。一是对产生高风险固体废物的化工、电镀等产业发展不设限制，导致“经济效益两头在外、环境风险集中在内”的不利局面。例如，在欧盟受到严格监管的草甘膦行业，在我国生产不受限制，产量居全球第一，产品80%用于出口，而生产1t 草甘膦将产生 5t 难以利用处置的母液，属于危险废物。二是低端制造遗留的高风险固体废物治理代价高昂。例如，我国铬盐生产量和使用量都占世界第一，80%的铬盐以有钙焙烧工艺生产，每吨铬盐产品排放2.5～3t无法综合利用的高毒性铬渣，2006～2012年为处理我国历史堆存的670多万吨铬渣，各级财政花费20多亿元，才将堆存数十年甚至半个世纪的铬渣清理处置完毕，而铬渣堆存导致的场地和地下水污染治理修复任重道远，预计费用高达269亿元。三是对产生高风险固体废物的低端工艺替代进程缓慢，影响我国国际形象。例如，在所有涉汞行业中，电石法聚氯乙烯（PVC）氯化汞触媒年用汞量占全国用汞总量的60%，是第一大涉汞行业，如果全国70多家电石法PVC企业全部替换低汞触媒，汞排放将下降 90%以上。为此，2010 年环境保护部要求聚氯乙烯（PVC）行业2012年低汞触媒使用率达到50%，2015年实现行业全替代。但据中国氯碱工业协会不完全统计，2014年该行业低汞触媒替代率尚不足30%。根据我国2013年签署、2016年批准的《关于汞的水俣公约》，我国需自2020年起禁止生产及进出口含汞产品，而作为用汞第一大户的电石法 PVC 行业，低汞触媒替代推广缓慢，将直接影响我国履行国际公约的承诺。

3. 工业装备报废损失巨大

工业装备报废已经成为制约我国工业经济发展的重要因素。工业机械、机床、汽车等工业装备中80%由优质钢铁、铜、铝等高性能材料制造，制造成本高，产品价值高。我国每年因工业装备报废导致了巨大的经济损失。例如，我国油气管线均采用大口径的高级钢制造，每年我国报废油气管线超过70亿t，经济损失超过40亿元。专题图3-32为吉林油田近年来因油管失效导致的经济损失统计。我国油气产量约在2030年才能达到峰值，未来管线报废量十分可观。我国电解铝产量世界第一，但风机等关键装备几乎全部采用进口设备，且不具备维修技术能力，报废后只能更换，目前国内大部分电解铝风机已经进入报废周期。例如，包头铝业（集团）有限责任公司电解铝产能约2万t/年，但仅备件维修更换费用超过1亿件/年。

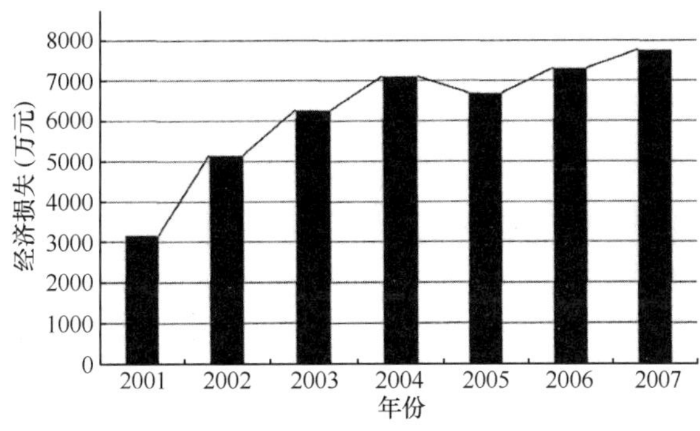

专题图3-32　2001～2007年吉林油田因油管失效导致的经济损失统计

数据来源：中国石油勘探开发研究院

（三）利用不足制约经济环境可持续发展

1. 综合利用不足是我国经济发展中的短板

（1）影响我国经济可持续发展

废物回用率是影响我国循环经济综合发展指数改善的制约因素。在循环经济发展指数的5个一级指标中，废物回用率指标提升较慢（专题图3-33），2010年以来出现了下降趋势，是我国发展循环经济的软肋。2013年，我国废物回用率指数为108.2，在5个一级指标中增幅最小，且由于废旧资源回用率的大幅下降，导致2011年以来该指数连续下降。其中工业固体废物综合利用率提高了5.5个百分点，对废物回收利用率指数有较明显拉动作用，部分抵消了由于废钢等废旧资源回用率大幅下降导致的该指数下降幅度。

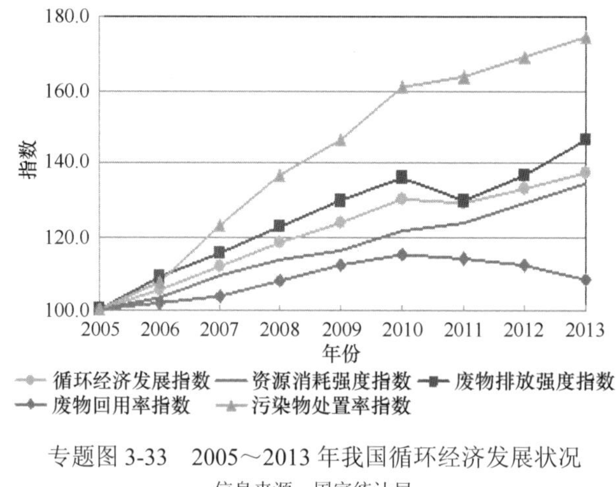

专题图3-33 2005～2013年我国循环经济发展状况

信息来源：国家统计局

（2）贮存处置成本制约部分产业发展

工业固体废物处置成本持续走高，制约工业企业稳定运行，在部分行业甚至抵消了经济收益。工业固体废物贮存处置成本占工业企业运行成本的8%～40%，铬盐、电解锰等部分行业固体废物污染治理投入需求甚至显著抵消了经济收益。我国2014年处置、贮存的工业固体废物达12.5亿t，预期处理成本相当于当年全国环境污染治理投资的27%～40%。

一般工业固体废物贮存场建设、运行、维护费用，每吨5～10元，封场后治理恢复每吨200～300元。这一情况在矿产资源开采行业尤为突出，仅尾矿库基建费用就占整个采选企业费用的10%～40%。全国现有的400多个大中型尾矿库，每年仅运营费用估计达7.5亿元。

部分行业工业固体废物污染治理投入需求巨大，抵消了经济收益。固体废物，尤其是危险废物的污染治理难度大、成本高，相对于其对国民经济的贡献，其环境污染治理所需费用更为巨大。以铬盐行业为例，我国铬盐行业使用原料80%依赖进口，铬盐生产量和使用量都占世界第一，但我国80%的铬盐生产仍然以有钙焙烧技术为主，每吨铬盐产品排放 2.5～3t 高毒性铬渣，平均每吨治理成本达 500 多元；初步估计我国历史遗留的 670 万 t 铬渣及其导致的场地和地下水污染问题，总计需要投入约 126 亿元才能基本消除。

危险废物综合利用不足，导致末端处置供需矛盾突出，传导至产生源单位危险废物长期贮存，影响了企业的正常生产。以黑龙江省为例，2014 年全省共有 26 家危险废物集中利用处置的许可经营单位，但仅能开展废矿物油、废有机溶剂、废乳化液、其他废物等 4 类危险废物的综合利用；而部分企业自有利用设施只能针对本厂产生量较大的精蒸馏残渣、废矿物油等危险废物进行简单利用；其他如表面处理废物、含铜污泥等具有较高综合利用价值的危险废物，由于缺少利用设施，只能进入焚烧或填埋处置环节。

（3）工业固体废物贮存大量挤占工业发展空间

国土资源部数据显示，全国包括废石在内的工业固体废物堆存总量约 600 亿 t，其中尾矿达 146 亿 t、废石 438 亿 t。行业协会不完全调查结果表明，煤矸石目前累计堆存量约 45 亿 t，规模较大的矸石山达 2600 多座；粉煤灰堆存量约 45 亿 t；钢渣累计堆存约 10 亿 t；赤泥累计堆存量超过 3 亿 t。**仅以上几项固体废物堆存占地估算就已达 2.46 万 km^2，是 2014 年全国城市征用土地面积的 16.4 倍。**全国及分省矿山地质环境遥感监测成果显示，2014 年全国在役矿山的尾矿、废石等固体废弃物占地超过 8.4 万 hm^2。预计 2015 年仅赤泥堆（库）数量将达到 80 座，占地超过 3000hm^2。而按照行业协会和相关专家估算，我国工业固体废物累计堆存量可能高达 700 亿～800 亿 t，按每吨固体废物占地 0.35m^2 计算，总占地面积 250 万～300 万 hm^2。与国土资源部、工业和信息化部统计数据对比表明，目前我国工业固体废物堆存占用土地是 2013 年工业用地面积的 2.2～3.3 倍，是 2013 年住宅房屋竣工面积的 10.4～15.6 倍，是 2014 年新批准建设用地面积的 4.9～7.4 倍（国土资源部，2015）。

2. 影响我国环境治理工作的总体成效

工业固体废物大量排放、处置、贮存削弱了我国环境治理工作的成效。从单位国土面积污染物产生强度来看，工业固体废物产生强度远高于水、大气污染物排放强度。2014 年，我国单位国土面积产生工业固体废物 343t/km^2，是大气污染物（二氧化硫、氮氧化物、烟粉尘）排放总和的 57 倍。工业固体废物大量堆存已经成为局部地区大气扬尘、地下水污染物的污染源。2013 年，国家统计局发布的循环经济发展指数中，污染物处置率指数逐年上升，年均提高 7.2 个百分点，反映出我国污染物处置水平大幅提高。但 2008～2011 年单位工业增加值固体废物产生量不降反升，牵制了环境污染物总体削减的发展趋势。我国历年堆存的包括废石在内的工业固体废物对广泛区域的大气扬尘、土壤和地下水环境污染等贡献突出。部分地区工业固体废物堆场安全事故频发，环境风险隐患突出，已经成为社会问题的重要诱因。

工业固体废物堆积对全国范围 $PM_{2.5}$ 的形成贡献突出。2013 年，我国 $PM_{2.5}$ 达标率仅为 41.8%，而最新研究表明，城市约 30%的 $PM_{2.5}$ 源于区域传输。清华大学的研究成果表明（Streets et al.，2007），在北方城市（北京、石家庄）导致我国大范围雾霾等重污染天气的 $PM_{2.5}$ 中，扬尘的贡献仅次于燃煤和工业生产，在沿海城市（深圳）

仅次于机动车。工业固体废物露天堆场扬尘对区域 $PM_{2.5}$ 的影响不可忽视。研究表明，尾矿库粉尘可对周边半径 1km 的农作物构成减产，其 300m 范围内可减产 20%以上。而治理固体废物堆场对降低局部地区扬尘污染效果较为明显。例如，鞍山铁矿开采时间长达百余年，形成了 3636hm^2 排岩场和 2430hm^2 尾矿库，是当地大气扬尘的主要污染源；2002～2009 年，鞍山共修复矿区尾矿库、矿渣山、排土场等 600 余公顷，同时恢复矿区周边板结土地 970 余公顷，同期鞍山市每月每平方千米自然降尘量从 32t 下降到 21.6t。

特殊工业废物堆存造成区域特征污染物超标。例如，我国贵州省铜仁市的万山汞矿开发活动长达 630 年，累计排放 1.26 亿 t 含汞尾矿、含汞废渣，这些工业废物中的汞仍在持续向环境释放，矿区大气汞浓度超出正常大气汞浓度 1～4 个数量级。国内外多项研究结果显示（赵丽囡，2003；史永红，2006），粉煤灰受到自然风化和降水的淋溶作用，其中含有的重金属（如镉、铬、砷、汞、铅等）等有毒有害成分会随渗滤液污染周围土壤、地表水及地下水。据估算，全国仅铬渣造成的土地污染面积就高达 500 万 m^2，污染土方量约 1500 万 m^3。

3. 工业固体废物环境风险长期存在

工业固体废物贮存设施环境隐患长期存在，在部分地区演化成为主要的社会问题。历史上，我国对于工业固体废物堆存管理较为粗放，部分建设时间较早的工业固体废物堆存环境隐患十分突出。以尾矿为例，2006 年 3 月《尾矿库安全技术规程（AQ 2006—2005)》正式实施以前，大部分尾矿库环保设施不完善。经过多年整治，截至 2014 年年底，全国仍有尾矿库 11 359 座，其中危库、险库、病库共 772 座，是局部地区重要环境风险源。尾矿、粉煤灰等固体废物堆放深度一般均在 20m 以上，在遇到强降雨、洪涝、山体崩塌、滑坡、泥石流等自然灾害时，极易导致溃坝等环境安全事故。近年来，尾矿库等工业固体废物设施导致的突发环境事件时有发生，部分地区甚至引发了严重的群体性事件。特别是 2008 年 9 月 8 日，山西省襄汾县特别重大尾矿库溃坝事故，造成 277 人死亡、4 人失踪、33 人受伤及巨大财产损失；2012 年发生的广西壮族自治区“5・26”龙山排泥库泄漏事件和贵州省铜仁市“11・7”锰渣库泄漏事件，造成了极为严重的环境污染和恶劣的社会影响。

工业固体废物不规范利用环境健康风险十分突出。危险废物综合利用是我国部分地区的传统产业，过去粗放式生产模式遗留了严重的环境污染问题。例如，湖南省永兴县从粗铅、铜铅电解阳极泥等各类冶炼废渣中回收金、银等有价金属已有 300 余年的历史，聚集了约 32 类、80 余万吨冶炼废渣（液）的综合利用能力。但由于过去生产模式粗放，对冶炼废渣中夹杂的铅、砷、镉等有毒有害物质缺少控制措施，导致当地过半面积地表水、土壤等受到污染，从业人员及冶炼厂周边居民出现血铅超标现象。2010 年，永兴县疾病预防控制中心儿童血铅调查统计表明，部分冶炼活动集中区域周边被调查儿童中出现高铅血症的人数占总人数的 42.8%，轻度铅中毒的人数占总人数的 6.4%，中度铅中毒的人数占总人数的 2.5%。另外，如广东省贵屿镇的电子废物、浙江省永康市的铝锌铜冶炼渣等危险废物不规范利用活动都曾在当地造成了严重污染。

工业固体废物不当处置引发严重环境问题。在《中华人民共和国固体废物污染环境防治法》实施之前（1996 年以前），特别是 20 世纪 80 年代乡镇化工企业快速发展过程中，难以利用的危险废物随意倾倒现象十分普遍。随着城镇化进程的加快，类似 2015 年江苏省靖江市“养猪场地下藏毒万吨”的事件被媒体曝光。2010 年，环境保护部不完全统计发现，仅尚未妥善处置的历史堆存危险废物共计 343 处，7350 万 t，其中有 100 余处靠近河流、农田、居民区等环境敏感点，至今这些历史遗留的危险废物仍未得到妥善处置。

4. 西部地区废物管理对全国环境质量整体改善影响深远

西部地区战略地位特殊，工业固体废物堆存影响全国生态环境整体改善工作成效。西部地区是我国重要的生态安全保障区和主要生态服务功能供给区，自然保护区面积占全国保护区面积的 85%以上，77%的国土属禁止或限制开发区，生态服务价值占全国总量的 65%以上。在区位上，西部是我国主要淡水资源发源地和冬季西北风上风向，工业固体废物堆场导致的污染物、扬尘远距离传输和水环境污染将对其他地区大气、水和土壤环境质量产生不可忽视的影响。例如，我国内蒙古自治区、山西省、新疆维吾尔自治区等地区大量排放的粉煤灰在风力作用下很容易形成扬尘，并向东南方向迁移，当风力达到四级时，粉煤灰的沉降范围甚至可达 10 万～15 万 km^2。

西部地区仍未摆脱“黑色发展”模式，资源依赖型发展导致固体废物大量堆存。西部地区社会经济发展水平严重滞后，贫困问题突出，是生态环境保护与经济发展矛盾最为突出的区域。西部大开发战略实施十余年来，西部地区社会经济增长高于全国平均水平，工业增加值占国内生产总值的比重从 2000 年的 33.94%增至 2010 年的 42.19%，工业产业发展在西部地区经济发展中的作用显著（国家统计局，2010）。但是，区域经济增长始终未能摆脱依赖高消耗、高污染、高排放、低效率的粗放型“黑色发展”模式，能源、冶金、化工等产业所占比重较大。2009 年，能源化工和矿产开发及其加工两大行业占西部地区工业总产值的比重达 63.41%，比全国平均水平高 17.18 个百分点；装备制造业占工业总产值的 16.91%，比全国平均水平低 7.69 个百分点。粗放式发展导致西部地区经济社会效益偏低，资源环境代价高昂。例如，2010 年，西部地区主要矿物的回收率只有 30%～50%，比全国平均水平低 10%～20%，单位工业增加值能耗是全国平均水平的 1.09 倍，单位工业增加值污水排放量是全国平均水平的 1.08 倍；而截至 2009 年年底，西部地区荒漠化总面积已超过 251 万 km^2，超过全国荒漠化面积的 95.48%（欧阳志云和郑华，2009）。

（四）产业市场发育不成熟

1. 产业总体规模小

固体废物分类资源化产业在我国国民经济中所占比重远低于发达国家水平，对国民经济贡献十分有限。2014 年，我国废弃资源和废旧材料回收加工业的工业企业总数、工业销售产值、利润总额均占规模以上工业企业的 0.3%左右。相对于其他行业，我国超过 80%从事综合利用的企业为规模以下的小型工业企业。我国目前从事大宗固体废物综合利用企业平均每家产值不到 2000 万元、从业人员不足 170 人，尚未达到规模企业标准。2013 年，全国共有 1728 家获得经营许可的危险废物集中利用处置单位，平均产值仅为 1.6 亿元。而 2012 年美国仅再制造行业产值就达到 500 亿美元，为 18 万人提供了就业岗位；德国再制造行业产值 120 亿美元，是我国的 40 倍。

2. 资源化产业结构失衡

产业结构单一，产品附加值较低。建材行业是我国工业固体废物综合利用的主要行业。2014 年，我国综合利用的工业固体废物中，67%用于制备各类建材产品，30%用于填充采空区等生态利用，用于提取有价资源的高价值利用比例不足 11%（国家发展和改革委员会，2014）。其中，每年用于水泥与混凝土的尾矿、冶炼渣、煤矸石和粉煤灰利用量占综合利用总量的近 40%（专题图 3-34）。近年来，我国建材市场需求明显减弱，2012 年以来，工业固体废物综合利用量出现负增长，在未来我国建材消费量总体走低的趋势下，以建材为主的综合利用途径将受到明显抑制。

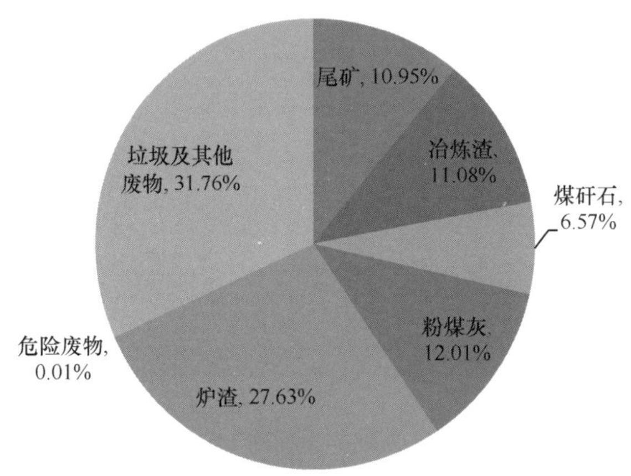

专题图 3-34　我国建材行业固体废物综合利用构成

信息来源：中国建筑材料科学研究总院

危险废物综合利用产能过剩与能力不足并存。高价值、好利用的危险废物恶性竞争普遍，低价值、难利用的危险废物无人问津，非法转移倾倒事件时有发生。2013 年，全国危险废物综合利用设施运行负荷率仅为 34.2%。以黑龙江省为例，2014 年全省共有 26 家危险废物集中利用处置的许可经营单位，但仅能开展废矿物油、废有机溶剂、废乳化液、其他废物等 4 类危险废物的综合利用，如表面处理废物、含铜污泥等综合利用难度较大、污染控制要求高的危险废物由于缺少利用设施，只能进入焚烧或填埋处置环节。

3. 综合利用过程二次污染控制不足

我国近 70%的危险废物被用于综合利用。尤其是废矿物油、有色金属冶炼产生的含贵重金属冶炼废渣、电镀行业产生的电镀污泥、蚀刻液等综合利用产品价值高的危险废物，基本都被综合利用。但我国 80%的固体废物资源利用企业属于中小企业，环境保护和环境守法意识较差，部分企业技术水平偏低，二次污染问题较为突出。例如，2012 年、2013 年，环境保护部分别在全国抽查了 323 家危险废物经营单位的危险废物规范化管理情况，抽查合格率分别为 70.1%和 72.5%，部分危险废物利用处置单位技术落后，污染严重，有的甚至连基本的污染治理设施都没有。

（五）分类资源化技术能力不足

我国在工业固体废物分类资源化利用领域与发达国家差距显著，其中缺少关键技术和装备是制约产业发展与管理进程的主要因素。在工业固体废物分类资源化技术领域，我国与欧美发达国家技术差距大概为 5～10 年。

1. 有价资源的高效利用十分有限

固体废物中大量活性成分未能充分利用，产品品质及产品附加值较低，对原生非金属矿产资源的替代作用未能充分发挥。粉煤灰、煤矸石、铁尾矿、钢渣等的铁、镁、钙、硅及其他硅酸盐类矿物共性结构未能被充分利用。研究表明，高炉渣中 70%～85%的具有潜在水硬活性的成分未能发挥作用。因此，建材产品中可添加的固体废物比例较小，难以实现对天然建材资源的规模化替代。2014 年，全国用于生产水泥、混凝土的工业固体废物总量约 3 亿 t，仅占当年水泥、混凝土总产量的 5%。例如，能将我国现有高值化利用储备技术实现产业化（专题表 3-18），工业固体废物分类资源化利用总产值可比现在提升约 15%。

专题表 3-18　我国现有高值化利用储备技术产业化应用预期效益

废物类别		利用方式	预期效益（元/t）
尾矿		黑色金属尾矿提取铁、锰及其他非金属矿产资源	950
		有色金属尾矿提取共伴生贵金属、稀散金属等金属资源及非金属资源	2667
		井下充填	150
		制备高性能混凝土等高价值建材	600
		土地改良等生态利用	667
冶炼渣	钢渣（已选铁钢渣）	制备钢渣微粉	228
	铅、锡冶炼渣	提取金、银、锌、铟、锑、铋、钒、镓、锗等及其他稀有稀散金属	4053
	铜、镍冶炼渣	提取铜、铁、镍、金、银及其他有价金属	2833
	金冶炼渣（氰化渣）	制硫酸，提取铅、锌、铜、铁等	2400
	赤泥	提取有价组分，制备建材	833
粉煤灰	制备微米级建材、碳粉等高价值产品		1250
工业副产石膏	制备高强度石膏材料		7500
预期平均效益（元/t）			370

数据来源：根据赛迪研究院相关资源整理

部分综合利用技术尚未成熟。例如，我国内蒙古自治区中西部地区煤层中大量伴生富铝矿物，煤燃烧后产生的粉煤灰中氧化铝含量高达 45%～50%，相当于我国中级品位铝土矿。初步统计，该地区目前煤炭资源储量全部发电后将产生约 250 亿 t 高铝粉煤灰，理论上可用于生产 100 亿 t 氧化铝、50 亿 t 电解铝，满足我国近 300 年的铝资源需求。但是，处理 1t 高铝粉煤灰（氧化铝含量 40%计算）一般需要添加 2t 石灰石，产生难以利用的硅钙废渣量约为 1.8t。我国长江经济带的大型有色金属矿产基地的尾矿、冶炼渣中含有丰富的铜、铝、铅、锌、镍、金、银、锗、镓等有价元素，潜在经济价值高。但我国现有技术难以有效解决其中的毒害成分及有价元素高效解离与安全回收问题。

2. 低端利用模式造成稀缺资源不可挽回的浪费

目前，在我国综合利用的尾矿中，约 60%用于填充矿山采空区，约 43%用于制备建材，仅有约 3%用于回收其中的有价组分金属元素氧化物等（国家发展和改革委员会，2014）。2013 年，我国从尾矿中回收的有价金属组分仅占尾矿利用总量的 3%、占尾矿产生总量的 0.57%，有价金属资源回收量就超过 1000 万 t，按此估计我国工业固体废物中仍有大量有价资源未能充分利用。而以水泥、混凝土、砖等为主的利用方式使工业固体废物中有价资源的含量被进一步降低，最终进入建筑废物后，对于固体废物中含量较低的稀缺资源，这种利用方式是更大的浪费。

3. 再制造技术产业应用不足

虽然我国从 2008 年就启动了汽车零部件再制造的试点工作，2009 年年底已经形成汽车发动机、变速箱、转向机、发电机共 23 万台（套）的再制造能力，再制造基础理论和关键技术研发取得重要突破，开发应用的自动化纳米颗粒复合电刷镀等再制造技术达到国际先进水平。但是，相关技术的产业化进程十分缓慢，以石油采选行业的油井管为例，我国每年油管报废量约 70 万 t，而且还呈逐年递增趋势，但废油管再制造能力仅为油井管生产能力的 10%，产能每年不到 10 万 t。我国自 2005 年起在吉林省油田开展废油管再制造技术应用研究，目前已有 10 余家油田开展再制造试点，其中自蔓延修复等技术达到世界领先水平，每米成本比新油管低 10～40 元。截至 2014 年年底，胜利、大港、冀东、中原、延长等油田使用的内衬防腐油管已达 500 多万米。长庆、新疆、吉林等油田实现了油田废旧油管修复率达到 80%。

六、工业固体废物分类资源化是可持续发展战略的必然选择

固体废物具有污染性和资源性的双重属性，当前我国既要面对每年新增的 33 亿 t 固体废物，又要面对历史堆积的数百亿吨固体废物带来的扬尘、地下水、土壤等环境影响及其风险隐患，固体废物分类、高质化循环利用产业是我国生态文明建设总体要求下的必然选择。

（一）“十三五”是工业固体废物分类资源化发展的关键时期

1. 我国经济发展仍然依赖资源能源投入

未来一段时间，我国工业发展依赖资源能源投入的总体趋势难以发生根本性改变。 目前我国 90%左右的一次能源、80%以上的工业原材料、70%以上的农业生产资料、30%

以上的工业和居民用水来自于矿产资源。我国自然资源禀赋较差，人均占有量少，石油、铁矿石、铜等对外依存度逐年提高。未来，钢铁、煤炭、有色金属冶炼等资源消耗大、废物产生量大的基础工业仍将居于主导地位，在经济结构、技术条件没有明显改善的条件下，资源约束趋紧，生态环境恶化趋势难以得到根本扭转，这是固体废物保持高位运行的客观原因。主要表现在以下几个方面。

一是我国关系国计民生的主要矿种自然矿产资源已基本得到开发利用。经过 60 余年的开采，目前我国主要矿产资源已经从中华人民共和国成立初期的较富品位矿石，逐步下滑到低品位矿山，大部分矿山面临资源短缺和枯竭，2/3 的国有大、中型矿山骨干企业进入中晚期，1/3 的矿山资源面临枯竭。未来一段时期内，将有一大批大、中型矿山集中进入闭坑期，将进一步加剧国内矿产资源供给的紧张程度。截至 2013 年，我国共确定了 23 个省（自治区）的 69 个资源衰退型城市，占全部资源型城市（262 个）总数的 26%（国务院，2013）。随着我国工业化进程的发展，近年来，我国对于金属材料的需求量及产量以年均 10%～20%及以上的速度增长，我国各类矿产资源枯竭压力不断加速，45 种主要矿产资源中，有 19 种已经出现不同程度的短缺，其中 11 种国民经济支柱性矿产缺口尤为突出。

二是重要矿产资源对外依存度不断攀高。我国是全球最大的矿产资源生产国，10 种有色金属产量超过全球产量的 1/3。但我国已探明的矿产资源人均占有量仅为世界人均占有量的 58%。国土资源部评估结果显示，目前我国经济建设需求量大的 45 种关键矿产或支柱性矿产中，约 22 种资源保障能力不足，铁、锰、铜等 10 余种矿产不能保证、部分矿产需长期进口。铬、钴、铂、钾盐、金刚石等 5 种矿产资源短缺，主要依赖于进口。近年来，主要战略性资源对外依存度不断攀高。其中，铁矿石对外依存度由 2000 年的 36%上升到 2014 年的 71%，铝土矿的对外依存度在 2014 年达到 48%。

三是我国矿产资源人均消费量仍处于较低水平，未来资源需求总量将持续加大。我国是全球最大的资源消费市场，重要矿产资源消耗占全球总消耗量的 20%～48%，铁矿石、粗钢、10 种有色金属、黄金消费量均位于全球首位。但矿产资源人均资源消费量远低于世界平均水平和发达国家水平。例如，我国金属铝消费居世界第二位，但人均消费量仅相当于世界人均水平的 67%，不足美国的 13%；铜消费居世界第一位，但人均消费量仅为世界的 59%，不足美国的 14%；而人均钢消费量仅为世界人均消费量的 88%，不足日本的 20%。我国“工业强国”的总体战略决定了未来我国对资源的需求将保持持续增长态势。据专家估计，2020 年之前，我国经济总量将成为世界首位；到 2030 年，我国将进入世界高收入国家行列，资源人均消费量、资源对外依存度不可避免地上升，未来资源约束与经济发展的矛盾将更加突出和日趋尖锐。据国土资源部测算，我国对矿产资源的需求在相当长时间内将“刚性上升”，其峰值可能在 2025～2035 年间出现，资源需求刚性增长趋势将持续相当长时期。

2. “十三五”是实现脱钩的关键时期

我国预计将在“十三五”末期初步完成工业化，绿色低碳生产方式和消费方式将降低工业固体废物产生强度，但是随着制造业增速发展影响，工业固体废物产生总量仍将逐年增长。首先，“十三五”时期，受到煤炭消费总量控制政策的限制，2020 年，我国煤炭消费量达到峰值，届时煤矸石、粉煤灰等固体废物产生量将保持稳定；其次，钢铁、有色金属行业兼并重组、优化升级将在很大程度上减少尾矿的产生量。从未来发展来看，工业固体废物产生量与第二产业 GDP 相关性正在逐渐减弱，工业固体废物产生量快速增长趋势预计在 2020 年左右得到缓解，但产生总量将在相当一段时期保持高位运行状态，并最终实现脱钩。

我国矿产资源总产量开始步入下行通道，矿产资源总产量从 2011 年的 93.7 亿 t 下降至 2014 年的不足 90 亿 t。在我国资源产量中，煤炭资源产量始终居于首位。例如，2013 年主要矿产占矿产资源总产量的比例从大到小依次为煤炭（39.15%）、建材（16.47%）、铁矿（9.28%）、油气（3.04%）、铜矿（1.91%）、金矿（1.55%）。自 2012 年起，煤炭资源产量开始下降（专题图 3-35），而非能源固体矿产资源产量自 2013 年起开始下降，比 2011 年下降 30%以上（专题图 3-36）。

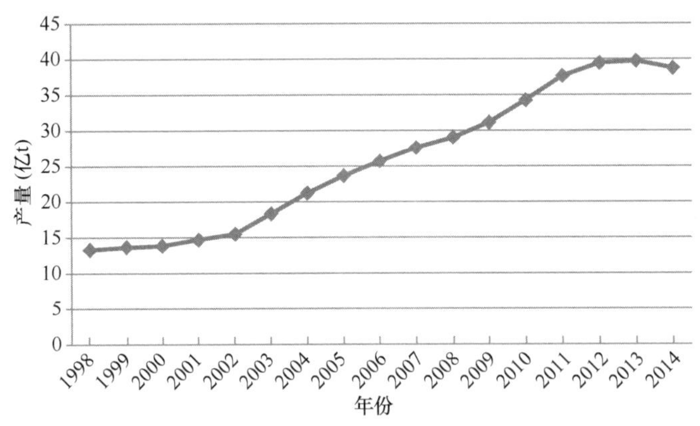

专题图 3-35　1998～2014 年我国煤炭资源产量情况

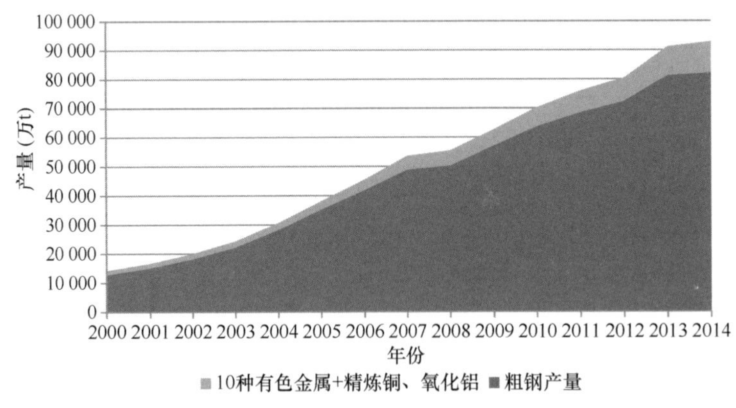

专题图 3-36　2000～2014 年我国主要金属资源产量情况

3. 资源化产业发展动力不足

“十二五”末期，大宗矿产品价格下跌，部分矿产的综合利用产值回落。2012 年以来，国内经济增速放缓，大宗资源产品需求下降，价格回落；全国矿产资源（非油气）

综合利用产值增速明显回落；部分矿种综合利用产值出现下降。例如，2014 年金矿、磷矿和铁矿的综合利用产值同比降幅分别为 45.9%、61.6%和 42.9%。

水泥是我国消纳工业固体废物的主要领域，2015 年全国规模以上水泥产量 23.48 亿 t，同比下降 4.9%。未来随着我国城镇化的逐步完成，水泥等建材需求量快速提高的可能性较小。另外，随着建材行业产品提升和建筑施工技术进步，减少了单位体积建筑中水泥的使用量，这也同样会使水泥需求量降低。

基于以上原因，受下游市场需求影响，在没有特殊政策扶持的情况下，未来工业固体废物分类资源化利用产业市场发展难以满足快速提升综合利用能力的总体需求。

（二）工业固体废物分类资源化效益及潜力分析

1. 缓解工业固体废物环境污染问题

一是减少工业固体废物贮存处置的管理成本。例如，鞍钢矿业每年尾矿排放量接近 4000 万 t，平均每吨尾矿排放耗电 6.4kW·h，每年排放尾矿耗电 2 亿 kW·h。二是提升固体废物综合利用能力，减少新增固体废物产生量。如果能将综合利用能力提高 10%，则每年可多利用固体废物 3 亿 t，减少新增占地 1.05 万 hm^2，并在一定程度上减少大气扬尘和地下水污染情况。治理固体废物堆场对降低局部地区扬尘污染效果较为明显。例如，2002～2009 年，鞍山共修复矿区尾矿库、矿渣山、排土场等 600 余公顷，同时恢复矿区周边板结土地 970 余公顷，同期鞍山市每月每平方千米自然降尘量从 32t 下降到 21.6t。

2. 可适度缓解资源约束

（1）可提高金属资源供给保障

《中国矿产资源节约与综合利用报告（2015）》统计数据显示：我国累积堆存废石的 75%为煤矸石和铁铜开采产生的废石，尾矿的 83%为铁矿、铜矿、金矿开采形成的尾矿，这部分尾矿中，稀贵金属含量比较丰富，综合利用价值较高。

工业固体废物分类资源化利用可显著提高工业生产活动的原料保障能力。研究表明，在工业生产过程中，若金属矿储量增加 10 倍，工业生产原料的保障率可增加 2.5～3.0 倍；但如果金属循环利用率达到 50%和 95%～98%时，原料保障率却可增加到 3.0～3.5 倍和 5.0～7.0 倍。我国矿产资源共伴生组分丰富，有 30 余种，但目前能回收的仅有 20 余种，大量有价金属元素及可利用的非金属矿物遗留在固体废物中，每年矿产资源开发损失总值约 1000 亿元。仅尾矿一项，如果能将提取有价资源的比例提高到 2%，将增加 3500 万 t 有价资源的供给量。未来，如果能够切实提高我国工业固体废物分类资源化利用能力，将为我国经济社会发展的资源保障能力提供重要支撑。

铁尾矿、冶炼渣中可利用资源总量较高。目前，我国铁矿石对外依存度约 71%，每年进口铁矿石总量约 8.4 亿 t。铁尾矿平均铁品位 8%～12%，早期排放的部分铁尾矿铁含量甚至达到 27%（陈甲斌等，2010）。我国现有选矿技术可以将铁尾矿中铁品位降低到 10%左右。以当前铁矿石尾矿总堆放存量 75 亿 t 计算，我国铁矿石尾矿中还存有 22 亿 t 铁未能回收。折合成 65%的铁精矿，回收率按 40%计算，约可生产铁精矿 7 亿 t，相对于铁矿储量提高 4 个百分点。按每年铁尾矿产生量 7.6 亿 t 计算，约可回收铁精矿

7300 万 t。我国现存钢渣中铁平均质量分数约为 25%，其中金属铁约占 10%、氧化钙占 40%～50%、氧化镁占 6%～10%，还含有氧化铁、稀有元素等，可用于替代烧结配料、高炉助熔剂等，从而节省原生矿石资源，同时节省大量能源。

有色金属工业固体废物是我国有色金属主要来源之一。我国有色金属矿的 85%以上是综合矿，共伴生矿约占总储量的 31%（陈甲斌等，2012），但有色金属回收率比世界先进水平低 20%～30%，尾矿中残留较多铜、金、银多种高价值贵重金属。例如，1997 年，全国黄金矿山采矿量 2540 万 t，金的总回收率 86.46%，有 18～20t 的金损失于尾矿中（常前发，2000；夏农，2003）。有色金属尾矿、冶炼渣等是我国稀贵金属、稀散金属等的主要来源。目前，我国 50%以上的钒，22%以上的黄金，50%以上的铂、钯、碲、镓、铟、锗等稀贵金属来自于矿产资源综合利用，铂族和稀散元素产品几乎全部来源于综合利用。例如，我国湿法炼锌产生的铜镉渣含有镉 2.5%～12%、锌 35%～60%、铜 4%～17%、铁 0.05%～2.0%，以及少量的砷、锑、二氧化硅、钴、镍、铊和铟等，其中铟等含量高于天然矿产资源，是我国铟的重要来源。从资源总量来看，当前我国具备单一铜元素回收再选的铜尾矿资源量有 1.7 亿 t，加权平均品位约为 0.10%，可回收的铜金属量约为 16.67 万 t。2014 年，我国再生有色金属产业主要品种（铜、铝、铅、锌）总产量约占有色金属总产量的 24.5%，相当于减少原生矿需求 5.8 亿 t。如能将我国有色金属总回收率提升至发达国家 70%～80%的水平，在维持现有消费水平不变的情况下，可减少开采有色金属原生矿产 7 亿～7.5 亿 t。

（2）可替代约六成建材矿产资源

城镇化建设是工业固体废物中非金属资源循环利用的重要途径。例如，在日本，70%的粉煤灰用于替代建筑材料中的黏土；在欧洲，通过严格控制工艺，得到的脱硫石膏品位大于 95%，因此欧盟将脱硫石膏从废物名录中删除，作为工业副产品管理，用于替代天然石膏，在德国脱硫石膏占全部石膏用量的 55%。

国土资源部数据表明，2012 年，我国建材非金属矿山 727 个，生产各类矿物 39 亿 t；产品以建筑砂石料、黏土质原料、石灰石为主，占到总量的 99%（专题图 3-37）。按我国现有技术能力，约 90%～100%的建筑砂石料和石膏可用人造砂石料、脱硫石膏替代，20%～30%的黏土质原料和石灰石可利用粉煤灰及尾矿或冶金渣生产的微粉替代，70%

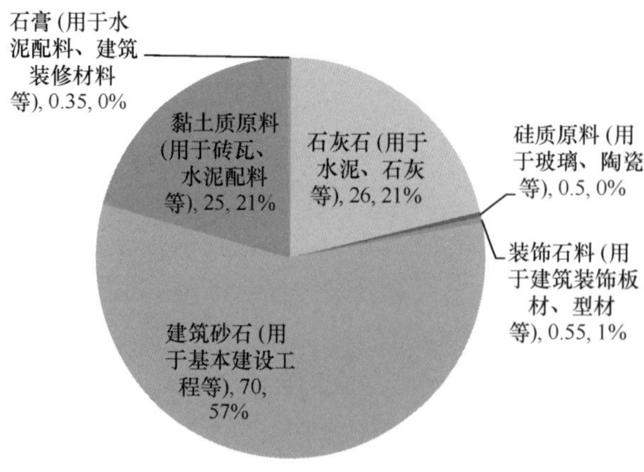

专题图 3-37　2011 年我国建筑材料消耗情况

的砖瓦、砌块、混凝土等原料，以及5%～10%的玻璃和饰面石材原料可利用废物替代。总体而言，每年可用工业固体废物替代的建材矿物原料为60%～70%。而2013年，我国用粉煤灰、脱硫石膏、高炉渣等固体废物制备的水泥仅占水泥总产量的11.6%。未来，我国城镇化建设每年需要160亿t以上非金属矿物资源，按此估算，工业固体废物可替代的天然非金属矿产资源量为95亿～110亿t。

（3）可替代部分能源

煤矸石、煤泥、部分污泥等一般工业固体废物，以及精蒸馏残渣、废矿物油等危险废物具有较高热值，可用于替代煤炭、燃料油等能源。据测算，2015年，我国原煤产量将达到39亿t，预计排放煤矸石3.3亿t、洗矸4.44亿t、煤泥1.32亿t、中煤6.82亿t，其中可入炉燃烧发电的低热值煤约10.3亿t。例如，建设一个装机容量36万kW的煤矸石发电项目，年可消耗煤矸石250万t。

3. 可创造较高经济效益

按现有发展趋势分析，在我国现有技术基础条件下，到2020年和2030年工业固体废物综合利用量可达到约29亿t。其中尾矿、冶炼渣等部分工业固体废物分类资源化利用的总产值就可望达到1.1万亿～1.4万亿元（专题表3-19）。以机床再制造为例，我国现有机床再制造的技术水平可实现资源循环利用率达85%以上；先进表面工程技术的应用可将旧件利用率提高到90%。以1万台发动机计，再制造发动机每台价值约4万元，产值超过4亿元，比直接报废回收废钢铁增值近30倍。据专家预测，如果工程机械再制造产品的市场占有率达5%，就可以实现400亿元以上的产值。

表3-19　现有技术条件下部分工业固体废物分类资源化利用效益分析

废物类别	2013年		2020年			2030年		
	综合利用量（亿t）	产值（亿元）	产生量预测（万t）	可利用量（万t）	产值（亿元）	产生量预测（万t）	可利用量（万t）	产值（亿元）
尾矿	3.12	1 855	104 103	36 436.2	2 166.3	116 558	58 278.8	3 465.0
冶炼渣	2.5		37 000	31 450		31 450	28 305	
煤矸石	4.8		72 600	58 080		60 000	51 000	
粉煤灰	4	5 997	37 536	33 782.4	7 544.2	35 190	33 430.5	6 789.8
脱硫石膏	0.755		6 890.26	5 856.5		6 459.62	5 813.66	
炉渣*1	2.41		24 758.4	22 282.5		23 211	22 050.4	
报废工业装备		80*2	5 314.68	3 720.28	1 041.7	13 784.9	11 717.2	3 280.8
合计		7 932	288 202.3	191 607.9	10 752.2	286 653.5	210 595.6	13 535.6

注：*1 炉渣：环统调查企业综合利用量

*2 仅为汽车零部件再制造产值

（三）我国工业固体废物产生趋势分析

发达国家发展经验表明，进入工业化后期之后，工业固体废物产生量仍将经历较长时间的缓慢上升阶段。例如，日本1973年开始进入后工业化阶段，在1987年之前日本产业废物产生量处于缓慢上升期，年均增长率约为1%；直到1990年后，日本产业废物产生量开始进入平台期，实现了工业固体废物产生量与工业经济增长的绝对脱钩。中国工程院研究表明，我国将在2020年左右基本完成工业化，在2030年左右基本完成城镇化。在此之前，我国对矿产资源的需求总量将保持高位运行（专题图3-38）。如不采取积极措施，我国工业固体废物巨量产生和堆存的情况在21世纪中叶仍难以改观。

分析表明，我国将在2020年基本完成工业化、2030年基本完成城镇化。在此期间，我国将逐步完成能源和制造业强国战略调整，参照发达国家发展经验，我国工业固体废物产生量的发展可能有以下3种模式（专题图3-39），即惯性增长模式、低速有限增长模式和限制增长模式。

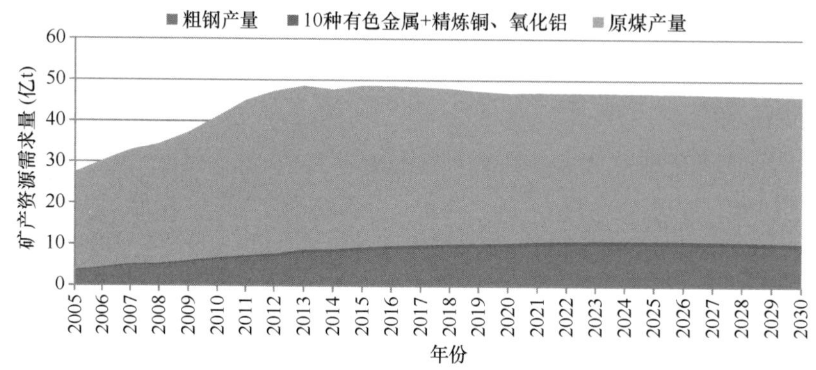

专题图3-38　2005～2030年我国主要矿产资源需求情况分析

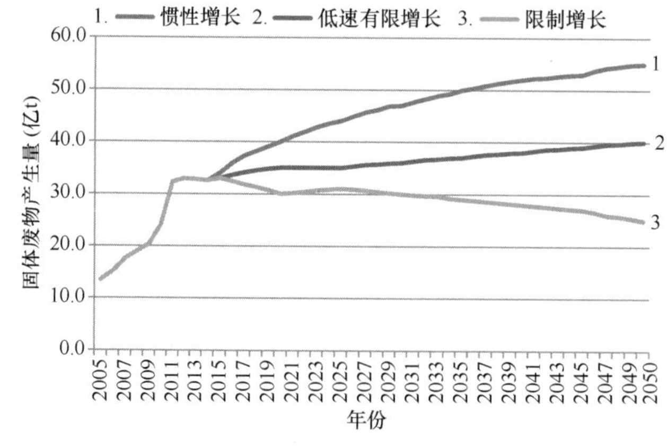

专题图3-39　2005～2050年不同控制条件下我国工业固体废物产生趋势分析

1. 惯性增长模式

在现有产业结构调整战略之下，不设置针对工业固体废物源头减量和资源的特别措施，资源化利用产业市场自主发展，到2020年我国煤炭消费达到“天花板”、钢铁产量达到峰值10亿t，工业固体废物产生量年均增长5%。预计在2035～2040年左右开始趋于稳定。在此情景下，到2020年和2030年工业固体废物产量将分别超过40亿t和50亿t，到2050年产生量可能超过55亿t。

2. 低速有限增长模式

以煤炭、钢铁等产业结构调整为契机，资源消费以满足国内经济社会发展实际需求为主要控制目标，资源消费强度与“十二五”末期基本持平，实施煤炭、金属资源消费调控，到2020年煤炭消费控制在27.2亿t、原煤产量36.3亿t；金属资源产能控制在“十二五”末期水平，即粗钢产量8亿t、铁矿石原矿产量9.8亿t、10种有色金属表观消费量约5000万t，2020年后煤炭、金属资源消费量进入平台期。在此情景下，2020～2030年工业固体废物产生量为35亿～36亿t，并进入缓慢增长阶段，到2050年产生量可望控制在40亿t以内。

3. 限制增长模式

以降低工业固体废物对环境质量影响、控制环境风险为主要调控目标，按照全社会煤炭、钢铁、有色金属等实际消费需求控制限制工业固体废物的增长，即将粗钢表观消费量控制在7亿t，有色金属消费量控制在5000万t的规模，并充分提高资源综合利用总量，在“十三五”时期，实现工业固体废物产生量与经济发展绝对脱钩，则工业固体废物产生总量有望进入下行通道，2030年将我国工业固体废物产生量控制在30亿t以内，之后实现总量逐步削减，到2050年争取将产生量控制在25亿t左右。

七、战略目标与指导方针

（一）战略目标

根据我国生态文明建设总体战略，到2020年，我国经济结构调整和产业绿色转型取得成效，高耗能产业得到有效控制，节能环保等战略性新兴产业蓬勃发展；能源资源消耗总量得到有效控制，利用效率大幅提升；生态环境质量有效改善，危害人体健康的突出环境问题得到有效遏制；战略性新兴产业占GDP的比重大于等于15%。如该战略实施有效，将可基本保证低速有限增长路径的实现。但为了有效促进资源节约集约循环利用，并从根本上消除工业固体废物对生态环境质量和人民群众环境健康风险的持续影响，建议将限制增长模式作为总体战略目标，以全生命周期理论为指导，通过建设“资源—废物—资源”的闭合管理系统，培育资源循环利用战略新兴产业，控制环境风险、缓解资源短缺、优化经济发展模式。

目前，我国在工业固体废物分类资源化利用方面与发达国家和地区仍有较大差距。尤其是尾矿综合利用率落后较多，比发达国家平均水平低近40个百分点（专题表3-20），如有色金属冶炼行业工业固体废物综合利用率比日本低19个百分点。

（二）基本原则

1. 源头减量资源节约

落实“产废者负责”原则，以资源开采加工行业为重点，开展工业生态设计和绿色供应链建设，提高资源提取和利用效率，实现工业固体废物产生量源头控制。不断完善和强化“生产者责任延伸制度”，针对主要工业产品，开展有利于减少固体废物及其危害性，以及便于工业固体废物分类资源化利用或再制造的产品全生命周期生态设计，有效降低工业固体废物分类资源化的污染防治成本和风险。

专题表 3-20 我国部分行业工业固体废物分类资源化利用的差距分析

指标	我国现阶段水平（2014 年环境统计数据）	对照国家或地区	对照国家或地区水平
工业固体废物综合利用率	60%	我国台湾地区	80%
有色金属回收率	50%	世界先进水平	70%～80%
尾矿综合利用率	20%	发达国家平均水平	60%
钢铁行业废物综合利用率	91%	日本	99%
有色金属冶炼行业废物综合利用率	71%	日本	90%
电力行业废物综合利用率	85%	日本	97%
化工行业废物综合利用率	64.7%（一般固体废物）	/	/

在资源开发管理环节，着眼于我国资源安全保障，有序开发国内资源，统筹配置国内外优质一次资源及工业固体废物分类资源化利用。将工业固体废物作为钢铁、有色金属等战略资源的重要来源之一。将工业固体废物作为建材行业的主要原材料和产品来源，严格控制和逐步减少建材矿山数量和总体规模，促进工业固体废物替代相关产品，努力实现工业生产活动的“资源效益最大化”。

工业生态设计对于节约集约循环利用资源具有重大意义。例如，若能将我国铁精矿品位提高 1%，则每生产 1t 铁可以减少 15%～18%的铁渣产生量（即 50～60kg）；若烧结矿品位提高 1%，则每生产 1t 铁可以减少 10%的铁渣产生量（即 30～35kg）。

2. 充分循环合理处置

统筹资源集约循环利用与固体废物分类资源化，对于资源化技术条件成熟的含有有价组分的工业固体废物，应从整体解决的角度开展综合利用，积极推广技术产业化，扩大产业规模，促进实现工业固体废物分类资源化利用“经济成本最优化、利用产品高质化”。在园区层面、城市层面（特别是资源型城市），推进企业间、行业间、产业间共生耦合，形成循环链接的产业体系；鼓励产业集聚发展，实施园区循环化改造，实现废物交换利用，促进园区循环式发展；在区域层面（如京津冀地区、长江三角洲地区、珠江三角洲地区）、国家层面和大区域层面（如“一带一路”）推动固体废物循环利用与相关产业发展。

统筹固体废物无害化处置与资源未来开发统筹管理，对于资源化技术条件尚未成熟的含有高价值组分的工业固体废物，采取便于未来资源开发利用的分类处置方式，并纳入战略资源储备管理。对于环境风险高且难以开展综合利用的工业固体废物，进行环境无害处置，努力实现工业固体废物处置“环境影响最小化”。

3. 政策引导市场调节

强化对工业固体废物分类资源化产业发展的政策引导和扶持，建立工业固体废物跨行业跨区域协同利用、优化利用和循环利用的市场体系与政策环境体系，形成有利于政府引导的“产业运行市场化”的调节机制。

实施创新驱动战略，把工业固体废物综合利用技术创新与体制机制创新作为重点，推广多种工业固体废物协同利用、全产业链协同利用和跨行业综合利用的重大先进适用技术，研发具有集成创新和原始创新特色的重大产业化示范，培育废物利用产业新的增长点，促进形成“综合利用规模化”产业市场。

发挥政府在保障固体废物的收集、运输和处置等环境卫生设施，危险废物集中处置设施、场所规划中的作用。搭建生产逆向物流溯源系统和平台，建立优质二次工业原供应平台。

（三）阶段目标和具体指标

1. 2020 年：资源化利用总体规模显著扩大

在相当长一段时期内，大量产生和长期堆积的各类工业固体废物与综合利用总体规模不足仍然是我国工业固体废物环境管理领域的突出问题，也是导致局部地区环境质量恶化和环境风险隐患的主要原因。

（1）总体目标

到 2020 年，以资源消耗和工业固体废物产生量与工业增加值实现稳定相对脱钩为总体目标，以“优化结构、增强动力、化解矛盾、补齐短板”为重点任务，通过完善固体废物分类资源化利用法律制度基础和关键标准体系、限制固体废物源头产生等措施，初步形成促进工业固体废物源头减量和充分资源化的管理机制，促进工业结构升级和农业生产生活模式绿色转型，推进固体废物规模化利用，推动资源利用方式从根本上转变，基本形成节约能源资源和保护生态环境的产业结构、增长方式、消费模式。努力实现固体废物资源综合利用量快速提升，初步缓解重点区域工业固体废物堆存对水气土壤环境质量的不良影响，初步形成与工业生产活动相互衔接耦合的资源循环产业链。

（2）具体指标

在工业领域，以减量化为重点，全面实施绿色矿山战略，大力推广重点制造业产品生态设计和绿色供应链设计，以废钢铁、废有色金属为重点，二次金属资源占工业金属资源消费的比重达到 25%，降低工业固体废物产生量，提高资源利用效率。

显著扩大工业固体废物资源综合利用规模，鼓励利用历史堆存固体废物开展废弃矿山生态环境治理，推广尾矿等工业固体废物井下充填、道路建设等规模化利用技术的应用，到 2020 年工业固体废物分类资源化利用总体规模超过 30 亿 t；工业危险废物综合利用量达到3000万t。在西部、京津冀等大宗工业固体废物产生集中区域，开展建材矿山资源替代工程，逐步禁止天然建筑材料开采活动，到2020年全国建材矿山资源替代总体水平达到30%。显著提高工业固体废物综合利用率，环境统计重点企业综合利用率达到73%，其中尾矿综合利用率达到35%。积极扶持危险废物处置专业市场发展，形成充分的危险废物无害化处置保障能力。

再制造成为“绿色制造”的重要内容，重点开展石油化工、矿产资源开采等重点行业装备再制造，报废石油管线、矿山机械等高价值装备再制造率达到70%，汽车零部件再制造产业规模显著扩大。

2. 2025年：资源化量质双提升

“十四五”期间，我国将基本完成工业化，经济社会发展将进入摆脱资源能源消耗依赖路径的调整过渡阶段，一方面，深加工产业比重的提升将进一步拉动对稀缺资源的需求；另一方面，将导致我国工业固体废物中危险废物比重的进一步提升。

（1）总体目标

工业固体废物产生量与工业增加值增长绝对脱钩，并开始逐步下降。工业固体废物分类资源化利用产业技术水平和产品附加值显著提高，形成灵活配置的固体废物分类资源化产业市场；统筹我国资源战略，将含有稀贵金属、稀散金属、稀土金属等重要战略资源的工业固体废物纳入资源储备战略，改善我国战略资源采储比。尾矿、危险废物等重点工业固体废物分类资源化利用达到国际水平。高风险固体废物堆场环境污染初步得到治理。机电产品再制造产业初具规模，工业装备在役再制造产业规模显著扩大。

（2）具体指标

工业固体废物分类资源化利用总体规模超过35亿t。环境统计重点企业尾矿综合利用率达到40%，尾矿及冶炼渣中有色金属回收率提升20%；持续推进建材矿山资源替代工程，工业固体废物对建材资源替代比例达到40%。含有钒、钛、稀土金属等稀缺资源的工业固体废物得到有效储备。

推进历史遗留工业固体废物分类资源化利用，基本消除历史遗留危险废物堆场，其污染场地基本得到治理；生态安全保障区、自然保护区、禁止或限制开发区等空间区域内已识别的历史遗留固体废物堆场基本得到规模化生态利用。

二次金属资源占工业金属资源消耗量的比重达到35%。重点机械设备装备再制造率超过75%。

3. 2030年：废物与资源统筹管理

到2030年，我国将基本完成工业化，工业经济发展将进入稳定期，资源能源消耗与社会经济发展有望达到基本平衡。

实现工业固体废物精细分类资源化，工业固体废物成为“新型矿山”，钢铁、有色金属、化工等重点行业工业固体废物付款资源化利用达到国际水平，形成稳定的工业固体废物分类资源化产品供应市场，并成为我国未来可持续发展的资源保障之一。工业固体废物分类资源化利用量超过40亿t，环境统计重点企业尾矿综合利用率达到50%，工业固体废物堆存量开始下降，历史遗留环境风险基本消除。重点工业装备再制造率超过 85%。

（四）工业固体废物分类资源化发展路线

在工业领域，应以推动工业发展绿色转型，提高资源利用效率为主线，根据不同阶段工业固体废物分类资源化管理的重点需求，调整不同战略目标和重点任务，具体如专题图 3-40 所示。

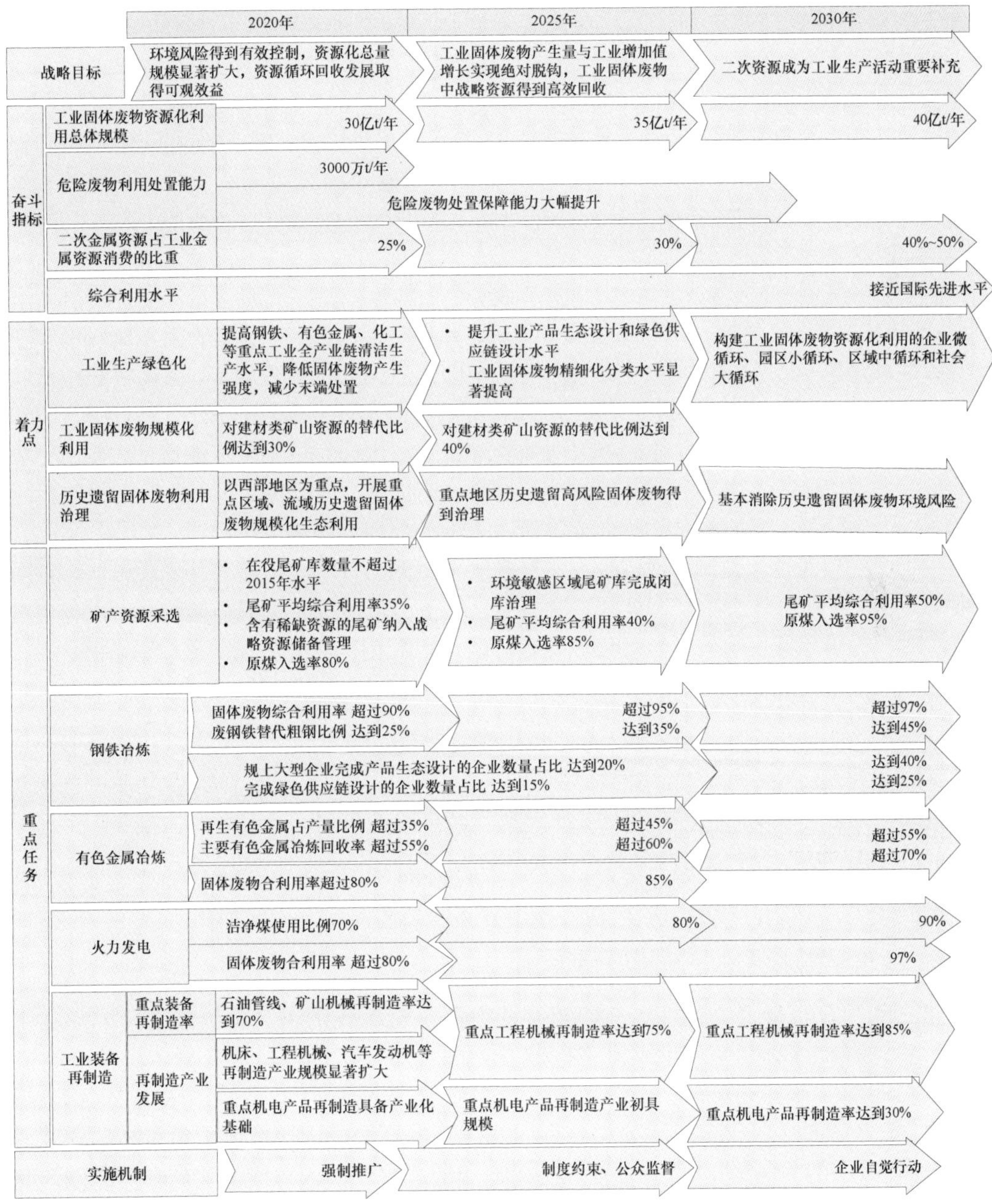

专题图 3-40　我国工业固体废物分类资源化发展路线

八、工业固体废物资源循环战略重点任务及实施路线

（一）建立资源环境统筹管理法律制度体系

1. 推进产生者责任为主体的法律制度体系建设

积极开展并促进相关法规制度的修订与完善，构建资源节约集约循环利用与固体废物污染防治统筹管理的法制体系，明确工业固体废物产生和利用企业的法律责任和义务。针对特定终端产品，建立生产者责任延伸制度，明确生产者产品全生命周期设计、强制回收、再利用等法律责任，促进生产者实施“主动循环”，从原料开采、加工、制造、消费、废弃、利用处置的全过程考虑，开展有利于资源循环和回收利用的产品生命周期生态设计及绿色供应链设计，将降低资源消耗、减少固体废物产生和有利于废物资源循环等要求纳入产业链管理。重点行业实施工业固体废物源头强制分类。

2. 完善经济调节手段

强化财税经济政策的分类引导和调节作用，形成“谁治理、谁受益”的市场环境。在各项税种设计改革过程中，统筹考虑资源消耗和固体废物利用处置成本。优化资源税征收环节及征收方式，促进减少原材料消耗和废物产生。完善鼓励资源性产品进口的关税政策，提高资源性产品出口关税；合理配置国内外资源在发展国民经济中所占的比例。强化环境税的调节作用，统筹考虑工业固体废物的危害性、产生量、资源化潜力等，对于采取减少固体废物产生量及其危害性，以及资源化利用给予减征环境税等激励政策。扩大资源综合利用税收优惠政策覆盖范围，规范税收优惠政策在资源效率、环境绩效、技术水平等方面的要求。建立工业固体废物利用处置专项资金，对于历史遗留无主固体废物，由政府负责处置；对于无价值或价值较低、环境风险较大但可以利用的固体废物，采取财政补贴。

3. 构建资源循环的倒逼促进机制

对于稀缺资源（如稀土元素、稀散金属、贵金属等），实施“以需定产”战略，以国家中长期战略需求为指导，优先开展资源储备，合理确定资源开采开发总量。对于钢铁、铜、铝等重要战略资源实施“以废定产”战略，以我国国内经济社会发展实际需求量，以及同类再生资源生产能力核定总体产能规模。对于可资源化工业固体废物实施“限制处置”政策。限制可代替的矿产资源能源开采和消费。

4. 强化利用技术标准规范产业发展

建立基于有毒有害物质环境风险控制和有利于资源化的工业固体废物分类资源化过程污染控制、综合利用设备、工艺控制等相关行业技术标准，规范固体废物分类资源化利用处置活动。

建立产生源有利于资源替代、综合利用的工艺控制的环境标准体系和副产品质量国家标准体系，对于符合副产品的过程控制标准和质量标准的固体废物实施豁免制度，促进产废单位开展产品生态设计和有利于资源化的清洁生产。

建立固体废物分类资源化产品标准体系，引领和规范综合利用产业发展。制定重点

行业产品全生命周期生态设计标准；制定再制造产品标准；制修订矿产资源、再生资源、再制造产品原料等进口控制标准，优化国内外资源利用结构。

（二）实施资源环境统筹战略

1. 统筹绿色矿山建设

强化绿色矿山建设过程中固体废物减量化、资源化利用和生态环境恢复等考核要求。以生态红线为指导，统筹矿产资源开发和环境功能区划保护等空间规划。位于生态红线内的矿产资源，原则上严格管控全部保护，禁止开发；已经开采的，停止开采，并逐步恢复。位于生态红线外的，按照绿色矿业理念分地区、分行业，推进尾矿回填、矿山地址环境恢复，减少尾矿库建设运营压力。落实主体功能区规划要求，严格限制重点生态功能区和生态脆弱地区矿产资源开发，逐步减少矿山数量。鼓励中小型矿企实施兼并重组，实现资源的规模开发和集约利用。在城市规划区、交通干道沿线、基本农田保护区、生态红线范围内，禁止露天开采矿产资源，严格控制地下开采。

2. 统筹绿色制造战略，全面实施清洁能源战略

以钢铁、煤炭、有色金属等大宗工业废物、工业危险废物相关行业为重点，推广主要工业产品和主要耐用消费品生态设计和绿色供应链设计，提高全产业链清洁生产水平和固体废物精细化分类水平，提高二次资源使用比例，降低我国工业固体废物产生强度。大力提高煤炭入洗率，提升能源利用效率，促进工业余热余压民用，降低全社会煤炭消费强度。

（三）优化资源化产业布局

根据经济活动中物质流动规律，构建资源开发利用与固体废物分类资源化循环产业链，推进生态工业园区建设和现有园区循环化、生态化改造，打造固体废物分类资源化利用的企业微循环、园区小循环、区域中循环和国家大循环，推进企业间、行业间、产业间共生耦合，形成循环链接的产业网络，促进固体废物就近综合利用，鼓励产业集聚发展。

（四）强化高值化综合利用科技支撑

设立工业固体废物分类资源化国家科技专项，支持我国工业固体废物分类资源化利用关键技术研发、关键技术引进和集成、重大装备研发及产业化应用示范。优先推进深度资源化利用技术研发及产业化。加快重点工业装备再制造技术攻关和产业化应用。

九、“十三五”重点领域和重点行业资源循环策略

（一）补齐顶层设计短板，优化产业发展外部环境

1. 完成基本法律制度建设

完成基本法律制度制订、修订。完成《固体法》修订，开展《中华人民共和国循环

经济促进法》和《中华人民共和国清洁生产促进法》修订研究，理顺各部门责权和相关方法律责任。建立重点工业装备生产者强制回收、优先再制造等制度要求。建立以资源产出率、综合利用率等量化指标为重点，反映工业固体废物分类资源化成效的评价指标体系和统一口径的统计核算方法。鼓励重点大、中型工业城市开展针对性的工业固体废物分类资源化地方法律制度建设。

完善重点工业固体废物分类资源化利用技术标准。完善工业副产品、固体废物定义规范。建立危险废物、重点大宗工业固体废物综合利用环境污染控制标准体系。建立基于环境健康风险评估的工业副产品、综合利用产品质量标准体系。将工业固体废物源头减量、综合利用等相关技术、产品等纳入产业指导目录，为区域项目准入提供法律依据。

2. 强化财税政策调节力度

扩大资源综合利用税收优惠政策覆盖范围。将生产过程协同开展工业固体废物分类资源化利用纳入税收优惠范畴。将产生源单位自行综合利用产品纳入资源综合利用产品和劳务增值税优惠政策实施范围。提高西部地区粉煤灰、炉渣、脱硫石膏等固体废物综合利用产品资源综合利用产品范围和劳务增值税减免比例。扩大资源化利用产品及技术研发费用加计扣除范围，对固体废物综合利用设施实行固定资产退回、设备折旧率优惠等政策，鼓励企业开展资源循环利用。

完善资源税、进出口关税等税收结构。促进减少我国稀缺一次资源开发强度和合理利用国外优质资源，适当提高铁、铝、煤炭等一次资源税率；优化再生资源、一次金属矿产资源等进口关税政策；减免国家鼓励引进的工业固体废物分类资源化技术、装备进口关税。

强化政府财政扶持政策的引导作用。将绿色设计产品、工业固体废物综合利用产品、再生利用产品、再制造产品等纳入地方政府指定优先采购清单。建立专项资金用于支持纳入国家战略工业固体废物的资源储备。提高对西部等重点地区开展工业固体废物分类资源化利用的扶持力度。

3. 强化重点固体废物减量化和资源化

提高工业固体废物相关产业环评准入要求。严格控制工业固体废物贮存、处置设施建设数量和规模。在生态红线内、生态环境敏感区、人口聚集区、集中连片优质耕地特别是基本农田保护区、七大流域干流沿岸，严格控制工业固体废物产生量大、综合利用难度大的项目审批。优化减量替代项目、综合利用项目、无害化处置项目审批工作程序。赤泥、锰渣、汞渣等工业固体废物相关行业实施区域“以废定产”政策，根据所在区域工业固体废物利用处置能力，调整产能规模。

深化清洁能源战略，提升全社会能源利用效率。以西部等地区为重点，推进煤炭“采选洗一体化”，促进煤矸石就地回填和生态利用。提高火电行业清洁生产水平，提升能源利用效率。促进工业余热、余压民用。大力推动建筑节能保温材料与产品推广应用，推广绿色建筑。对政府投资新建公共建筑和保障性住房，强制采购绿色建材，单体建筑面积超过 2 万 m^2 的大型新建建筑等严格执行绿色建筑标准。

严格控制可代替的资源开采和消费，对可资源化工业固体废物实施“限制处置”。 对石灰石、石膏、石材、黏土、页岩、建筑砂石料等建材矿山，实施限制开采。在大气污染防控、重点流域、重金属污染防控等重点区域，以及西部、京津冀周边等地区，逐步禁止开山炸石，限期完成可替代天然建材产品市场推出。建立分类收费机制，限制可资源化的工业固体废物进入填埋、焚烧等最终处置设施。

（二）构建重点行业循环型绿色生产模式

围绕钢铁、有色金属、化工及装备制造等重点行业，以生态设计为理论指导，通过实施减量化工程，开展产品生命周期设计和生态工业设计，提升资源化利用能力和技术水平，着力打造绿色工厂，发展绿色工业园区，全面推行循环生产方式。

1. 推动钢铁行业绿色转型，开展全产业链生态工业设计

（1）发展趋势

我国工业化和城镇化发展对钢铁的需求量仍在增长，未来我国铁矿石和钢铁消费需求增长的总体趋势不会变化，但国家对钢铁行业资源能源利用效率、污染排放将进一步收紧，钢铁行业能源消耗和污染排放总量拐点可能在“十三五”期间出现。

（2）战略目标

到 2020 年，年产能超过 1000 万 t 的钢铁冶炼企业完成产品生态设计和绿色供应链建设，降低全产业链资源能源消耗，促进钢铁行业全产业链资源循环利用，构建钢铁行业与建材、农业、供热等多种固体废物分类资源化利用工业生态链接。

（3）重点任务

在钢铁矿山行业，到 2020 年，完成国有大中型钢铁矿山建设，推广“采选一体化”“井下协同开采”“尾矿井下填充”等先进技术，推广“无尾矿山”技术，取缔非法小矿山。开展废弃矿山生态治理专项行动。

在钢铁冶炼行业，提高废钢使用比例，提高进口优质铁矿比例，降低冶炼渣产生量。完成规模以上大型钢铁企业大型、特大型钢铁联合企业循环化改造、产品生态设计，建立钢铁行业绿色供应链标准体系，加强资源化利用关键技术、工艺、装备的研发及产业化应用和推广；提高冶炼渣中金属资源回收利用水平，促进钢铁企业产业链的延伸。

2. 打造“绿色化工”产业，促进危险废物综合利用

（1）发展趋势

我国化学工业总产值位居世界首位，化学原料和化学制品制造业规模以上企业家 25 262 个，化工园区数量约 1200 家，世界上超过 40%的化工产品在我国不受限制地生产使用，危险废物环境风险十分突出。近年来，发达国家逐渐将健康和环境风险高、污染控制难度大的化学品转移到我国进行生产和使用，同时对我国使用有毒有害物质的产品实施贸易壁垒。在国际贸易和国内环保的双重压力下，提高化工行业绿色生产水平，降低固体废物尤其是危险废物环境风险势在必行。

（2）战略目标

以构建“绿色化工”为目标，履行我国对于《关于持久性有机污染物的斯德哥尔摩公约》《关于在国际贸易中对某些危险化学品和农药采用事先知情同意程序的鹿特丹公约》《关于汞的水俣公约》等国际公约的承诺，制定化学品管理国家战略，严格控制化工行业有害化学物质源头环境准入、有害物质淘汰和替代、物质全生命周期环境管理等工作。

（3）重点任务

将危险废物减量化和资源化利用纳入化学品源头控制，开展化学物质危害识别和风险评估，制定限制和淘汰的化学品物质名单、实施限制生产流通消费使用的物质名单及管控要求。以汞、POPs物质等为重点，按照《产业结构调整指导目录（2011年本）》《部分工业行业淘汰落后生产工艺装备和产品指导目录（2010年本）》和《环境保护综合名录（2017年版）》的要求，深入实施过剩产能与落后生产工艺和装备的“淘汰行动”，对导致危险废物大量产生高环境危害、高环境风险化学品实施淘汰；对没有替代产品或由于技术经济原因无法全面淘汰的，实施减量或限制使用用途等管制措施。

3. 提升铝工业全产业链资源循环利用水平

（1）发展趋势

我国金属铝生产量和消费量居于世界首位。随着我国制造业发展及城镇化发展，未来对铝加工材的需求仍将长期保持较高水平。预计2020年我国氧化铝产量将达到7478万t，占全球总产量的54%；电解铝产量将达到3854万t，占全球总产量的56%。未来，国内氧化铝消费长期增长率将维持在5%左右，到2020年可能达到7514万t。电解铝属于能源依赖型行业，近年来我国铝工业规模化、集团化“煤—电—铝—铝材加工”的长产业链发展趋势明显，未来铝工业将面临燃煤、氧化铝、电解铝三类工业固体废物叠加的突出问题。

（2）战略目标

重点突破赤泥、电解铝大修渣无害化利用处置关键技术及重大装备研发，初步实现产业化应用。力争到2020年，赤泥综合利用率提高到10%，电解铝大修渣全部实现无害化利用处置。

（3）重点任务

结合区域发展战略，在产能向中西部地区集中的过程中，强化铝工业与火电、化工、铝材加工、建材、再生铝等行业的耦合链接设计。到2020年，在西部地区完成3～5个电解铝工业循环产业园区建设。

推进铝工业强制清洁生产和环境质量体系认证，促进提高冶炼渣和烟气中稀贵金属及硫等无机元素在线回收与产品产业化率，突破赤泥、电解铝大修渣等重点废物综合利用技术，规模以上企业全面完成清洁生产审核。推进产业链工业固体废物综合解决的第三方服务模式。

4. 推进工业装备再制造

（1）发展趋势

再制造是绿色制造的重要组成部分，也是《中国制造2025》中的重要内容，对促进我国工业降本增效和提高资源利用效率具有重要意义。

（2）战略目标

力争到2020年，再制造技术达到国际先进水平，重点针对汽车零部件、石化装备、工程机械、矿采设备、航空、船舶、机车、机床、办公用品等重点行业开展再制造技术与装备攻关，打造再制造技术研发与装备制造基地，培育具有国际竞争力的再制造示范企业，争取实现再制造产业产值达到2万亿元。

（3）重点任务

分类推动基础工业行业高价值工业装备再制造。以西部、东北等地区油气开采、矿产资源采选、金属冶炼、石化工业为重点，推进工业管线、采掘和冶炼设备等装备再制造。着力构建中部地区工业废旧装备分类回收利用和再制造产业。推动机电装备在役再制造产业化；推广航空发动机、燃气轮机、盾构机、重型矿用载重车等大型成套设备及关键零部件高端再制造。建立再制造产品逆向智能物流等服务体系，进一步完善再制造产品认定机制和标准规范。开展再制造技术工艺应用示范。

（三）有序推进工业固体废物分类资源化利用

1. 低风险固体废物规模化利用

对于资源及有毒有害物质含量低、环境风险小的煤矸石、粉煤灰、尾矿、废石、炉渣等工业固体废物，就近开展矿山环境治理、地下采空区治理、土壤改良等规模化生态利用。促进钢铁冶炼渣再选后制备微粉、生产高性能水泥和混凝土等的产业化应用，推广历史堆存冶炼渣作为道路建设、市政基础建设充填材料、路面材料等规模化应用。推动多渠道利用历史堆存赤泥、锰渣、电解铝大修渣等制备建材产品技术产业化。积极探索利用冶炼渣开展土壤改良。推广粉煤灰充填、油田堵水调剖等规模化生态利用。

2. 高值化资源化利用

提高金属尾矿再选过程中矿产资源二次回收率、降低贫化率。大力推动共伴生矿和尾矿综合利用。推动赤泥、锰渣等废弃物的处置利用。充分利用低品位、共伴生矿产资源，重点加强有色金属、贵金属、稀有稀散元素矿产等共伴生资源回收效率。推动实现钒钛磁铁矿资源、铁-稀土多金属共伴生资源、镍铜多金属共伴生资源、锡和铅锌铟等复杂多金属共伴生资源等我国特有矿产资源尾矿二次选矿技术产业化。鼓励废矿物油、有色金属冶炼废渣、电镀污泥、蚀刻液等危险废物提取有价资源、制备替代燃料等高附加值技术产业化应用。

以有色金属尾矿、冶炼渣为重点，开展有害元素去除技术产业化应用。以化工、装备制造等行业为重点，开展高热值危险废物生产替代燃料产品研发及自动化关键设备研发；开展废酸、废碱、废乳化液、废有机溶剂等危险废物减量化和资源化利用技术及其关键装备研发。开展危险废物分类资源化利用过程污染防治、风险控制等关键技术及装备研发和吸收引进，开展资源化利用产品风险评估技术研究。

修订烟气脱硫石膏、磷石膏等标准，提高工业副产石膏品质控制要求，替代部分天然石膏用于生产石膏产品。

3. 稀缺资源战略储备

将含稀土、钒、铌、钪等稀缺战略矿产资源的尾矿纳入资源管理战略，在内蒙古包头、四川攀枝花等地建立特殊尾矿战略资源储备基地。对于高铝粉煤灰等含有有价资源但暂不具备提取技术经济可行性的粉煤灰，优先进行分类贮存处置，为未来开发保留条件。实施战略资源保护性开发和储备战略。

4. 历史遗留高风险固体废物综合利用

开展重要的生态安全保障区和主要生态服务功能供给区、自然保护区、禁止或限制开发区等空间区域内历史堆存的尾矿、冶炼渣、粉煤灰、煤矸石等工业固体废物堆场卫星遥感定位排查、环境风险评估和资源化利用潜力评估，建立工业固体废物堆场综合整治清单，有序推进历史遗留高风险工业固体废物堆场生态治理。

在京津冀及其周边地区、长江三角洲地区、珠江三角洲地区和重点流域，开展历史堆存的环境风险较低、可提取资源量少的尾矿、废石、粉煤灰等一般工业固体废物用于废弃矿山治理、建筑工程充填等规模化利用。在长江经济带及西南地区有色金属共伴生尾矿集中区域，开展老旧尾矿库、废石等二次矿产资源勘查评估，促进盘活历史堆存的高价值资源。以湖南、广东、广西、云南、贵州等地为重点，加强含镉、含砷、含汞和含氰废渣等危险废物及位于环境敏感区域的其他历史遗留危险废物的无害化处置和利用，研究制定综合整治方案并开展工程示范。

（四）优化资源循环产业发展战略

1. 优化产业空间布局

引导资源深加工产业向传统资源聚集区域聚集。资源型地区在传统资源型产业基础上，统筹规划布局工业固体废物分类资源化利用产业，配套建设综合利用项目，构建工业固体废物就地利用转化的工业生态网络，促进工业固体废物就近资源化。以我国重要资源供应和后备基地（专题表 3-21）为重点，支持资源枯竭城市发展资源深加工产业。

专题表 3-21　我国重要资源供应和后备基地

序号	基地类型	所在地
1	煤炭后备基地	呼伦贝尔市、六盘水市、榆林市、哈密市、鄂尔多斯市等
2	铜矿后备基地	金昌市、德兴市、哈巴河县、垣曲县等
3	铝土矿后备基地	孝义市、百色市、清镇市、陕县等
4	钨矿后备基地	郴州市、栾川县等
5	锡矿后备基地	河池市、马关县等
6	锑矿后备基地	桃江县、晴隆县等
7	稀土矿后备基地	包头市、赣州市、韶关市、凉山彝族自治州等

推进工业固体废物分类资源化生态工业园区建设，促进固体废物利用产业集聚发展。在园区层面、城市层面（特别是资源型城市），推进企业间、行业间、产业间共生耦合，形成循环链接的产业体系；实施园区循环化改造，实现废物交换利用，

促进园区循环式发展。新建园区要循环化布局，按产业链、价值链“两链”集聚项目、优化布局；对存量园区实施循环化改造，实现企业、产业间的循环链接，提升物质流管理和环境管理水平。在工业固体废物综合利用工业聚集地区，规范相关工业园区建设，完善污染治理基础设施，引导并促进现有企业进入专门工业园区，实现集中管理、集中治理。

2. 先进适用技术引领产业市场

重点突破工业固体废物杂质深度脱除、组成调控与结构重构技术，材料强化成型等关键技术，开发高附加值产品。研发复杂多金属尾矿选冶联合关键技术与装备、清洁无害化综合利用关键技术。开发低品位钛渣优化提质技术，提高钒钛磁铁矿资源综合利用率。加快推动尾矿、废石、冶炼渣等协同利用技术。实施废硫酸分类收集、贮存和预处理技术示范工程。

推动多种工业固体废物协同利用、全产业链协同利用和跨行业综合利用先进适用技术产业化。扩大固体废物分类资源化绿色建材产品结构，研发和推广天然矿产资源制备建材的替代技术及产品，重点推动工业固体废物生产高标号和功能性水泥、混凝土、耐火材料、微晶玻璃、无机保温材料等高性能绿色建筑材料，提高资源化产品附加值，扩展产品应用范围。

提高固体废物分类高质化利用技术装备水平。将工业固体废物综合利用纳入国家产业指导目录鼓励类、完善国家鼓励、限制和淘汰的技术、工艺、设备、材料和产品名录，再制造产品目录，促进先进适用环保技术装备推广应用。

加强对尾矿资源的工艺矿物学的研究，开展尾矿深度加工和综合利用技术研究。冶炼渣及尘泥、化工废渣等利用处置先进适用技术装备集成及其产业化示范。

3. 建设“互联网+”的回收体系

利用物联网、大数据开展信息采集、数据分析、流向监测，建设工业固体废物的“互联网+”的回收服务体系建设和综合管理信息系统，合理配置利用处置资源市场，建立线上线下融合的回收网络。开展工业固体废物、再生资源和生活垃圾分类回收信息网络衔接。

促进资源化产品跨区域流动。将可资源化的工业固体废物纳入全国资源交通运输能力配置规划，合理安排工业固体废物的跨区域运输能力，促进煤炭生产基地、金属矿产生产基地的可利用固体废物向中部、东部等资源化产品需求集中区域转移。

促进环境服务业发展，全面提升环保产业发展水平。推动工业固体废物循环利用的第三方环境管理服务体系建设，鼓励开展专业化的工业固体废物源头管理、回收、综合利用、无害化处置的系统解决模式。

附　表

（一）工业固体废物名录

类别	名称	废物来源	常见组分或废物名称
1	含氮有机废物	在有机和专用化学产品制造业、印染业、化肥制造业中产生的含氮有机废物	胺类、氨类、胍类、硝基化合物、含氮杂环化合物
2	含硫有机废物	在基本有机合成中产生的含硫有机废物	硫醇、硫醚、硫酚、二硫化合物、磺化物等
3	含钙废物	包括电石渣、废石、造纸白泥、氧化钙等废物	
4	硼泥		
5	赤泥		
6	盐泥	从炼铝中产生的废物	
7	金属氧化物废物	铁、镁、铝等金属氧化物废物（包括铁泥）	
8	无机废水污泥	指含有无机污染物废水经过处理后产生的污泥（包括城市污水处理厂的生化活性污泥）	
9	有机废水污泥	指含有有机污染物废水经过处理后产生的污泥（包括城市污水处理厂的生化活性污泥）	
10	动物残渣	指动物（如鱼、肉等）加工后产生的残余物	
11	粮食及食品加工废物	指粮食和食品加工中产生的废物（如造酒业中的酒糟，豆渣、食品罐头制造业的皮叶、茎等残余物）	
12	皮革废物	包括皮革鞣制、皮革加工及其制品的废物	
13	废塑料	从塑料生产、加工和使用中产生的废物	
14	废橡胶	从橡胶生产、加工和使用中产生的废物，包括废橡胶胎及其碎片	
15	中药残渣	从中药生产中产生的残渣类废物	
16	粉煤灰		
17	锅炉渣	或煤渣	
18	高炉渣	包括炼铁和化铁冲天炉产生的炉渣	
19	钢渣		
20	煤矸石		
21	尾矿	具体注明何种尾矿	
22	冶炼废物	指金属冶炼（干法和湿法）过程中产生的废物。不包括表中已提到的钢渣、高炉渣和含有色金属化合物的废物	
23	有色金属废物	仅指各种有色金属如铜、铝、锌、锡等金属在机械加工时产生的屑、灰和边角等废料	
24	矿物型废物	包括铸造型砂、金刚砂等矿物型废物	
25	工业粉尘	指以各种除尘设施收集的工业粉尘，但要注明何种粉尘	
26	黑色金属废物		
27	工业垃圾		
28	其他废物	指不能与本表中上述各类对应的其他废物，但在填表时应注明何种废物及其主要组成成分	

（摘自《固体废物排污申报登记工作指南》）

（二）2014年环境统计调查工业危险废物产生行业情况

序号	行业类别	行业代码	危险废物产生量（t）	占总产生量比重（%）	单位工业总产值产生强度（t/亿元）
1	化学原料和化学制品制造业	26	8 650 509.32	23.808	97.48
2	有色金属冶炼和压延加工业	32	5 842 400.41	16.079	113.29
3	非金属矿采选业	10	5 615 790.58	15.456	990.48
4	造纸和纸制品业	22	4 909 240.16	13.511	327.84
5	计算机、通信和其他电子设备制造业	39	1 763 455.38	4.853	18.93
6	石油加工、炼焦和核燃料加工业	25	1 430 529.83	3.937	32.31
7	有色金属矿采选业	09	1 373 457.54	3.780	202.48
8	黑色金属冶炼和压延加工业	31	1 319 021.83	3.630	16.72
9	电力、热力生产和供应业	44	1 231 995.73	3.391	21.29
10	金属制品业	33	864 435.01	2.379	21.59
11	石油和天然气开采业	07	835 257.62	2.299	69.86
12	医药制造业	27	535 384.35	1.473	20.77
13	汽车制造业	36	334 898.82	0.922	4.65
14	电气机械和器材制造业	38	303 663.75	0.836	4.14
15	非金属矿物制品业	30	277 216.65	0.763	4.45
16	化学纤维制造业	28	266 033.99	0.732	33.61
17	废弃资源综合利用业	42	240 389.11	0.662	61.06
18	通用设备制造业	34	126 393.82	0.348	2.37
19	铁路、船舶、航空航天和其他运输设备制造业	37	84 881.94	0.234	3.81
20	橡胶和塑料制品业	29	76 838.87	0.211	2.36
21	专用设备制造业	35	48 808.94	0.134	1.22
22	皮革、毛皮、羽毛及其制品和制鞋业	19	30 962.42	0.085	2.07
23	其他制造业	41	26 989.20	0.074	8.89
24	纺织业	17	23 135.40	0.064	0.56
25	食品制造业	14	20 754.11	0.057	0.97
26	仪器仪表制造业	40	17 958.03	0.049	1.92
27	金属制品、机械和设备修理业	43	14 689.57	0.040	15.03
28	印刷和记录媒介复制业	23	10 923.03	0.030	1.47
29	农副食品加工业	13	10 857.33	0.030	0.16
30	酒、饮料和精制茶制造业	15	10 637.15	0.029	0.57
31	开采辅助活动	11	7 838.85	0.022	3.93
32	煤炭开采和洗选业	06	6 483.93	0.018	0.23
33	文教、工美、体育和娱乐用品制造业	24	5 978.74	0.016	0.37
34	燃气生产和供应业	45	3 971.33	0.011	0.76
35	木材加工和木、竹、藤、棕、草制品业	20	3 386.08	0.009	0.24
36	家具制造业	21	2 835.89	0.008	0.35
37	其他采矿业	12	2 744.43	0.008	107.08
38	黑色金属矿采选业	08	2 151.31	0.006	0.22
39	纺织服装、服饰业	18	1 566.11	0.004	0.07
40	烟草制品业	16	321.65	0.001	0.02
合计		/	36 334 788.19	100.000%	30.40

（三）2014 年各地工业固体废物产生情况与主要能源资源基础储量分布情况

地区	一般工业固体废物产生量（万 t）	危险废物产生量（万 t）	黑色金属基础储量（亿 t）	主要有色金属基础储量（万 t）	石油基础储量（万 t）	煤炭基础储量（亿 t）
全国	325 620	3 633.52	208.74	349 171.90	343 335	2 399.93
北京	1 021	14.83	1.33	0.02	0	3.75
天津	1 735	12.11	0	0	3 048.6	2.97
河北	41 928	38.95	28.542 189	2 111.74	26 724.9	40.97
山西	30 199	22.24	16.921 29	15 696.42	0	920.89
内蒙古	23 191	112.54	25.382 384	17 045.25	8 354.4	490.02
辽宁	28 666	98.08	51.808 65	93 783.69	15 777.4	27.57
吉林	4 944	104.94	4.670 04	785.32	18 122.3	9.71
黑龙江	6 312	31.38	0.35	192.63	45 373.8	62.12
上海	1 925	62.84	0	0	0	
江苏	10 925	243.33	1.72	637.7	2 965.4	10.71
浙江	4 542	157.92	0.54	493.64	0	0.43
安徽	12 000	78.08	8.750 406	15 041.89	253.1	83.96
福建	4 835	28.23	3.253 204	1 385.28	0	4.22
江西	10 821	46.91	1.47	14 704.23	0	3.43
山东	19 199	709.77	9.06	14 965.78	32 627.4	77.22
河南	15 917	66.98	1.360 082	21 009.75	4 876.8	86.49
湖北	8 006	73.41	4.575 744	5 355.75	1 284.9	3.19
湖南	6 934	260.64	1.971 392	1 175.19	0	6.68
广东	5 665	169.41	1.007 523	16 373.26	13.8	0.23
广西	8 038	105.71	1.138 66	52 981.55	131.6	2.27
海南	515	2.22	0.9	27.19	277.9	1.19
重庆	3 068	37.62	0.269 333	7 885.02	267.7	18.03
四川	14 246	133.39	25.930 004	38 598.18	661.8	54.10
贵州	7 394	32.95	0.571 71	19 145.86	0	93.98
云南	14 481	240	4.295 227	7 777.14	12.2	59.47
西藏	383	0	0.186 922	410.67	0	0.12
陕西	8 682	63.7	4.008 902	231.31	36 300.8	95.48
甘肃	6 141	35	3.430 024	534.97	21 878.4	32.86
青海	12 423	325.68	0.03	286.98	7 524.5	11.82
宁夏	3 694	5.34	0	0.01	2 180.6	38.04
新疆	7 790	319.33	5.270 485	535.48	58 878.6	158.01
			铁矿、锰矿、铬矿、钒矿、原生钛铁矿	铜矿、铅矿、锌矿、铝土矿、菱镁矿		

数据来源：2015 年中国环境统计年鉴

附　图

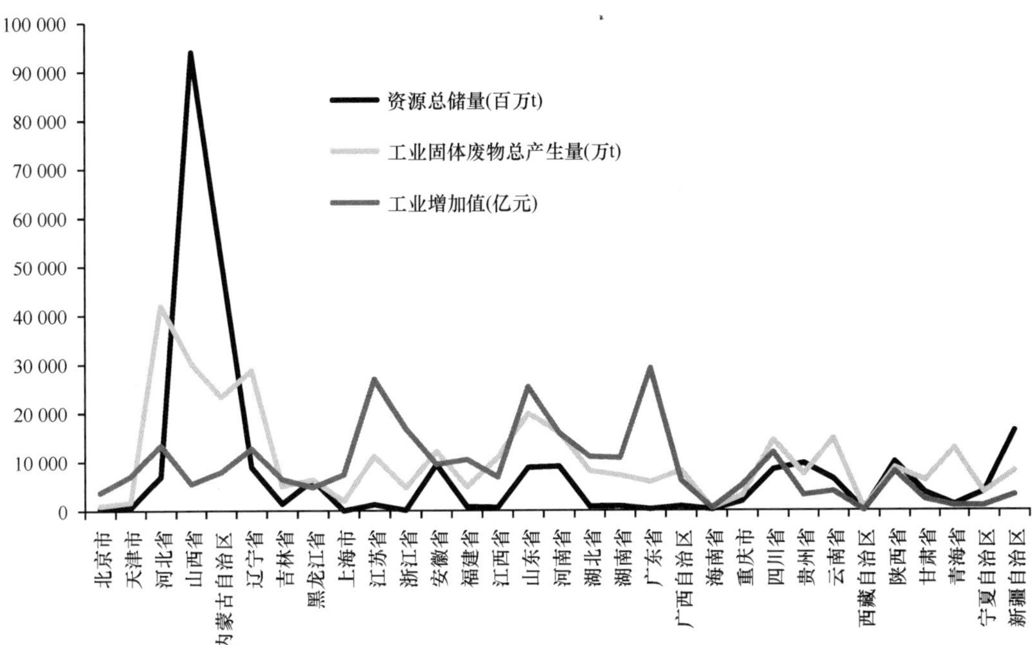

专题三附图 1　各地工业固体废物与工业经济发展、资源总储量分布情况

主要参考文献

包云, 姜言欣, 杨广萍. 2015. 城市生活垃圾处理现状及发展对策. 环境科学导刊, (A01): 48-50

毕于运, 高春雨, 王亚静, 李宝玉. 2009. 中国秸秆资源数量估算. 农业工程学报, 25 (12): 211-217

曹平, 尤海林. 2013. 国外生产者责任延伸制度及其启示. 创新, 7 (5): 76-80

常前发. 2000. 谈矿产资源的开发利用与可持续发展. 中国矿业, 9 (6): 11-15

陈甲斌, 贾文龙, 余良晖. 2010. 铁矿尾矿资源调查及评价. 矿业研究与开发, 30 (3): 60-62, 81

陈甲斌, 李瑞军, 余良晖. 2012. 铜矿尾矿资源调查评价方法及其应用. 自然资源学报, 27 (8): 1373-1381

陈阳. 2015. 日本: 精打细算促资源循环利用. http://www.ceh.com.cn/ztbd/jnjpzk/861906.shtml [2015-06-26]

程会强. 2013. 开发“城市矿产”培育新兴产业. 环境保护与循环经济, 33 (2): 16-19

邓俊, 徐琬莹, 周传斌. 2013. 北京市社区生活垃圾分类收集实效调查及其长效管理机制研究. 环境科学, 1 (1): 395-400

高正文. 2005. 云南矿业求解可持续发展. 环境经济, (11): 30-33

郭冬生, 彭小兰, 龚群辉, 夏维福. 2012. 畜禽粪便污染与治理利用方法研究进展. 浙江农业学报, 24 (6): 1164-1170

郭学益, 钟菊芽, 宋瑜, 田庆华. 2009. 我国铅物质流分析研究. 北京工业大学学报, 35 (11): 1554-1561

国家发展改革委基础产业发展司. 2000. 中国新能源与可再生能源 1999 白皮书. 北京: 中国计划出版社

国家发展和改革委员会. 2013. 中华人民共和国气候变化第二次国家信息通报. http://qhs.ndrc.gov.cn/zcfg/201404/W020140415316896599816.pdf [2015-06-10]

国家发展和改革委员会. 2014. 中国资源综合利用年度报告(2014). http://www.ndrc.gov.cn/gzdt/201410/t20141009_628795.html [2014-10-9]

国家统计局. 2001—2015. 中国统计年鉴 (2001—2015). 北京: 中国统计出版社

国家统计局. 2010. 中国统计年鉴 2010. 北京: 中国统计出版社

国家统计局. 2015. 中国统计年鉴 2015. 北京: 中国统计出版社

国家统计局. 2017. 中国统计年鉴 2016. 北京: 中国统计出版社

国家统计局, 环境保护部. 2006—2015. 中国环境统计年鉴 (2006—2015). 北京: 中国统计出版社

国家统计局, 环境保护部. 2006—2015. 2005—2014 年国民经济和社会发展统计公报. 北京: 国家统计局

国家统计局国家数据库. 2018. http://data.stats.gov.cn/easyquery.htm?cn=C01 [2018-03-02]

国家统计局能源统计司. 2015. 中国能源统计年鉴 (2014). 北京: 中国统计出版社

国土资源部. 2015. 2015 年国土资源主要统计数据. http://g.mlr.gov.cn/201701/t20170123_1429986.html [2015-08-01]

国务院. 2003. 排污费征收使用管理条例. 中华人民共和国国务院令 (第 369 号). http://www.zhb.gov.cn/gzfw_13107/zcfg/fg/xzfg/201605/t20160522_343331.shtml [2003-01-02]

国务院. 2013. 全国资源型城市可持续发展规划 (2013—2020 年). http://www.gov.cn/zwgk/2013-12/03/content_2540070.htm [2013-12-03]

国务院. 2016. 国务院关于全国“十三五”期间年森林采伐限额的批复 (国函〔2016〕32 号). http://www.gov.cn/zhengce/content/2016-02/16/content_5041486.htm [2016-02-16]

郝先荣, 沈丰菊. 2006. 户用沼气池综合效益评价方法. 可再生能源, (2): 4-6

郝以党, 吴龙, 孙树衫. 2015. 钢铁渣处理利用技术的创新与应用. 衢州: 第六届尾矿与冶金渣综合利用技术研讨会暨衢州市项目招商对接会论文集

胡新军, 张敏, 余俊锋, 张古忍. 2012. 中国餐厨垃圾处理的现状、问题和对策. 生态学报, 32 (14):

4575-4584

环境保护部. 2007—2015. 2006—2014 年环境统计年报. 北京: 环境保护部

环境保护部. 2010. 关于发布《农村生活污染防治技术政策》的通知. 环发〔2010〕20 号. http://www.zhb.gov. cn/gkml/hbb/bwj/201002/t20100211_185724.htm [2010-02-08]

环境保护部. 2005—2015. 2004—2014 年环境统计年报. 北京: 中国环境出版社

环境保护部. 2015a. 2014 年中国环境状况公报. http://www.mee.gov.cn/gkml/sthjbgw/qt/201506/t20150604_302942.htm [2018-07-21]

环境保护部. 2015b. 2015 年全国大、中城市固体废物污染环境防治年报. http://wfs.mep.gov.cn/gtfw/zhgl/201512/P020151208646160714057.pdf [2016-08-17]

黄昌付. 2012. 深圳市生活垃圾理化组分的统计学研究. 武汉: 华中科技大学硕士学位论文

季晓立. 2013. "城市矿产" 资源开采潜力及空间布局分析. 北京: 清华大学硕士学位论文

金熙德. 2008. 极致的日本垃圾分类. 世界知识, (11): 12

鞠昌华, 朱琳, 朱洪标, 孙勤芳. 2015. 我国农村生活垃圾处置存在的问题及对策. 安全与环境工程, 22 (4): 99-103

科技部, 农业部. 2016. 科技部 农业部关于发布《农业废弃物 (秸秆、粪便) 综合利用技术成果汇编》的通知. http://www.most.gov.cn/tztg/201510/t20151020_122045.htm [2016-04-03]

蓝庆新. 2005. 日本发展循环经济的法律体系借鉴. 经济导刊, (10): 90-92

李海军. 2014. 日本循环型社会基本法理念下的分类垃圾处理模式探析. 中国物流与采购, (11): 72-73

李金惠, 程桂石, 等. 2010. 电子废物管理理论与实践. 北京: 中国环境科学出版社

李金惠, 温宗国, 宋庆彬, 等. 2015. 中国城市矿产开发利用实践与展望. 北京: 中国环境出版社

李静, 王兆君. 2010. 我国森林采伐剩余物利用研究. 安徽农业科学, 38 (7): 3737-3789

李亮. 2006. 国外运用财政政策发展循环经济. 粤港澳市场与价格, (1): 34-36

李秋元, 郑敏, 王永生. 2002. 我国矿产资源开发对环境的影响. 中国矿业, 11 (2): 47-51

李晓光, 周其文, 胡梅, 张克强, 黄治平. 2008. 中国畜禽粪便污染现状及防治对策. 中国农村通报, 24: 77-80

李岩. 2010. 日本循环经济研究. 长春: 吉林大学博士学位论文

李兆前. 2006. 地方政府推进循环经济发展的局限性及对策研究——以山东省日照市为例. 中国人口•资源与环境, 16 (6): 182-187

廖青, 韦广泼, 江泽普, 邢颖, 黄东亮, 李杨瑞. 2013. 畜禽粪便资源化利用研究进展. 南方农业学报, 44(2): 338-343

林源, 马骥, 秦富. 2012. 中国畜禽粪便资源结构分布及发展展望. 中国农学通报, 28 (32): 1-5

刘烈武, 宋焕斌. 2011. 以 "城市矿产" 开发破解矿产资源匮乏难题的探析. 2011 中国可持续发展论坛 2011 年专刊(一)

刘曼红. 2010. 林业 "三剩物" 的开发利用现状和前景概述. 林业调查规划, 35 (3): 62-63, 67

刘强, 张艳会. 2011. 园区化已经成为再生资源行业集约化发展的主要形态, 再生资源产业基地(园区)发展现状与趋势. 资源再生, (12): 11-14

刘姝含. 2011. 日本静脉产业的发展与启示. 东方企业文化, (12): 128-129

刘学之, 张婷, 孙鑫, 沈凤武, 尚玥佟. 2017. 中国固体废物进口的现状及监管问题分析. 科技导报, 35 (22): 86-91

孟彩英. 2015. 城市生活垃圾分类回收管理问题探讨. 人民论坛, 21: 48

农业部, 国家发展改革委, 科技部, 等. 2015. 八部委关于印发《全国农业可持续发展规划(2015—2030 年)的通知. (农计发〔2015〕145 号). http://www.moa.gov.cn/ztzl/mywrfz/gzgh/201509/t20150914_4827900.htm [2015-5-20]

农业部. 2007. 农业生物质能产业发展规划(2007—2015 年)(农计发〔2007〕18 号). http://www.moa.gov.cn/govpublic/FZJHS/201006/t20100606_1533134.htm [2007-6-18]

欧阳志云, 郑华. 2009. 生态系统服务的生态学机制研究进展. 生态学报, 29 (11): 6183-6188
潘家华, 魏后凯. 2015. 城市蓝皮书: 中国城市发展报告 No. 8. 北京: 社会科学文献出版社
潘玲阳, 叶红, 黄少鹏, 李国学, 张红玉. 2010. 北京市生活垃圾处理的温室气体排放变化分析. 环境科学与技术, 33 (9): 166-172
平卫英. 2011. 基于物质流分析的循环经济评价体系构建及实证分析. 生态经济, (8): 38-42
秦世平, 胡润青. 2015. 2050 中国生物质能产业发展路线图. 北京: 中国环境出版社
秦涛. 2014. 中国农村生物质能源发展现状与展望. 防护林科技, (6): 65-66
任忠宝, 吴庆云. 2011. 新世纪我国矿产资源形势研判. 中国矿业, 20 (2): 10-13
佘雪锋. 2012. 发展循环经济视角下的物质流分析方法的应用——以山东省物质投入与产出为例. 对外经贸实务, (3): 35-38
史永红. 2006. 上窑灰场土壤微量元素的分布特征. 安徽理工大学学报 (自然版), 26 (3): 73-75, 80
孙建亮, 刘复星, 柴静. 2014. 中国报废汽车材料的组成及再生技术现状分析. 上海汽车, (11): 54-58
孙振均, 孙永明. 2006. 我国农业废弃物资源化与农村生物质能源利用的现状与发展. 中国农业科技导报, 8 (1): 6-13
王德宝, 胡莹. 2010. 我国生活垃圾组成成分及处理方法分析. 环境卫生工程, 18 (1): 40-41, 44
王海亭. 2013. 城市生活垃圾分类回收存在的问题与对策. http://www.cn-hw.net/html/31/201304/39661.html [2013-04-28]
王岭, 江飞涛. 2012. 中国钢铁工业节能减排效果分析与前景. 产经评论, (5): 81-91
吴开亚. 2012. 物质流分析: 可持续发展的测量工具. 上海: 复旦大学出版社
息文. 1997. 日本垃圾分类的成功经验. 世界知识, (23): 17
夏农. 2003. 论如何实现我国矿业可持续发展. 中国矿业, 12 (1): 1-3
新华网. 2009. 餐厨垃圾: 危险而宝贵的资源. http://news.xinhuanet.com/life/2009-01/07/content_ 10615418.htm [2010-05-14]
新华网. 2015. 区内成效初显、区外作坊仍存——我国进口固废“圈区管理”十年大起底. http://news.xinhuanet.com/2015-03/26/c_1114778121.htm [2015-08-28]
徐曙光, 陈丽萍, 张迎新, 兰月, 崔荣国, 孙春强, 姜雅. 2010. 未来中国铜消费量的预测与评价. 国土资源情报, (9): 45-48
许智迅, 陈华超. 2009. 缓解我国矿产资源瓶颈约束对策研究. 地质与勘探, 45 (1): 82-88
闫骏, 王则武, 周雨珺, 张纯. 2014. 我国农村生活垃圾的产生现状及处理模式. 中国环保产业, 12: 49-53
闫启平, 李银雪. 2011. 低碳经济与废钢铁利用. 钢铁研究, (2): 1-6, 10
姚伟, 曲晓光, 李洪兴, 付严芬. 2009. 我国农村垃圾产生量及垃圾收集处理现状. 环境与健康, 26 (1): 10-12
袁立明. 2015. 秸秆“禁烧令”尴尬十六年——秸秆焚烧的危害不止是雾霾. 地球, 12 (236): 14-18
袁振宏, 吴创之, 马隆龙. 2005. 生物质能利用原理与技术. 北京: 化学工业出版
岳强, 陆钟武. 2005. 中国铜循环现状分析 (Ⅰ)——“STAF” 方法. 中国资源综合利用, (4): 6-11, 21
张城, 李一夫, 陈东, 刘立伟. 2010. 中国再生铝产业的现状、发展机遇及挑战. 四川有色金属, (4): 6-10
张东升. 2009. 森林年采伐量的测算与分析. 林业勘查设计, 3 (151): 68-69
张婷, 俞志敏, 吴开亚. 2011. 城市居民生活垃圾填埋的碳排放变化分析——以合肥市为例. 中国人口资源与环境, (S2): 303-307
张秀萍, 马玲群, 柯曼綦. 2010. 我国西部地区矿产资源的现状、问题与对策探析. 北方经济, (1): 37-39
张子瑞. 2012-12-10. “城市矿产” 遭遇回收难题. 中国能源报, 6
赵丽因. 2003. 论火电厂灰场对地下水的影响及防治对策. 城市管理与科技, 5 (3): 117-118
中国工程院“生态文明建设与能源生产消费革命”课题组. 2015. 生态文明建设与能源生产消费革命. 中

国工程科学, 17 (9): 91-97

中国环保在线. 2013. 第三批 17 个餐厨废弃物处理试点城市公布. http://www.hbzhan.com/news/detail/81321.html [2013-07-21]

中国环境与发展国际合作委员会. 2012. 区域平衡与绿色发展. 北京: 国合会 2012 年年会

中国家用电器研究院. 2015. 中国废弃电器电子产品回收处理及综合利用行业白皮书 2014. http://www.gepresearch.com/uploads/soft/161217/9_1807558941.pdf [2015-09-20]

中国建筑设计研究院, 青岛市建筑节能与墙体材料革新办公室. 2014. 建筑垃圾回收回用政策研究. 2014 年 6 月

中国科学院. 2015. 中国可持续发展战略报告. 北京: 科学出版社

中国可再生能源发展战略研究项目组. 2008. 中国可再生能源发展战略研究丛书: 生物质能卷. 北京: 中国电力出版社

中国物资再生协会. 2016. 中国再生资源行业发展报告 (2015—2016). 北京: 中国财富出版社

中国物资再生协会. 2017. 中国再生资源回收行业发展报告 (2017). http://ltfzs.mofcom.gov.cn/article/date/201705/20170502568040.shtml [2017-05-02]

中国养殖业可持续发展战略研究项目组. 2013. 中国养殖业可持续发展战略研究: 中国工程院重大咨询项目・畜禽养殖卷. 北京: 中国农业出版社

中央政府门户网站. 2005. 中华人民共和国固体废物污染环境防治法. http://www.gov.cn/flfg/2005-06/21/content_8289.htm [2005-06-21]

钟磊. 2013. 浅谈我国餐厨垃圾的回收与利用. 再生资源与循环经济, 6 (2): 23-25

钟若愚. 2010. 中国资源生产率和全要素生产率研究. 经济学动态, (7): 28-33

周宏, 涂晓玲. 2007. 日本生活垃圾的管理及处理. 城市问题, (7): 89-92

周永生, 王兴攀, 贺正楚, 徐雪松. 2014. 城市矿产发展的国外经验与做法及对中国的借鉴. 矿业研究与开发, (6): 89-94

周永生, 张晓飞. 2013. 美国 "城市矿产" 发展研究. 经济研究参考, (15): 59-64

朱兵, 杨载涛, 陈定江, 余亚东. 2015. 经济系统物质流分析指标的国内外政策应用比较研究. 清华大学学报 (自然科学版), (4): 378-382

朱宁, 马骥. 2014. 中国畜禽粪便产生量的变动特征及未来发展展望. 农业生产展望, 1: 46-48

朱坦, 张墨. 2010. 以 "城市矿产" 示范基地促资源 "新生". 环境保护, (21): 36-38

诸大建. 2016. 循环经济发展进入新阶段. 世界科学, (5): 10

Chen AL, Chen C, Tao XQ, Wang GJ. 2013. Life cycle assessment of sanitary landfill of domestic garbage in Changsha. Environment Science and Technology, 36: 390-411

Chen H, Lei KP, Ma CL, Gao SF. 2010. Analysis on constituent, physical, and chemical characteristics of MSW in Shihezi. Journal of Anhui Agricultural Science, 38 (23): 12666-12668

Chen WQ, Shi L. 2012. Analysis of aluminum stocks and flows in mainland China from 1950 to 2009: Exploring the dynamics driving the rapid increase in China's aluminum production. Resources, Conservation and Recycling, 65: 18-28

Dai J, Chen LW, Bai JS, Wang QS, Ma YB, Feng ZJ. 2013. Property investigation and analysis of municipal demestic waste in Jingzhou. Environmental Sanitation Engineering, 21 (1): 24-26

Guo GY, Wei WY, He XP. 2013. On treatment technology transformation based on property variation trend of domestic waste in Nanning. Cities and Towns Construction in Guangxi, 9: 124-127

Hong RJ, Wang GF, Guo RZ, Cheng X, Liu Q, Zhang PJ, Qian GR. 2006. Life cycle assessment of BMT-based integrated municipal solid waste management: Case study in Pudong, China. Resources, Conservation and Recycling, 49 (2): 129-146

Hu D, Wang RS, Yan JS, Xu C, Wang YB. 1998. A pilot ecological engineering project for municipal solid waste reduction, disinfection, regeneration and industrialization in Guanghan City, China. Ecological Engineering, 11 (1-4): 129-138

Huang MX, Liu D. 2012. Characteristic and composition of municipal solid waste in Sichuan province. Environmental Monitoring in China, 28: 121-123

Jia Y, Dong X, Xia S, Li X. 2013. Physical and chemical characteristics and disposal ways of sorting waste in China. Journal of Green Science and Technology, (8): 236-244

Jiang J, Lou Z, Ng S, Luobu C, Ji D. 2009. The current municipal solid waste management situation in Tibet. Waste Management (Oxford), 29 (3): 1186-1191

Ko P, Poon C. 2009. Domestic waste management and recovery in Hong Kong. Journal of Material Cycles and Waste Management, 11 (2): 104-109

Li J, Duan H, Shi P. 2011. Heavy metal contamination of surface soil in electronic waste dismantling area: site investigation and source-apportionment analysis. Waste Management & Research: the Journal of the International Solid Wastes and Public Cleansing Association, ISWA, 29 (7), 727-738

Liang SM, Fan JJ. 2014. Current status and management strategies of municipal solid wastes in China. Environmental Engineering, (11): 123-136

Liu Z, Liu Z, Li X. 2006. Status and prospect of the application of municipal solid waste incineration in China. Applied Thermal Engineering, 26 (11): 1193-1197

Melo MT. 1999. Statistical analysis of metal scrap generation: the case of aluminium in Germany. Resources, Conservation and Recycling, 26 (2): 91-113

Ministry of Environment, Government of Japan. 2016. Annual Report on the Environment, the Sound Material-Cycle Society and Biodiversity in Japan 2016. http://www.env.go.jp/en/wpaper/2016/index.html [2016-08-30]

Pauliuk S, Wang T, Müller DB. 2012. Moving toward the circular economy: the role of stocks in the Chinese steel cycle. Environmental Science and Technology, 46 (1): 148-154

Qu XY, Li ZS, Xie XY, Sui YM, Yang L, Chen Y. 2009. Survey of composition and generation rate of household wastes in Beijing, China. Waste Management (Oxford), 29 (10): 2618-2624

Raininger B. 2009. Management and Utilization of Municipal and Agricultural Bioorganic Waste in Europe and China. Workshop in School of Civil Environmental Engineering Nanyang Technological University, Singapore

Song Q, Li J. 2014a. A systematic review of the human body burden of e-waste exposure in China. Environment International, 68 (4): 82-93

Song Q, Li J. 2014b. Environmental effects of heavy metals derived from the e-waste recycling activities in China: a systematic review. Waste Management (Oxford), 34: 2587-2594

Song Q, Li J. 2015. A review on human health consequences of metals exposure to e-waste in China. Environmental Pollution, 196: 450-461

Streets DG, Fu JS, Jang CJ, Hao JM, He KB, Tang XY, Zhang YH, Wang ZF, Li ZP, Zhang Q, Wang LT, Wang BY, Yu C. 2007. Air quality during the 2008 Olympic Games. Atmospheric Environment, 41 (3): 480-492

Su YJ, Luo LM, Liu JY, He WM, Zhang YH. 2002. Component analysis of urban household garbage of Luoyang. Urban Environment and Urban Ecology, 15 (5): 8-10

Xiao MF, Zhou JR. 2008. Investigation and analysis on the municipal waste situation of Jiujiang city. Jiangxi Energy, 1: 51-53

Xuan LL, Ma DY. 2014. MSW and governance issues—A case of Harbin. Journal of Harbin University of Commerce, 134: 87-93

Yuan H, Wang LA, Su FW, Hu G. 2006. Urban solid waste management in Chongqing: Challenges and opportunities. Waste Management (Oxford), 26 (9): 1052-1062

Zeng D, Duo B. 2012. Analysis on physical characteristics of domestic waste in the urban area in Lhasa. Journal of Tibet University, 27: 20-27

Zhang P, Li P, Zhang XH. 2014. Study on composition and physical characteristics of municipal solid waste in Chongqing. Environmental Science and Management, 39: 14-17

Zhao J, Sun WG, Yang JL, Jiang QH. 2005. Composition and characteristic analysis of municipal solid waste in Hohhot city. Acta Scientiarum Naturalium Universitatis Neimongol, 36: 100-103

Zhao W, der Voet EV, Zhang YF, Huppes G. 2009b. Life cycle assessment of municipal solid waste management with regard to greenhouse gas emissions: Case study of Tianjin, China. Science of the Total Environment, 407 (5): 1517-1526

Zhao W. 2006. Survey and analysis of municipal domestic waste in center area of Dalian city. Environmental Sanitation Engineering, 14: 29-31

Zhao Y, Wang HT, Lu WJ, Damgaard A, Christensen TH. 2009a. Life-cycle assessment of the municipal solid waste management system in Hangzhou, China (EASEWASTE). Waste Management Research, 27: 399-406

Zhou F, Feng G. 2010. On screening characters of municipal household waste in Chongqing. Journal of Chongqing Three Gorges University, 26: 94-96